Arnd Hardtke / Annette Kleinfeld (Hrsg.)

Gesellschaftliche Verantwortung von Unternehmen

Arnd Hardtke
Annette Kleinfeld (Hrsg.)

Gesellschaftliche Verantwortung von Unternehmen

Von der Idee der Corporate Social Responsibility zur erfolgreichen Umsetzung

GABLER

Bibliografische Information der Deutschen Nationalbibliothek
Die Deutsche Nationalbibliothek verzeichnet diese Publikation in der
Deutschen Nationalbibliografie; detaillierte bibliografische Daten sind im Internet über
<http://dnb.d-nb.de> abrufbar.

1. Auflage 2010

Alle Rechte vorbehalten
© Gabler Verlag | Springer Fachmedien Wiesbaden GmbH 2010

Lektorat: Ulrike M. Vetter

Gabler Verlag ist eine Marke von Springer Fachmedien.
Springer Fachmedien ist Teil der Fachverlagsgruppe Springer Science+Business Media.
www.gabler.de

Umschlaggestaltung: KünkelLopka Medienentwicklung, Heidelberg
Druck und buchbinderische Verarbeitung: Ten Brink, Meppel

Printed in the Netherlands

ISBN 978-3-8349-0806-3

„Wenn über das Grundsätzliche keine Einigkeit besteht,
ist es sinnlos, miteinander Pläne zu schmieden."

Konfuzius

Vorwort

Als wir mit den Arbeiten an dem vorliegenden Buch begannen, waren die Finanz- und Wirtschaftskrise und ihre weltweiten Folgen noch nicht absehbar. Unser vorderstes Anliegen war es, die vielfältigen Ansätze gesellschaftlicher Verantwortung und guten Beispiele für deren unternehmerische Umsetzung zusammenzutragen, ihre grundlegenden Aspekte anschaulich darzustellen und inhaltlich so zu strukturieren, dass damit einer interessierten Öffentlichkeit Grundlagenwissen zum Thema umfassend vermittelt werden kann. Gleichzeitig sollte so ein Leitfaden entstehen, der insbesondere den Lesern aus dem unternehmerischen Mittelstand praxisnahe Möglichkeiten aufzeigt, wie sie gesellschaftliche Verantwortung wirkungsvoll und effizient in ihrem unternehmerischen Alltag umsetzen können. Vor allem aber wollten wir mit unserem ganzheitlichen Ansatz eine Basis schaffen, um die CSR-Diskussion besser und zielgerichteter zu strukturieren. Wenn über CSR gesprochen wurde, dann doch eher am Rande. Viele redeten noch immer über soziales Marketing, Spenden- und Sponsoringaktivitäten oder Maßnahmen zur Mitarbeitermotivation.

Dann kam die Krise auf den Finanzmärkten, in deren Sog sich schnell eine globale Wirtschaftskrise ausbreitete. Während man sich noch damit beschäftigte, den Flächenbrand in den Griff zu bekommen und erste vereinzelte Maßnahmen zur Stabilisierung der Lage veranlasste, hatte man schon die Ursache ausgemacht: verantwortungsloses und eigennütziges Agieren einiger Top-Manager bei einer gleichzeitig fehlenden Aufsicht durch eine vom Staat autorisierte Kontrollinstanz. Urplötzlich war das Thema gesellschaftliche Verantwortung aus seinem Dornröschenschlaf erwacht und rückte in das Rampenlicht nationaler und internationaler Diskussionsforen.

Seitdem ist die Zahl derjenigen erfreulicherweise stark angestiegen, die tatsächlich den ganzheitlichen Ansatz einer gesellschaftlichen Verantwortung von Unternehmen meinen, wenn sie über „Corporate Social Responsibility" oder kurz CSR sprechen. Heute befinden wir uns in einer offenen wirtschaftsethischen Diskussion nicht mehr nur über die Frage, wie sich effizientes Wirtschaften und ethisches Verhalten erfolgreich miteinander vereinen lassen. Vielmehr setzt sich zunehmend die Einsicht durch, dass die Ausrichtung wirtschaftlichen Handelns an ethischen Werten und Prinzipien eine notwendige Voraussetzung für dessen langfristigen Erfolg ist.

Unterschiedliche Interessengruppen diskutieren miteinander, wie und wofür aus ethischer Sicht gesellschaftliche Verantwortung übernommen werden muss, kann oder soll. Und wir setzen uns immer stärker damit auseinander, was CSR eigentlich bedeutet. Praxistaugliche Antworten zu Fragen nach Umfang, Geltungsbereich und Umsetzung werden plötzlich mit hoher Dringlichkeit gefordert. Vor diesem Hintergrund erlangte auch unser Buchvorhaben eine zuvor nie vermutete öffentliche Aufmerksamkeit und Eigendynamik.

Warum ist es für viele schwer, CSR für sich und für ihren Verantwortungsbereich zu verstehen? Die Vieldeutigkeit, mit der in den Diskussionen mehr oder weniger verwandte Begrifflichkeiten eingestreut werden, ist mit Sicherheit ein wesentlicher Faktor. Allenthalben stößt man auf das gleiche Wort, und doch meinen die Autoren Unterschiedliches. Nur selten wird deutlich gemacht, was sich hinter CSR insgesamt verbirgt und wie es sich zum Beispiel vom Schlagwort „Nachhaltigkeit" abgrenzt. Aus dieser Perspektive gesehen steht ganz bewusst am Anfang dieses Buches das Wort CSR. Doch – und das ist unser Anspruch als Herausgeber – dieses Buch geht über das Wort hinaus: Es zeigt auf, was hinter diesem Wort steht und was gewissermaßen vor dem Wort war.

Gesellschaftliche Verantwortung von Unternehmen, wie die richtige Übersetzung des englischen Begriffkürzels CSR lautet, ist für ein Wirtschaftssystem wie das deutsche, das auf dem Konzept der Sozialen Marktwirtschaft beruht, weder die neueste Managementmode noch „alter Wein in neuen Schläuchen". Versteht man den Zweck von Unternehmen darin, einen Mehrwert zu schaffen und durch das konkrete Leistungs- und Warenangebot Bedürfnisse in der Gesellschaft, also bei den Kunden und Konsumenten, den Lieferanten und Interessengruppen zu befriedigen, so kann man Unternehmen nicht ohne ihren gesellschaftlichen Bezug betrachten. Der Unternehmenserfolg einer Unternehmung gründet in der direkten oder indirekten Befriedigung menschlicher Bedürfnisse, und die erfolgreiche Bedürfnisbefriedigung führt zu erfolgreichen Unternehmenskennzahlen. Da Bedürfnisse an Menschen oder an von Menschen gebildete Systeme gebunden sind, „funktioniert" Wirtschaften gleichermaßen nicht ohne Gesellschaft, denn Menschen sind soziale Wesen. Das wirtschaftliche Handeln in Deutschland, insbesondere im inhabergeführten Mittelstand, ist geprägt vom Bewusstsein dieser Interdependenz. Insofern können wir in Deutschland auf eine lange Tradition gesellschaftlicher Verantwortungsübernahme zurückblicken.

Und doch bringt der CSR-Ansatz, wie er heute diskutiert wird, auch Neues für Unternehmen. Nicht nur die unternehmerischen Austauschbeziehungen, auch die zivilgesellschaftlichen Interessen- und Anspruchsgruppen von Unternehmen sind internationaler und globaler geworden. Unternehmen müssen sich mit den daraus erwachsenden Herausforderungen ihrer gesellschaftlichen Verantwortung beschäftigen und unter sorgfältiger Prüfung ihres Handelns Verantwortungsgrenzen auch global definieren. Sie müssen inter- und transnational die legitimen Interessen und Ansprüche ihrer Stakeholder kennenlernen und respektieren. Und sie müssen Rechenschaft ablegen über die Folgen ihres unternehmerischen Handelns, denn Ver-Antwortung schließt, ebenso wie „respons(i)-bility", die Fähigkeit des „Rede und Antwortstehens" und deren Verwirklichung mit ein.

Jenseits aller Vermarktungsbemühungen von CSR beschäftigt sich seit 2005 eine internationale Gruppe von rund 500 Experten mit der Frage, was gesellschaftliche Verantwortung bedeutet und wie diese von Organisationen aller Art wahrgenommen werden kann. Im Normungsprozess ISO 26000 wird ein „Leitfaden zur gesellschaftlichen Verantwortung" entwickelt, der nicht nur Begriffssicherheit bringen wird, sondern auch eine Orientierung zu den zentralen Fragen bietet: nämlich *WAS* gesellschaftliche Verantwortung bedeutet, *WELCHE* Prinzipien grundlegend für gesellschaftliche Verantwortung sind, *WO* gesellschaftliche Verantwortung übernommen werden sollte und *WIE* dies am besten getan wird. Es gilt Antworten zu finden, die nicht nur weltweit – in Entwicklungsländern ebenso wie in entwickelten und „Emerging Markets" – gelten, sondern die auch für Organisationen aller Art leitend und umsetzbar sind.

Durch einen länder-, kultur- und sprachübergreifenden Dialog zwischen Wirtschafts- und Arbeitsvertretern, Vertretern von Verbraucherverbänden und NGOs ebenso wie solchen aus Politik, Wissenschaft und der Beratungs- bzw. Dienstleistungsbranche, durch das Aushandeln von Kompromissen und durch das Finden von konsensfähigen Aussagen schuf der Weg zur ISO-Norm 26000 in vielerlei Hinsicht einen unschätzbaren Wert. Zu etwas Besonderem aber wird der – auch für die Normungsorganisationen bisher aufwändigste – Prozess vor allem durch die Perspektivenvielfalt auf das Thema gesellschaftliche Verantwortung.

Für uns als Herausgeber ist es auch diese Vielstimmigkeit, die uns zu vorliegendem Buch inspiriert hat: Wir fassten den Plan, Experten aus den unterschiedlichen international diskutierten Handlungsfeldern der gesellschaftlichen Verantwortung zu Wort kommen zu lassen. Zu jedem konnten wir zudem prominente Meinungsbildner gewinnen, die mit ihren Geleitworten auf die Dringlichkeit der jeweiligen Thematik hinweisen und die Leser in das Thema einstimmen. Denn – so hatten wir selbst als Teilnehmer am ISO 26000 Multistakeholderdialog gelernt – das Spannungsfeld CSR gewinnt erst an Klarheit durch die Betrachtung unterschiedlicher Sichtweisen.

Dabei orientieren wir uns lose an den Erfahrungen aus unseren Arbeiten in der ISO Working Group on Social Responsibility. Das vorliegende Buch spiegelt daher bewusst nicht eine Kommentierung der ISO 26000 wider – dies überlassen wir gerne anderen. Wichtig ist uns vielmehr, mit dem Buch das Fundament zu einem umfassenden CSR-Bewusstsein zu legen und gleichsam unseren Geleitwortgebern und Autoren eine Plattform zu bieten, auf der sie ihr persönliches Expertenwissen einem breiten Publikum vorstellen können. ISO 26000 soll hierzu lediglich den strukturellen Rahmen bieten.

Neben der Beschreibung, was die Handlungsfelder gesellschaftlicher Verantwortung eigentlich umfassen, war es uns aber elementar wichtig, den Bezug zur „Wirklichkeit" nicht zu verlieren: Denn unter dem Stichwort CSR werden an Unternehmen nicht selten hehre Ansprüche herangetragen, deren Umsetzung schlichtweg unrealistisch ist. Und doch gibt es viele Unternehmen in Deutschland, die sich ihrer gesellschaftlichen Verantwortung nicht nur bewusst sind, sondern sich proaktiv mit ihr auseinandersetzen. Die Wahrnehmung gesellschaftlicher Verantwortung ist ein Veränderungsprozess unternehmerischen Denkens und Handelns, der sich nicht „von jetzt auf gleich" vollziehen kann, sondern mit einem Lernprozess verbunden ist, auf den sich Unternehmen in der breiten Palette ihrer Aktivitäten einlassen müssen. Einige dieser Vorreiter konnten wir dankenswerterweise für unser Buchprojekt gewinnen. Es sind Unternehmen, die sich jedes auf seine eigene Art mit gesellschaftlichen Heraus- und Anforderungen beschäftigen und Wege suchen und beschreiten, diesen erfolgreich zu begegnen. Wir freuen uns ganz besonders über ihre Beteiligung, weil diese nicht nur die Erfolge, sondern auch die Problemstellungen bei ihrer Auseinandersetzung mit CSR präsentieren.

Zu guter Letzt möchten wir unseren Lesern eine Definition von gesellschaftlicher Verantwortung mit auf den Weg geben, die international nicht nur konsensfähig, sondern auch zukunftsweisend ist:

> *Unter gesellschaftlicher Verantwortung von Unternehmen und Organisationen aller Art verstehen wir im Sinne der ISO 26000 diejenige Verantwortung, die ein Unternehmen freiwillig für die gewollten und nicht gewollten Auswirkungen seiner Entscheidungen und Aktivitäten auf die Gesellschaft und die Umwelt in transparenter und ethischer Weise übernimmt, um zur nachhaltigen Entwicklung, Gesundheit und Wohlfahrt der globalen Gesellschaft beizutragen. Gesellschaftlich verantwortliches Handeln von Unternehmen*
>
> ▓ *bezieht die Erwartungen der Stakeholder ein,*
>
> ▓ *stimmt mit geltendem Recht und internationalen Verhaltensnormen überein und*
>
> ▓ *ist nicht nur im gesamten Unternehmen integriert, sondern auch Bestandteil aller Umfeldbeziehungen des Unternehmens.*

Dieses Buch diskutiert gesellschaftliche Verantwortung in all ihrer Vielfältigkeit, historischen Dimensionen und praktischen Umsetzungen und gibt all jenen, die sich zukünftig noch stärker mit CSR beschäftigen wollen, Hilfestellung, Impulse und Beispiele.

Wir danken allen Geleitwortgebern, Autoren, Co-Autoren, Beispielgebern und Mitstreitern, die uns Herausgebern all das gegeben haben und letztendlich den Weg von der Idee zur Veröffentlichung möglich gemacht haben.

Gaimersheim/Hamburg im Februar 2010

Dr. Arnd Hardtke   Dr. Annette Kleinfeld

Inhaltsverzeichnis

„Wo ist die Weisheit, die wir im Wissen verloren haben?
Wo ist das Wissen, das wir in der Information verloren haben?"

T. S. Eliot: Choruses from „The Rock", 1934

1 Das CSR-Universum

von Arnd Hardtke

In etwa einem Jahr wird die Internationale Normungsorganisation (ISO) als ISO 26000 einen Leitfaden für Social Responsibility vorlegen. Er soll privaten und öffentlichen Organisationen als Unterstützung dienen, ihrer gesellschaftlichen Verantwortung gerecht zu werden. Dabei wird die ISO gerade mittelständischen Unternehmen gegenüber mit der hohen Attraktivität des Corporate Responsibility-Konzeptes werben.

Allerdings sehen sich interessierte Unternehmensvertreter bei einer intensiveren Auseinandersetzung mit dieser Thematik einem Dschungel an Begrifflichkeiten und Konzepten gegenüber, die sich teilweise überlappen oder ergänzen. Was genau umfasst der Begriff der Social Responsibility oder, für Unternehmen, der Corporate Social Responsibility – kurz CSR? Inwieweit ist er mit den Ideen von „Sustainability" oder „nachhaltigem Wirtschaften" verbunden oder sogar identisch? Haftet CSR ein ideologisches Grundverständnis an oder dient es als Baukasten zur Operationalisierung gesellschaftlicher Verantwortung? Und wie lassen sich in diesem Kontext bekannte Schlagwörter wie „Corporate Citizenship" und „Corporate Governance" einordnen? Was genau ist CSR eigentlich?

Der erste Abschnitt dieses Kapitels soll hierüber Aufschluss geben, indem es die wesentlichen Begrifflichkeiten in der Diskussion um gesellschaftliche Verantwortung skizziert und voneinander abgrenzt.

Warum ist CSR in der jetzigen Zeit plötzlich so bedeutend geworden?

Das Prinzip, nach dem Unternehmen Verantwortung für das Gemeinwohl übernehmen, ist keineswegs neu. Es lässt sich über das patriarchalische Verständnis wohltätiger Industrieller des 19. und 20. Jahrhunderts, das Leitbild der „ehrbaren Kaufleute" in Neuzeit und Mittelalter bis in die Antike zurückverfolgen. Im heutigen unternehmerischen Alltag ist diese Verantwortung permanent gegenwärtig: Zum Beispiel durch eine Vielzahl unternehmerischer Sozial- und Umweltprojekte, durch das Engagement unternehmensnaher gemeinnütziger Stiftungen, durch ein ausgeprägtes Spenden- und Sponsoringwesen oder auch durch Verständigung auf hohe Arbeits- und Sozialstandards für Beschäftigte.

Gerade in Reaktion auf die breite Umwelt- und Sozialbewegung, die in den 1970er und 1980er Jahren ihren Ausgang fand, haben sich die Verantwortlichen in den Großunternehmen ebenso wie ihre Kollegen aus dem Mittelstand intensiv mit der Wahrnehmung ihrer Verantwortung für Umwelt und Gesellschaft auseinandergesetzt. Im Ergebnis wurden in den vergangenen Jahrzehnten wirkungsvolle Lösungsansätze entwickelt und Managementsysteme erfolgreich implementiert. Ist CSR damit nicht längst auf den „To-Do-Listen" der Manager abgehakt?

Keineswegs! Das Konzept der Corporate Social Responsibility geht hierüber weit hinaus. Es verlangt nicht nur – im Verständnis eines umfassenden Nachhaltigkeitsmanagements – eine übergeordnete Verknüpfung verschiedenster Unternehmensstrategien und Konzepte, beispielsweise bezogen auf den Umweltschutz, auf vereinbarte Sozialleistungen, zur Sicherung der Produkt- und/oder Dienstleistungsqualität oder zum gemeinnützigen Engagement. Es setzt zudem bei allen Mitarbeitern ein klares Bewusstsein für als auch die Beachtung von grundlegenden ethischen Verhaltensstandards voraus. Darüber hinaus fordert es den offenen und intensiven Dialog mit den Anspruchsgruppen des Unternehmens, zu denen insbesondere auch die Öffentlichkeit zählt.

Welcher Notwendigkeit entspricht dieses „neue" Konzept? Wo finden sich seine Ursprünge und wie rechtfertigen sich seine doch recht hohe Komplexität und der damit verbundene hohe Aufwand bei der Umsetzung im Unternehmen? Wo liegt der Zugewinn für das Unternehmen?

Ausgehend von der griechischen Antike wird im zweiten Abschnitt dieses Kapitels hergeleitet, wie sich im Verlauf der Zeit die Ansprüche an die Übernahme gesellschaftlicher Verantwortung durch Unternehmen gewandelt haben und welche wissenschaftlichen Konzepte oder praktischen Managementinstrumente sich hieraus entwickelt haben.

Was sind die Grundpfeiler des CSR-Konzeptes?

Mit welchen Themenfeldern müssen sich Unternehmer und Manager auseinandersetzen, wenn sie die Idee einer Corporate Social Responsibility als Grundprinzip ihrer Geschäftstätigkeit im Unternehmen verankern möchten? Wie lässt sich CSR konkretisieren?

In den letzten Jahren fanden hierzu unzählige Orientierungsgespräche statt, in denen zahllose Experten unterschiedlichster – teilweise selbsternannter – Stakeholdergruppierungen ihre berechtigten wie unberechtigten Ansprüche einbrachten. Dieser Diskurs fand im Rahmen der Arbeiten zum „Guidance on Social Responsibility" (oder besser in der deutschen Übersetzung „Leitfaden für gesellschaftliche Verantwortung") der Internationalen Normungsorganisation (ISO) seinen vorläufigen Abschluss. Im Ergebnis haben sich sechs grundlegende, ethische Prinzipien der CSR herauskristallisiert, die mittlerweile von allen wesentlichen Stakeholdergruppen getragen werden. Zum einen sind dies (1) die Rechenschaftspflicht und (2) die Transparenz des unternehmerischen Handelns gegenüber den Anspruchsgruppen. Als fundamentale Prinzipien werden aber auch (3) ethisches Verhalten von Führung und Mitarbeitern, (4) die Einhaltung von Gesetzen sowie (5) die Beachtung international anerkannter Richtlinien, Normen und Selbstverpflichtungen und schließlich (6) die Achtung der Menschenrechte gesehen.

Im dritten Abschnitt dieses Kapitels werden die sechs Grundprinzipien vorgestellt und sich daraus erwachsende Anforderungen zu Kernthemen skizziert. Als Kernthemen werden hier diejenigen Bereiche verstanden, in denen eine „verantwortungsbewusste Unternehmensführung" die sechs Grundprinzipien umsetzen sollte: Menschenrechte, Arbeitsbedingungen, Umwelt, Verbraucherschutz, faires Handeln (bzw. laut dt. Übersetzung „anständige Geschäftspraktiken") und soziales Engagement.

In den nachfolgenden Buchkapiteln werden die einzelnen CSR-Kernthemen schließlich aufgegriffen und praxisnahe Handlungsempfehlungen aufgezeigt.

Wer trägt Verantwortung für die erfolgreiche Umsetzung des CSR-Leitbildes?

Eine zentrale Verantwortung für die Umsetzung des CSR-Konzeptes in einem strukturierten Prozess liegt bei den Unternehmen[1]. Doch wie ausgeprägt die Motivation der Unternehmen hierzu auch ist, auf welche Weise und mit welcher Dringlichkeit der Umsetzungsprozess von ihnen verfolgt wird, hängt eindeutig von der konstruktiven Zusammenarbeit mit den wichtigsten Anspruchsgruppen und den gestellten Rahmenbedingungen politischer Entscheidungsträger ab. Wer sind eigentlich die gesellschaftlichen Stakeholder außerhalb der Wirtschaft, die eine Mitverantwortung an der erfolgreichen Umsetzung des CSR-Leitbildes tragen?

Der vierte Abschnitt dieses Kapitels beginnt mit der Vorstellung der beteiligten gesellschaftlichen Gruppierungen und skizziert ihre Verantwortung im Einzelnen. Neben der Industrie und dem politischen Sektor werden hier Mitarbeitervertretungen, Verbraucherverbände, Nichtregierungsorganisationen (NGO) sowie wissenschaftliche Einrichtungen und ihre wichtigsten CSR-Initiativen aufgelistet.

Welche besondere Bedeutung hat das CSR-Konzept für den Mittelstand?

Auch wenn – nicht zuletzt gestärkt durch eine intensive öffentlichkeitswirksame Kommunikation führender, international agierender Unternehmen – das Bild von der gesellschaftlichen Verantwortung der Wirtschaft vor allem vom Engagement der Großunternehmen geprägt ist: Der entscheidende Hebel, um verantwortungsbewusste Unternehmensführung und nachhaltiges Wirtschaften in Deutschland zu realisieren, liegt (im Wesentlichen) beim Mittelstand. Denn mit 99,7 % der 3,3 Millionen Unternehmen dominieren kleine und mittelständische Unternehmen (KMU) die Unternehmenslandschaft in Deutschland (Dresewski, 2007, S. 7).

Gleichzeitig wird dem CSR-Konzept (besonders dem SR-Konzept nach ISO 26000) gerade für mittelständische Unternehmen eine hohe Attraktivität zugesprochen. Einerseits können ihre internen Management- und Berichtsstrukturen sowie Umweltschutz- und Kommunikationsinstrumente meist flexibler und informeller genutzt werden. Andererseits

---

[1] Im dritten Kapitel werden Gründe und Ausprägung verantwortungsvoller Unternehmensführung vorgestellt.

werden für sie auch mehr Spielräume bei der Umsetzung der CSR-Grundprinzipien ge-schaffen, beispielsweise wenn es darum geht, die für sie wichtigen Themen prioritär zu bearbeiten.

Mehrere Initiativen aus Politik, Wissenschaft und Wirtschaft haben sich deshalb in den vergangenen Jahren damit beschäftigt, die spezifischen Herausforderungen und Chancen des CSR-Konzeptes für mittelständische Unternehmen aufzuarbeiten.

Warum das CSR-Konzept gerade für mittelständische Unternehmen besondere Bedeutung hat, wird im anschließenden zweiten Kapitel vorgestellt.

1.1   Ein Dschungel von Begriffsdefinition – Was ist eigentlich CSR?

Wer sich heutzutage als Manager mit dem Konzept von CSR näher befassen will, muss gleich zu Beginn eine wesentliche Hürde nehmen: Er muss nämlich für sein spezifisches Unternehmen und in seinem speziellen Unternehmensumfeld ein eigenes CSR-Verständnis entwickeln. Eine „Blaupause" hierzu wird er in der Literatur ebenso wenig wie in der öffentlichen Fachdiskussion finden. Dort kursieren vielmehr eine Vielzahl von Begriffen und Begrifflichkeiten, die von den einzelnen Akteuren mit oft verschiedenen Inhalten und Definitionen besetzt sind.

Alle beschäftigen sich mehr oder weniger mit Umschreibungen gesellschaftlicher Verant-wortung; unterschiedlich sind Zielsetzungen, Geltungsbereiche und der Grad an Konkreti-sierung. Nicht selten werden gerade hier in der öffentlichen Diskussion Äpfel mit Birnen verglichen. Sprechen wir gerade jetzt eigentlich über „Corporate Social Responsibility", über „Corporate Citizenship" oder über „Corporate Governance"? Hier eine Klärung zu finden sollte erstes und oberstes Gebot sein. Zum einen, weil ein aufgeklärtes Verständnis für die Verantwortung eines Unternehmens gegenüber der Gesellschaft unmittelbare Auswirkung auf die Ausgestaltung der Unternehmensstrategie haben wird. Zum anderen aber auch, weil das Unternehmen sich bei seiner Berichterstattung konkret mit dieser Thematik auseinandersetzen muss.

Im Folgenden werden daher die geläufigsten Begrifflichkeiten in ihrer unterschiedlichen Auslegung erläutert. Ausgehend von den Oberbegriffen „Gesellschaftliche Verantwor-tung" bzw. „Social Responsibility" werden die Begriffe „Corporate Social Responsibility", „Nachhaltige Entwicklung" bzw. „Sustainable Development", „Corporate Citizenship" und „Corporate Governance" umrissen.

„Social Responsibility (SR)" oder „Gesellschaftliche Verantwortung"

Das Prinzip der „Social Responsibility (SR)" oder der „Gesellschaftlichen Verantwortung" beschreibt die ethische Verantwortung des Einzelnen für das Gemeinwohl. Dabei wird

Organisationen, also zum Beispiel Regierungen, Administration, Unternehmen oder NGOs, ebenso Verantwortung zugesprochen wie einzelnen Personen.

Der Erfolg und auch die gesellschaftliche Akzeptanz einer Organisation hängen zunehmend davon ab, inwieweit sie mit ihrem Handeln auch den Ansprüchen ihres sozialen Umfelds und der Umwelt genügt – und wie glaubwürdig sie dies kommunizieren kann.

Als verantwortungsbewusstes Mitglied der Gesellschaft müssen Organisationen die Auswirkungen ihres Handelns hin zu einer nachhaltigen Entwicklung der Gesellschaft möglichst positiv gestalten, dabei gleichwohl den Schutz der Gesundheit und Umwelt ebenso wie die Sicherung des Wohlstands antizipieren. Dazu gehört es auch, die Bedürfnisse der Stakeholdergruppen bei allen Aktivitäten und in allen Bereichen der Organisation ausgewogen zu berücksichtigen und nationales wie internationales Recht, Normen sowie die Menschenrechte zu achten [128].

In der bisherigen Diskussion haben sich Kernthemen herausgebildet, die die aktuellen Bedürfnisse der Stakeholder am meisten betreffen oder bei denen ein hoher Handlungsbedarf gesehen wird. Dies sind Fragen der guten Unternehmensführung (Governance), die Einhaltung der Menschenrechte, Umweltbelange, Verbraucherschutz, Arbeitsstandards und „Fair Operating Practices".

Aus der Idee der gesamtgesellschaftlichen Verantwortung auf der Ebene von Institutionen und Organisationen leitet sich für Unternehmen die Corporate Responsibility bzw. Corporate Social Responsibility ab, in der wiederum die Konzepte Corporate Citizenship und Corporate Governance integriert sind.

„Nachhaltige Entwicklung" oder „Sustainable Development"

„Development that meets the needs of the present without compromising the ability of future generations to meet their own needs."

Auf Basis dieser heute noch richtungweisenden und grundsätzlich gehaltenen Nachhaltigkeitsdefinition der Brundtland-Kommission von 1987 [18] haben verschiedene Stakeholdergruppen eigene, für ihre Situationen und Belange präzisierte Konzepte entwickelt.

Seitens der Wirtschaft wird das Nachhaltigkeitsprinzip als das Streben nach langfristig erfolgreicher Unternehmensführung verstanden – für das Unternehmen selbst ebenso wie für die Gesellschaft. Dies soll durch die gleichrangige Berücksichtigung und möglichst ausgewogene Erfüllung ökonomischer, ökologischer und sozialer Bedürfnisse der heutigen Stakeholdergruppen ermöglicht werden. Andere Akteure sehen ein Primat ökologischer und/oder sozialer Ziele als notwendig an, um eine nachhaltige Entwicklung im Sinne der Brundtland-Definition zu erreichen.

Allen Konzepten gemeinsam ist der gleichzeitige Blick auf Gegenwart und Zukunft – nämlich die Berücksichtigung der möglichen Interessen nicht nur heutiger, sondern auch zukünftiger Generationen. Dies unterscheidet das Nachhaltigkeitskonzept wesentlich von CSR- oder CC-Ansätzen, die in erster Linie auf den Beziehungen zu heutigen Stakeholdergruppen basieren [245].

In der Praxis werden „Nachhaltige Entwicklung" und „CSR" gerade von Unternehmen oft synonym verwendet oder aber CSR als spezifische Handlungsanleitung für die Umsetzung von Nachhaltiger Entwicklung in Unternehmen gesehen.

Corporate Social Responsibility

Die Europäische Kommission definiert CSR in ihrem 2001 erschienen Grünbuch „Europäische Rahmenbedingungen für die soziale Verantwortung der Unternehmen" als

„Konzept, das Unternehmen als Grundlage dient, auf freiwilliger Basis soziale Belange und Umweltbelange in ihre Unternehmenstätigkeit und in die Wechselbeziehungen mit den Stakeholdern zu integrieren".

Als Stakeholder werden die Mitarbeiter sowie all jene Gruppen oder Personen zusammengefasst, die von der Geschäftstätigkeit des Unternehmens beeinflusst werden [128, 65].

Corporate Social Responsibility beschreibt nach dieser Auffassung die Verantwortung von Unternehmen, auch für soziale und ökologische Auswirkungen ihrer Geschäftstätigkeit gegenüber ihren Stakeholdern einzustehen. Dies reicht „von der eigentlichen Wertschöpfung bis hin zu den Austauschbeziehungen zu Mitarbeitern, Zulieferern, Kunden und dem Gemeinwesen" (Dresewski, 2007, S. 10). Demnach ist ein Unternehmen – in allen seinen Unternehmensbereichen – nicht mehr nur dem Streben nach wirtschaftlichem Erfolg verpflichtet, sondern muss dies in Einklang mit sozialen und ökologischen Belangen bringen. Prinzipiell werden ökonomische, ökologische und soziale Ziele gleichberechtigt nebeneinander gestellt. Es bleibt dabei dem Unternehmen selbst überlassen, für jeden Einzelfall eigene Prioritäten zu setzen und bei Zielkonflikten einen Ausgleich zwischen den Erwartungen der jeweiligen Stakeholdergruppen zu finden [171].

Gerade von Unternehmen und Wirtschaftsverbänden wird die Gleichrangigkeit der drei Dimensionen betont und der Nutzen hervorgehoben, den gerade der wirtschaftliche Erfolg eines Unternehmens für das Gemeinwohl mit sich bringt [308, 91]. So definiert eine Studie des IBM Instituts zum Beispiel CSR – anders als die Europäische Kommission – als Art und Weise, wie Unternehmen ihrer Geschäftstätigkeit nachgehen mit dem Ziel, einen insgesamt positiven Einfluss auf die Gesellschaft durch ökonomisches, ökologisches und soziales Handeln zu erreichen [155].

Weitestgehend unstrittig wird das Prinzip der Freiwilligkeit als ein ganz wesentlicher Aspekt des CSR-Konzeptes gesehen (Jordan, 2008, S. 1 und S. 16, sowie [128] und [91]). Die gesellschaftliche Verantwortung im Sinne von CSR geht damit über die Erfüllung gesetzlicher Vorgaben hinaus. Sie verlangt von Unternehmen – wie von allen anderen Akteuren der Gesellschaft –, selbstständig zwischen Umwelt- und Sozialbelangen sowie betriebswirtschaftlichen Erfordernissen abzuwägen und dabei das Gemeinwohl im Blick zu behalten. Die Inhalte von CSR spiegeln sich auch in dem von den Vereinten Nationen aufgegriffenen Konzept „Verantwortungsvolles Unternehmertum" wider, das die besondere Rolle von Unternehmen für eine nachhaltige Entwicklung herausstellt. Darin wird betont, dass

„Unternehmen ihre Tätigkeit so ausüben können, dass sie das Wirtschaftswachstum fördern die Wettbewerbsfähigkeit steigern und gleichzeitig umweltbewusst und sozial verantwortlich handeln" (Grünbuch der EU).

Wie die Europäische Kommission beschreibt auch die UN nachhaltiges Wirtschaften bzw. gesellschaftlich verantwortungsbewusstes Handeln von Unternehmen als ökonomischen Vorteil.

Kernthemen der aktuellen Debatte wurden bereits weiter oben im Kontext von „Social Responsibility" dargestellt. Sie werden in den folgenden Kapiteln dieses Buches aufgegriffen und im Detail diskutiert.

Das CSR-Leitbild wird in Teilbereichen durch Konzepte wie Corporate Citizenship, Corporate Governance, Sustainability Reporting oder auch Sustainability Management konkretisiert.

Corporate Citizenship (CC)

Im Grünbuch der Europäischen Kommission wird „Corporate Citizenship" als gesellschaftliches Engagement definiert, das die Gesamtheit der Beziehungen zwischen einem Unternehmen und dessen lokalem, nationalem und globalem Umfeld umfasst.

Auch im Verständnis des Corporate Citizenship wird das Unternehmen als „Bürger" verstanden. Seine Verpflichtung ist es, einen – zu seinem Einfluss verhältnismäßig gleichen – Beitrag zum Gemeinwohl zu leisten und sich aktiv für Problemvermeidung und Problemlösung in seinem Umfeld einzusetzen [178].

Aus dem Blickwinkel der Wirtschaftsethik heraus wird dieser Ansatz als normatives Fundament für das CSR-Leitbild begriffen, da es das Verhältnis des Unternehmens zur Gesellschaft ganz grundsätzlich definiert. CC stellt nach dieser Auffassung ein über CSR und Nachhaltigkeit hinausgehendes, übergeordnetes Konzept dar [32, 171].

In der unternehmerischen Praxis erweist sich „Corporate Citizenship" jedoch eher als ein dem CSR-Leitbild untergeordnetes Konzept, in dem allein die gemeinwohlorientierten Aktivitäten von Unternehmen außerhalb des Kerngeschäfts subsumiert werden.

Als die drei häufigsten Formen des bürgerschaftlichen Engagements sind Spendenwesen und Sponsoring (Corporate Sponsoring), das Stiftungswesen (Corporate Foundations) sowie das ehrenamtliche Engagement von Mitarbeitern für wohltätige Zwecke (Corporate Volunteering) zu nennen. Meist hat das Engagement, gerade bei kleinen und mittelständischen Unternehmen, einen direkten Bezug zum Firmenstandort, auch wenn das Unternehmen Kunden- und Lieferantenstrukturen in internationalem Rahmen unterhält [254].

Immer häufiger werden CC-Aktivitäten mit externen Partnern durchgeführt [199]. Das Unternehmen übernimmt dabei die Aufwendungen und stellt ggf. Mitarbeiter für das Projekt frei. Ein Beispiel hierfür ist die HelpAlliance der Lufthansa (www.help-alliance.com).

Teilweise werden auch freiwillige Selbstverpflichtungen der Wirtschaft (z.B. Klimaschutz-Selbstverpflichtung der Deutschen Industrie, Global Compact) als CC-Aktivität betrachtet, da Unternehmen bzw. Branchen damit ordnungspolitische Mitverantwortung übernehmen [32].

Nicht gleichgesetzt werden sollte der CC-Ansatz mit Mäzenatentum und philanthropischen Aktivitäten [171]. Denn wesentlich für das CC-Konzept (wie für das CSR-Leitbild auch) ist die Einbindung aller gemeinnützigen Aktivitäten in die Unternehmensstrategie und damit deren strategische Ausrichtung am Mehrwert für das Unternehmen. Zum Beispiel sollen sich Partnerschaften mit renommierten Umweltschutz- oder Entwicklungshilfeorganisationen positiv auf das Firmen- oder Markenimage auswirken. Häufig sind daher CC-Aktivitäten im Marketing und/oder Kommunikationsbereich von Unternehmen angesiedelt. Gerade dies führt, nicht ohne Berechtigung, zu der kritischen Frage, ob sich ein Unternehmen tatsächlich zu dem CSR- bzw. CC-Leitbild in seiner Unternehmensstrategie bekennt und dessen Verankerung in allen Unternehmensbereichen forciert oder ob es nur versucht, sein Unternehmensimage durch medienwirksame Sozial- und Umweltprojekte aufzupolieren.

Auf das Verständnis von Corporate Citizenship und den Bezug zur Corporate Social Responsibility wird im Beitrag von *Moritz Blanke* und *Reinhard Lang* (Kapitel 9.2) noch näher eingegangen.

Corporate Governance

Corporate Governance dient als konzeptionelle Struktur, mit deren Hilfe alle „Beziehungen zwischen Management, dem Aufsichtsrat, den Anteilseignern und den anderen Stakeholdern eines Unternehmens" möglichst effektiv geregelt werden. Sie gibt einen Rahmen für all jene Regelungen, die die Bestimmung der Unternehmensziele, die Mittel zu deren Erreichung sowie die Überwachung der Unternehmensleistung betreffen. Die damit verbundenen Vorgaben können sowohl rechtsverbindlich sein (Gesetze, Richtlinien, Weisungen) als auch rechtlich unverbindlichen Charakter haben (z.B. Unternehmensleitbild, Code of Conduct) [128].

Besondere Bedeutung hat Corporate Governance in börsennotierten sowie nicht-eigentümergeführten Unternehmen [245] für die Zusammenarbeit zwischen Anteilseigner bzw. Eigentümer auf der einen und dem Management auf der anderen Seite. Als Beispiel kann hier der „Deutsche Corporate Governance Kodex" gesehen werden (www.corporate-governance-code.de/ger/kodex/1.html), der am 26. Februar 2002 von einer durch die damalige Bundesministerin für Justiz, Prof. Dr. Herta Däubler-Gmelin, eingesetzte Regierungskommission verabschiedet wurde.

Durch die Einführung des Kodexes soll das Vertrauen der Anleger (besonders der international tätigen Investoren), der Kunden, der Mitarbeiter und der Öffentlichkeit in die Leitung und Überwachung deutscher börsennotierter Gesellschaften gefördert werden. Durch den Kodex werden wesentliche gesetzliche Vorschriften zur Unternehmensleitung und Überwachung deutscher börsennotierter Gesellschaften beschrieben. Neben nationalen berücksichtigt er auch international anerkannte Standards guter und verantwortungsvoller Unternehmensführung. Ziel ist es, dadurch das deutsche Corporate Governance System transparent und nachvollziehbar zu machen.

Der Kodex besitzt zudem über die Entsprechungserklärung gemäß § 161 AktG eine gesetzliche Grundlage. Demzufolge verpflichten sich Vorstand und Aufsichtsrat einer börsennotierten Aktiengesellschaft, jährlich zu erklären, dass den vom Bundesministerium der Justiz im amtlichen Teil des elektronischen Bundesanzeigers bekannt gemachten Empfehlungen der „Regierungskommission Deutscher Corporate Governance Kodex" entsprochen wurde und wird oder welche Empfehlungen nicht angewendet wurden oder werden.[2] Links zu den aktuellen Entsprechungserklärungen börsennotierter Unternehmen können der Homepage des Deutschen Corporate Governance Kodexes entnommen werden.

Um mit gutem Beispiel voranzugehen, legte die Bundesregierung nach und veröffentlichte Anfang Juli 2009 den „Public Corporate Governance Kodex", der das Kernelement der vom Kabinett verabschiedeten „Grundsätze guter Unternehmens- und Beteiligungsführung im Bereich des Bundes" bildet. Vornehmlich richtet sich der Kodex, der sich am gerade zuvor genannten Deutschen Corporate Governance Kodex orientiert, an nicht börsennotierte private Unternehmen, an denen der Bund mehrheitlich beteiligt ist (zum Beispiel: Deutsche Bahn AG, die Deutsche Gesellschaft für technische Zusammenarbeit (GTZ) GmbH oder die Wismuth GmbH, Chemnitz).

In Teilen geht der Kodex sogar über die Forderungen des Deutschen Corporate Governance Kodex hinaus. So greift er beispielsweise die vom Bundestag am 18. Juni 2009 verabschiedete Neuregelung von Managergehältern auf. Diese sollen sich darin an der Nachhaltigkeit der Unternehmensführung orientieren und bei Verschlechterung der wirtschaftlichen Lage des Unternehmens auch herabgesetzt werden können.

Auch laut dem „Public Corporate Governance Kodex" müssen betroffene Unternehmen jährlich einen Corporate Governance Bericht erstellen und darin auch begründen, falls von den Empfehlungen des Kodexes abgewichen wird.

Im Rahmen von Nachhaltigkeits- oder CSR-Konzepten hat Corporate Governance seinen Platz vor allem in der Gestaltung eines transparenten und glaubwürdigen Stakeholderdialogs sowie in der Unternehmensethik. Hierauf werden die Autoren *Josef Wieland* und *Maud Schmiedeknecht* in ihrem Beitrag (Kapitel 3) noch näher eingehen. So werden zum Beispiel

---

[2] Stellvertretend kann hier als Beispiel der Corporate Governance-Bericht der Deutsche Börse AG gesehen werden (Deutsche Börse, 2007, S. 48 ff.).

immer häufiger CSR-Berichte von externen Stakeholdern oder Wirtschaftsprüfungsgesellschaften geprüft und validiert, um deren Glaubwürdigkeit zu untermauern. Der Corporate Governance Bericht soll hierzu konkrete Angaben über Aktienoptionsprogramme und ähnliche wertpapierorientierte Anreizsysteme der Gesellschaft enthalten.

Unterschiede und Abgrenzung

Dieses Buch setzt seinen Schwerpunkt auf die Umsetzung des CSR-Konzeptes in Unternehmen des gehobenen Mittelstandes. Die oben umrissenen anderen Konzepte werden daher nur insofern en détail weiter verfolgt, soweit sie sich als integrativer Bestandteil im CSR-Konzept wiederfinden und/oder für mittelständische Unternehmen von besonderer Bedeutung sind.

Das vorliegende Buch konzentriert sich ferner auf die Wahrnehmung gesellschaftlicher Verantwortung durch Unternehmen und klammert diejenige anderer Organisationen weitestgehend aus. Letztere werden nur in denjenigen Fällen angesprochen, in denen sie in einer Wechselwirkung zur unternehmerischen Verantwortung stehen. Aus diesem Grundverständnis heraus orientieren sich die Autoren dieses Buches an der in der Wirtschaft gängigen Definition von CSR, in der die Gleichrangigkeit ökonomischer, ökologischer und sozialer Faktoren betont wird.

1.2   Von der griechischen Polis bis heute – Verantwortliches Handeln im Spiegel der Zeit

1.2.1   Antike: Indien, Griechenland und Römisches Reich

Das Prinzip der gesellschaftlichen Verantwortung von Unternehmen reicht wahrscheinlich so weit zurück wie die Geschichte von Unternehmen selbst. Bereits aus der Entstehung des englischen Wortes für Unternehmen, „company", wird abgeleitet, dass die Idee des Unternehmertums im Römischen Reich soziale Wurzeln hatte: „Company" setzt sich demnach aus den lateinischen Begriffen „cum panis" zusammen, was häufig als „das Brot zusammen brechen" übersetzt wird [10]. Auch stößt man bereits in Werken von Aristoteles auf den Begriff des Gemeinwohls, in denen er die Mitgestaltung der sozialen und politischen Ordnung durch die Bürger beschreibt [245].

Sowohl in der griechischen Antike als auch in der römischen Kaiserzeit wurden staatliche Aufgaben in zum Teil beträchtlichem Ausmaß von Privatleuten übernommen. Dies konnten zum Beispiel der Bau öffentlicher Gebäude oder die Sicherstellung der Wasser- und Nahrungsmittelversorgung sein. Verbreitet waren auch wohltätige oder soziale Schenkungen, vergleichbar etwa mit heutigen gemeinnützigen Stiftungen oder einem Sponsoring. Dieses gesellschaftliche Engagement blieb für das politische und soziale Machtgefüge der griechischen Städte nicht ohne Folgen. Es bildete sich ein Kreis aus Notabeln und Honoratioren heraus, die durch die freiwillige Übernahme staatlicher Aufgaben großen politischen Einfluss erhielten und so selbst von ihrer gemeinnützigen Spende profitierten. Zwar waren Spenden und soziale Projekte auch dem Bürger- und Heimatsinn oder den gesellschaftlichen Verpflichtungen der Familie geschuldet – uneigennützig waren sie dennoch für den Unternehmer meist nicht, da sie auch darauf zielten, die Beziehungen zwischen ihm und den für ihn wichtigen gesellschaftlichen Gruppen positiv zu gestalten [12, 64].

Frühzeit Indien — Gesellschaftliche Verantwortung in Vedischer Philosophie

Weit vor der hellenistischen und römischen Kultur finden sich in der philosophischen Schule Indiens bereits vor 5000 Jahren Hinweise auf das Prinzip der gesellschaftlichen Verantwortung von Unternehmern. Das Konzept der Verantwortung Einzelner für das Gemeinwohl baut dabei, ähnlich zum griechischen Weltbild, auf religiöse Werte auf, vornehmlich auf Ehrlichkeit, Liebe, Redlichkeit und Vertrauen. Zugrunde gelegt wurde die These, dass ein Prozess oder System nur effektiv funktionieren könne, wenn es in der Kultur eines Landes und der Gesellschaft verwurzelt ist. Ebenso galt, dass jede wohltätige Gabe um ein Vielfaches vermehrt an den Spender zurückgegeben würde. Geld sollte in erster Linie der Erfüllung gesellschaftlicher Belange dienen [209, 249]:

„May we together shield each other and may we not be envious towards each other. Wealth is essentially a tool and its continuous flow must serve the welfare of the society to achieve the common good of the society." (Atharva-Veda 3-24-5)

1.2.2 Mittelalter — Der „ehrbare Kaufmann" und erste Ansätze einer ökologischen Nachhaltigkeitsdimension

Einflussreiche Gelehrte des Mittelalters wie Thomas von Aquin und Aurelius Augustinus verknüpften den Begriff des Gemeinwohls mit den Vorstellungen einer transzendent-religiös geprägten Ordnung im Sinne des „bonum commune". Diese Ansicht behielt auch über die Zeit der Reformation hinweg ihre Gültigkeit: Auch für Martin Luther ist ein funktionierendes Gemeinwohl, das die Beziehungen zu den unmittelbaren Nachbarn und Geschäftspartnern sowie die Einstellung zur Arbeit an sich regelt, ohne Bezug zu einem höheren, allgemeinen Interesse nicht denkbar [245].

Ausgehend von dieser philosophischen Grundüberzeugung entwickelte sich in den mittelalterlichen Städten Italiens und dem norddeutschen Städtebund der Hanse das Leitbild des Ehrbaren Kaufmanns. Seit dem 12. Jahrhundert bis Ende der frühen Neuzeit wurde es in Kaufmannshandbüchern erwähnt. Es beschreibt den Typus eines Unternehmers, der seine Aufgabe in höchstem Maße verantwortungsbewusst gegenüber seinem Unternehmen, seinem gesellschaftlichen Umfeld und der Umwelt ausfüllte und auf eine gute Reputation bedacht war. Den Fortbestand seines Unternehmens über mehrere Generationen im Blick, bezog er den langfristigen Zugang zu natürlichen Ressourcen ebenso in seine Entscheidungen mit ein wie politische und gesellschaftliche Stabilität. Das Ansehen des Kaufmanns als ehrbares Mitglied in der Gesellschaft und kirchlichen Gemeinde sicherte das Vertrauensverhältnis zu seinen Kunden und seine Reputation als Unternehmer [180].

Ethik und Wirtschaft waren in diesem Konzept noch genauso eng miteinander verbunden wie im altgriechischen polis-Verständnis. Um als ehrbar zu gelten, musste ein Kaufmann zum einen für den wirtschaftlichen Erfolg praktische und natürlich kaufmännische Fähigkeiten vorweisen. Zum anderen sollte er auch charakterlich gefestigt sein und Tugenden wie Ehrlichkeit, Aufrichtigkeit, Fleiß, Ordnung und Verschwiegenheit in sich verkörpern.

Noch heute hat das Leitbild des Ehrbaren Kaufmanns gerade für mittelständische Unternehmen Vorbildcharakter. Es prägt ihr Verständnis von Unternehmertum, ihr soziales Engagement am Standort und die Beziehungen zu den Mitarbeitern [254].

Aus dem Mittelalter sind auch die ersten Ansätze ökologischer Nachhaltigkeitsbestrebungen in der Forstwirtschaft bekannt. Bereits im 13. Jahrhundert wurden in Nürnberg Gesetze erlassen, die der Holzwirtschaft einen nachhaltigen Umgang mit Waldbeständen auferlegten [140]. Im 18. Jahrhundert verursachten die Übernutzung der Wälder durch den Grubenausbau mit Holz, durch den Erzabbau mittels Feuersetzen, vor allem aber durch die mit Holzkohle betriebenen Schmelzhütten vielerorts einen akuten Holzmangel. H. C. von Carlowitz veröffentlichte daraufhin 1713 sein Buch „Sylvicultura Oeconomica – Die naturmäßige Anweisung zur Wilden Baumzucht", das eine „kontinuierliche, beständige und nachhaltige" Nutzung der Wälder forderte. Von Carlowitz gilt damit als Begründer der ökologischen Nachhaltigkeit in der deutschen Waldwirtschaft [120].

1.2.3   Französische Revolution und Industrielle Revolution – das Zeitalter patriarchalischer Unternehmensführer

Mit der Verbreitung liberalen Gedankenguts, gefördert durch die Aufklärung, durch bürgerliche Revolutionen und durch demokratische Entwicklungen seit dem Ende des 18. Jahrhunderts, wandelte sich das Verständnis von „Gemeinwohl" noch einmal grundlegend. Der religiöse, transzendentale Einfluss verlor an Bedeutung und das Prinzip der Rechtsstaatlichkeit und Gleichheit rückte in das Zentrum der politischen und bürgerlichen Ordnungssysteme. Im Rahmen der liberalen Ideologien der bürgerlichen Revolutionen wurden Privatinteresse und Gemeinwohl nicht länger als Gegensatz begriffen, sondern als aufeinander aufbauende Anliegen: Durch die Verfolgung von Privatwohl durch den Einzelnen, so die Annahme, verbessere sich der Gesamtzustand des Gemeinwohls [245].

Im Zuge der Industrialisierung im 19. Jahrhundert nahm die Auswirkung unternehmerischer Tätigkeit auf Gesellschaft und Umwelt sprunghaft zu und erreichte eine vollkommen neue Dimension: Aus den „Ehrbaren Kaufleuten" des europäischen Bürgertums gingen patriarchalisch geprägte Industrielle hervor. Auch für diese waren Gemeinnützigkeit und gesellschaftliches Engagement ebenso wie charakterliche Tugenden Eigenschaften eines „guten Unternehmers". Das Bild der patriarchalischen Führungsfigur wurde darüber hinaus wesentlich durch die Prinzipien Autorität und Güte geprägt. Seine übergeordnete Stellung basierte dabei – vergleichbar dem griechischen und römischen Senat – auf seinem Wissens- und Erfahrungsschatz und seinem Alter.

Im antiken Griechenland existierte in Sparta ein Ältestenrat (Gerusia). Auch die meisten anderen griechischen Stadtstaaten kannten Ältesten- bzw. Adelsräte, die neben Volksversammlungen und Magistraturen zu den typischen Einrichtungen einer Polis gehörten. Der römische Senat war der oberste Rat des römischen Reiches. Formal hatte er in der Republik als Versammlung der ehemaligen Amtsträger zwar nur beratende Funktion, faktisch aber war er das Machtzentrum des Staates. Alle höheren Beamten des römischen Staates erhielten im Anschluss an ihre Amtszeit und die darauf folgende Statthalterschaft einen Sitz im Senat. Ihr Ansehen und ihr Einfluss bemaßen sich an ihrem zuletzt bekleideten Amt. Wenngleich die höchsten Ämter, vor allem das Consulat, meist nur von Mitgliedern einiger weniger einflussreicher Familien erreicht wurden, konnten doch auch „gewöhnlichere" Bürger über die Bekleidung niedriger Ämter einen Senatssitz erlangen.

Mitarbeiter wurden als Teil der Unternehmerfamilie begriffen, für deren Wohlergehen sich der Unternehmer persönlich verantwortlich fühlte. So wurden Systeme und Programme geschaffen, um die Arbeits- und Wohnbedingungen sowie Alterssicherung, Bildung und Krankenversorgung der Belegschaft und ihrer Familien zu verbessern. Diese Maßnahmen entsprachen zwar dem ethischen Verständnis der Unternehmer, wirkten sich jedoch durch die enge Bindung und Abhängigkeit der Mitarbeiter und die entsprechend geringere Fluktuation auch wirtschaftlich positiv aus [222]. Zudem entsprachen sie dem Bestreben der Unternehmen, das Aufkommen von Arbeitervereinen und den Zulauf der Arbeiter zu sozialistischen Parteien zu unterdrücken. Der wohl bekannteste Beispielgeber für die Entwicklung sozialer Mitarbeiterprogramme ist der Essener Großindustrielle Alfred Krupp.

Daneben verfolgten Unternehmer auch philanthropische und soziale Projekte und festigten so Akzeptanz und Vertrauen ihrer Mitarbeiter wie auch relevanter gesellschaftlicher Gruppen. Besonders in den Städten Großbritanniens zum Ende des 19. Jahrhunderts erkannten viele Unternehmer die soziale Sprengkraft der Lebens- und Arbeitsbedingungen und reagierten mit einem besonders ausgeprägten sozialen Engagement.

Britische Unternehmer sahen sich auch vergleichsweise früh mit öffentlichen Protestaktionen gegen unethisches Verhalten und übermäßiges Profitstreben konfrontiert. So fand bereits in den 1790er Jahren der erste Boykott gegen die Zuckerindustrie aufgrund der Duldung von Sklavenarbeit bei Lieferanten statt. Die Unternehmen sahen sich gezwungen, zu ethisch verantwortungsbewussten Lieferanten zu wechseln [278]. Nicht zuletzt daraus erklärt sich der vergleichsweise frühe Beginn der CSR-Diskussion (Loew et al., 2004, S. 18ff.) und das heute intensiv ausgeprägte CSR-Engagement im angelsächsisch geprägten Wirtschaftsraum.

1.2.4 Bismarcksche Sozialgesetzgebung — Erste Sozial- und Arbeitsstandards

Die Veränderung der gesellschaftlichen Landschaft durch die Industrialisierung und die untragbaren Lebens- und Arbeitsbedingungen der städtischen Arbeiterschaft veranlassten europäische Politiker Ende des 19. Jahrhunderts zu ersten Sozialgesetzen. Verwiesen sei hier beispielsweise auf die Kaiserliche Botschaft von Kaiser Wilhelm I. zur Eröffnung des Deutschen Reichstages 1881: *„[...] für diese Fürsorge die rechten Mittel und Wege zu finden, ist eine schwierige, aber auch eine der höchsten Aufgaben jedes Gemeinwesens, welches auf den sittlichen Fundamenten des christlichen Volkslebens steht. Der engere Anschluss an die realen Kräfte dieses Volkslebens und das Zusammenfassen der letzteren in der Form korporativer Genossenschaften unter staatlichem Schutz und staatlicher Förderung werden, wie Wir hoffen, die Lösung auch von Aufgaben möglich machen, denen die Staatsgewalt allein in gleichem Umfange nicht gewachsen sein würde."* [289]

So entstand im Deutschen Kaiserreich die Bismarcksche Sozialgesetzgebung zur verpflichtenden Kranken-, Arbeitslosen- und Rentenversicherung. Nicht zuletzt sollte auf diese Weise die politische Sprengkraft der städtischen Lebensbedingungen entschärft und der Zulauf der Arbeiter zu sozialdemokratischen oder sozialistischen Parteien und den Gewerkschaften gebremst werden. Ein weiteres Beispiel sind die „Factory Acts", die in Großbritannien Anfang des 19. Jahrhunderts erlassen wurden und unter anderem Arbeitszeit und Mindestalter für Mitarbeiter regelten (Reichert, 2002, S. 5).

1.2.5 Nachkriegszeit: Umweltschutz, Armutsbekämpfung und Sozialstandards

Seit den 1950er Jahren sahen sich die Menschen in Industrie- wie Entwicklungsländern einer Reihe gravierender Probleme gegenüber gestellt. Im Zuge des rasanten und ökologisch wie sozial kaum regulierten Wachstums der Weltwirtschaft nahmen Umweltzerstörung, Übernutzung natürlicher Ressourcen und in der Folge Gesundheitsprobleme und Nahrungsmangel zu. Durch die Industrialisierung in Entwicklungsländern bekam die Forderung nach internationalen Arbeits- und Sozialstandards neue Dynamik.

Gleichzeitig schien die Welt enger zusammenzurücken: Durch technologischen Fortschritt wurde eine neue Dimension internationaler Mobilität, Vernetzung und des Informationsaustausches möglich. Die Keimzelle der Globalisierung war gelegt. Damit nahm auch das Interesse der Bürger gerade in Industrienationen am ethischen wie ökologischen Verhalten von Unternehmen im In- und Ausland deutlich zu.

Vor diesem Hintergrund hatten auf der Weltbühne, zunächst weitestgehend unabhängig voneinander, breite öffentliche Bewegungen zum Umweltschutz, zur Armutsbekämpfung und zu international anerkannten Sozialstandards ihre ersten großen Auftritte. Zunächst standen sich die Ziele der frühen Umweltaktivisten (Reduzierung des Ressourcenverbrauchs) und die der Entwicklungsbewegungen (Armutsbekämpfung durch wirtschaftliche Entwicklung) sogar teilweise entgegen.

Besondere Dringlichkeit erhielt die Umwelt- und Entwicklungsdiskussion durch das rasche Wachstum der Weltbevölkerung. Die ökologischen Fragen nach Ernährungssicherheit einerseits und schonendem Umgang mit natürlichen Ressourcen andererseits boten eine willkommene Schnittstelle zur weiteren konsensbasierten Diskussion. Das hohe Ausmaß und die gegenseitige multidimensionale Vernetzung der sozialen wie ökologischen Herausforderungen weltweit machten deutlich, dass eine ganzheitliche Herangehensweise zwingend gefordert war. Mehr als 250 Jahre nach Erscheinen seines Buches wurde von Carlowitz´ Idee wiederentdeckt. Das für die Holzwirtschaft gedachte Modell wurde schnell auf die Gesamtwirtschaft übertragen. Das „neue" Konzept der „Nachhaltigen Entwicklung" fand Eingang in die Wissenschaft. Internationale wie nationale Politiker sprachen plötzlich darüber und selbst die interessierte Öffentlichkeit wurde hellhörig.

Von Unternehmern wurde erwartet, das Prinzip nachhaltigen Wirtschaftens – wie immer es aussehen sollte – in ihren Unternehmen umzusetzen. Während die politisch-öffentlichen Grundsatzdiskussionen munter weiterliefen, waren es schließlich die Unternehmen und Wirtschaftswissenschaftler, die das Prinzip konkretisierten und das bis heute gültige Konzept der gesellschaftlichen Verantwortung von Unternehmen (CSR) entwickelten.

In diesem Konzept fanden sich die bis dato parallel laufenden ökologischen und entwicklungspolitischen Strömungen als gleichberechtigte Partner vereint wieder.

Dieser Vereinigungsprozess – wie für viele solcher Prozesse typisch – realisierte sich allerdings nicht über Nacht. Vielmehr muss er als konsequentes Ergebnis der Weiterentwicklungen beider Strömungen gesehen werden, deren Geltungsbereiche sich im Laufe der Zeit mehr und mehr überlappten. Von nun an wurde die Weiterentwicklung des CSR-Leitbildes und seiner Prinzipien durch drei Kräfte vorangetrieben:

- durch die sich verstärkende politische Ausprägung des Nachhaltigkeitskonzeptes konnten Rahmenbedingungen geschaffen werden, die das Spielfeld der CSR-Aktivitäten festlegen sollten;
- durch das Aufkommen von Umweltbewegungen entwickelte sich in der Gesellschaft ein verstärktes Umweltbewusstsein, aus dem sich konkrete Forderungen nach einem verantwortungsbewussten Umgang mit natürlichen Ressourcen herauskristallisierten; und
- durch die aufkommende Eigenverantwortung/Eigeninitiative der Unternehmen, sich mit ihrer langjährigen Umsetzungskompetenz des CSR-Themas auf operativer Ebene anzunehmen.

Politische Entwicklung: Das Prinzip der nachhaltigen Entwicklung

Vor dem Hintergrund der beiden Weltkriege gründeten sich 1948 die Vereinten Nationen. Noch im gleichen Jahr verabschiedeten sie die „Allgemeine Erklärung der Menschenrechte".[3] Diese wurde 1966 in zwei UN-Pakten weiter spezifiziert und verbindlich gemacht. Zum Teil aufbauend auf den Menschenrechten wurde die in der Zeit der

---

[3] Siehe hierzu auch Kapitel 4 dieses Buches. Der Wortlaut der Erklärung und weitere Informationen finden sich unter URL: http://www.unhchr.ch/udhr/lang/ger.htm

Industrialisierung entstandene Sozial- und Arbeitsgesetzgebung in den Industrienationen bedeutend ausgebaut und präzisiert [235].[4]

Auf internationaler, politischer Ebene wurden in Ermangelung einer einheitlichen Gesetzgebung allgemein anerkannte Mechanismen und Standards geschaffen, an denen Unternehmen weltweit ihre individuellen Verhaltensrichtlinien ausrichten konnten. Eine zentrale Rolle kam dabei der Internationalen Arbeitsorganisation IAO (ILO)[5] zu. Ihre Aufgaben und besonders die Bedeutung der ILO-Kernarbeitsnormen für Unternehmen werden im Beitrag von *Antje Gerstein* (Kapitel 5.2) genauer diskutiert.

Drei zentrale, international anerkannte Dokumente, auf die sich Unternehmen bei der Analyse und Umsetzung der mitunter recht komplexen rechtlichen, politischen und ethischen Anforderungen an verantwortungsbewusste Unternehmensführung beziehen können, haben sich so in den vergangenen Jahrzehnten entwickelt [128]:

▓ Die „Dreigliedrige Grundsatzerklärung" („Tripartite Declaration of Principles") [268] der Internationalen Arbeitsorganisation IAO (ILO) wurde 1977 als internationaler Konsens zwischen Regierungen, Gewerkschaften und Unternehmensverbänden zu den wesentlichen Sozial- und Arbeitsstandards beschlossen und 1979 im Rahmen einer OECD-ILO Konferenz verabschiedet. Seit 2006 liegt sie in einer überarbeiteten Fassung vor [126].

▓ Die Kernarbeitsnormen [158] der Internationalen Arbeitsorganisation IAO (ILO) wurden zwischen 1930 und 1999 in separaten Übereinkommen festgeschrieben. Sie bestehen aus acht Grundsatzdokumenten. Mit ihnen werden im Wesentlichen die allgemeinen Menschenrechte in Sozial- und Arbeitsstandards übertragen. Unter anderem beziehen sie sich auf das Verbot von besonders schweren Formen der Kinderarbeit, von Zwangsarbeit und Diskriminierung sowie auf das Recht auf Vereinigungsfreiheit und Kollektivverhandlungen [158].

▓ Weiterhin wurden von Seiten der OECD die „Leitlinien für multinationale Unternehmen" [220] als rechtsverbindliche Empfehlung verabschiedet. Sie sprechen in erster Linie international tätige Unternehmen an und sollen diese darin unterstützen, ihre Geschäftstätigkeit im Einklang mit den rechtlichen und politischen Bestimmungen sowie gesellschaftlichen Erwartungen zu gestalten.

Forciert durch eine Reihe von UN-Konferenzen in den 1970er und 1980er Jahren verfestigte sich der Gedanke, dass die Herausforderungen zur Armutsbekämpfung, zur wirtschaftlichen Entwicklung und zum Schutz der Umwelt nicht voneinander getrennt betrachtet werden könnten. 1983 wurde schließlich die ehemalige norwegische Umweltministerin und Premierministerin Gro Harlem Brundtland vom damaligen UN-Generalsekretär Javier Pérez de Cuéllar beauftragt, die „World Commission on Environment and Development"

---

[4] Siehe hierzu auch Kapitel 5.1 dieses Buches.

[5] Zur Beschreibung der IAO siehe Kapitel 1.5.5 dieses Buches.

der Vereinten Nationen zu gründen und selbst den Vorsitz zu übernehmen. Erster Auftrag dieser auch als „Brundtland-Kommission" bekannt gewordenen Expertengruppe war es, ein weit gefasstes politisches Konzept für nachhaltige Entwicklung zu entwickeln. Im April 1987 wurde schließlich der als Brundtland-Bericht bekannt gewordene Abschlussbericht der Kommission „Our Common Future" („Unsere gemeinsame Zukunft") veröffentlicht. Das Konzept der Nachhaltigen Entwicklung wird darin auf zwei Arten definiert (Brundtlandbericht, 1987, S. 46):

„Dauerhafte Entwicklung ist Entwicklung, die die Bedürfnisse der Gegenwart befriedigt, ohne zu riskieren, dass künftige Generationen ihre eigenen Bedürfnisse nicht befriedigen können."

Nachhaltige Entwicklung betont damit den Ausgleich zwischen wirtschaftlichen, ökologischen und sozialen Zielen unter Berücksichtigung der Generationengerechtigkeit. Diese Definition einer intergenerativen ökologischen Gerechtigkeit (Generationengerechtigkeit) ist seitdem Bestandteil aller danach vereinbarten internationalen Umweltabkommen.

Weniger bekannt ist hingegen die zweite von der Brundtland-Kommission stärker konkretisierte Formulierung einer Nachhaltigkeitsdefinition (Brundtlandbericht, 1987, S. 49):

„Im wesentlichen ist dauerhafte Entwicklung ein Wandlungsprozess, in dem die Nutzung von Ressourcen, das Ziel von Investitionen, die Richtung technologischer Entwicklung und institutioneller Wandel miteinander harmonieren und das derzeitige und künftige Potential vergrößern, menschliche Bedürfnisse und Wünsche zu erfüllen."

Deutlich wird hier die Forderung nach einer ganzheitlichen Verhaltensänderung, die allerdings auch heute noch – eben wegen des notwendigen Wandlungsprozesses – weniger konsensuale Anerkennung bei den betroffenen Interessensgruppierungen findet.

Die Veröffentlichung des Brundtland-Berichts startete einen weltweiten Diskurs über die Aspekte einer Nachhaltigen Entwicklung [38]. Viele weitere Definitionen zur Nachhaltigkeit folgten, jedoch prägt die „Brundtland-Definition" bis heute wesentlich das Verständnis von Nachhaltigkeit und CSR. Der Bericht selbst kann als eine der am häufigsten zitierten Quellen der Umwelt- und Entwicklungsliteratur angesehen werden.

1989 folgte die Einberufung der Konferenz der Vereinten Nationen über Umwelt und Entwicklung. Drei Jahre später fand der erste UN-Gipfel zur Nachhaltigen Entwicklung in Rio de Janeiro statt. Auf diesem als „Earth Summit" oder auch „Rio-Konferenz" bekannt gewordenen internationalen Expertentreffen wurde eine „Nachhaltige Entwicklung" als das wichtigste Entwicklungsziel weltweit manifestiert. Um die Erkenntnisse des Brundtland-Berichtes in internationales Handeln umsetzen zu können, wurde die Agenda 21 beschlossen. UN-Mitgliedsstaaten verabschiedeten erste international verbindliche Aktionspläne mit konkreten Nachhaltigkeitszielen, so zum Beispiel zum internationalen Klimaschutz, der lokalen Umsetzung Nachhaltiger Entwicklung unter Einbindung von Stakeholdern oder dem Schutz geistigen Eigentums indigener Völker.

Für Unternehmen, gerade in Industrienationen, hatten die Ergebnisse der Konferenz weit reichende Folgen: Die Wirtschaft sollte sich nach dem Willen der Politik an der Umsetzung der Klimaschutzziele, die in Folgekonferenzen mit dem Kyoto-Protokoll und entsprechenden Verträgen und Gesetzen spezifiziert wurden, in zum Teil erheblichem Maß beteiligen. Zudem wurde das Prinzip des lokalen Stakeholderdialogs mit der Agenda 21 institutionalisiert. Eine Vielzahl von Aktionsbündnissen, Interessengruppen und Netzwerken bildete sich in Folge dessen auf lokaler, nationaler wie internationaler Ebene, um der Stimme der jeweiligen Stakeholdergruppe zu größerem Einfluss zu verhelfen. Im Rahmen der Rio-Konferenz gründete sich so auch das erste Unternehmensnetzwerk für Nachhaltigkeit, das heutige World Business Council for Sustainable Development (WBCSD) [308, 263].

Im Rahmen der Folgekonferenzen zum „Earth Summit" in Rio de Janeiro, insbesondere auf der UN-Konferenz zur Nachhaltigen Entwicklung 2002 im südafrikanischen Johannesburg, wurden Ziele, Lösungsansätze und Aktionsprogramme weiter konkretisiert und ihre zeitnahe Umsetzung forciert [101]. Weitere Entwicklungsziele legte sich die Weltgemeinschaft im Jahr 2000 mit den Millennium Development Goals (siehe folgenden Kasten) in ihren Verantwortungskorb [205].

Millenium Entwicklungsziele (Millennium Development Goals)

Im September 2000 fand in New York die 55. Generalversammlung der Vereinten Nationen statt, die in die Geschichte als **Millennium-Gipfel** (Millennium Assembly) einging. Auf der bis zu diesem Zeitpunkt größten Zusammenkunft von Staats- und Regierungschefs einigten sich die Teilnehmer darauf, die Armut in der Welt bis zum Jahr 2015 zu halbieren.

Zum Zeitpunkt des Gipfels lebten über eine Milliarde Menschen in extremer Armut: Jeder fünfte Mensch hatte weniger als den Gegenwert eines US-Dollars (Kaufkraftparität) pro Tag für seinen Lebensunterhalt zur Verfügung. Mehr als 700 Millionen Menschen hungerten und waren unterernährt. Mehr als 115 Millionen Kinder im Volksschulalter hatten keine Möglichkeit zur Bildung, d.h. sie konnten weder lesen noch schreiben. Über einer Milliarde Menschen war der Zugang zu sauberem Trinkwasser verwehrt, mehr als zwei Milliarden hatten keine Möglichkeit, sanitäre Anlagen zu nutzen.

Am 18. September 2000 verabschiedeten 189 Mitgliedsstaaten der Vereinten Nationen mit der Millenniumserklärung einen Katalog grundsätzlicher, verpflichtender Zielsetzungen für alle UN-Mitgliedsstaaten. Armutsbekämpfung, Friedenserhaltung und Umweltschutz wurden als die wichtigsten Ziele der internationalen Gemeinschaft bestätigt. Das Hauptaugenmerk lag hierbei auf dem Kampf gegen die extreme Armut: Armut wurde nicht mehr nur allein als Einkommensarmut verstanden, sondern umfassender als Mangel an Chancen und Möglichkeiten.

Reiche wie auch arme Länder verpflichteten sich, die Armut drastisch zu reduzieren und Ziele wie die Achtung der menschlichen Würde, Gleichberechtigung, Demokratie, ökologische Nachhaltigkeit und Frieden zu verwirklichen.

Im Vergleich zu früheren Entwicklungsdekaden sind die Ziele umfassender, konkreter und mehrheitlich mit eindeutigem Zeithorizont versehen. Außerdem ist zu erwähnen, dass sich nie zuvor neben Regierungen auch Unternehmen, internationale Organisationen aber auch die Zivilgesellschaft so einstimmig zu einem Ziel bekannt haben und sich einig sind, dass der Ausbreitung der Armut Einhalt geboten werden muss.

Für die Umsetzung der Millenniumserklärung erstellte eine Arbeitsgruppe aus UN, Weltbank, OECD und anderen Organisationen im Jahr 2001 eine Liste von Zielen, die als die acht so genannten „Millennium-Entwicklungsziele" (Millennium Development Goals, MDGs) bekannt wurden:

- Bekämpfung von extremer Armut und Hunger

- vollständige Primarschulbildung für alle Jungen und Mädchen

- Förderung der Gleichstellung der Geschlechter und Stärkung der Rolle der Frauen

- Reduzierung der Kindersterblichkeit

- Verbesserung der Gesundheitsversorgung von Müttern

- Bekämpfung von HIV/AIDS, Malaria und anderen schweren Krankheiten

- Ökologische Nachhaltigkeit

- Aufbau einer globalen Entwicklungspartnerschaft

Alle Mitgliedsstaaten der Vereinten Nationen haben zugesagt, diese Ziele bis zum Jahr 2015 zu erreichen.

Auf dem „World Summit on Sustainable Development" im September 2002 in Johannesburg/Südafrika wurden die Millenniumsziele in den Aktionsplan aufgenommen. Eine UN-Millenniumkampagne unter Leitung der ehemaligen niederländischen Entwicklungsministerin Eveline Herfkens unterstützt seit 2006 in rund 60 Ländern nationale Kampagnen zur Erreichung der Millenniumsziele. Als Beitrag Deutschlands wurde im April 2001 parallel zur Abstimmung der Millenniumsziele das Aktionsprogramm 2015 vom Bundeskabinett verabschiedet.

Auszug aus der freien Enzyklopädie Wikipedia
(http://de.wikipedia.org/wiki/Millennium-Gipfel)

Mit dem Aktionsplan von Johannesburg wurde die wichtige Rolle von Unternehmen und des CSR-Ansatzes für die Umsetzung einer Nachhaltigen Entwicklung explizit hervorgehoben. Kurz zuvor im Jahre 2001 hatte bereits die Europäische Kommission mit der Veröffentlichung des Grünbuchs zu CSR, „Europäische Rahmenbedingungen für die soziale Verantwortung von Unternehmen" [128], diesen Ansatz aufgegriffen, der später in der Mitteilung der Kommission zu CSR [103] und dem nachfolgenden Bericht des European Multistakeholderforum zu CSR 2004 konkretisiert wurde.

Beginn der Umweltbewegungen — Forderung nach Transparenz und Rechenschaft

Nicht zuletzt aus den auf politischer Ebene vereinbarten Menschenrechten leitete sich eine stärker werdende Bewegung zur Armutsbekämpfung, wirtschaftlichen Entwicklung und politischen Stärkung der Entwicklungsländer ab. In diesem Zusammenhang wurde von Unternehmen, die geschäftliche Beziehungen oder Produktionsanlagen in diesen Ländern unterhielten, ein verantwortungsbewusster Umgang mit natürlichen Ressourcen und der Umwelt sowie eine Berücksichtigung der international anerkannten Menschenrechte, Sozial- und Arbeitsstandards verlangt. Dabei setzten NGOs und Politik zwar auch auf freiwillige Maßnahmen und ethische Selbstverpflichtung der Wirtschaft; im Vordergrund stand jedoch der Ruf nach international verbindlichen Regeln.

Weitestgehend parallel zur Entwicklungsdiskussion entstanden in Nordamerika und etwas versetzt im Westeuropa der 60er Jahre die ersten Umweltbewegungen, die den global zunehmenden Raubbau an natürlichen Ressourcen und die Zerstörung von Ökosystemen als direkte oder indirekte Folge von Unternehmensaktivitäten anprangerten. Gleichzeitig wurde die Verwendung langlebiger Chemikalien durch Unternehmen in Verbindung mit Gesundheitsproblemen der Gesellschaft und dem Artensterben gebracht. Die breite Bevölkerung wurde damit zu direkt Betroffenen des unternehmerischen Handelns. Hieraus entwickelten sich zwei zentrale Prinzipien des CSR-Konzeptes: Der Stakeholderdialog und das Prinzip der Accountability[6] von Unternehmen gegenüber der Gesellschaft.

Aktivisten und gesellschaftliche Gruppierungen gründeten sich, um den Belangen der Bürger in Unternehmen und Politik mehr Gewicht zu verschaffen und auf eine umfassende Umweltgesetzgebung hinzuwirken. Beispiele hierfür sind die Gründung des „Environment Defense Fund", einem Zusammenschluss von Wissenschaftlichern und Rechtsanwälten zur Entwicklung einer umfassenden Umweltpolitik im Jahr 1967 (http://www.edf.org), die Gründung von „Friends of the Earth" im Jahr 1969 (http://www.foe.co.uk) und schließlich 1971 die Gründung von Greenpeace als der in der Öffentlichkeit wohl bekanntesten aller Organisationen (http://www.greenpeace.de).

Als Meilensteine der Umweltbewegung gelten die Veröffentlichungen von Rachel Carson („Silent Spring"), Garret Hardin („Tragedy of the Commons") und Paul Ehrlich („Population Bomb") in den 1960er Jahren. Sie machten wissenschaftliche Erkenntnisse für die Allgemeinheit zugänglich und sensibilisierten für akute globale Umwelt-, Gesundheits- und Sozialprobleme. Oft wurden Unternehmen als Verantwortliche ausgemacht. Besondere Beachtung fand in Europa der Bericht „Limits of Growth" des „Club of Rome" (1972) mit der zentralen Aussage, dass nur eine Verringerung wirtschaftlichen Wachstums negative Folgen für Umwelt und Gesundheit vermeiden könne. Er wurde besonders wegen fehlender Berücksichtigung technologischer Lösungsansätze und der implizierten Einschränkung des Rechts auf wirtschaftliche Entwicklung für Entwicklungsländer kontrovers diskutiert. Der Gegenentwurf der Bariloche Foundation, „Limits to Poverty", propagierte weiteres wirtschaftliches Wachstum und Chancengleichheit für die Dritte Welt.

Unterstützt wurde die Argumentation der Umweltaktivisten durch eine Reihe von Umweltkatastrophen, die in den 1970er und 1980er Jahren das öffentliche Bewusstsein erreg-

---

[6] Weitere Informationen finden sich in Kapitel 2.3 bzw. Kapitel 5.

ten (Hardtke/Prehn, 2001, S. 24 ff.). Beispiele wie das Tankerunglück der Amoco Cadiz vor der bretonischen Küste im Jahr 1978[7], wie 1984 das Unglück im indischen Bhopal[8] oder wie die kontinuierliche Diskussion über die Folgen der Abholzung der Regenwälder schärften nicht nur das Bewusstsein breiter Bevölkerungsschichten. Sie machten die Notwendigkeit international gültiger, umweltpolitischer Standards deutlich [263].

Die Anforderungen an Transparenz und Accountability nahmen zu Beginn der 90er Jahre massiv zu. Gerade größere Unternehmen reagierten hierauf mit der Einrichtung freiwilliger Umweltmanagementsysteme, Öko-Audits und Umweltberichterstattung [191]. Hieraus entwickelte sich, auch im Zuge der öffentlich-politischen Nachhaltigkeitsdiskussion, eine Nachhaltigkeits- oder CSR-Berichterstattung. In der Anfangsphase wurde meist der Umweltbericht um soziale, gesellschaftliche und unternehmensstrategische Aspekte erweitert.

Um Unternehmen eine Orientierungshilfe bei der durchaus komplexen Einrichtung des CSR-Berichtswesens Unterstützung zu bieten, wurde die Global Reporting Initiative (GRI) 1997 zunächst als Multistakeholder-Forum gegründet. Sie entwickelt Leitlinien für eine CSR-Berichterstattung. Dies geschieht in Zusammenarbeit sowohl mit den betroffenen Unternehmen als auch mit den Adressaten der Berichte – den wesentlichen Stakeholdergruppen (http://www.globalreporting.org/AboutGRI/).

Gerade in Bezug auf Sozial- und Arbeitsbedingungen entstanden zudem eine Reihe von Standards und Indikatoren, die auch eine externe Verifizierung der Unternehmensleistung ermöglichen. Anerkannte Beispiele hierfür sind der Standard des „Institute for Social and Ethical AccountAbility" (AA1000) [163] oder derjenige von Social Accountability International (SA8000 Standard) [255].

Eigenverantwortung der Unternehmen: Die Umsetzung des CSR-Leitbildes

Im Verlauf der 1970er Jahre wurden Unternehmen vermehrt als aktive gesellschaftliche Akteure wahrgenommen, die nicht nur auf Erwartungen von außen reagierten, sondern aktiv Einfluss auf ihre Stakeholder nahmen. Sie sollten eine positive gesellschaftliche Ent-

---

[7] Amoco Cadiz war ein Tanker der US-amerikanischen Amoco Oil Corporation. Unter liberianischer Flagge fahrend kollidierte er am 16. März 1978 mit einem Felsen an der Küste der Bretagne (Frankreich) und brach in drei Teile auseinander, was zum sechstgrößten Ölunglück der Geschichte führte. 1,6 Millionen Barrel (223.000 t) Rohöl gelangten ins Meer.

[8] Am 3. Dezember 1984 ereignete sich eine der größten Katastrophen der industriellen Chemie, das sogenannte Bhopalunglück. Im Werk der Union Carbide of India Limited, einer Tochtergesellschaft der Union Carbide Corporation, wurden rund 40 Tonnen Methylisocyanat (MIC) in die Atmosphäre freigesetzt. Diese leichtflüchtige, sehr reaktive Flüssigkeit, die schon in geringen Konzentrationen Haut- und Schleimhautverätzungen, Augenschädigungen und Lungenödeme hervorrufen kann, trieb in einer Giftgaswolke dicht über dem Boden durch ein angrenzendes Elendsviertel. Durch diese Katastrophe starben nach offiziellen Angaben 1.600 Menschen sofort und rund 6.000 weitere an den unmittelbaren Nachwirkungen; bis heute summiert sich die Zahl der Opfer auf mindestens 20.000 Personen.

wicklung mitgestalten, was mit dem Konzept der Corporate Social Responsiveness beschrieben wurde (Frederick, 2002, S. 306). Der damals noch stark verwurzelte Gedanke des Shareholder Value gab der Debatte um CSR und Stakeholderdialog (Stakeholder-Value-Ansatz) als Alternativkonzept weitere Dynamik.

Der Fokus der politischen Diskussion lag spätestens seit dem UN-Gipfel in Johannesburg ohnehin nicht mehr in der Entwicklung des Nachhaltigkeitsbegriffes, sondern auf der konkreten Umsetzung durch Regierungen und Organisationen. Besonderes Augenmerk richtete sich dabei auf die Wirtschaft.

Seit Ende der 1990er Jahre wurde daher eine Vielzahl an Standards, Management- und Evaluierungssystemen zu ökologischen und sozialen Unternehmenszielen entwickelt – später auch in integrierter Form zu Nachhaltigkeitszielen. Dies sollte Unternehmen die Verankerung des Umwelt- und Nachhaltigkeitsgedankens in allen Unternehmensbereichen erleichtern.

So entstand zum Beispiel, initiiert durch den damaligen UN-Generalsekretär Kofi Annan, als Kooperation zwischen den Vereinten Nationen und privaten Unternehmen der „Global Compact". Durch zehn Grundsätze, zu denen sich die Mitglieder des „Global Compact" auf freiwilliger Basis verpflichteten, sollte die Globalisierung sozialer und ökologischer gestaltet werden. Darüber hinaus sollten Unternehmen eine Diskussionsplattform und Orientierungshilfe für ihre individuelle Ausgestaltung des CSR-Konzeptes erhalten [113].

Mit der Globalisierung der Wirtschaft und Vernetzung der Gesellschaft durch moderne Kommunikationstechnologien wuchsen aus Sicht von Unternehmen sowohl die Zahl der Stakeholder als auch deren Organisationsgrad und Engagement. Um die interne und externe Kommunikation des Unternehmens vor diesem Hintergrund weiter handhabbar zu gestalten, sahen sich Unternehmen gefordert, ihren Stakeholderdialog zu strukturieren. Dies bedeutete, die wesentlichen Ansprechpartner und Multiplikatoren zu identifizieren, deren spezifische Interessen auf Legitimität und Legalität zu prüfen, entsprechend zu priorisieren und schließlich einen strukturierten Kommunikationsprozess zu den ausgewählten Stakeholdergruppen einzuleiten [82].

1.3 Konzeptionelle Diskussion von Corporate (Social) Responsibility

Bei der Entwicklung von Konzepten für CR oder CSR konnte auf eine gerade in den USA seit mehreren Jahrzehnten andauernde wissenschaftliche Diskussion zurückgegriffen werden. Schon zu Beginn des 20. Jahrhunderts wurden erste Beiträge zu dem Thema veröffentlicht, wobei der Fokus auf die „gesellschaftliche" Verantwortung weitestgehend noch mit „sozialem" Engagement für Mitarbeiter und Mitbürger gleichgesetzt wurde. Unter anderem wies 1929 der Dean der Harvard Business School, Wallace B. Donham, auf die gestiegene soziale Bedeutung und die große Verantwortung der Wirtschaft für das Wohlergehen auch zukünftiger Generationen hin [222].

Dabei wurde schon damals ein höheres Maß an Transparenz und Rechenschaftspflicht von Unternehmen gegenüber den von ihrem Handeln betroffenen gesellschaftlichen Gruppen gefordert. So betonte 1926 J.M. Clark die Bedeutung der Rechenschaftspflicht für unternehmerisches Handeln [59]: Wenn Bürger grundsätzlich für die absehbaren Folgen ihres Handelns zur Verantwortung gezogen werden könnten, so die Argumentation, müsse dies auch für Unternehmen gelten – und zwar unabhängig von gesetzlicher Regelung [191].

Zu Beginn der 1930er Jahre führte Professor Theodor Kreps das Thema „Business and Social Welfare" an der Stanford University ein und verwendete erstmals den Begriff „Social Audit" im Zusammenhang mit sozialer Verantwortung von Unternehmen. Dies griff 30 Jahre später G. Goyeder in seiner Veröffentlichung „The Responsible Company" auf. Er sah „Social Audit" als Managementinstrument ebenso wie als Möglichkeit für Stakeholder, Einfluss auf Unternehmen zu gewinnen.

In dem 1942 erschienenen Werk „The Future of Industrial Man" zeigte Peter Drucker neben der ökonomischen auch eine gesellschaftliche Dimension der Verantwortung von Unternehmen auf.[9] Ebenso vertrat Howard R. Bowen in den 1950ern die These, dass sich die soziale Verantwortung von Unternehmen an den gesellschaftlichen Erwartungen und Werten orientieren sollte [29]. Unternehmen nähmen gesellschaftliche Rechte in Anspruch und müssten daher entsprechende Pflichten übernehmen und aus ethischen Beweggründen negative Auswirkungen ihrer Tätigkeit auf die Gesellschaft vermeiden [171, 191].[10]

Laut A.B. Caroll spiegelt das CSR-Konzept die Fähigkeit von Unternehmen wider, auf „sozialen Druck" zu reagieren [51]. Er veröffentlichte 1970 das „Four-Part-Model" und teilte darin die Verantwortung von Unternehmen auf vier Ebenen auf: Im Kern standen auf zwei Ebenen verbindlich die ökonomische Verantwortung für den wirtschaftlichen Erfolg und die legale Verantwortung für die Einhaltung aller geltenden gesetzlichen Bestimmungen. Darüber hinaus sprach er Unternehmen als dritte Ebene eine ethische Verantwortung zu, sich über die Gesetzeskonformität hinaus korrekt zu verhalten. Mit der vierten Ebene, der Philanthropie, sollten Unternehmen dem Wunsch der Gesellschaft nach sozialem Engagement entsprechen [213, 51, 201].

Die nachfolgende Entwicklung von CSR-Konzepten orientierte sich deutlich, wie bereits angesprochen, an der Nachhaltigkeitsdefinition der Brundtland-Kommission [18] und daraus entstandener Nachhaltigkeitskonzepte. Ausgehend von den Umweltbewegungen der 70er und 80er Jahre wurde der Begriff CSR noch überwiegend von ökologischen Themen belegt. Seit Ende der 1990er Jahre konnte sich die soziale Dimension gesellschaftlicher Verantwortung gleichrangig neben ökologischen und ökonomischen Zielen etablieren.

---

[9] Netzwerk CSR Quest, //www.csrquest.net/default.aspx?articleID=13126&heading (Stand November 2008).

[10] auch //de.wikipedia.org/wiki/Corporate_Social_Responsibility#Geschichtlicher_Hintergrund (Wikipedia:, Stand November 2008).

Leitfäden und Indikatoren, gerade mit Blick auf die soziale Unternehmensleistung, wurden unter anderem vom World Business Council for Sustainable Development (WBCSD), der United Nations Intergovernmental Working Group of Experts on International Standard of Accounting and Reporting (UN ISAR) und der New Economics Foundation (NEF) geschaffen [27].

Nach der Diskussion um das „Was" vertieften sich die Diskussionen um das „Wie". Bereits 2004 veröffentlichte dazu beispielsweise das brasilianische Normungsinstitut ABNT (Associação Brasileira de Normas Técnicas) einen Standard (NBR 16001:2004), der den Aufbau eines SR-Managementsystems beschreibt und Empfehlungen zur Zertifizierung und Selbstbewertung enthält. Wenig später folgten dieser Norm ein Standard zur Qualifizierung von SR-Auditoren (NBR 16002:2005) und ein Leitfaden zur SR-Auditierung.

2005 folgte die Internationale Normungsorganisation ISO dem Ruf verschiedener Stakeholder nach einer umfassenden und allgemein anerkannten Richtschnur für gesellschaftlich verantwortungsbewusstes Verhalten. Bei der Erarbeitung des Leitfadens „Guidance on Social Responsibility" (sein Aufbau und seine Inhalte sind in Abbildung 1.1 skizziert), der Anfang 2010 als ISO 26000 vorliegen soll, nahmen über 400 Experten aus 80 Nationen teil, darunter Vertreter von Regierungen und Wirtschaftsunternehmen, aber auch Gewerkschaften, Verbraucherverbände, Wissenschaftler und Nichtregierungsorganisationen. ISO 26000 soll Organisationen – also nicht nur Unternehmen – bei der Entwicklung, Umsetzung und Verbesserung bestehender SR-Instrumente unterstützen. Dabei wurden unter anderem die bereits etablierten Grundsätze und Standards der Vereinten Nationen, OECD oder der Internationalen Arbeitsorganisation (ILO) als Basis herangezogen.

Gemäß dem Vorwort ist ISO 26000 ein auf Freiwilligkeit beruhender Leitfaden, per Definition keine Managementsystem-Norm und somit auch nicht zertifizierbar. Dennoch gehen viele Experten davon aus, dass es spätestens nach Verabschiedung des ISO-Standards 2010 in vielen Ländern zu verstärkten CSR-Zertifizierungen kommen wird, deren Grundlage die Inhalte der ISO 26000 sein werden. Anzumerken ist hier, dass eine Zertifizierung immer nur auf Grundlage konkret festgelegter Kriterien erfolgen kann. Eine direkte Zertifizierung nach ISO 26000 ist somit nicht möglich, wohl aber eine nach vereinbarten Kriterienkatalogen, die sich aus der ISO 26000 ableiten lassen. Bereits jetzt können eine Reihe von Aktivitäten in Europa beobachtet werden: Zum Beispiel hat Portugal bereits 2008 einen zertifizierbaren Standard verabschiedet, der sich ganz konkret auf die ISO 26000 beruft. Dänemark folgte im Frühjahr 2009. Das österreichische Normungsinstitut hat bereits eine Norm zur Qualifizierung von CSR-Experten veröffentlicht. Es gibt also auf der nationalen Ebene einen Trend zur Konkretisierung der ISO 26000.

Heute wird CSR als Beitrag von Unternehmen zur Umsetzung einer Nachhaltigen Entwicklung verstanden. Die drei Dimensionen Wirtschaft, Umwelt und Soziales stehen dabei gleichberechtigt nebeneinander.[11] Aus diesem Grund findet auch häufig der Begriff „Cor-

---

[11] Siehe auch Begriffsdefinition in Kapitel 2.1.

porate Responsibility" Anwendung. Teilweise hat sich in Unternehmen auch ein Vier-Säulen-Modell durchgesetzt, das die soziale Dimension in Verantwortung am Arbeitsplatz (Soziales) und Verantwortung gegenüber dem gesellschaftlichen Umfeld (Gesellschaft) weiter unterteilt [82].

Allen Konzepten gemeinsam ist jedoch die Anerkennung zentraler Prinzipien verantwortungsbewusster Unternehmensführung: Ein ethisches Verhalten, die Achtung gesetzlicher Bestimmungen und der Menschenrechte, die Ausrichtung des Verhaltens an anerkannten Standards, Normen und Leitlinien sowie eine transparente, umfassende und wahrheitsgemäße Berichterstattung zu den Auswirkungen der geschäftlichen Tätigkeit auf Gesellschaft und Umwelt. Auf diese Prinzipien wird im nächsten Kapitel näher eingegangen.

Abbildung 1.1   Aufbau und Inhalte der ISO 26000

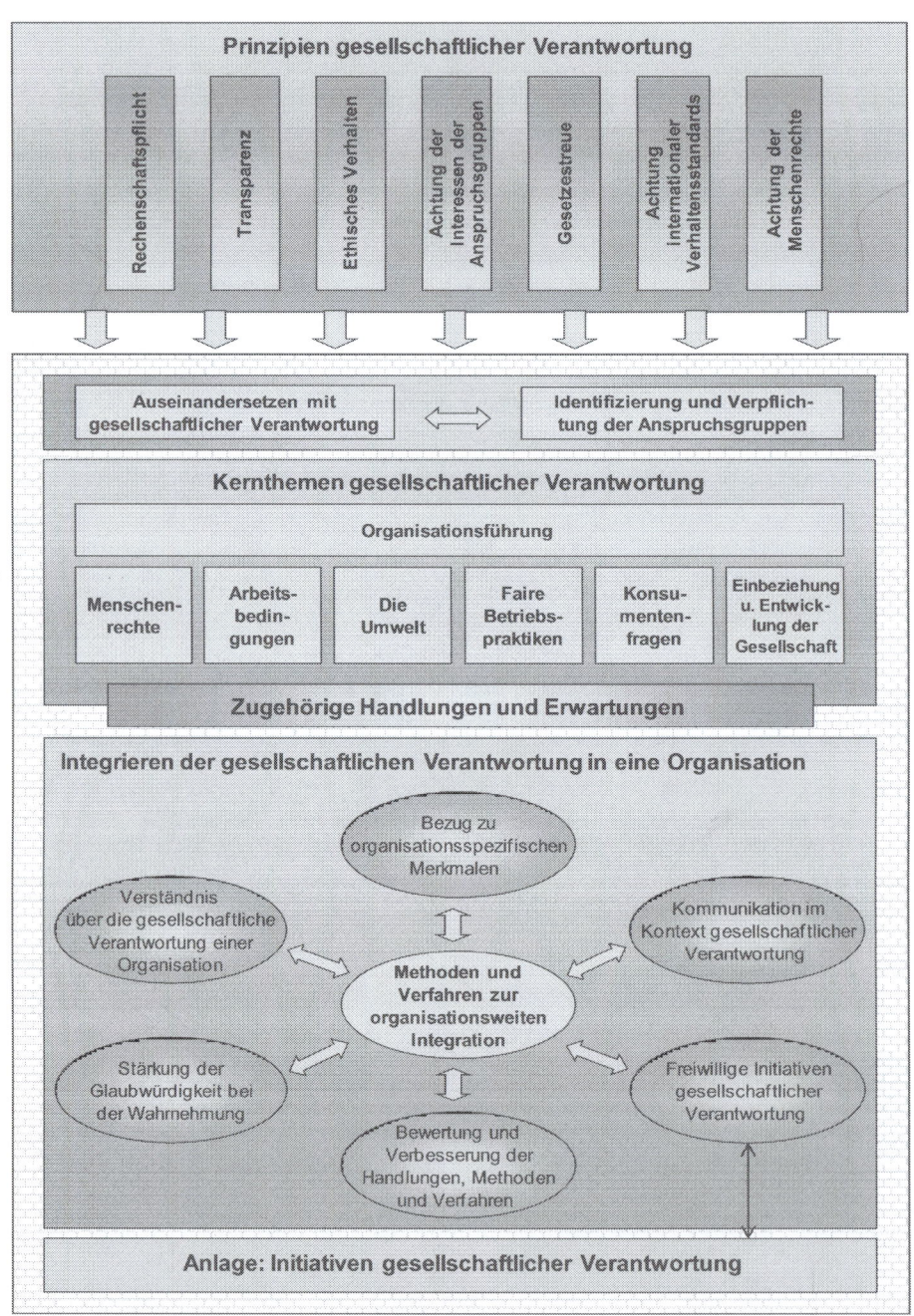

1.4 Prinzipien — Grundpfeiler gesellschaftlicher Verantwortung

Mit welchen Themen müssen sich Unternehmer und Manager auseinandersetzen, wenn sie CSR als Grundprinzip ihrer Geschäftstätigkeit im Unternehmen etablieren möchten?

Die Diskussion hierzu hat sowohl im Hinblick auf wirtschaftsethische Grundlagen wie auf anwendungsorientierte Standards und Managementsysteme bereits eine breite Palette an Hilfsmitteln hervorgebracht. Entscheidend ist sicher, dass jedes Unternehmen seinen eigenen Weg findet. Es kann keine Blaupause zur Umsetzung gesellschaftlicher Verantwortung geben, weil nicht nur die Unternehmen selbst individuell sind, sondern weil auch ihr gesellschaftliches Umfeld eigenständig geprägt ist. Entwicklungshilfe können hier allenfalls international anerkannte Leitfäden geben. Diese verweisen in der Regel auf unterschiedliche Prinzipien oder Aspekte, die in einer ersten Betrachtung zunächst auf ihre Relevanz für das Unternehmen analysiert werden sollten. Wie hoch die Relevanz einzelner Nachhaltigkeitsaspekte für das Unternehmen ist, muss jedes selbst für sich entscheiden. Sicherlich fließen bei der Beurteilung auch die Informationsbedürfnisse wesentlicher Stakeholder des Unternehmens mit ein.

Für alle Unternehmen allgemein gültig sind allerdings grundlegende Prinzipien zu berücksichtigen. Im Verlauf der Diskussionen der letzten Jahre — so beispielsweise auch in den Arbeiten der ISO Working Group on Social Responsibility — haben sich sieben grundlegende Prinzipien herauskristallisiert, auf denen Organisationen die Wahrnehmung ihrer gesellschaftlichen Verantwortung aufbauen sollten [166]:

- Rechenschaftspflicht (Accountability)
- Transparenz
- Ethisches Verhalten
- Gesetzeskonformität/Gesetzestreue
- Berücksichtigung (legitimer) Stakeholder-Interessen
- Einhaltung international anerkannter Richtlinien, Leitlinien, Normen und Selbstverpflichtungen, sowie
- Achtung der Menschenrechte.

Dieses Kapitel gibt dem Leser einen kurzen Überblick über diese sieben Grundprinzipien und leitet ihn auf ihre detaillierte Ausführung in den Folgekapiteln dieses Buches hin.

1.4.1   Rechenschaftspflicht

Eine der wesentlichen Grundfesten des CSR-Konzeptes ist die moralisch-ethische Verpflichtung von Unternehmen, für die Auswirkungen ihrer Geschäftstätigkeit auf Gesellschaft und Umwelt einzustehen [66].

Diese teilweise durch den Anglizismus „Accountability" besser bekannte Rechenschaftspflicht besteht als „Berichtspflicht", teilweise auch als „Rechnungslegungspflicht" oder „Rechtfertigungsdruck" übersetzt [46], traditionell in drei Bereichen: Für unternehmensinterne Beziehungen, von Seiten des Managements gegenüber Anteilseignern oder Kontrollgremien und von Seiten des Unternehmens gegenüber staatlichen Institutionen. Dabei wird im Wesentlichen zu finanzbezogenen Fragen Stellung genommen und es werden entsprechende Informationen offen gelegt. Die Gesetzeskonformität der unternehmerischen Tätigkeit wird von externen Prüfungsgesellschaften verifiziert.

Zunehmend erweitern Unternehmen ihre Auffassung von „Accountability" mit Blick auf ihre gesellschaftliche Verantwortung: Die Berichtspflicht bzw. Rechenschaftspflicht wird vermehrt auch gegenüber der Gesellschaft bzw. den Stakeholdergruppen verstanden, selbst wenn dies nicht gesetzlich oder vertraglich festgelegt ist. Damit sehen sich Unternehmen nicht nur gegenüber einem diverseren Spektrum an Stakeholdern zur Rechenschaft verpflichtet. Auch die zu berichtenden Inhalte wurden erweitert und umfassen die für Umwelt und Gesellschaft relevanten Auswirkungen der Geschäftstätigkeit [314].

Das Prinzip der „Rechenschaftspflicht" im Sinne des CSR-Konzeptes ist eng verbunden mit einer möglichst offenen Informationspolitik gegenüber Stakeholdern – soweit dies für das Unternehmen machbar, im Aufwand verhältnismäßig und wirtschaftlich vertretbar ist. Die kritische Prüfung des Unternehmensverhaltens durch Medien und Fachöffentlichkeit sollten Unternehmen daher nicht nur akzeptieren, sondern durch Transparenz und Dialogbereitschaft sogar fördern. Auch die EU-Kommission betont in diesem Zusammenhang, dass sie „dem Dialog mit und zwischen allen Stakeholdern nach wie vor allergrößte Bedeutung beimisst" und der Erfolg von CSR an die aktive Unterstützung und konstruktive Kritik der externen Stakeholder gebunden sei [104].

Unternehmen sind auch im Fall von Missständen oder Unfällen zu einer möglichst offenen und verantwortungsbewussten Informationspolitik verpflichtet. Dabei sollte das Unternehmen transparent darstellen, durch welche Maßnahmen und Prozesse Missstände oder Schäden behoben wurden und wie vergleichbare Probleme künftig vermieden werden.

Die „Berichtspflicht" gegenüber der Öffentlichkeit durch Managementprozesse (Stakeholderdialog, CSR-Berichterstattung) zu institutionalisieren, wirkt sich in der Regel für alle Beteiligten positiv aus. Denn Entscheidungsträger werden sich bei Zielkonflikten zwischen wirtschaftlichen, ökologischen oder sozialen Interessen eher um tragfähige und ethische Lösungen bemühen, wenn sie Stakeholdern Rede und Antwort stehen müssen. Dabei sollte jedoch die Verantwortlichkeit eines Mitarbeiters immer auch mit dessen Gestaltungsmöglichkeiten korrespondieren.

Immer mehr Unternehmen nutzen CSR-Berichte als Medium, um nicht-finanzielle Themen und Konfliktpunkte gegenüber Stakeholdern darzustellen und diese zum Dialog einzuladen. Daneben stehen Managern verschiedene weitere Systeme und Standards zur Verfügung, um den Rechenschaftsgedanken bestmöglich in bestehende Unternehmensabläufe zu integrieren. Auf einen Teil dieser Möglichkeiten wird *Frank Ebinger* unter dem Stichwort „Fair Operating Practices" in seinem Beitrag (Kapitel 8.2) eingehen.

1.4.2   Transparenz

Das Prinzip der Transparenz ist eng mit dem oben ausgeführten Gedanken der Accountability und des Stakeholderdialogs verbunden. Es verlangt von Unternehmen, hinsichtlich all jener Entscheidungen und Tätigkeiten, die einen Einfluss auf Umwelt oder Gesellschaft haben oder haben könnten, eine offene und ehrliche Informations- und Dialogpolitik zu verfolgen.

Dabei sollte den Stakeholdern, soweit wirtschaftlich und rechtlich vertretbar, ein freier und einfacher Zugang zu den für sie wesentlichen Informationen ermöglicht werden. Dies können Unternehmensentscheidungen, Tätigkeiten, Planungen oder auch Verhaltensrichtlinien sein. Die Darstellung der Informationen sollte wahrheitsgetreu, objektiv und in einem für das Verständnis des Adressaten ausreichenden Maß erfolgen. Dabei bietet sich ein aktiver Stakeholderdialog für eine unmissverständliche und glaubwürdige Darstellung der Unternehmenspolitik eher an als die bloße Bereitstellung von Daten (IBM Institute for Business Value, 2008, S. 11). Besonders gilt dies bei Themen oder Anlässen, in denen es Zielkonflikte zwischen wirtschaftlichen und ökologischen bzw. sozialen Belangen gibt oder sich solche entwickeln könnten.

Unternehmen sind dabei jedoch nicht verpflichtet, geheime oder geschützte Informationen zu veröffentlichen oder mit ihrer Informationspolitik anderweitige gesetzliche Auflagen zu verletzen. Auch sollten sie im Rahmen eines Stakeholdermanagements systematisch prüfen, welche externen Informationsansprüche wesentlich und gerechtfertigt sind, um nicht durch eine unstrukturierte Beantwortung aller Stakeholderanfragen an Wettbewerbsfähigkeit und Effizienz einzubüßen.

Im Wesentlichen sehen sich Unternehmen nach ihrer CSR-Politik in folgenden Bereichen zu einer transparenten Informationspolitik verpflichtet:

- Hinsichtlich der Ziele und Ausprägungen der Geschäftstätigkeit an allen betroffenen Tätigkeitsorten

- Hinsichtlich aller, aus Unternehmenssicht, betroffenen gesellschaftlichen Gruppen

- Hinsichtlich der tatsächlichen (oder auch zukünftig möglichen) Auswirkungen von Unternehmensentscheidungen und -tätigkeiten auf Stakeholder oder die Umwelt. Hier sollten Stakeholder über den Prozess der Entscheidungsfindung, die Umsetzung ebenso wie die kritische Bewertung informiert werden, und die Verantwortlichkeiten und Befugnisse in den verschiedenen Unternehmensbereichen sollten erkennbar sein

■ Hinsichtlich Standards und Kriterien, mit denen das Unternehmen die Erfüllung seiner gesellschaftlichen Verantwortung bewertet.

Eine stetig wachsende Zahl an Unternehmen – bislang in erster Linie multinationale Konzerne – kommt ihrer Informationspflicht durch die Veröffentlichung von CSR- oder Nachhaltigkeitsberichten sowie umfangreiche Internetauftritte mit aktuellen Informationen nach. Meist orientieren sich diese Berichte an den mittlerweile etablierten Empfehlungen der „Global Reporting Initiative", auf die in diesem Buch an anderer Stelle eingegangen wird. Zunehmend werden diese Berichte auch von externen Prüfern verifiziert.

Die Tatsache, dass Unternehmen ihren Stakeholdern immer mehr Einblicke in Unternehmensabläufe und -entscheidungen gewährt haben, führte bis heute wiederum zu einem stetig zunehmenden Interesse der Öffentlichkeit an Unternehmensaktivitäten.[12] Gerade Konsumenten und Investoren verknüpfen zunehmend ihre Kauf- oder Finanzierungsentscheidungen mit der ethisch-moralischen ebenso wie ökologischen Ausrichtung des Unternehmens und machen so Einfluss auf die Unternehmenspolitik und Entscheidungsprozesse geltend. Weiter vorangetrieben wurde diese Entwicklung auch durch eine nationale und europäische Gesetzgebung, die dem Bürger einen detaillierten Einblick in Unternehmenstätigkeiten zubilligt [2].

Im Rahmen verschiedener Konventionen und Kommissionen der Vereinten Nationen wurde das Prinzip des „Informed Consent" etabliert, das vor allem im Hinblick auf die Nutzung natürlicher Ressourcen oder geistigen Eigentums den betroffenen Stakeholdern das Recht auf Aufklärung und Mitsprache zubilligt [240, 303]. Seither entwickelt sich dieses Prinzip als wichtiges Element im Stakeholderdialog von Unternehmen, insbesondere bei Tätigkeiten in Entwicklungs- und Schwellenländern.

1.4.3   Ethisches Verhalten

In all ihren Tätigkeiten sollten Mitarbeiter und Eigentümer eines Unternehmens im Einklang mit den grundsätzlichen moralischen und kulturellen Vorstellungen des sozialen Umfeldes sein. Sie sollten anerkannte Verhaltensstandards antizipieren und dabei stets die jeweiligen nationalen wie internationalen gesetzlichen Vorgaben beachten. Wer so wirkt, verhält sich ethisch korrekt und erfüllt damit eines der wesentlichen Grundprinzipien gesellschaftlicher Verantwortung. Dass dies keinesfalls trivial ist, zeigen viele Beispiele aus Ländern, in denen die nationale Gesetzgebung nicht unbedingt einem internationalen Vergleich standhält. Wie soll sich beispielsweise ein Unternehmen in Panama ethisch korrekt verhalten, wenn zu befürchten ist, dass es am nächsten Tag enteignet werden könnte?

---

[12] Im Rahmen des IBM Global Survey gaben 75% der befragten Unternehmen an, dass in den vergangenen 3 Jahren die Anzahl an Advocacy Groups, die Informationen zu ihrem Unternehmen sammeln, zugenommen hat. 75% der Unternehmen gaben auch an, in den vergangenen 3 Jahren in gesteigertem Maße öffentlich zu den sozialen und ökologischen Auswirkungen ihrer Produkte, Dienstleistungen und Operations berichtet zu haben [155].

Wie verhält man sich in Ländern ethisch korrekt, von denen bekannt ist, dass in ihnen Menschenrechtsverletzungen begangen werden?[13]

Grundsätzlich sollten sich Verhaltensweisen an anerkannten ethischen Standards und Regeln orientieren. Beispiele hierfür sind die OECD-Guidelines für Multinationale Enterprises, die Allgemeine Erklärung der Menschenrechte oder die Prinzipien des UN-Global Compact. Die Schwerpunkte müssen dabei entsprechend den Zielen und Tätigkeiten des Unternehmens gesetzt werden. Als konkrete Prinzipien ethischen Verhaltens werden Integrität, Ehrlichkeit, Fairness und Verantwortung besonders hervorgehoben. Daraus leiten sich auch ein verantwortungsbewusster Umgang mit gesellschaftlichen Gruppen und Stakeholdern sowie die Sorge für die Umwelt und den Tierschutz ab.

Unternehmen sollten das ethische Verhalten ihrer Mitarbeiter aktiv fördern und sicherstellen, dass sowohl die gesetzlichen Vorgaben als auch freiwillige Standards und Selbstverpflichtungen eingehalten werden. Dabei haben sich verbindliche Verhaltenskodizes bewährt. Eine wachsende Zahl an Unternehmen verfügt mittlerweile über solche Orientierungshilfen in Form von Ethikrichtlinien, Governance Codizes oder Codes of Conduct. Diese werden in der Regel aktiv gegenüber Mitarbeitern ebenso wie gegenüber Anteilseignern oder Stakeholdern kommuniziert.[14]

Führungskräften und Eigentümern kommt bei der Durchsetzung von Verhaltensrichtlinien eine besondere Verantwortung zu, da sie ganz wesentlich Strategie und Handlungsweise ebenso wie Kultur und Werte des Unternehmens bestimmen [295]. Durch vorbildliches Verhalten und eine entsprechende Gestaltung der Arbeitsbedingungen können sie die Einhaltung des Verhaltenskodex fördern – oder auch hemmen. So sollte den Mitarbeitern stets der hohe Stellenwert ethischen Verhaltens vermittelt und vorgelebt werden. Mitarbeiter sollten sich möglichst nicht Zielkonflikten zwischen der Einhaltung der Verhaltensrichtlinien und der Erreichung wirtschaftlicher Ergebnisse ausgesetzt fühlen.

Wie bereits erwähnt ist die Situation für Unternehmen nicht immer überschaubar und konfliktfrei. Unternehmen sehen sich, besonders im internationalen Geschäft, mit Situationen konfrontiert, in denen lokale Bestimmungen für ethisches Verhalten entweder gar nicht existieren, im Widerspruch zu international anerkannten Grundsätzen stehen oder aber von lokalen Geschäftspartnern oder staatlichen Stellen nicht berücksichtigt werden. Für diese Situationen sollten im Unternehmen Anlaufstellen und Standard-Prozedere festgelegt werden, mit denen Lösungsansätze erarbeitet und offen im Unternehmen kommuniziert werden können.

---

[13] So sind zum Beispiel die durch die Vereinten Nationen in der Menschenrechtscharta von 1966 festgelegten Menschenrechte noch nicht von allen Ländern in nationales Recht umgesetzt worden. Diese Problematik wird im Kapitel 4.1 dieses Buches genauer erörtert.

[14] Dies kann intern durch Mitarbeiterzeitungen, Intranet, Schulungen oder Anweisungen durch Vorgesetzte geschehen. In der externen Kommunikation bieten sich Geschäfts- oder CSR-Berichte, Internet oder öffentliches Informationsmaterial an.

Neben der aktiven Kommunikation von Verhaltensrichtlinien gegenüber den Mitarbeitern sollten auch Institutionen und Mechanismen geschaffen werden, die deren Einhaltung systematisch kontrollieren und den Umgang mit Fehlverhalten erleichtern. So sollte es Mitarbeitern möglich sein, Fehlverhalten von Kollegen oder auch Vorgesetzen anzuzeigen, ohne mit persönlichen Nachteilen rechnen zu müssen. Mittlerweile haben schon einige Unternehmen interne Stellen eingerichtet, die nach dem so genannten Ombudsmann-Prinzip (schwedisch für „Vermittler") funktionieren. Beispielsweise hat Volkswagen mit einem konzernweiten und international strukturierten Ombudsmann-System einen geschützten Raum für Mitarbeiter und Geschäftspartner geschaffen. Ziel ist die Bekämpfung von Korruption. Zwei renommierte Rechtsanwälte stehen als neutrale Ombudsmänner zur Verfügung. Jeder Mitarbeiter und Geschäftspartner kann sich an einen der Ombudsmänner wenden, wenn er Hinweise auf Korruption entdeckt. Alle Hinweise werden vertraulich behandelt und der Hinweisgeber bleibt dabei strikt anonym; die Ombudsmänner unterliegen der anwaltlichen Schweigepflicht.

Jeder Hinweis sollte eine offene und sachliche Diskussion, jedoch keine vorschnelle Verurteilung nach sich ziehen. Denn nicht immer liegt einem Verdacht auch tatsächlich Fehlverhalten zu Grunde. Je nach Wertprämissen und Normvorstellungen des einzelnen Mitarbeiters können Verhaltensrichtlinien unterschiedlich ausgelegt werden. Hier kann eine offene Gesprächskultur im Unternehmen helfen, Missverständnisse und Konflikte zu vermeiden [78].

Um die notwendigen Mechanismen und Systeme effizient und umfassend zu gestalten, die Aufbau und Umsetzung ethischer Verhaltenskodizes erfordern, richten Unternehmen vermehrt Managementsysteme ein (wie etwa die Daimler AG im folgenden Beispiel). In Kapitel 3 dieses Buches gehen die Autoren *Josef Wieland* und *Maud Schmiedeknecht* detailliert auf die Bedeutung und Gestaltung werteorientierter Managementsysteme ein.

Verantwortung managen – das CSR/Nachhaltigkeitsboard der Daimler AG

Wirtschaftlicher Erfolg ist zunehmend mit der Übernahme gesellschaftlicher Verantwortung und einer nachhaltigen Unternehmensführung verbunden. Multinationale Unternehmen sehen sich hierbei auch den Interessen verschiedener externer Gruppen gegenüber. Wird CSR und Nachhaltigkeit dabei im externen Dialog ernst genommen, bedarf es auch intern konkreter Vorgaben und Managementprozesse, um wirkungsvolle Aktivitäten unternehmensweit umzusetzen. Vor diesem Hintergrund hat Daimler Ende 2007 sein strategisches CSR-Nachhaltigkeitsmanagement erweitert und optimiert.

Zentrales Organ des Daimler CSR und Nachhaltigkeitsmanagements ist dabei seit Ende 2007 das „CSR/Sustainability Board (CSB)", welches auf Vorstandsbeschluss etabliert wurde. Unterstützt wird das CSB kontinuierlich vom CSR/Sustainability Office. Das CSB koordiniert unternehmensweit bedeutende Nachhaltigkeitsmaßnahmen und unterstützt die operativen Bereiche bei der Umsetzung. Mit dem CSB gelingt es damit, auf Top-Management-Ebene nachhaltigkeitsrelevante Themen zu bündeln und dazugehörige Prozesse zu koordinieren – unter Berücksichtigung bestehender Managementstrukturen, von der Vorstands- bis zur Arbeitsebene.

Das CSR/Sustainability Board ist organisatorisch direkt dem Vorstandsvorsitzenden der Daimler AG zugeordnet. Den Vorsitz hat der Vorstand der Konzernentwicklung/Strategie. Er leitet die Treffen des CSB, die vier- bis sechsmal im Jahr stattfinden. Das CSB setzt sich aus acht Vertretern des Top Managements zusammen, die alle CSR-relevanten Bereiche repräsentieren. Dazu gehören Investor Relations, Kommunikation, Konzernforschung/Umweltschutz, Konzernentwicklung/Strategie, Legal & Compliance, Personal, Politik & Außenbeziehungen sowie Weltweiter Einkauf. Erweitert wird das Gremium durch hochrangige Vertreter der operativen Einheiten – also Mercedes-Benz Cars, Daimler Trucks, Mercedes-Benz Vans, Daimler Buses sowie Daimler Financial Services. So können CSR- und Nachhaltigkeitsthemen wiederum in der jeweiligen Geschäftseinheit systematisch umgesetzt werden.

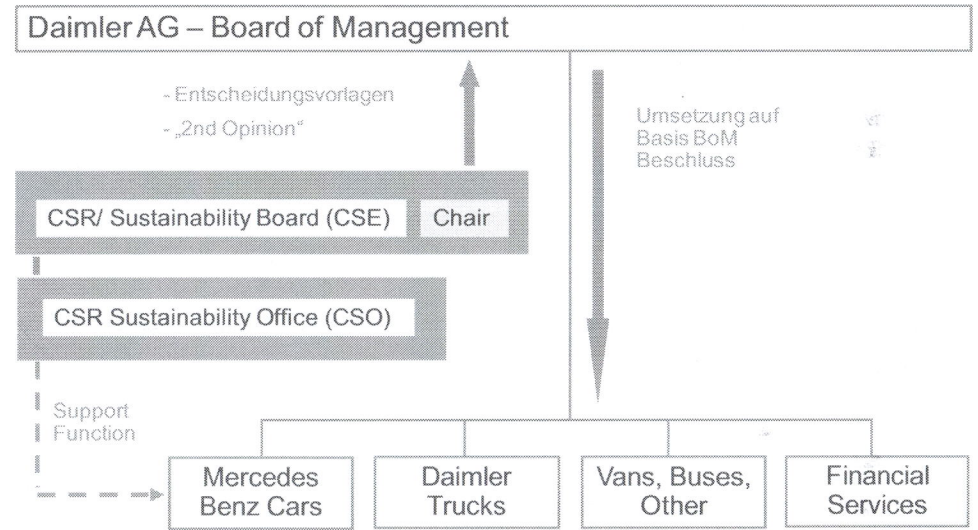

Das Arbeitsprogramm des CSB fokussiert auf verschiedene Schwerpunktbereiche – darunter CO_2- und Klimafragen, Fahrzeugsicherheit, Compliance- sowie Personal- und Kommunikationsthemen. Auch der Ausbau des Stakeholderdialogs und der Beziehungen zur Gesellschaft steht verstärkt im Fokus. Für jeden dieser Schwerpunkte wurde ein umfassendes Arbeitsprogramm mit Zielen und Maßnahmen entwickelt, deren Umsetzungsstand regelmäßig überprüft wird.

Das „CSR/Sustainability Board" ergänzt damit bereits etablierte Managementstrukturen und Gremien innerhalb der Daimler AG und erlaubt eine effiziente Steuerung wichtiger CSR- und Nachhaltigkeitsaspekte.

Dr. Wolfram Heger, Senior Manager Corporate Social Responsibility, Daimler AG

1.4.4   Gesetzliche Verpflichtungen

In verschiedenen CSR-Definitionen wird gesellschaftlich verantwortungsvolles Handeln von Unternehmen als freiwillige, über die gesetzlichen Anforderungen hinausgehende Maßnahme und Verhaltensweise beschrieben (Grünbuch, 2001, S. 8). Damit wird die Einhaltung gesetzlicher Vorgaben als Minimalanforderung vorausgesetzt.

Unternehmen sind, ebenso wie jede andere Organisation, entsprechend dem Rechtsstaatsprinzip zur Einhaltung gesetzlicher Vorgaben und Regularien verpflichtet. Rechtstaatlichkeit zeichnet sich dabei dadurch aus, dass die Gesetze schriftlich niedergelegt wurden, öffentlich zugänglich sind und auf faire und für jedermann gleiche Weise durchgesetzt werden.

Gerade Unternehmen mit Standorten oder Geschäftsbeziehungen in mehreren Ländern stehen demnach in der Pflicht, sich mit den aktuellen gesetzlichen Gegebenheiten des jeweiligen Landes vertraut zu machen. Dies betrifft nicht nur die Unternehmensführung allein: Das Management muss, wenn nötig durch entsprechende Managementprozesse, sicherstellen, dass alle betroffenen Mitarbeiter Kenntnis von den für sie relevanten gesetzlichen Bestimmungen haben und hinsichtlich möglicher Konflikte sensibilisiert sind.

Die Einhaltung der gesetzlichen Vorgaben sollte systematisch überprüft und die Ergebnisse sollten im Rahmen der CSR-Berichterstattung veröffentlicht werden. Dies bietet sich auch für die Einhaltung unternehmensspezifischer Regeln oder Selbstverpflichtungen an.

Hier offenbart sich ähnlich wie im Falle des ethisch korrekten Verhaltens für international operierende Unternehmen nicht selten ein nur schwer zu lösender Zielkonflikt: Für Unternehmen spielen besonders gesetzliche Vorgaben im Arbeitsrecht eine wesentliche Rolle. So sind sie über das „Compliance-Prinzip" zur Einhaltung nationaler oder lokaler Gesetze angehalten, die gegebenenfalls allerdings nicht mit den gängigen Vorstellungen allgemein anerkannter Grundsätze und Standards – wie den Kernarbeitsnormen der ILO – im Einklang stehen. Die Besonderheit dieser Thematik wird im Kapitel 5.2 durch *Antje Gerstein* im Detail vorgestellt.[15]

1.4.5   Berücksichtigung (legitimer) Stakeholder-Interessen

Grundlegendes Ziel eines Unternehmens ist es, seine Produkte und Dienstleistungen mit wirtschaftlichem Erfolg zu verkaufen. Der Grad des Erfolges hängt besonders davon ab, wie intensiv und attraktiv in der Öffentlichkeit die Produkte (Dienstleistungen) dargestellt und angeboten werden. Potenziell interessierte Kunden müssen von den Vorzügen überzeugt, nicht aber überredet werden. Damit tritt das Unternehmen aktiv in den Informationsaustausch mit seinem Wunschpublikum ein. Dieser findet in der Regel über Medien

---

[15] Der Compliance-Grundsatz selbst wird in Kapitel 8.2 hinsichtlich seiner Bedeutung für Managementprozesse und -strukturen diskutiert.

der Massenkommunikation (z.B. über Anzeigen, Werbespots, Produktflyer) statt, jedoch kann er durchaus auch Folge einer individuellen Anfrage sein. Es ist schließlich grundlegendes Interesse eines potenziellen Anwenders, alles über das Objekt seiner „Begierde" zu erfahren. Aber nicht nur mögliche Käufer haben ein legitimes Informationsbedürfnis, auch andere Interessengruppen verlangen nach Aufklärung, etwa über eventuelle risikobehaftete Produkteigenschaften, über Umweltauswirkungen in seiner Herstellung, über seinen sicheren Gebrauch oder über seine Wiederverwertung bzw. Entsorgung.

Grundsätzlich sollte ein Unternehmen die Informationsbedürfnisse seiner Stakeholder deshalb kennen, diese nicht nur respektieren, sondern sie auch bei seinen Aktivitäten beachten. Beachten meint dabei nicht, dass Unternehmen die an sie gerichteten Rückmeldungen der Stakeholder quasi ohne Diskussion eins zu eins umsetzen müssen. Zumal es häufig der Fall ist, dass sich im Dialog mit den Interessengruppen die durchaus berechtigten Interessen mit spezifischen Lösungswegen vermengen. An erster Stelle steht aber nicht das „Wie", sondern das „Was". Unternehmen sind also gefordert ihren Stakeholdern zuvorderst zuzuhören, um herauszufinden was genau das Interesse des jeweiligen Gegenübers ist. Dieses Interesse oder der Anspruch definiert sich darüber, wie die Stakeholder von den Unternehmensaktivitäten betroffen sind. Oft ist dieses Interesse auch lediglich der Wunsch, gehört zu werden.

Wie diesem Interesse dann begegnet werden kann, ist wiederum eine unternehmerische Entscheidung, die durchaus dem Wunsch des Stakeholders entsprechen kann, es aber nicht muss. So kann beispielsweise das ökologische Interesse einer NGO legitim und wichtig sein; ob das Unternehmen sich aber entscheidet, zukünftig bessere Umweltmanagementsysteme einzuführen oder sich beispielsweise aus einem bestimmten Geschäftsfeld zurückzuziehen, ist eine intern zu treffende Entscheidung.

Insgesamt sollte ein Unternehmen gerüstet sein, auf „legitime" Anfragen seiner Stakeholder qualifizierte und sachliche Antworten geben zu können. Dies setzt zweierlei voraus:

- Zum einen sollte es seine wichtigen Stakeholder und deren Ansprüche auf Information kennen. Dies klingt auf den ersten Blick einfach, zeigt sich in der Praxis jedoch als nicht unproblematisch. Nicht selten bestehen nämlich unterschiedliche Meinungen, wer Stakeholder ist und wer nicht. Können zum Beispiel einzelne Personen Stakeholder sein? Wenn man sich das Gebaren auf so manchen Hauptversammlungen großer Aktiengesellschaften anschaut, auf denen einzelne Anfragen von Kleinstaktionären mit teilweise bizarren Vorstellungen durch das Unternehmen mit einer Ausführlichkeit beantwortet werden, die schon fast an die Herangehensweise bei einer forensischen Analyse erinnert, muss man wohl diese Frage mit „Ja" beantworten. Allerdings sollte hier doch die Kirche im Dorf gelassen werden. Besonders wenn eine Anfrage nicht im Kontext eines allgemeinen Interesses gesehen wird, sollte man eher selbstbewusste Zurückhaltung demonstrieren. Im Grundsatz sollte gelten, dass die Anfragen ein rechtliches und/oder moralisch begründbares (und damit gesellschaftliches) Informationsinteresse widerspiegeln. Darüber – und nur darüber – definiert sich die Legitimität der Anfrage.

▩ Sofern ein Interesse als legitim erkannt worden ist, sollte sich zum anderen das Management eines Unternehmens daraus ableitende mögliche Bedenken zu Herzen nehmen, diese in seinem Handeln, besonders aber bei seinen Entscheidungen berücksichtigen und die betroffenen Stakeholder über die Ergebnisse und Hintergründe seiner Entscheidung in einem angemessenen Rahmen informieren.

Der Informationsaustausch selbst kann auf unterschiedlichste Art erfolgen. Die intensivste ist die der Kooperation mit Stakeholdern. Besonders in der Entwicklungsphase neuer Produkte (Dienstleistungen) arbeiten Zulieferunternehmen gerne mit ihren Kunden zusammen. So können die Produkteigenschaften optimal an die Interessen des Kunden angepasst werden. Immer häufiger findet auch eine Kooperation von Unternehmen mit NGOs statt, besonders wenn es darum geht, Anforderungen an die Produktökologie zu konkretisieren. Bei diesen Kooperationen sollte jedoch die Neutralität und Unabhängigkeit der NGO unangetastet bleiben (was schwierig ist, wenn die seitens der NGO aufgebrachten personellen Kapazitäten von dem Unternehmen finanziert werden). Nicht selten fehlt es den NGOs allerdings an den zur Verfügung stehenden personellen Kapazitäten, besonders dann, wenn gleich mehrere Unternehmen Kooperationsanfragen an eine NGO richten.

Bleibt noch zu klären, wer denn nun Stakeholder ist. Nicht immer ist nämlich derjenige, der sich dafür hält, auch im Verständnis des Unternehmens einer. Die Antwort muss eindeutig ein verantwortungsvolles Unternehmen für sich selbst finden. Der Ansatz, nur solche zu nehmen, die einem genehm sind, und die „unliebsamen" auszuklammern, ist dabei nicht erlaubt, will man gesellschaftliche Verantwortung ernsthaft wahrnehmen. Es gibt gewisse Stakeholder, die nicht übergangen werden dürfen. Analog zur Legitimität eines Interesses gilt es, auch die Legitimität eines Stakeholders zu prüfen. Hinweise dazu, wer potenzieller Stakeholder sein kann, und wie ein möglicher Prozess zur Identifikation aussehen könnte, finden sich im Beitrag von *Annette Kleinfeld* und *Johanna Schnurr* im Kapitel 10 dieses Buches.

1.4.6   Internationale Richtlinien, Leitlinien, Normen und Selbstverpflichtungen

Eine verantwortungsbewusste Unternehmensführung schließt die Einhaltung gesetzlicher Bestimmungen ein. Diese genügen jedoch nicht in allen Situationen völkerrechtlichen Verträgen oder den Erwartungen der Öffentlichkeit. In vielen Ländern des internationalen Marktes bestehen nicht regulierte Graubereiche. Aus dieser Problematik heraus wurden verschiedene Richtlinien, Leitlinien, Normen und Selbstverpflichtungen entwickelt, die auf allgemein anerkannten ethischen Prinzipen basieren und zumeist aus dem Völkergewohnheitsrecht oder völkerrechtlichen Verträgen abgeleitet wurden.

Diese legen zum einen Mindestvorgaben für den verantwortungsbewussten Umgang mit Umwelt und gesellschaftlichen Belangen fest. Zum anderen bieten sie eine Anleitung für den Aufbau effektiver Management- und Kontrollmechanismen.

Richtlinien umfassen konkrete Handlungsanweisungen und unterscheiden sich in der

Regel von den eher allgemein gehaltenen Grundsätzen der Leitlinien. An beiden können sich Unternehmen in ihrem Handeln orientieren. Die Betonung liegt hierbei auf der Freiwilligkeit ihrer Anwendung. Eine externe Überprüfung findet zumeist nicht statt – unternehmensintern werden jedoch häufig Kontrollmechanismen (wie etwa interne Audits) eingerichtet. Beispiele sind die Prinzipien für multinationale Unternehmen der ILO, der Global Compact der Vereinten Nationen oder die Leitsätze für multinationale Unternehmen der OECD. Auch der „Leitfaden gesellschaftlicher Verantwortung" (ISO 26000) ordnet sich gemäß seinem Vorwort in diese Kategorie ein.

Normen oder Standards enthalten dagegen spezifische Ziel- oder Handlungsvorgaben und können anhand fester Bewertungskriterien intern wie extern überprüft und zertifiziert werden. Standards bestehen meist für abgegrenzte Themenbereiche, wie der Social Accountability Standard SA8000, der Leitfaden zur Nachhaltigkeitsberichterstattung der Global Reporting Initiative, AccountAbility 1000 oder das WerteManagementSystem^{ZFW}. Zu einer Zertifizierung nach Standards der International Standard Organization (wie z.B. ISO 14000) oder von Social Accountability International[16] sehen sich vermehrt Zulieferbetriebe auf Druck durch ihre Geschäftspartner verpflichtet (Sneep Hamburg, 2007, S. 34).

Zunehmend bekennen sich Unternehmen mit einer ausgeprägten CSR-Kultur auf freiwilliger Basis zu den wesentlichen Verhaltenskodizes und -standards bezüglich Umwelt- und Sozialfragen (Wieland, 2004, S. 567) oder integrieren diese in unternehmenseigene Verhaltenskodizes. Dabei sind Sozialstandards für Mitarbeiter ein zentrales Anliegen.

Gerade bei Geschäftstätigkeiten oder -beziehungen in Ländern, in denen keine oder keine ausreichenden Mindeststandards für Umweltschutz- und soziale Belange bestehen, können Unternehmen durch die Einhaltung anerkannter Verhaltensstandards dem Druck durch gesellschaftliche Akteure, Kunden oder Investoren begegnen. Allerdings sollten sich Unternehmen nicht erst auf öffentlichen Druck dazu verpflichten, sondern vorausschauend, zur Sicherung der Marken- oder Unternehmensreputation, die für die jeweilige Geschäftstätigkeit wesentlichen, anerkannten Standards als festen Bestandteil der Unternehmenskultur etablieren [235].

Nicht immer ist es für Unternehmen eine einfache Übung, diese internationalen Richtlinien und Normen oder völkerrechtliche Bestimmungen einzuhalten. In manchen Staaten stehen lokale Gesetze oder auch die gängige Geschäftskultur zu ihnen im Widerspruch. Auch wird das Völkerrecht zum Teil von staatlicher Stelle in wesentlichen Themenfeldern nicht eingehalten.

In diesen Situationen sollten Unternehmen ihre Geschäftstätigkeit soweit möglich anpassen: Grundsätzlich sollte vermieden werden, sich an Praktiken zu beteiligen (oder auch nur daraus einen Vorteil zu ziehen), die im Widerspruch zum Völkerrecht oder zu international anerkannten Standards und Richtlinien stehen. Als „Ultima Ratio" können Unter-

---

[16] Siehe hierzu auch Kapitel 3.1 dieses Buches.

nehmen sogar gut beraten sein, ihr Engagement in Risiko-Staaten nicht zuletzt mit Blick auf ihre eigene Reputation zu überdenken. Zuvor sollten jedoch alle Möglichkeiten der Einflussnahme auf staatliche Stellen oder andere Beteiligte ausgeschöpft werden. Je nach Marktpräsenz und Marktstärke bieten sich hier auch Allianzen mit gleich oder ähnlich betroffenen Unternehmen wie auch mit anderen Organisationen an, um die Einflussnahme weiter zu erhöhen.

Für Unternehmen kritisch sind nicht nur Geschäftätigkeiten, in denen sie selbst illegal oder zumindest fehlerhaft handeln. Durch ihre Mitwisserschaft macht sich das Unternehmen mitschuldig und setzt sich mitunter selbst auch schon bei einer mutmaßlichen Mitwisserschaft erheblicher öffentlicher Kritik aus – mit potenziell erheblichen Folgen für Reputation und wirtschaftlichen Erfolg.

Der Tatbestand einer so genannten „Komplizenschaft" wird recht unterschiedlich ausgelegt. Unstrittig umfasst er die bewusste und substantielle Unterstützung von Handlungen Dritter, die völkerrechtlichen wie ethischen Vorgaben widersprechen und für Umwelt und Gesellschaft negative Auswirkungen haben. Unternehmen können sich jedoch bereits öffentlicher Kritik ausgesetzt sehen, wenn sie von den negativen Implikationen solcher Vorgänge hätten wissen können und dennoch Vorteile aus ihnen gezogen haben. Schließlich wird Komplizenschaft dahingehend interpretiert, dass Unternehmen Kenntnis von illegalem oder fehlerhaftem Verhalten haben und dies, unabhängig von ihrer Beziehung zu dem jeweiligen Akteur, nicht öffentlich anzeigen. Besondere Brisanz haben in diesem Zusammenhang die Themen Kinderarbeit und Menschenrechte. Hierauf wird *Klaus M. Leisinger* in seinem Beitrag (Kapitel 4.2) genauer eingehen.

Im Kapitel 3 dieses Buches widmen sich die Autoren *Josef Wieland* und *Maud Schmiedeknecht* anhand von Beispielen detailliert dem Thema Richtlinien und Standards.

1.4.7   Menschenrechte

Die Einhaltung der Menschenrechte ist eines der wesentlichen Prinzipien – wenn nicht das zentrale – verantwortlicher Unternehmensführung. International anerkannte Leitlinien und Standards wurden auf dieser Grundlage entwickelt. Prominente Beispiele sind die Kernarbeitsnormen der IAO, die OECD-Leitlinien für multinationale Unternehmen, oder der UN-Global Compact. Die Europäische Kommission betrachtet das CSR-Konzept unter anderem als wesentliche Orientierungshilfe für die Einhaltung der Menschenrechte sowie der daraus abgeleiteten Sozial- und Arbeitsstandards [128].

Ein verantwortungsbewusstes Unternehmen bekennt sich zu der Bedeutung der allgemein anerkannten Menschenrechte und zu ihrem umfassenden und allgemeingültigen Status. Es verpflichtet sich damit zur Anerkennung und Einhaltung der Menschenrechte in allen Situationen unabhängig von nationalen gesetzlichen oder kulturellen Gegebenheiten.

Als Menschenrechte wurden 1948 in der Allgemeinen Erklärung der Menschenrechte Rechte gegenüber der öffentlichen Gewalt festgelegt, die jedem einzelnen Menschen „ohne irgendeinen Unterschied, etwa nach Rasse, Hautfarbe, Geschlecht, Sprache, Religion, politischer oder sonstiger Überzeugung, nationaler oder sozialer Herkunft, Vermögen, Geburt oder sonstigem Stand" zustehen [6]. Sie können niemandem entzogen werden. Rechtsverbindlichen Charakter erhielten sie 1966 mit der Verabschiedung der Internationalen Menschenrechtscharta. Diese setzt sich aus dem Internationalen Pakt über bürgerliche und politische Rechte (www.unhchr.ch/html/menu3/b/a_ccpr.htm) und dem Internationalen Pakt über wirtschaftliche, soziale und kulturelle Rechte (www.unhchr.ch/html/menu3/b/a_cescr.htm) zusammen. Daneben wurden in mehreren Menschenrechtsverträgen der Vereinten Nationen die Rechte im Einzelnen weiter spezifiziert und für Mitglieder der Vereinten Nationen rechtsverbindlich festgelegt [43].

Grundsätzlich liegt es in der Verantwortung von Staaten und der internationalen Gemeinschaft, durch die Umsetzung der UN-Menschenrechtsverträge in nationales Recht oder zwischenstaatliche Verträge die Achtung und Durchsetzung der Menschenrechte zu gewährleisten. Unternehmen sind über die Anerkennung entsprechender internationaler Normen und Standards an die Einhaltung der Menschenrechte gebunden.

Dennoch sehen sich Unternehmen vermehrt mit der Forderung konfrontiert, die Durchsetzung der Menschenrechte aktiv zu unterstützen. Dies ist zum einen dem wachsenden politischen Einfluss besonders von Großunternehmen im Zuge der Globalisierung geschuldet. Auch sind Unternehmen heute vermehrt in Ländern mit problematischer Menschenrechtssituation aktiv [253]. Hier sehen einige Stakeholder die Möglichkeit, über die Verpflichtung von Unternehmen anstelle von Regierungen die Sicherung der Menschenrechte zu erreichen bzw. Druck auf die jeweiligen Regierungen auszuüben. Im Zuge dieser Diskussion regte eine Unterkommission der UN-Menschenrechtskommission an, die Verantwortung für die Umsetzung der Menschenrechte zum Teil verbindlich auf Unternehmen zu übertragen. Nach intensiven Diskussionen unter dem UN-Sonderbeauftragten Prof. John Ruggie wurde dieses Ansinnen jedoch abgelehnt [241].

Eine wachsende Zahl von Unternehmen hat, mit Blick auf die gestiegenen öffentlichen Erwartungen ebenso wie auf ethisch problematische und politisch häufig komplexe Geschäftssituationen, freiwillige Verhaltenskodizes, Leitlinien und Managementmechanismen etabliert. Diese schreiben die Einhaltung allgemein anerkannter Menschenrechte vor und legen Kontrollmechanismen sowie Verfahrensweisen bei Menschenrechtsverletzungen fest. Auf internationaler Ebene sind die OECD-Leitlinien für multinationale Unternehmen und die Prinzipien des Global Compact der Vereinten Nationen anerkannte Orientierungshilfen. In der ISO 26000 erhalten nicht nur Unternehmen, sondern Organisationen im Allgemeinen Richtlinien für einen verantwortungsvollen Umgang mit Menschenrechten. Die Kontrolle über die Einhaltung der Kodizes liegt dabei bei den Unternehmen. Inwieweit sich die Kodizes bewähren, entzieht sich daher meist der öffentlichen Kenntnis, wenn nicht darüber mittels CSR- oder Geschäftsberichten veröffentlicht wird.

In verschiedenen Ländern sehen sich Unternehmen mit Situationen konfrontiert, in denen Menschenrechtsverletzungen von Seiten staatlicher Stellen oder Geschäftspartnern nicht umfassend anerkannt werden, keine ausreichende nationale Gesetzgebung zur Durchsetzung der Menschenrechte existiert oder nationale Gesetze sogar den Menschenrechten entgegen stehen. In diesem Spannungsfeld sollten sich Unternehmen dennoch bemühen, soweit möglich, entsprechend den Menschenrechtsstandards und -normen zu handeln.

Auch sollten es Unternehmen vermeiden, einen Vorteil aus menschenrechtswidrigem Verhalten Dritter zu ziehen, da sie sich damit der Mitwisserschaft schuldig machen [253].

Zudem sollten Unternehmen, wo notwendig und möglich, gemeinsam mit anderen Unternehmen oder Organisationen ihren Einfluss auf staatliche Stellen für die Stärkung der Menschenrechte nutzen.

Für den Fall, dass Unternehmen mit Menschenrechtsverletzungen konfrontiert sind, sollten im Unternehmen feste Managementmechanismen etabliert sein. Damit kann gewährleistet werden, dass der Vorfall in angemessener, transparenter, fairer und verlässlicher Weise untersucht und gegebenenfalls eine Entschädigung des Opfers festlegt wird. Nach den Empfehlungen des ISO 26000 Leitfadens sollten so beispielsweise bei der Entwicklung dieser Mechanismen folgende Gesichtspunkte berücksichtigt werden [166]:

- Sowohl der zeitliche als auch der inhaltliche Verlauf des Verfahrens sollte für alle Parteien bekannt und verlässlich sein.

- Die Governance-Strukturen sollten eine größtmögliche Unabhängigkeit des Verfahrens sicherstellen, so dass keiner der Beteiligten auf Ablauf oder Inhalt des Verfahrens Einfluss nehmen kann.

- Es sollte sichergestellt werden, dass Kläger oder Zeugen keine persönlichen, negativen Auswirkungen zu befürchten haben.

- Sowohl Ablauf als auch Ergebnis des Verfahrens sollten im Einklang mit international anerkannten Menschenrechtsstandards stehen.

- Der Öffentlichkeit sollte ein ausreichender Zugang zu Inhalten und Ergebnissen gewährt werden.

Mit Rücksicht auf die primäre Verantwortung von Staaten für die Einhaltung und Durchsetzung der Menschenrechte sollten diese unternehmensseitigen Mechanismen nur eine zusätzliche Möglichkeit für Opfer bieten, ihre Ansprüche geltend zu machen. Die Maßnahmen sollten staatliche Institutionen nicht schwächen oder behindern.

In Kapitel 4.2 wird *Klaus M. Leisinger* die Problematik der Menschenrechte im Zusammenhang mit dem CSR-Konzept aufgreifen und weiter diskutieren.

1.5 Wer ist betroffen? — Die ewige Stakeholderdiskussion

Die Hauptverantwortung für die Umsetzung des CSR-Konzeptes in einem strukturierten Prozess liegt bei den Unternehmen selbst (auf Gründe und Ausprägungen der Verantwortung wird ausführlich in Kapitel 3 eingegangen). Doch wie ausgeprägt die Motivation hierzu ist, auf welche Weise und mit welcher Dringlichkeit der Prozess verfolgt wird, hängt auch von der konstruktiven Zusammenarbeit mit den wichtigsten Anspruchsgruppen und von den politischen Rahmenbedingungen ab.

Diejenigen Stakeholder, die für die CSR-Umsetzung zentrale Verantwortung tragen sollen, werden im Folgenden vorgestellt und ihre Kernverantwortung umrissen. Neben den Unternehmen als Hauptakteuren liegt dabei der Fokus auf Staat und Politik, den Mitarbeitervertretungen, gemeinnützigen Organisationen, Vertretern der Wissenschaft und Nichtregierungsorganisationen (NGOs).

Beispielhaft werden zu den einzelnen Stakeholderkategorien einzelne Organisationen vorgestellt, die sich in der Vorstellung des Autors in der CSR-Debatte in den letzten Jahren auf der nationalen und internationalen CSR-Weltbühne eine Hauptrolle erarbeitet haben. Diese stehen stellvertretend für die vielen – fast unzähligen – Organisationen, die sich mit dem Thema auseinandersetzen. Eine vollständige Auflistung aller wäre an dieser Stelle ohnehin nicht sinnvoll. Schon mit Veröffentlichung dieses Buches wäre die Liste unvollständig, da sich fast täglich neue Organisationen, besonders aber Institute zum Thema „Gesellschaftliche Verantwortung" – teilweise mehr, teilweise weniger kompetent – zu Wort melden. Für den Interessierten sei deshalb auf den Anhang der ISO 26000 hingewiesen. Dort haben die Verfasser in sehr ambitionierter Weise versucht, eine Auflistung aller wesentlichen internationalen Organisationen und CSR-Tools zusammenzustellen.

1.5.1 Unternehmen

CSR betrifft alle Bereiche der geschäftlichen Tätigkeit eines Unternehmens. Entsprechend vielfältig sind daher die Schnittstellen zwischen dem Unternehmen und politischen wie gesellschaftlichen Akteuren. In der Regel lassen sich für ein Unternehmen vier Handlungsfelder für die verantwortungsvolle Integration der CSR-Prinzipien und jeweiligen Interaktionen mit internen und externen Stakeholdergruppen abgrenzen (Dresewski, 2007, S. 10 ff. und [221]):

- der Markt

- der Arbeitsplatz

- die „Umwelt" und

- die „Gemeinde".

Im Handlungsfeld „Markt" steht die Verantwortung gegenüber Eigentümern und Kunden (bzw. Verbraucherverbänden) sowie den Wettbewerbern im Zentrum. Das Unternehmen muss seinen Erhalt und Wachstum sichern, sich gemeinsam mit seinen Zulieferern um eine kontinuierliche Verbesserung von Produktqualität, Produktsicherheit und Produktinformationen für Verbraucher bemühen und sich gegenüber Geschäftspartnern und Wettbewerbern an die Gebote des fairen Wettbewerbs halten. Gerade durch die zunehmende Nachfrage nach Produktinformationen und eine Bevorzugung ökologisch wie „fair" produzierter und vertriebener Produkte durch die Verbraucher steigt der Druck auf Unternehmen an. Nicht nur müssen sie CSR-Prinzipien in ihrem Betrieb verankern, sondern auch eine erfolgreiche Kommunikation des Engagements auch im Sinne ihrer Reputationssicherung sicherstellen [127].

Im Bereich „Arbeitsplatz" stehen die Beziehung zu den eigenen Mitarbeitern, den Mitarbeitervertretungen (Betriebsräte, Gewerkschaften) sowie dem gesellschaftlichen Umfeld am Unternehmensstandort im Mittelpunkt. Verantwortungsbewusste Unternehmensführung bzw. nachhaltiges Wirtschaften bedeutet hier in erster Linie, eine leistungsfähige, motivierte und langfristig stabile Mitarbeiterschaft zu qualifizieren und zu erhalten [284]. Dies gelingt zum einen durch unternehmensinterne Instrumente wie beispielsweise zur Vereinbarkeit von Beruf und Familie, zur Antidiskriminierung, zur Förderung von Weiterbildung, durch ein attraktives Gehaltsgefüge oder durch die Einbindung der Mitarbeiter und Mitarbeitervertretungen. Zum anderen wirkt auch ein externes Engagement des Unternehmens in der Regionalentwicklung positiv und kann zur Erhöhung der Lebensqualität am Standort und im sozialen Umfeld des einzelnen Mitarbeiters beitragen. Dies fördert wiederum die positive Bindung der Mitarbeiter an das Unternehmen und zieht neue Fachkräfte wie ein Magnet an.

Ein verantwortungsbewusstes Verhalten gegenüber der Umwelt betrifft den effizienten und schonenden Umgang mit Ressourcen entlang der gesamten Wertschöpfungskette. Hier sehen sich besonders kleine und mittelständische Unternehmen in erster Linie mit den Ansprüchen ihrer Kunden konfrontiert. Im Mittelpunkt politischer Diskussionen und des öffentlichen Interesses stehen dabei neben einem ressourcenschonenden Umgang mit Verbrauchsgütern der Klima- und Artenschutz, die Förderung biodiversitärer Maßnahmen sowie die Nutzung von Wasser und regenerativen Energieträgern. In diesen vielfältigen Themenfeldern reichen die Grenzbereiche der unternehmerischen Verantwortung oftmals über den Unternehmensstandort hinaus.

Um ihrem Teil der Verantwortung für die Umwelt gerecht werden zu können, müssen die Unternehmen konsequenterweise mit denjenigen Stellen kooperieren, die die gesetzlichen Rahmenvorgaben formulieren, also staatlichen Stellen und Behörden auf lokaler, nationaler und ggf. europäischer Ebene. Die Form der Kooperation kann durchaus auch aktiven Charakter haben. Durch eine fachlich kompetente Lobbyarbeit (von Unternehmen oder Branchenverbänden) können beispielsweise Gesetzgeber inhaltlich qualifiziert über mögliche Konsequenzen beraten und so bei ihrer Entscheidungsfindung unterstützt werden.

Auch die Geschäftspartner (Zulieferer und Kooperationspartner) sollten in die Umweltschutzmaßnahmen eingebunden werden. Gleichzeitig besteht Informations- und Diskussionsbedarf gegenüber den eigenen Mitarbeitern, Verbrauchern, Anwohnern, Bürgern und Umweltschutzorganisationen.

Unter dem Bereich „Gemeinwesen" wird das gesellschaftliche und soziale Engagement des Unternehmens zusammengefasst, das über das eigentliche Kerngeschäft hinausgeht. Die Zusammenarbeit findet im Wesentlichen auf lokaler, teilweise auf nationaler Ebene statt und betrifft die kommunale Politik, öffentliche Einrichtungen, gemeinnützige Organisationen und Stiftungen sowie Bürgerinitiativen. Ziel der Interaktion mit diesen Stakeholdern und des gesellschaftlichen Engagements ist eine Verbesserung der Lebensqualität und des sozialen Zusammenhalts am Unternehmensstandort. Dies wirkt sich wiederum positiv auf die Unternehmensreputation, die Akzeptanz in der Gesellschaft und die Bindung der Mitarbeiter aus (Dresewski, 2007, S. 12-13 und [238]).

Eine besondere Bedeutung hat in Deutschland der Mittelstand. In Deutschland wird gerade durch das Engagement mittelständischer Unternehmen die gesellschaftliche Verantwortung der Wirtschaft gelebt (Dresewski, 2007, S. 9). Die wesentlichen Zielgruppen sind dabei die eigenen Mitarbeiter sowie gesellschaftliche Gruppen und Einrichtungen am Unternehmensstandort. In der Mehrzahl umfasst das Engagement Spenden oder Sponsoringaktivitäten auf lokaler Ebene. Jedoch zeigt sich weithin, dass eine interne oder externe Kommunikation dieses Engagements oder ein strukturierter Prozess selten für nötig befunden werden. Auch fußen die Aktivitäten in den meisten Fällen weder auf unternehmensstrategischen Überlegungen oder einer umfassenden CSR-Strategie des Unternehmens. Der englischsprachige Begriff von CSR ist im Management kleinerer und mittelständischer Unternehmen oft nicht bekannt oder wird gar als abschreckend und verkomplizierend empfunden [254].

Oft ist die Auswahl, Anpassung und Integration von CSR-Instrumenten in Unternehmen mit einem erheblichen Aufwand verbunden. Gerade für mittelständische Unternehmen, denen hierfür meist die notwendige personelle wie finanzielle Kapazität fehlt, bietet sich daher ein aktiver Zusammenschluss mit anderen Unternehmen im Rahmen von Kooperationen oder über den Branchenverband, dem man angehört, an. Damit ist die Möglichkeit geschaffen, kosten- und zeiteffizient vorhandene CSR-Systeme und Instrumente an die Bedürfnisse spezifischer Branchen oder Betriebsstrukturen anzupassen.

Besonders wertvoll kann ein verbandsgeführter Dialog mit staatlichen Stellen, politischen Institutionen und übergreifenden Stakeholdergruppen sein, wenn er nicht nur die Interessen eines Unternehmens, sondern die einer Vielzahl von Unternehmen und ihrer damit stärkeren Marktmacht vertritt.

Im Anschluss an dieses Einführungskapitel werden im Beitrag von Peter Kromminga die Besonderheiten des CSR-Konzeptes für mittelständische Unternehmen herausgestellt.

Unternehmensinitiativen und Kooperationen

Um die ebenso komplexen wie umfangreichen Anforderungen, die das CSR-Konzept an

Unternehmen stellt, effektiv zu bewältigen und auf günstige politische wie gesellschaftliche Rahmenbedingungen hinzuwirken, haben sich Unternehmen in den vergangen Jahren in einer Vielzahl von Netzwerken, Foren und Initiativen zusammengeschlossen. Vielfach wurden diese auf Initiative von bzw. in Kooperation mit internationalen Organisationen, staatlichen Stellen, NGOs oder wissenschaftlichen Einrichtungen gegründet.

Eine wesentliche Aufgabe der CSR- und Nachhaltigkeitsinitiativen ist es, an der Entwicklung und Verbreitung von „Best Practice"-Ansätzen für die praktische Umsetzung von CSR zu arbeiten und den Wissens- und Erfahrungsaustausch zwischen Unternehmen zu fördern. Dies geschieht im Wesentlichen im Rahmen von internen Arbeitsgruppen oder Workshops mit externen Experten. In den vergangenen Jahren hat sich hierzu eine Vielzahl von Unternehmensinitiativen etabliert. Zu ihren prominentesten Vertretern zählen beispielsweise auf internationaler Ebene das World Business Council for Sustainable Development (WBCSD) und CSR-Europe.

Das WBCSD entstand 1992 aus einer Unternehmensinitiative im Rahmen des Nachhaltigkeitsgipfels in Rio de Janeiro. Es ist ein internationales Netzwerk von Großunternehmen, das die Weiterentwicklung und Umsetzung des CSR-Konzepts durch Projekte, Arbeitsgruppen und entsprechende Instrumente unterstützt. Das WBCSD kommuniziert auch das CSR-Engagement seiner Mitglieder nach außen und vertritt ihre Interessen im internationalen Multistakeholder-Dialog zu nachhaltiger Entwicklung.

CSR-Europe ist der größte Zusammenschluss multinationaler Unternehmen auf europäischer Ebene. Sein Ziel ist es, Unternehmen bei der Umsetzung des CSR-Konzepts in allen Bereichen der Geschäftstätigkeit zu unterstützen. CSR-Europe bringt sich zudem im Namen seiner Mitglieder in den europäischen Multistakeholder-Dialog zu CSR-Themen ein.

Auf europäischer Ebene ist ferner durch die European Business Campaign on Social Responsibility das online-Instrument „SME Key" entwickelt worden. Als Projekt der Europäischen Kommission bietet es mittelständischen Unternehmen die Möglichkeit, ihre aktuelle Umsetzung verantwortungsbewusster Unternehmensführung zu analysieren und zu verbessern.

B.A.U.M., econsence, future e.V. und UPJ können auf nationaler Ebene als schlagkräftige Unternehmensinitiativen gesehen werden, wenn fachliche und praktische Expertise zu CSR-Fragen gesucht wird.

Der Bundesdeutsche Arbeitskreis für Umweltbewusstes Management (B.A.U.M.) wurde 1984 als überparteiliche Umweltinitiative der Wirtschaft gegründet. Er bietet seinen Mitgliedern praxisorientierte Unterstützung für unternehmerischen Umweltschutz und nachhaltige Entwicklung. Das B.A.U.M.-Projekt MIMONA (Mitarbeiter-Motivation zu Nachhaltigkeit) wird in Kooperation mit der Stiftung Arbeit und Umwelt der Industriegewerkschaft Bergbau, Chemie, Energie durchgeführt. Es geht davon aus, dass die Umsetzung des Nachhaltigkeitsgedankens in Unternehmen nur mit entsprechend motivierten und geschulten Mitarbeitern erfolgen kann. Im Rahmen des Projektes wurde eine umfangreiche Datenbank mit über 500 beispielhaften Maßnahmen der Mitarbeitermotivation und

-kommunikation aus verschiedenen Unternehmen zusammengestellt und interessierten Unternehmen zugänglich gemacht. Gerade für mittelständische Unternehmen soll die Datenbank eine leicht zugängliche und handhabbare Hilfestellung sein, um den CSR- bzw. Nachhaltigkeitsgedanken in ihren Unternehmen zu etablieren.

econsense – das Forum Nachhaltige Entwicklung der Deutschen Wirtschaft – ist ein Zusammenschluss führender deutscher Großunternehmen und Verbände, der 2001 auf Initiative des BDI gegründet wurde. Das Unternehmensnetzwerk versteht sich als Think Tank und Dialogplattform für die Themen CSR und Sustainability.

Als Netzwerk mittelständischer Unternehmer zum unternehmerischen Umweltschutz wurde future e.V. gegründet und hat sich in den vergangenen Jahren am Konzept von CSR und nachhaltiger Entwicklung ausgerichtet. Das Netzwerk unterstützt vor allem mittelständische Unternehmen in Workshops, Tagungen und Projekten sowie durch eigene CSR-Instrumente bei der strukturierten Umsetzung und Kommunikation ihrer gesellschaftlichen Verantwortung.

Unter dem Dach der Bundesinitiative „Unternehmen Partner der Jugend" (UPJ) gründete sich 2003 das erste Unternehmensnetzwerk zu Corporate Citizenship: „UPJ – Aktiv im Gemeinwesen". Ziel der Initiative ist, hinsichtlich des Corporate Citizenship Gedankens zu sensibilisieren und gemeinsame Programme und Kampagnen durchzuführen. Gerade mittelständische Unternehmen sollen mit entsprechenden Instrumenten und Strategien für die Umsetzung von Corporate Citizenship qualifiziert werden.

Als stellvertretende Beispiele für die Vielzahl an branchenspezifischen Initiativen seien an dieser Stelle die Business Social Compliance Initiative (BSCI) des Handels (die BSCI wird von *Antje Gerstein* in Kapitel 5.2.2 ausführlich vorgestellt), die CSR-Initiative der Zementindustrie oder auch der Ethik-Kodex der chemischen Industrie erwähnt.

Die Mitgliedsunternehmen der Business Social Compliance Initiative bekennen sich zu einem entwicklungsorientierten Ansatz, der es seinen Mitgliedsunternehmen und ihren Lieferanten ermöglicht, gemeinsam praktische Lösungen zu erarbeiten, um die anvisierten Ziele eines vereinbarten hohen Sozialstandards zu erreichen. Auf die BSCI wird im Kapitel 5.2.2 noch näher eingegangen.

Als erste Branche in Deutschland haben die Sozialpartner der deutschen Zementindustrie eine Vereinbarung zur Nachhaltigen Entwicklung unterzeichnet. Kooperationspartner sind hierbei die Industriegewerkschaften Bauen-Agrar-Umwelt (ICBAU) und Bergbau, Chemie, Energie (IGBCE) auf der einen sowie der Bundesverband der Deutschen Zementindustrie, der Verein Deutscher Zementwerke und die Sozialpolitische Arbeitsgemeinschaft der Deutschen Zementindustrie auf der anderen Seite. Der CSR-Initiative der Zementindustrie liegt eine Studie zum Verhältnis zwischen nachhaltiger Entwicklung und der Wertschöpfungskette zementgebundener Baustoffe zugrunde. Erreicht werden sollen eine stärkere Verankerung des Nachhaltigkeitsgedankens in den Unternehmen und Organisationen der Branche und die Stärkung des Sozialpartnerdialoges. Durch Projekte sollen konkrete Lösungsansätze erarbeitet und in der Branche verbreitet werden.

Die Industriegewerkschaft Bergbau, Chemie, Energie (IG BCE) und der Bundesarbeitge-
berverband Chemie (BAVC) haben gemeinsam einen „Ethik-Kodex der chemischen Industrie" erarbeitet. Diese „Leitlinien für verantwortliches Handeln in der Sozialen Marktwirtschaft" orientieren sich am Leitbild einer nachhaltigen Entwicklung und sollen werte-
orientiertes und faires Verhalten von Unternehmen fördern.

Zur Sensibilisierung von Unternehmen wie Öffentlichkeit für die Thematik werden vielfach Auszeichnungen verliehen. Gleichzeitig stellen viele Initiativen das bereits vorhandene CSR-Engagement der Mitgliedsunternehmen öffentlichkeitswirksam vor und vertreten
– ähnlich den Verbänden – die Interessen der Unternehmen gegenüber Politik, Gewerkschaften, NGOs und anderen Stakeholdergruppen. Nennenswerte Auszeichnungen, Wett-
bewerbe und Kampagnen, die CSR-relevante Themen zum Inhalt haben, sind beispielsweise der Förderpreis „Nachhaltiger Mittelstand", das Gütesiegel „Ethics in Business", die
Kampagne „Verantwortliche Unternehmensführung im Mittelstand" oder auch der Wettbewerb „Start Social".

Der Förderpreis „Nachhaltigkeit Mittelstand" wird von der Ethikbank und den Volks-
banken/Raiffeisenbanken gestiftet und in Kooperation mit „Natur und Kosmos" an mittelständische Unternehmen verliehen, die den Nachhaltigkeitsgedanken in seinen drei
Dimensionen überzeugend in ihre Unternehmensabläufe integriert haben. Die Auszeichnung soll vorbildliches Engagement würdigen und andere Unternehmen zur Nachah-
mung anregen.

Als private Initiative renommierter Persönlichkeiten stellt das Gütesiegel „Ethics in Busi-
ness" mittelständische Unternehmen vor, die Vorreiter auf dem Gebiet CSR und ethischem
Wirtschaften sind. Die ausgewählten Unternehmen werden hierzu durch oekom research
GmbH geprüft. Die öffentlichkeitswirksame Darstellung der Unternehmen soll andere
Mittelständler zu ethischem und verantwortungsbewusstem Handeln anregen.

Die Kampagne „Verantwortliche Unternehmensführung im Mittelstand" der Bundesinitiative UPJ, unterstützt durch den DIHK und econsense, hilft mittelständischen Unternehmen durch Informationsveranstaltungen und Praxisleitfäden, ihr traditionell vorhandenes gesellschaftliches und ökologisches Engagement zu bündeln, zu strukturieren und
dadurch den Nutzen für das Unternehmen zu erhöhen.

Der Wettbewerb „Start Social" von Großunternehmen und Beratungen fördert seit 2001
den Austausch zwischen Unternehmen und sozialen Initiativen. Ausgewählte soziale
Initiativen erhalten individuelle Beratung sowie Unterstützung bei der Vernetzung und
Kooperation mit Unternehmen.

1.5.2   Unternehmens- und Branchenverbände

Die CSR-Verantwortung eines einzelnen Unternehmens sollte sich in der Kollektivverant-
wortung seines Unternehmensverbandes wiederfinden. Vornehmliche Aufgabe der Verbände sollte es deshalb sein, Anliegen, Ideen und Positionen seiner Mitgliedsunternehmen

aufzugreifen und diese nicht nur im Allgemeinen, sondern auch bezüglich CSR-relevanter Themen gebündelt zu vertreten. Zielgruppe in CSR-Fragen sollten im Wesentlichen die politischen Akteure sein, um so auch eine Mitgestaltungsoption an neuen gesetzlichen Entwicklungen erwirken zu können. Auf nationaler Ebene sind hier die „CSR Germany" — Internetplattform und die Auszeichnung „Freiheit und Verantwortung" zu nennen.

Mit dem Internetportal „CSR Germany", einem Gemeinschaftsprojekt von BDI und BDA, haben beide Unternehmensverbände die Möglichkeit, das CSR-Engagement verschiedener Unternehmen prominent gegenüber der interessierten Öffentlichkeit, Politik und Stakeholdern zu kommunizieren. Darüber hinaus soll die Initiative die Vernetzung und einen verbesserten Erfahrungsaustausch zwischen den CSR-Akteuren vorantreiben.

2000 wurde die Initiative „Freiheit und Verantwortung" durch die Spitzenverbände der deutschen Wirtschaft (BDA, BDI, DIHK), den Zentralverband des deutschen Handwerks und die WirtschaftsWoche gegründet. Basierend auf den Prinzipen der Sozialen Marktwirtschaft soll das gesellschaftliche Engagement von Unternehmen gefördert werden.

Wichtig kann auch der Dialog mit weiteren Interessensgruppierungen sein, wie der Austausch mit Gewerkschaften zu arbeitsplatzrelevanten Fragen, oder mit Verbraucherverbänden im Falle produktanwendungs- und informationsbezogener Aspekte. Beispielsweise haben einzelne Verbände in Kooperation mit den Gewerkschaften ihrer Branche CSR- und Ethik-Initiativen ins Leben gerufen.

Auch der Austausch mit Umweltorganisationen zu ökologischen Themen oder ganz allgemein mit Nichtregierungsorganisationen wird in der Regel durch Verbände, die im Auftrag ihrer Mitgliedsunternehmen handeln, wirkungsvoller sein. So hat beispielsweise econsence, das Forum für Nachhaltige Entwicklung der deutschen Wirtschaft, eine Dialogplattform für CSR geschaffen, die auch als Think Tank verstanden wird. Aus ihr heraus sind einige Positionspapiere zu unterschiedlichen Themen entstanden, die im Zusammenhang mit der Wahrnehmung gesellschaftlicher Verantwortung diskutiert werden (www.econsense.de).

Da mittelständischen Unternehmen hierfür meist ausreichende personelle Ressourcen fehlen, stellen Verbände gerade für diese Unternehmen ein wichtiges Sprachrohr und eine Quelle für fachliche Expertise dar.

Auf der anderen Seite liegt es in der Verantwortung der Verbände, Unternehmen für das CSR-Konzept zu sensibilisieren und sie bei der Umsetzung zu unterstützen. Dazu gehören die Bündelung und Aufbereitung von CSR-Expertise für das Management ebenso wie die Entwicklung von Handlungsempfehlungen und CSR-Systemen für die jeweiligen Unternehmen und Branchen. Branchenspezifische Leitfäden oder Best-Practice-Beispiele können hier geeignete Medien sein. Vielfach werden wissenschaftliche Stellen oder Stiftungen im nationalen wie im europäischen Bereich in diese Arbeit mit eingebunden.

Sowohl politische wie auch gesellschaftliche Akteure beobachten durchaus kritisch, ob und inwieweit sich mit Hilfe des CSR-Ansatzes auch ohne gesetzlich verbindliche Vorgaben ein akzeptables ethisches und verantwortungsvolles Verhalten in der Wirtschaft durchsetzen wird. Auch vor diesem Hintergrund liegt eine möglichst umfassende Umsetzung anerkannter Umwelt- und Sozialstandards durchaus im Eigeninteresse der Wirtschaft. Nicht zuletzt daher kommt den Unternehmensverbänden die Aufgabe zu, bei ihren Mitgliedern aktiv für eine Umsetzung des CSR-Konzepts zu werben und erfolgreiche Beispiele aus der Wirtschaft gegenüber Politik und Stakeholdern offen zu kommunizieren.

1.5.3   Politik

Aufgrund ihrer ureigenen und verpflichtenden Verantwortung, gesetzliche Rahmenbedingungen zu schaffen, unterscheidet sich die CSR-Verantwortung der Politik entscheidend von den Verantwortungsbereichen anderer Organisationen. Zentrale CSR-Verantwortung staatlicher Stellen und politischer Einrichtungen ist es, durch entsprechende Gesetzgebung positive Rahmenbedingungen für die Umsetzung des CSR-Konzeptes in allen betroffenen Politikbereichen zu schaffen. Dies kann sich auf kommunale ebenso wie auf nationale oder europäische Gesetzgebung und politische Initiativen beziehen. Zudem liegt es in der Verantwortung der Politik, das Freiwilligkeitsprinzip als zentrales Element des CSR-Konzeptes zu erhalten. Zur Unterstützung der Politik wurde so beispielsweise im Jahre 2001 der „Nationale Nachhaltigkeitsrat" gegründet. Er berät die Bundesregierung in Sachen nachhaltiger Entwicklung, erarbeitet Beiträge für die Umsetzung der nationalen Nachhaltigkeitsstrategie und benennt Handlungsfelder. Darüber hinaus fördert er die Sensibilisierung der Öffentlichkeit für Nachhaltigkeitsfragen (www.nachhaltigkeitsrat.de).

Recht jung noch ist das vom Bundesministerium für Arbeit und Soziales am 20. Januar 2009 eingesetzte „Nationale CSR-Forum". Rund 40 Vertreter aus Wirtschaft, Zivilgesellschaft, Gewerkschaften, Wissenschaft und Politik sollen darin die Bundesregierung bei der Entwicklung einer nationalen CSR-Strategie beraten und unterstützen. Mit einer nationalen CSR-Strategie gilt es, nachhaltige Unternehmensführung zu fördern sowie einen Betrag zur sozialen und ökologischen Gestaltung der Globalisierung zu leisten.

Auf europäischer Ebene wurde 2006 das Europäische Bündnis für soziale Verantwortung der Unternehmen seitens der EU-Kommission im Nachgang zum „Europäischen Multistakeholderforum" für CSR gegründet. Es ist ein offenes Forum mit dem Ziel, die Arbeit bestehender CSR-Initiativen auf europäischer Ebene zusammenzuführen und die Gründung weiterer anzuregen. Erwähnenswert sind die Initiative CoSoRe der Europäischen Kommission, die sich spezifisch an kleine und mittelständische Unternehmen, deren Sozialpartner und Vertreter lokaler Gemeinden wendet, oder auch das „Responsible

Entrepreneurship for SME" der Europäischen Kommission (Generaldirektion Unternehmen) mit guten Praxisbeispielen für verantwortungsvolle Unternehmensführung im Mittelstand.

Für Unternehmen ist entscheidend, dass seitens der Politik die Sicherung der Wettbewerbsfähigkeit heimischer Unternehmen zumindest gleichrangig mit ökologischen und sozialen Zielen verfolgt wird. Nur so bleibt Unternehmen wirtschaftlich ausreichend Spielraum für eine umfassende Ausrichtung der Unternehmensführung an CSR-Prinzipien.

Unabhängig von gesetzgeberischen Aufgaben trägt die Politik auch Verantwortung für die Förderung und Verbreitung des Nachhaltigkeits- und CSR-Gedankens in Wirtschaft und Öffentlichkeit. Dies geschieht unter anderem durch die Einrichtung oder Unterstützung entsprechender öffentlicher Veranstaltungen, Forschungsprojekte und Dialogprozesse. Erwähnenswert ist hier beispielsweise das vom Bundesministerium für Bildung und Forschung geförderte Projekt „fona.de", über dessen Internetplattform Informationen zu den von der Bundesregierung geförderten Forschungsprojekten zur nachhaltigen Entwicklung vorgestellt werden, oder auch die Initiative „pro Mittelstand" des Bundeswirtschaftsministeriums, durch die speziell auf mittelständische Unternehmen ausgerichtete Informationen zu Corporate Citizenship und CSR im Internet (www.promittelstand.com) bereitgestellt werden.

Auf regionaler Ebene ist die Gestaltung des lokalen Agenda 21 Prozesses durch die entsprechenden politischen Institutionen von besonderer Bedeutung.

1.5.4 Gewerkschaften und Betriebsräte

Auf gesetzeskonforme, faire und motivierende Arbeitsbedingungen im Unternehmen hinzuwirken, kann als Kernaufgabe der Gewerkschaften und Betriebsräte gesehen werden. Von ihnen werden Anliegen der Mitarbeiter aufgenommen und gegenüber der Unternehmensführung vertreten – wo notwendig auch gegenüber Vertretern der Politik und Öffentlichkeit. Sie dringen ebenso auf die Einhaltung der gesetzlichen, tariflichen wie freiwillig vereinbarten Sozial- und Arbeitsstandards.

Gleichzeitig müssen sie den langfristigen wirtschaftlichen Erfolg des Unternehmens und eine entsprechende Sicherung der Arbeitsplätze im Auge behalten und diese Verantwortung gegen die Anliegen der Mitarbeiter abwägen. Dazu gehört unter anderem auch die Unterstützung von CSR-Prozessen, die eine Erhöhung der Leistungs- und Qualifikationsbereitschaft sowie Effizienzsteigerung bei den Mitarbeitern zum Ziel haben.

Teilweise bestehen seitens der Gewerkschaftsvertreter – für viele Experten allerdings unverständlich – Vorbehalte gegenüber einem CSR-Konzept, das sich auf den von der Politik in Deutschland wie auf EU-Ebene anerkannten Freiwilligkeitscharakter bezieht. Seitens der Gewerkschaften wird hier mehr Verbindlichkeit gefordert. Gerade bei Tätigkeiten in solchen Entwicklungs- und Schwellenländern, in denen keine nationalen, ausreichenden oder wirksamen Sozial- und Arbeitsbedingungen bestehen, treten europäische Gewerkschaften intensiv für verbindliche Vorgaben ein. Auch befürchten einige Gewerkschaften [90], dass mit einem Verweis auf das Freiwilligkeitsprinzip von CSR-Maßnahmen ihre Forderungen nach einer gesetzlichen Verankerung weitergehender Arbeitnehmerrechte politisch schwieriger durchzusetzen sein werden.

Dennoch bringen sich Gewerkschaften intensiv in den CSR-Dialog auf europäischer und nationaler Ebene ein, so zum Beispiel im Rahmen des Europäischen Multistakeholder

Forums zu CSR, im Netzwerk für Unternehmensverantwortung (CorA), oder auch in der CSR-Initiative CoSoRe der EU-Kommission. Einzelne Gewerkschaften setzen sich in Kooperation mit Unternehmensverbänden für die Umsetzung von CSR in ihren spezifischen Branchen ein. In diesem Zusammenhang sollte auch ein Verweis auf die CSR-Forschungsprojekte der 1977 als Mitbestimmungs-, Forschungs- und Studienförderungswerk des Deutschen Gewerkschaftsbundes gegründeten Hans-Böckler-Stiftung nicht fehlen.

1.5.5   Internationale Organisationen

Gerade für Unternehmen mit globalen Zulieferketten, Produktionsstätten oder Geschäftsbeziehungen stellt eine ethische und verantwortungsbewusste Geschäftsführung im Dschungel lokaler Bestimmungen, ethisch-kultureller Gegebenheiten und Stakeholderansprüchen eine Herausforderung dar.

Internationalen Organisationen fällt die Verantwortung zu, Unternehmen hierbei durch die Entwicklung und Verhandlung international anerkannter Leitlinien und Prozesse sowie durch partnerschaftliche Initiativen zu unterstützen. Gleichzeitig müssen sie, auch zur Sicherung der Wettbewerbsgleichheit, Sorge für die weltweite Einhaltung von UN-Beschlüssen und Konventionen tragen. In den meisten Fällen sind auch kleine und mittelständische Unternehmen indirekt über Zulieferverträge mit multinationalen Unternehmen an international anerkannte selbstverpflichtende Standards und Leitlinien gebunden.

Sowohl die Vereinten Nationen als auch die Internationale Arbeitsorganisation (ILO) und die Organisation für wirtschaftliche Zusammenarbeit und Entwicklung in Europa (OECD) haben sich in diesem Bereich besonders hervorgetan.

Auf Initiative des damaligen UN-Generalsekretärs Kofi Annan wurde im Jahr 2000 der UN Global Compact als freiwillige Initiative für Unternehmen und andere Organisationen gegründet. Die Initiative sollte durch die Zusammenarbeit zwischen den Vereinten Nationen, Unternehmen und anderen Stakeholdern weltweit ein nachhaltiges Wachstum fördern. Im Mittelpunkt stehen dabei zehn Prinzipien zu Arbeits- und Sozialnormen, zur Korruptionsbekämpfung, zum Umweltschutz und zu Menschenrechten. Mitgliedunternehmen im Global Compact verpflichten sich, diese Prinzipien einzuhalten. Darüber hinaus sollen Unternehmen Informationen zu ihrer CSR-Performance veröffentlichen. Das Bündnis zielt auch darauf hin, Partnerschaften zwischen staatlichen und nicht-staatlichen Organisationen zu Nachhaltigkeitsfragen zu initiieren.

Wesentliche Aufgabe der ILO ist die Entwicklung und Verabschiedung von international gültigen Mindeststandards für Arbeit und Beschäftigung. Auf ihre Tätigkeiten wird im Beitrag von Frau Gestein (Kapitel 5.2) noch näher eingegangen.

Als Nachfolgeorganisation der 1948 gegründeten „Organisation für Europäische Wirtschaftliche Zusammenarbeit" arbeitet die OECD seit 1961 als internationale Organisation mit derzeit 30 Mitgliedsstaaten, in erster Linie Industrieländern. Ziel der Organisation ist es, zu wirtschaftlichem Wachstum und einer Verbesserung der Lebensbedingungen in den Mitgliedsstaaten beizutragen, das Wirtschaftswachstum in den Mitgliedsländern und in Entwicklungsländern zu fördern und eine positive Entwicklung des Welthandels zu unterstützen. Im CSR-Zusammenhang sind vor allem die „OECD-Guidelines for multinational Enterprises" wesentlich. Auf diese wird in Kapitel 5.2.1 näher eingegangen.

1.5.6 Stiftungen

Zahlreiche Unternehmen bündeln ihre gemeinnützigen CSR-Aktivitäten in einer Unternehmensstiftung. Dadurch betonen sie die langfristige und konjunkturunabhängige Ausrichtung ihres Engagements [42]. Die Anbindung der Stiftung an das Unternehmen kann sehr unterschiedlich sein: Zumeist teilen sie das Firmenlogo, personelle Ressourcen und Infrastruktur und stimmen ihr Engagement mit den Kommunikations- wie Fachabteilungen im Unternehmen ab. Andere Stiftungen werden dagegen strikt von den Strukturen des Unternehmens getrennt und wählen ihre Stiftungsschwerpunkte unabhängig aus [108].

Allen unternehmensverbundenen Stiftungen gemeinsam ist, dass sie einen wesentlichen Teil des unternehmerischen Engagements als „Corporate Citizenship" übernehmen. Damit sind sie nicht nur Ausdruck einer verantwortungsbewussten Unternehmensführung, sie tragen auch direkte Verantwortung für die Umsetzung des CSR-Gedankens. Diese Aufgabe können sie verschiedenen wahrnehmen: Zum einen direkt durch die Durchführung eigener Projekte, die das gemeinnützige Engagement des jeweiligen Mutterunternehmens flankieren. Zum anderen indirekt durch die ideelle oder finanzielle Förderung von Studien und Forschungsprojekten zu CSR-Instrumenten in Zusammenarbeit mit Dritten [42].

Zumeist werden durch den Stiftungsschwerpunkt wenige, ausgewählte CSR-Themen abgedeckt, wie Umweltschutz, Bildung oder die Migrationsthematik. Ein Beispiel hierfür ist die Allianz Umweltstiftung, die zum 100-jährigen Bestehen der Allianz AG eingerichtet wurde (siehe folgenden Kasten). Weitere prominente Beispiele sind in diesem Zusammenhang die Gemeinnützige Hertie-Stiftung und die Robert-Bosch-Stiftung.

> Ein Beispiel für die Wahrnehmung gesellschaftlicher Verantwortung der Allianz SE — umgesetzt durch die Allianz Umweltstiftung
>
> *Vorbemerkung:* Für die Allianz SE operationalisiert die Allianz Umweltstiftung das gesellschaftliche Engagement für umweltbezogene Themen und Fragen. Seit ihrer Gründung im Jahre 1990 hat die mit 50 Mio. Euro Grundstockkapital ausgestattete Umweltstiftung mehr als 55 Mio. Euro für diese Zwecke bewilligt. Ein Beispiel soll im Sinne von Best-Practice verdeutlichen, wie über die Umweltstiftung gesellschaftliche Verantwortung wahrgenommen wird.
>
> *Best Practice:* Im Erholungspark Berlin/Marzahn wird das Konzept des „Parks der Kulturen" realisiert. Diesem liegt die These zugrunde, dass Religion eine elementare Voraussetzung für die Entwicklung einer Kultur ist. Das Interesse gilt daher den Gartenkulturen, die auf der Grundlage der großen Religionen entstanden sind. Beispiele bereits realisierter Gärten sind:

■ Chinesischer Garten für den Taoismus

■ Japanischer Garten für den Zenbuddhismus

■ Balinesischer Garten für den Hinduismus

■ Koreanischer Garten für den Schamanismus

Die Allianz Umweltstiftung fördert die Realisierung des „Parks der Kulturen", um mit den Mitteln der Gartenkunst zur Versöhnung der Religionen und der Kulturen beizutragen. Der von der Allianz Umweltstiftung realisierte Islamische Garten bereichert den Park der Kulturen in diesem Kontext.

Errichtung eines Islamischen Gartens in Berlin: Der Erholungspark Marzahn in Berlin mit seinen „Gärten der Welt" entwickelt sich immer mehr zu einem Mekka für Gartenenthusiasten. Eine der Attraktionen ist der Islamische Garten: Er bringt Orientalisches Flair in die Hauptstadt – und leistet einen kleinen Beitrag zum besseren Verständnis anderer Kulturen.

Der Garten ist in allen Kulturen Sinnbild für Frieden, Wohlstand und Glück. Soziale und kulturelle Traditionen, wirtschaftliche Entwicklung und Religion haben allerdings zu weltweit unterschiedlichen Gartenformen geführt. Über alle Barrieren hinweg blieb aber immer die Neugierde auf den „fremden Garten" erhalten. Oft entsteht aus dem Interesse für fremde Gartenwelten auch ein besseres Verständnis für andere Kulturen – ein Verständnis, das heute dringender denn je notwendig ist.

Vor diesem Hintergrund wurde im Rahmen des Projektes „Gärten der Welt" im Erholungspark Marzahn ein Islamischer Garten errichtet. Er soll die Entwicklung eines völkerverbindenden Dialogs ermöglichen und auf diese Weise einen kleinen Beitrag zum friedlichen Zusammenleben der Kulturen leisten. Da in kaum einer anderen Stadt so viele Muslime und Christen zusammenleben, ist Berlin für die Errichtung eines Islamischen Gartens prädestiniert.

Der Islamische Garten ist von einer hohen Mauer umgeben und, den orientalischen Vorbildern entsprechend, geometrisch gegliedert: Ein Pavillon mit Brunnenschale bildet das Zentrum, Wasserbecken mit Fontänen die Hauptachsen. In vier üppig bepflanzten Beeten findet sich eine Vielfalt von Farben und Düften. Der mit Unterstützung der Allianz Umweltstiftung errichtete Garten wurde 2005 an die Öffentlichkeit übergeben.

In unmittelbarer Nachbarschaft des Islamischen Gartens wird nun als weitere Attraktion ein Christlicher Garten als Klostergarten errichtet. Ein Klostergarten soll Anregungen geben, wie ein Garten eine Bereicherung für diejenigen werden könnte, die den Ursprung des Gartens im großen Raum der Religionen suchen. Vergleicht man Klostergärten mit den Paradiesvorstellungen gläubiger Muslime, dann zeigt sich eine große Chance für den Park der Kulturen in Berlin Marzahn, die beiden Religionen in einen Dialog treten zu lassen. Der Islamische Garten wurde von der Allianz Umweltstiftung bereits erstellt. Mit dem Christlichen Garten soll der Dialog fortgesetzt werden.

Synthese: Die Allianz Umweltstiftung operationalisiert über ihre Aktivitäten einen Teil des Verantwortungsprinzips der Allianz SE. Damit sollen Beispiele gezeigt werden, dass das Konzept der Nachhaltigkeit der Allianz SE eine langfristige Erfüllung der Erwartungen der Stakeholder im Sinne der Wettbewerbsfähigkeit und gleichzeitig die Erhaltung einer lebenswerten Zukunft beinhaltet.

Dr. Lutz Spandau, Vorstand Allianz Umweltstiftung

Die 1974 zur Fortführung des Engagements von Georg Karg gegründete Gemeinnützige Hertie-Stiftung gehört mit einem jährlichen Fördervolumen von 20 bis 30 Millionen Euro zu den größten privaten Stiftungen in Deutschland. Seit 1998 arbeitet die Stiftung vollständig unabhängig vom Unternehmen. Förderschwerpunkte sind Neurowissenschaften, Europäische Integration und Erziehung zur Demokratie. Für die gesellschaftlichen Herausforderungen in diesen Bereichen soll die Arbeit der Stiftung neue Lösungsansätze entwickeln und zu deren praktischer Umsetzung beitragen. Dabei will die Stiftung ihre politisch und wirtschaftlich unabhängige Stellung nutzen, um abseits tagespolitischer Diskussionen langfristige Perspektiven zu erarbeiten und aufzuzeigen. Bekannte Stiftungsinitiativen zu CSR-Themen sind unter anderem das seit zehn Jahren bestehende Programm zur Vereinbarkeit von Beruf und Familie sowie Studiengänge der Hertie School of Governance mit Fokus auf der Kooperation zwischen Wirtschaft, Politik und Zivilgesellschaft.

Ebenfalls zu den größten deutschen Stiftungen zählt die Robert-Bosch-Stiftung, die seit 1964 das gesellschaftliche Engagement der Robert-Bosch GmbH in den Bereichen Wissenschaft, Gesundheit, Völkerverständigung, Gesellschaft, Bildung und Kultur untermauert.

Seltener sind Nachhaltige Entwicklung oder verantwortungsbewusste Unternehmensführung ein eigener Themenschwerpunkt der Stiftungsarbeit. Beispiele hierfür sind die Bertelsmann Stiftung und die Novartis-Stiftung.

Die 1977 von Reinhard Mohn gegründete Bertelsmann Stiftung ist eine der größten unternehmensverbundenen Stiftungen in Deutschland. Die Themenschwerpunkte der Stiftung sind breit gefächert und reichen von Politik und Wirtschaft bis hin zu Bildung und Kultur. Dabei sollen jeweils aktuelle und zukünftige Herausforderungen identifiziert und exemplarische Lösungsansätze erarbeitet werden. Unter dem Themenschwerpunkt „Gesellschaftliche Verantwortung von Unternehmen" unterhält die Stiftung mehrere CSR-Kampagnen, so zum Beispiel „Unternehmen für die Region" und „Verantwortungspartner – Regionale Strukturen bauen". Auf lokaler Ebene initiiert die Stiftung die Kooperation von gemeinnützigen Organisationen und Unternehmen („Marktplatz-Methode") und stärkt Mittlerorganisationen für gemeinnützige Initiativen. Durch Studien und die Entwicklung eines Analyse-Instruments zur Einschätzung von CSR-Risiken will die Stiftung das CSR-Engagement deutscher Unternehmen – insbesondere mittelständischer Unternehmen – auf internationaler Ebene darstellen und fördern.

Die „Novartis Stiftung für Nachhaltige Entwicklung" übernimmt eine zentrale Aufgabe im CSR-Engagement des Novartis Konzerns. Sie ist die Fortführung des entwicklungspolitischen und gesellschaftlichen Engagements der Unternehmen Ciba, Geigy und Sandoz, das sich seit den 1960er Jahren durch die Arbeit der „Baseler Stiftung" und seit 1979 der

Ciba-Geigy-Stiftung ausdrückt. Ihre Schwerpunkte legt sie auf die Bereiche Gesundheit und Armutsbekämpfung, die gesellschaftliche Verantwortung von Unternehmen und die Förderung des Dialogs zwischen Politik, Wirtschaft und Zivilgesellschaft. Ein aktuelles Schwerpunktthema ist „Privatwirtschaft und Menschenrechte".

1.5.7   NGOs, Verbraucherverbände, Multistakeholderforen

Nichtregierungsorganisationen bzw. Non-Governmental Organizations (NGO) vertreten die spezifischen Interessen einer Stakeholdergruppe bzw. eines Zusammenschlusses von Stakeholdern. Doch auch ohne den expliziten Auftrag durch die Betroffenen setzt sich eine große Zahl an NGOs weltweit für gesellschaftliche Belange ein – wie etwa für den Schutz der Umwelt, Sozialstandards in Entwicklungsländern oder die Einhaltung der Menschenrechte. Gerade in diesen Themenfeldern üben die Initiativen über öffentlichkeitswirksame Kampagnen und gerichtliche Auseinandersetzungen mitunter bedeutenden Druck auf Unternehmen aus, nicht zuletzt zur Sicherung der Unternehmensreputation ihre Geschäftstätigkeit ethisch korrekt und gesellschaftlich verantwortungsbewusst zu gestalten.

Für Unternehmen sind NGOs wichtige Ansprechpartner im Stakeholderdialog – auf lokaler, nationaler wie globaler Ebene: Sie kanalisieren die konkreten Anliegen der Bürger an den Unternehmensstandorten, stehen als Projekt- oder Verhandlungspartner zur Verfügung und fungieren als Multiplikatoren für die Kommunikation mit der Öffentlichkeit. Häufig besitzen NGOs dadurch einen großen Einfluss auf die öffentliche Wahrnehmung und Bewertung eines Unternehmens. Diese einflussreiche Stellung ist für NGOs mit der Verantwortung für einen konstruktiven Dialog mit Unternehmen verbunden, der die Verbesserung der CSR-Politik von Unternehmen zum Ziel haben muss.

Die Zahl der auf internationaler oder nationaler Ebene aktiven NGOs ist groß und nimmt stetig zu. Allerdings existieren bislang wenige NGOs mit expliziter Ausrichtung auf CSR oder nachhaltige Entwicklung als umfassendem Konzept. Zumeist liegt der Fokus auf einzelne CSR-Themen.

An dieser Stelle werden beispielhaft Transparency International Deutschland, Social Accountability International (SAI), Amnesty International (AI), World Economy, Ecology & Development (WEED) und German Watch als prominenteste Vertreter vorgestellt:

Transparency International wurde 1993 als politisch unabhängige, gemeinnützige und international tätige Organisation gegründet, die sich die Bekämpfung von Korruption zum Ziel gesetzt hat. Dabei setzt Transparency International auf die effektive Zusammenarbeit von staatlichen Stellen, Unternehmen und der Zivilgesellschaft und auf die Sensibilisierung der Öffentlichkeit für die negativen Folgen von Korruption. Die Organisation bietet Seminare, öffentliche Veranstaltungen und Einzelgespräche mit betroffenen Organisationen an. Sie veröffentlicht jährlich Korruptionsindizes, beispielsweise den Corruption Perception Index. Zurzeit bündelt sie die Arbeit von Nationalen Sektionen in über 90 Ländern.

SAI ist eine international tätige Menschenrechtsorganisation, die den Fokus ihrer Arbeit auf den verantwortungsbewussten und ethisch korrekten Umgang mit Mitarbeitern legt. In diesem Zusammenhang wurde der Sozialstandard SA8000 entwickelt. Er soll Unternehmen befähigen, die Einhaltung international anerkannter Sozialstandards und Menschenrechte sowohl in ihrer eigenen Geschäftstätigkeit als auch in ihrer Zuliefererkette sicherzustellen. SAI arbeitet mit dem „Social Accounting Accreditation Service" (SAAS) zusammen, um weltweit Organisationen zur externen Prüfung von Unternehmen nach SA8000 zu akkreditieren. Im Rahmen einer strukturierten Multistakeholder-Diskussion unter Einbindung von Unternehmen arbeitet SAI an der kontinuierlichen Verbesserung ihrer Instrumente und der Harmonisierung des SA8000 mit anderen Sozialstandards.

Amnesty International arbeitet als weithin anerkannte und politisch unabhängige Menschenrechtsorganisation auf internationaler Ebene. Die Organisation setzt sich unter anderem für eine stärkere Verantwortung von Unternehmen für die Einhaltung der Menschenrechte, auch durch ihre Zulieferer, ein. Sie ist derzeit in über 100 Ländern aktiv.

WEED wurde 1990 als unabhängige NGO gegründet. Ihr Ziel ist es, Politik und Öffentlichkeit für die Ursachen weltweiter Armuts- und Umweltprobleme und die sozialen und ökologischen Auswirkungen der Globalisierung zu sensibilisieren. Damit soll auf einen Wandel in der Finanz-, Wirtschafts- und Umweltpolitik hingewirkt werden, der sozialer Gerechtigkeit und ökologischer Tragfähigkeit mehr Gewicht einräumt.

Als Initiative setzt sich German Watch als Lobbyorganisation für eine nachhaltige Entwicklung und Nord-Süd-Gerechtigkeit ein. Der verantwortungsbewusste Umgang mit Umwelt und natürlichen Ressourcen durch die Wirtschaft der Industrieländer steht dabei im Vordergrund.

In diesem Zusammenhang sollte ebenfalls das Netzwerk CorA (Corporate Accountability) erwähnt werden. CorA ist ein deutsches Netzwerk von Organisationen, die von Unternehmen eine verstärkte Wahrnehmung ihrer Verantwortung zur Einhaltung der Menschenrechte sowie international anerkannter Sozial- und Umweltstandards einfordern. Vertreten sind unter anderem Gewerkschaften, Verbraucher- und Umweltverbände, kirchliche und entwicklungspolitische Organisationen und Menschenrechtsorganisationen.

Gerade durch die nationale wie europäische Politik und internationale Organisationen werden den NGOs mittlerweile Zugang zu Dialog- und Entscheidungsprozessen gewährt, so zum Beispiel im Rahmen von Konferenzen der Vereinten Nationen oder der Welthandelsorganisation. Dies wird von verschiedener Seite jedoch auch kritisch bewertet, da den NGOs die demokratische Legitimierung für diese Rolle fehlt [153].

Im Umgang mit NGOs müssen Unternehmen genau unterscheiden, ob die Erwartungshaltung der jeweiligen NGO auch mit der ihrer wesentlichen Stakeholder (Kunden, Eigentümer, Bürger am Standort) übereinstimmt. Diese Problematik der Identifikation und Priorisierung legitimer Stakeholderinteressen wird im Beitrag von *Annette Kleinfeld* und *Johanna Schnurr* (Kapitel 10.3.2.1) aufgegriffen.

Eine besondere Stellung im Rahmen der NGO-Landschaft nehmen Verbraucherverbände ein. Sie bündeln die Anliegen und erfüllen das Informationsbedürfnis eines der wichtigsten Stakeholder eines Unternehmens: des Kunden. Durch ihre zumeist politisch und wirtschaftlich unabhängige Stellung genießen sie bei Verbrauchern hohes Ansehen und Glaubwürdigkeit. Diese Reputation befähigt sie, Unternehmen sowohl hinsichtlich der Verbesserung ihrer CSR-Leistung unter Druck zu setzen als auch vorbildliche Produkte oder Betriebe positiv in der Öffentlichkeit zu positionieren. Im deutschsprachigen Raum sind hier besonders die Stiftung Warentest, die Verbraucherzentrale Bundesverband (vzbv) und die „Fair Trade Labelling Organisation International" (FLO) zu erwähnen.

Die Stiftung Warentest wurde 1964 auf Beschluss des Deutschen Bundestages gegründet. Sie erhält Fördermittel vom Bundesministerium für Ernährung, Landwirtschaft und Verbraucherschutz. Durch die unabhängige und objektive Bewertung und den Vergleich von Produkten soll der Verbraucher Informationen über qualitäts- und wirtschaftlichkeitsbezogene Eigenschaften erhalten. Neben diesem traditionellen Testmuster führt die Stiftung Warentest seit 2004 auch eine Bewertung des sozialen und ökologischen Verhaltens der Anbieter durch. Diese wird separat zu den traditionellen Warentests veröffentlicht. Ausführlich berichtet *Peter Sieber* darüber in seinem Beitrag (Kapitel 7.2).

Im Dachverband vzbv sind 16 Verbraucherzentralen der Bundesländer und 25 verbraucherpolitisch orientierte Verbände organisiert. Der Verband vertritt die Interessen der Verbraucher auf Bundesebene und bietet ihnen Informationen zu Verbraucherrecht, Verbraucherpolitik und Verbraucherschutz. Zentrales Anliegen der Verbraucherverbände ist es, die Anliegen der Verbraucher öffentlich zu kommunizieren und gegenüber der Politik zu vertreten. Dabei werden Missstände aufgezeigt und das Recht der Verbraucher gegebenenfalls gerichtlich durchgesetzt. In Deutschland bieten die Verbraucherverbände in mehr als 200 Beratungsstellen unabhängige Beratung und aktuelle Informationen für Verbraucher an. Fördermitglieder sind unter anderem der Deutsche Gewerkschaftsbund, Stiftung Warentest, die 1991 gegründete Germanwatch Nord-Süd-Initiative e.V. und Transparency International Deutschland.

Seit 1992 arbeitet die Organisation TransFair Deutschland daran, die Lebens- und Arbeitsbedingungen von Produzentenfamilien in Entwicklungsländern zu verbessern. Zu diesem Zweck wurde das Siegel „Transfair" entwickelt, mit dem Produkte verschiedener Anbieter gekennzeichnet werden, die den Sozialkriterien von Transfair für fairen Handel entsprechen. Seit 1997 besteht die europäische Dachorganisation Fair Trade Labelling Organisation International, die heute in 21 Ländern als Siegelinitiative in Zusammenarbeit mit Produzentenvertretern besteht.

Ebenfalls gesondert zu betrachten sind die so genannten Multistakeholderforen, in denen alle von einer spezifischen CSR-Thematik betroffenen Stakeholder zusammengebracht werden. Ziel ist es, im Rahmen einer konstruktiven Diskussion einen gemeinsamen, tragfähigen Lösungsansatz zu erarbeiten. Dabei sind Unternehmen ebenso einbezogen wie NGOs. Weithin bekannte Beispiele, auf die in diesem Buch an anderer Stelle (u.a. Kapitel 3.1) noch näher eingegangen wird, sind die Global Reporting Initiative, die ISO-Working Group on Social Responsibility (WGSR) zur Erarbeitung des CSR-Leitfadens ISO 26000 oder verschiedene CSR-Multistakeholderforen wie etwa das der Europäischen Kommission oder das des „Rates für Nachhaltige Entwicklung".

1.5.8   Wissenschaft und Beratungsinstitute

Forschungseinrichtungen, Beratungsunternehmen und Think Tanks spielen eine ganz wesentliche Rolle für die Weiterentwicklung des CSR-Konzeptes und seine konkrete Umsetzung durch Unternehmen.

Durch Analyse aktueller gesellschaftlicher, unternehmerischer ebenso wie ökologischer Trends und Herausforderungen in Zusammenhang mit CSR bietet die Wissenschaft allen gestaltenden Akteuren eine wertvolle Informationsgrundlage für Diskussionen und Entscheidungen. So erfahren Unternehmen beispielsweise, welche Anliegen wichtige gesellschaftliche Gruppen aktuell bewegen oder welche CSR-Konzepte und Instrumente andere Unternehmen mit Erfolg anwenden.

Von Seiten der Wissenschaft erhalten Unternehmen fachliche Unterstützung in der Umsetzung von CSR. Ganz wesentlich beeinflussen wissenschaftliche Einrichtungen oder Beratungsorganisationen durch die Entwicklung und kontinuierliche Verbesserung von CSR-Instrumenten (z.B. Managementsysteme, Kommunikationsprozesse, Standards oder Leitfäden) die Art und Weise, wie Unternehmen die Herausforderungen von CSR angehen. Zumeist arbeiten dabei CSR-Experten und Unternehmen eng zusammen, um möglichst praxisnahe Instrumente zu schaffen. Beispiele hierfür sind Multistakeholderforen oder die gemeinsame Projektarbeit von Unternehmerorganisationen und Wissenschaft. Verschiedene Institute mit Fokus auf Nachhaltiger Entwicklung und CSR arbeiten sowohl als Forschungsinstitute wie auch als Unternehmensberatungen.

Als wissenschaftliche Einrichtungen besonders zu erwähnen sind:

- ▪ Das Zentrum für Wirtschaftsethik (ZfW) arbeitet als wissenschaftliches Institut des Deutschen Netzwerks für Wirtschaftsethik (DNWE). In Zusammenarbeit mit anderen wissenschaftlichen Einrichtungen und Think Tanks forscht es zu anwendungsorientierten Systemen und Instrumenten der Wirtschaftsethik. Unter anderem wurde dabei der Standard WerteManagementSystem^{ZfW} für ein Wertemanagement in Unternehmen entwickelt. Dieser wird in Kapitel 3 dieses Buches durch *Josef Wieland* und *Maud Schmiedeknecht* ausführlich vorgestellt.

- ▪ Das wissenschaftliche, interdisziplinäre Center for Corporate Citizenship (CCC) arbeitet in Kooperation mit der Katholischen Universität Eichstätt. Schwerpunkt der Arbeit ist die Erforschung und Gestaltung des gesellschaftlichen Engagements von Unternehmen (Corporate Citizenship). Aus der Sammlung und Analyse von guten Praxisbeispielen werden anwendungsnahe Strategien und Konzepte entwickelt und mit Partnern aus Sozial- und Wirtschaftsverbänden sowie Think Tanks und anderen wissenschaftlichen Einrichtungen diskutiert.

- ▪ Das „Wittenberg Zentrum für Globale Ethik" hat sich als deutsch-amerikanische

Wissenschaftsinitiative zum Ziel gesetzt, allgemeine ethische Prinzipien für Frieden, Gerechtigkeit und Wohlstand in einer globalisierten Welt zu identifizieren und eine entsprechende „Verantwortungsethik" zu entwickeln.

■ Das „Sustainable Europe Research Institute" (SERI) arbeitet als wissenschaftliches Institut und Think Tank zum Thema Nachhaltige Entwicklung. Dabei liegt der Fokus auf der Integration von Nachhaltigkeitsstrategien in bestehende Prozesse und Organisationen.

■ Das kanadische „International Institute für Sustainable Development" (IISD) bietet Empfehlungen für nachhaltiges und verantwortungsbewusstes Handeln in den Bereichen Internatonaler Handel, Investment, Wirtschafts- und Klimapolitik an.

Unter den Forschungsinstituten hat sich besonders auch das Öko-Institut in der CSR-Diskussion eine herausgehobene Stellung erarbeitet. Seit seiner Gründung 1977 entwickelte es sich zu einem europaweit anerkannten, unabhängigen Forschungs- und Beratungsinstitut zu Nachhaltiger Entwicklung und Umweltschutz. Unter anderem koordiniert es seit 2004 das EU-Verbundforschungsprojekt „Rhetoric and Realities – Analyzing Corporate Social Responsibility in Europe".

Abschließend sollte noch auf die stetig wachsende Anzahl von Beratungsunternehmen hingewiesen werden, die mehr oder weniger kompetente Beratungsleistungen zu den unterschiedlichsten CSR-Themen anbieten.

„Moral – Es gibt nichts Gutes außer: man tut es!"

Erich Kästner (1899 – 1974), deutscher Schriftsteller,
aus: „Doktor Erich Kästners Lyrische Hausapotheke"

2   Verantwortliche Unternehmensführung im Mittelstand

Acht Variationen zum kleinen Unterschied bei inhabergeführten Unternehmen

von Peter Kromminga

Verantwortliche Unternehmensführung ist nicht gleich verantwortliche Unternehmensführung. Im Mittelstand, zumal im deutschen, ist vieles anders: Die Eigentümerstruktur, die Motivation, der zeitliche Horizont oder auch der Zugang und die Vorgehensweise bei der Umsetzung von gesellschaftlicher Verantwortung. Der Beitrag arbeitet die wichtigsten Unterschiede heraus, um daraus Erkenntnisse für die weitere Verbreitung und Vertiefung des Ansatzes einer verantwortlichen Unternehmensführung im Mittelstand abzuleiten.

Variation 1: Inhabergeführt — Oder die Einheit von Eigentum und Leitung

Definitionen dessen, was unter „dem" Mittelstand zu verstehen ist, orientieren sich in der Regel an Größenkennzahlen zur Zahl der Beschäftigten kombiniert mit einer Umsatzgrenze.[17] Solche Definitionen sind für die Statistik und natürlich auch für den Zugang zu öffentlichen Förderprogrammen, die speziell auf kleine und mittlere Unternehmen zugeschnitten sind, hilfreich. Entscheidend sind sie nicht, wenn es darum geht, sich den spezifischen Zugang des deutschen Mittelstands zur gesellschaftlichen Verantwortung von Organisationen zu erschließen.

Vielmehr wird der Begriff „Mittelstand" in diesem Beitrag als Synonym für inhabergeführte Unternehmen verstanden, bei denen Eigentum und Leitung des Unternehmens in einer Hand liegen.[18]

---

[17] Die deutsche Statistik wählt als Obergrenze Unternehmen mit bis zu 500 Beschäftigten, die EU definiert kleine und mittlere Unternehmen (KMU) als Organisationen mit bis zu 250 Beschäftigten und einem Umsatz bzw. einer Bilanzsumme, die einen bestimmten Wert nicht übersteigt. Darüber hinaus unterscheidet die EU in dieser Gesamtgruppe noch zwischen Kleinstunternehmen mit bis zu 10 Beschäftigten, kleinen Unternehmen mit bis zu 50 Beschäftigten und mittleren Unternehmen mit bis zu 250 Beschäftigten.

[18] Alternativ wird z. B. vom IfM Bonn (o. J.) auch der Begriff „Familienunternehmen" verwendet.

Inhabergeführte Unternehmen machen den weitaus größten Teil der kleinen und mittleren Unternehmen aus, aber ebenso in den Größenklassen oberhalb der deutschen Definition oder der EU-Definition von KMU sind sie zahlreich vertreten. Nach aktuellen Berechnungen des IfM Bonn sind 95,1 % aller Unternehmen als Unternehmen zu charakterisieren, bei denen Eigentum und Leitung zusammenfallen. Auf sie entfallen 41,5 % aller Umsätze und sie vereinen 57,3 % aller Beschäftigten auf sich [162, 301]. Erst diese Betrachtung führt zu einem angemessenen Verständnis von dem, was verantwortliche Unternehmensführung beim größten Teil der verfassten Akteure der Wirtschaft in Deutschland bedeutet und bedeuten kann.

Variation 2: Intrinsische Motive

Intrinsische Motive bzw. Motivbündel spielen im Mittelstand eine herausragende Rolle für die Übernahme von gesellschaftlicher Verantwortung. „Familienunternehmer nehmen ihre gesellschaftliche Verantwortung aus innerem Antrieb und Gestaltungswillen der Eigentümer wahr – äußere Einflüsse, gar Zwänge spielen kaum eine Rolle!". So fasst eine von der Bertelsmann Stiftung und der Stiftung Familienunternehmen 2007 herausgegebene Studie die Ergebnisse zu den Motiven für die Übernahme von gesellschaftlicher Verantwortung zusammen. „Die Mehrheit der befragten Unternehmerinnen und Unternehmer sieht das gesellschaftliche Engagement ihres Unternehmens stark durch ethische Erwägungen und die eigenen Überzeugungen bzw. die Firmentradition geleitet. Motive, die sich auf die betrieblichen Prozesse oder die Wertschöpfungskette beziehen (wirtschaftliche Ziele), wurden als weniger bedeutsam erachtet" (Stiftung Familienunternehmen, 2007, S. 27).

Variation 3: Werteorientierung

Werte spielen somit als Ausgangspunkt für die Umsetzung von gesellschaftlicher Verantwortung in diesen inhabergeführten Organisationen eine sehr entscheidende Rolle. Eine aktuelle Studie von TNS Infratest im Auftrag der Commerzbank zeichnet diesbezüglich ein differenziertes Bild [61]: „Die Einordnung von unternehmerischen Tugenden und Werten ist (aber) auch eine Frage des Alters. Das Wertesystem der über 60-jährigen Firmenlenker ist stark von Tradition, Religion und christlichen Grundwerten geprägt. Firmenlenker, die jünger als 45 Jahre sind, messen den traditionellen Werten insgesamt eine etwas geringere Bedeutung bei. In der Reihenfolge der Werteskala sind sie sich jedoch mit ihren älteren Kollegen einig. Die Unternehmer der jüngeren Generation legen hohen Wert auf Reputation und die eigene Glaubwürdigkeit" [61]. Glaubwürdigkeit oder auch Vertrauen entsteht nur dann – so das Selbstverständnis der Mehrheit der Eigentümer der Unternehmen – wenn die eigenen Überzeugungen und das faktische unternehmerische Handeln im Einklang sind. Reputation, ein Motiv, das meist nur den großen Unternehmen zugeschrieben wird, und im Ergebnis Vertrauen spielen also bei familien- und inhabergeführten Unternehmen mindestens eine so große Rolle wie bei managergeführten und börsennotierten Unternehmen, allerdings entsteht dieses Vertrauen sehr viel unvermittelter durch das Verhalten und die Interaktion des Inhabers oder der Inhaberin selbst.

In manchen Studien wird die dominante ethische Motivierung des gesellschaftlichen Engagements und der praktizierten unternehmerischen Verantwortung als Manko gedeutet,
als Manko der mangelnden strategischen Verankerung bzw. eines unterentwickelten Managements der Verantwortung [55]. Die Kritik mündet dann in eine Forderung nach einer
nachholenden Entwicklung in Deutschland, die sich an dem bereits Erreichten in den angelsächsischen Ländern orientiert, oder gar in dem Appell, doch endlich die win-win-
Situation, also auch den unternehmerischen Nutzen des Engagements zu erkennen. Eine
solche Deutung verschließt die Möglichkeiten, die sich aus den besonderen Charakteristika
des Mittelstands in Deutschland ergeben. Wir folgen dieser Einschätzung deshalb nicht.
Vielmehr verstehen wir diesen hohen Grad an ethischem Impetus und Verantwortungsbe-
reitschaft als einen besonderen Schatz im Mittelstand, der beste Anknüpfungspunkte und
eine Basis dafür bietet, verantwortliche Unternehmensführung in der deutschen Wirtschaft
auch als Managementansatz weiter zu verbreiten.

Dem Handeln der Eigentümer von Unternehmen nur ethische Motive zuzuschreiben, wäre
allerdings auch keine angemessene Deutung. Dies hieße, die ökonomische Rationalität zu
leugnen und den Gestaltungswillen und die unternehmerische „Denke" als einen wichtigen Anknüpfungspunkt für die weitere Verbreitung verantwortlicher Unternehmensführung in Deutschland außer Acht zu lassen. So identifiziert etwa die Studie der Bertelsmann
Stiftung und der Stiftung Familienunternehmen das folgende wirtschaftliche Motivbündel:
„Im Einklang mit den oben präsentierten Ergebnissen bildet die Erhöhung der Mitarbeitermotivation bei gleichzeitiger Schaffung einer angemessenen Arbeitsatmosphäre einen
wichtigen Orientierungspunkt des Handelns. Für die meisten der Befragten stellen Image-
verbesserung und Umweltschutz sowie Nachhaltigkeit ebenfalls wichtige inhaltliche Motive des gesellschaftlich verantwortungsvollen Handelns dar" [260].

Variation 4: Handlungsorientierung

Unabhängig davon, ob ethische oder wirtschaftliche Motive vorherrschen, verweisen alle
bekannten Studien über das Engagement und die Verantwortungsübernahme im Mittelstand darauf hin, dass bei eigentümergeführten Unternehmen eine starke Handlungsorien-
tierung vorherrscht. „Vor allem praktische Problem- und Aufgabenstellungen wie auch
konkrete Handlungsanlässe bilden bedeutsame Ansatzpunkte für die Aktivitäten der
Familienunternehmen" [260].

Wissenschaftliche Erkenntnisse und vor allem auch praktische Erfahrungen von intermediären Organisationen wie UPJ, die Unternehmensverantwortung im Mittelstand voran-
bringen wollen, sprechen nicht nur dafür, die Werteorientierung der Inhaber-Manager sehr
ernst zu nehmen, sondern auf dem Weg zu einer Strategie der Verantwortung eher einen
induktiven Weg zu wählen, also zu Beginn nicht die Verantwortungs-Strategie als ganze
entwickeln zu wollen und anschließend daraus Maßnahmen abzuleiten, sondern das Of-
fensichtliche und Naheliegende als erstes anzugehen, klar umrissene Lösungen anzubieten, die praktikabel, leicht umsetzbar und nicht zu zeitaufwändig sind und bei denen klar
erkennbar ist, dass sie sinnvoll und kurzfristig nutzbringend sind nach dem Motto: „Nicht
lange reden – wenn ich überzeugt bin, dass es eine gute Sache ist, dann packe ich es an"

(Europäische Expertengruppe, 2007, S. 13 f. und [82]). Am Anfang steht die Intuition, das Erfahrungswissen um den Business Case von CSR. Eine umfassende Strategie ist eher das Ergebnis der laufenden Reflexion des Handelns.

Variation 5: Verbundenheit mit Mitarbeitern und Region

Der inhabergeführte Mittelstand in Deutschland reicht im Selbstverständnis von Ein-Personen-Unternehmen bis hin zu international agierenden sehr großen Unternehmen. Es gibt kein Management hier und Shareholder dort, sondern bei den Inhabern fallen Shareholder und Management zusammen. Im Vordergrund steht die langfristige Sicherung des Geschäfts, nicht die Befriedigung der kurzfristigen Interessen der Shareholder. Gewinne werden reinvestiert in Menschen und Innovationen mit dem Ziel, auch auf lange Sicht am Markt zu bestehen.

Insofern verschieben sich auch die Gewichte der Bedeutung verschiedener Anspruchsgruppen (Stakeholder). Neben dem Erfolg und den Werten, die das unternehmerische Handeln der Inhaber bestimmen, rücken besonders die Mitarbeiterinnen und Mitarbeiter sowie die Region in den Vordergrund. Dies geschieht weniger aufgrund eines strategischen Interesses am „Humankapital" oder dem Standort als Ressource, sondern aufgrund einer engen persönlichen Verbundenheit der Inhaberinnen und Inhaber mit ihren Mitarbeiterinnen und Mitarbeitern und einer starken Verwurzelung in der Region.

Variation 6: Vielfalt

Die Vielfalt mittelständischer Unternehmen ist groß. Ebenso vielfältig ist ihr erster Zugang zu praktizierter und systematisch umgesetzter Verantwortung. Entscheidend sind dabei weniger grundlegende strategische (Vor-)Überlegungen, sondern die konkreten Herausforderungen, die den Erfolg des Unternehmens gefährden oder befördern. Maßnahmen verantwortlicher Unternehmensführung müssen deshalb unmittelbar erkennen lassen, welchen Beitrag sie zur Lösung dieser Herausforderungen leisten können. Eine gewisse Differenzierung ergibt sich schon bei einem Blick auf die verschiedenen Branchen. Im Dienstleistungssektor steht oftmals aufgrund der Folgen des demographischen Wandels die Personalfrage im Vordergrund. Maßnahmen Verantwortlicher Unternehmensführung müssen in diesem Fall eine Antwort darauf geben können, wie ein Unternehmer oder eine Unternehmerin qualifiziertes Personal halten, wie er oder sie neue Mitarbeiter gewinnen kann, wie Verantwortung zu einer Unternehmenskultur beitragen kann, die Mitarbeiter gerne für dieses Unternehmen arbeiten lässt, die sie vielleicht sogar stolz macht. Im produzierenden Gewerbe stehen oft Fragen des Umweltschutzes im Vordergrund, aber auch die Gewinnung qualifizierter Auszubildender, im Handel die Verkaufsförderung und die Kundenbindung. Es gilt also, einen solchen Einstieg zu wählen und Maßnahmen Verantwortlicher Unternehmensführung so zuzuschneiden, dass sie für ein bestimmtes Unternehmen einer bestimmten Branche mit seinen spezifischen Herausforderungen tatsächlich einen Beitrag für den langfristigen Erfolg leisten. Für ein solches Vorgehen ist es eher hinderlich, dass Sammlungen guter Beispiele von CSR im Mittelstand in der Regel das Unternehmen als ganzes betrachten. Hilfreicher sind da Beispielsammlungen, die klar umrissene einzelne Maßnahmen in einzelnen Handlungsfeldern verantwortlicher Unternehmensführung in den Mittelpunkt stellen (vgl. z.B. [84]).

Variation 7: Position in der Lieferkette

Natürlich bestimmen auch andere Faktoren bzw. Anspruchsgruppen das Handeln mittelständischer inhabergeführter Unternehmen. Mittelständische Unternehmen agieren zunehmend international und sind Teil von Lieferketten. Entweder haben sie selber eine Zulieferkette oder sind Zulieferer anderer, meist größerer Unternehmen oder beides. Angesichts dieser Verflechtungen wird die Bedeutung nationaler, internationaler und branchenspezifischer Standards Verantwortlicher Unternehmensführung und die Zertifizierung von Prozessen gemäß dieser Standards erheblich wachsen. Mittelständische Unternehmen schrecken, insbesondere aufgrund der erheblichen damit verbundenen Kosten, vor Zertifizierungen zurück, aber es wächst die Erkenntnis, dass sie gerade aufgrund der Standardisierung mittel- und langfristig erhebliche Nutzenpotenziale beinhalten, um den Anforderungen der Kunden gerecht zu werden.[19]

Variation 8: Begriffe

Deutlich geworden ist, dass der größte Teil der inhabergeführten Unternehmen nur schwer mit einem CSR-Konzept erreicht werden kann, das auf die sehr großen international agierenden börsennotierten Unternehmen zugeschnitten ist

- ▨ hinsichtlich der Art der Ansprache, seiner Begründung bzw. Motivation, indem CSR z.B. als ein (weiteres) Instrument des Risiko-Managements oder der Investor Relations verstanden wird,

- ▨ seiner Dimensionen,

- ▨ seiner Management-Ansätze und prioritären Handlungsfelder.

Aber nicht nur Konzepte, sondern auch Begriffe schaffen Wirklichkeit. Deswegen ist auch ihre sorgsame Verwendung mitentscheidend für eine erfolgreiche Verbreitung des Konzepts der gesellschaftlichen Verantwortung von Organisationen. Angelsächsische Begriffe wie „Corporate Citizenship", „Corporate Social Responsibility", „Corporate Responsibility" oder „Social Responsibility of Organizations" bestimmen die gegenwärtige Debatte,[20] erscheinen uns aber für die Gruppe der inhabergeführten kleinen, mittleren und großen Unternehmen nicht zielführend.

Wir plädieren, wenn es um die Umsetzung der Empfehlungen des ISO Standards 26.000 für diese Gruppe im deutschsprachigen Raum geht, aus mehrfachen Gründen für die

---

[19] Einen guten Überblick über die Vielzahl von Leitfäden, Managementtools und Standards bietet [84].

[20] Zur Definition siehe z.B. Dresewski, 2007, S. 10.

Verwendung des Begriffes „Verantwortliche Unternehmensführung" [82].[21]

▨ Der Begriff ist anschlussfähig an das Selbstverständnis von Unternehmerinnen und Unternehmern, für die in ihrer weitaus größten Zahl eine verantwortliche Führung ihres Unternehmens aufgrund von Werten und Haltungen eine Selbstverständlichkeit ist,

▨ er reflektiert die besondere Bedeutung, die der Governance, also der Art und Weise, wie eine Organisation geführt wird, im ISO Standard 26.000 beigemessen wird,

▨ er bezieht sich, anders als der Begriff CSR, nicht prioritär auf Ansprüche, die von außen an ein Unternehmen herangetragen werden, sondern auf die Art und Weise, wie Verantwortung innerhalb der Organisation unternehmerisch angepackt werden kann, also auf den Kern der ISO Norm zur gesellschaftlichen Verantwortung von Organisationen.

Unterstützung

Verschiedene bundesweite und regionale Organisationen haben für mittelständische Unternehmen, die Verantwortung anpacken wollen, Unterstützungsstrukturen aufgebaut und Arbeitshilfen entwickelt.[22] Ein Anlaufpunkt ist das virtuelle Kompetenzzentrum zu Verantwortlicher Unternehmensführung der UPJ-Bundesinitiative unter www.verantwortliche-unternehmensfuehrung.de.

Dort finden kleine und mittlere Unternehmen u.a.

▨ gute Beispiele der Umsetzung von Verantwortung durch mittelständische Unternehmen in den Handlungsfeldern Markt, Umwelt, Arbeitsplatz und Gemeinwesen,

▨ den praktischen Leitfaden „Verantwortliche Unternehmensführung: Corporate Social Responsibility (CSR) im Mittelstand",

▨ einen Überblick über ausgewählte nationale und internationale Leitfäden und Instrumente für mittelständische Unternehmen zur Umsetzung von Verantwortung,

▨ eine Navigationshilfe, die mittelständischen Unternehmen einen schnellen Überblick über ausgewählte Informationsquellen und Unterstützungsstrukturen gibt,

▨ Hinweise zu Studien, die sich mit Verantwortung im Mittelstand auseinandersetzen,

▨ Verweise zu allen wichtigen Akteuren im gesamten deutschsprachigen Raum und darüber hinaus sowie

---

[21] „Verantwortliche Unternehmensführung" lehnt sich an den englischen Begriff „Responsible Entrepreneurship" der Generaldirektion Unternehmen und Industrie der EU-Kommission an. Vgl. auch [125].

[22] Genannt seien hier als bundesweite Initiativen z. B. die Bertelsmann Stiftung, der DIHK, der ZdH, das RKW und Inwent.

■ eine Stärken-Schwächen-Analyse, die einen einfachen Einstieg in eine systematische Herangehensweise an Verantwortliche Unternehmensführung bietet.

Ausblick

Die Diskussion wird sich den Chancen zuwenden müssen, die Verantwortung als Leitprinzip des Managements von Organisationen bietet. Oder anders gesagt: Welchen Beitrag kann Verantwortliche Unternehmensführung zum Erfolg und zur Wettbewerbsfähigkeit nicht nur der einzelnen Organisation, sondern auch auf der regionalen, nationalen und europäischen Ebene leisten.

Ohne den Entwicklungsbedarf leugnen zu wollen, sind in Deutschland im internationalen Vergleich weite Teile der CSR-Handlungsfelder Markt, Umwelt, Mitarbeiter und Gemeinwesen gesetzlich normiert oder gut ausgebildet. Besondere Herausforderungen und Entwicklungsmöglichkeiten für gesellschaftliche Verantwortung liegen in drei Feldern: Die Folgen des demographischen Wandels machen Human Resources sowohl nach innen im Verhältnis zu den Mitarbeiterinnen und Mitarbeitern als auch nach außen in der Investition in potenziellen qualifizierten Nachwuchs zu einem prioritären CSR-Handlungsfeld. Zu eruieren und zu erproben ist, inwieweit CSR einen Beitrag zu Innovation in den Unternehmen leisten kann. Und nicht zuletzt wird es darauf ankommen, CSR auch als Investition in funktionierende Standorte und Regionen zu verstehen, ohne die die Wettbewerbsfähigkeit Deutschlands und Europas angesichts der Globalisierung nicht gehalten werden kann. Darauf hat zuletzt die Europäische Kommission in ihrem aktuellen Wettbewerbsbericht 2008 hingewiesen, der erstmals einen umfangreichen Abschnitt zum Thema CSR enthält [106].

*„Unternehmensführung ist nicht die Beschäftigung mit Gegenwartsproblemen,
sondern die Gestaltung der Zukunft."*

Daniel Goeudevert, Literat, Automanager und Berater

3 Verantwortungsvolle Unternehmensführung

Globalisierung und unternehmerische Verantwortung

von Josef Wieland und Maud Schmiedeknecht

Seit mehr als zehn Jahren findet ein intensiver gesamtgesellschaftlicher Diskurs über die verantwortungsvolle Führung von Unternehmen sowie über die Legalität und Legitimität unternehmerischen Handelns in einer globalen Ökonomie statt. Menschenrechtsverletzungen bei Textilherstellern, durch Umweltschutzgebiete laufende Gaspipelines, Arbeitsplatzabbau bei Mobilfunkherstellern und Korruptionsvorfälle bei Elektrotechnikkonzernen sind nur einige der zahlreichen Schlagzeilen, die den beinahe inflationären Ruf nach mehr Verantwortung von Unternehmen und Wirtschaft widerspiegeln. Die Ausweitung des Verantwortungsdiskurses steht in direktem Zusammenhang mit den Auswirkungen zunehmender gesellschaftlicher Differenzierung, der steigenden Komplexität internationalen Wirtschaftens und mit den neu erwachsenen Chancen und Folgen der ökonomischen Globalisierung. Gesellschaftliche Akteure interessieren sich vermehrt für das moralische Handeln von Unternehmen, was zur Folge hat, dass eine Reihe von rechtlichen und wirtschaftsethischen Themen auf die Agenda der Unternehmen gelangen, etwa sich aktiv für Menschenrechte einzusetzen, Sozialstandards umzusetzen oder umweltschonende Verfahren zu fördern.

Aufgrund des ausgeweiteten Handlungsspielraums und des zunehmenden Gestaltungspotenzials von Unternehmen fordern gesellschaftliche Akteure stärkere (moralische) Kontrollmöglichkeiten für das unternehmerische Tun. Sie verlangen von Unternehmen, mehr Verantwortung für gesellschaftliche Entwicklungen zu übernehmen. Diese Entwicklungen werden beispielsweise in der Forderung nach einer Good Corporate Governance von Unternehmen, der Akzeptanz der unternehmerischen gesellschaftlichen Verantwortung (Corporate Social Responsibility)[23] oder der Orientierung unternehmerischen Verhaltens

---

[23] Corporate Social Responsibility (CSR) ist ein in Leitlinien, Organisationsanweisungen und Verfahren materialisiertes werte- und normengeleitetes Verantwortungsmanagement. Vgl. beispielsweise Crane et al. (2008) [65].

an den Rechten und Pflichten eines Bürgers (Corporate Citizens)[24] sichtbar. Diese drei Stichworte markieren das Feld moralischer und ökonomischer Ansprüche an Unternehmen und konkretisieren sich im unternehmerischen Alltag beispielsweise in Managementthemen wie der Etablierung von Wertemanagementsystemen,[25] die eine werteorientierte Organisations- und Verhaltenssteuerung durch Selbstverpflichtung und Selbstbindung schaffen, oder in Compliancemanagementsystemen, die die Rechtmäßigkeit unternehmerischen Handelns befördern und sichern.

Wenn wir uns über verantwortungsvolle Unternehmensführung unterhalten, stellt sich die Frage, was eigentlich unter Verantwortung bzw. unternehmerischer Verantwortung verstanden werden kann. Im Folgenden werden der Verantwortungsbegriff und dessen Bezug auf das unternehmerische Handeln kurz erörtert. Im Anschluss daran wird aufgezeigt, wie ein systematischer Umgang mit dieser Verantwortung aus unternehmensstrategischer Sicht erfolgen kann.

3.1 Begriffsdefinition: „Koordinaten" der Verantwortung

Welche Aspekte beinhaltet der Verantwortungsbegriff und welche Konsequenzen haben diese Aspekte für die Diskussion um Unternehmensverantwortung? In der Standardtheorie der Verantwortung[26] ist der Verantwortungsbegriff ein dreistelliger Zuschreibungsbegriff, bestehend aus

- dem Subjekt der Verantwortung,

- dem Objekt der Verantwortung und

- der Instanz der Verantwortung.

Wer (Subjekt) ist für wen oder was (Objekt) vor oder gegenüber jemandem (Instanz) verantwortlich oder kann für etwas verantwortlich gemacht werden?

Zum Teil wird der Verantwortungsbegriff um einen vierten Aspekt, den der Normen, erweitert: Wer ist für wen oder was vor oder gegenüber jemandem „nach Maßgabe von

---

[24] Corporate Citizenship (CC) wird gegenüber CSR demokratietheoretisch angesetzt, nämlich als die Rechte und Pflichten des Unternehmens als moralisch verantwortlicher kollektiver Bürger. „Citizen" steht hier weniger für einen legalen Status als vielmehr für eine gesellschaftlich erwartete verantwortungsvolle Haltung und ein verantwortungsvolles Verhalten der Unternehmen. Vgl. Wieland (2005), S. 13 f. [296].

[25] Zu Wertemanagementsystemen vgl. grundlegend [294].

[26] Für die Diskussion über die Ausdifferenzierung der Facetten des modernen Verantwortungsbegriffs vgl. [138].

gewissen Beurteilungskriterien" verantwortlich?[27] In diesem Zusatz wird deutlich, dass soziale Erwartungen und geltende Bestimmungen mit in die Verantwortungsattribution einfließen. Verantwortlichkeiten können nur dort von individuellen oder kollektiven Akteuren[28] eingefordert werden, wo Werte, Normen und Gesetze schon anerkannt sind. Neben den ersten drei Aspekten der Verantwortung ist der vierte in einer komplexen, ausdifferenzierten und sich in permanenten Veränderungen befindenden Weltökonomie und Gesellschaft von grundlegender Bedeutung. Denn bisher gibt es noch keine weltweit anerkannten Normen für gute Unternehmensführung, jedoch zahlreiche Diskurse über so genannte global norms of good corporate behaviour.[29]

Die sich in den letzten Jahren wandelnden Vorstellungen über Subjekte, Objekte und Instanzen der Verantwortung werden im Folgenden diskutiert. Zunächst werden diese Punkte nacheinander aufgegriffen, vorgestellt und abschließend in ihren Konsequenzen im Hinblick auf eine verantwortungsvolle Unternehmensführung aus strategischer Sicht erörtert.

„Wer trägt Verantwortung?" – Die Frage nach dem Verantwortungssubjekt

In einer globalisierten Welt werden ganz offensichtlich immer mehr (moralische) Fragestellungen aufgeworfen, für die nicht den individuellen Akteuren, sondern den Unternehmen als kollektiven Akteuren der Wirtschaft potenzielle Lösungskompetenz zugewiesen werden kann. Argumentiert wird, dass Unternehmen im Gegensatz zu Individuen verhältnismäßig rasch ihre Expertise und ihre Ressourcen (Wissen, Finanzen etc.) zur Lösung von Problemen weltweit mobilisieren und einbringen können. Dahinter verbirgt sich die Idee, dass Unternehmen ihr Kapital, global erprobtes Know-how und Durchsetzungsvermögen auch in den Dienst sozialer und gesellschaftspolitischer Anliegen stellen können, von denen sie selbst profitieren oder auf deren Basis sie agieren. Sei es in den Bereichen der Bildungspolitik, der Sozialpolitik, der inneren Sicherheit, der Ökologie, der Entwicklungspolitik oder gar von peace-keeping missions; heute gibt es kaum noch eine tradierte Aufgabe von Politik und Staat, für die nicht wenigstens Überlegungen existieren, sie Unternehmen zumindest teilweise zu übertragen.

Unternehmen werden heutzutage als Corporate Citizens mit gewissen Rechten und Pflichten verstanden. „Citizens" steht hier weniger für einen legalen Status als vielmehr für eine gesellschaftlich erwartete verantwortungsvolle Haltung und ein verantwortungsvolles Verhalten der Unternehmen. Es geht allerdings nicht mehr allein um die Frage nach der „Bürgerschaft", sondern um die Frage, was ein Good Corporate Citizen zum Gemein-

---

[27] Eine vierstellige Relationierung vertritt beispielsweise Höffe, (1993), S. 23.

[28] Die Adressaten für moralische Erwartungen und Regeln sind individuelle und kollektive Akteure, also etwa Unternehmer und Unternehmen oder Manager und Organisationen oder Mitarbeiter und Gewerkschaften. Vgl. zu dieser Differenzierung [291].

[29] Vgl. exemplarisch den ISO 26000 Prozess zur Erarbeitung eines Leitfadendokuments „Social Responsibility" oder die Initiative der Vereinten Nationen „Global Compact".

wesen beisteuern sollte. Dies hat zur Konsequenz, dass Unternehmen als Good Corporate Citizens ein hoher Grad an moralischer Verantwortlichkeit abverlangt wird bzw. dass sie bevorzugt Adressaten moralischer Verantwortlichkeit und zugleich des Bedürfnisses sind, deren Erfüllung auch zu kontrollieren.[30] Unternehmen werden als „Rückgrat" moderner Gesellschaften angesehen (vgl. für diesen Gesichtspunkt [226].). Von der Integrität und Effektivität ihrer Dienstleistungen und Güter sowie von den dafür erforderlichen Prozessen hängt maßgeblich das Gelingen gesellschaftlicher Wohlfahrt und wirtschaftlichen Wachstums ab.

„Wofür wird jemand verantwortlich gemacht?" — Die Frage nach dem Objekt

Die Definition dessen, was unternehmerische Verantwortung auszeichnet, kann sich über die Interessengruppen (Stakeholder) eines Unternehmens, über gesellschaftliche Standards und Selbstzuschreibung von Unternehmen vollziehen. Denn wofür ein Unternehmen verantwortlich gemacht wird oder Verantwortung übernimmt, ist (wie bei anderen Subjekten) Ergebnis gesellschaftlicher Konsensbildungsprozesse – oder bleibt strittig (vgl. Fetzer, 2004, S. 165).

So diskutieren beispielsweise Nichtregierungsorganisationen und Gewerkschaften miteinander, inwieweit und in welchem Ausmaß Unternehmen für Prozesse innerhalb ihrer Wertschöpfungskette verantwortlich gemacht werden können. Diese Diskussion soll anhand eines Beispiels verdeutlicht werden (vgl. Fürst/Wieland, 2004, S. 393): Ein Unternehmen im Textilhandel wird sich bei der Auswahl von Lieferanten nicht allein auf die Prüfung beschränken können, ob die Lieferanten aus einem Entwicklungsland alle dort gültigen – gegebenenfalls recht niedrigen – rechtlichen Regelungen bezüglich Kinderarbeit oder Arbeits- und Sozialstandards einhalten. Vielmehr sehen sie sich aufgrund des öffentlichen Drucks in modernen Gesellschaften zusehends häufiger mit der moralischen Forderung konfrontiert, dafür Sorge zu tragen, nur mit solchen Lieferanten zusammenzuarbeiten, die höhere Standards einhalten, als dies die lokal gültigen Rechtsnormen vorgeben. Es wird sowohl die Frage nach der Verantwortung vom Produzenten bis zum Lieferanten innerhalb der Wertschöpfungskette (downstream) diskutiert, als auch die Verantwortung für die Erstellung ihrer Güter und Dienstleistungen bis zum Kunden (upstream).

Durch die Erarbeitung von gesellschaftlichen Richtlinien und Standards zum verantwortlichen Handeln von Organisationen und insbesondere von Unternehmen wird der Versuch gestartet, Verantwortungsbereiche für Unternehmen abzustecken. Beispiele hierfür sind Richtlinien und Standards, die von interorganisationalen Organisationen wie der Organization for Economic Cooperation and Development (OECD) und der International Labour Organization (ILO) sowie von privaten Organisationen erarbeitet wurden, zum Beispiel

---

[30] Die Zurechenbarkeit auf kollektive moralische Akteure wird mehr und mehr zur Bedingung der Möglichkeit moralischer Diskurse in modernen Gesellschaften. Dies ist der Grund, warum wir von Corporate Social Responsibility, Corporate Citizenship und Global Compact reden und nicht von Unternehmer-, Management- und Führungsethik [296].

von Unternehmen, Unternehmensverbänden, Nichtregierungsorganisationen oder anderen gesellschaftlichen Gruppierungen.[31] Dabei wurden Richtlinien und Standards teilweise von staatlichen und privaten Akteuren innerhalb eines Netzwerks entwickelt.

Tabelle 3.1   Beispiele für Richtlinien und Standards zur gesellschaftlichen Verantwortung von Organisationen

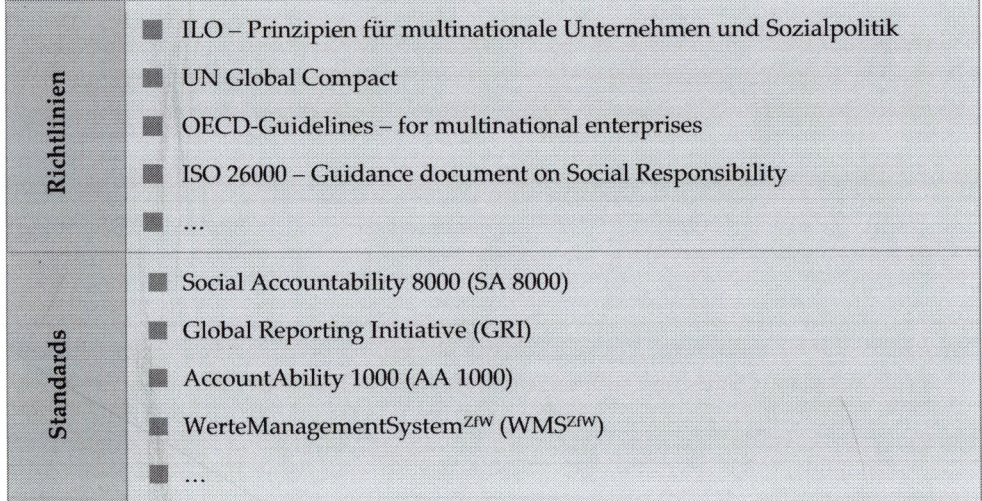

Richtlinien	■ ILO – Prinzipien für multinationale Unternehmen und Sozialpolitik ■ UN Global Compact ■ OECD-Guidelines – for multinational enterprises ■ ISO 26000 – Guidance document on Social Responsibility ■ …
Standards	■ Social Accountability 8000 (SA 8000) ■ Global Reporting Initiative (GRI) ■ AccountAbility 1000 (AA 1000) ■ WerteManagementSystem^{ZfW} (WMS^{ZfW}) ■ …

Im Allgemeinen geben Richtlinien Grundsätze vor, nach denen sich idealerweise Organisationen verhalten sollen. Sie haben im Gegensatz zu Gesetzen den Charakter der freiwilligen Selbstverpflichtung, das heißt, dass Unternehmen sich an bestimmte Grundsätze selbst binden. Ob die Organisationen der Selbstbindung in vollem Umfang nachkommen, wird oftmals nicht extern überprüft. Inhaltlich können Richtlinien eng gefasst sein, indem sie sich auf spezifische Themenbereiche beziehen wie z.B. das Verbot von Kinderarbeit oder den Schutz einzelner Arbeitnehmerrechte. Richtlinien können auch weit gefasst sein, indem sie in einem Dokument ökonomische, ökologische und soziale Grundsätze für die Unternehmenstätigkeiten bündeln. Im Folgenden werden exemplarisch die vier in der Tabelle 3.1 aufgeführten Beispiele für Richtlinien und deren Zielsetzung kurz umrissen.

---

[31] Es gibt über unsere exemplarische Aufzählung hinaus eine Vielzahl von anderen Richtlinien und Standards, beispielsweise die Agenda 21, ein Leitpapier zur nachhaltigen Entwicklung, beschlossen auf der „Konferenz für Umwelt und Entwicklung der Vereinten Nationen" (UNCED) in Rio de Janeiro (1992) oder die Global Sullivan Principles, die jedoch in diesem Kontext nicht einzeln vorgestellt werden.

Die Prinzipien für multinationale Unternehmen und Sozialpolitik der International Labour Organization (ILO) wurden 1977 verabschiedet.[32] In dieser trilateralen Erklärung wurden Richtlinien für Unternehmen rund um die Verbesserung der Arbeits- und Lebensbedingungen gebündelt,[33] z.B. Arbeitsbeziehungen (Vereinigungsfreiheit und -rechte, Kollektivverhandlungen etc.) und Arbeitsbedingungen (Löhne, Arbeitsschutz etc.).

Der UN Global Compact, initiiert von Kofi Annan,[34] dem ehemaligen Generalsekretär der Vereinten Nationen, ist eine internationale Initiative, die die Integration universeller Sozial- und Umweltprinzipien in die Unternehmenspolitik und -praxis fördern möchte. Dabei versteht sich der Global Compact nicht als strenger Verhaltenskodex, sondern als eine Austauschplattform für gesellschaftliches Engagement von Unternehmen, das auf bestimmten gemeinsamen Werten basiert. Jedes Unternehmen, unabhängig von seiner Größe, kann den Vertrag unterschreiben und sich zur Befolgung der zehn Prinzipien verpflichten.[35]

Die OECD-Leitsätze für multinationale Unternehmen wurden von Regierungen der OECD-Länder sowie einiger Nicht-Mitgliedsländer[36] als nicht bindende Empfehlungen im Juni 2000 verabschiedet [220]. Die Erklärung enthält Anforderungen, mit denen Unternehmen ökonomische, ökologische und soziale Entwicklungen unterstützen sollen. Themen sind u.a. Menschenrechte, Umweltschutz, Arbeitnehmerbeziehungen sowie Wissenschaft und Technologie. Diese Richtlinien sind insofern besonders, als dass sich die Regierungen verpflichten müssen, die Einhaltung des multilateralen Abkommens zu fördern

---

[32] In der ILO sind Regierungen, Arbeitgeber und Gewerkschaften aus mehr als 170 Ländern vertreten. Ziel der ILO ist in erster Linie, weltweit Lebens- und Arbeitsbedingungen der Bevölkerung zu verbessern, Arbeitslosigkeit zu bekämpfen und zur Schaffung sozialer Gerechtigkeit beizutragen. Bis heute spielt dabei die Festlegung weltweit anerkannter Sozial- und Arbeitsnormen die entscheidende Rolle. Vgl. ILO.

[33] Die Nichteinhaltung kann nur in einem begrenzten Rahmen geahndet werden.

[34] Den Gedanken eines Globalen Paktes hat Kofi Annan erstmals in einer Rede auf dem Weltwirtschaftsforum in Davos am 31. Januar 1999 vorgetragen. Die operative Phase des Global Compacts wurde am 26. Juli 2000 am Amtssitz der Vereinten Nationen in New York eingeleitet. Weitere Informationen unter www.unglobalcompact.com

[35] Um sich auf die Prinzipien zu einigen, wurden Vertreter der Privatwirtschaft eingeladen, mit Einrichtungen der Vereinten Nationen, Arbeitnehmern und der Zivilgesellschaft zu diskutieren. Die Prinzipien beinhalten u.a., dass Unternehmen die Menschrechte achten sollen, keine Kinderarbeit oder andere Zwangsarbeit betreiben und die Entwicklung von umweltfreundlichen Technologien fördern. Diese sind abgeleitet aus der „Allgemeinen Erklärung der Menschenrechte", der Erklärung der Rio-Konferenz zu Umweltschutz und Entwicklung sowie den Prinzipien der ILO. Diejenigen Unternehmen, die die Prinzipien des Global Compact unterzeichnen, werden jährlich aufgefordert die Maßnahmen, die sie dazu ergreifen, nachzuweisen.

[36] Bislang wurden die Richtlinien von den 30 OECD-Ländern und darüber hinaus von Argentinien, Brasilien, Chile, Estland, Israel, Lettland, Litauen, Slowenien sowie von Rumänien unterschrieben.

und zu überwachen. Die Leitlinien sind eines von mehreren Instrumenten der „OECD-Erklärung über internationale Investitionen und multinationale Unternehmen" [74].

Die aktuellste Initiative zur Erarbeitung von Richtlinien zur gesellschaftlichen Verantwortung von Organisationen kann in dem von der International Organization for Standardization (ISO) initiierten Prozess zur Entwicklung eines Guidance Document on Social Responsibility gesehen werden. Die ISO, bekannt als die weltweit führende Institution für die Erarbeitung von internationalen Standards, insbesondere von technischen Standards, hat dazu eine internationale Arbeitsgruppe etabliert, die sich aus verschiedenen Stakeholdern zusammensetzt.[37] Bis 2010 soll ein Dokument unter dem Namen ISO 26000 erstellt werden, das die Entwicklung, Umsetzung und Verbesserung von Rahmenbedingungen zur gesellschaftlichen Verantwortung in Organisationen erleichtern und damit das Leitbild einer nachhaltigen Entwicklung unterstützen wird (aktuelle Informationen zum Stand des ISO-26000-Prozesses finden sich unter: www.iso.org/sr). Dabei wird ISO 26000 für alle Arten von Organisationen in allen Ländern dieser Welt entwickelt – einschließlich der Entwicklungs- und Schwellenländer. Festzuhalten ist, dass der ISO 26000 weder ein Managementsystem beschreiben noch zur Zertifizierung geeignet sein soll.[38] Die Entwicklung des ISO 26000 orientiert sich an schon vorhandenen Grundsätzen zur gesellschaftlichen Verantwortung, insbesondere an der Initiative Global Compact der Vereinten Nationen (UN), der Rio-Deklaration über Umwelt und nachhaltige Entwicklung der UN und der Deklaration über grundsätzliche Prinzipien und Arbeitsrechte der Internationalen Arbeitsorganisation (ILO).

Im Vergleich zu den beschriebenen internationalen Richtlinien gehen Standards einen Schritt weiter, indem sie die Grundsätze konkretisieren. Dabei werden die Grundsätze in überprüfbare Bewertungskriterien detailliert aufgeschlüsselt und eine interne Bewertung oder externe Zertifizierung ermöglicht, so zum Beispiel bei den vier folgenden Standards.

Social Accountability 8000 (SA 8000), ein von der Non-Profit Organisation Social Accountability International (SAI)[39] entwickeltes Zertifizierungsverfahren, legt den Schwerpunkt auf Arbeits- und Menschenrechte. 1996 wurde der Standard in einem von SAI initiierten Multistakeholderprozess entwickelt. SAI verfolgt das Ziel, weltweit die Verbesserung der Arbeitnehmerrechte, Arbeitsbedingungen und Menschenrechte sicherzustellen. Als Standard für Sozialmanagementsysteme fordert SA 8000 den Aufbau eines Managementsys-

---

[37] Die sechs Stakeholdergruppen sind: Verbraucher (consumer), Öffentliche Hand (government), Wirtschaft (industry), Gewerkschaften (labour), Nichtregierungsorganisationen (non-governmental organizations) und Dienstleister, Berater, Wissenschaft und andere (Service, Support, Research and Others).

[38] Die ISO hat sich erstmals bewusst für die Erarbeitung einer Richtlinie und nicht eines zertifizierbaren Standards aufgrund der Thematik ausgesprochen.

[39] Vormals „Council on Economic Priorities Accreditation Acency" (CEPAA). SA8000 basiert auf den ILO Konventionen und anderen Menschenrechtskonventionen sowie auf dem Qualitätsmanagement-Standard ISO 9000.

tems, das die kontinuierliche Verbesserung der Sozialperformance entlang der gesamten Wertschöpfungskette gewährleisten soll.

Die Global Reporting Initiative (GRI) wurde 1997 von der Coalition of Environmentally Responsible Economies (CERES) in Partnerschaft mit dem UN-Umweltprogramm UNEP ins Leben gerufen, um einen weltweit anwendbaren Standard für die Nachhaltigkeitsberichterstattung zu erarbeiten (Sustainability Reports). Weitere Informationen unter: www.globalreporting.org. Ziel ist somit die standardisierte Darstellung der ökonomischen, ökologischen und sozialen Performance insbesondere für Großunternehmen, aber auch für andere Unternehmen, Regierungen und NGOs. Der Entwurf für die Nachhaltigkeitsberichterstattung (GRI's Sustainability Reporting Guidelines) lag 1999 vor und wurde in einer Pilotphase an Unternehmen getestet und im Rahmen eines Stakeholder Dialogs kommentiert. Die GRI veröffentlichte den neuesten Entwurf ihrer Reporting Guidelines mit Berichtselementen und Leistungsindikatoren (bekannt unter G3). Neben Standardangaben (z.B. Leistungsindikatoren) enthält der GRI-Leitfaden auch Anleitungen zu technischen Aspekten der Berichterstattung. Die deutsche Version des Leitfadens zur Nachhaltigkeitsberichterstattung (G3) kann von der GRI-Homepage heruntergeladen werden.

Ein weiterer Standard ist AccountAbility 1000 (AA1000), der seit 1999 von dem Institute of Social and Ethical Accountability angeboten wird (Weitere Informationen finden sich unter: www.accountability.org.uk). Dieser Standard hat zum Ziel, die Glaubwürdigkeit und Qualität von Nachhaltigkeitsberichterstattungen zu stärken und die der Berichterstattung zugrunde liegenden Prozesse, Systeme und Kompetenzen zu verbessern. Der Fokus der von AA1000 angebotenen Module liegt auf der Einbindung der Stakeholder in den internen Nachhaltigkeitsprozess der Organisation. AA1000 bietet Implementierungshilfen durch Managementmodule, Bewertungen und Zertifizierung.

Der vom Zentrum für Wirtschaftsethik (ZfW) entwickelte Standard WerteManagement-System^{ZfW} (WMS^{ZfW}) wird weiter unten ausführlicher vorgestellt (Weitere Informationen finden sich unter: www.dnwe.de/wertemanagement.php). Dieser Standard hat zum Ziel, den Erfolg von Unternehmen in allen Managementbereichen durch den Aufbau und Erhalt einer auf Werte wie Integrität und Fairness und auf Leistung beruhenden Geschäftskultur nachhaltig zu sichern. Basis für dieses Wertemanagementsystem ist die Selbststeuerung, die von Unternehmen durch Selbstverpflichtung auf Werte und eine entsprechende Selbstkontrolle realisiert wird.

Neben der Zuweisung der Verantwortung durch externe Akteure oder gesellschaftliche Richtlinien und Standards ist es natürlich auch so, dass Unternehmen sich Verantwortungsbereiche selbst zuschreiben (Fetzer, 2004, S. 192 ff. sowie [149]). Die Motivation für eine durch das Unternehmen selbst definierte Verantwortungsübernahme kann sehr unterschiedlich sein: Das reicht von einer traditionellen Gebundenheit eines Unternehmens an eine Region bis hin zu persönlichen Motiven des Inhabers. Dabei dürfte die Grundmotivation sein, durch ein nachhaltiges Wirtschaften ein erfolgreiches Weiterbestehen des Unternehmens und seiner Reputation zu gewährleisten. Hier setzt die derzeit viel diskutierte Problematik an, dass und wie ein angemessenes Verhältnis von freiwilligen Maßnahmen und nationalen oder internationalen Regelungen gefunden werden kann. Tendenziell bestehen NGOs und Gewerkschaften auf gesetzlichen Regelungen, während Unternehmensverbände in der Regel auf die Freiwilligkeit von Maßnahmen zur unternehmerischen Verantwortung drängen.

„Gegenüber wem oder was hat jemand Verantwortung?" – Die Frage nach der Instanz

Verantwortung ist ein Produkt gesellschaftlicher Zuweisung und Selbstzuschreibung durch Unternehmen und hat für diese ökonomische Folgen. Heutzutage können Unternehmen ihre gesellschaftliche Akzeptanz, die so genannte licence to operate and grow, nicht mehr allein dadurch sichern, dass sie Güter und/oder Dienstleistungen bereitstellen. Wie zuvor geschildert, erwarten die einzelnen Interessengruppen bzw. die Gesellschaft ein „Mehr" an Engagement von Unternehmen als das, was gesetzlich vorgeschrieben oder in Richtlinien und Standards festgehalten ist. Zum einen sind die Grenzbereiche zwischen externer und interner Verantwortungszuschreibung bisher nicht geklärt. Zum anderen liegt die Problematik nicht nur in der Umgrenzung von Verantwortungsbereichen, sondern vornehmlich in ihren unterschiedlichen normativen Vorstellungen: Nicht alles, was gemäß lokaler Gesetzgebung legal ist, wird auch als legitim, d.h. gesellschaftlich akzeptabel und somit als verantwortungsvoll empfunden. In den letzten Jahren haben sich kollektive Akteure unterschiedlichster Art zur Vertretung dieser gesellschaftlichen Legitimitätsanforderungen herausgebildet: internationale Organisationen, nationale Wirtschaftsverbände aber auch Umweltschutzorganisationen. Sie sind Beispiele für eine Verantwortungsinstanz.

Im Falle eines Fehlverhaltens kann Unternehmen die gesellschaftliche Akzeptanz vom Staatsanwalt oder der Politik, aber auch zum Beispiel vom Kapitalmarkt oder den Konsumenten entzogen werden.

Konsequenzen für die Überlegungen zur Verantwortung der Unternehmen

Mit dem Übergang in eine globale Gesellschaft kommt es zu einer erhöhten Erwartungshaltung an die Verantwortungsübernahme durch die Privatwirtschaft, aber auch zu einer wachsenden Einsicht einiger Unternehmen selbst, dass sie Handlungsspielräume für die Wahrnehmung von Verantwortung haben und nutzen sollten. Die Unternehmensverantwortung hat sich mittlerweile unter dem Begriff Corporate Responsibility in Deutschland etabliert.

Die Entwicklung hin zu einer Erweiterung von Verantwortung betrifft zusammenfassend sowohl

- das Subjekt (Entwicklung von rein staatlicher Regulierung hin zur Verantwortungsübernahme durch Unternehmen als kollektive Akteure) als auch

- das Objekt (Erweiterung der einzelnen Verantwortungsbereiche) und

■ die Instanzen (zunehmende Anzahl an gesellschaftlichen Akteuren, die ihre formulierten Ansprüche umgesetzt sehen wollen).

Die oben bereits erwähnten Normen bilden das Feld, auf dem diese drei die Verantwortung definierenden Eckpunkte durch den gesellschaftlichen und politischen Diskurs ihre Formationen herauszubilden versuchen. Dies zeigt Abbildung 3.1.

Abbildung 3.1   Diskussionen über die Erweiterung der Unternehmensverantwortung

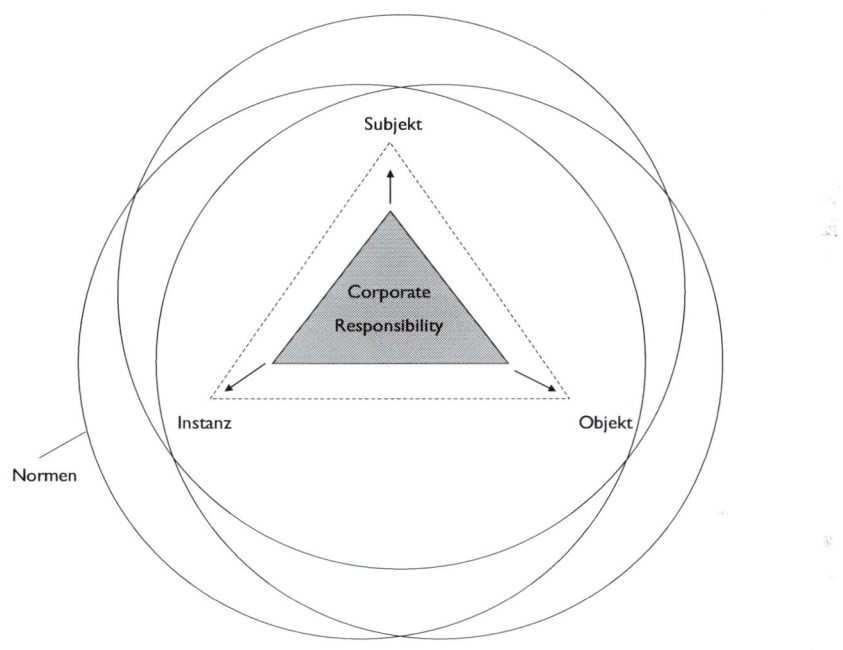

Die Kreise sollen mögliche Ausdehnungsbereiche der Verantwortungsfelder als Ergebnisse unterschiedlicher Aushandlungsprozesse (Normen, z.B. Richtlinien, Standards, Traditionen) darstellen. Denn Normen können hinsichtlich kultureller Settings und der damit verbundenen Wahrnehmung divergieren. Die Schnittmengen zwischen den einzelnen Kreisen sind die Bereiche, in denen anerkannte Normen verantwortungsvoller Unternehmensführung als Konsens vereinbart werden. Die ILO-Prinzipien und der UN Global Compact sind Beispiele für eine solche gelungene Konsensbildung und damit Schnittmenge unterschiedlicher Akteure (Subjekt), Verantwortungsbereiche (Objekt) und moralischer Ansprüche (Instanz). Es ist die geschickte Kombination der drei Aspekte, die über die Erfolgsaussichten der Normengenese aus der Sicht der Unternehmen entscheiden. Dies ist der Mechanismus, wie global akzeptierte Normen, an denen Unternehmen beteiligt sind, entstehen.

„Wie viel Verantwortung hat jemand?" — Die Frage nach dem Entscheidungsspielraum

Aufgrund der Tatsache, dass es unterschiedliche Sichtweisen auf handlungsleitende Kriterien für die Verantwortungsbereiche von Unternehmen gibt und mehr Anforderungen an Unternehmen gestellt werden, wird es für diese unausweichlich, sich auch Begrenzungen für Verantwortungsübernahme zu setzen und diese zu begründen. Unternehmen brauchen klar nachvollziehbare Entscheidungskriterien dafür, in welchen Bereichen sie Verantwortung übernehmen wollen und können – und in welchen Feldern nicht. Es liegt dabei im Eigeninteresse von Unternehmen, sich in die Lage zu versetzen, mit guten Gründen ihren Stakeholdern (Mitarbeitern, Aktionären etc.) zu erklären, warum sie bereit sind, auf einige der Forderungen bis zu einem bestimmten Grad einzugehen und andere als unzumutbar abzulehnen. Folgende Argumente sind von besonderem Interesse:

Die Grundlage der Übernahme gesellschaftlicher Verantwortung durch Unternehmen ist nach wie vor die Erwirtschaftung von Gewinnen, denn sichere Arbeitsplätze und Sozialleistungen produzieren zufriedene Kunden und verschaffen dem Gemeinwesen notwendige Ressourcen.

Es muss betont werden, dass Forderungen nach gesellschaftlicher Verantwortung, Berechenbarkeit und Transparenz, die gelegentlich von non governmental organizations (NGOs) an die Unternehmen herangetragen werden, zunächst einmal auch für die NGOs selbst gelten. Daraus folgt, dass die Übernahme gesellschaftlicher Verantwortung nur gelingen kann, wenn sie als ein shared dilemma aller involvierten Akteure verstanden wird.

Unter den Bedingungen von prinzipiell unendlich vielen Verantwortungsbereichen und Aufgabenstellungen sowie der Knappheit von Aufmerksamkeit und Ressourcen sollten sich Unternehmen vornehmlich mit denjenigen Fragen beschäftigen, die folgende drei Bedingungen erfüllen (vgl. Wieland, 2002, S. 18 f.).

- Das Verantwortungsfeld sollte einen Einfluss auf ihre Geschäftsaktivitäten haben und mit diesen in einem engen Zusammenhang stehen. Philanthropie ist ehrenwert, aber ein absoluter Sonderfall unternehmerischer Verantwortung.

- Das Unternehmen sollte über die notwendigen und superioren Ressourcen zur Wahrnehmung dieser Verantwortung verfügen.

- Gesellschaftliche Verantwortung muss als eine professionelle Managementaufgabe angesehen werden, die sich in einem entsprechenden Wertemanagement ausdrücken kann.

3.2   Die Bereiche der Unternehmensverantwortung

Die bisher aufgeworfene Problematik von Verantwortungszuschreibung kann in Unternehmen in Verantwortungsbereiche differenziert werden, damit diese inhaltlich definiert, abgegrenzt und überprüfbar werden. Eine solche Systematisierung kann folgendermaßen aussehen: Die Corporate Responsibility setzt sich aus drei Verantwortlichkeitsbereichen zusammen, der ökonomischen, rechtlichen und gesellschaftlichen Verantwortung, wie die folgende Graphik in Abbildung 3.2 veranschaulicht. Dabei zeigt sich auch, dass die Einhaltung von Rechtsvorschriften für eine nachhaltige Unternehmenssicherung und verantwortungsvolle Unternehmensführung ebenso unabdingbar ist wie die Berücksichtigung gesellschaftlicher Belange.

Abbildung 3.2   Verantwortungsbereiche eines Unternehmens

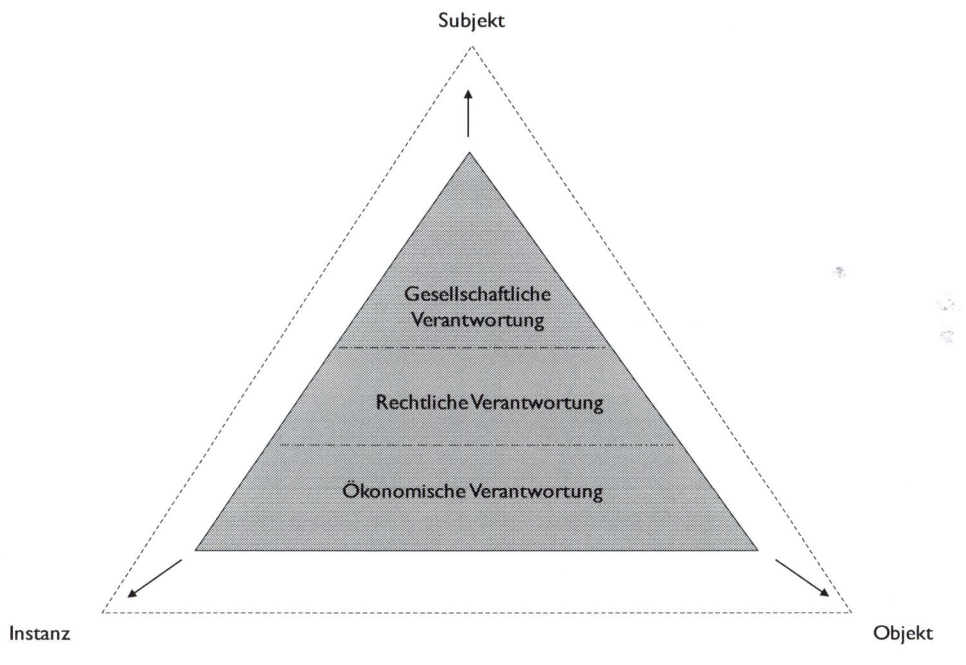

Ökonomische Verantwortung

Die grundlegende unternehmerische Verantwortung eines Unternehmens besteht darin, Güter und Dienstleistungen zu produzieren bzw. anzubieten, die von (potenziellen) Käufern nachgefragt werden – und diese zu profitablen Preisen zu verkaufen. Die Position, dass die gesellschaftliche Verpflichtung eines Unternehmens allein in der Erwirtschaftung

von Rendite liegt, wurde unter anderem von dem Nobelpreisträger Milton Friedman vertreten und drückt sich in einem viel zitierten Statement aus den 70er Jahren aus: *„The social
responsibility of business is to increase profits"* [115]. Es ist kaum zu bestreiten, dass die Erwirtschaftung von Gewinnen die Grundform der Übernahme gesellschaftlicher Verantwortung durch Unternehmen darstellt. Zusätzlich, und das ist im Kontext einer verantwortungsvollen Unternehmensführung entscheidend, müssen Unternehmen jedoch auch
ihrer rechtlichen und gesellschaftlichen Verantwortung gerecht werden. Einige Jahre später betrachtet auch Friedman die Dinge differenzierter:

*„The role of companies in society is undergoing a profound and fundamental change. Social expecta-
tions are very different from what they were ten or even five years ago. No longer are only products
being assessed by consumers; the companies behind the products are being assessed as well. Some
companies have awakened public scrutiny through bad behaviour; other companies have invited
public praise and appreciation for good behaviour. BP saw what happened to Shell in Nigeria and
didn't want the same thing to happen to them in Angola. Companies are seeing a real competitive
advantage in adopting a positive corporate social responsibility, not just a marketing advantage."[40]*

Verantwortungsvolle Unternehmensführung bedeutet, wie dieses Beispiel veranschaulicht,
kein für das operative Geschäft belangloser philanthropischer added value mehr zu sein,
sondern ist Voraussetzung für das Gelingen der nationalen und globalen Transaktionsfä-
higkeit von Unternehmen.

Rechtliche Verantwortung

Neben der ökonomischen Verantwortung ist auch die rechtliche Verantwortung eines
Unternehmens Teil der Corporate Responsibility. Die rechtmäßige Seite des Geschäftsle-
bens umfasst die Einhaltung der Gesetze und die Integrität der Entscheidungen; dazu
zählt auch das Engagement gegen Korruption oder andere dolose Handlungen.

Das Management der rechtlichen Verantwortung wird unter dem Begriff der Compliance
diskutiert. Compliance wird sowohl durch Legalität als auch durch Konformität charakterisiert, das heißt durch die Einhaltung von externen Regeln und Normen durch das Management und die Mitarbeiter eines Unternehmens. Der Fokus von Complianceprogrammen
liegt dabei oftmals darin, unrechtmäßiges Verhalten zu identifizieren und zu dokumentieren, um es anschließend entsprechend betrieblichen Regeln, Richtlinien und den Rechtsvorschriften anzumahnen bzw. zu sanktionieren.[41] So legen beispielsweise Richtlinien
oftmals den Schwerpunkt auf die finanzielle und juristische Verantwortung der Unter-

---

[40] Friedman zitiert nach Hollender/Fenichell, 2004, S. 34 f.

[41] Die Steuerung des Compliancemanagements über Legalität ist zentral für jedes Compliancemanagement und dient nicht zuletzt auch der Exkulpation von Unternehmen und deren Organen.
Allerdings ist dieses „law driven" Compliancemanagement nicht ausreichend, um die Prävention
doloser Handlungen zu realisieren. Zur rechtlichen Basis müssen der Gesichtspunkt der strukturellen
Anreize in Geschäftsprozessen und eine spezifische Unternehmens- und Führungskultur dazukom-
men. Vgl. zu dieser Argumentation Wieland, 2007, S. 155-170.

nehmen für ungesetzliches Verhalten ihrer Mitarbeiter. In den USA werden zum Beispiel im Gegensatz zu Deutschland im ersten Schritt Unternehmen verantwortlich für die Handlungen ihrer Mitarbeiter gemacht. Der amerikanische Kongress hat im November 1991 die Sentencing Guidelines (vgl.: www.ussc.gov/) erlassen und diese im November des Jahres 2004 weiterentwickelt. Wenn das angeklagte Unternehmen nachweisen kann, dass es gebührende Anstrengungen unternommen hat, gesetzeskonformes Verhalten seiner Akteure durch die Übernahme der Verantwortung sicherzustellen, können hohe Geldstrafen signifikant reduziert werden. Sollte sich herausstellen, dass das Fehlverhalten des Mitarbeiters Ausdruck einer verantwortungslosen Unternehmenspolitik ist, kann dagegen die Strafe vervierfacht werden. Unternehmen werden auf diese Weise finanzielle Anreize gesetzt, geltendes Recht in Eigenverantwortung umzusetzen.

Gesellschaftliche Verantwortung

Ein weiterer Baustein, Unternehmensverantwortung weltweit wahrzunehmen, ist die Selbstbindung des Unternehmens an moralische und soziale Standards und Spielregeln, welche auch über das von staatlichen Gesetzen geforderte Maß hinausreichen können.

Proaktives Engagement bei der Gestaltung sozialer Beziehungen in denjenigen Regionen, in denen sie wirken, wird von Unternehmen verlangt. Dies bedeutet für eine Vielzahl von international tätigen Unternehmen nicht mehr nur gesellschaftliche Verantwortung und bürgerschaftliches Engagement auf nationaler Ebene, sondern auf globalem Niveau.

Zu den Kernthemen der gesellschaftlichen Verantwortung gehören:

- Menschenrechte (gesellschaftliche, politische, soziale, wirtschaftliche und kulturelle Rechte etc.; Kapitel 4)
- Arbeitsbedingungen (Beschäftigungsverhältnisse, Arbeitsplatzbedingungen, Aus- und Weiterbildung, Sicherheits- und Gesundheitsstandards etc.; Kapitel 5)
- Umwelt (Umweltschutz, nachhaltigere Produktion, Ressourcenverbrauch etc.; Kapitel 6)
- Verbraucherschutz (Marketing und Informationsbereitstellung, Sicherheit und Gesundheitsschutz des Verbrauchers, Aufklärung und Bewusstseinsbildung etc.; Kapitel 7)
- Fair operating practices (Antikorruption, Antibestechung, politisches Engagement, fairer Wettbewerb etc.; Kapitel 8)
- Soziales Engagement (Beitrag zur sozialen Entwicklung – demographischer Wandel, Arbeitsplatzsicherheit, Beitrag zur wirtschaftlichen Entwicklung etc.; Kapitel 9).

Diese Kernthemen werden zum Teil in nationalen Gesetzen und oftmals in Richtlinien und Standards abgearbeitet. An dieser Stelle kann auf eine rasch wachsende Bedeutung des soft law im internationalen Recht verweisen werden [7]. Solche Richtlinien und Standards nennt man soft law, weil sie das Ergebnis allgemein anerkannter deliberativer Prozesse[42] sind, durch sie aber keine rechtliche Bindung gewollt ist. Ihre Bindewirkung ist das Resultat öffentlicher Kommunikation und der daraus folgenden Selbstverpflichtung der Unternehmen. Dabei handelt es sich etwa um Verhaltensstandards der Vereinten Nationen für transnationale Unternehmen im Hinblick auf deren Investitionsverhalten oder die ILO-Kernarbeitsnormen. In diesen Kontext gehören auch der UN Global Compact, die Corporate Social Responsibility Initiative der Europäischen Union [67] nennen und die ISO 26000. An diesem knappen Aufriss zeigt sich sehr deutlich, dass Unternehmen ein Interesse daran haben sollten, ihr bürgerschaftliches Selbstverständnis präzise zu definieren. Andernfalls laufen sie Gefahr, mit einer Anspruchsüberforderung konfrontiert zu werden, die weder operationalisiert werden kann noch zu managen ist.

3.3 Wertemanagementsysteme – Basis verantwortungsvoller Unternehmensführung[43]

Die vorherigen Abschnitte haben gezeigt, dass die Frage nach Verantwortung von Unternehmen an Komplexität stetig zugenommen hat. Im Zeitalter der Globalisierung von Märkten und Organisationen und sich rasch verändernden gesellschaftlichen Strukturen stellt die verantwortungsbewusste Unternehmensführung eine strategische und operative Managementaufgabe dar. Die Einsicht, dass eine verantwortungsbewusste Unternehmensführung auf der Basis moralischer Werte und Ansprüche basieren muss, ist nicht neu. Mittlerweile setzt sich allerdings die Auffassung durch, dass sie sich nicht mehr nur an Personen und Aussagen orientieren kann, sondern einer Systematisierung bedarf.

Große Unternehmerpersönlichkeiten wissen, dass ihre Firmen neben der ökonomischen und rechtlichen auch eine gesellschaftliche Verantwortung wahrzunehmen haben. In ihrem täglichen Handeln und Entscheiden, auch in ihrer Vorbildfunktion, leben sie diese Werte der Unternehmenskultur vor und geben sie damit an ihre Mitarbeiter weiter. Die Tugend der einzelnen Person, ihre moralischen Überzeugungen und Werte sind entscheidende Grundpfeiler eines gelingenden Wertemanagements. Hinzukommen muss jedoch die moralische Qualität des Unternehmens als Organisation, etwa seiner Abläufe, Anreize, Kontrollmechanismen und Führungskultur.

Ohne die Unterstützung durch die Organisation gerät die individuelle Moral schnell an Grenzen der Überforderung und Nicht-Realisierbarkeit. So ist beispielsweise die individuelle Ablehnung von Korruption im Vertriebsgeschäft nur schwer zu realisieren, wenn Karriere und Einkommen vor allem in sensiblen Märkten einseitig an Umsatzerfolgen

---

[42] Deliberative Prozesse wiederum bezeichnen eine freiwillige Verhaltensbindung ohne direkte externe Erzwingungsmöglichkeit (Elster, 1998 [93]).

[43] Die folgenden Ausführungen sind eine überarbeitete Version des Abschnitts „Konzeption und Implementierung von Wertemanagementsystemen" in [294].

orientiert sind. Ein effektives und nachhaltiges Wertemanagement berücksichtigt sowohl die rechtlichen als auch die gesellschaftlichen Aspekte. Die rechtlichen Aspekte sollten einer Prävention moralischer Verhaltens- und Marktrisiken sowie diverser Interessens- konflikte dienen. Die gesellschaftlichen Aspekte decken die nachhaltige Wahrnehmung gesellschaftlicher Verantwortung auf regionaler, nationaler oder globaler Ebene ab.

Wertemanagementsysteme als firmenspezifische Instrumente definieren in beiden Fällen die moralische Verfassung eines Unternehmens, seine Leitwerte, und füllen sie in der alltäglichen Praxis mit Leben. Diese Werte geben einer Organisation Identität und Orien- tierung und sind damit Bestandteil des strategischen Managements. Sie signalisieren mög- lichen Kooperationspartnern und potenziellen Mitgliedern Erwartungssicherheit mit Blick auf deren Handeln und Verhalten. Wertemanagementsysteme liefern die moralischen Kriterien für das Screening möglicher Kooperationspartner – also Kunden, Lieferanten, Partner, Mitarbeiter und gesellschaftliche Gruppen – durch ein Unternehmen und bilden damit zugleich die Grundlage für jedes Stakeholder-Management.

WerteManagementSystem[ZfW]

Die Zentrum für Wirtschaftsethik gGmbH (ZfW) des Deutschen Netzwerks Wirtschafts- ethik (DNWE) hat in Zusammenarbeit mit einer Vielzahl von Unternehmen und Verbän- den Wertemanagementsysteme entwickelt und implementiert.[44] Im Kern geht es beim WerteManagementSystemZfW darum, die Prinzipien und Leitwerte des Unternehmens in alle relevanten Geschäftsprozesse zu implementieren, systematisch aufeinander abzu- stimmen, zu kontrollieren und die organisatorische Verantwortlichkeit des Topmanage- ments festzulegen.

Der vierstufige Managementprozess beinhaltet die (1) Kodifizierung, (2) Implementie- rung, (3) Systematisierung und (4) Organisation eines vollständigen Wertemanagement- systems (Abbildung 3.3).

---

[44] Das Konstanz Institut für WerteManagement (KIeM) hat in den letzten Jahren ein vierstufiges Wer- teManagementSystem (WMS) entwickelt und in einer ganzen Reihe von Unternehmen und Branchen eingeführt. Im Jahr 2005 wurde das WMS in Zusammenarbeit mit Unternehmen wie ABB, BASF, Fraport, Novartis und anderen zu Guidelines weiterentwickelt, die Mindestanforderungen für die Komponenten eines solchen Managementsystems enthalten. Der Leitfaden kann eingesehen werden unter www.gabler.de

Abbildung 3.3   Die vier Prozessstufen des WerteManagementSystems[ZfW]

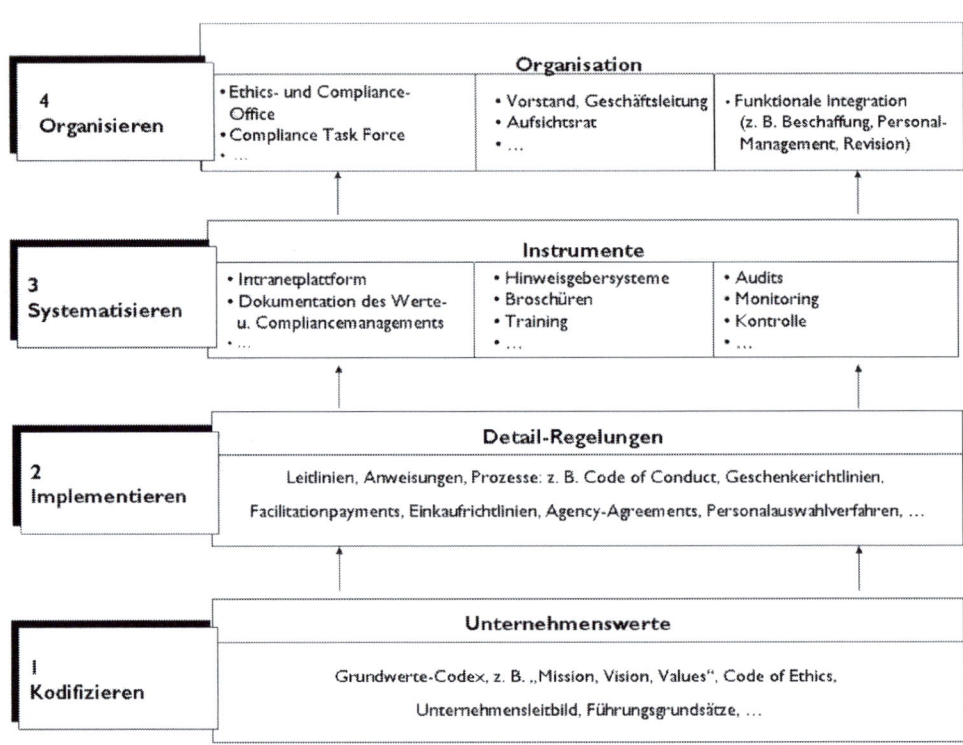

Kodifizierung

Die Grundlage jedes Wertemanagements besteht in der Explizierung und Kodifizierung derjenigen Werte eines Unternehmens, die seine Identität bestimmen und seine Entscheidungen strukturieren.

Solche Codes of Ethics, Unternehmensleitbilder oder Grundwertekataloge sind im heutigen Wirtschaftsleben längst Standard. Sie sind die Visitenkarten eines Unternehmens. Als solche beinhalten sie nicht nur moralische Werte, sondern auch Leistungs-, Kommunikations- und Kooperationswerte. Abbildung 3.4 bietet eine Sammlung möglicher Werte aus allen vier Bereichen.

Unternehmen lassen sich demnach nicht nur entlang ihrer Organigramme oder ihrer Finanzströme beschreiben, sondern gleichzeitig als ein bestimmtes Set von Werten, für die sie stehen. Die Kodifizierung eines bestimmten und für die Firma spezifischen Wertesets wird über festgelegte und schriftlich ausformulierte Verhaltensstandards vollzogen, die ihre Aussagen stets allen vier Werteklassen entnehmen. Sie verleihen einem Unternehmen abgrenzbare Identität im Sinne von: Make a Difference!

Abbildung 3.4   Werteviereck

Leistungswerte

☐ Nutzen
☐ Kompetenz
☐ Leistungsbereitschaft
☐ Flexibilität
☐ Kreativität
☐ Innovationsorientierung
☐ Qualität

Kommunikationswerte

☐ Achtung
☐ Zugehörigkeit
☐ Offenheit
☐ Transparenz
☐ Verständigung
☐ Risikobereitschaft

Kooperationswerte

☐ Loyalität
☐ Teamgeist
☐ Konfliktfähigkeit
☐ Offenheit
☐ Kommunikationsorientierung

Moralische Werte

☐ Integrität
☐ Fairness
☐ Ehrlichkeit
☐ Vertragstreue
☐ Verantwortung

Verhaltensstandards (vgl. grundlegend [290] sowie Karcher/Pfingst, 2004, S. 263-288) sind deshalb weder von allen möglichen erwünschten Werten bestimmt noch sind sie ein Hort der Moralität innerhalb der Organisation. Sie beschreiben auch keinen Ist-Zustand, sondern bestimmen Verhaltenspräferenzen einer Unternehmung. Das Top-Management muss sich darüber klar werden, welche Grundwerte es als maßgebliche Leitplanken für seine Entscheidungen betrachtet. Die Grundwerte und daraus abzuleitenden Verhaltensstandards sind eine Absichts- und Willenserklärung. Sie sind eine Hilfe, komplexe Managemententscheidungen zu strukturieren, Selektionskriterien für Entscheidungen in Konfliktsituationen zu bestimmen, Dilemmata aufzulösen und Prioritäten in allen Bereichen zu setzen, was dann auch bei Entscheidungen und Vorgehensweisen der Übernahme gesellschaftlicher Verantwortung relevant wird.

Implementierung

Nach der Wertedefinition müssen für den Geschäftsalltag entsprechende Managementprozesse definiert und die Verhaltensstandards in bereits bestehende Prozesse implementiert werden. Dazu müssen die Verhaltensstandards sowohl intern als auch extern kommuniziert werden, beispielsweise mit Hilfe von entsprechenden Verhaltenkodizes, Unternehmenspolitiken und Handlungsrichtlinien für sensible Geschäftsbereiche.

Kommunikation ist die entscheidende Komponente, um die Verhaltensstandards im Geschäftsalltag mit Leben zu erfüllen und mit Glaubwürdigkeit auszustatten. Dabei geht es allerdings weniger um Information und Public Relations als um das, was als institutionalisierte Kommunikation bezeichnet werden kann. Institutionalisierte Kommunikation zeichnet sich dadurch aus, dass sie in das operative Geschäft integriert ist und damit eben auch Konsequenzen für das Alltagsverhalten generiert. Deshalb müssen alle potenziell sensiblen Bereiche wie etwa Personalpolitik, Entgeltpolitik, Lieferantenbewertungen, Umgang mit Geschenken usw. einbezogen werden. So werden beispielsweise die Verhaltensstandards idealerweise schon bei Personalauswahlverfahren berücksichtigt und neue Mitarbeiter bei der Einstellung auf die Bedeutung der Standards für die Arbeit im Unternehmen hingewiesen. Hinzu kommt, dass die Wertemanagement-Kriterien eine Rolle bei der Beförderung sowie bei Mitarbeiterbeurteilungen und Zielvereinbarungen spielen sollten.

Unternehmensintern und -extern kann die Implementierung von Detail-Regelungen beispielsweise anhand folgender Fragen untersucht werden (Grüninger, 2001, S. 177 f. sowie Wieland, 2004, S. 24 f.):

▓ Welche Rolle spielen die Verhaltensstandards bei der Personalauswahl? Sind die Standards ein Kriterium bei der Beurteilung und Beförderung von Nachwuchskräften? Existieren Zielvereinbarungen, die ihnen Gewicht verleihen?

▓ Werden Partner und Lieferanten nach einem Verfahren ausgewählt und bewertet, das auch Kriterien zu den Standards und den Werten des Codes enthält? Wird die Umsetzung der Werte durch Partner und Lieferanten kontrolliert und ist dieser Kontrollmechanismus für die Beteiligten nachvollziehbar?

▓ Spielen Verhaltensstandards in Prozessen der Pre-Merger-Evaluation und der Post-Merger-Integration eine Rolle? Werden Unternehmenskultur und -werte als eigenständiges und wertschöpfendes Fusionsziel behandelt oder als lästige Randbedingung von ökonomischen und technischen Fusionszielen?

▓ Existieren operationale Entscheidungskriterien für Fragen wie Menschenrechte, Umweltschutz, Kinderarbeit, Gefangenenarbeit etc., die über die Aufnahme einer Geschäftsbeziehung oder eine Investition (mit)-entscheiden? Halten diese Kriterien einer öffentlichen Kommunikation stand?

▓ In welcher Weise ist die unternehmerische Gesellschaftspolitik in den Prozess der Umsetzung von Verhaltensstandards einbezogen? Gibt es Programme zur Übernahme gesellschaftlicher Verantwortung? Inwiefern wird die Verantwortung für verschiedene Stakeholder spezifiziert?

Entlang dieser und ähnlicher Fragestellungen kann untersucht werden, wie die Unternehmenswerte in die Arbeitsanweisungen, Prozesse und Leitlinien verankert sind. Dabei ist essentiell, dass die Entscheidungsprozesse und -strukturen in regelmäßigen Abständen überprüft werden, um neue Erfahrungen und Rahmenbedingungen zu berücksichtigen.

Der Verhaltenskodex der Miele-Gruppe

Zur Bestätigung und Zusammenfassung der grundsätzlichen, gelebten Unternehmenskultur hat Miele Ende 2008 eine Compliance-Richtlinie in Form eines verbindlichen Verhaltenskodex an alle Mitarbeiterinnen und Mitarbeiter weltweit herausgegeben.

Einen konkreten Anlass gab es nicht. Jedoch forderte die erreichte Größe des Hausgeräteherstellers ebenso wie die zunehmende Geschäftstätigkeit auch in Ländern, in denen eine andere Geschäftskultur und Mentalität herrscht, eine vorbeugende Maßnahme.

Im Herbst 2007 wurde mit der Erarbeitung der Richtlinien begonnen. Dazu wurden alle bereits bestehenden Regelungen gegen Bestechung und Bestechlichkeit betreffend Geschenke, Reisen und Bewirtungen, Interessenkonflikte, Spenden und Sponsoring, Beraterverträge sowie Nebentätigkeiten erfasst. Bereits vorhandene Verpflichtungen dienten als Grundlage, so die Unternehmensphilosophie, die Ethik-Leitlinien des Einkaufs, die Prinzipien des Global Compact, der Sozialstandard SA8000 sowie der CECED Code of Conduct (Conseil Européen de la Construction d'appareils Domestiques).

Im Auftrag und in enger Abstimmung mit der Geschäftsleitung wurde der neue Verhaltenskodex erstellt und in elf Richtlinien festgelegt. Trotz seiner Größe – 16.000 Mitarbeiter, Umsatz 2,81 Milliarden Euro – pflegt das Unternehmen Miele mittelständische Strukturen. Das bedeutet in diesem Zusammenhang kurze Wege und direkte, offene Kommunikation.

Die Veröffentlichung des Verhaltenskodex hatte vor allem eines zum Ziel: Die Mitarbeiterinnen und Mitarbeiter zu sensibilisieren. Wie gut dies gelungen ist, zeigten die Nachfragen, die kurz darauf in der Revision eingingen. Da kam zum Beispiel die Frage aus einem deutschen Werk, ob die in der Versuchsküche selbst gebackenen Plätzchen in der 150-Gramm-Tüte noch als Weihnachtsgruß verschickt werden durften. Auch wenn solche Anfragen eher zum Schmunzeln reizen: Sie zeigen, wie ernst die Mitarbeiter das Thema nehmen.

Sowohl national als auch international stieß der neu festgeschriebene Verhaltenskodex auf positive Resonanz. Er wurde aufgefasst als Bestätigung der Miele-Linie: *„Wir überzeugen nicht mit Geschenken, sondern durch Qualität."* Klare Maßgabe der Miele-Geschäftsführung ist eine ehrliche und korruptionsfreie Geschäftstätigkeit, in der ein zweifelhaftes Geschäft nicht in Frage kommt. Die Geschäftsleitung selbst wählt die Leiter der Vertriebsgesellschaften aus und legt dabei viel Wert auf eine integere Persönlichkeit. Direkt wird so die Verantwortung weitergegeben: Von der Miele-Geschäfts-führung an die Funktionsträger, von dort an die Mitarbeiterinnen und Mitarbeiter.

Bei Miele verlässt man sich auf diese persönliche Ebene. Sollten Fälle aufkommen, die nicht mit der Ethik im Hause Miele vereinbar sind, würden sie mit aller Härte und

Konsequenz verfolgt. Um hier wachsam zu bleiben und die Sensibilität auf allen Seiten zu erhalten, werden kritische Themen vertrauensvoll, aber sorgfältig behandelt.

Ursula Wilms, Presse-/Öffentlichkeitsarbeit, Miele & Cie. KG
weitere Informationen unter: www.miele.de

Systematisierung

Die Systematisierung des Wertemanagementsystems entscheidet grundlegend über sein Wirkungspotenzial und seine Wirkungsrichtung. In diesem Schritt geht es darum, die handlungs- und entscheidungsleitenden Werte eines Unternehmens auf die verschiedenen Ebenen des Managements – u.a. Strategie, Organisation, Policies & Procedures, Kommunikation, Controlling – systematisch zu operationalisieren. Ziel ist dabei, die Werte entweder in die vorhandenen Standardinstrumente zu integrieren oder, wo nötig, spezifische Instrumente des Wertemanagements zu kreieren und zu implementieren. Abbildung 3.5 gibt eine Übersicht über die gängigen Instrumente des Wertemanagements, die jeweils bestimmten Ebenen des Managements zugeordnet sind.

Abbildung 3.5   Instrumente des Wertemanagements (Toolbox)

Management-ebene		Strategie	Organisation	Leitlinien	Kommunikation	Kontrolle
Instrumente	Compliance	• Corporate Governance Code • Mission-Vision-Values Statement • Code of Ethics • ...	• Compliance Officer • Ombudsman • Helpline • ...	• Code of Conduct • QM-Handbuch • Vertragsmanagement • Beschaffungspolitik • Kompensations-politik • Bonus-/Anreiz-Politik • Zielvereinbarung • Umgang mit Geschenken • ...	• Training • Compliance Intranet Plattform • Ethics Quick-Check • Third party contract management • ...	• Whistle-blowing • Interne Revision • Internes Audit • Doku-mentation • Ethik-Audit • Assurance-programm • ...
	CSR	• CSR-Programm • ...	• Ethics Officer • Nachhaltigkeits-rat • Projekt-management • ...	• Sozialstandards • Lieferantenent-wicklungsprogramm • Umweltpolitik • ...	• Triple Bottom Line Reporting • Stakeholderdialog • Nachhaltigkeits-bericht • ...	• Zertifizierung von CSR-Standards • ...

Die Initiative „EthikManagment der Bauwirtschaft e.V."

Im Jahre 1996 haben auf Initiative des Bayerischen Bauindustrieverbandes Unternehmen der Bauwirtschaft damit begonnen, ein branchenspezifisches Wertemanagementsystem zu erarbeiten und zu implementieren. Das als „EthikManagement System" bezeichnete Wertemanagementsystem wurde erfolgreich vom Trägerverein des Bayerischen

Bauindustrieverbands („EthikManagement der Bauwirtschaft e.V." – kurz EMB) eingeführt.

Vor dem Hintergrund der langjährigen, positiven Erfahrungen hat sich die deutsche Bauindustrie im März 2007 entschlossen, das EMB-Wertemanagement mit seinem bisher bayerischen Schwerpunkt auf der Ebene des Hauptverbandes der Deutschen Bauindustrie zu einer Initiative für die Bauindustrie in ganz Deutschland zu machen.

Die Förderung des Wertemanagements ist Teil der Initiative „Qualität und Integrität" des Hauptverbandes, zu der auch die Entwicklung eines qualitätsorientierten Vergaberechts, die Förderung von partnerschaftlichem Verhalten von Planern, Auftraggebern und bauausführenden Unternehmen sowie die Präqualifikation zählen. Die Deutsche Bauindustrie sieht ihre Initiative als Beitrag zur Verbesserung der Qualität der Produkte und Dienstleistungen. Außerdem kann sie helfen, neue Märkte und Aufgabenfelder zu erschließen und über die Senkung der Transaktionskosten die Wirtschaftlichkeit zu verbessern.

Herausforderung: Auslöser und aktueller Treiber der Initiative EMB war und ist die Intention, die Risiken aus Verhalten und strukturellen Fehlanreizen im Rahmen der Auftragsvergabe und -abwicklung zu reduzieren, um einer weiter fortschreitenden nachhaltigen Minderung und Schädigung der Reputation der Unternehmen der Bauwirtschaft entgegenzutreten. Im Zuge der gesellschaftlichen Debatten über illegale Praktiken in verschiedenen Wirtschaftsbranchen hat die Initiative an Bedeutung gewonnen. Die Herausforderung liegt darin, eine neue Vertrauens- und Partnerschaftskultur in der Bauwirtschaft aufzubauen und zu festigen, die sich an ökonomischen und ethischen Werten orientiert. Wer heute wirtschaftlich erfolgreich sein will, so die Grundannahme, muss über die gesetzlichen Vorgaben zur Corporate Governance und Organhaftung hinaus gesellschaftliche Verantwortung und Vorbildfunktion übernehmen.

Umsetzung: Die EMB beabsichtigt, durch die Etablierung und Operationalisierung präventiv wirkender, wertebezogener Selbststeuerungsmechanismen die Realisierung der aus illegalen und moralisch unerwünschten Praktiken resultierenden Risiken zu verhindern, ergänzend zur legalrechtlichen Strafverfolgung durch den Gesetzgeber als Folge wirtschaftskrimineller Handlungen in Unternehmen.

Firmen aus der Bauwirtschaft haben zwei Möglichkeiten der Mitgliedschaft: In der „schwächeren" Form sind sie EMB-Mitglieder. In der „stärkeren" Form lassen sich die Unternehmen von externen Auditoren überprüfen. Die Ergebnisse des Auditverfahrens werden einem Audit-Ausschuss vorgelegt, der über die erfolgreiche Auditierung entscheidet und erfolgreiche Unternehmen mit einem „EMB-Gütesiegel" versieht.

Nutzen: Richard Weidinger, Vorsitzender des EMB-Wertemanagement Bau e.V., berichtet, dass die auditierten EMB-Mitglieder die positiven Auswirkungen des im Unternehmen eingerichteten Werteprogramms bestätigen: „So hätten sich insbesondere Kommunikation, Führungsstil, Informationsoffenheit, selbstständiges Wahrnehmen von Verantwortlichkeiten und Rechtssicherheit sowohl firmenintern als auch bei allen Arten von Geschäftskontakten spürbar verbessert. Ein solches WerteManagement ist damit

> eine Investition in die Erfolgsfähigkeit des Unternehmens. Durch Senkung interner und externer Transaktionskosten, Verringerung von Schnittstellenkosten und Vermeidung von Risiken steigt die Profitabilität."
>
> *Nähere Informationen unter: www.bauindustrie-bayern.de/ethik.html*

Bei all diesen Compliance- oder CSR-spezifischen Instrumenten[45] geht es nicht nur darum, die Einhaltung von Verhaltensstandards sicherzustellen, sondern eine verantwortungsbewusste Unternehmensführung zu erzeugen. So werden zum einen mit Hilfe des Wertemanagements Mitarbeiter und Führungskräfte für Grauzonen sensibilisiert. Zum anderen kann auf abweichendes Handeln vom vereinbarten Wertekatalog auf allen Managementebenen reagiert werden.

Ein Unternehmen sollte in regelmäßigen Abständen seine Entscheidungsprozesse und -strukturen sowie seine Instrumente überprüfen, um

- eine Umgebung zu schaffen, in der die Prinzipien und Grundwerte und die Berücksichtigung von Stakeholderinteressen praktiziert werden,

- den effizienten Gebrauch von finanziellen, natürlichen und humanen Ressourcen sicherzustellen,

- die Bedürfnisse der Unternehmensmitglieder und Stakeholder zu balancieren,

- eine kontinuierliche Kommunikation zwischen dem Unternehmen und seinen Stakeholdern zu etablieren,

- Mitarbeiter bei Entscheidungsprozessen, die gesellschaftliche Verantwortung betreffen, zu einer größeren Partizipation zu ermutigen,

- mit Hilfe von Monitoring-Programmen die Transparenz zu erhöhen.

Organisation

Für das Wertemanagementsystem sollte organisatorisch ein Verantwortlicher des Top-Managements (z.B. Vorstand, Aufsichtsrat) zuständig sein. Die Implementierung und Überwachung der Umsetzung des Wertemanagements liegt bei der Unternehmensleitung, ist somit „Chefsache". Chefsache meint darüber hinaus, dass die Bedeutung der Werte kontinuierlich kommuniziert werden muss, indem das Top-Management sich aktiv an die Spitze des organisatorischen Veränderungsprozesses stellt und somit eine Vorbildfunktion bei der Umsetzung des Wertemanagements einnimmt, die die verantwortungsbewusste Unternehmensführung demonstriert.

Über das Top-Management hinaus sind die Zuständigkeiten für das Wertemanagement in den einzelnen Unternehmen unterschiedlich organisiert: Während im nordamerikanischen Kontext Ethics Offices eine wichtige Rolle spielen, wird im deutschsprachigen Raum die

---

[45] Einzelne Umsetzungsschritte werden in Kapitel 10 ausführlich beschrieben.

funktionale Integration des Wertemanagements in das Qualitätsmanagement, in die Interne Revision oder in die Kommunikationsabteilung bevorzugt. Auch die Einrichtung einer Stabsstelle der Unternehmensführung ist üblich.

3.4 Anmerkungen zur Effektivität und Effizienz eines Wertemanagementsystems

Längst geht es heute für Unternehmen beim Wertemanagement nicht mehr allein um die Prävention unrechtmäßigen und unmoralischen Verhaltens, sondern grundlegend um die gesellschaftliche licence to operate and grow. Die thematische Integration des Wertemanagements und Compliancemanagements eines Unternehmens wird sich daher verstärken müssen. Ethik und Compliance, Corporate Social Responsibility und Corporate Governance, bürgerschaftliches Engagement und Integrität in der Unternehmensführung gehören enger zusammen, als gelegentlich angenommen wird.

Reputation und Vertrauenswürdigkeit sind für ein nachhaltiges Wirtschaften und eine verantwortungsbewusste Unternehmensführung unerlässliche Kapitalgüter, die nur mühsam aufgebaut, aber schnell verspielt werden können.

Wertemanagementsysteme betonen die Bedeutung der Gestaltung organisationaler Strukturen von Unternehmen als Anreizmedium für individuelles moralisches Verhalten. Sie stehen dabei im Einklang mit der Entwicklung der nationalen und internationalen Rechtssetzung, die über Rechtsfiguren der Vorstands- und Geschäftsführerhaftung oder des Organisationsverschuldens hinaus immer häufiger die Organe des Unternehmens und seine Mitarbeiter verantwortlich hält.

Die drei Kriterien zur Messung der Effektivität und Effizienz eines Wertemanagementsystems lauten: Prävention, Ganzheitlichkeit und Nachhaltigkeit. Prävention meint, dass Wertemanagementsysteme nicht nur auf die Aufdeckung und formale Kontrolle unmoralischen und illegalen Verhaltens in der Organisation abstellen, sondern auf dessen Verhinderung. Ganzheitlichkeit meint in unserem Zusammenhang, dass ein Wertemanagementsystem nicht allein auf die Kontrolle von Zahlen und Prozessen abzielt, sondern auf die Ermöglichung moralischer Integrität in allen Bereichen und Aspekten des Unternehmens und des Geschäfts. Nachhaltigkeit meint, dass ein Wertemanagementsystem auf einen permanenten Prozess der Förderung moralischer und wertegetriebener geschäftlicher Handlungen und Entscheidungen abstellt.

Alle Erfahrungen zeigen jedoch, und dies ist wichtig anzumerken, dass Wertemanagementsysteme, wie überhaupt alle menschlichen Errungenschaften, in keiner Weise perfekt und vollständig konfliktfrei sind. Die Konflikte, Grauzonen und Dilemmatastrukturen eines Unternehmens sind zwar minimierbar, können aber nicht vollständig aufgelöst und vermieden werden.[46] Wertemanagementsysteme sind daher in gewisser Weise ein moralisches Versprechen des Unternehmens und seiner Mitarbeiter, alle ihre Ressourcen zu mobilisieren, um ein integres Verhalten in der Wirtschaft für eine verantwortungsbewusste Unternehmensführung tatsächlich zu realisieren und mit Relevanz zu versehen.

[46] Siehe hierzu die Punkte 5 und 7 im Leitfaden Wertemanagementsystem (www.gabler.de)

4 Menschenrechte

4.1 Den Mächtigen ins Gewissen reden

**Warum Unternehmen verpflichtet sind,
die Menschenrechte zu achten und
zu ihrem Schutz beizutragen**

Ein Geleitwort von Josef Sayer

**Hauptgeschäftsführer des
Bischöflichen Hilfswerks MISEREOR e.V.**

Armut ist gleichermaßen Ursache und Folge von Menschenrechtsverletzungen. Wer in extremer Armut lebt, wird in der Wahrnehmung seines Menschenrechts auf Nahrung, auf Gesundheit, auf menschenwürdiges Wohnen, auf Bildung, auf Gleichheit vor dem Gesetz oder auf Teilhabe am politischen Leben eingeschränkt. Wer willkürlich verhaftet oder gefoltert wird, kann vielleicht nie wieder einer geregelten Arbeit nachgehen, mit der er seine Familie ernähren kann. Die Folge: bittere Armut.

Am 10. Dezember 2008 wurde die Allgemeine Erklärung der Menschenrechte 60 Jahre alt. Misereor feierte im gleichen Jahr seinen 50. Geburtstag. Menschenrechtsarbeit zieht sich seit der Gründung wie ein roter Faden durch die Arbeit des Hilfswerkes. Denn unser Auftrag ist ein doppelter:

- den in Armut lebenden Menschen in Asien, Ozeanien, Afrika und Lateinamerika direkte Hilfe und Unterstützung zuteil werden zu lassen, damit sie Hunger und Krankheit bekämpfen, menschenwürdig wohnen, ihre Kinder zur Schule schicken und gleichberechtigt am politischen Leben partizipieren können und

- den Mächtigen vom Evangelium her ins Gewissen zu reden, um die Strukturen zu verändern, die Armut verursachen.

Zu diesen Mächtigen gehören neben den Regierungen – den Hauptgaranten für den Schutz und die Förderung der Menschenrechte – ganz sicher auch die Unternehmen. Die wirtschaftliche, oft auch die politische Macht einzelner Konzerne übersteigt inzwischen die vieler Regierungen – vor allem in armen Ländern der Südhalbkugel.

Angaben der Weltbank zufolge sind unter den 100 größten Wirtschaftsmächten dieser Welt 52 Staaten und 48 transnationale Konzerne.

Es ist unbestritten und Misereor begrüßt es, dass Wirtschaftsunternehmen, unter ihnen auch viele kleine und mittlere, in erheblichem Maße zur Bekämpfung von Armut beitragen. Dass sie dabei auch Gewinne machen, ist nicht nur legitim, sondern zählt zu ihren ureigenen Aufgaben. Ein Unternehmen, jedenfalls ein privatwirtschaftliches, das keine Gewinne erzielt, kann auf Dauer keinen Bestand haben. Wichtig ist jedoch, dass wirtschaftliches Handeln innerhalb eines an ethischen Werten orientierten Ordnungsrahmens stattfindet und dem Gemeinwohl verpflichtet ist.

Wie sehr dieser Ordnungsrahmen aus den Fugen geraten kann, zeigen in jüngster Vergangenheit der Skandal um die Finanzmärkte sowie Bonuszahlungen an Manager in einer Höhe, die von Maßlosigkeit zeugt und eine Orientierung am Gemeinwohl vermissen lässt.

Die Auswirkungen der Globalisierung haben zu Verbesserungen, in vielen Regionen aber auch zur Verschlechterung der Menschenrechtslage beigetragen. Besonders in Entwicklungsländern beuten transnationale Konzerne – im Einklang mit korrupten Regierungen – die natürlichen Ressourcen aus, ohne Rücksicht auf die lokale Bevölkerung. Bauern werden für den Anbau von Agrotreibstoffen von ihrem Land vertrieben; auf den Plantagen werden z.T. Sklavenarbeiter beschäftigt. Ganze Dörfer verlieren ihren Zugang zu sauberem Trinkwasser, weil der hohe Wasserbedarf der nahe gelegenen Industrie ihnen buchstäblich das Grundwasser abgräbt oder die Flüsse vergiftet.

Zu Recht weist der UN-Sonderbeauftragte zum Thema Wirtschaft und Menschenrechte, John Ruggie, in seinem Bericht an den UN-Menschenrechtsrat vom April 2008[47] auf die gravierenden Steuerungslücken (governance gaps) hin, die durch die Globalisierung entstanden sind. Diese Defizite schaffen ein Umfeld, in dem Unternehmen gegen Menschenrechte verstoßen können, ohne befürchten zu müssen, dafür zur Rechenschaft gezogen zu werden. Den Zugang der Opfer zu Gerechtigkeit und Wiedergutmachung bezeichnet Ruggie als „löchrigen Flickenteppich". Diesen Zugang zu verbessern ist eines der Kernanliegen von Misereor.

Während ich mit Vielem übereinstimme, was Professor Leisinger in seinem informativen und lesenswerten Beitrag zum Thema „Unternehmen und Menschenrechte" sagt, bin ich doch an einer Stelle von einer anderen Meinung überzeugt: und zwar dort, wo er zwischen den bürgerlichen und politischen Menschenrechten einerseits und den wirtschaftlichen, sozialen und kulturellen Rechten (kurz: wsk-Rechten) andererseits unterscheidet und mit Bezug auf einige wsk-Rechte von der „Trivialisierung schlimmster Vergehen" spricht. Natürlich handelt es sich z.B. beim Folterverbot und dem Gebot, einen angemessenen Lohn zu zahlen, um unterschiedliche Rechte. Doch alle Menschenrechte hängen voneinander ab. Die fehlende Sozialversicherung für die Wanderarbeiterin in China – oder wo auch

---

[47] Anmerkung der Herausgeber: Dieser Bericht wird im folgenden Beitrag von Klaus M. Leisinger detailliert vorgestellt.

immer – kann zur Folge haben, dass sie sich die lebensnotwendigen Medikamente oder eine dringend benötigte ärztliche Behandlung nicht leisten kann – mit vielleicht dauerhaften Folgen für ihre Gesundheit und schlimmstenfalls ihr Recht auf Leben. Nach der Soziallehre der Kirche trägt ein Unternehmen, das diese Arbeiterin beschäftigt, zumindest eine Mitverantwortung.

Es wäre falsch, es als eine menschenrechtliche Pflicht eines Unternehmens anzusehen, Schulen oder Krankenhäuser bauen zu müssen. Das sind Aufgaben eines Staates und dafür haben Unternehmen Steuern zu entrichten. Lassen Sie mich an einem konkreten Beispiel erläutern, worin jedoch die Pflicht eines Unternehmens zur Achtung von wsk-Rechten bestehen kann: In Indien haben sich in den letzten 10 Jahren rund 200.000 Bauern das Leben genommen, denn die Einführung von genetisch verändertem Saatgut durch multinationale Konzerne resultierte in einer Preiseskalation, die den Bauern kaum eine Chance ließ, zunehmendem Hunger und Schulden zu entkommen. Der UN-Ausschuss für die wsk-Rechte wies im April 2008 auf diesen Zusammenhang hin [274]. Der indische Staat trägt die Hauptverantwortung, die Bauern vor solchen Abhängigkeiten zu schützen. Bei der Analyse kommen wir jedoch nicht umhin, Konzernen, die – ohne ausreichende Berücksichtigung des Gemeinwohls – Gewinn aus der Vermarktung des genetisch veränderten Saatgutes ziehen, eine Mitverantwortung für die Verletzung des Menschenrechts auf Nahrung zuzuerkennen.

Wie eng die bürgerlichen und politischen und die wsk-Rechte miteinander verflochten sind, erfahren viele MenschenrechtsverteidigerInnen buchstäblich am eigenen Leib. Ob Guatemala, Peru, Kolumbien, die Philippinen oder Kongo-Brazzaville: Immer wieder werden gerade diejenigen, die sich gegen Großprojekte zur Wehr setzen und aktiv für den Schutz von (wsk-)Rechten lokaler Bevölkerung und indigener Völker eintreten, politisch verfolgt, misshandelt, gefoltert oder gar extralegal hingerichtet. Das kann und darf den jeweils betroffenen Unternehmen nicht gleichgültig sein.

Die globalen Steuerungslücken, die John Ruggie benennt, bedürfen neben nationalstaatlichen auch globaler Lösungen. Gemeinsam nach ihnen zu suchen sind wir den Opfern schuldig.

In seiner Rede vor der UN-Vollversammlung im April 2008 wies Papst Benedikt XVI darauf hin, dass es im Rahmen der internationalen Beziehungen nötig sei, die übergeordnete Rolle der Regeln und Strukturen zu erkennen, die ihrer Natur nach auf die Förderung des Gemeinwohls und damit auf die Verteidigung der menschlichen Freiheit hin geordnet sind. *„Diese Regeln schränken die Freiheit nicht ein. Im Gegenteil, sie fördern sie, wenn sie Verhaltensweisen und Handlungen verbieten, die dem Gemeinwohl zuwiderlaufen, die seine tatsächliche Ausübung behindern und daher die Würde einer jeden menschlichen Person kompromittieren"*, so der Papst in New York. Und er fuhr fort: *„Die Menschenrechte werden immer mehr als die gemeinsame Sprache und das ethische Substrat der internationalen Beziehungen dargestellt. Ebenso* *wie die Universalität, die Unteilbarkeit und die gegenseitige Abhängigkeit der Menschenrechte Garantien für die Wahrung der Menschenwürde sind.*"[48]

Für Unternehmen sollten daher Menschenrechtsverträglichkeitsprüfungen eine Selbstverständlichkeit werden – damit sie sicher sein können, durch ihr wirtschaftliches Handeln diese Menschenwürde nicht in Gefahr zu bringen, den Menschenrechten keinen Schaden zuzufügen, sondern vielmehr zum Weltgemeinwohl beizutragen.

---

[48] Ansprache von Benedikt XVI, UN Vollversammlung, New York, Freitag, 18. April 2008.

„Einem Menschen seine Menschenrechte verweigern bedeutet,
ihn in seiner Menschlichkeit zu missachten."

Nelson Rolihlahla Mandela, Friedensnobelpreisträger

4.2 Menschenrechte als unternehmerische Verantwortungsdimension

von Klaus M. Leisinger

Einleitung

Eine vertiefte Auseinandersetzung mit dem Thema Menschenrechte löst schreckliche Assoziationen aus: Menschen werden wegen ihrer politischen oder religiösen Überzeugungen, ihrer sozialen Stellung, ihrer ethnischen Herkunft oder wegen anderer willkürlicher oder politisch opportuner Differenzierungen ihrer Würde beraubt, enteignet oder verhaftet, gefoltert, ja getötet. Kein aufgeklärter Mensch, der die Jahresberichte von Amnesty International oder Human Rights Watch liest, kann zur „Tagesordnung" übergehen, ist diese doch für Millionen Männer, Frauen und Kinder eine lebensbedrohliche Unordnung. Die grundlegenden Normen einer zivilisierten Menschheit – die in der Allgemeinen Erklärung der Menschenrechte kodifizierten Freiheiten und Rechte – sind für sie eine praxisferne Utopie.

In den letzten zehn Jahren wurden immer öfter auch Unternehmen – insbesondere international arbeitende „Multis" und ihre Zulieferbetriebe in Ländern mit niedrigem Pro-Kopf-Einkommen – mit schwersten Menschenrechtsverletzungen in Zusammenhang gebracht, sei es mit politisch motivierten Morden (z.B. Ken Saro-Wiwa und acht andere Vertreter des Ogoni-Volkes im Zusammenhang mit den in Nigeria tätigen Erdölfirmen), sei es mit der Finanzierung von Bürgerkriegen (z.B. durch „Blutdiamanten") und despotischer Regimes (z.B. durch Ölfirmen in Burma), durch lebensbedrohliche Umweltzerstörungen (z.B. der Stahlindustrie in Kasachstan) oder ausbeuterische und gesundheitsschädigende Arbeitsbedingungen (z.B. der Textilindustrie in Südasien und Mittelamerika).[49]

Die meisten dieser tatsächlichen oder angeblichen Menschenrechtsverletzungen finden in Ländern mit gravierenden Mängeln bei der Macht- und Sorgfaltausübung der Regierungen und den ihr unterstellten Behörden in der Führung der Staatsgeschäfte sowie beim Umgang mit den ihnen anvertrauten wirtschaftlichen, sozialen und ökologischen Ressourcen statt. Unerfreuliche Rahmenbedingungen wie Machtmissbrauch und Willkür politi-

---

[49] Siehe für einen Gesamtüberblick über die verschiedenen Facetten der tatsächlichen oder vorgeblichen Menschenrechtsverletzungen von Unternehmen Business & Human Rights Resource Center (o. J.); siehe ebenso [44] und [311].

scher Verantwortungsträger, Korruption, Selbstbereicherung und unangemessene Verwendung öffentlicher Mittel resultieren aus einem Mangel an Rechtssicherheit, Transparenz und Rechenschaftspflicht. Ein solcher Mangel an Regierungsfähigkeit (good governance) bildet erfahrungsgemäß den Nährboden für jede Art von Menschenrechtsverletzungen. Allerdings stellt Mangel an Regierungsfähigkeit unter keinen Umständen eine Entschuldigung für Menschenrechtsverletzungen durch Unternehmen dar. Defizite in der Regierungsqualität sollten von Unternehmen als Warnsignale zum Anlass genommen werden, besonders genau hinzusehen, wenn es um die Auswirkungen der eigenen Aktivitäten geht.

Mit der in den vergangenen Jahren zunehmend öffentlicher werdenden Erörterung des Themas „Unternehmen und Menschenrechte" kam es allerdings auch zu einer geradezu inflationären Anwendung menschenrechtsbezogener Urteilskriterien auf das Auswirkungsspektrum unternehmerischen Handelns. So wurde z.B. ein Hersteller von Baumaschinen deshalb der Komplizenschaft mit Menschenrechtsverletzern bezichtigt, weil dessen Bagger für die Zerstörung von Häusern und Ölpalmen in Palästina benutzt wurden; Mineralwasser-Unternehmen kamen wegen eines unterstellten Beitrags zur Wasserverknappung an den Pranger und Pharmaunternehmen, weil sie das aus ihren Forschungsinvestitionen resultierende intellektuelle Eigentum durch Patente schützen.

Die inflationäre Anwendung von Menschenrechtskriterien auf unternehmerisches Handeln mag zwar zur Folge haben, dass das Thema ein höheres öffentliches Profil bekommt – die unerfreuliche Nebenwirkung ist allerdings, dass krass menschenverachtendes Handeln (z.B. willkürliche Hinrichtungen, Folter, Sklavenarbeit oder Leibeigenschaft, Ausbeutung von Kindern, Vertreibung ethnischer Minderheiten) gleichgesetzt wird mit z.B. dem Mangel an Sozialversicherungen für Wanderarbeiter (Vorwurf der Verletzung des Artikels 22 der Menschenrechtserklärung „Recht auf soziale Sicherheit") oder Überstunden über einen längeren Zeitraum (Vorwurf der Verletzung des Artikels 24 der Menschenrechtserklärung „Recht auf eine vernünftige Begrenzung der Arbeitszeit"). Dies führt zu einer Trivialisierung schlimmster Vergehen. Da es im Zusammenhang mit Menschenrechtsverletzungen keine „Richter-Skala" gibt, die auch Seismologie-Laien den Unterschied zwischen einem Erdbeben der Stärke 2.0 und 8.1 sofort erkennen lässt, wiegen in der öffentlichen Wahrnehmung menschenrechtsspezifische Vorwürfe generell besonders schwer – intuitiv jenseits der „Stärke 6".[50]

Die interkulturell, international und interreligiös breit akzeptierte hohe Bedeutung menschenrechtlicher Normen und die intuitiv mit Menschenrechtsverletzungen angenommene Schwere machen die unternehmerische Verantwortung für Menschenrechte zu einem Top-Thema für entsprechende Aktivisten. In vielen Unternehmen trifft dies bedauerlicherweise auf Indifferenz, Hilflosigkeit oder gar den ignoranten Verweis, Menschenrechte seien nicht

---

[50] Es entspricht leider auch den Tatsachen, dass es immer wieder zu Menschenrechtsverletzungen durch Unternehmen oder in deren Umkreis kommt. Siehe z.B. die Fallstudien von Corporate Responsibility, [316] oder auch Websites wie ww.globalexchange.org/getInvolved/corporateHRviolators.html

die Aufgabe des Geschäftes. Das nützt weder der Förderung zivilisatorischen Fortschritts, an dem wir alle interessiert sein sollten, noch dem Unternehmen. Respekt und die Wahrung der Menschenrechte gehören zum Kern der Verantwortungssphäre aufgeklärter Unternehmen. Die professionelle und informierte Auseinandersetzung mit der menschenrechtlichen Dimension unternehmerischer Verantwortung liegt im wohlverstandenen Eigeninteresse. Es versetzt das Top-Management in die Lage, komplexe und vielschichtige Probleme angemessen zu erkennen und die zur Disposition stehenden Güter für gute Entscheidungen abzuwägen. Denn, und das gehört zumindest zu meinen Wertprämissen, für nachhaltigen Erfolg müssen sich Unternehmen höhere Ziele setzen als nur die möglichst hohe Verzinsung des eingesetzten Kapitals. Sie müssen so agieren, dass sie auch moralisch und intellektuell ernst genommen werden.

4.2.1 Der heutige Stand der „Menschenrechte und Unternehmen"-Diskussion

Der heutige Stand der Diskussion wird am besten durch den im Juni 2008 vorgelegten Abschlussbericht und die beigeordneten Dokumente des von Kofi Annan eingesetzten Sonderbeauftragten für das Thema „Business and Human Rights", John Ruggie, beschrieben.[51]

4.2.1.1 Die wesentlichen Erkenntnisse des Ruggie-Berichts

Der Bericht von John Ruggie und seiner Arbeitsgruppe (im Folgenden „Abschlussbericht" genannt) kommt zur Schlussfolgerung, dass Unternehmen mit ihren Aktivitäten Auswirkungen auf alle Menschenrechte haben und daher auch menschenrechtsspezifische Verantwortungen. Diese sind unterschiedlich von und komplementär zu denen des Staates oder anderer gesellschaftlicher Akteure [241]:

■ Die Nationalstaaten und ihre Behörden tragen in erster Linie die Verantwortung, alle notwendigen Schritte zu unternehmen, um ihre Bürger gegen Menschenrechtsverletzungen jeglicher Art zu schützen (duty to protect). Diese Pflicht schließt präventive Maßnahmen ebenso ein wie die Untersuchung von stattgefundenen oder vermuteten Menschenrechtsverletzungen, die Bestrafung der Schuldigen und die Sicherung des Zugangs zu Entschädigungen.

■ Unternehmen haben insbesondere dann und dort die Verantwortung, Menschenrechte zu respektieren (duty to respect), wo entsprechende nationale Gesetze nicht existieren oder der Staat die dazu erforderlichen institutionellen Kapazitäten nicht hat (oder nicht wahrnimmt), die nationalen Gesetze durchzusetzen. Der Abschlussbericht sieht hier als Minimum die Verantwortung, keinen Schaden anzurichten (do no harm).

---

[51] Siehe auch [44], insbesondere die Seite, auf der alle Berichte und Kommentare abgedruckt sind.

▓ Es gibt allerdings eine Verantwortungsteilung zwischen unterschiedlichen gesellschaftlichen Akteuren, wobei Unternehmen als ökonomische Akteure besondere Aufgaben
zu erfüllen haben, die sich von denen der Staatsverantwortungen strukturell unterscheiden.

Der Abschlussbericht geht davon aus, dass durch die Globalisierung „Gouvernanzlücken"
geschaffen wurden zwischen dem Umfang und den Auswirkungen ökonomischer Kräfte
und Akteure einerseits und der gesellschaftlichen Fähigkeit andererseits, mit daraus resultierenden negativen Konsequenzen angemessen umzugehen. Diese Lücken seien eine
Einladung für unverantwortliches, widerrechtliches unternehmerisches Handeln, ohne
dass die unternehmerischen Missetäter Konsequenzen zu befürchten hätten.

Der Sonderbeauftragte beklagt besonders, dass die meisten Unternehmen über kein formell institutionalisiertes System zur Überwachung oder Messung der menschenrechtsspezifischen Auswirkungen ihrer Geschäftätigkeit verfügen und mahnt in diesem Zusammenhang eine institutionalisierte Sorgfaltspflicht (due diligence) an. Eine mit angemessener Sorgfalt erfolgte Prüfung der möglichen Auswirkungen der Geschäftätigkeit
eines Unternehmens auf die Menschenrechte in einem spezifischen Kontext trage auch
dazu bei, die vorhandenen Unklarheiten der Begriffe „Einflussbereich" (sphere of influence) und „Komplizen- bzw. Mittäterschaft" (complicity) zu beseitigen.

4.2.1.2   Was ist der „unternehmerische Einflussbereich"?

Wer sich zu den zehn Prinzipien des UN Global Compact bekennt, verspricht, diese „im
eigenen Einflussbereich" in die Praxis umzusetzen [272].[52] Über das, was als „eigener Einflussbereich" anzusehen sei, bestanden naturgemäß von Anfang an große Differenzen. Die
meisten Unternehmen waren bemüht, ihren Einflussbereich als möglichst klein zu beschreiben (z.B. alles, was innerhalb unseres Fabrikzauns geschieht), während die meisten
NGOs dazu tendierten, die Grenzen möglichst weit zu ziehen (wer z.B. in einem Land mit
einer menschenrechtsverachtenden Regierung Steuern bezahlt, alimentiert die Menschen-
rechtsverletzer). Da alle am Diskurs über „Business and Human Rights" Beteiligten sich
derselben Terminologie bedienen, wesentliche Begriffe jedoch mit unterschiedlichen Inhalten ausfüllen, wurde die Klärung der Konzepte „sphere of influence" und „complicity"
explizit ins Pflichtenheft des Sonderbeauftragten aufgenommen. Der Sachverhalt „Einflussbereich" wurde von den mit John Ruggie zusammenarbeitenden Experten als so bedeutsam erachtet, dass darauf in einem separaten Bericht eingegangen wurde [58]. Die
wichtigsten Ergebnisse zum Thema Einflussbereich sind:

▓ Das von vielen Unternehmen benutzte Modell konzentrischer Kreise, die sich von
innen (Mitarbeiter) schrittweise nach außen (Zulieferer, Märkte, Gemeinwesen bis zur
Regierung) erstrecken und implizit eine Abnahme des Einflusses mit wachsender Ent-

---

[52] *„The Global Compact asks companies to embrace, support and enact, within their sphere of influence, a set of
core values in the areas of human rights, labour standards, the environment, and anti-corruption."* [272].

fernung vom „Fabrikzaun" unterstellen, wird als unangemessen verworfen; in diesem Modell werde, so der Abschlussbericht, nicht unterschieden zwischen Stakeholdern, deren Rechte durch die Praktiken des Unternehmens negativ tangiert werden, und solchen, auf die das Unternehmen einen irgendwie gearteten Einfluss habe.

■ Der Abschlussbericht empfiehlt, zwischen einerseits menschenrechtsspezifischen „Auswirkungen" (impact) und andererseits den „Einflussmöglichkeiten" (leverage) des Unternehmens (z.B. auf Zulieferer, die Behörden oder andere) zu unterscheiden. Während es eindeutig dem Verantwortungsbereich eines Unternehmens zuzuordnen sei, direkte negative menschenrechtsrelevante Auswirkungen zu vermeiden, gehöre Einflussnahme auf verschiedene politische oder gesellschaftliche Akteure nur unter bestimmten Bedingungen zum Verantwortungsportfolio des Unternehmens.

■ Unternehmen können nicht für die Menschenrechtsleistungen aller Akteure in ihrem Einflussbereich verantwortlich gemacht werden; wo (unterschiedlich starke) Einflussmöglichkeiten bestehen, können Unternehmen freiwillig die Verantwortung auf sich nehmen, diese auch auszuüben. Es sei jedoch nicht angebracht, eine solche Verantwortung unter allen Umständen und in jedem Fall als unternehmerische Pflicht einzufordern.

■ Der Abschlussbericht lehnt auch das bis heute oft benutzte Konzept der Nähe (proximity) zu Menschenrechtsverletzungen als Indikator für die Intensität unternehmerischer Verantwortung ab, weil auch „Nähe" ein vieldeutiger Begriff sei (z.B. räumliche, durch Verträge hergestellte oder eine wie auch immer definierte politische Nähe). In Zeiten des Internets könne eine Verletzung der Menschenrechte auch aus großer Ferne erfolgen.

Um sich Klarheit über entstehende Verantwortungen in einem spezifischen Kontext zu verschaffen, sollen Unternehmen eine due diligence Abklärung machen, die unter den spezifischen lokalen Bedingungen die eigenen Aktivitäten einer kritischen Analyse unterzieht und das geschäftliche Beziehungsnetz unter die Lupe nimmt. Die Ergebnisse dieser Abklärungen versetzen Unternehmen in die Lage, potentielle oder aktuelle menschenrechtsverletzende Auswirkungen ihrer Geschäftstätigkeit zu erkennen und entweder zu vermeiden oder zu beseitigen.

4.2.1.3   Der Tatbestand der „Komplizenschaft" bzw. „Mitschuld"

Das zweite Prinzip des UN Global Compact verlangt von Unternehmen, sicherzustellen, dass sie sich nicht an Menschenrechtsverletzungen mitschuldig machen (make sure that they are not complicit in human rights abuses). In den Erläuterungstexten zum Global Compact werden drei verschiedene Arten der Komplizenschaft bzw. Mitschuld unterschieden:

■ direkte Komplizenschaft bzw. Mitschuld, wenn ein Unternehmen einem Staat dabei hilft, Menschenrechte zu verletzen (z.B. bei Zwangsumsiedlungen für Industrieansiedlungen oder Wasserkraftwerke);

■ nutznießerische Komplizenschaft bzw. Mitschuld, wenn das Unternehmen von Menschenrechtsverletzungen Dritter profitiert (wenn z.B. der eigene Unternehmensschutz friedliche Demonstrationen gegen die Auswirkungen der Geschäftstätigkeit gewaltsam unterdrückt) sowie eine

■ stillschweigende Komplizenschaft bzw. Mitschuld im Angesicht systematischer und andauernder Menschenrechtsverletzungen, anstatt diese in Gesprächen mit den zuständigen Behörden zu erörtern und zu ihrer Überwindung beizutragen.

Da auch in dieser Hinsicht größere Klarheit und möglichst messbare Kriterien für die unternehmensinterne Entscheidungsfindung notwendig sind, analysierten John Ruggie und seine Experten die Praxis verschiedener Verhandlungen an Internationalen Gerichtshöfen und prüften die dort (auf Kriegsverbrecher!) angewandten Kriterien auf ihre Nützlichkeit für die Anwendung in Unternehmen. Als Beispiele für Umstände, anhand derer in Zukunft Komplizenschaft bzw. eine Mitschuld von Unternehmen an Menschenrechtsverletzungen festgestellt werden könnten, wurden aufgeführt:

■ Individuelle Handlungen oder Unterlassungen mit dem Ziel der Beihilfe, Ermutigung oder moralischen Unterstützung von Menschenrechtsverletzungen, die einen substantiellen Effekt auf das Vergehen haben; dabei sei der Beweis, dass das Vergehen ohne Beihilfe nicht stattgefunden hätte, für den Tatbestand der Beihilfe u.U. nicht erforderlich.

■ Direkte und substantielle Beihilfe für das Begehen der Menschenrechtsverletzung (z.B. das Zur-Verfügung-Stellen von Mitteln, das dem Täter das Begehen der Tat erst ermöglicht), könne als Komplizenschaft gewertet werden.

■ Das Versäumnis, einzugreifen oder Stillschweigen zu wahren angesichts von Menschenrechtsverletzungen durch Dritte, ja sogar die Tatsache, dass einem Unternehmen Vorteile aus den Menschenrechtsverletzungen durch Dritte entstehen, stelle keinen Grund für eine rechtliche Haftbarkeit (court of justice) dar, berge allerdings ein erhebliches Schadenspotential durch öffentliche Kritik (court of public opinion) und daraus resultierende Probleme.

■ Wie genau „Wissen" um tatsächliche oder potentiell mögliche Menschenrechtsverletzungen definiert wird, hänge von den jeweiligen Umständen ab. Es liege allerdings im wohlverstandenen Eigeninteresse von Unternehmen, hier möglichst umfangreiche „Hausaufgaben" zu machen.

Insgesamt, das ist die klare Botschaft des Ruggie-Berichts, sollen Unternehmen sich in jedem kritischen Einzelfall über die spezifischen menschenrechtsrelevanten Bedingungen angemessen informieren. Nur wenn eine möglichst große Klarheit über die in der gegebenen Situation erforderlichen Handlungen und Unterlassungen besteht, sind vernünftige Urteile über bestehende Risiken möglich.

In diesem Zusammenhang kommt die traditionelle unternehmensethische Unterscheidung zwischen „Legalität" und „Legitimität" ins Spiel: Nicht alles, was gemäß lokaler Gesetzgebung legal ist, wird von den Menschen in modernen Gesellschaften als legitim bzw.

verantwortungsvoll empfunden. Kein „gutes" Unternehmen kann sich hinter „schlechten" Gesetzen verstecken. Es mag sich zwar mit legalen aber illegitimen Praktiken nicht vor einem Strafgericht zu verantworten haben – dem vernichtenden Urteil der öffentlichen Meinung wird es jedoch nicht entrinnen können.

4.2.1.4 Die öffentlichen Reaktionen auf den Abschlussbericht

Was im Abschlussbericht des Sonderbeauftragten relativ klar festgehalten ist, wird – wie in der Vergangenheit bei anderen Berichten – auch in Zukunft großen Interpretationsspielräumen unterliegen. Zwar haben überraschenderweise sowohl die Internationale Handelskammer und der Internationale Arbeitgeberverband [182] als auch die zum Thema Menschenrechte engagierten Nichtregierungsorganisationen [183] zunächst generell positiv auf den Abschlussbericht reagiert. Wie nicht anders zu erwarten, kam es jedoch auch zu fundamentaler Ablehnung, teilweise verbunden mit persönlicher Kritik an denjenigen, die über Jahre intensiv am Thema gearbeitet haben (z.B. Misereor in [206]). Es kam zu Forderungen, das bestehende und im Sommer 2008 auslaufende Mandat solle verlängert und erweitert werden, um „corporate abuses" zu untersuchen.[53] Diesem Begehren wurde denn auch Mitte Juni 2008 teilweise zugestimmt: Das Mandat von John Ruggie wurde um 3 Jahre verlängert, u.a. um den Umfang und den Inhalt der unternehmerischen Menschenrechtsverpflichtungen sorgfältig auszuarbeiten und konkrete Wegleitung für Unternehmen und andere Stakeholder zu geben [276].

Und es kam zu Stellungnahmen von einigen US-amerikanischen Anwaltsfirmen, die ihre aktuellen oder potentiellen Kunden in dramatischen Formulierungen warnten, der Abschlussbericht schlage „ausufernde Verpflichtungen" und „weitläufige Pflichten" vor, welche den Unternehmen Staatsverantwortungen auferlegen und sie außerdem „enormen Haftungspflichten" aussetzen [273].[54] Andere Anwaltsfirmen sahen das eher gelassen – sie stellten fest, dass der Bericht keine neuen rechtlichen Verpflichtungen beinhalte, dass unternehmerische Menschenrechtsverletzungen schon heute materielle Risiken bergen, ja dass mit diesem Bericht die Chance steige, dass US-amerikanische Unternehmen durch diese neue Bezugsnorm gleiche Wettbewerbschancen bekämen, und sahen sogar einen betriebswirtschaftlichen Vorteil (business case) für unternehmerisches Engagement für Menschenrechte [286]. Fakt ist, dass viele Länder das internationale Menschenrecht in ihrer nationalen Gesetzgebung inkorporiert haben und die entsprechenden Standards (selbstverständlich) auch auf Unternehmen anwenden. Hinzu kommt, dass die Teilnahme an oder das Profitieren von Verbrechen wie Völkermord, Verbrechen gegen die Menschlichkeit und Kriegsverbrechen auch heute schon dem Gesetz zur Regelung von ausländischen Ansprüchen (Alien Tort Claims Act) unterstehen.

---

[53] Gefordert u. a. von Amnesty International, Human Rights Watch und Oxfam International (siehe: United Nations/General Assembly A/HRC/8/NGO/5 (26 May 2008).

[54] Die Drohvokabeln sind „expansive obligations", „sweeping duties" und „enormous liabilities".

Pluralistische Gesellschaften sind dadurch gekennzeichnet, dass Menschen unterschiedliche Wertevorstellungen, Weltsichten und Ordnungsvorstellungen haben. Diese wiederum prägen das, was als wünschbar und erstrebenswert angesehen wird. Eine zentrale und offen gebliebene Frage ist das angemessene Verhältnis freiwilliger Maßnahmen zu nationalen und (zusätzlichen) internationalen gesetzlichen Vorschriften. Andere Überzeugungsdifferenzen über das Ausmaß der Leistungen, die Unternehmen zur Erfüllung der wirtschaftlichen, sozialen und kulturellen Menschenrechte leisten sollen, bleiben bestehen. Das bedeutet, dass auch dann, wenn ein Unternehmen alles umsetzen würde, was im Abschlussbericht und den beigeordneten Ruggie-Berichten vorgeschlagen wird, es weiterhin damit leben müsste, nicht allen Anspruchsgruppen gerecht zu werden. Es liegt jedoch im wohlverstandenen Eigeninteresse von Unternehmen, sich in die Lage zu versetzen, mit guten Gründen den eigenen Mitarbeitern, den Aktionären und der Gesellschaft zu erklären, warum man bereit ist, auf einige der Forderungen einzugehen und andere als unzumutbar abzulehnen.

4.2.2　Was sollten integre Unternehmen tun?

Mit der zunehmenden Komplexität internationalen Wirtschaftens und mit den neu erwachsenden Chancen der ökonomischen Globalisierung wurden Unternehmen auch mit wachsenden Erwartungen aufgeklärter Menschen konfrontiert. Dies gilt in besonderem Maße für unternehmerische Menschenrechtsverantwortungen – ein Thema, das vor zehn Jahren noch überhaupt nicht auf der Agenda stand. Der Abschlussbericht des Sonderbeauftragten ist für Unternehmen nun eine international akzeptierte Bezugsnorm, anhand derer sie sich Gedanken machen sollten, auf welche Weise sie ihre Verantwortung für die Menschenrechte im Rahmen ihrer globalen Wertschöpfungsketten wahrnehmen wollen. Das wird auch in Zukunft keine einfache Aufgabe sein, aber dennoch im Geiste internationaler Vereinbarungen gemacht werden müssen. Moderne Gesellschaften sind höchst komplexe Systeme menschlicher Koexistenz und umfassen Akteure, deren Interessen und Ziele zwar unterschiedlich, aber dennoch voneinander abhängig und miteinander verflochten sind.[55] Um übergeordnete Ziele wie die Wahrung und Erfüllung der Menschenrechte zu erreichen, müssen alle Akteure ihren Ressourcen und Fähigkeiten entsprechend einen Beitrag im Kontext des Sozialvertrags leisten, auch Unternehmen mit ihren speziellen Aufgaben [79].

Bei vielen auf den Respekt und die Erfüllung von Menschenrechten bezogenen Forderungen, die an Unternehmen gestellt werden, geht es nicht um die Frage ihrer grundsätzlichen Berechtigung. Forderungen nach Einhaltung der Menschenrechte und Gewährung der Grundfreiheiten, wie sie in der Allgemeinen Menschenrechtserklärung[56] und den daraus entwickelten internationalen Konventionen niedergelegt sind, sind aus der übergeordne-

---

[55] Dieser Satz kaschiert eine noch größere Komplexität, die sehr gut erklärt wird bei [193].

[56] Der Wortlaut der Allgemeinen Menschenrechtserklärung kann auf der Homepage des Gabler Verlags unter: www.gabler.de aufgerufen werden.

ten Perspektive ohne Wenn und Aber gerechtfertigt. Umstritten ist allerdings die Frage, wer in der Pflicht ist, die Erfüllung der Rechte zu übernehmen, insbesondere dort, wo das – wie bei den wirtschaftlichen, sozialen und kulturellen Menschenrechten – mit hohen Kosten verbunden ist. Heute werden von Menschenrechtsgruppen Forderungen an Unternehmen gestellt, die sich aus eigener Perspektive nicht in der entsprechenden Pflicht sehen.

Zweifelsohne ist für alle Menschen überall auf der Welt die Umsetzung ihrer Freiheiten und Rechte anzustreben. Das schließt Rechte ein wie in Artikel 24 (Recht auf Erholung und Freizeit), Artikel 25 (Anspruch auf einen angemessenen Lebensstandard bezüglich Gesundheit und Wohlbefinden, einschließlich Nahrung, Kleidung, Wohnung, medizinischer Versorgung und notwendiger Sozialleistungen, das Recht auf Absicherung im Fall von Arbeitslosigkeit, Krankheit, Invalidität, Verwitwung, Alter oder anderweitigem Verlust des Lebensunterhalts durch unverschuldete Umstände) sowie in Artikel 26 (Recht auf Bildung). Da es jedoch unrealistisch wäre, von einkommensschwachen Ländern eine Garantie für die vollständige und sofortige Umsetzung dieser Rechte zu erwarten, haben sich diese auf die schrittweise Umsetzung (progressive realization) verpflichtet. Es kann auch beim besten Willen nicht Aufgabe von Unternehmen sein, hier ersatzweise einzuspringen, falls die jeweiligen Regierungen aus Ressourcenmangel oder fehlendem politischen Willen keine Fortschritte erzielen, weil sie die entsprechenden Ressourcen nicht bereitstellen.

Eine florierende Volkswirtschaft, von der alle sozialen Gruppen und der Staat profitieren, ist (neben guter Regierungsqualität) eine der wichtigsten Voraussetzungen für die Befriedigung der Grundbedürfnisse und die Erfüllung der wirtschaftlichen, sozialen und kulturellen Menschenrechte. Die Aufgaben, eine Wirtschafts- und Sozialentwicklung zu begünstigen, die auch einkommensschwachen Bevölkerungsschichten Vorteile bringt, die öffentlichen Budgets im Hinblick auf angemessene Ausgaben für die Befriedigung der menschlichen Grundbedürfnisse umzustrukturieren, Partizipation und Sozialreformen zu gewährleisten, Umweltressourcen und das Sozialkapital armer Gemeinschaften zu schützen und Menschenrechtsvorschriften rechtlich abzusichern, liegen in erster Linie in der Verantwortung der Nationalstaaten. Der Abschlussbericht hat diese grundlegende Verantwortungsteilung noch einmal bestätigt. Wo der Staat aus Mangel an Ressourcen dazu nicht in der Lage ist, ist die internationale Gemeinschaft gefordert, unterstützend einzuspringen; dies wurde schon im Jahre 1947 in den Artikeln 55 und 56 der Charta der Vereinten Nationen zugesagt.

Aber – auch das ein Ergebnis der Arbeit des Sonderbeauftragten – Unternehmen haben im Rahmen ihrer Wertschöpfung ebenfalls diesbezügliche Verantwortungen. Die Präambel der Menschenrechtserklärung ruft „jeden Einzelnen und alle Organe der Gesellschaft" dazu auf, diese Rechte zu wahren und zu fördern. Fortschrittliche Unternehmen erkennen ihre Rolle bei der Förderung von Menschenrechten ausdrücklich an. Dabei steht im Vordergrund, sicherzustellen, dass ihre Aktivitäten weder direkt noch indirekt zu Verstößen gegen die bürgerlichen oder politischen Menschenrechte beitragen und dass Unternehmen unter keinen Umständen wissentlich von solchen Verstößen profitieren. Unternehmen sind eine bedeutende Quelle von Investitionen und schaffen eine Vielzahl produktiver Arbeitsplätze. Beides hat positive Auswirkungen auf die Erfüllung der wirtschaftlichen, sozialen und kulturellen Menschenrechte – allerdings nur, wenn dafür keine „Kollateralschäden" in Kauf genommen werden. Das Sicherstellen des unternehmensethischen Gebotes „do no harm" in der geschäftlichen Praxis multinationaler Unternehmen erfordert allerdings mehr als nur guten Willen.

4.2.2.1 Wertemanagement für Menschenrechte

Werte gehören zur Moralkultur jeder Gesellschaft.[57] Daher müssen sich auch Unternehmen – wie alle sozialen Institutionen – darüber klar werden, welche Grundwerte sie als maßgebliche Leitplanken für Entscheidungen über gegebene Handlungsalternativen betrachten. Der durch Reflexion und Dialoge mit unterschiedlichen internen und externen Anspruchsgruppen zustande kommende Grundwertekatalog bestimmt die Identität des Unternehmens und hat strukturierende Kompassfunktion bei komplexen Managemententscheidungen und hilft auf diese Weise, Dilemmata aufzulösen und Prioritäten zu setzen. Das gilt für alle sozialen, ökologischen und politischen Bereiche – auch für den Bereich Menschenrechte.

Nach dem initialen Schritt der Wertedefinition – dessen Ergebnis periodisch im Lichte neuer Erfahrungen und Rahmenbedingungen auf Revisionsnotwendigkeiten überprüft werden sollte – müssen für den Geschäftsalltag entsprechende Unternehmenspolitiken, Handlungsrichtlinien für sensible Bereiche, Verhaltenskodizes sowie für deren Umsetzung Managementprozesse definiert und kommuniziert werden. Die Realisierung des als richtig Erkannten erfolgt gewöhnlich durch das Linienmanagement und ist Gegenstand von Prozessen zur Überprüfung der Einhaltung. Im Idealfall spielen Wertemanagement-Kriterien schon bei der Mitarbeiterauswahl und erst recht bei Beförderungen ebenso eine Rolle wie bei bonus-relevanten Zielvereinbarungen und Mitarbeiterbeurteilungen. Auch dies gilt vollumfänglich für Menschenrechtsangelegenheiten.

Vergleichbares gilt für die Selektion von Zulieferfirmen, Geschäftspartnern und Joint Venture Unternehmen. Organisatorisch sollte für das Wertemanagement bzw. für Corporate Responsibility Programme ein Verantwortlicher im Top-Management zuständig sein. Corporate Responsibility ist zwar nicht nur, aber eben auch, „Chefsache". Die Einrichtung einer speziellen Ombudsinstitution hat den Vorteil, dass sie Mitarbeitern Gelegenheit gibt, auf Dissonanzen zwischen proklamierter Theorie und erlebter Praxis aufmerksam zu machen.

Menschenrechtsnormen sind also integraler Bestandteil von Wertemanagement und sollten wie alle anderen Normen in alle Aspekte der Sicherstellung unternehmerischer Verantwortung integriert sein. Bei menschenrechtsspezifischen Aspekten ist es allerdings noch wichtiger als bei den traditionellen Verantwortungsthemen, alle Mitarbeiter und insbe-

---

[57] So Josef Wieland in seinem Artikel „Wozu Wertemanagement? Leitfaden für die Praxis" (Wieland, 2004, S. 13).

sondere Verantwortungsträger explizit für „Grauzonen" zu sensibilisieren: In vielen Fällen liegt in der Praxis die Problematik nicht in der kruden Handlungsalternative zwischen einer eindeutig definierten Verletzung essentieller Menschenrechte und „ethischem" Handeln. Sie liegt vielmehr im Erkennen von Grauzonen, die nicht ohne gründliche Reflexion oder gar sensibilisierende professionelle Hilfe betreten werden sollten. Hier sind die von John Ruggie angemahnten spezifischen due diligence Prüfungen bzw. Instrumente wie das Human Rights Compliance Assessment (HRCA) des Danish Institute for Human Rights äußerst hilfreich. Sie stellen aus einer übergeordneten, firmenexternen Perspektive auch Fragen, auf die man im unternehmerischen „Denk-Silo" nicht ohne weiteres stößt.

Das HRCA geht auf alle wesentlichen potentiellen Problemfelder mit etwa 350 Fragen und 1.500 Indikatoren ein, die aus der Allgemeinen Menschenrechtserklärung, den Menschenrechtskonventionen und über 80 weiteren Verträgen abgeleitet wurden. Mit einem „Quick Check", der 28 Fragen und 240 entsprechende Indikatoren umfasst, wird im Sinne einer Selbstüberprüfung ein „Pulsfühlen" möglich, auf dessen Basis weitere Schritte unternommen werden können.[58] Allerdings und bei aller Akzeptanz, dass alle Menschenrechte gleichermaßen bedeutsam sind, ist es im unternehmerischen Kontext für pragmatisches Vorgehen sinnvoll, verschiedene Dimensionen der menschenrechtlichen Verantwortungen zu unterscheiden.

4.2.2.2 Zur Differenzierung menschenrechtlicher Verantwortungen

Wie bei allen anderen Verpflichtungen, die ein Unternehmen im Rahmen seiner Corporate Responsibility Philosophie und Praxis eingeht, lassen sich drei Verantwortungsdimensionen unterscheiden, die jeweils einen unterschiedlichen Grad an Verpflichtung mit sich bringen (siehe Abbildung 4.1):[59]

- „Muss"-Dimension: Sie beinhaltet allen Unternehmen der jeweiligen Branche obliegende, nicht verhandelbare Elemente, die aufgrund der jeweiligen Rechtslage selbstverständlich sind.

- „Soll"-Dimension: Sie beinhaltet die Einhaltung von Verantwortungsnormen, die über die nationalen legalen Minima hinausgehen und den Geist internationaler Vereinbarungen bzw. die gesellschaftlichen Erwartungen der Menschen in Industrieländern betreffen.

- „Kann"-Dimension: In ihr werden über die Muss- und Kann-Dimensionen hinausgehende Verantwortungen einschließlich philanthropischer Programme angesiedelt.

---

[58] Siehe dazu den Quick Check des Human Rights Compliance Assessment Tool und ein Erfahrungsbericht über dessen Anwendung in [194].

[59] Dieser Ansatz wendet die Unterscheidung der Verbindlichkeit sozialer Normen von Ralf Dahrendorf an (Dahrendorf, 1959, S.24ff.). Eine ähnliche Unterscheidung ist zu finden bei Carroll, 1993, S. 35.

Gute Managementpraktiken umfassen alle Elemente der „Muss"-Dimension sowie wesentliche Aspekte der „Soll"-Dimension. Letztere sind insbesondere in Ländern, in denen die Qualität des Rechts unzureichend ist oder Gesetze nicht durchgesetzt werden, die Voraussetzung der Legitimität unternehmerischen Handelns.

Abbildung 4.1   Verantwortungsdimensionen und Grade der Verpflichtung

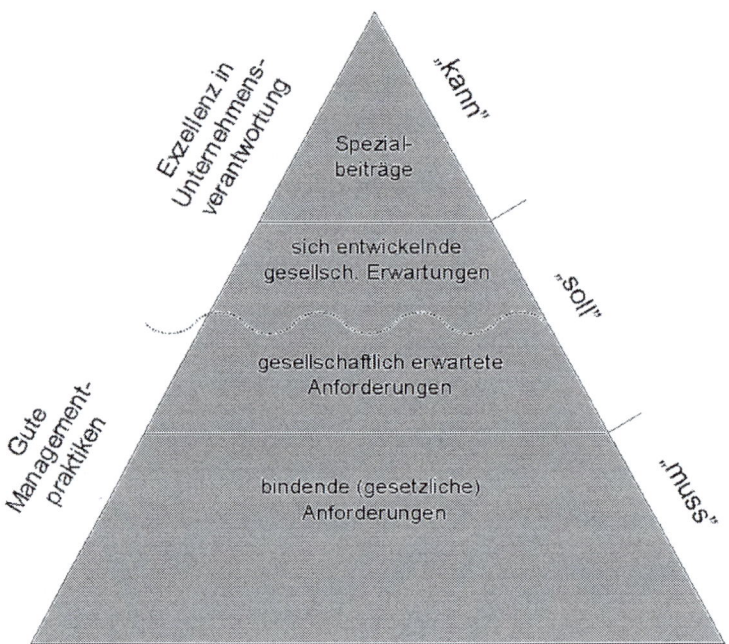

Gute Managementpraktiken

Eigentlich sollte es nicht erforderlich sein, Unternehmen auf die unabdingbare, nicht verhandelbare Notwendigkeit des Einhaltens von Gesetzen hinzuweisen. Wer allerdings die Medienberichterstattung der jüngeren Vergangenheit daraufhin analysiert, findet eine Reihe offensichtlicher Rechtsverstöße z.B. in Bezug auf Korruption, die Verletzung der Privatsphäre durch Kameraüberwachung sowie des Fernsprechgeheimnisses im Kontext von Insider Trading sowie in Bezug auf geltendes Umweltrecht. Obwohl daraus keine durch Unternehmen verursachte gesetzesbrecherische Eigendynamik abgeleitet werden darf, ist es offensichtlich, dass mit jedem Gesetzesbruch das Vertrauen in die Eigenverantwortung von Managern sinkt und eine höhere Regulierungsdichte vielen Menschen als das kleinere Übel erscheint.

Die primäre unternehmerische Verantwortung ist heute keine andere als früher: Ein Unternehmen muss qualitativ hochwertige Güter und Leistungen produzieren, die von potentiellen Käufern nachgefragt werden, und diese zu profitablen Preisen verkaufen. Um seine Aktivitäten auszuüben, stellt das Unternehmen Mitarbeiter und Mitarbeiterinnen ein, bezahlt ihnen angemessene Löhne und behandelt sie gerecht und fair. Gute Managementpraktiken umfassen auch die Gewährleistung angemessener Zinsen auf das von den Eigentümern des Unternehmens, also den Anteilsinhabern, eingebrachte Kapital. Zukunftsfähiger Umweltschutz, Beiträge an Pensionskassen und Versicherungssysteme sowie Steuerzahlungen zählen zu den weiteren grundlegenden unternehmerischen Pflichten. Mit den eingenommenen Steuern finanziert der Staat die Erfüllung seiner Aufgaben – auch diejenigen in Sachen Menschenrechte.

Indem Unternehmen diese grundlegende Dimension sozialer Verantwortung im Rahmen ihrer Geschäftstätigkeit akzeptieren, handeln sie nicht nur im Einklang mit den bürgerlichen und politischen Menschenrechten, sondern tragen unter „normalen" Umständen auch zur Erfüllung der ökonomischen, sozialen und kulturellen Menschenrechte bei. „Normale" Umstände bedeutet hier eine Tätigkeit in Ländern, in denen die politische Macht legitim ausgeübt wird, Regierung und Verwaltung von guter Qualität sind, finanzielle, ökonomische, soziale und andere politische Entscheidungen korrekt getroffen werden, Rechtsstaatlichkeit herrscht, Ressourcen vernünftig verteilt und andere Elemente „guter Regierungspolitik" anzutreffen sind.

Leider sind jedoch in vielen Ländern „normale" Umstände nicht an der Tagesordnung. Zumindest dort, wo der Staat und seine Organe entweder nicht in der Lage oder nicht willens sind, ihren primären Verantwortungen nachzukommen, ist Handeln im Sinne des Einklangs mit der Selbstverpflichtung, den eigenen Grundwerten nachzuleben, von größter Bedeutung. Die heute von verantwortungsvoll handelnden Unternehmen akzeptierten essentiellen Standards für menschenrechtskompatibles Handeln sind

- Einhaltung der entsprechenden nationalen Gesetze, gleichgültig ob sie von den nationalen Behörden durchgesetzt werden oder nicht;

- Respektierung der entsprechenden internationalen Rechtsnormen, wo nationales Recht unter diesem bleibt oder gar nicht ausgebildet ist;

- In Fällen, in denen das nationale Recht mit den relevanten Prinzipien des internationalen Rechts in Konflikt steht, sollte der Geist der internationalen Menschenrechtsnormen die Grundlage für unternehmerisches Handeln sein.

Integre Unternehmen füllen in allen Fällen unregulierte Räume im Geist internationaler Normen und Konventionen konstruktiv aus, d.h. sie entscheiden und handeln entsprechend der Menschenrechtserklärung und ihrer Konventionen und haben menschenwürdige Arbeitsbedingungen und nachhaltige Umweltnormen. Der Grund für diese Entscheidung liegt in der oben erwähnten Verpflichtung des Top-Managements auf einen Kanon von Grundwerten, dem sich das Unternehmen unter allen Umständen und in jedem Fall verpflichtet fühlt. Es geht in diesem Zusammenhang nicht nur darum, festzulegen, was man nicht darf, sondern auch darum, was man als integres Unternehmen tun sollte. Die Kunst besteht daher nicht darin, die Einhaltung irgendwelcher neuen Regeln mit den Mitteln des Compliance Managements sicherzustellen, sondern eine menschenrechtsbewusste Unternehmenskultur zu schaffen, die

▓ einerseits auf abweichendes Handeln vom vereinbarten Wertekatalog im Geschäftsalltag mit artikuliertem und sanktionierendem Missfallen auf allen Ebenen reagiert, und

▓ andererseits eine hohe Sensibilität für veränderte Erwartungen des gesellschaftlichen
Umfelds entwickelt und auf diese gegebenenfalls proaktiv reagiert.

Da Unternehmen im extraktiven Sektor mit völlig anderen Problemen konfrontiert sind als
beispielsweise Pharmaunternehmen, Textilbetriebe oder Banken, sind viele Elemente einer
unternehmensspezifischen Menschenrechtspolitik von Sektor zu Sektor unterschiedlich. Es
gibt aber auch Pflichten, deren Erfüllung für jedes Unternehmen mit Anspruch auf Legitimität selbstverständlich ist. Dazu gehört beispielsweise, das Recht auf Sicherheit der
Person ohne Wenn und Aber zu respektieren: Verantwortungsbewusste Unternehmen
beteiligen sich selbstverständlich weder an noch profitieren sie von Kriegsverbrechen,
Verbrechen gegen die Menschlichkeit, Völkermord, Folter, Verschleppung, Geiselnahme
und sonstigen im Völkerrecht beschriebenen internationalen Verbrechen gegen Menschen
oder anderen Verletzungen humanitären Rechts. Ihre Sicherheitsvorkehrungen (Werk-
schutz) stehen selbstverständlich im Einklang mit der Gesetzgebung und den Berufsstan-
dards der Länder, in denen sie tätig sind, reflektieren darüber hinaus aber die internationalen Menschenrechtsnormen. Das Sicherheitspersonal wird nicht nur ausschließlich zur
Prävention oder Verteidigung eingesetzt und angewiesen, Gewalt nur in Fällen absoluter
Notwendigkeit und nur in einem der Gefahr angemessenem Ausmaß anzuwenden.

Weiterhin gehört es zu guten Managementpraktiken, in den folgenden Handlungsfeldern
affirmativ für den Respekt der Menschenrechte einzutreten:

Das Recht auf Chancengleichheit und faire Behandlung

Moralisch und gesellschaftspolitisch sensible Unternehmen verfügen über eine nicht diskri-
minierende Geschäftspolitik bei der Anwerbung und Einstellung von Arbeitskräften,
deren Entlohnung, Beförderung sowie bei Aus- und Weiterbildung und fördern die Vielfältigkeit der Belegschaft.[60] Alle Mitarbeitenden werden mit Respekt und Würde behandelt. Im Einflussbereich des Unternehmens wird keine Diskriminierung geduldet, die auf
Rasse, Hautfarbe, Geschlecht, Gesundheitszustand (z.B. HIV), Religion, politischer Einstellung, Staatsangehörigkeit, sozialer Herkunft, sozialem Status, Migrationshintergrund,
Behinderung, sexueller Orientierung, Alter (mit Ausnahme von Kindern, denen ein größe-
res Maß an Schutz zukommen sollte) oder sonstigem Status einer Person basiert, der mit
ihrer fachlichen Qualifikation und Fähigkeit zur Berufsausübung nicht in Verbindung
steht. Zukünftig zu erwartende Diskriminierungsgründe sind genetische Disposition oder
unterschiedlich riskante Lebensstile. Gleichfalls nicht toleriert werden Einschüchterungs-
versuche, erniedrigende Behandlung, rassistische oder auf anderen Diskriminierungsmöglichkeiten beruhende Witze oder Mobbing. Mitarbeitenden können ohne ein faires Verfah-

---

[60] Mit Diskriminierung ist jede unterschiedliche Behandlung, Ausgrenzung oder Bevorzugung gemeint, welche zu einer Annullierung oder Beeinträchtigung der Chancengleichheit oder der Behandlung bezüglich Anstellung oder Beschäftigung führt.

ren keine Disziplinarmaßnahmen auferlegt werden. Da Diskriminierung nicht nur eine Verletzung von Menschenrechten ist, sondern auch eine Verschwendung menschlicher Talente, liegen entsprechende Maßnahmen voll und ganz im eigenen Interesse des Unternehmens.

Respekt der Arbeitnehmer- und Kinderrechte

Da die Bedingungen, unter welchen Menschen arbeiten müssen, einen direkten Bezug zu vielen Artikeln der Menschenrechtserklärung und der Konvention über die wirtschaftlichen, sozialen und kulturellen Rechte haben, werden Arbeitsnormen auch in Zukunft ein hohes Gewicht in der menschenrechtsspezifischen Diskussion haben. Dabei geht es weniger um Selbstverständlichkeiten wie keine Zwangsarbeiter zu beschäftigen oder die Rechte von Kindern zu wahren.[61] Verantwortungsbewusste Unternehmen legen besonderen Wert auf das Recht von Kindern auf Schutz vor wirtschaftlicher Ausbeutung[62] – sie beschäftigen niemanden unter 18 Jahren für Arbeiten, die an sich oder aufgrund der Umstände gefährlich sind, die Ausbildung des Kindes behindern oder die in einer Art und Weise ausgeübt werden, welche die Gesundheit, Sicherheit oder Moral junger Menschen gefährden könnten. Es geht auch nicht nur um Löhne, die mindestens die grundlegenden Lebensbedürfnisse der Mitarbeitenden und ihrer Kernfamilien decken (*living wages*[63]), sowie um das Recht aller Arbeitenden und Angestellten, einer Gewerkschaft oder einem Arbeitnehmerverband beizutreten, wenn sie das wünschen. Und schließlich ist es für verantwortungsvoll handelnde Unternehmen auch selbstverständlich, allen Angestellten und Arbeitern ein unfallsicheres und gesundes Arbeitsumfeld zu bieten, das internationalen Sicherheits- und Umweltstandards entspricht.

In Zukunft wird es insbesondere für international arbeitende Unternehmen vermehrt darum gehen, die „Tiefe" der verschiedenen Arbeitsnormen auszuloten und entsprechend zu handeln. So betrifft z.B. das Gebot der Nicht-Diskriminierung alle Aspekte der Beschäftigung (d.h. Anstellung, Bezahlung, Beförderung, Einsatzort, Ausbildung, Pensions- und Krankenkassenpolitik sowie Entlassungsgründe), die nicht mit Leistung, Erfahrung, Wissen, Fähigkeiten und anderen objektiven Kriterien zu tun haben. Wenn man sich den Katalog der Diskriminierungsmöglichkeiten anschaut (Geschlecht, Alter, Nationalität,

---

[61] Wie beispielsweise durch die Konventionen der Internationalen Arbeitsorganisation Nr. 29 und 105 verboten.

[62] Wirtschaftliche Ausbeutung von Kindern umfasst jede Form von Beschäftigung und Arbeit vor Beendigung der allgemeinen Schulpflicht des Kindes und, in jedem Fall, vor Vollendung des 15. Lebensjahres. Wirtschaftliche Ausbeutung umfasst auch eine Beschäftigung, welche für die Gesundheit oder Entwicklung des Kindes schädlich ist und es vom Schulbesuch oder schulischen Pflichten abhält. Wirtschaftliche Ausbeutung beinhaltet keine von Kindern verrichtete Arbeit im Rahmen einer von Schulen oder anderen Lehranstalten durchgeführten allgemeinen, beruflichen oder technischen Ausbildung.

[63] Siehe dazu die diesbezüglichen Bemühungen der Firma Novartis in Brokatzky-Geiger et al., 2007, S. 129-135.

ethnische Abstammung, Rasse, Hautfarbe, Glaube, Kaste, Sprache, mentale und physische Behinderungen, Mitgliedschaft in Parteien oder Organisationen, politische Überzeugungen, Gesundheitszustand inkl. HIV, Zivilstand, sexuelle Orientierung u.a.), welche die Beschäftigungs- und Karrierechancen negativ beeinflussen könnten, ist besonders in Entwicklungsländern Sorgfalt bei der Analyse angesagt. Länderspezifische politische, kulturelle oder soziale „Selbstverständlichkeiten" oder Gesetzesinterpretationen gelten nicht als Rechtfertigung, gleichermaßen diskriminierend vorzugehen: Legalität ist nicht identisch mit Legitimität.

Achtung der nationalen Souveränität und der örtlichen Gemeinden

Integer operierende Unternehmen erkennen alle Normen der maßgeblichen internationalen und nationalen Gesetze und Bestimmungen ebenso wie die Staatsgewalt der Länder an, in denen sie tätig sind. Sie achten die Rechte der von ihren Aktivitäten betroffenen regionalen Gemeinden sowie die in Einklang mit den internationalen Menschenrechtsstandards stehenden Rechte indigener Völker. Wo angemessene nationale Gesetze nicht existieren oder wegen Mangel an politischem Willen nicht durchgesetzt werden, nehmen integre Unternehmen die eigenen, qualitativ höheren Normen als Maßstab ihres Handelns.

Respekt anderer Menschenrechte im spezifischen Kontext

Viele Menschenrechtsverletzungen werden – bei an sich adäquater Rechtslage – durch Korruption möglich. Daher sehen viele, die sich für den Respekt und den Schutz des Menschenrechts einsetzen, auch Anti-Korruptionsmaßnahmen als relevant an. In Übereinstimmung mit dem 10. Prinzip des UN Global Compact sowie der UNO Konvention gegen Korruption leisten oder dulden moralisch und gesellschaftspolitisch umsichtige Unternehmen weder Bestechungszahlungen noch lassen sie sich bestechen oder verlangen Schmiergelder oder andere unzulässige Zuwendungen und Vorteile. Es liegt im langfristigen Eigeninteresse der Unternehmen, dass sie in Einklang mit fairen Geschäfts-, Marketing- und Werbepraktiken handeln und alle notwendigen Schritte unternehmen, um die Sicherheit und Qualität der von ihnen angebotenen Waren und Dienstleistungen zu gewährleisten. Solche Unternehmen halten die relevanten internationalen Standards hinsichtlich Wettbewerb und Kartellgesetzgebung ein.

4.2.2.3   Exzellenz bei der Verantwortung für Menschenrechte

Die Möglichkeit, „Leadership" bei der Wahrnehmung unternehmerischer Verantwortung für den Respekt und den Schutz der Menschenrechte zu übernehmen, besteht nicht nur darin, die Obergrenze von Leistungen im Rahmen guter Managementpraktiken großzügig zu definieren und durch Sonderleistungen im Rahmen der „Kann"-Dimension Gutes zu tun, sondern auch darin, im dialogischen Ringen um das richtige Maß unternehmerischer Leistungen aktiv und konstruktiv wirksam zu sein.

Sonderleistungen zur Erfüllung von Menschenrechten

Unternehmen können im Rahmen der „Kann"-Dimension signifikante Leistungen zur Erfüllung von Menschenrechten beitragen. Dazu können z.B. als Beitrag zum Recht auf Nahrung kostenlose oder subventionierte Mahlzeiten gehören, als Beitrag zum Recht auf Bildung kostenlose oder subventionierte Weiterbildungsangebote innerhalb des Unternehmens oder Stipendienprogramme für Kinder von Mitarbeitenden aus niedrigen Einkommensgruppen. Diagnose, Therapie und psychosoziale Betreuung, z.B. für an AIDS erkrankte Mitarbeitende, sind hier im Sinne eines Beitrags zum Recht auf Gesundheit ebenfalls von großer Bedeutung. Je nach Sektor haben Unternehmen unterschiedliche Möglichkeiten, aus dem Portfolio ihrer Kernkompetenzen zum Respekt oder gar zur Erfüllung spezifischer Menschenrechte beizutragen. Für Unternehmen im Bankensektor werden das andere sein als für Unternehmen in der Textilindustrie; für Unternehmen im extraktiven Sektor bieten sich noch einmal andere Probleme und daher Gelegenheiten für Sonderleistungen.

Da mehr und mehr auch die Auswirkungen von Umweltproblemen, wie beispielsweise des Klimawandels und der von Klimaforschern vorausgesagten Erwärmung, in einer menschenrechtlichen Perspektive gesehen werden, sind Sonderleistungen im Umweltbereich (z.B. Aufforstungsprojekte oder firmenspezifische Kyoto-Abkommen) ebenfalls von Bedeutung.

Große Unternehmen der pharmazeutischen Industrie werden an Programmen gemessen, die Millionen von Menschen, die sich keine essentiellen Medikamente leisten können, aus ihrer existentiellen Not helfen [188].[64] Auch die Gründung und Finanzierung von Stiftungen mit philanthropischem Auftrag kann je nach Stiftungszweck in die Güteklasse „Exzellenz" für die Übernahme menschenrechtsspezifischer Verantwortungen von Unternehmen fallen. Im Rahmen der „Kann"-Dimension sind der Fantasie keine Grenzen gesetzt.

Teilnahme an Stakeholder-Dialogen zum Thema „Menschenrechte und Unternehmen"

Wie oben erwähnt, werden die konkreten menschenrechtsspezifischen Verantwortungen von Unternehmen von verschiedenen Anspruchsgruppen sehr unterschiedlich breit definiert. Die Teilnahme an Dialogen zur Klärung des richtigen Vorgehens, das Einbringen von Argumenten aus einer aufgeklärten Unternehmenssicht sowie die Wahrung legitimer Interessen gehören daher ebenso zur Verantwortungsexzellenz. Ein in diesem Zusammenhang erwähnenswertes Beispiel ist die „Business Leaders Initiative on Human Rights" (BLIHR).[65]

---

[64] Siehe auch die Berichte der Novartis Stiftung für Nachhaltige Entwicklung.

[65] Die 7 Gründungsmitglieder waren ABB Ltd, Barclays PLC, MTV Networks Europe, National Grid plc, Novartis Foundation for Sustainable Development, Novo Nordisk und The Body Shop International plc. Mary Robinson übernahm die Rolle eines „Honorary Chair". Später kamen die Firmen

Im Jahre 2003 präsentierte die UN-Unterkommission zum Schutz und zur Förderung der Menschenrechte einen Entwurf zu „Normen der Vereinten Nationen für die Verantwortlichkeiten transnationaler Unternehmen und anderer Wirtschaftsunternehmen im Hinblick auf die Menschenrechte". Die daraufhin einsetzende öffentliche Debatte verlief bedauerlicherweise extrem polarisiert. Einerseits wurden die Normenentwürfe (draft norms) zum Gespenst einer unmittelbar bevorstehenden Prozessflut gegen Unternehmen und des drohenden Ausbaus einer unternehmensfeindlichen UN-Bürokratie diffamiert. Andererseits wurde die Illusion geschürt, dass Unternehmen auf wundersame Weise nun plötzlich in jenen Regionen der Welt Großes bewirken können, in denen die Regierungen Menschenrechtsverletzungen zulassen und wo die Mechanismen der Staatengemeinschaft bislang versagt haben. Beides war weitgehend substanzlos, waren doch die Normenentwürfe mit den bestehenden Menschenrechtsdeklarationen und -konventionen der Staatengemeinschaft nicht nur inhaltlich, sondern auch in der Weise verwandt, dass sie nur eine grobe Grundlage für anwendbare Gesetze bildeten, die die Nationalstaaten erst noch hätten entwickeln müssen.

Das Hauptproblem einer konstruktiven Umsetzung von als richtig erkannten Handlungsweisen blieb jedenfalls ungelöst, weil selbst wohlmeinende Unternehmen nach wie vor keinen einigermaßen konkreten Leitfaden zur Hand bekamen, der ihnen bei der Klärung der Frage helfen konnte, worin genau der Beitrag zur Wahrung und Förderung der Menschenrechte bestehen solle, der von ihnen als einem der „Organe der Gesellschaft" erwartet wird. So taten sich 2003 zunächst sieben global operierende Unternehmen aus den verschiedensten Branchen zusammen und bildeten die „Business Leaders Initiative on Human Rights", um nach praktischen Möglichkeiten zu suchen, die Bestrebungen der Allgemeinen Menschenrechtserklärung im Kontext unternehmerischen Handelns umzusetzen und andere Unternehmen anzuregen, dasselbe zu tun.

Nahe liegend war zunächst ein Versuch der Anwendungsfähigkeit der inhaltlichen Substanz des Normenentwurfs. Man kreierte eine Matrix mit den einzelnen Normen auf der einen Achse und drei groben Relevanzstufen von „muss" über „soll" zu „kann" auf der anderen Achse. In diese Matrix konnten menschenrechtsrelevante Unternehmenspolitiken einsortiert werden, sodass im Zuge einer Selbsteinschätzung (möglicherweise auch einer Fremdeinschätzung) eine „Landkarte" entstand, die die Bestimmung von Handlungsschwerpunkten erleichterte.

Abgesehen von spezifischen Arbeitsgruppen etwa zu den Themen „Schwellenländer" (emerging economies) oder „Rechenschaftspflicht" (accountability) beschäftigt sich die Anfang 2008 auf 13 Unternehmen angewachsene Gruppe derzeit vor allem mit der Weiterentwicklung von Instrumenten zur Erkennung und Behebung menschenrechtsrelevanter Problemsituationen. Besonderes Augenmerk liegt dabei auf der „BLIHR-Matrix" der zweiten Generation, die allein schon deshalb notwendig geworden ist, weil die Normenentwür-

Hewlett-Packard, StatailHydro, GAP Inc., Alcan Inc., Areva, General Electric sowie Coca-Cola hinzu, siehe BLIHR.

fe nach ihrer Ablehnung durch die entsprechende UN-Kommission im Jahr 2004 ein schlechtes Image hatten, daher nicht mehr weiterverfolgt wurden und so auch nicht mehr die eine Achse der Matrix bilden konnten.

Das Matrix-Instrument wurde als interaktives Computerprogramm konzipiert, welches dem Anwender erlaubt, sich eine Übersicht über die menschenrechtsrelevanten Praktiken und Leitlinien seines Unternehmens, eines Unternehmensbereiches oder auch nur eines Investitionsprojekts zu verschaffen, sei es zunächst oberflächlich oder durch wiederholten Gebrauch auch in Form einer detaillierten Darstellung. Dabei stehen nicht legalistische Konformität oder Risiko-Management im Vordergrund, sondern die Anregung, in menschenrechtlicher Hinsicht eine Führungsposition zu übernehmen und entstehende Chancen zu ergreifen. Daher wird in der neuen Matrix nicht nur eine Lückenanalyse gemacht und auf optimale Verfahrensweisen verwiesen, sondern es werden auch mögliche Sonderleistungen, die über die Minimalstandards hinausgehen, vorgeschlagen.

Die Matrix erleichtert überdies die Erfassung zu den im Wirtschaftsleben üblichen Daten wie etwa Arbeitsbedingungen, Produktsicherheit oder der Umgang mit Lieferanten. Zugleich soll das Instrument dabei helfen, jeweils die Verknüpfung zu bestimmten Menschenrechten herzustellen, sodass das Programm Darstellungen ermöglicht, die der Sprache und Denklogik von Menschenrechtsexperten und -aktivisten folgen. Als ‚Rückgrat‘ des Online-Instruments sind dazu anstelle von unangreifbaren Minimalstandards dreißig Basisschritte der Umsetzung der Allgemeinen Erklärung der Menschenrechte integriert. Dies ermöglicht eine Analyse möglicherweise bestehender Lücken und dürfte für ein Unternehmen eine wichtige Hilfestellung sein, das dem zunehmenden öffentlichen Druck nachzukommen versucht, möglichst konkret zu beschreiben, welche menschenrechtlich relevanten Aufgaben in welcher Form gelöst werden und für welche denkbaren Aufgaben man sich mit guten Gründen nicht zuständig fühlt.

Mit einer zweitägigen Konferenz bei der UNO in Genf hat BLIHR im April 2009 die Ergebnisse ihrer Arbeit dargelegt - die Mission zumindest in der bisherigen Arbeitsform war erfüllt. Der kritische Diskurs über das Thema „Menschenrechte und Unternehmen" wird allerdings weitergehen. Für die erforderlichen Konkretisierungen in den verschiedenen sektoriellen Details ist jedoch der unverbindliche Austausch einer branchenübergreifenden Gruppe von Unternehmen nicht mehr die geeignete Arbeitsform – erste Schritte zu sektorspezifischen Dialogen wurden 2009 eingeleitet.

4.2.2.4   Offene Fragen

Eine der in den kommenden sektorspezifischen Dialogen mit Interessengruppen zu klärenden Fragen wird die nach dem Beitrag von Unternehmen zu den wirtschaftlichen, sozialen und kulturellen Menschenrechten sein. Wobei es vornehmlich um einen Beitrag gehen wird, der über das hinausgeht, was im Kontext der konservativ gesehenen normalen Geschäftstätigkeit geleistet wird. Bei wirtschaftlichen, sozialen und kulturellen Menschenrechten handelt es sich um „positive" Rechte, deren Erfüllung materielle und personelle Ressourcen erfordert – und wie immer im politischen Raum stellt sich die Frage „Wessen Ressourcen sind hier gefordert?" Diejenigen, die auf den Halbsatz in der Präambel der Allgemeinen Erklärung der Menschenrechte (siehe www.gabler.de) verweisen, wonach nicht nur die Regierungen der internationalen Gemeinschaft, sondern *„jeder einzelne und alle Organe der Gesellschaft (…) sich bemühen (müssen,) die Achtung vor diesen Rechten und Freiheiten zu fördern und durch fortschreitende nationale und internationale Maßnahmen ihre allgemeine und tatsächliche Anerkennung und Einhaltung (…) zu gewährleisten"*, werden auch in Zukunft daraus für Unternehmen die Pflicht ableiten, signifikante Beiträge zu leisten.

Auch hier ist das solchen Forderungen zugrunde liegende Problem unbestritten: Angesichts der Tatsache, dass heute noch mehr als eine Milliarde Menschen mit einem Einkommen von einem US-Dollar pro Kopf und mit Ernährungsdefiziten, Armutskrankheiten, Mangel an Zugang zu Bildung und vielen anderen Defiziten leben müssen, sind wir alle gefordert, einen Beitrag zu leisten – und somit auch profitable Unternehmen.

Die schwierig zu beantwortende Frage z.B. im Kontext des Artikels 25 der Allgemeinen Menschenrechtserklärung ist die nach den konkreten Verantwortungen für konkrete Leistungen, die über die Resultate der normalen Geschäftstätigkeit hinausgehen. Was resultiert als Pflicht für Unternehmen aus den dort aufgeführten Rechten auf *„einen Lebensstandard, der seine und seiner Familie Gesundheit und Wohl gewährleistet, einschließlich Nahrung, Kleidung, Wohnung, ärztliche Versorgung und notwendige soziale Leistungen"* – jenseits derjenigen, den eigenen Mitarbeitern faire Löhne und dem Staat die Steuern zu bezahlen? Was resultiert aus der Formulierung des Artikels 27, wonach zwar jeder das *„Recht auf Schutz der geistigen und materiellen Interessen (hat), die ihm als Urheber von Werken der Wissenschaft, Literatur oder Kunst erwachsen"* – allerdings auch jeder das Recht hat, *„am wissenschaftlichen Fortschritt und dessen Errungenschaften teilzuhaben"*? Liegt der unternehmerische Beitrag zur *„Schaffung einer sozialen und internationalen Ordnung, in der die in der Allgemeinen Menschenrechtserklärung verkündeten Recht und Freiheiten voll verwirklicht werden können"* (Artikel 28), lediglich im erfolgreichen Wirtschaften mit guten Managementpraktiken oder sind weit darüber hinausreichende Leistungen erforderlich?

Das Ringen um Antworten auf solche und andere Fragen könnte im Rahmen der UN Global Compact Arbeitsgruppe zu den beiden Menschenrechtsprinzipien stattfinden und somit auf eine breitere Basis gestellt werden. John Ruggie selbst sagte gemäß einem Bericht der Financial Times vom 6. Juni 2008 bei der Präsentation seiner Arbeit vor dem Menschenrechtsrat in Genf, dass es praktisch kein Menschenrecht gebe, auf dessen Respekt Unternehmen keinen Einfluss hätten.[66] Unternehmen sind daher gut beraten, auch in Zukunft an den entsprechenden Erörterungen aktiv teilzunehmen.

Bei den vom Ruggie-Bericht empfohlenen Sorgfaltspflicht-Abklärungen (due diligence) wird es wichtig sein, eine von allen Anspruchsgruppen anerkannte Methodologie zu finden. Der Ruggie-Bericht spricht zwar von „Human Rights Impact Assessments" – bisher ist als international erprobtes und anerkanntes Instrument allerdings nur das „Human

---

[66] Siehe Financial Times vom 6. Juni 2008.

Rights Compliance Assessment" anwendbar. Der Beweis der Praxistauglichkeit des vom International Business Leaders Forum (IBLF) vorgeschlagenen „Human Rights Impact Assessments" steht noch aus [223].

4.2.3 Respekt vor den Menschenrechten sind „the business of business"

Eines ist sicher: Wer gegen den wichtigsten Konsens der Völkergemeinschaft verstößt, stellt sich außerhalb des Korridors akzeptablen Handelns. Das gilt nicht nur für die „üblichen Verdächtigen", deren Verbrechen in den Jahresberichten von Amnesty International aufgelistet sind, sondern auch für Unternehmen. Mit dem Bericht des „Special Representative of the UN Secretary-General on Human Rights & Business" steht seit Juni 2008 ein neuer Referenzrahmen für menschenrechtskonformes unternehmerisches Handeln zur Verfügung. Verantwortlich handelnde Unternehmen werden ihre Geschäftspraktiken und deren Auswirkungen auf Dritte im Lichte dieser Bezugsnorm analysieren und, falls erforderlich, entsprechend korrigieren.

Es gibt für integer handelnde Unternehmen keine rationale Begründung, Menschenrechtsverletzungen auf dem Wege zu ihrer Gewinnerzielung zu tolerieren, geschweige denn, aktiv dazu beizutragen. Diese Feststellung gilt ohne jede Einschränkung für alle gesetzlich festgeschriebenen Pflichten. Wo die nationale Legalität nicht mit einer aus internationaler Sicht definierten Legitimität in Übereinstimmung steht, kommen zusätzliche Pflichten ins Spiel, deren Details von Fall zu Fall und im Kontext der spezifischen Rahmenbedingungen abgeklärt werden müssen.

Für den konstruktiven Umgang mit unternehmerischen Menschenrechtsverantwortungen gibt es neben der moralischen Richtigkeit eine Reihe von guten Sachgründen:

▓ Unternehmen, die die Qualität ihrer menschenrechtsrelevanten Standards kritisch reflektieren, durch Dialoge mit Anspruchsgruppen den Puls gesellschaftlicher Erwartungen fühlen und bereit sind, sich an Legitimitätskriterien und nicht ausschließlich Legalitätskriterien messen zu lassen, betreiben im umfassenden Sinne proaktives Wertemanagement und reduzieren dadurch ihre legalen, finanziellen und Ansehensrisiken. Wenn man davon ausgeht, dass der gute Name eines börsennotierten Unternehmens bis zu über 50 Prozent seines Gesamtwertes ausmachen kann, wird klar, um welche potentiellen Schadensgrößenordnungen es hier geht. Die durch verantwortungsvolles Handeln eventuell entstehenden Mehrkosten sind als Versicherungsprämie gegen das Eintreten solcher Risiken zu betrachten.

▓ Unternehmen, die menschenrechtsrelevante Friktionspotentiale mit der Gesellschaft vermindern, weil sie integer handeln, werden eher als Teil der Lösung für soziale Missstände denn als Teil des Problems angesehen. Dies erhält einem Unternehmen seine gesellschaftliche Betriebslizenz und bewahrt es vor Boykottaufrufen oder öffentlichen Anprangerungskampagnen.

■ Unternehmen, die den Ruf haben, Menschenrechte ernst zu nehmen und dafür auch Sonderleistungen zu erbringen, haben tendenziell motiviertere Mitarbeiter, weil diese mit Stolz auf ihr Unternehmen blicken und sich mit dessen Zielen identifizieren; ebenfalls wird das Unternehmen attraktiver für hoch qualifizierte Talente – beides erhöht die Produktivität.

■ Unternehmen, deren menschenrechtsrelevante Leistung als mustergültig betrachtet wird, werden (unter sonst gleich bleibenden finanziellen und anderen Leistungskriterien) von einschlägigen Investmentberatern und ethisch sensiblen Kunden bevorzugt – was aufgrund der ethischen Unterscheidbarkeit zu Vorteilen bei der Unternehmensbewertung und auf etablierten Märkten im Wettbewerb (insbesondere mit vergleichbaren Produkten) führen kann.

■ Nachhaltig verantwortungsvolles Handeln schafft für alle potentiellen Kooperationspartner (z.B. joint ventures, Akquisitionen und Fusionen) höhere Erwartungssicherheit und damit bessere Kooperationschancen.

■ Schließlich ist die glaubwürdige, weil überprüfbare Übernahme menschenrechtsbezogener Eigenverantwortung das beste Argument gegen zusätzliche Regulierungsforderungen: Freiheit, auch unternehmerische, ist immer rückgebunden an Verantwortung für das Gemeinwohl – und hier stehen die Menschenrechte an oberster Stelle.

Unternehmen wird in zunehmendem Maße menschenrechtsbezogene, moralische Verantwortung zugeteilt, die sie aus Legitimationsgründen im wohlverstandenen Eigeninteresse wahrnehmen sollten. Wünschenswert wäre, dass Unternehmen, die sich in menschenrechtlicher Hinsicht (aber auch in sozialer, ökologischer Sicht und bei der Arbeit gegen Korruption) in vorbildlicher Weise verhalten, durch die Akteure der Zivilgesellschaft (nichtstaatliche Organisationen, Medien, politische Parteien) vermehrt eine differenzierte Beurteilung erfahren, anstatt mit den jeweils schlimmsten Fällen von Fehlverhalten in einen Diskussionskorb geworfen zu werden. Das dadurch verliehene moralische Reputationskapital würde zusätzliche Anstrengungen aller Art belohnen und damit mit der Zeit eine neue Wettbewerbsebene schaffen. Das wäre im Interesse aller, denen Menschenrechte am Herzen liegen.

5 Arbeitsbedingungen

5.1 Lernen zu differenzieren, ohne zu diskriminieren

Ein Geleitwort von Dr. rer. pol. Werner Widuckel

Vorstand für Personal und Sozialwesen der AUDI AG, Ingolstadt

Die Gestaltung der Arbeitsbedingungen ist eines der vielschichtigsten Themenfelder unternehmerischen Handelns. Arbeitsbedingungen entscheiden wesentlich über die Leistungs- und Wettbewerbsfähigkeit eines Unternehmens und sind in besonderer Weise ein Gradmesser für die Praxis sozialer Verantwortung. Die Relevanz von Arbeitsbedingungen wird dadurch zusätzlich erhöht, dass die Globalisierung die Integration wirtschaftlicher Prozesse und Wechselbeziehungen zwischen unterschiedlichen Wirtschaftsräumen verstärkt hat, deren historische Wurzeln sowie politischen Rahmenbedingungen und kulturelle Orientierungen stark voneinander abweichen. Hierbei sind insbesondere international agierende Unternehmen mit z. T. gegensätzlichen Erwartungen konfrontiert, denen sie gerecht werden müssen.

Im Sinne eines universal geltenden Verständnisses von Menschenrechten und Menschenwürde haben Arbeitsbedingungen hierauf bezogene allgemeine Standards zu berücksichtigen und einzuhalten. Unternehmen stehen hierbei in der Verpflichtung, nicht ausschließlich selbst definierten Interessen zu folgen, sondern als integraler Bestandteil der Zivilgesellschaft zu handeln und hieraus resultierende Verpflichtungen zu übernehmen. Die o.g. differenzierten Kontexte von Standorten und Wirtschaftsräumen zwingen aber auch zur Differenzierung bei den Arbeitsbedingungen, sofern diese durch unterschiedliche Rahmenbedingungen geprägt werden. Das gilt insbesondere für die industriellen Beziehungen und die Tarifsysteme. Es stellt sich daher die Frage, wie eine Balance zwischen Vereinheitlichung und Differenzierung gefunden werden kann.

Die Klammer zwischen Vereinheitlichung und Differenzierung kann hierbei nur die grundlegende Anerkennung gleichwertiger Verpflichtungen des Unternehmens gegenüber seinen Mitarbeitern bilden. Hierbei ist die Anerkennung internationaler Normen wie den Kernarbeitsnormen der Internationalen Arbeitsorganisation eine notwendige, aber keineswegs eine ausreichende Bedingung. Die Anerkennung von Grundrechten wie der Vereinigungsfreiheit oder das Recht zu Kollektivverhandlungen ist die „Eintrittskarte" zu einer Ausgestaltung von Arbeitsbedingungen, die sich auf soziale Verantwortung berufen kann. Hierdurch wird grundlegend angezeigt, dass die Beziehungen zu den Mitarbeitern auf Rechten und Pflichten basieren und nicht durch Willkür geprägt sein sollen. Diese Anerkennung bildet auch einen ersten Hinweis darauf, dass ein Unternehmen diese Rechte in den Wertekanon seiner Unternehmenskultur integriert und nicht nur taktisch hinnimmt, weil der jeweils gegebene Rechtsrahmen dies erzwingt.

Neben der Anerkennung universeller Grundrechte stellen sich aber weitere Anforderungen. Diese Anforderungen können als Nachhaltigkeit der Personalphilosophie und -strategie eines Unternehmens zusammengefasst werden. In Abwandlung der Definition, wonach Nachhaltigkeit die Lebensbedingungen und -voraussetzungen der kommenden Generation in einem besseren Zustand hinterlassen soll, als man sie selber vorgefunden hat, ergeben sich hieraus aus der Sicht der AUDI AG folgende Handlungsfelder:

- **Bindungsfähigkeit und Bindungsbereitschaft**: Die Beziehungen zwischen Unternehmen und Mitarbeitern basieren auf dem Willen zu einer langfristigen Bindung und damit erlangt die Sicherheit der Beschäftigung einen zentralen Stellenwert.

- **Stetige Weiterentwicklung von Leistungs- und Beschäftigungsfähigkeit**: Qualifizierung und Personalentwicklung sowie gesundheitliche Vorsorge und Vorbeugung geraten somit in das Zentrum der Ausgestaltung von Arbeitsbedingungen, die fordern und fördern, um steigenden Anforderungen durch Wettbewerb und Kundenerwartungen gerecht werden zu können. Dies schafft gleichzeitig die Voraussetzung dafür, Leistung zu einem Erfolg für die Mitarbeiter und das Unternehmen werden zu lassen.

- **Wertschätzung, Feedback und Kollegialität**: Die Führungskultur zeichnet sich durch einen wertschätzenden Umgang mit Mitarbeitern, der offenen, nachvollziehbaren und klaren Bewertung von Leistung sowie durch die Förderung von Hilfsbereitschaft aus. Dies stärkt die Identifikation mit dem Arbeitgeber durch Verlässlichkeit und emotionale Sicherheit.

- **Teilhabe am Erfolg**: Die Mitarbeiter werden am Erfolg des Unternehmens auch finanziell beteiligt. Leistung soll sich lohnen, der Beitrag der Mitarbeiter zum Unternehmenserfolg wird auch finanziell anerkannt.

In diesen 4 Handlungsfeldern kommt nach den Erfahrungen bei der AUDI AG einerseits das international übergreifende Verständnis eines Unternehmens zum Ausdruck, die Gestaltung von Arbeitsbedingungen grenzüberschreitend auf Integrität und Glaubwürdigkeit basieren zu lassen; andererseits bietet es ausreichenden Raum für die notwendige Differenzierung zwischen unterschiedlichen Standorten.

Die Ausfüllung dieser Handlungsfelder muss allerdings mühsam erarbeitet werden und die Gefahr ist nicht gering, auf diesem Weg die genannte Balance zu verlieren. Dies veranschaulichen die folgenden Beispiele: So fordern Beschäftigungssicherheit und Beschäftigungsfähigkeit ein hohes Maß an Flexibilität. Hierbei zeigt die Praxis sehr häufig eine sehr unterschiedliche Bereitschaft, sich auf Einsatz- und Arbeitszeitflexibilität einzulassen. Die Erwartungs- und Anspruchshorizonte von Mitarbeitern zeichnen sich gerade auf diesem Gebiet je nach internationalen Standorten durch erhebliche Unterschiede aus. Eine stetige Personalentwicklung muss unterschiedliche Qualifikationsvoraussetzungen berücksichtigen. Hier zeigt ein bei der AUDI AG eingesetztes übergreifendes Modell der Kompetenzentwicklung häufig mehr Unterschiede als Gemeinsamkeiten. Führungskulturen entwickeln sich in einem unterschiedlichen Verständnis von Hierarchie und Eigenverantwortung. Ansätze zur Gesundheitsvorsorge stoßen auf ein unterschiedliches Verständnis der Zulässigkeit betrieblicher Gesundheitsmaßnahmen. Diese Differenzerfahrungen sollten allerdings keinen Grund zur Resignation darstellen, sondern bilden bei der AUDI AG die Reibungsfläche, eine international übergreifende nachhaltige Gestaltung von Arbeitsbedingungen zu erarbeiten, die auf einem gemeinsamen Verständnis basiert. So konnten Systeme der Arbeitszeitflexibilität, variabler Entgeltbestandteile, der Leistungsbeurteilung, der Gesundheitsvorsorge oder auch der Qualifizierung so weit angenähert werden, dass Kriterien, Inhalte und Durchführung kompatibel mit einander sind. Unsere Erfahrungen zeigen deshalb, dass solche Differenzen verstanden und überwunden werden können und so ein gemeinsames Lernen möglich ist. Und dieses gemeinsame Lernen ist wahrscheinlich die wichtigste Grundlage dafür, Arbeitsbedingungen international zu gestalten und angemessen auf die jeweiligen Verhältnisse zu adaptieren.

Bestandteile dieses Erarbeitungsprozesses sind neben der internationalen Ausrichtung des Personalmanagements auch ein internationaler Handlungsrahmen der Arbeitnehmervertretungen und eine Dialogplattform zwischen beiden. Diese internationale Ausweitung der industriellen Beziehungen ist eine wesentliche Bedingung dafür, die genannten Handlungsfelder auch ausfüllen zu können. Die Ausfüllung dieser Handlungsfelder bedeutet allerdings keineswegs die Missachtung der Erfordernisse der Wettbewerbsfähigkeit. Das Gegenteil ist der Fall: Mit einer gemeinsamen, an Nachhaltigkeit orientierten Gestaltung der Arbeitsbedingungen wird auch ein übergreifender unternehmerischer Leistungsanspruch formuliert, der jedem Mitarbeiter und jeder Mitarbeiterin den Zusammenhang zwischen den Unternehmenszielen und dem jeweils individuellen Leistungsanspruch transparent macht. In diesem Sinne fordert Nachhaltigkeit nicht nur das Unternehmen, sondern jeden einzelnen in seiner Verantwortung.

„Zwei Dinge sind zu unserer Arbeit nötig:
Unermüdliche Ausdauer und die Bereitschaft, etwas
in das man viel Zeit und Arbeit gesteckt hat, wieder wegzuwerfen."

Albert Einstein, deutscher Physiker und Nobelpreisträger

5.2   Zwischen Pflicht und Kür: Arbeitsbedingungen in einer globalisierten Wirtschaft

von Antje Gerstein

5.2.1   Das Grundprinzip internationaler Mindeststandards für Arbeitsbedingungen

Kinder, die unter unmenschlichen Bedingungen in Steinbrüchen schuften, Arbeiterinnen, die ohne Tageslicht zu einem Hungerlohn nähen, Wanderarbeiter, die unter sklavenähnlichen Bedingungen um ihr täglich Brot kämpfen, das sind typische Bilder, die schockieren und in uns eine verzerrte Wahrnehmung der sozialen Folgen der Globalisierung prägen. Im Schatten stehen oftmals die unzähligen Maßnahmen international tätiger Unternehmen, die insbesondere in Schwellen- und Entwicklungsländern zu einer wesentlichen Verbesserung der Arbeitsbedingungen geführt haben. Verantwortungszuweisungen und das Postulieren hoher Erwartungsansprüche erfolgen oft einseitig in Richtung international tätiger Unternehmen. Dabei wäre es in vielen Fällen wichtig, zunächst die Staaten und ihre Regierungen anzumahnen, denn ihre originäre Verantwortung ist es, geeignete Rahmenbedingungen zu schaffen und dafür zu sorgen, dass Menschenrechte geachtet und Auswüchse strafrechtlich geahndet werden. Dafür braucht es ein rechtsstaatliches System, funktionierende Gerichtsbarkeiten und Verwaltungen, in deren Umfeld solch beispielhaft genannte Auswüchse nicht gedeihen können.

In der internationalen Diskussion um die Wahrnehmung gesellschaftlicher Verantwortung von Unternehmen wird oft vergessen, dass es bereits seit 90 Jahren in der Familie der UN-Organisationen eine Institution gibt, die sich genau mit dieser Art von Missständen in der Welt beschäftigt, sie bekämpft und darüber hinaus umfangreiche technische Hilfe leistet, um gerechte Arbeitsbedingungen und mehr soziale Entwicklung zu erreichen. Die Internationale Arbeitsorganisation, im folgenden ILO (International Labour Organization) genannt, hat sich der „Gestaltung einer sozialen Dimension der Globalisierung" angenommen. Das Besondere: Die internationale Gemeinschaft der Arbeitgeber wirkt an dieser Arbeit der ILO in großem Umfang mit!

Die ILO - Historische Organisation mit zeitgemäßer Mission

Die Gründung der ILO im Jahre 1919 steht in unmittelbarem Zusammenhang mit dem traumatischen Erlebnis des gerade beendeten Ersten Weltkrieges. Die Verfassung der

Organisation wurde während der Pariser Friedenskonferenz erarbeitet und ist Bestandteil des Friedensvertrags von Versailles. Die Gründung und die Aufgaben der ILO beruhen auf der Erkenntnis, *„dass der Weltfriede auf Dauer nur auf sozialer Gerechtigkeit aufgebaut werden kann"* (Präambel der ILO Verfassung; www.ilo.org/ilolex/english/constq.htm).

Die Verfassung definiert die grundlegenden Ziele und Aufgaben der ILO. Als Hauptaufgabe legt sie die Erarbeitung internationaler Arbeits- und Sozialnormen fest. In der Präambel heißt es dazu:

„Nun bestehen aber Arbeitsbedingungen, die für eine große Anzahl von Menschen mit so viel Ungerechtigkeit, Elend und Entbehrungen verbunden sind, dass eine Unzufriedenheit entsteht, die den Weltfrieden und die Welteintracht gefährdet. Eine Verbesserung dieser Bedingungen ist dringend erforderlich, zum Beispiel durch Regelung der Arbeitszeit, einschließlich der Festsetzung einer Höchstdauer des Arbeitstages und der Arbeitswoche, Regelung des Arbeitsmarktes, Verhütung der Arbeitslosigkeit, Gewährleistung eines zur Bestreitung des Lebensunterhaltes angemessenen Lohnes, Schutz der Arbeitnehmer gegen allgemeine und Berufskrankheiten sowie gegen Arbeitsunfälle, Schutz der Kinder, Jugendlichen und Frauen, Vorsorge für Alter und Invalidität, Schutz der Interessen der im Auslande beschäftigten Arbeitnehmer, Anerkennung des Grundsatzes `gleicher Lohn für gleichwertige Arbeit', Anerkennung des Grundsatzes der Vereinigungsfreiheit, Regelung des beruflichen und technischen Unterrichtes und ähnliche Maßnahmen." (Präambel der ILO Verfassung; www.ilo.org/ilolex/english/constq.htm)

Die Gründung der ILO erfolgte in einer Zeit, als die Welt die sozialen Folgen einer ungezügelten Globalisierung der Wirtschaft – die jäh durch den Zweiten Weltkrieg beendet wurde – erfahren hatte. Diese Erfahrung schuf die Grundlage dafür, dass es unter den Staaten eine Bereitschaft gab, die Verantwortung der internationalen Gemeinschaft und die Zuständigkeit einer internationalen Organisation anzuerkennen. Der ILO wurde erlaubt, wie ein Gesetzgeber Fragen über Mindeststandards im Arbeitsleben anzugehen und zu regeln, die vorher ausschließlich innere Angelegenheit eines jeden Staates waren. Stimmberechtigung in der Vollversammlung erhielten nicht nur die Regierungen – da es sich um die Festlegung von Mindeststandards im Arbeitsleben handelte, waren von Anfang an auch die Hauptakteure der Arbeitswelt mit in der Verantwortung, die Arbeitgeber und Arbeitnehmer. Somit war ein „dreigliedriger Sozialer Dialog" auf Weltebene institutionalisiert: Neben den Regierungen haben Arbeitnehmer- und Arbeitgeberorganisationen aus den Mitgliedsländern Stimmrecht und sind mit jeweils einem Viertel der Stimmen im Verwaltungsrat vertreten. Dies ist innerhalb der UN-Organisationen einmalig.

Was macht die ILO im Einzelnen?

Das „Kerngeschäft" der ILO ist die Schaffung von internationalen Mindeststandards für die Arbeitswelt. So zieht das erste ILO-Übereinkommen aus dem Jahr 1919 Obergrenzen für die Länge von Arbeitstag und Arbeitswoche in der Industrie. Seit dieser Zeit hat die ILO über 190 solcher Übereinkommen verabschiedet, die sich beispielsweise mit dem Mindestalter von Beschäftigten, mit der Versicherung von Arbeitnehmern, mit den Rechten von Seeleuten oder von Migranten oder mit dem Gesundheitsschutz am Arbeitsplatz befassen. Hinzu kommen 199 Empfehlungen (Stand: Januar 2009).

Die grundlegende Zielsetzung der ILO ist in ihrer Verfassung fixiert: die Sicherung des Weltfriedens durch eine Verbesserung der Arbeits- und Lebensbedingungen aller Menschen. Zu den besseren Arbeitsbedingungen in allen Mitgliedsländern kommt jedoch ein weiterer wichtiger Aspekt hinzu: Mit weltweit anerkannten Sozialstandards soll verhindert werden, dass sich einzelne Teilnehmer am internationalen Handel durch Abbau von Arbeitnehmerrechten und Verschlechterung der Arbeitsbedingungen Vorteile verschaffen. Dahinter steht die Idee, dass nur durch eine internationale Vernetzung des sozialpolitischen Regelwerks faire Wettbewerbsbedingungen geschaffen werden können.

Mit dem Anwachsen des Bestandes an internationalen Normen wuchsen auch die Bemühungen, den Besitzstand an Übereinkommen und Empfehlungen zu straffen, zu modernisieren und zu priorisieren. Drei wesentliche Etappen kennzeichnen daher den bisherigen Weg der ILO, bis sie ihr heutiges Gesicht bekommen hat:

1. Der erste Meilenstein für die bessere Fokussierung der ILO war die grundlegende Erklärung von Philadelphia [157]. Folgende Punkte, die als zentrale Voraussetzung für nachhaltigen sozialen Fortschritt gelten können, rücken nun in den Mittelpunkt der ILO-Bemühungen:

    a. Vereinigungs- und Meinungsfreiheit
    b. Armutsbekämpfung, sowie der
    c. Dialog zwischen Regierungen und Sozialpartnern.

2. Mit der Erklärung über grundlegende Prinzipien und Rechte bei der Arbeit von 1998 [96] (98er-Erklärung) wurden aus dem inzwischen großen Bestand der Übereinkommen die so genannten „Kernarbeitsnormen" festgelegt. Damit entsprach die ILO der Forderung der internationalen Gemeinschaft nach universellen Grundregeln, um der beschleunigten Globalisierung des Wirtschaftsgeschehens eine soziale Flankierung zu geben. Es wurden vier Grundprinzipien definiert, die jeweils durch acht Übereinkommen ihre konkrete Ausgestaltung erfahren. Die vier Grundprinzipien sind:

    1. Vereinigungsfreiheit und Recht auf Kollektivverhandlungen
    2. Beseitigung der Zwangsarbeit
    3. Abschaffung der Kinderarbeit, und das
    4. Verbot der Diskriminierung in Beschäftigung und Beruf.[67]

    Diese vier Grundprinzipien durchziehen als tragende Orientierungs- und Handlungsmaximen die Politik der ILO und sind zu ihrem Markenzeichen geworden. Das Be-

---

[67] Übereinkommen 87: Vereinigungsfreiheit und Schutz des Vereinigungsrechtes (1948), Übereinkommen 98: Vereinigungsrecht und Recht zu Kollektivverhandlungen (1949), Übereinkommen 29: Zwangsarbeit (1930), Übereinkommen 105: Abschaffung der Zwangsarbeit (1957), Übereinkommen 100: Gleichheit des Entgelts (1951), Übereinkommen 111: Diskriminierung [Beschäftigung und Beruf] (1958), Übereinkommen 138: Mindestalter (1973), Übereinkommen 182: Verbot und unverzügliche Maßnahmen zur Beseitigung der schlimmsten Formen der Kinderarbeit (1999).

sondere an ihnen ist, dass sich die ILO-Vollversammlung (Internationale Arbeitskonferenz) darauf verständigt hat, dass sie wirklich für alle ILO-Mitglieder verbindliche Wirkung entfalten, unabhängig davon, ob der jeweilige Staat die dazugehörigen Übereinkommen ratifiziert hat oder nicht. Damit ist es tatsächlich gelungen, universell geltende Mindeststandards zu entwickeln, die Eingang in zahlreiche andere internationale Wertevereinbarungen und Rahmenregelungen gefunden haben.

Der Erfolg blieb nicht aus: Bislang haben über 120 ILO-Mitgliedsstaaten alle Kern- oder Menschenrechtsübereinkommen ratifiziert. Zu ihnen gehört auch Deutschland. Bei dem 1999 verabschiedeten Übereinkommen zur Kinderarbeit (Ü 182), das den Kernübereinkommen zugerechnet wird, ist die Intensität des Ratifizierungsgeschehens in der Geschichte der ILO ohne Beispiel. Bisher haben mehr als 160 Mitgliedsstaaten dieses Übereinkommen ratifiziert.

Die Fortschritte der Mitgliedsstaaten bei der Erfüllung ihrer Pflichten sollen durch einen regelmäßigen Folgemechanismus überprüft werden. Dazu müssen die Mitgliedsstaaten jährlich über ihre Aktivitäten zur Durchsetzung der Grundprinzipien berichten. Aus diesen Berichten erstellt der Generaldirektor der ILO einen Gesamtbericht, der die Situation weltweit wiedergibt und der Internationalen Arbeitskonferenz zur Beratung vorgelegt wird. Dabei soll auch die technische Hilfe der ILO in diesem Bereich dargelegt und erörtert werden. Die laufende Berichterstattung soll mithin „als Grundlage für die Bewertung der Wirksamkeit der von der Organisation geleisteten Unterstützung und für die Festlegung von Prioritäten dienen", wie es in der Erklärung heißt.

Mit diesem Folgemechanismus greift die Erklärung auf Bewährtes zurück. Schon die Verfassung der ILO erlegt den Mitgliedsstaaten bestimmte Berichtspflichten auf. Zu unterscheiden sind Berichte über die Anwendung ratifizierter Übereinkommen und solche, die sich mit der Frage befassen, warum ein Land ein Übereinkommen noch nicht ratifiziert hat. Für Staaten, die die Kernarbeitsnormen nicht ratifiziert haben, wird die Berichterstattung durch die Erklärung deutlich erweitert. Auch müssen sie sich künftig einer konkreten Überwachung ihrer Gesetzgebung und Praxis unterziehen.

Sanktionsmöglichkeiten können aus der Erklärung nicht abgeleitet werden. In der Erklärung wird vielmehr hervorgehoben, dass die Normen der ILO, die Erklärung selbst und ihre Folgemaßnahmen nicht für protektionistische Zwecke verwendet werden dürfen. Diese eindeutige Feststellung war eine entscheidende Voraussetzung dafür, dass die Erklärung ohne Gegenstimme angenommen wurde. Das verdeutlicht auch das Interesse der Arbeitgeber an den Grundprinzipien der Erklärung: Hier wurde auch für multinationale Unternehmen ein „level playing field" geschaffen, welches im internationalen Wettbewerb solche Unternehmen ächtet, die wissentlich bzw. absichtlich Kinder ausbeuten, von Zwangsarbeit profitieren oder systematisch diskriminieren.

Die Kernarbeitsnormen wurden von allen ILO-Mitgliedern als universal geltende Rechte angenommen und gelten als Menschenrechte. Dies ist gerade vor dem Hintergrund o.g. Protektionismusdiskussion wichtig zu verstehen. Wenn Entwicklungsländer Industrieländern versteckten Protektionismus vorwerfen, wenn zu hohe Sozialstandards als Bedingung für Handel gesetzt werden, dann betrifft das nicht die Kernarbeitsnormen. Diese gelten, egal ob sie vom einzelnen Land ratifiziert wurden oder nicht.

3. Die 2008 verabschiedete Erklärung über soziale Gerechtigkeit für eine faire Globalisierung [97] präzisiert die Aufgabe, die der ILO zufällt, und schafft ein Fundament, von dem aus die ILO ihre Mitglieder besser bei ihren Bemühungen um ökonomischen Fortschritt und soziale Gerechtigkeit unterstützen kann. Dies soll insbesondere erreicht werden durch

    1. die Schaffung menschenwürdiger Arbeit als wesentliches Mittel zu Armutsbekämpfung
    2. verbesserte Kohärenz in der internationalen Politik (UN-Reform).

Die ILO ist also eine Organisation, die zum einen als rechtssetzende (normengebende) Instanz auf Weltebene funktioniert und zum anderen für universelle Werte in der Arbeitswelt steht.

In Hinblick auf ihre rechtssetzende Kompetenz zeigt exemplarisch das Seearbeitsübereinkommen – zumindest für eine derart internationalisierte Branche wie die Seeschifffahrt – wie gemeinsame Normen inhaltlich ausgestaltet werden können. [248]:

Beispiel: Seearbeitsübereinkommen

Am 23. Februar 2006 hat die ILO das Seearbeitsübereinkommen verabschiedet, welches 30 seit der Gründung der ILO verabschiedete Übereinkommen und weitere 35 Empfehlungen, die bislang für die Seeschifffahrt galten, zusammenfasst und aktualisiert. Damit gibt es jetzt ein internationales Rechtsinstrument für 1.2 Millionen Seeleute weltweit, für alle Reeder und alle Staaten, die über eine Flotte verfügen. Allein das Abstimmungsergebnis (314 Ja-Stimmen, 0 Nein-Stimmen, Enthaltungen von zwei Regierungen, Libanon und Venezuela) zeigt, dass dieses neue Übereinkommen die breitestmögliche Unterstützung der Vertreter der Regierungen, Arbeitgeber und Arbeitnehmer erhalten hat. Das ist angesichts der in dem Abkommen niedergelegten besonders umfassenden und detaillierten Standards für die Arbeit von Seeleuten in der Geschichte der ILO ohne Beispiel.

Gemeinsame, allgemeinverbindliche Normen bei Arbeitsrecht, Arbeitsschutz und sozialer Absicherung sollen verhindern, dass sich „schwarze Schafe" unter den Reedern durch Nichtbeachtung von Schutzrechten für Seeleute Wettbewerbsvorteile verschaffen. Das Übereinkommen ist so gefasst, dass auch solche Flaggenstaaten die Bestimmungen einhalten müssen, die das Abkommen nicht ratifiziert haben. Denn die Behörden der Ratifikationsländer haben das Recht, unter der Flagge von Drittstaaten fahrende Schiffe in ihren Häfen zu kontrollieren und die Einhaltung der beschlossenen Standards zu verlangen.

Nach der jetzt erfolgten Verabschiedung des Übereinkommens durch die Internationale Seeschifffahrtskonferenz beginnt die Phase der Umsetzung der getroffenen Vereinbarungen in nationales Recht. Das internationale Seearbeitsübereinkommen tritt in Kraft, wenn mindestens 30 Länder, deren Schiffe zudem mindestens 33 Prozent der Welt-

Bruttoregistertonnage repräsentieren, ihre Ratifikationsurkunden bei der Internationalen Arbeitsorganisation in Genf hinterlegt haben. Auf europäischer Ebene erfolgt die Umsetzung dieses Übereinkommens in Gemeinschaftsrecht durch den europäischen Sozialen Dialog, d.h. die Sozialpartner auf europäischer Ebene verhandeln auf der Basis des ILO-Übereinkommens die Inhalte einer europäischen Richtlinie, die dann von den EU Staaten in nationales Recht umgesetzt werden muss.

In Hinblick auf die „universellen Werte in der Arbeitswelt" zeigt die „dreigliedrige Grundsatzerklärung über multinationale Unternehmen und Sozialpolitik" der ILO aus den Jahren 1977/2000, welchen Beitrag die ILO für das gesellschaftliche Engagement international tätiger Unternehmen leisten kann [80]:

Grundsatzerklärung über multinationale Unternehmen und Sozialpolitik

Die „dreigliedrige Grundsatzerklärung über multinationale Unternehmen und Sozialpolitik" ist ein Instrument, welches von Regierungen, Arbeitnehmer- und Arbeitgeberorganisationen gemeinsam verhandelt und verabschiedet wurde und somit auf einem breiten Konsens basiert. Im Unterschied zu den OECD-Leitsätzen für multinationale Unternehmen richtet sich die dreigliedrige Grundsatzerklärung der ILO an Unternehmen und Regierungen aller Länder und wird somit auch von den Regierungen und Sozialpartnern in Entwicklungsländern mitgetragen. Sie beinhaltet – anders als die OECD-Leitsätze – nur sozialpolitische Themen.

Die Erklärung stellt Grundsätze in den folgenden Gebieten auf:

Beschäftigung, u. a.:

- Erhöhung der Beschäftigungsmöglichkeiten und –normen

- Förderung der Chancengleichheit und Gleichbehandlung

- Vermeidung willkürlicher Entlassungsverfahren

Ausbildung, u. a.:

- Einschlägige Ausbildung für die Arbeitnehmer im Gastland / Gelegenheiten für ein-heimische Führungskräfte, innerhalb des Gesamtunternehmens ihre Erfahrungen auf geeigneten Gebieten, wie z.B. Arbeitsbeziehungen, zu erweitern

Arbeits- und Lebensbedingungen, u. a.:

- Keine ungünstigeren Löhne, Leistungen und Arbeitsbedingungen als vergleichbare Arbeitgeber in dem Gastland

- Ausreichende Löhne, um die Grundbedürfnisse der Arbeitnehmer und ihrer Angehörigen zu erfüllen

- Effektive Abschaffung der Kinderarbeit

- Einhaltung höchster Arbeitsschutznormen

- Informationen über die in anderen Ländern eingehaltenen Arbeitsschutznormen

- ■ Aufklärung über besondere Gefahren und entsprechende Schutzmaßnahmen im Zusammenhang mit neuen Produkten und Verfahren

Arbeitsbeziehungen, u. a.:

- ■ Organisations- und Vereinigungsfreiheit für die Arbeitnehmer

- ■ Unterstützung für repräsentative Arbeitgeberverbände

- ■ Recht auf Beschwerden des Arbeitnehmers, ohne dass ihm Nachteile daraus erwachsen

Die politische Bedeutung der dreigliedrigen Erklärung liegt darin, dass sie, anders als viele andere CSR-Instrumente, keine Mindestanforderungen setzt oder spezifische Aktionen verlangt. Vielmehr überlässt sie den Unternehmen den nötigen Freiraum, sich individuell und an den jeweiligen Bedürfnissen orientierend im Sinne der Erklärung zu engagieren. Außerdem verdeutlicht sie die Aufgabenteilung und jeweils spezifische Verantwortung der betreffenden Akteure: Staat – Sozialpartner – Unternehmen.

Einfluss der ILO in der internationalen Politik

Die von der ILO entwickelten Mindeststandards für die Arbeitswelt haben andere international vereinbarte Instrumente, die sich mit unternehmerischer Verantwortung beschäftigen, wesentlich mit geprägt. Bedeutend sind die OECD-Leitsätze für multinationale Unternehmen und der Global Compact der Vereinten Nationen. Während die dreigliedrige Erklärung zu multinationalen Unternehmen und Sozialpolitik weltweit – dafür aber nur für den sozialen Bereich gelten, decken die OECD-Leitsätze alle drei Säulen der Nachhaltigkeit, also Ökonomie, Ökologie und das Soziale, ab, aber eben nur für die OECD-Staaten.

Beide Instrumente sind freiwillig, stellen aber eine wichtige Orientierung für Unternehmen in ihren Geschäftsbeziehungen in Entwicklungs- und Schwellenländern dar. Unternehmen, die ihre Aktivitäten nicht explizit auf solchen Referenztexten aufbauen, vor allem kleinere und mittlere Unternehmen, tun dies häufig implizit, indem sie durch ihr gesellschaftliches Engagement die grundsätzlichen Werte und Prinzipien dieser Orientierungsrahmen umsetzen.

OECD-Leitsätze für multinationale Unternehmen

Die OECD-Leitsätze für multinationale Unternehmen [220] stellen gemeinsame Empfehlungen der Regierungen der OECD-Länder für verantwortungsbewusstes unternehmerisches Verhalten dar (siehe hierzu den folgenden Kasten). Sie beziehen sich ausschließlich auf Auslandsinvestitionen und explizit nicht, wenn auch oft von Gewerkschaften und NGOs gefordert, auf Handelsbeziehungen. Die OECD-Leitsätze richten sich an alle im Ausland aktiven Unternehmen und deren Tochtergesellschaften. Die Leitsätze sollen ausdrücklich nicht als Ersatz für nationales Recht dienen. Vielmehr fordern sie die Unternehmen auf, freiwillig zur wirtschaftlichen, sozialen und ökologischen Entwicklung der jeweiligen Gastländer beizutragen.

Die Regierungen von 36 Industrieländern haben „Nationale Kontaktstellen" eingerichtet, die Anfragen zu den Leitsätzen beantworten, zur Lösung von Problemen zuständig sind und bei Beschwerden über die Nichteinhaltung der Leitsätze diesen nachgehen und sich unter Einbeziehung der relevanten Partner um eine gütliche Einigung bemühen. In Deutschland ist die „Nationale Kontaktstelle" beim Bundesministerium für Wirtschaft und Technologie im Referat Auslandsinvestitionen angesiedelt [214].

Die Themen der OECD-Leitsätze für multinationale Unternehmen

Allgemeine Grundsätze, u. a.:

- Respektierung der Menschenrechte

- Förderung der Humankapitalbildung durch Schaffung von Beschäftigungsmöglichkeiten und Erleichterung der Aus- und Weiterbildung der Arbeitnehmer

- keine diskriminierenden oder Disziplinarmaßnahmen gegenüber Arbeitnehmern, die dem Management oder gegebenenfalls den zuständigen Behörden in gutem Glauben Praktiken melden, die gegen geltendes Recht, die Leitsätze oder die Unternehmenspolitik verstoßen

- keine Inanspruchnahme von Ausnahmeregelungen in Bezug auf ökologische oder soziale Standards

- keine ungebührliche Einmischung in die Politik des Gaststaats

Offenlegung von Informationen, u. a.:

- regelmäßige Informationen über Tätigkeit, Struktur, Finanzlage, Geschäftsergebnisse

- hohe Qualitätsstandards bezüglich der Offenlegung, Rechnungslegung und Buchprüfung

- Veröffentlichung von Basisinformationen zur Muttergesellschaft und ihrer wichtigsten Tochtergesellschaften sowie zu ihren unmittelbaren und mittelbaren prozentualen Beteiligungen an diesen Tochtergesellschaften und Niederlassungen einschließlich gegenseitiger Kapitalbeteiligungen

Beschäftigung/Sozialpartner, u. a.:

- Recht der Arbeitnehmer auf Vertretung durch Gewerkschaften

- Beseitigung von Kinder- und Zwangsarbeit

- Diskriminierungsverbot

- Förderung wirksamer Tarifverträge

- Informationspflicht gegenüber Arbeitnehmern und ihren Vertretern

- Beschäftigung einheimischer Arbeitskräfte / Fortbildungsmaßnahmen zur Anhebung ihres Qualifikationsniveaus

Umwelt, u. a.:

- Einrichtung eines Umweltmanagementsystems

- Information der Öffentlichkeit und der Beschäftigten über mögliche Auswirkungen der Unternehmenstätigkeit auf Umwelt, Gesundheit und Sicherheit

- Erstellung von Krisenplänen, um ernste Umwelt- und Gesundheitsschäden zu vermeiden

- Schulung der Mitarbeiter

Bekämpfung der Korruption, u. a.:

- keine Zahlungen an Amtsträger und an Arbeitnehmer von Geschäftspartnern

- Einführung von Managementkontrollsystemen, die der Bestechung und Korruption entgegenwirken

- keine illegalen Spenden an Kandidaten für ein öffentliches Amt oder politische Parteien

Verbraucherinteressen, u. a.:

- Sicherstellen der Produktsicherheit

- präzise und klare Produktinformationen

- wirksame Behandlung von Beschwerden

Wissenschaft und Technologie, u. a.:

- Förderung von Know-how-Transfers

Wettbewerb, u. a.:

- keine wettbewerbswidrigen Absprachen

Besteuerung, u. a.:

- pünktliche Zahlung von Steuerschulden

UN Global Compact

Das andere wichtige Instrument, welches auch explizit Arbeitsbedingungen anspricht, ist der UN Global Compact. Er wurde 2000 von UN-Generalsekretär Kofi Annan mit dem Ziel gegründet, die Zusammenarbeit zwischen den Vereinten Nationen, der Wirtschaft und anderen gesellschaftlichen Gruppen zu stärken und so einen weltweiten Beitrag zu nachhaltigem Wachstum zu leisten. Die im UN Global Compact beteiligten Unternehmen sollen sich durch die Umsetzung seiner zehn Grundprinzipien bei ihren weltweiten Aktivitäten verstärkt für die Berücksichtigung der Kernwerte im Bereich der Menschenrechte, Arbeitsrechte und Umweltstandards einsetzen. Der UN Global Compact basiert auf der Allgemeinen Erklärung der Menschenrechte, den ILO-Kernarbeitsnormen sowie der Agenda 21, die mit ihren 40 Kapiteln alle wesentlichen Politikbereiche einer umweltverträglichen, nachhaltigen Entwicklung anspricht. Die Agenda 21 ist das in Rio de Janeiro 1992 von mehr als 170 Staaten verabschiedete Aktionsprogramm für das 21. Jahrhundert.

5.2.2   Ausgestaltung der Arbeitsbedingungen durch Unternehmen

Nachdem im vorherigen Abschnitt erläutert wurde, wie die internationalen Rahmenbedingungen und Referenztexte für die gesellschaftliche Verantwortung von Unternehmen zustande kommen und welche besondere Rolle die ILO bei der Ausgestaltung von Mindeststandards in der Arbeitswelt hat, stellt sich die Frage, wie es den Unternehmen gelingt, diese international vereinbarten – eher abstrakten – Grundsätze in ihrem unternehmerischen Alltag zu operationalisieren.

Hier gilt es, eine wichtige Unterscheidung zu treffen: Die Adressaten der Übereinkommen der ILO sind Staaten, sie müssen die Übereinkommen ratifizieren und dann in nationale Gesetzgebung transponieren (mit der oben erwähnten Ausnahme der Kernarbeitsnormen, die auch ohne Ratifizierung gelten). Für Unternehmen bedeutet das: Dann, wenn die Übereinkommen in nationales Recht umgesetzt sind, entfalten sie den Charakter von Gesetzen, die selbstverständlich für alle Unternehmen rechtlich verbindlich sind.

Corporate Social Responsibility, also CSR, beschreibt etwas anderes: Hier geht es um das freiwillige Engagement von Unternehmen – bzw. von Organisationen im Sinne des in diesem Buch schon an verschiedenen Stellen zitierten ISO 26000 Leitfadens – über die Einhaltung der gesetzlichen Bestimmungen hinaus. Die Europäische Kommission hat 2001 hierfür eine eindeutige Definition in ihrem Grünbuch CSR erarbeitet: Sie bezeichnet CSR als ein Konzept, das den Unternehmen als Grundlage dient, auf freiwilliger Basis soziale Belange und Umweltbelange in ihre Unternehmenstätigkeit und in die Wechselbeziehungen mit den Stakeholdern zu integrieren (Grünbuch, 2001, Seite 4ff).

CSR hat eine ausgeprägte internationale Dimension. Multinationale Unternehmen sehen sich bei ihrem Engagement in den verschiedensten Regionen mit unterschiedlichsten Herausforderungen konfrontiert. Entsprechend vielfältig ist die CSR-Themenpalette: Sie variiert im gleichen Umfang wie Branche, Art, Größe und Marktumfeld der Unternehmen. Das unternehmerische Engagement reicht von der Förderung der Chancengleichheit, Diversity, Arbeits- und Gesundheitsschutz und Prävention, Corporate Volunteering, Lebenslanges Lernen über Innovationsförderung bis hin zu Supply Chain Management, fairem Handel und Armutsbekämpfung.

Die Kernarbeitsnormen der ILO, die dreigliedrige Grundsatzerklärung zu Sozialpolitik und Unternehmen der ILO, die OECD-Leitsätze und der Global Compact bilden dafür den international vereinbarten Werterahmen, an dem sich Unternehmen orientieren. Die Umsetzung erfordert jedoch als Zwischenschritt die Entwicklung von Instrumenten, damit die abstrakten Grundprinzipien für die Unternehmen auch operational werden. Solche Instrumente sind z.B. Verhaltenskodizes auf Unternehmens- oder Branchenebene (siehe hierzu auch das Beispiel der „Business Social Compliance Initiative" auf den folgenden

Seiten), Sozial- und Nachhaltigkeitsberichte, Stakeholderdialog oder Internationale Rahmenabkommen mit einzelnen Branchengewerkschaften. Manche lassen sich auch nach diversen (privatwirtschaftlichen) Standards auditieren und zertifizieren, wie z.B. SA 8000 (siehe hierzu insbesondere auch Kapitel 3.1.).

Weltweit sozial verantwortlich handeln - Die Business Social Compliance Initiative (BSCI)

Wahrung der Menschenwürde, soziale Gerechtigkeit, Klima- und Umweltschutz sind die größten Herausforderungen für eine globale Wirtschaft. Der Handel als Mittler zwischen Produzenten und Verbrauchern trägt hier eine besondere Verantwortung – und steht deshalb im Licht der Öffentlichkeit: Nutzt er seine Möglichkeiten, um auf sozial- und umweltverträgliche Produktionsbedingungen hinzuwirken? Schafft er den Ausgleich zwischen kostengünstiger Beschaffung und gesellschaftlicher Verantwortung?

Herausforderung: Arbeitsbedingungen, unter denen Konsumgüter produziert werden, rücken zunehmend in den Mittelpunkt. Im Zusammenhang mit der Globalisierung und dem internationalen Wettbewerb haben die Einzelhändler, Importeure und Markenhersteller die Produktion von arbeitsintensiven Gütern weitgehend in Schwellen- und Entwicklungsländer verlagert, insbesondere nach Asien und Osteuropa. Die Arbeitsbedingungen in diesen Lieferländern entsprechen sehr oft jedoch nicht unseren Anforderungen. Obwohl internationale Regeln und nationale Arbeitsgesetze existieren, haben die dortigen Regierungen diese nicht ausreichend implementiert und deren Einhaltung wird meistens nicht überwacht. Unternehmen, die ihre Waren aus diesen Ländern beziehen, riskieren zunehmend einen Imageverlust auf Seiten der Konsumenten, die verstärkt darauf achten, unter welchen Bedingungen die Waren hergestellt werden.

Das Vertrauen ihrer Kunden werden Händler langfristig nur erhalten, wenn sie ihre Einflussmöglichkeiten nutzen. Wenn sie dazu beitragen, die Lebensverhältnisse in den Herstellungsländern zu verbessern. Am besten, indem sie die Lieferanten dabei unterstützen, Sozial- und Umweltstandards zu erfüllen. Dann tragen Produktionsaufträge sowohl zur wirtschaftlichen Entwicklung wie auch zum gesellschaftlichen Fortschritt bei. Und die Kunden können sicher sein, dass die Produkte den Maßstäben von Qualität und Nachhaltigkeit entsprechen.

Die ethische Beschaffung ist für die importierenden Unternehmen eine große Herausforderung, da die globale Lieferkette weltweit tausende Lieferanten umfasst, die zudem häufig wechseln.

Die BSCI Initiative: Wir glauben, dass es zunächst Sache von nationalen Regierungen in den Lieferländern ist, Gesetze zu schaffen, die die Arbeitnehmerrechte schützen und sicherstellen, dass die Gesetze auch eingehalten werden. Dennoch übernehmen auch die BSCI Mitglieder einen Teil der Verantwortung für eine Verbesserung der Arbeitsbedingungen. Wir glauben, dass gute Sozialstandards die Produktivität und die Qualität der produzierten Waren erhöhen. Gleichwohl erkennen die BSCI Mitglieder die Schwierigkeiten auf Seiten der Lieferanten, gute Sozialstandards in einem ausgeprägten Wettbewerbsfeld einzuhalten. So bekennt sich die BSCI denn auch zu einem entwicklungsorientierten Ansatz, der es den Mitgliedsunternehmen und ihren Lieferanten ermöglicht, gemeinsam praktische Lösungen zu erarbeiten, um die anvisierten Ziele zu erreichen.

Es geht uns nicht darum, die Lieferanten von vornherein in gut und schlecht zu trennen. Vielmehr wollen wir nachhaltige Lösungen erarbeiten, mit denen die Probleme bei den Lieferanten schrittweise beseitigt werden. Deshalb setzen wir auch nicht allein auf Audits. Wir sind der Meinung, dass externe Audits wichtig sind, um sich ein klares und transparentes Bild von der Situation bei einem Lieferanten zu verschaffen. Gute soziale Verhältnisse sind jedoch nur zu erreichen, wenn das Monitoring von Trainings- und Qualifizierungsmaßnahmen begleitet wird.

Unser System basiert auf dem BSCI Verhaltenskodex, der in der Lieferkette umgesetzt werden muss. Unsere standardisierten Vorgaben helfen den Mitgliedern, den Verhaltenskodex auf den unterschiedlichen Stufen des externen Auditprozesses zu implementieren. Um eine kontinuierliche Verbesserung sicherzustellen, organisieren wir Workshops, auf denen das Bewusstsein der Lieferanten für eine Verbesserung der Sozialstandards geschärft wird. Als eine Plattform für Unternehmen hilft die BSCI auch dabei, den Erfahrungsaustausch zwischen den Mitgliedern zu fördern.

Wir haben in der Zwischenzeit fast 5000 Audits in ca. 3000 Fabrikationsbetreiben weltweit durchgeführt und damit über 2 Millionen Arbeiter in unserer Lieferkette erreicht.

Heinz-Dieter Koeppe, Senior Advisor, Foreign Trade Association
Nähere Informationen können Sie der Website der BSCI entnehmen: www.bsci-eu.org.

Der Verhaltenskodex der Business Social Compliance Initiative (BSCI)

Unsere Mitglieder bekennen sich zum BSCI Verhaltenskodex, der die folgenden Schlüsselelemente enthält:

- Vereinigungsfreiheit und das Recht zu kollektiven Tarifverhandlungen

- Verbot von Kinder- und Zwangsarbeit

- Verbot jeglicher Art von Diskriminierung

- ausreichende Entlohnung

- Arbeitszeiten

- Gesundheit und Sicherheit am Arbeitsplatz

- umweltrelevante Aspekte im Produktionsablauf

- Einführung einer Politik für soziale Verantwortung

- Bekenntnis zu einer Politik gegen Bestechlichkeit und Korruption

Diese Erfordernisse basieren auf den wichtigen internationalen Konventionen zum

Schutz der Arbeitnehmerrechte:

- Internationale Arbeitsorganisation (ILO)

- Die Menschenrechtserklärung der Vereinten Nationen

- Die Konvention der Vereinten Nationen über die Rechte von Kindern

- Die Konvention der Vereinten Nationen über die Beseitigung aller Formen der Diskriminierung

- Die OECD-Leitlinien für multinationale Unternehmen

- UN Global Compact

Um eine wirkliche Verbesserung der sozialen Bedingungen zu erreichen, ist ein klares Bekenntnis zu diesen Konventionen notwendig. Unsere Mitglieder verpflichten sich zu diesen Konventionen und erklären, dass sie zwei Drittel ihres Einkaufsvolumens oder mindestens zwei Drittel ihrer Lieferanten aus sogenannten Risikoländern innerhalb von 40 Monaten nach Beitritt zur BSCI in den Auditprozess einbeziehen.

Praktische Umsetzung: Der BSCI Verhaltenskodex wird kontrolliert durch unabhängige Auditunternehmen, die bei Social Accountability International (SAI) akkreditiert sind. SAI hat den SA 8000-Standard kreiert, der als „Best practice" von der BSCI anerkannt wird. Unternehmen mit einer guten sozialen Performance werden deshalb ermutigt, sich einer Zertifizierung nach dem SA 8000-Sandard zu unterziehen. Um eine Übersicht über den gesamten BSCI-Prozess zu haben, geben die Mitglieder die Auditergebnisse in eine gemeinsame Datenbank ein. Auf diese Weise werden Doppeltaudits vermieden, was auch die Akzeptanz von Audits bei den Lieferanten verbessert.

Der gesamte BSCI-Prozess wird begleitet von lokalen und europäischen Stakeholder-Netzwerken, die ihre Erfahrung in die Initiative einbringen und dabei helfen, langfristig eine lokale Ownership des Prozesses zu etablieren. Die Zusammenarbeit mit Regierungsstellen, Gewerkschaften, Nicht-Regierungsorganisationen und Verbänden erleichtert darüber hinaus die soziale Akzeptanz und die Unabhängigkeit des Systems. Die BSCI gibt jedes Jahr einen Bericht heraus, in dem sie ihre Aktivitäten und erreichten Fortschritte in transparenter Weise darstellt. Die BSCI ist eine „Non-Profit Organisation" mit inzwischen fast 200 Mitgliedern aus elf Ländern und damit die größte ihrer Art in der Welt. Die BSCI ist Mitglied des UN Global Compact und anerkannter Stakeholder der Global Reporting Initiative (GRI). Außerdem aktiv beteiligt in der „European Alliance for CSR".

Mehr können Sie der Website der BSCI entnehmen: www.bsci-eu.org.

Das ISO Guidance Document „ISO 26000" hakt genau an dieser Stelle ein. Hier wird in einmaliger Weise versucht, die ganze endlose Themenpalette aufzugreifen, um für sämtliche Arten von Organisationen (und daher nicht nur für Unternehmen), die SR praktizieren möchten, eine praktische Hilfestellung zu geben, damit alle möglichen und unmöglichen SR-Maßnahmen erfolgreich realisiert werden können.

Dieser allumfassende Anspruch ist zu ehrgeizig, das ist die große Krux von ISO 26000: Das Thema ist zu facettenreich, als dass es gelingen könnte, konkrete Hilfestellung für jede einzelne Organisation für alle Bereiche zu geben. Gleichzeitig bewegt sich das „Guidance Document" auf einem so hohen Abstraktionsniveau, dass die Lesbarkeit und das Verständnis, worum es hier eigentlich geht, nur einem kleinen Expertenkreis vorbehalten bleiben werden.

Eine kritische Betrachtung der sich auf Arbeitsbedingungen beziehenden Teile der ISO 26000 soll dieses Problem beispielhaft veranschaulichen, zumal hier besonders die problematische Abgrenzung zwischen der Rolle der ISO und dem Mandat der ILO deutlich wird.

5.2.3 ISO 26000 in Bezug auf Arbeitsbedingungen: Ein praxistauglicher Leitfaden?

Welchen Zusammenhang gibt es zwischen der ILO – die internationale Organisation mit dem international legitimierten Mandat, Mindestnormen für Arbeitsbedingungen festzulegen –, den Unternehmen, in ihren Bemühungen, global vereinbarte Grundwerte in ihren Unternehmensalltag zu verankern, und der Internationalen Standardisierungsorganisation ISO, die zur Zeit an einem Leitfaden für die gesellschaftliche Verantwortung von Organisationen (ISO 26000) arbeitet?

Als im Jahr 2004 die Entscheidung fiel, einen ISO Prozess zu gesellschaftlicher Verantwortung von Organisationen zu beginnen, war die deutsche Wirtschaft – im übrigen gemeinsam mit dem DGB und der Bundesregierung – entschieden gegen dieses Vorhaben. Die Vorstellung, man könne gesellschaftlicher Verantwortung – also dem freiwilligen Engagement von Organisationen – mit einer Methode internationaler Standardisierung begegnen, ist völlig unrealistisch. Allein die Vielfalt der unterschiedlichen Arbeitsrechtssituationen in den Ländern der Welt macht ein solches Vorhaben nur schwer möglich. CSR eignet sich schlicht nicht für Normung oder Standardisierung.

Deutschland gehörte mit seiner Position jedoch zu einer Minderheit; die Mehrheit der damals mitentscheidenden Länder wollte eine ISO-Norm zu gesellschaftlicher Verantwortung, und so kam der ISO 26000 Prozess in Gang. Wie nicht anders zu erwarten, mündete der Start des Prozesses zunächst in völliges Chaos. Dies lag vor allem an zwei Faktoren:

1. Die internationale Arbeitsgruppe besteht aus verschiedenen Stakeholderkategorien (Industrie, Gewerkschaften, Regierungen, Verbraucherorganisationen, Nichtregierungsorganisationen sowie Wissenschaftler, Berater und Zertifizierer), die ideologisch völlig gegensätzliche Positionen vertreten. Hier den kleinsten gemeinsamen Nenner zu finden, war zunächst schlicht unmöglich.

2. Es fehlte Klarheit bei der Zielsetzung des Vorhabens: Es gab keine klare Abgrenzung gegenüber der ILO und keine Klarheit darüber, ob es bei ISO 26000 um die Herstellung eines Leitfadens für „Social Responsibility" (SR) oder um eine zertifizierbare weitere ISO-Norm ging, quasi als Konkurrenzprodukt zu ILO-Übereinkommen.

Damit ist der Ausgangspunkt dieses Kapitels wieder erreicht: Es gibt mit der ILO nämlich bereits eine internationale Institution, die in einem komplizierten Prozess des Interessensausgleichs internationale Mindestnormen für die Arbeitswelt sinnvoll und glaubwürdig festlegt.

Erst als durch ein „Memorandum of Understanding" mit der ILO sichergestellt war, dass es sich bei ISO 26000 um einen nicht zertifizierbaren Leitfaden handeln soll und dass die ILO ein Vetorecht besitzt, für den Fall, dass hier unrechtmäßig in ILO-Zuständigkeit eingegriffen wird, waren die deutschen Arbeitgeber und Gewerkschaften sowie die Bundesregierung bereit, bei der Gestaltung der ISO 26000 mitzuwirken.

Für den ISO 26000-Prozess heißt das in der Konsequenz, dass er sich im CSR Geltungsbereich – und darin besonders zum Thema Arbeitsbedingungen – nur auf Bestehendes berufen kann. Jegliche Versuche, selbst neue Standards zu setzen, wären schlechthin nicht legitim. Nur so kann sichergestellt sein, dass sich ISO im Rahmen völkerrechtlich vereinbarter Grundprinzipien bewegt.

Entsprechend diesen Grundprinzipien, die für die Arbeitswelt durch die ILO festgelegt werden, ist folgerichtig das Kapitel zu „Labour Practices" im Entwurf des ISO Guidance-Dokuments angelegt.

Es unterteilt sich in folgende Einzelthemen:

1. Arbeitsverhältnisse (Employment and employment relationships)

2. Arbeitsbedingungen und Sozialschutz (Conditions of work and social protection)

3. Sozialer Dialog (Social dialogue)

4. Arbeits- und Gesundheitsschutz (Health and safety at work)

5. Aus- und Weiterbildung (Human development and training).

Auch wenn sich die dort getroffenen Ausführungen weitgehend am grundlegenden Konsens der Konstituenten der ILO orientieren, werden die ganze Schwäche und auch die Gefahr des ISO-Prozesses an diesem Kapitel beispielhaft deutlich. Denn zu jedem der fünf Unterthemen in diesem Kapitel gibt es eine Geschichte des komplizierten Interessensausgleichs zwischen Arbeitgebern und Gewerkschaften in der ILO, der im ISO-Dokument nicht dargestellt wird. Das würde auch den Rahmen für den ISO-Leitfaden sprengen, aber es wäre zumindest wünschenswert, wenn eine Darstellung gelänge, die den Dissens, dort wo er vorhanden ist, realistisch widerspiegelt, damit die Leser nicht irregeführt werden.

5.2.3.1   Arbeitsverhältnisse (employment relationships)

Das erste Thema ist ausgerechnet auch eines der politisch besonders umstrittenen Themen in der ILO. Hinter der Diskussion um die Frage, wann ein Arbeitsverhältnis besteht, verbirgt sich unter anderem der Versuch, einen einheitlichen Arbeitnehmerbegriff auf internationaler Ebene festzulegen. Bislang sind alle Versuche einer solchen einheitlichen Definition gescheitert, weil der Arbeitnehmerbegriff immer in Abhängigkeit des jeweiligen nationalen Arbeitsrechts steht. Dies unterscheidet sich bekanntermaßen extrem in den verschiedenen Ländern und Kulturen der Welt. Selbst innerhalb der EU wurden bereits vergebliche Versuche einer stärkeren Harmonisierung des Arbeitnehmerbegriffs unternommen (zuletzt im Grünbuch Arbeitsrecht von 2006 [129]) und man hat erkannt, dass dies wegen der extrem unterschiedlichen Arbeitsrechtsregelungen ein Irrweg ist.

Bei der Internationalen Arbeitskonferenz der ILO im Jahr 2006 stand das Thema auf der Tagesordnung und die Arbeitgeber sahen sich nach dem Verlauf der Verhandlungen schließlich gezwungen, entgegen ihrer Empfehlung der Festlegung auf den Begriff „employment relationships" zuzustimmen.

Ausgangspunkt für die Empfehlung war eine allgemeine Diskussion über Arbeitsverhältnisse anlässlich der 91. Internationalen Arbeitskonferenz 2003. Damals willigten die Arbeitgeber ein, eine Empfehlung grundsätzlich zu unterstützen, allerdings nur unter der Bedingung, dass sich eine solche Empfehlung auf die Vermeidung so genannter „Scheinarbeit" beschränken würde.

Der von der ILO für die Verhandlungen von 2006 vorgeschlagene Text für die Empfehlung ging jedoch weit über die Regelung der Scheinselbstständigkeit hinaus. Der Amtstext enthielt u.a. Regelungen über das dreiseitige Arbeitsverhältnis, mehrdeutige Arbeitsverhältnisse sowie Kriterien für die Feststellung eines Arbeitsverhältnisses. Weiterhin sah der Amtstext eine gesetzliche Vermutung für das Vorliegen eines Arbeitsverhältnisses vor, sofern ein oder mehrere Kriterien erfüllt seien. Diese haben die Verhandlungen von Beginn an belastet.

Zwar wurde erreicht, dass die Begriffe des dreiseitigen und des mehrdeutigen Arbeitsverhältnisses aus dem Text gestrichen wurden. Hinsichtlich der Indikatoren zur Feststellung eines Arbeitsverhältnisses wurden die Verhandlungen jedoch immer konfliktreicher, so dass sich die Arbeitgeber gezwungen sahen, schließlich aus den Verhandlungen auszusteigen und in der Schlussabstimmung gegen die Empfehlung zu stimmen.

Vor diesem Hintergrund sind die Ausführungen im ISO 26000 Leitfaden zu „employment relationships" einseitig, weil sie die oben beschriebene Konfliktlage völlig ignorieren und von der Hypothese ausgehen, es gäbe ein weltweit einheitliches Verständnis von einem Arbeitsverhältnis. Daraus werden Verpflichtungen für Organisationen abgeleitet, die in der Realität oft gar nicht ohne Weiteres erfüllt werden können, beispielsweise dann, wenn einzelne Organisationen gar nicht als direkter Arbeitgeber auftreten, sondern Leistungen outsourcen bzw. als Generalunternehmer agieren.

5.2.3.2   Arbeitsbedingungen und Sozialschutz

Die Ausgestaltung der Arbeitsbedingungen und die Schaffung eines angemessenen Sozialschutzes sind Kernbereiche der ILO Arbeit und in vielen Regionen der Welt noch nicht zufriedenstellend gelöst. Die Ausführungen hierzu sind im ISO-Text nicht ganz so problematisch, weil sie sehr allgemein gehalten und damit auch weit interpretierbar sind. Aus einer ILO-Perspektive verbergen sich jedoch auch hier sehr konkrete Probleme: Denn bei den „expectations", also den Erwartungen an eine Organisation, findet sich der Hinweis, dass Arbeitsbedingungen gewährleistet sein sollten, die den nationalen Bestimmungen und Gesetzen entsprechen und konsistent mit den „relevanten internationalen Arbeitsnormen" sein sollen. Nun haben aber gerade die ILO-Übereinkommen zum Sozialschutz extrem niedrige Ratifikationsraten. Beispielsweise wurde das Übereinkommen 102 zur Sozialen Sicherheit bislang nur von 44 Ländern ratifiziert [48]. Grund für die geringe Ratifikation ist, dass das Übereinkommen viel zu kompliziert und für Länder, in denen es überhaupt keine sozialen Schutzsysteme gibt, schlicht nicht anwendbar ist. Gerade dieses Übereinkommen ist derzeit Gegenstand hitziger Diskussionen innerhalb der ILO: Konsens herrscht darüber, dass ein wesentliches Element für die Schaffung menschenwürdiger Arbeit die Schaffung von sozialen Sicherungssystemen ist. Doch wie kann das erreicht werden in Regionen, in denen ein Großteil der Beschäftigung im informellen Sektor stattfindet? Dort können weder beitrags- noch steuerfinanzierte Systeme greifen, da nur ein Bruchteil der Bevölkerung überhaupt in der Lage ist, Beiträge oder Steuern zu bezahlen.

Da inzwischen deutlich ist, dass das bestehende ILO-Übereinkommen 102 nicht zu mehr sozialem Schutz führt, gibt es die Überlegung, ein neues Übereinkommen, das weniger ambitioniert ist und sich nur auf die Basissicherung beschränkt, zu verhandeln. Dann könnte auch mit einer höheren Ratifizierungsquote gerechnet werden.

Aus Sicht der Arbeitgeber in der ILO wäre dies zwar sinnvoll, aber nur unter der Bedingung, dass durch dieses neue Übereinkommen das bestehende Übereinkommen 102 konsequent ersetzt würde. Gewerkschaften und eine Vielzahl von Regierungen sehen das jedoch anders und möchten lieber ein Zweistufenmodell erreichen: Das neue Übereinkommen soll für Länder mit keinen bzw. schwachen sozialen Sicherungssystemen sein und das bestehende Übereinkommen 102 weiterhin für Länder mit bereits vorhandenem umfangreicheren Sozialschutz gelten.

Ein solches „Zweistufensystem" würde einen Präzedenzfall schaffen, in die Richtung, dass zukünftig „light-Übereinkommen" für Entwicklungsländer und „full-Übereinkommen" für Industrieländer entwickelt würden. Damit wäre das Prinzip der Universalität von ILO Übereinkommen gefährdet und die ILO würde ihre Glaubwürdigkeit riskieren.

Vor dem Hintergrund dieser sehr komplexen Herausforderung und Diskussion stellt sich in Hinblick auf das ISO-Dokument natürlich die Frage, wie es einzelnen Organisationen gelingen soll, was ganze Staaten nicht schaffen? Wie sollen die Prinzipien der ILO Übereinkommen, die sich bekanntermaßen an Staaten richten, durch einzelne Organisationen berücksichtigt werden, die womöglich in Staaten operieren, die diese Übereinkommen gar nicht ratifiziert haben?

Diese Widersprüche sind im ISO 26000 Prozess bislang völlig vernachlässigt, und damit zeigt sich die grundlegende Schwäche des Leitfadens: Er bietet für einzelne Organisationen in vielen Bereichen keinerlei praktische Hilfe, sondern verliert sich in realitätsfernem Wunschdenken, beispielsweise indem so getan wird, als gäbe es überall auf der Welt klare

Regelungen zu Löhnen und zur sozialen Sicherung. Es sei hier erinnert: Die informelle Beschäftigung liegt in Südamerika durchschnittlich bei 50 %, in Afrika bei 80 %!

Im konkreten Unterkapitel zu Arbeitsbedingungen und Sozialschutz wäre es viel besser und zielführender, Organisationen dazu zu ermuntern, sich im Rahmen ihrer Möglichkeiten für mehr Beschäftigung im formellen Sektor zu engagieren und damit einen Beitrag zum Abbau der informellen Beschäftigung zu leisten. Das wäre wirklich nachhaltiges Handeln: Denn nur mit dem Aufbau eines formellen Arbeitsmarktes ist es in einer Volkswirtschaft langfristig möglich, so etwas wie ein soziales Sicherungssystem aufzubauen.

5.2.3.3   Sozialer Dialog (Social dialogue)

Die in der ISO 26000 festgehaltenen Ausführungen zum sozialen Dialog, also der Ausgestaltung der industriellen Beziehungen auf allen Ebenen, adressieren in erster Linie die ILO Kernarbeitsnorm zur Vereinigungsfreiheit – dieses zentrale Übereinkommen hat für alle ILO Mitgliedsstaaten Gültigkeit, unabhängig davon, ob es ratifiziert ist oder nicht.

Dieses Unterkapitel ist ein gutes Beispiel dafür, wie die Verantwortung von Organisationen grundsätzlich im ISO 26000 Normenwerk beschrieben werden sollte. Denn gerade bei der Vereinigungsfreiheit können sich für Organisationen Dilemmasituationen ergeben, beispielsweise dann, wenn freie Gewerkschaften in einer nationalen Gesetzgebung ausdrücklich verboten sind.

Für international tätige Unternehmen ist es hilfreich zu erfahren, dass die Autoren der ISO 26000 hierzu die folgende Empfehlung geben *„An organisation should not encourage to restrict the exercise of the internationally recognized rights of freedom of association and collective bargaining nor participate in incentive schemes based on such restrictions"* [167].

Dies ist genau der richtige Ansatz, wie Organisationen nachvollziehbare Hilfestellung für ihre gesellschaftliche Verantwortung gegeben werden kann. „Not encourage…" bedeutet, eine Organisation sollte darauf verzichten, aktiv gegen das international anerkannte Prinzip zur Vereinigungsfreiheit zu agieren. Damit bleibt man im Einflussbereich eines Unternehmens und somit auch bei seiner Handlungsfähigkeit. „Not encourage…" ist auch möglich, wenn ein Unternehmen in einem Umfeld agiert, in dem die Vereinigungsfreiheit nicht garantiert ist.

5.2.3.4   Arbeits- und Gesundheitsschutz (Health and safety at work)

Das, was im Falle des „Sozialen Dialogs" gelungen ist, nämlich nachvollziehbar dazulegen, welches das generelle Ziel ist, ohne zu detaillierte Umsetzungsempfehlungen zu geben – die zwangsweise an manchen nationalen Gegebenheiten scheitern können –, kann bei den Ausführungen zum Arbeits- und Gesundheitsschutz leider nicht nachvollzogen werden, weil hier erneut die extrem unterschiedlichen nationalen Voraussetzungen ignoriert werden. Beispielsweise ist der Arbeits- und Gesundheitsschutz in Deutschland auf sehr hohem Niveau durch Gesetze geregelt, d.h. viele der hier vorgeschlagenen Handlungsempfehlungen sind hierzulande ohnehin gängige Praxis (siehe hierzu das Beispiel von Computacenter im folgenden Kasten und das von O2 in Kapitel 10.3.2 dieses Buches), während sie sich in vielen anderen Ländern auf freiwilliger Basis vollziehen.

Mit weichen Themen für Mitarbeiter attraktiv sein
Disability Management & Benefits-Programm bei Computacenter

Beim IT-Dienstleister Computacenter, der mit 4.000 Mitarbeitern an 24 Standorten in Deutschland vertreten ist, gibt es seit Dezember 2006 einen Disability Manager. Dieser kümmert sich um die berufliche Reintegration aller Mitarbeiterinnen und Mitarbeiter nach einer längeren Krankheit oder einem Unfall. Ziel ist es, dass diese Mitarbeiter möglichst früh wieder an ihren Arbeitsplatz zurückkehren können.

Der Disability Manager arbeitet wie ein professioneller Lotse zwischen Arbeitnehmer, Arbeitgeber, Ärzten, Behörden, Reha-Trägern und Krankenkassen. Mit psychologischem Einfühlungsvermögen ist er zentraler Ansprechpartner für alle Fragestellungen im Zusammenhang mit dem Thema Gesundheit und Arbeitsplatzsicherung und entlastet so den Mitarbeiter, den Arbeitgeber, die Personalabteilung und alle Führungskräfte. Der Disability Manager ist Generalist und hat in seiner Vertrauensstellung eine hohe ethische Verantwortung gegenüber den Mitarbeitern. Für ihn gilt es, die Profile von Menschen mit und ohne Behinderungen mit den unternehmerischen Anforderungen in Einklang zu bringen. Krankheiten müssen richtig eingeordnet und darauf abgestimmte Maßnahmen eingeleitet werden. Gute Kenntnisse der Rechtsordnung und Sozialleistungen sind hierfür unerlässlich.

Die Arbeitskraft zu erhalten und immer stärker präventiv zu arbeiten, ist das Ziel der internen Dienstleistung Disability Management: Wertvolles Wissen bleibt im Unternehmen, Menschen erhalten ihren Lebensstandard und die Sozialsysteme werden entlastet. Gesundheit und Zufriedenheit der Mitarbeiter sowie der richtige Arbeitsplatz sind die Basis für die Leistungserbringung und damit für den Erfolg des Unternehmens. Mit der Einführung eines Disability Managements übererfüllt Computacenter die gesetzlich geforderte Personalfürsorge und zeigt, wie wichtig die Mitarbeiter für das Unternehmen sind. Ein dezidiertes Disability Management ist in Deutschland erst in etwa 400 Unternehmen realisiert. Disability Management kommt ursprünglich aus den USA und Kanada.

Mit Benefits zu mehr Leistungsfähigkeit

Neben dem Disability Management gibt es bei Computacenter ein sogenanntes Benefits-Programm, zu dem ein Familienservice und ein Gesundheits-Check-up gehören, die im Folgenden kurz erläutert werden:

Ein Kundenprojekt drängt, die Tagesmutter ist krank, der Kindergarten hat geschlossen und die Großeltern wohnen zu weit weg. Um seine Mitarbeiterinnen und Mitarbeiter in solchen Situationen zu unterstützen, hat Computacenter eine Hotline zu einem Familienservice eingerichtet, über die eine Betreuung in der Nähe organisiert werden kann oder Experten anonym zu häuslicher (Alten-) Pflege befragt werden können und Hilfe selbst in privaten Krisenzeiten, ob Mobbing oder Partnerprobleme, in Anspruch genommen werden kann.

Für eine ganzheitliche, gesunde Lebensführung erhalten Mitarbeiterinnen und Mitarbeiter die Gelegenheit, einen personalisierten Gesundheits-Check-up zu machen. In einem Online-Fragebogen, der als valides Diagnoseinstrument anerkannt ist, werden Ernährungsgewohnheiten, Bewegungsintensität und allgemeine Lebensumstände abgefragt. Zu den daraus gewonnenen Erkenntnissen erhalten Mitarbeiter ein individuelles Feedback von Experten. Auf einer darauffolgenden, intern organisierten Gesundheits-Messe besteht für Mitarbeiter die Möglichkeit, ihre Ergebnisse mit Fachleuten zu diskutieren und sich praktische Empfehlungen an die Hand geben zu lassen. Das können wirksame Strategien gegen Stress, Rückenprobleme oder Anleitungen für eine ausgewogene Ernährung sein.

Ute Schubarth, Quality Management Representative, Computacenter AG & Co. oHG
Nähere Informationen unter: www.computacenter.de

Auf internationaler Ebene ist der Arbeits- und Gesundheitsschutz ein Bereich, der unbedingt einheitliche Mindeststandards erfordert. Denn abgesehen von der gesundheitlichen Gefährdung der Arbeitnehmer in manchen Ländern; Regionen und Sektoren ist dies für internationale Unternehmen auch ein Wettbewerbsfaktor. Gerade aus deutscher Perspektive darf es nicht passieren, dass deutsche Unternehmen, die umfangreichen Arbeits- und Gesundheitsschutz implementieren, international in einen Wettbewerbsnachteil geraten, weil die Konkurrenz den Arbeits- und Gesundheitsschutz vernachlässigt und deshalb günstiger anbieten kann. Internationale Mindeststandards im Arbeits- und Gesundheitsschutz tragen zu gleichen Wettbewerbsbedingungen bei und sind deshalb äußerst wichtig.

ISO 26000 geht aber bei seinen Umsetzungsempfehlungen weit über die Logik eines „Mindeststandards" hinaus und geht in seinen Forderungen viel zu weit. Beispielsweise die Empfehlung auf betrieblicher Ebene, Arbeits- und Gesundheitsschutz-Ausschüsse zu etablieren, ist sogar in Deutschland, dem Land, in dem die betriebliche Mitbestimmung sicherlich mit am umfangreichsten gesetzlich geregelt ist, eine rein freiwillige Maßnahme, die nur dann erfolgt, wenn es darüber ein Einvernehmen der Tarifpartner auf betrieblicher Ebene gibt. Eine solche qualitative Einschränkung gehört mindestens in diese ISO-Empfehlung.

Wünschenswert wäre gewesen, wenn sich die ISO Autoren hier auf die Prinzipien konzentriert hätten, die in dem 2006 verabschiedeten Übereinkommen 187 der ILO enthalten sind [47]. Dabei handelt es sich um einen „Promotional Framework", also um Rahmenbestimmungen, die die Förderung von verbessertem Arbeits- und Gesundheitsschutz fördern. Darin sind beispielsweise die Durchführung nationaler Arbeitsschutzprogramme und verstärkte Präventionsmaßnahmen vorgesehen, um eine durchgängige Kultur der Arbeitssicherheit zu fördern. Das Übereinkommen hat in der ILO einen breiten Rückhalt und wurde mit großer Mehrheit verabschiedet, findet aber in dem ISO-Text bislang noch nicht mal Erwähnung.

5.2.3.5   Aus- und Weiterbildung (Human development and training)

Bildung ist die zentrale Investition in unsere Zukunft. Von der Rendite dieser Investition profitieren alle – die Menschen, die Wirtschaft und ein Land als Ganzes. Für ein gut funktionierendes Bildungssystem ist daher eine Gesamtstrategie notwendig, die die Qualität von Bildung in allen Bereichen verbessert. Eine gute Aus- und Weiterbildung ist für Unternehmen und Organisationen ein entscheidender Erfolgsfaktor. Die Qualität der Ausbildungssysteme bestimmt über das Qualifikationsniveau der Mitarbeiter, dieses wiederum ist ein entscheidender Faktor für die Wettbewerbsfähigkeit. Um die Beschäftigungsfähigkeit zu erhalten, ist lebenslanges Lernen ein Leitprinzip für Unternehmen und ihre Belegschaft. Allein deutsche Unternehmen investieren pro Jahr ca. 27 Mrd. Euro in die Weiterbildung ihrer Mitarbeiter (siehe hierzu auch das Kapitel 9.3 in diesem Buch).

ISO 26000 greift die Bedeutung des Bildungsthemas zwar grundsätzlich auf, bleibt aber bei der Frage, wer ist wofür in welchem Umfang verantwortlich, erneut viel zu einseitig. Nachhaltige und umfassende Bildung ist immer eine gesamtgesellschaftliche Aufgabe, bei der alle gesellschaftlichen Akteure ihren Teil beitragen müssen. An der Stelle sind die Ausführungen der ISO 26000 sehr unausgewogen. Die dort beschriebenen „Related Actions" zielen nur in Richtung Ansprüche der Beschäftigten an ihre Arbeitgeber [166]. Zudem finden sich hier zwei Punkte, die mit Aus- und Weiterbildung gar nichts zu tun haben und vielmehr zum Thema Arbeitsbedingungen gehören, i.e. die Vereinbarkeit von Familie und Beruf und die Maßnahmen zur Bekämpfung von Diskriminierung am Arbeitsplatz, die bereits an anderer Stelle der ISO 26000 ausführlich behandelt sind.

Auch die Erwartung, Organisationen sollten erwägen, Maßnahmen gegen Jugendarbeitslosigkeit zu ergreifen, ist in solcher Allgemeinheit viel zu weitreichend. Ein KMU wird nicht die Jugendarbeitslosigkeit im Land bekämpfen können. Wenn es hohe Jugendarbeitslosigkeit gibt, dann kann dem nur in konzertierten Aktionen entgegengewirkt werden, staatliche Maßnahmen, die die Rahmenbedingungen verbessern und privatwirtschaftliches Engagement. Die zweite Formulierung „… consider in participating in programmes that address issues as youth employment" ist wesentlich ausgewogener.

Um zu verdeutlichen, wie übergeordnete Bildungsziele auch innerhalb von Organisationen erreicht werden können, ist der „Framework of Action For Lifelong Learning", den die europäischen Sozialpartner im Jahr 2002 verhandelt haben, ein gutes Beispiel.[68] Zum einen wurde hier das Thema „arbeitsplatzbezogen" angegangen, indem vier Kapitel entwickelt wurden, die sich am zeitlichen Verlauf von Lifelong Learning orientieren. Zum anderen haben sich hier die Sozialpartner auf die gemeinsame Verantwortung und die geteilten Rollen geeinigt, um das übergeordnete Ziel gemeinsam zu erreichen. Wörtlich heißt es im Text: „As regards the social partners, they consider the lifelong development of competencies as a priority and assert the principle of shared responsibility for mobilising and optimising resources.

---

[68] Der „Framework of Action for Liefelong learning" ist auf der Homepage des Gabler Verlags hinterlegt (www.gabler.de).

The social partners want to promote coinvestment and to encourage new ways of resourcing lifelong learning, through the effective and creative management of funding, time and human resources" (Framework of actions for the lifelong development of competencies and qualifications, o. J., S. 127).

Regelmäßige Umsetzungsberichte, die von den Sozialpartnern auf nationaler Ebene erstellt wurden, enthalten eine Fülle von Praxisbeispielen, wie diese – eher abstrakt – formulierten Zielsetzungen national und auf betrieblicher Ebene konkretisiert wurden. Der Abschlussbericht aus dem Jahr 2006 fasst das, was erreicht wurde, für die einzelnen EU-Mitgliedsstaaten zusammen [111].

Damit ist es auf europäischer Ebene gelungen, ein Einverständnis zwischen den Sozialpartnern darüber zu erreichen, dass die Verantwortlichkeit für berufliche Weiterbildung je nach Nutzen und Interessen zu teilen ist. In der Regel profitieren Mitarbeiter und Unternehmen von Weiterbildung. Sie sollten sich daher beide am Aufwand beteiligen und Verantwortung übernehmen. Vor allem die Einbringung von Zeit stellt eine gute Möglichkeit zur Beteiligung des Einzelnen am Weiterbildungsaufwand dar. Für ISO 26000 sollten solche Initiativen benchmark sein, wie ein partnerschaftlicher Ansatz dazu führen kann, Dinge auf betrieblicher Ebene nachhaltig zu entwickeln. Stattdessen wird aber einseitiges Anspruchsdenken gefördert.

5.2.4   Fazit

Mindeststandards für die Arbeitswelt werden in der ILO als völkerrechtlich legitimierte repräsentative Organisation entwickelt, und sie begleitet das Thema Soziale Dimension der Globalisierung institutionell und politisch.

Unternehmen realisieren die Prinzipien dieser eher abstrakten Standards mit Hilfe von verschiedenen Instrumentarien und implementieren sie so in ihrem Management und in der betrieblichen Praxis.

ISO 26000 kann hier allenfalls ergänzend tätig werden: Der ISO Leitfaden hätte dann einen wahren Mehrwert, wenn es ihm gelänge, die abstrakten Prinzipien der OECD-Leitsätze, der Kernarbeitsnormen der ILO und des Global Compact in konkrete praxistaugliche Handlungsempfehlungen zu „übersetzen" und den Unternehmen und anderen Organisationen damit wirklich eine konkrete Handreichung zu diesen Themen anzubieten. Um den Prozess in diesem Sinne positiv zu beeinflussen, nimmt die deutsche Wirtschaft aktiv und konstruktiv am ISO 26000-Prozess teil.

6 Umwelt

6.1 Das ökologisch Vernünftige ist auch ökonomisch klug!

Ein Geleitwort von Dr. Norbert Röttgen

**Bundesminister für
Umwelt, Naturschutz und Reaktorsicherheit**

Unternehmen und Gesellschaft stehen großen ökonomischen und ökologischen Herausforderungen gegenüber. Wir sind heute nicht nur mit der Finanzkrise und der daraus folgenden Wirtschaftskrise konfrontiert, sondern uns droht auch eine existenzielle Ökokrise: Die Klimaerwärmung und zunehmende Verknappung der natürlichen Ressourcen werden unser Leben in diesem Jahrhundert entscheidend beeinflussen. Die hohe Zahl an Extremwetterereignissen und steigende Rohstoffpreise künden diese Herausforderungen bereits heute sichtbar an. Der demografische Wandel, der mit einem schon jetzt erkennbaren Mangel an qualifizierten Nachwuchskräften einhergehen wird, kommt als weiterer Megatrend hinzu. Vor diesem Hintergrund steigen die Erwartungen der Gesellschaft an die Unternehmen, Technologien, Produkte und Dienstleistungen anzubieten, die in gesellschaftlich verantwortlicher Weise zur Lösung von lokalen wie globalen Problemen beitragen.

Die Neigung, „weiter wie bisher" zu wirtschaften, ist zwar immer noch verbreitet. Doch ist heute nicht mehr die Frage, ob die genannten Entwicklungen Auswirkungen auf Wirtschaft und Gesellschaft haben werden, sondern eher, wann sie eintreten und wie sie im Detail (nicht nur) für Unternehmen aussehen werden. Die Risiken lassen sich nur dann in Chancen umwandeln, wenn neue Ideen nicht nur gedacht, sondern auch verwirklicht werden. Unternehmen eröffnen sich dadurch nicht nur ökonomische Chancen, sondern sie können so auch als gesellschaftliche „Problemlöser" agieren. Wer seine Geschäftstätigkeit nachhaltig gestaltet und innovative Technologien, Produkte und Dienstleistungen anbietet, kann seine Wettbewerbsfähigkeit stärken und selbst Treiber gesellschaftlichen Fortschritts werden.

Mit der Idee der Corporate Social Responsibility (CSR) können wirtschaftliche Entwicklung, soziale Verantwortung und die Schonung von Umweltressourcen miteinander verbunden werden. Das Thema Umwelt ist für viele Unternehmen nicht neu. Hier bestehen bereits jahrzehntelange Erfahrungen. Maßnahmen wie die Einführung von Umweltmanagementsystemen, der Aufbau von Organisationsstrukturen, die Nachhaltigkeit unterstützen, die Durchführung von Dialogen mit Interessengruppen und eine regelmäßige Nachhaltigkeitsberichterstattung zeugen davon, dass sich Unternehmen den Herausforderungen konstruktiv stellen und „Sustainable Leadership" beweisen.

Ich möchte gerade die deutschen Unternehmen darin bestärken, ihrer Verantwortung für Umwelt und Gesellschaft gerecht zu werden, und ermutigen, auf freiwilliger Basis CSR umfassend in ihre Kerngeschäfte zu integrieren. Denn unstrittig ist, dass Unternehmen damit die Akzeptanz ihres Handelns sichern und ihre internationale Reputation erhöhen. Sie können neue Marktchancen erschließen, ihre Innovationskraft und Wettbewerbsfähigkeit steigern sowie Arbeitsplätze schaffen.

„It's not easy being green … I think it's what I want to be."

Kermit, der Frosch

6.2   Umwelt als Kernthema von Corporate Social Responsibility

von Peter Franz

Die Herausforderungen für Unternehmen sind enorm gewachsen. Nicht nur, dass sich die Rahmenbedingungen des Wirtschaftens im Zuge der globalen Wirtschaftsbeziehungen und der zunehmenden globalen Umweltbedrohungen erheblich verändert haben, auch die gesellschaftlichen Erwartungen an Unternehmen, sich ökologisch und sozial verantwortungsvoll zu verhalten, sind gewachsen. Die zentrale Frage ist nicht mehr, wie die Unternehmen die Gesellschaft prägen, sondern wie die neuen Rahmenbedingungen und die Gesellschaft die Unternehmen prägen. Damit stellen sich ganz neue Anforderungen. Konzepte des Corporate Social Responsibility (CSR), also die Übernahme gesellschaftlicher Verantwortung durch Unternehmen, können eine Antwort auf diese komplexen Herausforderungen sein. Vor allem dann, wenn CSR aus dem Dunstkreis der Philanthropie und des Reputationsmanagements entfliehen kann und die Potenziale dieser Konzepte für eine moderne Unternehmensstrategie erkannt werden. Gerade das komplexe Umweltthema mit seinen ökonomischen und sozialen Implikationen wird immer stärker zu einem zentralen strategischen Entscheidungsfaktor für unternehmerisches Handeln. Mit CSR-Konzepten können pro-aktiv win-win-win-Lösungen gestaltet werden – als Gewinn für das Unternehmen, die Umwelt und die nachhaltige Entwicklung der Gesellschaft.

6.2.1   Umwelt als Kernthema für die Übernahme gesellschaftlicher Verantwortung durch Unternehmen

Der Umweltschutz gehört zu den bedeutenden Einflussfaktoren in jeder Unternehmenspolitik. Jedoch werden immer noch Umweltschutz und die Einhaltung der Umweltgesetze als ein reaktives, eher defensives und Kosten verursachendes, ja behinderndes Thema für Geschäfte verstanden. In diesem Sinne werden Ökonomie und Ökologie immer wieder als „Widerspruch" konstruiert. Sicherlich gibt es im Einzelfall solche widerstreitenden Interessen und grundsätzlich wird es diese auch weiterhin geben. Doch ist die Überzeugung gewachsen, dass die großen ökologischen Herausforderungen, vor denen die Gesellschaften und Unternehmen heute stehen, zugleich auch ökonomische Herausforderungen und Chancen sind.

Trotz aller Fortschritte und Erfolge in den Unternehmen, die in den vergangenen Jahrzehnten mit dem Thema Umweltschutz und daraus folgend mit einem nachhaltigen Wirtschaften erreicht werden konnten, fällt es den meisten Entscheidungsträgern immer noch schwer, einen „Business Case" für Umweltschutz und Nachhaltigkeit zu definieren. Es fällt schwer, die Geschäftsrelevanz von komplexen – teilweise qualitativen – Umwelt- und Sozialaspekten für das eigene Unternehmen systematisch zu identifizieren, zu analysieren, zu begründen und zu managen. Umweltschutz und Nachhaltigkeit sind deshalb vielfach eher noch in der „Reparaturabteilung" verortet, obwohl sie eigentlich längst in der „Planungsabteilung" sein müssten [117].

Die Aufgabe der Unternehmen liegt deshalb darin, das Umweltthema konzeptionell und mit geeigneten Instrumenten operativ zu erweitern, um die darin liegenden Risiken und Chancen zu erkennen. Eine das Thema separierende Sichtweise wird letztlich zu kurz greifen. Vielmehr können Unternehmen erkennen, dass der Umweltbereich heute mit gesellschaftlich ernst zu nehmenden Themen und Problemlagen verknüpft ist und übergreifend wirkt – dies national, regional und global. *„As a consequence, environment is closely tied to visible and urgent issues in global society and global business, including but not limited to human health, ecological system services, social justice concerns, and national security"* (Larson, 2003, S. 2).

Umweltfragen sind komplex: Klimawandel, Luft- und Wasserverschmutzung, Abfälle, die Bedrohung der Artenvielfalt haben mit ihren direkten und indirekten Folgen mehr denn je Einfluss auf Märkte, Produkte und Leistungen. Auch die gewachsene mediale Reichweite von kritischen Nichtregierungsorganisationen führt bei problematischen Sachverhalten zu einer breiten öffentlichen Wahrnehmung. Davon ausgehende Kampagnen können die Reputation von Unternehmen erheblich schädigen und damit Unternehmen empfindlich in ihren Kerngeschäften und Kernkompetenzen treffen.

Eine Änderung von eingefahrenen traditionellen Herangehensweisen, das Umweltthema eher als notwendiges „Übel" zu verstehen, ist erforderlich. Dafür braucht es Konzepte, die die relevanten Themen und Akteure systematisch erfassen und die Verbindung zu den Kernstrategien von Unternehmen herstellen können. Corporate Social Responsibility (CSR) und nachhaltiges Wirtschaften können geeignete Konzepte sein, um die komplexen Zusammenhänge in ihrer Breite zu erfassen und unternehmerische Entscheidungen entsprechend vorzubereiten.

6.2.2 Die grundlegenden Herausforderungen im Umfeld von Unternehmen

Unter den in den vergangenen 10 bis 15 Jahren für die Unternehmen fundamental veränderten Rahmenbedingungen kann es den Unternehmen nicht mehr „nur" um die Zielsetzung der Steigerung von Umsatz und Gewinnen gehen, die die ökologische und soziale Verantwortung negiert. Die neuen Entscheidungskontexte für Unternehmen können durch zwei überaus komplexe Themenfelder und Treiber charakterisiert werden: die Megatrends und die gesellschaftlichen Erwartungen.

6.2.2.1   Megatrends als Risiko und Chance

Die wirtschaftliche Globalisierung mit ihren vielfältigen strukturellen Auswirkungen auf die nationalen Wirtschafts- und Sozialsysteme hat die Rahmenbedingungen des Wirtschaftens verändert. Erkennbar sind Megatrends mit ökonomischen, sozialen und ökologischen Risiken, die schon heute und noch mehr in der Zukunft die neue Handlungsarena für Unternehmen, insbesondere in den alten Industrieländern, bestimmen (vgl. im Folgenden [40], [21], [309]):

- Die Weltbevölkerung wächst und die Urbanisierung schreitet weiter voran. Heute bevölkern 6,6 Milliarden Menschen den Planeten, im Jahr 2050 werden es nach Prognosen bereits 9,2 Milliarden sein. Damit werden sich einerseits der Wettbewerb und die Konkurrenz, z.B. um Rohstoffe, verschärfen. Andererseits wird hier, z.B. mit dem Zuwachs der kaufkräftigen Mittelschichten in China und Indien, ein riesiger Markt entstehen. Dies wird neue Anforderungen für Unternehmen an die Produkte und Dienstleistungen, an Logistik und die optimale Gestaltung von Lieferketten usw. stellen.

- Weltwirtschaftlich gesehen werden – trotz der aktuellen weltkonjunkturellen Einbrüche – mittel- und langfristig erhebliche Wachstums- und Industrialisierungsschübe zu verzeichnen sein. In Prognosen geht man davon aus, dass sich das globale Bruttoinlandsprodukt innerhalb der kommenden 25 Jahre auf mehr als 60 Billionen Dollar fast verdoppeln wird. Die Wirtschaftsräume Nordamerikas und Europas werden zwar weiterhin die wichtigste ökonomische Achse bilden, aber das Gros des zusätzlichen Wachstums wird in den aufstrebenden Marktwirtschaften Asiens und Lateinamerikas erwirtschaftet werden: China, Indien, Brasilien, aber auch Indonesien werden die Wachstumsmotoren der Weltwirtschaft sein. Für die traditionellen Anbieter aus den alten Industrieländern werden diese Länder zu erheblichen Konkurrenten auf den Weltmärkten.

- Der Energie- und Rohstoffhunger der Welt wird weiter wachsen. Die zunehmende Konkurrenz auf den Weltmärkten wird weiterhin zu rapiden Preissteigerungen bei Energie und Rohstoffen führen und neue Rahmen- und Wettbewerbsbedingungen für das Wirtschaften setzen. Auch wenn die Preise für Rohöl und einige Rohstoffe teilweise wieder gesunken sind, werden jedoch die anhaltende Nachfrage der aufstrebenden Ökonomien und die zunehmend spürbare Verknappung (technische Verfügbarkeit und Erschöpfung) von Rohstoffen konsequent zu höheren Kosten führen. Zukünftig muss von einem relativ hohen Preisniveau ausgegangen werden.

- Der Klimawandel wird sich aufgrund der hohen Nachfrage nach überwiegend fossilen Energieträgern – allein China und Indien werden für mehr als die Hälfte des Nachfragezuwachses in den nächsten 20 Jahren verantwortlich sein – weiter beschleunigen. So schätzt die Internationale Energieagentur im World Energy Outlook 2008, dass die globalen Treibhausgasemissionen bis zum Jahr 2030 um 45 % ansteigen werden, wenn nicht gegengesteuert wird [165]. Diese Entwicklung hätte eine globale Erwärmung um sechs Grad Celsius zur Folge. Wenn nicht mit CO_2-Reduzierungsmaßnahmen u.ä. reagiert wird, würden die Kosten des Klimawandels, wie Sir Nicholas Stern in seinem

Review 2006 berechnet hat, bei mindestens 5 % bis zu 20 % des globalen Bruttoin-landsprodukts liegen [258]. Geeignete Maßnahmen, die jetzt schon beginnen müssen, würden „lediglich" Kosten in Höhe von 1 % des Bruttoinlandsprodukts der Welt ver-ursachen. Die bereits geführte Diskussion über Chancen und Risiken einer low carbon economy ist für Unternehmen ein deutlicher Hinweis, worauf es heute schon zu rea-gieren gilt [72].

■ Neben Klimawandel, hoher Nachfrage nach Energie und Rohstoffen sowie Bevölke-rungswachstum kommen jedoch noch weitere globale Herausforderungen für eine nachhaltige Entwicklung hinzu. Süßwasserknappheit und -verschmutzung, toxische Abfälle, Entwaldung und Wüstenbildung, Verlust der Biodiversität und Armut werden zu weiteren erheblichen Veränderungen in den Rahmenbedingungen für das Wirt-schaften und die soziale Entwicklung führen [143].

Die skizzierten Herausforderungen für Unternehmen zeigen, dass ökonomische, ökologi-sche und soziale Aspekte untrennbar miteinander verwoben sind. Die großen ökonomi-schen Fragen müssen zunehmend ökologisch beantwortet werden. Nur umweltverträglich lassen sich in Zukunft die Bedürfnisse der wachsenden Weltgesellschaft befriedigen. Un-ternehmen müssen darauf reagieren, aber vor allem agieren, um Wettbewerbsfähigkeit und eine langfristig stabile Unternehmensentwicklung erreichen zu können.

6.2.2.2   Gewachsene gesellschaftliche Erwartungen

Nicht nur, dass sich die Rahmenbedingungen des Wirtschaftens im Zuge der globalen Wirtschaftsbeziehungen erheblich verändern, auch die Erwartungen der Gesellschaft an Unternehmen haben sich verstärkt: Unternehmen sollen in gesellschaftlich verantwortli-cher Weise zur Lösung von lokalen wie globalen Problemen beitragen – und nicht selbst Teil des Problems werden. Sie werden als Teil der Gesellschaft („corporate citizen") ver-standen.

Heute wird deutlicher registriert, dass Unternehmensentscheidungen soziale und ökologi-sche Konsequenzen besitzen und die unternehmerischen Entscheidungskontexte weitaus komplexer und noch viel stärker in die Gesellschaft eingebettet sind. Gerade mit Bezug auf die ökologischen Herausforderungen wird die Bedeutung von Unternehmen für die weite-re Entwicklung, aber auch deren Eigeninteresse klar: „*Corporations are the basic vehicles of industrial development. They possess technological know-how, financial resources, and organisa-tional capacity for environmental protection. They are the primary users of environmental re-sources, and it is in their long-term interest to protect the environment*" (Shrivastava, 1995, S. 216).

Es wird deshalb häufig in der Öffentlichkeit gefordert, dass sich das Handeln von Unter-nehmen den gesellschaftlichen Herausforderungen als Ganzes stellen muss. Unternehmen werden dabei mit der Frage konfrontiert, inwieweit ihre Ziele, Handlungen und Produkte gesellschaftlich und ökologisch verantwortbar sind. Howard Bowen, der als einer der Gründerväter von CSR gilt (zur Entwicklung von CSR vgl. [22] und [53]), brachte bereits 1953 den Grundgedanken der gesellschaftlichen Rolle von Unternehmern auf den Punkt:

CSR „*refers to the obligations of businessmen to pursue those policies, to make those decisions, or to follow those lines of action which are desirable in terms of the objectives and values of our society"* (Bowen, 1953, S. 6). Damit erweitert sich die Bestimmung des Unternehmens, indem es seine ökonomisch motivierten Aktivitäten gleichzeitig mit einem Beitrag zu den Zielen und Werten der Gesellschaft verbinden soll.[69]

In der breiten Öffentlichkeit – und seit der Finanz- und Wirtschaftskrise besonders auch auf den Finanzmärkten – wird zunehmend nicht nur danach gefragt, wie viel Gewinne und Umsatz erzielt werden oder was Unternehmen mit ihren Gewinnen machen, sondern wie sie ihre Gewinne erzielen. Verstärkt werden Kerndaten einer „Nachhaltigkeits-Performance" sowie Transparenz und Integrität von Unternehmen bei der Prüfung von Unternehmensrisiken nachgefragt [142]. Im Ergebnis wird eine in dieser Hinsicht kritisch bewertete Unternehmens-Performance mit einer Unternehmensführung gleichgesetzt, die den so genannten „nichtfinanziellen Aspekten" gegenüber eher gleichgültig ist und damit Geschäftsrisiken offenbart. Auch in den Unternehmen selbst wächst die Erkenntnis, dass sie sich – um Reputation und Glaubwürdigkeit zu erhalten – für gesellschaftliche Themen öffnen müssen und über die traditionellen „stakeholder" hinaus (Anteilseigner, Regulierer) weitere Interessengruppen (z.B. Nichtregierungsorganisationen, lokale, regionale Interessen) einbeziehen. Dies wird zunehmend auch durch den Finanzmarkt honoriert [107].

Es darf den Unternehmen nicht um „green oder bluewashing" oder um „lip service"[70] gehen, d.h. lediglich um oberflächliche CSR-Aktionen, sondern um glaubwürdiges Handeln für das Unternehmen und die Gesellschaft. Das Thema des drohenden Vertrauensverlusts wird damit zu einem immer härteren Treiber unternehmerischer Transparenz. Letztlich heißt dies, *„das ‚gute' Unternehmen wird zum erfolgreichen, indem es sich an gesellschaftlich erwünschten Verhaltensstandards orientiert"* (Heidbrink, 2008, S. 1 [138]).

Immer besser informierte zivilgesellschaftliche Organisationen und kritische Medien fordern vor dem Hintergrund des öffentlichen Vertrauensverlusts – bewirkt durch Unternehmensskandale und Verfehlungen von einzelnen Entscheidungsträgern in Unternehmen – eine höhere unternehmerische Verantwortung und Rechenschaftslegung, z.B. durch eine glaubwürdige Berichterstattung. Hier sind gerade auch transnational agierende Unternehmen gefragt, von denen eine besondere Verantwortung – insbesondere bei Investitionen in strukturschwachen Staaten – eingefordert wird [56].

---

[69] Vgl. auch die Auffassung des World Business Council for Sustainable Development (WBCSD): *„Corporate social responsibility is the continuing commitment by business to contribute to economic development while improving the quality of life of the workforce and their families as well as of the local community and society at large"* [306].

[70] *„Corporate leaders are now giving lip service to this area (hier: CSR, Anm.), but they do not ultimately understand it"* Michael Porter im Interview mit Mette Morsing: *„CSR – a religion with too many priests"*, in [88].

Unternehmen stehen daher heute viel stärker im Fokus einer interessierten Öffentlichkeit, die darüber informiert werden will, ob Unternehmen auf Umwelt- und Sozialverträglichkeit oder Nachhaltigkeit setzen. Dies kann z.B. umfassen, ob Unternehmen „*eine ökologische Produktpolitik verfolgen und die Menschen in wirtschaftlich schwächeren Lieferanten- und Produktionsländern durch Technologietransfer, auf ihre Bedürfnisse angepasste Produkte, angemessene Bezahlung und Rechte am Wachstum teilnehmen lassen*" (Braun/Klein, 2008, S. 40). D.h. die Unternehmen brauchen den Dialog mit gesellschaftlichen Gruppen, um einerseits den gesellschaftlichen Erwartungen gerecht zu werden, aber andererseits auch um wertvolle gesellschaftliche Informationen für die Entscheidungsfindung im Kerngeschäft zu generieren. Eine verweigerte Öffnung hin zur Berücksichtigung gesellschaftlicher Themen wird damit zu einem Unternehmensrisiko.

6.2.2.3 Konsequenz: ein neuer strategischer Blick von Unternehmen

Ein Wirtschaften wie bisher wird unter den neuen weltwirtschaftlichen und ökologisch-sozialen Rahmenbedingungen nicht mehr zukunftsfähig sein. Um den Herausforderungen Rechnung zu tragen, sind von den Unternehmen neue Antworten zu geben. Die Frage ist dabei nicht mehr, wie das Unternehmen die Gesellschaft prägt, sondern vielmehr wie die neuen, dynamischen Rahmenbedingungen und die gesellschaftlichen Erwartungen das Unternehmen prägen. Die Beantwortung wird damit zu einem ökonomischen Erfordernis im Wettbewerb um Märkte.

Neben den mit diesen Megatrends verbundenen Risiken bestehen gerade in einer Anerkennung dieser Entwicklungen und vor allem in einer pro-aktiven Einstellung für Unternehmen erhebliche wirtschaftliche Chancen (Bundesministerium für Umwelt, Naturschutz und Reaktorsicherheit, 2009, S. 85ff). Wichtige Leitmärkte der Zukunft weisen eine starke ökologische Dimension auf. „*Die Märkte der Zukunft sind `grün`*", so der ehemalige Präsident des Club of Rome, Prinz El Hassan Bin Talal (Prinz El Hassan Bin Talal, 2006, S. 186).

Umwelt- und Klimaschutz werden eine zunehmend prägende Bedeutung für das Kerngeschäft und die Wettbewerbsfähigkeit von Unternehmen haben. In seinem Kern bedeuten die Megatrends und die sich verändernden Rahmenbedingungen ein neues Verhältnis von Ökonomie und Ökologie. Es gibt keinen – auch noch so oft beschworenen – Widerspruch, sondern einen gemeinsamen Kontext und eine neue Qualität. Das ökonomische Knappheitsprinzip und der ökologische Primat eines schonenden Umgangs mit Ressourcen haben sich damit in neuer Weise verbunden.

Unternehmen, die zukunftsfähig und wettbewerbsfähig bleiben wollen, müssen die Treiber Ökologie und Nachhaltigkeit zentral in der strategischen Ausrichtung berücksichtigen. Es wird darauf ankommen, die Megatrends und gesellschaftlichen Bewertungen auf dem „Radarschirm" zu haben, sie anzuerkennen, zu analysieren und entsprechend in nachhaltige Strategien „zu übersetzen".

Fahrlässig wäre es, wenn Unternehmen die in den Megatrends und neuen gesellschaftlichen Anforderungen liegenden Potenziale unterschätzen und sich in ihren Maßnahmen von sporadischen und taktisch geprägten Überlegungen leiten lassen. Michael E. Porter und Mark R. Kramer verdeutlichen in ihrer Analyse „Strategy & Society", dass Unternehmen bereits große Anstrengungen zu Verbesserungen im Sozial- und Umweltbereich unternommen haben [231]. Jedoch seien häufig die entsprechenden CSR-Maßnahmen eher fragmentiert und bezogen auf die Reputation nur oberflächlich an die Befindlichkeiten von Interessengruppen wie Nichtregierungsorganisationen oder ethischen Investoren angepasst. Maßnahmen der Übernahme gesellschaftlicher Verantwortung seien dabei meist weder mit der Unternehmensstrategie und den operativen Geschäftsprozessen verknüpft, noch seien die damit verbundenen Potenziale ausgeschöpft. Eine Erklärung für diese mangelnde strategische Integration dürfte darin liegen, dass CSR-Maßnahmen einerseits häufig zu generell angelegt sind. Andererseits treffen manche CSR-Maßnahmen lediglich nur Teilaspekte, statt eine spezifische Einbettung in das Kerngeschäft zu erreichen. Die beiden Autoren stellen deshalb grundsätzlich fest: „…. yet these efforts have not been nearly as productive as they could be – for two reasons. First, they pit business against society, when clearly the two are interdependent. Second, they pressure companies to think of corporate social responsibility in generic ways instead of in the way most appropriate to each firm's strategy" (Porter/Kramer, 2006, S. 78).

Dauerhaft erfolgreich werden deshalb nur solche Unternehmen sein, die die ökologischen und sozialen Herausforderungen annehmen und innovativ zu nutzen verstehen. Ökologische Megatrends strategisch vorsorgend und vorausschauend in Kerngeschäfte, Verfahren und Prozesse zu integrieren, ist die zentrale Aufgabe von Unternehmen.

Das folgende Fallbeispiel der TUI AG illustriert dabei sehr gut, wie die ökologische Herausforderung des Schutzes der Biodiversität in Geschäftsmodelle und angebotene Dienstleistungen integriert werden kann.

Urlaub mit Nachhaltigkeit - das „Year of the Dolphin" als Teil der TUI Biodiversitätsstrategie

Wie kaum ein anderer Wirtschaftszweig ist Tourismus auf eine intakte Natur und Umwelt angewiesen. Als weltweit tätiges Unternehmen ist sich TUI bewusst, dass geschäftliche Aktivitäten entlang der Wertschöpfungskette auf lokaler, regionaler und globaler Ebene Auswirkungen auf die biologische Vielfalt haben. Deshalb engagiert TUI sich bereits seit den frühen 1990er Jahren in konkreten Projekten und Partnerschaftsabkommen im Dialog mit Wissenschaft, Politik und Naturschutzorganisationen zum Schutz der Artenvielfalt. Mit Teilnahme an der Business & Biodiversity Initiative der Bundesregierung anlässlich der UN-Naturschutzkonferenz 2008 in Bonn und der Verabschiedung einer konzernweiten Biodiversitätsstrategie hat TUI ihren Artenschutzbestrebungen auch öffentlich Nachdruck verliehen. Gleichzeitig ist TUI eine freiwillige Selbstverpflichtung zur Integration von Artenschutzaspekten in die Geschäftsabläufe eingegangen.

Als wesentliche Bausteine für eine erfolgreiche nachhaltige Entwicklung in den TUI Urlaubsregionen werden Gäste- und Mitarbeitersensibilisierung und deren Motivation ebenso wie die Berücksichtigung der Interessen der „local communities" angesehen und zählen zu den wichtigsten Aufgaben des Konzerns.

Mit der Aufklärungskampagne „Year of the Dolphin 2007", die aufgrund ihres Erfolges in 2008 fortgeführt wurde, unterstützt TUI die Ziele der CMS (Convention on the Conservation of Migratory Species of Wild Animals), die sich für den Schutz wandernder wild lebender Tierarten und ihrer Lebensräume einsetzt (als Teil des Umweltprogrammes der Vereinten Nationen (UNEP)).

Zu den konkreten Maßnahmen gehören die Verteilung von mehrsprachigen „Dolphin Manuals" in lokalen Schulen und Hotels der TUI Destinationen mit kindgerechten Informationen zu Lebensräumen und Gefährdung von Delphinen sowie möglichen Schutzmaßnahmen. In den TUI Hotelanlagen wird das „Year of the Dolphin" zum Anlass für zahlreiche Programmaktivitäten für die ganze Familie genommen (z.B. Delphinquiz). Mit dem Verkauf von Merchandise-Artikeln mit Delphin-Motiv werden ausgewählte Delphinschutzprojekte unterstützt.

In Kenia initiierten TUI und Pollmans Tours&Safaris gemeinsam mit lokalen Naturschutzorganisationen mehrere Sensibilisierungskampagnen für die einheimische Bevölkerung, um v.a. touristische Interessengruppen, Bootsführer und Fischer über die Gefährdung der Delphine zu informieren und damit auf die Auswirkungen ihrer Tätigkeit auf den Lebensraum der Meeressäuger hinzuweisen. Daraufhin verpflichtete sich der lokale Verband von Bootsanbietern (Watamu Association Boat Operators), seine Aktivitäten künftig nach einem Verhaltenskodex für nachhaltige Bootsfahrten auszurichten. In einem zweiten Schritt erfolgte die Schulung der Bootsführer gemäß diesen Verhaltensrichtlinien. Ansässige Fischer der Küstenregion bei Watamu nehmen an einem Netztauschprogramm teil, bei dem illegal verwendete Netze kostenlos ausgetauscht werden können. Dadurch soll Beifang und Auswirkungen auf die marine Biodiversität minimiert werden.

Ebenfalls im Rahmen „Year of the Dolphin" unterstützt TUI die Gespräche zur Ausweisung eines Schutzgebietes für Cetaceen im östlichen Atlantik. Die von der CMS initiierte „Watch-Konferenz" (Western African Talks about Cetaceen and their Habitats) führt Vertreter von Regierungs- und Nichtregierungsorganisationen, aus Wissenschaft und Wirtschaft zusammen, die gemeinsam über Gefährdungspotenziale für Meeressäuger diskutieren und Schutzmaßnahmen daraus ableiten.

Mila Dahle, Leiterin Konzern-Umweltmanagement/Nachhaltige Entwicklung, TUI AG
Nähere Informationen unter: www.tui-nachhaltigkeit.com bzw. www.tui-sustainability.com

Gefragt ist in den Unternehmen ein Strategiemodell (siehe Abbildung 6.1), das die ökologischen und gesellschaftlichen Trends versteht, als Chancen begreift und strategisch in die Kerngeschäfte des Unternehmens integriert.

Abbildung 6.1   Strategiemodell für das Unternehmen von morgen[71]

Begleitet werden muss dieses Vorgehen durch Konzepte der Übernahme gesellschaftlicher Verantwortung, die nicht sporadisch und fragmentiert, sondern integrierend in die Unternehmensstrategie wirken.

6.2.3   Corporate Social Responsibility – Konzepte als strategische Orientierung

Grundsätzlich sind CSR-Konzepte je nach Intention und Ausgestaltung in der Lage, eine Erfassung und Bewertung von den für das Unternehmen als relevant eingeschätzten Aspekten vorzunehmen. Dabei werden auch solche gesellschaftlichen, ethischen, ökologischen Aspekte usw. einbezogen, die sich den herkömmlichen Kosten-Nutzen-Kalkülen entziehen oder nur unzureichend monetär erfasst werden können. Sie bieten die Chance zur systematischen Identifikation, Prioritätensetzung und Adressierung gesellschaftlich, ökologisch und unternehmerisch relevanter Themen und damit im Ideal das „ganze Bild" für die Entscheidungsbildung.

---

[71] Quelle: [40] (in Anlehnung an [307]).

In diesen Zusammenhang gehören auch die Ansätze des „nachhaltigen Wirtschaftens" (vgl. im Folgenden auch Franz, 2008, S. 189 f. [112]), die seit dem Erdgipfel in Rio 1992 und besonders seit dem „World Summit for Sustainable Development" von Johannesburg 2002[72] gerade auch in den Unternehmen in Deutschland intensiv diskutiert und verstärkt praktiziert werden. Ein Unternehmen, das sich auf nachhaltiges Wirtschaften ausrichtet, zielt auf eine in ökonomischer, ökologischer und sozialer Hinsicht ausbalancierte und dauerhafte Absicherung des Kapitals – und will gleichzeitig in seiner Einflusssphäre einen Beitrag zur nachhaltigen Entwicklung in der Gesellschaft leisten. Die Voraussetzung dafür ist eine langfristig orientierte, solide ausgestaltete Verankerung von Ansätzen und Instrumenten des nachhaltigen Wirtschaftens im Unternehmen, die eine in diesem Sinn bewertende Gesamtschau ermöglicht.[73] Der Fokus liegt dabei vor allem auf den umwelt- und sozialverträglich zu verändernden Binnenstrukturen (Verfahren, Abläufe) im Unternehmen. Konkret geht es dabei sowohl um produktionstechnische als auch operative Weichenstellungen wie die organisatorische Verankerung von normierten Management- und Governancesystemen. Zwar ist in diesem Ansatz auch eine Öffnung der Kommunikation zu bestimmten Anspruchsgruppen und relevant erachteten gesellschaftlichen Diskursen möglich, sie steht jedoch nicht im Vordergrund.

CSR-Ansätze gehen im Vergleich dazu in mindestens zweifacher Hinsicht darüber hinaus: Sie umfassen in der Regel häufig die Elemente des nachhaltigen Wirtschaftens und versuchen, die Außenbeziehungen des Unternehmens zu bestimmten Anspruchsgruppen zu gestalten. Aber vor allem enthält CSR das Potenzial einer systematischen Integration aller als relevant erachteten internen und externen Aspekte in die Unternehmensstrategie und trägt zur Ausrichtung des Unternehmens auf gesellschaftliche Herausforderungen bei. CSR ist deshalb nachhaltiges Wirtschaften plus! [74]

Bislang liegt eine allgemeingültige Definition von Corporate Social Responsibility (CSR) nicht vor [68], denn es ist letztlich eine „soziale Konstruktion", die je nach Kontext und Zielsetzung bestimmte Facetten unternehmerischer Verantwortung betont. Die Basis für CSR bildet jedoch grundsätzlich die Erfassung der zentralen Dimensionen Umwelt – Gesellschaft – Ökonomie – Interaktion mit Anspruchsgruppen – Freiwilligkeit. In ISO 26000 [168] wird social responsibility durch folgende Dimensionen definiert als:

„Responsibility of an organization for the impacts of its decisions and activities on society and the environment, through transparent and ethical behaviour that

---

[72] Insbesondere in Johannesburg ermutigten die Regierungschefs die Industrie, ihren Beitrag zur Gestaltung einer nachhaltigen Gesellschaft zu leisten. Gleichzeitig verpflichteten sich die Staaten selbst auf eine aktive Unterstützung der Anstrengungen von Unternehmen, dieser gesellschaftlichen Verantwortung gerecht zu werden (vgl. [310] und [49]).

[73] Vgl. den Überblick über Ansätze und Instrumente in: [41].

[74] Andere Auffassungen sehen nachhaltiges Wirtschaften als das breitere, CSR umfassende Konzept an: vgl. [189] sowie [190].

■ *contributes to sustainable development, including health and the welfare of society;*

■ *takes into account the expectations of stakeholders;*

■ *is in compliance with applicable law and consistent with international norms of behaviour; and*

■ *is integrated throughout the organization and practised in its relationships".*

Aus den theoretischen und praktizierten CSR Verständnissen können idealtypisch mindestens drei verschiedene Ausprägungen von CSR für Unternehmen herausgefiltert werden.[75] Das Spektrum reicht dabei von bürgerschaftlichem Engagement (CSR 0), taktisch geprägten Effektivitätsoptimierungsansätzen (CSR 1.0) bis zur strukturverändernden strategischen Umsetzung des Nachhaltigkeitsgedankens (CSR 2.0) im Unternehmen (Tabelle 6.1).[76]

Im europäischen Verständnis wird CSR als ein anspruchvolles Konzept bezeichnet, *„das den Unternehmen als Grundlage dient, um auf freiwilliger Basis soziale und ökologische Belange in ihre Unternehmenstätigkeit und in die Beziehungen zu den Stakeholdern zu integrieren".* Dabei beschließen die Unternehmen, *„über gesetzliche Mindestanforderungen und auf tarifvertraglichen Regelungen beruhende Verpflichtungen hinauszugehen, um gesellschaftlichen Notwendigkeiten Rechnung zu tragen"*(Europäische Kommission, 2001, S. 7 [103 a]; Europäische Kommission, 2002, S. 3ff. [103]; Europäische Kommission, 2006, S. 1ff. [105] und [106]). Auch das „European Multistakeholder Forum on CSR" , in dem seit dem Jahr 2004 (nach einer mehrjährigen Pause nun wieder in 2009) die verschiedenen Aspekte von CSR mit unterschiedlichen Interessengruppen diskutiert werden, hat das CSR-Verständnis weiter gestärkt und präzisiert: *„Our baseline understanding is: CSR is the* **voluntary integration** *of environmental and social considerations* **into business operation, over and above legal requirements, and contractual obligations.** *CSR is about* **going beyond** *these, not replacing or avoiding them."* (European Multistakeholder Forum, 2004, S. 3 [106]).[77]

In dieser relativ modernen Auffassung steht CSR im Zentrum aller Unternehmensaktivitäten. Das Unternehmen soll CSR vor allem als Integrationsaufgabe sozialer und ökologischer Belange begreifen sowie am Dialog mit Interessengruppen interessiert sein. Langfristig sollen die CSR-Aktivitäten einen Beitrag zu „gesellschaftlichen Notwendigkeiten" leisten. Das heißt, die Übernahme gesellschaftlicher Verantwortung durch Unternehmen ist damit kein „business as usual", sondern geht freiwillig darüber hinaus.

---

[75] In der Praxis wird es bei den Ansätzen zu Überlappungen kommen.

[76] Vgl. zu CSR 2.0: [261], [299], [185] und [264].

[77] Hervorhebung durch den Verfasser fett gedruckt.

Tabelle 6.1   CSR-Ausprägungen

CSR-Modell	CSR 0	CSR 1.0	CSR 2.0
Fokus	Reputation ad hoc	Effizienz/Effektivität; Reputation kurz- und mittelfristig	Transformation, Nachhaltigkeit mittel- bis langfristig, nimmt die Perspektive zukünftiger Generationen ein
Rolle des Unternehmens in der Gesellschaft	„Unternehmen als guter Bürger", Sponsor, Unterstützer lokaler und regionaler Initiativen	reaktiv; defensiv; Unternehmen reagiert aus ökonomischen Gründen auf gesellschaftliche Entwicklungen	pro-aktiv: Unternehmen steht in der Gesellschaft; es trägt aus Überzeugung zur nachhaltigen Entwicklung bei; Antizipation von Megatrends und gesellschaftlichen Anforderungen; dynamisches und breites Engagement innerhalb und außerhalb des Unternehmens
Ansatz	Leitbild; sporadisch, unverbunden, geringe organisatorische Verankerung z.B. in der Öffentlichkeitsarbeit	Leitbild, fragmentiert, taktisch; organisatorische Verankerung z.B. durch die Zusammenarbeit von Abteilungen (Öffentlichkeitsarbeit und Personal); aber auch Installierung von CSR-Beauftragten, CSR-Abteilung	Vision, integriert, strategisch; dezentrale Verantwortungsstrukturen; CSR im „Pflichtenheft" aller Aktivitäten
Handlungsebene	freiwillig; bürgerschaftliches Engagement; lokal und regional	freiwillig, lediglich auf Einhaltung gesetzlicher Vorgaben fokussiert; taktisch geprägte Maßnahmen zur Energie- und Ressourceneffizienz, Projektorientierung, Initiierung kontinuierlicher Verbesserungsprozesse verbesserte Produkte	Freiwillig; geht über die gesetzlichen Vorgaben hinaus; umfassende strukturelle Änderungen in den Kerngeschäftsprozessen, systematisches CSR-Management, Entwicklung neuer Märkte, strategische Produktverbesserung und Markenentwicklung
Nähe zum Kerngeschäft	fern, überwiegend auf Reputation ausgerichtet; CSR als Marketingelement, CSR wird grundsätzlich als Kostenfaktor verstanden	nah: stark auf Reputation ausgerichtet; CSR ist Kostenfaktor, jedoch ökonomische Begründung für CSR: es erhöht die Effektivität von Maßnahmen; Erschließung von Kostensenkungspotenzialen als Zielsetzung	nah: CSR trägt dazu bei das Unternehmen neu auszurichten, CSR bietet das Instrumentarium für die Strategie eines nachhaltigen Wirtschaftens und der Organisation gesellschaftlicher Partnerschaften
Einbeziehung von Interessengruppen, Kommunikation	Kaum vorhanden, einseitig ausgehend vom Unternehmen	Vorrangig einseitige „messaging"-Ansätze, Dialoge mit ausgewählten Interessengruppen	Dialoge und Transparenz als Resonanzboden für Nachhaltigkeitsstrategie, verstärkte Nutzung des Internets (Berichterstattung, blogs etc.), Aufbau von Partnerschaften mit stakeholdern; nutzt die Intelligenz und Kreativität von Interessengruppen („crowdsourcing").

6.2.4   Das Umweltthema als Anknüpfungspunkt für CSR

Die zunehmende Dominanz des Umweltthemas für die unternehmerischen Entscheidungen ist ein geeigneter Anknüpfungspunkt für glaubwürdige CSR-Konzepte. Die in der Weltbank entwickelte Vorstellung einer „corporate environmental responsibility" [202] zeigt für Unternehmen die berührten Bereiche und Perspektiven auf: „*Many citizens, environmental organizations and leadership companies define corporate environmental responsibility as the duty to cover the environmental implications of the company's operations, products and facilities; eliminate waste and emissions; maximize the efficiency and productivity of its resources; and minimize practices that might adversely affect the enjoyment of the country's resources by future generations*"(Mazurkiewicz, 2004, S.7).

6.2.4.1   Ökologische Fragestellungen als zentrale Entscheidungsfaktoren

Vor dem Hintergrund der oben skizzierten Entwicklungen und Trends sind die Botschaften für Unternehmen eindeutig:

- Ökologische Fragestellungen werden zunehmend zu zentralen Einfluss- und Entscheidungsfaktoren für Ökonomie und Soziales. Ökonomisches Handeln ohne Ökologie wird keine profitable Zukunft bieten können.

- Damit muss auch die Kostenfrage in den Unternehmen neu gestellt werden. Es darf nicht nur gefragt werden „Was kostet die Klimaschutzmaßnahme X?", sondern eher „Was kostet es, die Umwelt nicht zu schützen?". Umwelt- und Klimaschutz können heute nicht mehr nur als reine Kostenpositionen, sondern vielmehr als Zukunftsinvestitionen für mehr Wettbewerbsfähigkeit angesehen werden.

- Der Schutz der Umwelt, die Reinhaltung von Luft und Gewässern, die Bewältigung des Klimawandels und die Bewahrung der biologischen Vielfalt führen zu spürbarer werdenden Konsequenzen für die Unternehmen. Dies kann sich z.B. in einer eingeschränkten Verfügbarkeit und hohen Preisen für Energie und Rohstoffe, aber auch in mangelnden Umweltschutzinfrastrukturen an den Auslandsstandorten von Unternehmen niederschlagen. Weltweit agierende Unternehmen müssen z.B. entscheiden, welche Umwelt- und Arbeitsstandards sie an Standorten in Entwicklungs- und Schwellenländern anwenden wollen – an allen Standorten den gleichen Standard oder an die gesetzlichen Voraussetzungen der Standorte angepasste Maßnahmen. Dies ist letztlich nicht nur eine Kostenfrage, sondern auch eine ethische Entscheidung.

- Die pro-aktive Reflexion der neuen ökologischen Herausforderungen und Rahmenbedingungen kann ihr Ergebnis in der Entwicklung neuer Produkte, Dienstleistungen und Geschäftsfelder, aber auch in neuen Zielsetzungen, Kooperationen und fairen Partnerschaften finden. Damit können „first mover"-Vorteile auf neuen Märkten erarbeitet werden.

„The challenge is not so much to `find` profitable opportunities in today's markets, as **to create markets (in societies) that systematically reward responsible practices**" (Zadek, 2003, S.1 288 [313]).[78]

▨ Der Klimawandel wird als übergeordnetes globales Problem alle Wirtschaftssektoren – wenn auch in unterschiedlicher Intensität – treffen [45]. Im Umgang mit diesem Thema zeigt sich bereits heute, welche wirtschaftlichen Risiken für Geschäftsmodelle bestehen, die diese ökologische Problematik ignorieren und weiter Produkte so anbieten, als sei der Klimawandel nur ein vorübergehendes Phänomen. Ein bereits absehbarer zunehmender „compliance"-Druck, der sich für den Klimaschutz durch staatliche oder überstaatliche Regulierungen aufbaut, kann die Rahmenbedingungen für Unternehmen weiter erheblich beeinflussen. Der Klimawandel wird deshalb die Bedeutung eines Strukturwandels haben, der alle Bereiche der Volkswirtschaft erfassen wird. Klimaschutz, die Senkung des „carbon footprint" und CO_2-arme, energieeffiziente Produkte werden zunehmend zu hochrelevanten Anforderungen auf den Märkten.

Die Herausforderung der Unternehmen wird deshalb z.B. beim Klimaschutz vor allem darin liegen, vom „government push" zu einem „business led"-Ansatz zu kommen und rasch geeignete Übergangs- und Anpassungsstrategien umzusetzen [262] [50].

Festzuhalten ist, dass das Umweltthema

▨ aufgrund der sich rasch ändernden ökologischen Rahmenbedingungen zu einem dringlichen und zunehmend determinierenden Wirtschaftsfaktor für Unternehmen wird,

▨ als Querschnittsthema in alle Geschäftsbereiche und alle Unternehmensebenen hineinwirkt.

6.2.4.2   Orientierungen und Kerninstrumente von CSR aus Umweltsicht

Im Umweltbereich verfügen Unternehmen in der Regel bereits über eine reiche Erfahrung. Die hier eingesetzten Instrumente und Verfahren können für eine systematische Vorgehensweise organisatorisch genutzt und inhaltlich erweitert werden [17].

Für die Strukturierung von Themen und Instrumenten einer gesellschaftlich verantwortungsvollen Unternehmensführung existieren eine Reihe von Prinzipien oder Leitlinien:

Die zehn universellen Prinzipien des Global Compact der Vereinten Nationen [272] (siehe Kapitel 3.1) beruhen auf der Allgemeinen Erklärung der Menschenrechte, der Erklärung der Internationalen Arbeitsorganisation (ILO) über grundlegende Prinzipien und Rechte bei der Arbeit, dem Übereinkommen der Vereinten Nationen gegen Korruption und für den Umweltbereich aus der Rio-Erklärung über Umwelt und Entwicklung. Die Umweltschutzprinzipien (Prinzipien 7 - 9) fordern die Vorsorge und größere Verantwortung im

---

[78] Hervorhebung durch den Verfasser fett gedruckt.

Umgang mit der Umwelt sowie die Entwicklung und Verbreitung umweltfreundlicher Technologien.

Das am weitesten ausgearbeitete und umfassendste Regelwerk für eine gesellschaftlich verantwortliche und umweltbewusste Unternehmensführung findet sich in Leitsätzen für multinationale Unternehmen der Organisation for Economic Co-operation and Development (OECD). Die im Jahr 2000 aktualisierten OECD-Leitsätze [220] beinhalten Empfehlungen zu zentralen Verantwortungsbereichen von Unternehmen. Sie umfassen freiwillig einzuhaltende Standards für eine verantwortungsvolle Unternehmensführung in den Bereichen Einhaltung der Menschenrechte, Korruptionsbekämpfung, Besteuerung, Umgang mit Arbeitnehmern, Wahrung von Verbraucherinteressen, Umweltschutz und die Offenlegung von Informationen (vgl. Abbildung 6.2).

Die Leitsätze zeichnen sich im Vergleich zu anderen Prinzipien durch einen höheren Detaillierungsgrad aus und zeigen Ansätze zur operativen Umsetzung. Anerkannt von allen 30 OECD-Mitgliedsstaaten sowie 11 anderen Nichtmitgliedsstaaten stellen sie den einzigen umfassenden, auf multilateraler Ebene angenommenen Kodex verantwortungsbewussten Wirtschaftens dar.

Deutschland hat die Leitsätze anerkannt und sich gemeinsam mit den anderen OECD-Staaten zu deren Förderung verpflichtet. Aufgrund dieser staatlichen Anerkennung und der Möglichkeit, bei Verstößen nationale Kontaktstellen anzusprechen und Mediationsverfahren in Gang zu setzen, besitzen die Leitsätze eine höhere Verbindlichkeit. Unternehmen, die ihre gesellschaftliche Verantwortung ernst nehmen, können die OECD-Leitsätze als Mindeststandard und Ausgangspunkt zugrunde legen und sich gegenüber ihren Anspruchsgruppen zu deren Einhaltung klar bekennen.

Die Leitsätze geben in Kapitel V für den Umweltbereich u.a. folgende Empfehlungen ab:[79]

Unternehmen sollen

- ein effizientes internes Umweltmanagementsystem einrichten,

- eine geeignete Berichterstattung sowie externe Kommunikations- und Konsultationsverfahren aufbauen,

- sich am Vorsorgeprinzip orientieren und Folgenabschätzungen oder Umweltverträglichkeitsprüfungen einführen sowie eine kontinuierliche Verbesserung des Umweltschutzes anstreben,

- ein wirksames Risiko- und Krisenmanagement einführen,

- die Beschäftigten im Umweltschutz schulen und weiterqualifizieren,

- zu einer ökologisch sinnvollen und effizienten staatlichen Umweltpolitik beitragen.

---

[79] Vgl. hierzu insbesondere die OECD-Leitsätze für Kapitel V begleitende Publikation [220 a].

Abbildung 6.2   Inhalt der OECD-Leitsätze

Leitsätze der OECD

Grundpflichten von Unternehmen
Nachhaltige Entwicklung, Einhaltung von Menschenrechten, Förderung lokaler Kapazitäten etc.

Informationspolitik
Herausgabe eines Geschäftsberichts, Offenlegung von Informationen zu sozialen und umweltrelevanten Fragen etc.

Beschäftigungspolitik
Einhaltung der Kernarbeitsnormen der Internationalen Arbeitsorganisation (ILO) etc.

Umweltpolitik
Errichtung von Umweltmanagementsystemen und Gewährleistung einer transparenten Umweltberichterstattung, Orientierung am Vorsorgeprinzip etc.

Korruptionsbekämpfung
Ablehnung von Bestechungsgeldern, Transparenz zu den Maßnahmen der Korruptionsbekämpfung etc.

Verbraucherinteressen
Gewährleistung fairer Geschäfts-, Vermarktungs- und Werbepraktiken sowie von Sicherheit und Qualität der Güter und Dienstleistungen etc.

Wissenschaft und Technologie
Schutz des geistigen Eigentums, Know-how-Transfer

Wettbewerb
Beachtung der Regeln des fairen Wettbewerbs, Verzicht auf Errichtung wettbewerbswidriger Kartelle etc.

Besteuerung
Beitrag zu öffentlichen Finanzen der Gastländer leisten, Einhaltung von Steuergesetzen etc.

Das systematische Umweltmanagement ist ein Kernelement für die Umsetzung von CSR-Konzepten. Dafür sind grundsätzlich DIN EN ISO 14001 und besonders das europäische Umweltmanagementsystem EMAS (Eco-Management and Audit Scheme) geeignet.

Die ISO-Norm 14001 „Umweltmanagementsysteme – Spezifikation mit Anleitung zur Anwendung" formuliert weltweit anerkannte Anforderungen an ein System zum Umweltmanagement und legt dabei einen Schwerpunkt auf einen kontinuierlichen Verbesserungsprozess. Die seit 1996 gültige Norm wurde 2004 überarbeitet. Die Normenreihe für Umweltmanagementsysteme und -instrumente ist weltweit für alle Wirtschaftszweige und Organisationen anwendbar.

Inhaltlich verlangt die Norm nach der Formulierung einer Umweltpolitik des Unternehmens die Planung der Umsetzung und die Einführung des Umweltmanagementsystems. Von nun an unterliegt das Umweltmanagementsystem einem kontinuierlichen Verbesserungsprozess, der durch Kontroll- und Korrekturmaßnahmen sowie deren Bewertung dazu beitragen soll, die jeweils definierte Zielsetzung zu erreichen. Im Rahmen eines privatwirtschaftlichen Verhältnisses wird das Umweltmanagement durch unterschiedliche Organisationen zertifiziert. Der Zeitraum für die Wiederholung der Zertifizierung wird nicht ausdrücklich vorgeschrieben, es ist aber ein dreijähriger Rhythmus üblich. Nach der Zertifizierung muss die Umweltpolitik veröffentlicht werden, während die weitere Öffentlichkeitsarbeit ausschließlich vom Unternehmen selbst abhängt [169].

Die Anforderungen der ISO 14001 an ein Umweltmanagementsystem sind auch Bestandteil der europäischen Umwelt-Audit-Verordnung (EMAS) [94]. Gerade EMAS, mit seiner Pflicht zur kontinuierlichen Verbesserung der Umweltleistung, trägt zu einem Reifeprozess im Unternehmen bei, der zur Erweiterung des bestehenden Wissens und daraus folgend zu weiteren Verbesserungsmaßnahmen führt. Umweltmanagement kann somit als Basis eines Innovationsmanagements angesehen und genutzt werden.

Für CSR ist EMAS ein geeigneter Ausgangspunkt, da hier das Thema Glaubwürdigkeit eine besonders herausgehobene Rolle spielt:

EMAS verlangt – und geht dabei über ISO 14001 hinaus – eine veröffentlichte „Umwelterklärung" und besondere Anstrengungen im Umweltmanagementsystem hinsichtlich

- der Einhaltung von Rechtsvorschriften,
- der Umweltleistung,
- der externen Kommunikation und
- der Einbeziehung der Arbeitnehmer.

Die Validierung durch staatlich bestellte, unabhängige Umweltgutachter, also eine unternehmensexterne Sicht auf das Unternehmen, trägt zur hohen Glaubwürdigkeit von EMAS bei.

Innovationen, die auf einem funktionierenden Umweltmanagementsystem basieren, lassen sich in verschiedenen Unternehmensbereichen feststellen, z.B. bei der Organisation, bei Prozessabläufen und im Produktbereich.

Beispiele aus dem Organisationsbereich sind u.a.:

- die Einführung umwelt- und nachhaltigkeitsbezogener Instrumente in die betrieblichen Abläufe (Umweltkostenrechnung, Umweltbenchmarking, Ökobilanz, Integration ökologischer Bewertungsverfahren),
- die explizite Anforderung von ökologischen Verbesserungen im Vorschlagswesen,
- der Abschluss von Zielvereinbarungen mit ökologischen Anforderungen,

- die Integration von Umweltaspekten in der Arbeitsplatzbewertung,

- die Berücksichtigung von Umweltaspekten in Investitionsbewertungen,

- die Nutzung ökologischer Kriterien bei Forschungs- und Entwicklungsentscheidungen.

Gerade Maßnahmen zur innovativen Veränderung von Prozessabläufen und der Produktplanung werden durch die bei EMAS durchgeführte Umweltbetriebsprüfung und/oder die Nutzung von Kennzahlen in Gang gesetzt, da diese auf Schwachstellen hinweisen können. In der Praxis sind dies meist Maßnahmen zur Steigerung der Effizienz in den Bereichen Energieversorgung, Recycling, Entsorgung und Lieferketten wie z.B.

- Reduzierung der Material- und Energieintensität von Gütern und Dienstleistungen;

- Begrenzung der Verbreitung toxischer Stoffe;

- Intensivierung des Materialrecyclings;

- Maximierung des Einsatzes von erneuerbaren Ressourcen;

- Verbesserung der Produkthaltbarkeit;

- Erhöhung der Dienstleistungsintensität von Gütern.

Produktinnovationen ergeben sich häufig durch den im Rahmen des Umweltmanagementsystems durchgeführten „Komplett-Check" der Produktionsprozesse. Ein eindrucksvolles Beispiel dafür, wie ein im Unternehmen „gelebtes" Umweltmanagement durch systematisch analysierte Effizienzprozesse und Wertschöpfungsketten aus einem Kuppelprodukt ein neues Geschäftsfeld machen kann, zeigt die Neumarkter Lammsbräu :

Vom Kuppelprodukt zum neuen Geschäftsfeld – vom „Pils zum Pilz"

Gesteigerte Materialproduktivität und ein effizienter Einsatz natürlicher Ressourcen sind grundlegende strategische Elemente umweltbewusst und nachhaltig agierender Unternehmen. Neumarkter Lammsbräu definierte bereits Mitte der 1970er Jahre in ihren Nachhaltigkeitsleitlinien, dass der Umgang mit den natürlichen Ressourcen in der Brauerei schonend geschehen soll und dass soweit wie möglich geschlossene Wertschöpfungsketten geschaffen werden sollen.

Gerade in einer Brauerei fallen verschiedene organische Kuppelprodukte an, die traditionellerweise als „Abfallstoffe" des Bierherstellungsprozesses ohne, weitere stoffliche Verwendung entsorgt werden. Ein solches Kuppelprodukt ist der so genannte Biertreber, der beim Sieden des Bieres nach dem Einmaischen in großen Mengen anfällt. Typischerweise werden die Treber als Viehfutter an die Landwirtschaft zurückgeführt oder als Abfallstoff entsorgt.

Neumarkter Lammsbräu führt dieses hochwertige, organische Material, das noch eine hohe Konzentration ernährungsphysiologisch wertvoller Inhaltsstoffe enthält, einer zusätzlichen, wertsteigernden Nutzung zu: Die Treber werden in einem speziellen Verfahren in ein Pilz-Substrat umgewandelt. Das eigens dafür gegründete Tochterunternehmen „fungi bavaria" züchtet dann auf diesem Bio-Substrat exotische Speisepilze (z.B. Shiitake, Kräutersaitlinge, Austernpilze u.ä.), die wiederum als Bio-Speisepilze in der regionalen Gastronomie vermarktet werden. So wird aus einem Kuppelprodukt mit scheinbar geringem Wert ein hochwertiges und sehr gesundes Lebensmittel produziert.

Völlig geschlossen wird die Wertschöpfungskette, indem das verbrauchte Pilzsubstrat zerkleinert und als Bodenverbesserer an die Öko-Vertragslandwirte der Neumarkter Lammsbräu abgegeben wird.

Der Nutzen dieses wertsteigernden, ressourcenschonenden Prozesses liegt auf der Hand: Neumarkter Lammsbräu konnte ein neues Geschäftsfeld eröffnen, dessen Grundlage ein im Brauprozess und im Überfluss anfallendes Kuppelprodukt ist. Dadurch erschliesst sich das Unternehmen neues Know-how, kommt seinem Ziel des effizienten Umgangs mit natürlichen Ressourcen immer näher und erhöht letztlich auch die finanzielle Wertschöpfung des Unternehmens.

Das Projekt fand bereits vor mehreren Jahren Eingang in die mittelfristige Unternehmensplanung von Neumarkter Lammsbräu. Die eigentliche Umsetzung erfolgte innerhalb von zwei Jahren, nachdem ein entsprechender „Pilz-Experte" ausfindig gemacht und das Tochterunternehmen „fungi bavaria" gegründet wurde.

Thomas Weiß ,Leiter Nachhaltigkeitsmanagement, Neumarkter Lammsbräu Gebr. Ehrnsperger e.K.   *Nähere Informationen unter: www.lammsbraeu.de*

EMAS ist ein modernes Umweltmanagementsystem, dessen Potenziale in den Unternehmen noch nicht ausgereizt sind. EMAS unterstützt Innovation und Wettbewerbsfähigkeit; seine Anwender agieren verantwortungsvoll und es macht fit für zukünftige Herausforderungen. Bei der Übernahme gesellschaftlicher Verantwortung durch Unternehmen kann EMAS im Rahmen der stärkeren Verknüpfung mit sozialen Aspekten eine zentrale Rolle einnehmen.

6.2.4.3   CSR und die Reichweite der Umweltdimension

In den CSR-Ausprägungen kann die Umweltdimension sehr unterschiedlich ausgestaltet werden, wie zeigt.

- Deutlich wird, dass beim Übergang von CSR 1.0 zu CSR 2.0 zeigt, das Unternehmen von einer primär reagierenden Haltung zu einer pro-aktiven Haltung im Umweltschutz kommen muss, wobei deutlich zusätzlich eine Verbindung zu sozialen Aspekten hergestellt wird.

Tabelle 6.3   CSR-Ausprägungen und Umweltdimension

CSR-Modell	CSR 0	CSR 1.0	CSR 2.0
Fokus der Umweltdimension	primär Einhaltung der Umweltgesetzgebung	Einhaltung der Umweltgesetzgebung; teilweise vorsorgender Ansatz im Umgang mit Umweltproblemen	geht freiwillig über die Umweltgesetzgebung hinaus; handelt innerhalb der Grenzen der ökologischen Belastbarkeit; beweist stewardship; leadership im Umweltbereich
Vorrangige Umweltthemen	das gesetzlich Erforderliche	systematisches Umweltmanagement; Ökoeffizienz: Energie- und Materialeffizienzprogramme; zunehmend Klimaschutzmaßnahmen	systematisches Umwelt- und Nachhaltigkeitsmanagement; Ökosystem-Ansatz; Abschätzung und Bewertung aller direkter und indirekter Umweltauswirkungen des Unternehmens, konsequenter Minderungsansatz
Instrumente	Umweltmanagementansätze	Reduzierung der Material- und Energieintensität von Gütern und Dienstleistungen; Reduzierung der Verbreitung toxischer Stoffe; Intensivierung des Materialrecyclings; Maximierung des Einsatzes erneuerbaren Ressourcen; verbesserte Produkthaltbarkeit; Erhöhung der Dienstleistungsintensität von Gütern	Integrierende triple-bottom-line-Ansätze (profit-planet-people); Verfolgung von „Produktlebenszyklus-", „low carbon-", „low waste-", „zero-emission-" Konzepten
Lieferkette	Gestaltung von Zulieferbeziehungen	Lieferketten-Management mit ökologischen - und fair trade-Komponenten	nachhaltiges Lieferkettenmanagement („grüne und sozial gerechte Lieferkette"); Schulung der Zulieferer
Berichterstattung	Verlautbarungen, Presseinformation	freiwillige Berichterstattung, Umwelt-, CSR-Bericht	freiwillige Berichterstattung, Integration von Umwelt- und CSR-Berichten in den Geschäftsbericht, Nutzung von key performance indicators

6.2.5   Unternehmen auf dem Weg zur Nachhaltigkeit

Das Forum for the future und Capgemini haben mit Experten vier unterschiedliche Szenarien für die Welt im Jahr 2018 entwickelt und Schlussfolgerungen für die Unternehmenspolitik aufbereitet [110].[80] In jedem dieser von den Rahmenbedingungen sehr unterschiedlichen, aber nicht unwahrscheinlichen Szenarien wird erkennbar, dass für die Unternehmen („business") das Thema Nachhaltigkeit („sustainability") eine dominierende Rolle einnehmen wird. Sie kommen zu dem Schluss: *„Sustainability is becoming critical to business success (…). Such enlightened self-interest frames sustainability as a business opportunity, requiring very different approaches from the past"* (Forum for the future, 2008, S. 4).

Für die Unternehmen kann dies grundsätzlich in Richtung einer **„corporate sustainability"** gehen und wie oben ausgeführt die Aspekte von CSR 2.0 umfassen. Eng angelehnt an die Brundtland-Definition von nachhaltiger Entwicklung führen Thomas Dyllick und Kai Hockerts dazu Elemente einer solchen Perspektive aus: Corporate *„sustainability can […] be defined as meeting the needs of a firm's direct and indirect stakeholders (such as shareholders, employees, clients, pressure groups, communities etc.), without compromising its ability to meet the needs of future stakeholders as well. Towards this goal, firms have to maintain and grow their economic, social and environmental capital base while actively contributing to sustainability in the political domain"* (Dyllick/Hockerts, 2002, S. 130).

Wenn die Auffassung richtig ist, dass die Gesellschaft und die neuen Rahmenbedingungen Unternehmen prägen werden, ist es an der Zeit, nachhaltige Unternehmensstrukturen und Geschäftsmodelle aufzubauen. Bereits heute können CSR-Konzepte, die den Weg zur Integration sozialer und ökologischer Themen in die Unternehmensstrategie unterstützen, umgesetzt werden. Sie können u.a. durch folgende Elemente charakterisiert werden:

- Das Unternehmen hat ein Leitbild der Nachhaltigkeit („triple bottom line"), das seiner Rolle in der Gesellschaft als Orientierung dient und Ausdruck seiner Unternehmenskultur.

- Das Unternehmen versteht sich als „guter Bürger" und erhöht die gesellschaftliche Akzeptanz seines Handelns, um die „licence to operate and expand" abzusichern.

- Die Übernahme gesellschaftlicher Verantwortung ist im Unternehmen eine Strategie und erschöpft sich nicht in philanthropischen Maßnahmen, die relativ fern vom Kerngeschäft sind.

- Das Management erkennt ökologische und soziale Megatrends an und handelt glaubwürdig mit geeigneten Instrumenten, um pro-aktiv daraus Geschäftschancen zu entwi-

---

[80] Die hier vorgelegten vier Szenarien („Global Interest"; „National Interest"; „Patched-up globalisation"; „me and mine, online") zeigen, wie Unternehmen unter den Rahmenbedingungen einer unterschiedlichen Bedeutung von Globalisierungauswirkungen (stärker national oder international orientiert), der Akteursvernetzung, hoher Preise für Energie und Rohstoffen sowie Umweltherausforderungen bestehen können.

ckeln. Als Beispiel seien hier die Aktivitäten der Volkswagen AG zum Schutz der biologischen Vielfalt genannt (siehe hierzu den folgenden Kasten).

■ Das Unternehmen erweitert systematisch seine Risikoanalyse um Nachhaltigkeitsaspekte, reagiert entsprechend und sichert so seinen Bestand langfristig.

■ Das Unternehmen hat ein systematisch steuerndes und integrierendes Management, das das CSR-Konzept letztlich bis zum einzelnen Arbeitsplatz umsetzt.

Nutzung und Schutz der biologischen Vielfalt verknüpfen – Die Biodiversitäts-Strategie der Volkswagen AG

Der Wert der biologischen Vielfalt als Rohstoffbasis einer wachsenden Weltbevölkerung und als Datenbank der Natur ist immens. Doch täglich sterben, je nach Schätzung, zwischen 100 und 150 größtenteils unerforschte Pflanzen- und Tierarten. Hauptursache: menschlicher Einfluss.

Die Sicherung der Biodiversität gehört daher neben dem Klimaschutz zu den großen ökologischen Herausforderungen des 21. Jahrhunderts. Schon heute ist klar: Die volkswirtschaftlichen Kosten eines wirksamen Schutzes der Biodiversität, so hoch sie sein mögen, sind allemal niedriger als die Kosten des Artensterbens.

Im Rahmen seines CSR-Managements übernimmt auch Volkswagen als weltweit tätiges Industrieunternehmen Verantwortung für den Natur- und Artenschutz. In einem Mission Statement ist der Erhalt der biologischen Vielfalt jüngst sogar zum Unternehmensziel erklärt worden. So will VW ein Beispiel dafür geben, wie es gelingen kann, die notwendigen Erfordernisse der materiellen Produktion mit dem Erhalt der Biodiversität zu verbinden. Mit seinem Auftritt auf der 9. Naturschutzkonferenz der Vereinten Nationen (COP9) im Mai 2008 in Bonn hat das Unternehmen sein Biodiv-Commitment auch der Weltöffentlichkeit gegenüber bekannt gemacht.

Vor allem aber hat sich Volkswagen gemeinsam mit anderen Vorreiterunternehmen der „Business and Biodiversity Initiative" angeschlossen und sich damit verpflichtet, sein Management und die unternehmensinternen Prozesse weiter in Richtung Artenschutz zu optimieren.

Zu dem Maßnahmenbündel gehören die Erstellung ökologischer Gutachten an den Standorten, die Anerkennung der GRI-Indikatoren zur Biodiversität und die Schaffung klarer Verantwortlichkeiten ebenso wie die Integration des Naturschutzes in die lokalen Umweltaktionspläne, die umfassende Berichterstattung, die Einbeziehung der Lieferanten und nicht zuletzt der Ausbau des Know-hows durch Kooperationen und Projekte mit NGOs.

Schon seit langem engagiert sich Volkswagen nicht nur in Deutschland, sondern gerade auch an internationalen Standorten in – gleichsam wild gewachsenen – Projekten der Renaturierung und Biotopentwicklung sowie Initiativen der Umweltbildung und -erziehung. Diverse Artenschutz- und Forschungsprogramme runden das globale Management der Biodiversität ab.

In der Überzeugung, dass die Sicherung der Artenvielfalt auch von der Reduktion klimarelevanter Gase abhängt, treibt Europas Automobilhersteller Nr.1 zudem die Entwicklung besonders kraftstoffeffizienter Fahrzeuge wie der BlueMotion-Modelle voran und verstärkt die Forschung an alternativen Antriebs- und Kraftstoffkonzepten.

Da der Schutz der Biodiversität eine Gemeinschaftsaufgabe ist, unterstützt Volkswagen außerdem die Nationale Strategie der Bundesregierung zur Erreichung der in dem „Übereinkommen über die biologische Vielfalt" (CBD) 1992 beschlossenen UN-Ziele. Um die allgemeine Öffentlichkeit für diese Ziele zu sensibilisieren, war das Unternehmen schon 2007 Partner der BMU-CBD-Kampagne „Eine Natur – eine Welt – unsere Zukunft" geworden. Dabei brachte sich VW nicht nur in die „Naturallianz" ein, sondern betätigte sich auch als Ausrichter einer mehrwöchigen Bustour quer durch Deutschland. Das Motto dieser Roadshow taugt zugleich als Leitmotiv des gesamten VW-Engagements im Naturschutz: „Unterwegs für Vielfalt".

Michael Scholing, Konzernrepräsentanz Berlin, Volkswagen AG
Nähere Informationen unter: www.volkswagen.de

- Das Unternehmen verbessert seine organisatorische und operationale Effizienz und strebt die „kontinuierliche nachhaltige Verbesserung" an. Die operationale Effizienz setzt z.B. bei der Einsparung bei Rohstoffen, Energie, Schließen von Stoffkreisläufen an und ist i.d.R. mit neuen Produkten und Dienstleistungen verbunden.

- In der Zulieferkette werden Umweltschutz und menschenwürdige Arbeitsbedingungen beachtet.

- Das Unternehmen ist ein attraktiver Arbeitgeber, der gut bezahlt, in seine Beschäftigten investiert, sie weiterqualifiziert und ausbildet. Die Führungskräfte orientieren sich am Nachhaltigkeitskonzept.

- Im Unternehmen werden Innovationen durch Anreize „provoziert", um Wettbewerbsvorteile zu erschließen.

- Das Unternehmen kommuniziert aktiv mit Interessengruppen, um zu erfahren, welche Bedürfnisse bestehen, und setzt diese Informationen strategisch ein.

- Die Öffentlichkeit und Investoren werden durch eine glaubwürdige und nachvollziehbare Berichterstattung informiert.

- Das Unternehmen erbringt einen „public value/shared value", indem es freiwillig über die gesetzlichen oder vereinbarten Mindestanforderungen hinausgeht, um zur Verbesserung gesellschaftlicher Lebensverhältnisse beizutragen.

In dieser Auffassung widerspricht CSR eindeutig dem altgedienten idealtypischen Prinzip der rein ökonomischen Betrachtungsweise, dass Unternehmen stets und ausschließlich nach dem größtmöglichen Gewinn streben sollten. Milton Friedman fokussierte Anfang der sechziger Jahre [115a] mit seiner „fundamentally subversive doctrine" die Aufgabe der Unternehmensverantwortlichen allein auf die Steigerung von Profiten: *„[...] there is one and only one social responsibility of business – to use its resources and engage in activities designed to* *increase its profits so long as it stays within the rules of the game, which is to say, engages in open and free competition without deception or fraud"* (Friedman, 1970, S. 32 f.). Die Finanzierung von Maßnahmen des ökologischen und gesellschaftlichen Engagements, eine längerfristige Sichtweise und nachhaltiges Wirtschaften werden in dieser neoliberalen Auffassung letztlich als Privatangelegenheit der Manager oder – falls sie es im Unternehmen durchsetzen können – als ein „Verschwenden" von Profiten angesehen.[81]

Kurzfristdenken, überhöhte Renditeziele und Individualisierung des Geschäftserfolgs sind als Beweggründe des Wirtschaftens damit kompatibel. Zutreffend ist sicherlich, dass Profitabilität und die Einhaltung gesetzlicher Bestimmungen grundlegende Voraussetzungen für das Wirtschaften sind. Aber das reicht heute für die Rollenbestimmung von Unternehmen nicht mehr aus (Nelson, 2004, S. 14ff.).

Unternehmen, die einen substanziellen Beitrag leisten zum Umweltschutz, zum Wohlergehen ihrer Mitarbeiter sowie zur nachhaltigen Entwicklung unserer Gesellschaft, begegnen nicht nur den Erwartungen ihrer Anspruchsgruppen. Sie tun dies vielmehr auch aus einem elementaren Eigeninteresse heraus: Einerseits können Sie mit umweltfreundlichen, ressourcen- und energieeffizienten Verfahren und Produkten Kosten einsparen und wettbewerbsfähiger werden; andererseits machen sie sich fit für die Herausforderungen der Zukunft, die durch einen raschen Wandel der Strukturen gekennzeichnet sind. Nachhaltige Unternehmensleistungen sind damit Voraussetzung für den langfristigen wirtschaftlichen Erfolg. Auf dem Weg zum nachhaltigen Unternehmen geht es dann um nicht weniger als um die „Transformierung" des Unternehmens von einer rein profitorientierten Organisation zu einer sozioökonomisch motivierten Institution der Gesellschaft (Brown, 1979, S. 6) Eine Institution, die pro-aktiv win-win-win-Lösungen gestaltet – als Gewinn für das Unternehmen, die Umwelt und die nachhaltige Entwicklung der Gesellschaft!

---

[81] *„ Insofar as his (the corporate executive, Anm.) actions in accord with his „social responsibility" reduce return to stockholders, he is spending their money"*, so Friedman in [115].

7 Verbraucherschutz

7.1 Die neue Macht des Verbrauchers

Ein Geleitwort von Ilse Aigner

Bundesministerin für
Ernährung, Landwirtschaft und Verbraucherschutz[82]

Globalisierung ist eine konkrete Erfahrungsgeschichte. So machten Unternehmen weltweit neue Standorte auf: in den USA einerseits, in Ländern wie China, Vietnam, Bangladesch, Indien oder Südafrika andererseits. Aber die Produktion war nur dann erfolgreich, wenn sich Unternehmen auf die jeweiligen sozialen, bildungsmäßigen und kulturellen Eigenheiten der Bevölkerung einließen und sich für die Verbesserung der Verhältnisse deutlich engagierten. Diese Erfahrung notwendiger Übernahme gesellschaftlicher Verantwortung zum Ausgleich von Bildungsdefiziten, sozialen Missständen wie unzumutbaren Zuständen in der Arbeitswelt wurde besonders von multinationalen Unternehmen nach Europa und Deutschland gebracht. Unternehmen, die sich international als „Bürger" dem Gemeinwohl-Engagement in vielfältigen Gesellschaftsbereichen widmeten (Corporate Citizenship / CC) oder ein solches Engagement strategisch mit dem eigenen Geschäftsfeld verknüpften (Corporate Social Responsibility / CSR), erkannten den Vorteil, dies auch im Heimatland zu tun. Die Notwendigkeit gesellschaftlicher Verantwortung von Unternehmen – CC und CSR – resultiert also aus den spezifischen Erfahrungen mit Menschen und Kulturen. In Deutschland wird dafür neben CC immer mehr das Kürzel CSR gebraucht.

Dass immer mehr Unternehmen gesellschaftliche Verantwortung übernehmen ist eine begrüßenswerte Entwicklung. Aber: CSR ohne Verbraucher[83] ist wie ein Auto ohne Motor. Damit kann man nicht fahren. Unternehmer produzieren Waren und Dienstleistungen, um

---

[82] Bild mit freundlicher Genehmigung des BMELV/BILDSCHÖN.

[83] Verbraucherinnen und Verbraucher sind der besseren Lesbarkeit im Text willen mit dem Gesamtbegriff „Verbraucher" umschrieben.

diese zu verkaufen. Ohne Konsumenten gibt es keinen Gewinn, ohne Verbraucher funktioniert der Markt nicht. Darüber hinaus sind Verbraucher mündige Bürger, die politische Einstellungen, individuelle Lebensstile und normative Lebensvorstellungen mit in die Sphäre des Wirtschaftens, von Unternehmen und Produkten, immer deutlicher einbeziehen. CSR ist somit ein Ausdruck dafür, dass der Verbraucher seitens der Unternehmen nicht mehr nur als reiner Konsument, sondern auch als Persönlichkeit ernst genommen wird. Schon immer haben Verbraucher die Waren, die sie kaufen wollen, nach ihrem individuellen Nutzen bewertet. Diese Haltung ist bis heute richtig. Aber zugleich verschieben sich beim Verbraucher die Parameter dessen, was „sein" Nutzen ist. Da geht es nicht nur um die persönliche, sondern auch um die gesellschaftliche Frage des „guten Lebens". Hier spielen ökologische und entwicklungspolitische Erfahrungen ebenso hinein wie sozialethische Grundorientierungen.

Die Globalisierung, die eine früher ungeahnte Warenfülle in unsere Läden gebracht hat, hat gleichzeitig der Blickwinkel geweitet für ausbeuterische Praktiken entlang der weltweiten Produktionskette. Der Kauf „fairer Produkte" wächst – vom Kaffee über Teppiche bis hin zu Blumen. Es geht nicht darum, die neue internationale Arbeitsteilung aufzuheben, da nicht nur die Industrie-, sondern gerade die Entwicklungsländer davon profitieren sollen. Entscheidend ist vielmehr, ob die Bedingungen der Produktionsarbeit menschenrechtlich, sozial und fair erfolgen. Mehr denn je hängen davon Vertrauen, Glaubwürdigkeit und Reputation des Unternehmens in der Öffentlichkeit ab. Nicht nur Produkte und die Produktion entlang der Wertschöpfungskette, sondern das ganze Unternehmen wird heute vom Verbraucher in zunehmendem Maß (kritisch) überprüft, bewertet und das Ergebnis in die eigene Kaufentscheidung einbezogen. Der Verbraucher entdeckt seine Macht. Selbstverständlich sind das nicht alle, es werden aber immer mehr – hier geht es um einen längeren Prozess. Natürlich behält der Unternehmer (das Unternehmen) seinen Raum freiheitlicher Entscheidungen für die Waren- und Dienstleistungsproduktion und seine darauf bezogenen Marktstrategien. Auch die Übernahme gesellschaftlicher Verantwortung – über das gesetzlich Vorgeschriebene hinaus – muss immer freiwillig sein. Diese wichtige Motivation unternehmerischen Handelns sollte erhalten und gepflegt, aber nicht gesetzlich geregelt werden. Das ist auch im Interesse des Verbrauchers, der so die unterschiedlichsten Wünsche, Vorstellungen und Haltungen an die Unternehmen herantragen kann. Dabei geht es nicht nur um Produkte, sondern ebenso um die gesellschaftlichen Leistungen der Unternehmen, die Verbraucher als Bürger in den unterschiedlichen Organisationsformen der zivilen Bürgergesellschaft anfragen. Im Übrigen gilt Freiheit und Freiwilligkeit auch für den Verbraucher selbst und seine Motive in Hinblick auf das eigene Verbraucherverhalten. CSR darf nicht dazu benutzt werden, dem Unternehmen oder dem Verbraucher etwas vorzuschreiben oder diese ideologisch zu bedrängen.

Freiheitliche Entscheidungen und Wahl sind Grundlage der Sozialen Marktwirtschaft. CSR ist ein moderner Teil davon. Allerdings gilt es zwischen Theorie und Ausprägung in der Wirklichkeit zu unterscheiden. In der reinen Theorie war schon immer „der Kunde König". Konsumentensouveränität ist danach das entscheidende Steuerungssignal in der Marktwirtschaft. Angesichts tatsächlicher informationeller und organisatorischer Unterlegenheit der Verbraucherseite sind aber in der Wirklichkeit die Gewichte verschoben.

Marktwirtschaften werden deshalb kritisiert, sie dienten im Ergebnis mehr dem übermächtigen Renditestreben von Unternehmern als den Bedürfnissen von Arbeitnehmern einerseits und Konsumenten andererseits. Was allerdings im 19. Jahrhundert, als die „soziale Frage" virulent war, an Kritik zu Recht geübt wurde, ist in der Sozialen Marktwirtschaft des 21. Jahrhunderts in Deutschland weitgehend zu einem partnerschaftlichen Ausgleich in Mitbestimmung und sozialer Sicherung ausgebaut worden. Sowohl Unternehmer wie Arbeitnehmer, Produzenten wie Konsumenten, haben in der Wettbewerbsordnung der Sozialen Marktwirtschaft eine einander zugewandte Stellung. Auch wenn Finanz-, Wirtschafts- und Konjunkturkrisen immer wieder vorkommen und wie zur Zeit globale Auswirkungen haben, eröffnet die Soziale Marktwirtschaft mit ihrer wertefundierten menschenrechtlichen Ordnung grundsätzlich die Möglichkeit zum sozialen Ausgleich, zum Einbringen unterschiedlicher Interessen und zur Weiterentwicklung angesichts gewandelter Verhältnisse. Trotzdem gibt es auch bei Unternehmen marktbezogene Machtverhältnisse. In der gesellschaftlichen Wirklichkeit muss deshalb ein Ausgleich hergestellt werden. Der demokratische Staat unterstützt deshalb alle Bestrebungen, den Verbraucher zu informieren und aufzuklären, zu beraten und zu unterstützen sowie ihn wo notwendig zu schützen und seine Rechte zu stärken – kurz: ihn auf Augenhöhe mit der Wirtschaft zu stellen. Denn der kenntnislose Verbraucher ist ein ohnmächtiger Verbraucher. Nur diejenigen können ihre Verbrauchermacht (gezielt) einsetzen, die über verlässliche Information, Wissen und Urteilsvermögen verfügen.

Durch die freiheitliche Wirtschaftsordnung der Sozialen Marktwirtschaft und einer verantwortlichen Verbraucherpolitik zur Unterstützung der Bürger sind in unserem Land individuelle Menschenrechte, soziale Sicherungen und öffentliche Teilhabemöglichkeiten im Grundsatz – und mitunter auch sehr detailliert – garantiert. Im Gegensatz zu vielen anderen Staaten auf der Welt geht es bei CSR in Deutschland deshalb in erster Linie nicht um die Verwirklichung von Menschenrechten gemäß den UNO-Pakten oder den ILO-Kernarbeitsnormen. Verbraucher bewerten vielmehr Unternehmen nach ihrer Reputation und ihrem ökonomischen, ökologischen und sozialen Engagement in Deutschland, in der Europäischen Union und vor allem weltweit. Verbraucherkritik erwächst dann am mangelnden unternehmerischen Engagement, am mangelnden Vertrauen und an der Differenz von Unternehmensankündigung und nicht deckungsgleichem Unternehmensverhalten. CSR ist deshalb richtig verstanden kein schmückendes Beiwerk, kein Feigenblatt und keine substanzlose PR-Strategie. An einer solchen Linie wird zu Recht Kritik geübt sowohl seitens der internen Mitarbeiter als auch der externen Verbraucher.

Laut einer neuen Studie wünschen sich die deutschen Verbraucher von einem Unternehmen zu 74 % faires Verhalten gegenüber Mitarbeitern, fast 30 % faire Beziehungen zu den Zulieferern/Stakeholdern, rund 20 % eine klima- und umweltfreundliche Produktion.[84] Vermutlich werden sich diese Zahlenwerte im Lauf der Zeit erhöhen.

---

[84] Siehe Studie des GfK Panel Service in Zusammenarbeit mit der GfK Nürnberg und Roland Berger; befragt wurden 20.000 Haushalte (GfK, o. J.).

Die Verwirklichung von CC und CSR sind deshalb grundsätzliche Führungsaufgaben im Unternehmen. Führung heißt dabei zweierlei:

Erstens ist CSR als Teil der strategischen Unternehmensführung zu verstehen. Das gesellschaftliche Engagement sollte mit der wirtschaftlichen Unternehmensführung im Einklang stehen – gesellschaftliche Verantwortung in diesem Geschäftsfeld wird zur Ausrichtung des Unternehmens und soll sich auch für dieses auszahlen. Dazu gehören freiwillige Unternehmensverpflichtungen. Normbildungen, Verhaltenskodizes, unternehmensbezogene Codes of Conduct, Sozialklauseln, Labels, Leitlinien oder globale Standards (wie beim Global Compact) werden dabei zu neuen Steuerungsinstrumenten der Unternehmen. Deren Einhaltung geschieht auf freiwilliger Basis, aber mit großer Wirkung in die Gesellschaft hinein und ist damit von steigender Relevanz für den Verbraucher.

Zweitens gilt es, frühzeitig die „stakeholder" entlang der Produktionskette kommunikativ mit einzubeziehen. CSR als Geschäftsprinzip bedeutet, neben Geschäftspartnern und Mitarbeitern auch den Verbraucher und weitere Initiativen und Organisationen der zivilen Bürgergesellschaft grundsätzlich als unternehmensrelevant wahrzunehmen, sich mit deren Interessen, Vorstellungen und Wünschen konstruktiv und produktiv auseinanderzusetzen.

Dadurch geraten gewandelte gesellschaftliche Verhältnisse, die ja durchaus die wirtschaftliche Produktionsausrichtung tragen, in die Matrix der Produktionsentscheidung, wie der folgende Beitrag von *Peter Sieber* eindrucksvoll zeigt. Die neue Macht der Verbraucher äußert sich daher nicht nur in der Kaufentscheidung selbst, sondern auch in der öffentlichen, unternehmenswirksamen Artikulation von Wünschen oder spezifischen Aktivitäten. Der bewussteren Kaufentscheidung und deutlicheren Interessensartikulation von Verbrauchern, die einen immer stärkeren Einfluss auf Produktionsumstände wie auf die produzierten Güter ausüben, liegen verschiedene gesellschaftliche Entwicklungen zugrunde. So verfügen die Verbraucher heute über erheblich mehr Wissen bei ihren Konsumentscheidungen als früher. Hier macht sich die allgemeine Hebung des Bildungsniveaus in der Bundesrepublik bemerkbar – speziell bei den Frauen, die heute sogar die Mehrzahl beim Abitur stellen und gleichberechtigt studieren. Hinzu kommen gegenüber den traditionellen Informationsmöglichkeiten die modernen Kommunikations- und Informationstechnologien. Mehr Verbrauchermacht durch Recherche im Internet bei Unternehmen, Verbänden, Initiativen und Einrichtungen ist die Folge. Aber auch der schnelle Austausch über die Qualität von Produkten oder die Reputation von Unternehmen in den verschiedenen „Communities" im Web 2.0 eröffnet den Verbrauchern und ihren Verbänden neue Einflussmöglichkeiten. Das gilt auch für Blogs, bei denen zu den weltweit rund 50 Millionen alle 2 Sekunden einer dazukommt. Auch wenn es im Internet keine Gewähr für die Richtigkeit der Informationen gibt, ist hier eine neue durchschlagende Informationsinstanz für Verbraucher entstanden. Manchmal sind auch tradierte und neue Formen gleichzeitig nutzbar – zum Beispiel bei der Zeitschrift der Stiftung Warentest und ihrem Internet-Auftritt. Hier kann der Verbraucher seit Ende 2004 auch die CSR-Tests von Waren abrufen. Als weitere Orientierungspunkte für den Verbraucher kommen die CSR-Berichte von (größeren) Unternehmen, Produktlabel oder die ISO-Normierung, aber auch Bücher und

Aufsätze in Zeitschriften oder Broschüren in Betracht. Das Auswärtige Amt und die Bundesministerien für Arbeit und Soziales, für Ernährung, Landwirtschaft und Verbraucherschutz, für Familie, Senioren, Frauen und Jugend sowie für Umwelt geben zum Thema Corporate Citizenship und Corporate Social Responsibility eigene Informationsbroschüren heraus oder sind mit einer Homepage vertreten. Gerade durch all die gewachsenen Informationsmöglichkeiten können sich die Verbraucher ein besseres Bild von Produkten wie Unternehmen machen, Stellung beziehen und Kaufentscheidungen auf eine wertorientierte Basis stellen.

Auch der Wertewandel betrifft heutige Konsumeinstellungen. Die Verbraucher sind heutzutage weniger traditionell orientiert, sondern individualisierter, selbstentfaltungsbezogener und stärker interessiert an den Lebensumständen in Deutschland, Europa und der Welt. Ein stärkeres Umweltbewusstsein schlägt dabei ebenso zu Buche wie die Orientierung an Gesundheit, Wellness, Wohlfühlen. Das Interesse an fairem Welthandel, an menschenrechtlichen Produktionsbedingungen in den Entwicklungs- und Schwellenländern und die an der Einhaltung von Arbeits- und Sozialstandards ist deutlich gewachsen – und jüngst die Sorge um das Klima, alternative Energien oder die Sicherung der Welternährung. Die kontinuierlich zunehmende Bedeutung von „Fairem Handel", von „ethischem Konsum" oder dem „Kauf mit gutem Gewissen" sowie die Bewertung von Unternehmen und Produkten gemäß den Kriterien von CC und CSR zeigen diesen Trend nachdrücklich auf. Die Anzahl derer, die sich am „moralischen Konsum" im breitesten Sinn orientieren, wird auf rund ein Drittel der Verbraucher geschätzt. Auch dies ist ein Indiz für eine wachsende Verbrauchersouveränität.

In jüngster Zeit wird dabei auf die sich neu herausbildende Gruppierung der „Lohas" – Lifestyle of Health and Sustainability (gesundheitlicher und nachhaltiger Lebensstil) – verwiesen. Bis zu 15 Millionen Deutsche, so Forscher, lassen sich dem gesunden, umweltorientierten und nachhaltigen Lebensstil zuordnen. Mittelfristig werden den Trendforschern zufolge bis zur Hälfte der Bevölkerung der wertorientierten „grünen" Lebensorientierung folgen. CSR-Normen, also „Fairem Handel", ethisch korrekte Produktionsbedingungen und ein sozialer Mehrwert sind für diese Gruppierung wichtige Kaufargumente. Zu den „Lohas" gehören dabei nicht nur gut situierte Haushalte – beheimatet in den Speckgürteln der Städte, sondern inzwischen ganz unterschiedliche Einkommens- und Berufsgruppen quer durch die Gesellschaft. Solche Entwicklungen auf der Verbraucherseite sollte man sehr ernst nehmen – seitens der Politik wie seitens der Unternehmen.

Das gilt allerdings für den gesamten CSR-Bereich.

CSR ist auch aus Verbrauchersicht keine Modeerscheinung, sondern als Teil der Sozialen Marktwirtschaft eine Aufgabe wirtschaftlicher und gesellschaftlicher Gestaltung. Hierbei geht es um eine klare CSR-Ordnungspolitik:

- schützenswerte Freiwilligkeit im CSR-Engagement für Unternehmen wie Verbraucher,
- Unterstützung des Verbrauchers durch Staat, Medien, Verbände und Unternehmen selbst durch CSR-bezogene Information, Aufklärung und Urteilsbildung, und

- produktive politische wie unternehmerische Aufnahme des geänderten Verbraucherverhaltens hinsichtlich der Bewertung von Produkten und CSR-Aktivitäten von Unternehmen (Kaufentscheidung „mit gutem Gewissen").

Verbraucher wollen Unternehmen, die CSR zum Teil ihrer Unternehmensstrategie machen, die zu ihrer gesellschaftlichen Verantwortung stehen, die mit Gewinn Gutes tun und so die Basis für Vertrauen und Reputation schaffen. Eine Kultur gegenseitiger Verantwortung in Produktion und Konsum – zu diesem Ziel kann CSR aus Verbrauchersicht einen wichtigen Beitrag leisten.

„Eine richtige Wirtschaftspolitik dient nicht Einzelnen und darf sich nicht
zum Nutzen oder Schaden dieser oder jener Wirtschaftskreise auswirken;
sie muss vielmehr in wohl abgewogener Entsprechung
den Gesamtinteressen des Volkes, das heißt dem Verbraucher dienen."

Konrad Adenauer, deutscher Politiker

7.2 Der Verbraucher als Empfänger der CSR-Botschaft

von Peter Sieber

Gehen wir der Frage nach, für wen Unternehmen gesellschaftliche Verpflichtungen bei sozialen und umweltrelevanten Fragen übernehmen, so stehen am Anfang der Betroffenenliste sicher Menschen, vordringlich die Mitarbeiter im eigenen Unternehmen und in den Zulieferbetrieben, sowie deren näheres Umfeld. Dies hat die „International Labour Organization (ILO)" schon 1977 in ihrer „Tripartite Declaration of Principles concerning Multinational Enterprises and Social Policy" betont [268]. Das Ziel dieser Deklaration war einerseits, die positiven Beiträge herauszustellen, die Multinational Enterprises (MNEs) für den sozialen und ökonomischen Fortschritt leisten können, andererseits Wege aufzuzeigen und Maßnahmen zu benennen, die helfen können, die bei diesen Tätigkeiten auftretenden Schwierigkeiten zu minimieren. Das ist auch ein wesentlicher Teil des von der oben schon erwähnten „Business Social Compliance Initiative (BSCI)" verfolgten Gesamtziels, die Arbeitsbedingungen in der gesamten Zulieferkette eines Unternehmens so zu verbessern, dass sie mit den jeweils gültigen Sozialstandards in Übereinstimmung sind. Neben solchen internationalen Konventionen oder branchenübergreifenden Modell-Kodizes sind auch Initiativen einzelner Anbieter wie etwa des finnischen Handelsunternehmens Kesko zu nennen. Kesko hat schon im Jahr 2000 seinen früheren Umweltreport zu einem umfassenderen CSR-Report erweitert [175], den das Unternehmen in die drei Bereiche Economic responsibility, Environmental responsibility und Social responsibility gliedert. Zu dem letztgenannten Bereich wird in einem ausführlichen Bericht „Social performance" einerseits der Mensch im Unternehmen dargestellt (Company personnel), andererseits aber auch die „Social quality control of suppliers" beschrieben. Näheres zu diesem Report findet sich im folgenden Kasten:

Die Initiative des finnischen Handelsunternehmens Kesko

Der bis 1999 von Kesko ergänzend zu seinem Annual Report veröffentlichte Umweltreport wurde für das Jahr 2000 in einen umfassenderen „Corporate Responsibility Report" überführt.

Herausforderung: Kesko möchte mit dem regelmäßigen Report die Umsetzung seiner Vision von „Corporate Responsibility" kontinuierlich überprüfen. Die Vision basiert auf dem Prinzip des „Triple Bottom Line Management", wonach die ökonomische, die soziale und die ökologische Verantwortung des Unternehmens parallel zueinander und in Harmonie miteinander weiterentwickelt werden sollen. Als Basis dient dazu die klar formulierte Erkenntnis: „Wir tragen als Unternehmen Verantwortung!"

Umsetzung: Für die drei Verantwortungsbereiche sind Indikatoren festgelegt, für die zunächst die aktuellen Zahlen den Zahlen der Vorjahre gegenübergestellt werden. Im ökonomischen Sektor ist dies sehr ähnlich dem Wirtschaftsteil eines Jahresberichtes. Im ökologischen Sektor werden Ressourcen-Verbräuche (elektrische Energie, Wärmeenergie, Wasser) sowie Emissionen (CO_2, SO_2) ebenso ausgewiesen wie Transportmengen und -wege und dabei verbrauchte Energie und angefallene Emissionen. Materialverbräuche und Abfallmengen runden diesen Sektor ab. Ausgewiesene Indikatoren im sozialen Sektor sind etwa die bei regelmäßigen Befragungen ermittelten Zufriedenheits-Kennzahlen der Mitarbeiter (eigener Job, Leistung der Vorgesetzten, der Betriebseinheit, des Hauses Kesko), Zu- und Abgänge von Mitarbeitern, Altersstruktur und Zugehörigkeitsdauer sowie krankheits- und unfallbedingte Fehlzeiten. Werte der Ausgaben für Gesundheits- und Erholungsmaßnahmen sowie für Weiterbildung der Mitarbeiter runden diesen Teil ab.

Dieses reine Zahlenwerk wird in nachfolgenden Kapiteln zu den drei Verantwortungsbereichen textlich unterlegt und mit vielen Details angereichert. An die soziale Verantwortung, die zunächst auf die Mitarbeiter des eigenen Hauses fokussiert wird, schließt sich ein Kapitel zu „Verantwortungsvollem Einkaufen" an, in dem sich die soziale Verantwortung gegenüber den Zulieferbetrieben – und auch deren Kontrolle – widerspiegelt. Wichtig für ein Handelshaus folgt dann noch ein Abschnitt zur „Produktsicherheit", denn das Wissen, das ein Hersteller aus der eigenen Qualitätssicherung gewinnt, muss das Handelshaus anderweitig erwerben. Kesko leistet sich dazu eine eigene Abteilung „Product Research", die einerseits Vorgaben zur Qualitätssicherung durch die Lieferanten erarbeitet, andererseits eigene Qualitätsprüfungen im Rahmen einer Eingangskontrolle ausführt. Neu eingeführt wurde ein spezieller Monitoring-Plan für Lieferungen aus chinesischer Produktion.

Der „Corporate Responsibility Report" wird nach den „Sustainability Reporting Guidelines on Economic, Environmental and Social Performance" der „Global Reporting Initiative (GRI)" erstellt. Die letzten beiden Berichte wurden von der unabhängigen Organisation „Csrnetwork" mit Hilfe ausführlicher Interviews mit den verantwortlichen Senior-Managern und den ausführenden Mitarbeitern überprüft. Dazu wurden systematische Checks der ausgewiesenen Daten und Ansprüche vorgenommen.

Nutzen: Der Vergleich einiger Kennzahlen für 2005 und 2007 zeigt bei einer deutlichen Umsatzsteigerung eine Reduzierung des Energieverbrauchs sowie eine Reduzierung der CO_2 und insbesondere der SO_2 Emissionen. Die Jobzufriedenheit der Mitarbeiter ist gestiegen, die krankheitsbedingten Ausfallzeiten sind gesunken. Kesko wurde in den letzten drei Jahren in der Liste der „Global 100 Most Sustainable Corporations" geführt.

Nähere Informationen unter: www.kesko.fi/modules/menueditor

Im Vergleich dazu wird der „Sustainability Report" eines Markenherstellers – Procter & Gamble –, der sogar schon 1999 in der ersten Fassung erschien, im Folgenden dargestellt:

Die Initiative des Markenherstellers Procter & Gamble

Der seit 1993 herausgegebene „Annual Global Environment Report" ging ab dem Jahr 1999 in dem umfassenderen jährlichen „Sustainability Report" auf.

Herausforderung: Procter & Gamble sieht seine besondere Stärke als Markenhersteller in den Sektoren Haushaltschemikalien, Haar- und Hautpflege, Babypflege, Gesundheitsprodukte sowie Snacks und Getränke in seiner herausragenden Innovationskraft. Diese soll, den Wünschen der Verbraucher entsprechend, vordringlich dazu eingesetzt werden, das Angebot von nachhaltigen Produkten zu erhöhen, ohne bei diesen hinsichtlich Performance oder Preis Verschlechterungen hinnehmen zu müssen. In dem jährlichen Sustainability Report soll die entsprechende Entwicklung transparent dargestellt werden. Um klar definierte Teilziele dabei auch quantitativ verfolgen zu können, wurden 2007 für einen 5-Jahres-Zeitraum fünf strategische „Sustainability-Ziele" formuliert, die bis 2012 erreicht sein sollen.

Umsetzung: Innovationen sind für Procter & Gamble Aufhänger zur Darstellung der kontinuierlich verbesserten Nachhaltigkeit, nicht nur der hergestellten Produkte, sondern auch der Herstellungsprozesse. Dazu wird zunächst der Begriff „Innovationen" firmenspezifisch breit definiert, um anschließend das Investment in und das Management von Innovationen an konkreten Beispielen aus dem Berichtsjahr darzustellen. Auch dabei wird Wert darauf gelegt, sowohl innovative Produkte als auch etwa herausragend nachhaltig konzipierte neue Fertigungsstätten darzustellen. Wichtig ist dabei auch aufzuzeigen, dass die Mitarbeiter bei diesem Prozess eine entscheidende Rolle spielen, sie sollen die Nachhaltigkeitsziele des Hauses als ihre eigenen empfinden und in ihrer täglichen Arbeit verfolgen.

Das erste der 2007 definierten strategischen Nachhaltigkeitsziele für 2012 betrifft zunächst die Produkte des Hauses. Mit neu entwickelten „Nachhaltigkeits-Produkten" (mit mindestens 10 % geringerem „Umwelt-Fußabdruck") soll bis 2012 ein Umsatz von 20 Milliarden $ erreicht werden. Ergebnis nach dem ersten Jahr: 2,05 Milliarden $. Das zweite Ziel betrifft die Herstellungsprozesse. In den einzelnen Produktionsstätten soll mindestens eine 10 %ige Reduktion sowohl der CO_2-Emission, des Energie- und Wasserverbrauchs als auch der Abwassermenge erreicht werden. Die Ergebnisse nach dem ersten Jahr liegen um 7 % bei den ersten drei Größen und schon bei 21 % Reduktion der Abwassermenge. Als drittes Ziel wird mit dem „Children's safe drinking water program" angestrebt, 250 Millionen Kinder zu erreichen und ihnen durch Vermeidung von Diarrhöe Gesundheit und Leben zu erhalten. Dazu sollen 2 Milliarden Liter mit P & G-Technologie gereinigtes Trinkwasser verhelfen. Im ersten Jahr wurden schon 60 Mio Kinder mit 430 Mio l Wasser versorgt. Die beiden restlichen Ziele, alle P & G-Mitarbeiter in „nachhaltigem Denken und Handeln" zu schulen sowie mit allen Stakeholdern von P & G transparent und innovativ zusammenzuarbeiten, sind noch nicht quantifiziert.

Nutzen: Procter & Gamble sieht Nachhaltigkeit als eine signifikante Verantwortung, aber auch als eine dauerhafte Quelle neuer Chancen auch für ökonomische Fortschritte. So wird im aktuellen Bericht beschrieben, dass allein durch ein neues Flüssigwaschmittel für den amerikanischen Markt, das um den Faktor zwei konzentrierter ist, pro Jahr 500 Mio Liter Wasser, 15.000 t Verpackungsmaterial, 40.000 Lkw-Transporte und 100.000 t CO_2-Emissionen eingespart werden. Durch veränderte Herstellungsprozesse im Sektor „Family Care" in den Fabriken in Nordamerika wurden Energieeinsparungen von 28 %, ein um 15 % reduzierter Wasserverbrauch, um 35 % verringerte CO_2-Emissionen und eine um 67 % reduzierte Abwassermenge erreicht.

Nähere Informationen unter: www.pg.com/sustainability

Der zweite Adressat von CSR-Aktivitäten, die Umwelt, ist weniger direkt ansprechbar. Hier sind Vermittler gefordert, die sich um die Belange der Umwelt kümmern, etwa die hohe Politik in Form der Vereinten Nationen, die die „UN Framework Convention on Climate Change" (UN Framework Convention on Climate Change, März 1994, unfccc.int.) verabschiedet haben, oder Multi-Stakeholder-Initiativen wie das „Eco-Management and Audit Scheme (EMAS)", das auch Festlegungen zu einer formalisierten Berichterstattung enthält sowie als Basis für eine entsprechende Zertifizierung genutzt werden kann.

Zu diesen Vermittlern von Umweltinteressen zählt in Deutschland auch die Stiftung Warentest, hat sie doch schon in den späten 1970er Jahren Versuche unternommen, die Umweltrelevanz privaten Konsums und damit die Umweltverträglichkeits-Eigenschaften der getesteten Produkte als notwendigen Bestandteil des Arbeitsprogramms der Stiftung zu definieren. Die damals erkennbar gewordenen gesellschaftlichen Strömungen hat sie dann in einer Satzungsänderung (vom 1. Juli 1985) in aller Form festgeschrieben. Danach hat sie *„[...] die Öffentlichkeit über objektivierbare Merkmale des Nutz- und Gebrauchswertes sowie über objektivierbare Merkmale der Umweltverträglichkeit von Waren [...] zu unterrichten" sowie „die Verbraucher über Möglichkeiten und Techniken der optimalen privaten Haushaltsführung [...] aufzuklären und dabei auch als fundiert erkannte wissenschaftliche Erkenntnisse des Umweltschutzes einzubeziehen."* Dies stellt insofern eine interessante Parallele zu dem hier diskutierten Thema dar, als zu dieser Zeit erst wenige Verbraucher den Umweltschutz als ein sie persönlich interessierendes und von ihnen durch ihre Kaufentscheidung beeinflussbares Thema entdeckt hatten [251].

Damit sind wir bei „den Verbrauchern" angelangt, die als eine der Stakeholder-Gruppen im CSR-Prozess wesentliche Empfänger folgender Botschaft sein können: „Seht her, wenn ihr ein Produkt von uns kauft, dann könnt ihr das mit dem guten Gefühl tun, dass wir uns auch um die sozialen Belange der an der Produktion beteiligten Mitarbeiter kümmern und uns Gedanken um eine möglichst umweltschonende Produktion machen."

Soweit waren aber bis vor wenigen Jahren erst sehr wenige Verbraucher. Wie oben geschildert, war selbst der produktinhärente Umweltschutz für viele Verbraucher Anfang der 1990er Jahre noch kein Thema, erst recht nicht Fragen des Umweltschutzes bei der Herstellung der entsprechenden Produkte. Und wenn Umweltschutz, dann möglichst solche Aspekte, die sich nicht auf einer eher als ideell einzustufenden Ebene abspielen, sondern solche, die sich in der Geldbörse des Verbrauchers auszahlen: Energieeinsparung, Wassereinsparung, Reduzierung von Wasch- und Geschirrspülmitteln waren gefragte Themen, hingegen FCKW-Vermeidung, geringere Gewässerbelastung, Wiederverwertbarkeit von Materialien eher weniger gefragte [251].

Fragen des Gebrauchsnutzens der Produkte standen zur damaligen Zeit im Vordergrund, dicht gefolgt von Fragen der mechanischen und elektrischen Sicherheit. Selbst das Produktsicherheitsgesetz wurde vom Deutschen Bundestag erst im April 1997 verabschiedet [121]. Immerhin wurde damit nun endlich grundsätzlich festgeschrieben, was bisher nur für einzelne Produktgruppen durch eine Vielzahl von Rechtsvorschriften geregelt war, dass nämlich Hersteller und Händler dem Verbraucher nur sichere Produkte zur privaten Nutzung überlassen sollen.

Da waren die internationalen politischen Vordenker schon weiter. In einer Resolution der UNO-Generalversammlung vom 9. April 1985 über Richtlinien zum Verbraucherschutz (von Hippel, 1986, S. 485 ff.) wurden Ziele und allgemeine Grundsätze formuliert, in denen schon das Recht der Verbraucher auf eine gerechte, ausgewogene und dauerhafte wirtschaftliche und soziale Entwicklung niedergeschrieben war. Dabei wurde gefordert, dass das verbraucherbezogene Verhalten derjenigen, die Güter erzeugen bzw. Dienstleistungen erbringen, hohen sittlich-moralischen Ansprüchen gerecht wird. In den nachfolgenden Richtlinien werden allerdings zunächst die Forderung nach physischer Sicherheit der Verbraucher und anschließend Förderung und Schutz der wirtschaftlichen Interessen der Verbraucher behandelt, es finden sich aber immer wieder eingestreut Aspekte, die heute in das Repertoire der CSR-Kriterien gehören.

Bei aller Bedeutung dieser UNO-Richtlinien, insbesondere im internationalen politischen Bereich, war aber für das Bewusstsein der Verbraucher wohl wichtiger das Erscheinen des Buches „Shopping for a Better World" in den USA, das die Verbraucher zu „politischem Einkaufen" mit Blick auf das Verantwortungsbewusstsein der Hersteller aufforderte [63]. Der Berliner „Tagesspiegel" textete zu diesem Buch am 9. Juli 1989:

„Preis, Qualität oder der traditionsreiche Markenname einer Ware sind gängige Kriterien beim Einkauf im Supermarkt. Was aber, wenn diese Eigenschaften die Wahl aus der Produktvielfalt nicht erleichtern? Die amerikanische Verbraucherorganisation Council on Economic Priorities (CEP) gibt eine neue Entscheidungshilfe: das soziale Verantwortungsbewusstsein der Hersteller.

In einem Buch hat sie rund 1300 Markenprodukte und 138 Firmen nach zehn Kriterien bewertet. Sie reichen von der Unterstützung von Frauen und ethnischen Minderheiten im Betrieb über Tierversuche bis zu Spenden für wohltätige Zwecke und Umweltschutz. Auf einen Blick können Verbraucher feststellen: Ein Zahnpastahersteller bietet seinen Angestellten Unterstützung zur Kinderpflege und zur Altersversorgung, während ein Konkurrent sich darum nicht kümmert. Sie können auch sehen, ob ein Unternehmen mit Südafrika zusammenarbeitet oder Verbindungen zur Rüstungsindustrie unterhält.

`Wer keine Lieblingsfirma hat und kein verlockendes Sonderangebot sucht, kann sich mit unserer Einkaufsfibel als verantwortungsbewusster Kunde verhalten`, sagt CEP-Chefin Alice Tepper Marlin. `Damit können wir ein Zeichen für die Leute in den Chefetagen der Herstellerfirmen setzen.`"

Dieses Buch basierte auf der ursprünglichen Idee des CEP, eine kritische gesellschaftliche Unternehmensbewertung ins Leben zu rufen. Die daraus entstandene Veröffentlichung „Rating America`s Corporate`s Conscious" [198] aus dem Jahr 1987 wurde in einschlägigen Kreisen schon stark beachtet, aber erst der anschließend veröffentlichte Einkaufsführer hatte Signalwirkung bis über den Atlantik hinweg, so dass nun auch in Europa mehr Bewegung in das Thema CSR kam, auch wenn zu dieser Zeit der Begriff der „Corporate Social Responsibility" und erst Recht das Kürzel CSR hier noch weitgehend unbekannt waren. Nicht umsonst wurde Alice Tepper Marlin 1990 für ihre gesellschaftskritischen Aktivitäten mit dem alternativen Nobelpreis ausgezeichnet.

7.2.1 Entwicklung des CSR-Bewusstseins bei europäischen Verbrauchern

Die Idee des „Shopping for a Better World" wurde zunächst an der Universität Hannover aufgegriffen. Das Institut für Markt-Umwelt-Gesellschaft (imug) begann 1992, den „Umwelttester" zu entwickeln. Hierbei handelte es sich um einen Ansatz, mit dessen Hilfe den Verbrauchern Informationen über das CSR-Verhalten der wesentlichen Anbieter in einer bestimmten Branche vermittelt werden konnten. Ziel des Unternehmenstesters war, die von immer mehr Verbrauchern gewünschte Transparenz über das soziale und ökologische Verhalten von Unternehmen zu verbessern.

Eine repräsentative Untersuchung, die das imug in Zusammenarbeit mit dem Marktforschungsinstitut Emnid im Sommer 1993 durchführte [161], hatte ergeben, dass 58 % der Befragten Produkte von Firmen mit gesellschaftlichem Verantwortungsbewusstsein immer oder zumindest oft bevorzugen würden. Bei dieser Gruppe lag die oberste Präferenz bei Unternehmen, die in besonderem Maße die Umwelt schützen (63 %). Es folgten dann – gemischt mit nicht CSR bezogenen Kriterien – die Bevorzugung von Unternehmen, die auf Tierversuche verzichten (55 %), Verbraucherrechte schützen (40 %), Arbeitnehmerinteressen berücksichtigen (40 %), Arbeitsplätze für Behinderte schaffen (37 %), über Suchtgefahren aufklären (34 %), sich nicht in Ländern mit Menschenrechtsverletzungen engagieren (31 %) und solche, die sich für die Gleichstellung der Frau einsetzen (29 %).

Voraussetzung für ein konsequentes Kaufverhalten dieser Verbraucher wäre aber, dass verlässliche, glaubwürdige Informationen aus einer unabhängigen Quelle über diese Verhaltensweisen der Anbieter vorlägen. Und genau daran mangelte es. Hier wollte der Unternehmenstester ansetzen. Eine erste Untersuchung befasste sich mit der Lebensmittelbranche. 250 Unternehmen der Branche wurden aufgefordert, sich an der Untersuchung zu beteiligen, allerdings nur 75 fanden sich dann auch dazu bereit. Die Ergebnisse dieser Untersuchung, die im Gegensatz zu dem amerikanischen Vorbild durch den engeren Branchenbezug konkretere Kriterien enthalten konnte und auch spezifische Verbraucherinteressen berücksichtigte, sind 1995 in dem Buch „Der Unternehmenstester – Die Lebensmittelbranche" veröffentlicht worden [195]. Dieser Untersuchung folgten in den nächsten Jahren drei weitere, die sich zunächst mit der Waschmittel-/Kosmetikbranche [196], dann erneut mit der Lebensmittelbranche [197] und schließlich mit der Elektronikbranche und Haushaltsgeräten [130] befassten. Leider war diesen Büchern nicht der durchschlagende Erfolg des „Shopping for a Better World" beschieden. Ob der eingeschlagene Vertriebsweg als Taschenbücher über den Buchhandel, ob zu geringe Werbemaßnahmen für diese neuartige Information, ob eine zu komplizierte Darstellung der Grund dafür war oder ob einfach die Zeit bei vielen Verbrauchern für solche Informationen noch nicht reif war, muss offen bleiben.

Inzwischen war das Thema CSR auch in der europäischen Politik angekommen. 2001 gab die Europäische Kommission ein Grünbuch „Europäische Rahmenbedingungen für die soziale Verantwortung der Unternehmen" heraus [128]. Darin ist CSR definiert als ein Konzept, das den Unternehmen als Grundlage dient, auf freiwilliger Basis soziale Belange und Umweltbelange in ihre Unternehmenstätigkeit und in Wechselbeziehung mit den Stakeholdern zu integrieren. Obwohl die Kommission den Schwerpunkt dieses Dokumentes – entsprechend seiner Quelle, der Generaldirektion Beschäftigung und Soziales – auf die Verantwortung der Unternehmen im sozialen Bereich legt, kommen doch die Verbraucher als eine der explizit benannten Stakeholdergruppen der angesprochenen Unternehmen vor. Interessant ist außerdem, dass in der Debatte über die gesellschaftliche Verantwortung der Unternehmen auch (schon) die Frage aufgeworfen wird, wie sich die Transparenz steigern und die Bewertung und Validierung der verschiedenen Initiativen zuverlässiger gestalten ließe. Dahinter steckt die Erkenntnis, dass zunächst die Entwicklung der sozialen Verantwortung der Unternehmen vorangetrieben werden muss, der Verbraucher aber für den Vergleich der jeweiligen CSR-Aktivitäten der verschiedenen Anbieter, wenn er diese in seine Kaufentscheidung einbeziehen will, eine griffige Bewertung benötigt.

Das Grünbuch der Kommission stellt klar das entsprechende Anliegen und eine daraus resultierende Erwartung der Verbraucher als Faktoren für die Entwicklung einer sozialen Verantwortung der Unternehmen heraus. Diese Erwartungshaltung der Verbraucher wird wie folgt formuliert:

„Im Rahmen ihrer sozialen Verantwortung erwartet man von den Unternehmen, dass sie Produkte und Dienstleistungen, die die Verbraucher brauchen und wünschen, in effizienter und unternehmensethisch und ökologisch unbedenklicher Weise herstellen bzw. bereitstellen." (Grünbuch, 2001, S. 15).

Noch präziser wird dies weiter unten formuliert:

„Erhebungen haben ergeben, dass die Verbraucher nicht nur gute und sichere Produkte wünschen, sondern auch wissen wollen, ob sie auf sozial verträgliche Weise produziert werden. Für die Mehrheit der europäischen Verbraucher beeinflusst die Einstellung eines Unternehmens zur sozialen Verantwortung die Kaufentscheidung oder die Wahl eines Dienstleistungsanbieters. Dies eröffnet interessante Marktchancen: Viele Verbraucher erklären, sie wären bereit, mehr für derartige Produkte zu bezahlen (nur eine Minderheit tut dies allerdings gegenwärtig in der Praxis). Woran den

europäischen Verbrauchern am meisten liegt, sind der Arbeitsschutz und die Respektierung der Menschenrechte im gesamten Tätigkeitsbereich des Unternehmens und auch in der gesamten Versorgungskette (z.B. keine Kinderarbeit), der Umweltschutz im Allgemeinen und die Senkung der Treibhausgasemissionen im Besonderen." (Grünbuch, 2001, S. 15)[85]

Durchaus realitätsnah wird festgestellt:

„*Unter wachsendem Druck von NRO und Verbrauchergruppen stellen immer mehr Unternehmen und Sektoren Verhaltenskodizes auf in Bezug auf Arbeitsbedingungen, Menschenrechte und Umweltaspekte, die sich insbesondere an Subunternehmen und Zulieferer richten. Sie tun dies aus einer ganzen Reihe von Gründen, vor allem jedoch um das Unternehmensimage zu verbessern und die Gefahr negativer Verbraucherreaktionen zu vermindern.*" (Grünbuch, 2001, S. 15 f.)

In einem Folgepapier der Kommission zum CSR-Grünbuch wurde über eine Vielzahl von Stellungnahmen (mehr als 250) berichtet [103]. Danach hoben Verbraucherorganisationen hervor, dass es für Kaufentscheidungen wichtig sei, vertrauenswürdige und vollständige Informationen zu erhalten über die ethischen, sozialen und ökologischen Bedingungen, unter denen Waren und Dienstleistungen produziert und vermarktet werden. Als Grund dafür, dass das CSR-Konzept zunehmend Anerkennung findet, wurde u. a. angeführt, dass Gesichtspunkte hinsichtlich Image und Ruf eines Unternehmens eine zunehmend bedeutsame Rolle im Wettbewerb spielen, weil NRO und Verbraucher mehr Informationen über die Bedingungen erwarten, unter denen Produkte und Dienstleistungen produziert werden, sowie über die Auswirkungen auf die Nachhaltigkeit. Sie neigen dazu, durch ihr Verhalten sozial und ökologisch verantwortlich handelnde Unternehmen zu belohnen.

Dazu aber benötigt der Verbraucher die entsprechenden Informationen. Unter dem Stichwort „Gütesiegel" führt das Papier aus (Abschnitt 5.4):

„*Da die Verbraucher in wachsendem Maße auf sozial verträgliche und umweltverträgliche Weise produzierte Waren und Dienstleistungen bevorzugen, ist der Zugang zu Informationen über die sozialen und ökologischen Produktionsbedingungen entscheidende Voraussetzung für fundierte Kaufentscheidungen. Derartige Informationen sind in verschiedener Form und aus unterschiedlichen Quellen verfügbar, u. a. Angaben des Produzenten, Informationen von Verbraucherorganisationen und durch unabhängige Stellen geprüfte Umweltzeichen. [...] Einschlägige Informationen beziehen können die Verbraucher auch aus Systemen der öffentlichen Anerkennung, z.B. Verleihung von Preisen, Gütesiegeln usw., mit denen Good Practice in bestimmten Teilbereichen ausgezeichnet wird. [...] Praktiziert wird dies jedoch für nur wenige Produktkategorien. Für die meisten Verbraucherprodukte sind einschlägige soziale und ökologische Informationen nicht in leicht zugänglicher Form verfügbar.*"

Um diesem Mangel wenigstens teilweise abzuhelfen, haben sich verschiedene europäische Testorganisationen, die vergleichende Untersuchungen von Waren und Dienstleistungen ausführen, dem Thema „CSR-Bewertung" zugewandt. Noch während das Grünbuch der

---

[85] Die genannten Erhebungen stammen aus [208].

Europäischen Kommission entstand, hat sich der österreichische Verein für Konsumenten-information (VKI) in Wien mit dem Thema auseinandergesetzt. Im Rahmen eines EU-geförderten Projektes „The Ethics of Consumption" stellte er 1999 fest, dass ein merklicher Anteil der befragten Verbraucher Informationen über das ethische Verhalten von Anbie-tern getesteter Produkte bekommen möchte, teilweise dies schon für überfällig hält. So wurde zur Veröffentlichung im Oktober 2000 erstmalig auf einen vergleichenden Waren-test von Jogging-Schuhen ein „Ethik-Test" derjenigen Anbieter aufgesetzt, von denen Schuhe im Qualitätstest vertreten waren (Konsument, 2000, S. 6ff.). Damit war der „Kon-sument", das Magazin des VKI, das erste der „klassischen" Testmagazine in Europa, das im Zusammenhang mit einem Produkttest auch Fragen aus dem CSR-Komplex nachging. Gleich im folgenden Monat erschienen ergänzend zu einem Test von Marillen-Konfitüre und einem Waschmaschinentest die beiden nächsten Ethik-Tests, so dass der Konsument im Dezember 2000 zu Recht titeln konnte: „Ein Anfang ist gemacht". Allerdings war dann zunächst neuer Schwung zu holen, um ab Juli 2001 weitere Ethik-Tests auf entsprechende Warentests aufzusetzen. Dabei wurden so unterschiedliche Themen wie Märzenbier (07/2001), Sonnenschutzmittel (ebenfalls 07/2001), Staubsauger (08/2001), After-Sun-Produkte (ebenfalls 08/2001), wieder Waschmaschinen (10/2001), Espresso-Kaffee (11/2001) und Einbau-Gefrierschränke (01/2002) behandelt. Interessant ist anzumerken, dass sich dazwischen auch Ethik-Tests fanden, die auf Dienstleistungsuntersuchungen aufsetzten, etwa den vom Autoservice in Wien (09/2001) oder Supermarktketten (10/2001). Damit wurde verdeutlicht, dass den Verbrauchern auch bei der Nutzung von Dienstleistungsan-geboten wichtig ist, unter welchen sozialen und ökologischen Umständen diese Dienstleis-tungen erbracht werden.

Für den Februar 2002 bereitete der Konsument einen Ethik-Test zur Jeans-Produktion vor. Dieser brachte die bitterste Enttäuschung für die österreichischen Tester bei den Ethik-Tests: Von den 16 Herstellern bzw. Anbietern von Jeans, die sie in den Warentest einbezo-gen hatten, verweigerten 11 die Kooperation und gaben keine Antworten auf die gestellten CSR-Fragen. Dazu gehörte mit Bondues Cedex aus Frankreich auch der Anbieter der ein-zigen mit „Sehr gut" bewerteten Jeans „Cyrillus". Wenigstens konnte sie ihren Lesern aus der (kleinen) Anzahl der nachfolgenden „guten" Jeans mit Hennes & Mauritz aus Schwe-den einen kooperationsbereiten Anbieter benennen, der sogar relativ am besten im Ethik-Test abgeschnitten hat. Nach dieser Untersuchung endete die Geschichte der Ethik-Tests des VKI aber abrupt, die Enttäuschung über das nur schmale Informationsangebot, das der Konsument seinen Lesern bei allem Aufwand bieten konnte, war wohl zu groß.

In den ersten Jahren nach 2000 führten auch die holländische Testorganisation „Consu-mentenbond" und die belgische „Verbruikersunie" erste CSR-Tests durch, meist allerdings nicht in Verbindung mit einem vergleichenden Warentest (add on), sondern für sich allein stehend (CSR only). Daraufhin setzten im internationalen Verbund der testdurchführen-den Verbraucherorganisationen, International Consumer Research and Testing Ltd (ICRT), Aktivitäten zur Koordinierung dieser Entwicklungen und zur Förderung von Gemein-schaftstests im CSR-Bereich ein. ICRT ist ein weltweiter Zusammenschluss von derzeit 35 Verbraucherorganisationen aus 32 Ländern, der zum Ziel hat, die Testarbeit zu harmoni-sieren und durch die gemeinschaftliche Durchführung von Tests bei Markenüberlappungen in verschiedenen nationalen Märkten Prüfkosten zu sparen. ICRT schreibt in ihrem CSR Fact Sheet [156]:

„For many years as consumer research organizations we have been carrying out objective and robust assessments of company`s services and products and have earned the respect of the companies we assess (although they might not always like our assessment). This (CSR) is a new area for us to assess and companies are not yet used to this – or in a position to provide us with all the information that we need in order to carry out the assessment. Because of the nature of the issues we are assessing, companies are understandably worried – but they too understand that consumer interest in this area is growing and it is an issue that they need to address."

Das deutsche Mitglied im ICRT-Verbund, die Stiftung Warentest, war nicht unter den Vorreitern der CSR-Tester, obwohl das Thema als wichtige Information für den Verbraucher schon während der Entwicklung solcher Untersuchungen bei den österreichischen Nachbarn intern wie auch extern diskutiert wurde. Der Grund war einfach zu erklären: Alle bis zu diesem Zeitpunkt realisierten Ansätze, auch die Untersuchungen und Bewertungen durch die ICRT-Partner, stützten sich nur oder überwiegend auf die von den befragten Anbietern erhaltenen Antworten – sofern geantwortet wurde. Dies aber sah die Stiftung Warentest nicht als ausreichend belastbare Grundlage für eine Bewertung an. Schließlich wird die Qualitätsbewertung von Waschmaschinen auch nicht auf die Aussagen der Hersteller gestützt, sondern auf die eigenen Untersuchungen. Im Jahr 2002 fiel dann die Entscheidung, eine eigene, dem Stil des Hauses angemessene Methodik der Untersuchung und Bewertung des sozial-ökologischen Verhaltens der Anbieter getesteter Produkte zu entwickeln, um auf diesem Wege den Verbrauchern eine zusätzliche Information neben Qualität und Preis der untersuchten Produkte anbieten zu können.

7.2.2 CSR-Tests der Stiftung Warentest zur Information der Verbraucher

Ausgangspunkt der CSR-Tests der Stiftung Warentest ist ebenfalls, wie bei allen anderen Organisationen, eine Befragung der Anbieter. Hierbei wird aber schon ein Spezifikum dieser Tests deutlich: Sie stellen nie eine eigenständige Untersuchung von Anbietern eines bestimmten Produktes oder einer bestimmten Branche dar, sondern sind immer als Aufsatz auf einen vergleichenden Warentest konzipiert. Damit steht einerseits die Auswahl der betrachteten Anbieter fest: Es sind genau die, von denen (mindestens) ein Produkt in den Warentest einbezogen wurde. Andererseits kann die Auswahl der CSR-Kriterien, die zur Prüfung herangezogen werden sollen, an die jeweilige Produktgruppe und ggf. auch an die Anbieter-Gruppe angepasst werden. Aus einer anfangs definierten Menge an „Kernkriterien", die grundsätzlich interessant sein können, wird eine angepasste Auswahl getroffen, die dann um eine kleinere Anzahl produktspezifischer Kriterien ergänzt wird. Für diese Kriterien wird jeweils eine Reihe von Indikatoren festgeschrieben, die einen bestimmten Erfüllungsgrad des jeweiligen Kriteriums kennzeichnen. Aus dem so entstandenen untersuchungsspezifischen Kriterienkatalog wird ein Fragebogen formuliert, der dem jeweiligen Anbieter und, sofern relevant, dem Hersteller eines jeden in die Untersuchung einbezogenen Produktes mit einer ausführlichen Erläuterung zugeschickt wird.

Die eingehenden Antworten werden, bevor eine Auswertung einsetzt, soweit es möglich ist, an Hand von frei zugänglichen Quellen und verdeckten Verbraucheranfragen überprüft. Schon mit dieser zweiten Ebene des Untersuchungsvorgehens unterscheidet sich die Methodik der Stiftung Warentest von den reinen CSR-Befragungen.

Entscheidenden Unterschied bietet aber erst die dritte Ebene: Beauftragte Sachverständige besuchen, soweit die kooperationsbereiten Anbieter dies gestatten und unterstützen, die Anbieter und die jeweiligen Produktionsstätten, um sich durch punktuelle Überprüfungen vor Ort von der Richtigkeit der gegebenen Antworten zu überzeugen. Auch wenn dies durchaus noch keine vollständige Absicherung geben kann und wenn es bei mehrstufigen Produktionsprozessen rein vom Aufwand her bis jetzt kaum möglich ist, tiefer in die Zulieferkette einzudringen, ergibt sich auf diesem Wege doch schon ein wesentlich besser abgesichertes Bild von den tatsächlichen Handlungsweisen als bei einer bloßen Befragung.

Während der grundsätzlichen Entwicklung dieses dreistufigen Vorgehens und der zur Anwendung kommenden CSR-Kriterien mit ihren Indikatoren wurde das geplante Vorgehen mehrfach mit externen Experten aus dem Kreis der Anbieter, der Herstellerverbände, der Wissenschaft und mit NRO-Vertretern diskutiert. Die dadurch erreichte Transparenz ist bis heute von großer Bedeutung für die inzwischen festzustellende weitgehende Akzeptanz dieser Untersuchungen. Zusätzlich wird eine Einrichtung im generellen Vorgehen der Stiftung Warentest bei der Durchführung vergleichender Untersuchungen [33], die Beratung des jeweiligen Untersuchungsprogramms im Kreise externer Experten, die so genannte Fachbeiratssitzung, auch bei jedem einzelnen CSR-Test genutzt. Der CSR-Fachbeirat findet zusätzlich zum produktspezifischen Fachbeirat statt, so dass ausreichend Zeit ist, die CSR-spezifischen Fragen zu diskutieren, und dies mit Experten, die speziell dazu benannt werden. Auch auf dieser Stufe können noch Verbesserungen eingebracht werden, andererseits wird auch durch diese Beratung zusätzliche Transparenz gewonnen.

Als ein Ergebnis dieser Diskussionen wurde bekräftigt, dass die Information über das sozial-ökologische Verhalten der Anbieter und Hersteller eine zusätzliche Information für die Verbraucher sein soll und deswegen die entsprechende Beurteilung nicht mit dem üblichen test-Qualitätsurteil der Stiftung Warentest vermengt oder zu einem „Gesamturteil" zusammengerechnet werden soll. Außerdem wurde in diesen Diskussionen verdeutlicht, dass die Bewertung nur in Form von semantischen Beschreibungen in fünf Stufen, nicht präziser in Form der sonst gebräuchlichen Dezimalzahlen erfolgen soll, um Scheingenauigkeiten zu vermeiden.

So vorbereitet wurden im Jahr 2004 drei als Pilotprojekte deklarierte CSR-Tests ausgeführt, aufgesetzt auf Warentests aus den Sektoren Textilien, Lebensmittel und Haushaltschemie: Wetterjacken, Tiefkühl-Lachsfilets und Vollwaschmittel. Die Testergebnisse wurden im Dezember 2004, Januar 2005 und März 2005 im Magazin test der Stiftung Warentest veröffentlicht. Diese Projekte sollten folgende Fragen beantworten: Sind CSR-Tests der vorgesehenen Art überhaupt durchführbar? Wie weit kooperieren die Anbieter/Hersteller? Wie hoch sind die Kosten zur Durchführung solcher Tests? Und schließlich: Wie reagieren die Leser auf das Angebot solcher CSR-Informationen? Sie, die Verbraucher, sind letztlich die Zielgruppe für ein derartiges Informationsangebot.

Die drei Pilotprojekte haben recht klare Antworten erbracht. Solche CSR-Tests sind machbar, die Durchführung ist aufwändig, gewisse Ansätze zur Vereinfachung wurden erkennbar. Die Kooperationsbereitschaft der Anbieter war unterschiedlich, sie reichte von totaler Ablehnung über begrenzte Auskunftsbereitschaft ohne Akzeptanz eines Sachverständigenbesuchs bis zu vollständiger Kooperation und Transparenz. Hier galt es, noch weitere Öffnung zu erreichen. Deutlich waren die hohen Kosten einer zusätzlichen CSR-Untersuchung, sie waren eher höher als geringer, verglichen mit den Kosten der eigentlichen Qualitätsprüfungen. Und wie reagierten die Verbraucher? Es gab einige sehr positive Reaktionen, etwa die folgende:

„Klasse, ein Durchbruch ... Seit vielen Jahren Abonnent von ‚test‘ und ‚Finanztest‘ und ein Mensch, der spärlich ist mit Email-Kommunikation. ABER: Gerade habe ich die aktuelle Ausgabe von ‚test‘ bekommen und muss einfach gratulieren: Unternehmensverantwortung als Test-Kategorie einzuführen, das bewirkt so viel mehr als Appelle von NGOs und die sozial/ökologisch individuelle Entscheidung gesellschaftlich bewusster Menschen. Bitte, bitte, mehr davon, möglichst bei jedem Test. Es macht einfach Hoffnung, dass dem ‚Geiz ist geil‘ etwas entgegengesetzt werden kann. Gerade in diesen Zeiten einer viel beschworenen ‚Globalisierung‘. Danke und bitte weiter so!“ (aus einer E-Mail an die Redaktion von „test“).

Es gab aber auch schlichte Abonnements-Kündigungen, etwa mit dem Hinweis, dass von der Stiftung Warentest nur objektive Qualitätsbeurteilungen erwartet würden und nicht solch eine „nur dem momentanen Zeitgeist verpflichtete Prüfung einer undefinierten Masse namens CSR"! Eigentümlicherweise gingen fast zeitgleich genau drei solcher Briefe ein, fast wortgleich...

Interessant war für die Stiftung Warentest auch die Reaktion seitens des UN Global Compact. Der Generalsekretär Georg Kell schrieb direkt nach Veröffentlichung des ersten Pilotprojektes von CSR-Tests [277]:

„It is with great interest that we have read about the Stiftung Warentest's decision to integrate social and environmental criteria in the assessment and testing process of products and services. The link between Corporate Social Responsibility and the consumer has – in our view – not been sufficiently explored and understood. Your definition of core criteria for the analysis of corporate responsibility will help bridge a knowledge gap and will hopefully stimulate a broader societal dialogue about corporate social responsibility. Please be assured that we fully support your efforts."

Um genauer zu erfahren, wie die Leser von test auf dieses neue Informationsangebot reagierten, wurde das imug mit einer Untersuchung „Wirkung von vergleichenden Untersuchungen zur Corporate Social Responsibility bei Verbrauchern – am Beispiel der Stiftung Warentest" unter Benutzung der beiden Ausgaben Januar und März 2005 von test beauftragt [160]. Dabei wurde unter anderem herausgearbeitet:

Eine Befragung von test-Abonnenten (n = 542) zeigte, dass einem Großteil von ihnen dieses neue Informationsangebot aufgefallen war: 77 % haben es wahrgenommen; 31 % haben es „eher intensiv" gelesen; weitere 27 % haben es sogar „sehr intensiv" gelesen.

Eine begleitende Befragung von ca. 1000 Einzelheftkäufern zeigte auch einen hohen Wahrnehmungswert: 68 % der Befragten haben die CSR-Tests von Lachs und Waschmitteln gelesen; von den am jeweiligen Produkttest Interessierten waren es sogar 83 %.

Zur Weiterführung solcher CSR-Tests durch die Stiftung Warentest äußerten sich 91 % positiv, 9 % negativ: 56 % wünschten uneingeschränkte Fortführung; 35 % nur unter der Bedingung, dafür nicht auf Produkttests verzichten zu müssen, 6 % fanden solche Tests unnötig und 3 % wünschten solche Untersuchungen „auf keinen Fall".

Die neuartigen CSR-Untersuchungen waren sogar Anlass, dass sich der Deutsche Bundestag wieder einmal mit der Stiftung Warentest befassen musste. Auf eine Kleine Anfrage mehrerer Abgeordneter und der Fraktion der FDP zur „Erweiterung der Prüfverfahren der Stiftung Warentest um Sozial- und Umweltstandards" [76] im Dezember 2004 antwortete namens der Bundesregierung das Bundesministerium für Verbraucherschutz, Ernährung und Landwirtschaft mit Schreiben vom 7. Dezember 2004 unter anderem wie folgt [77]:

„Deckt sich dieser Ansatz mit den Zielen und Aufgaben der Stiftung Warentest?"

Antwort: „Die Bundesregierung ist der Auffassung, dass sich die Durchführung der in der Kleinen Anfrage genannten produktbezogenen Testvorhaben im Rahmen der satzungsgemäßen Aufgaben der Stiftung Warentest hält."

„Liegen der Bundesregierung Kenntnisse über die von der Stiftung Warentest hierbei eingesetzten Methoden vor?"

Antwort: „In den in der Antwort zu Frage 1 erwähnten Besprechungen [erg. „in diversen Expertenrunden sowie in ihren zuständigen Gremien (Verwaltungsrat und Kuratorium) vorgestellt und erörtert"] ist auch die von der Stiftung Warentest geplante grundsätzliche Methodik zur Einbeziehung von CSR-Kriterien in die Testarbeit bei den genannten drei Pilotprojekten vorgestellt worden."

„Welche Wirkungen auf Markt, Wettbewerb und Verbraucher gehen nach Auffassung der Bundesregierung von oben ausgeführten Pilotprojekten aus?"

Antwort: „Die Arbeit der Stiftung Warentest trägt zu einer verbesserten Markttransparenz und Marktbeurteilung durch die Verbraucherinnen und Verbraucher bei. Dies gilt auch für die hier in Rede stehenden drei Pilotprojekte."

„Teilt die Bundesregierung die Auffassung, dass die Erweiterung der Tests um den CSR-Ansatz im öffentlichen Interesse liegt?"

„Falls ja, wie begründet sie das?"

Gemeinsame Antwort: „Die Durchführung der drei genannten Pilotprojekte hält sich im Rahmen der satzungsgemäßen Aufgaben der Stiftung Warentest und liegt bereits daher im öffentlichen Interesse."

Insoweit mit den höheren Weihen, zumindest mit der Rückendeckung der Bundesregierung versehen, hat die Stiftung Warentest nach einigen kleineren methodischen Korrekturen, die die Erfahrungen aus den drei Pilotprojekten nahe legten, inzwischen neun weitere CSR-Tests als jeweiligen Aufsatz auf einen vergleichenden Warentest ausgeführt und in ihrem Magazin test veröffentlicht: Ferngesteuerte Autos (12/2005), Garnelen (04/2006), Fußbälle (06/2006), Herrenhemden (11/2006) (siehe hierzu Abbildung 11), Kochschinken (08/2007), Fernsehgeräte (05/2008), Waschmaschinen (10/2008), Kaffee (05/2009) sowie Laufschuhe (06/2009). Zusätzlich wurden im Jahr 2007 zwei kleinere CSR-Reports zu Untersuchungen von Rosen (05/2007) und Bitterschokolade (12/2007) veröffentlicht.

Abbildung 7.1   Tabelle der Qualitätsurteile von Herrenoberhemden (Teilansicht)

test Herrenhemden	Gewichtung	P & C / Gilberto [7] Art.-Nr. 86560/13	Hugo Boss Edward Art.-Nr. 01005/713	Jacques Britt Art.-Nr. 20600/12	Otto / Studio Coletti Art.-Nr. 2886656	Wappen Art.-Nr. 710325/50	Aldi (Nord) / Camargue	Karstadt / Barisal Art.-Nr. 04201 44438999 [2]
Mittlerer Preis in Euro ca.		20	69 [1]	60	37	40	8	20
test-QUALITÄTSURTEIL	100 %	GUT (2,3)	BEFRIEDIGEND (2,9)	BEFRIEDIGEND (3,5)	BEFRIEDIGEND (3,5)	AUSREICHEND (4,0)	MANGELHAFT (5,0)	MANGELHAFT (5,0)
HALTBARKEIT	35 %	befriedigend (2,8)	gut (2,5)	ausreichend (4,0) *)	ausreichend (4,0) *)	ausreichend (4,5) *)	mangelhaft (5,0) *)	mangelhaft (5,0) *)
Waschen		+	+	⊖ *)	⊖ *)	⊖ *)	— *)	— *)
Scheuerfestigkeit		O	+	O	⊖	+	+	O
Lichtechtheit		O	⊖	⊖	+	O	++	++
Verarbeitung		+	+	+	+	+	+	+
TRAGEKOMFORT	35 %	gut (1,8)	befried. (3,0)	gut (2,5)	gut (2,4)	gut (1,6)	befried. (3,4)	gut (2,2)
Passform		++	+	++	+	++	++	++
Schweißtransport		+	⊖	O	+	++	⊖ *)	O
An- und Ausziehen, Tragen		+	O	O	O	+	+	O
PFLEGE	20 %	befried. (2,8)	ausreich. (3,8)	befried. (2,9)	befried. (2,7)	befried. (3,3)	gut (2,5)	gut (2,3)
Knitterbild (ungebügeltes Hemd)		Entfällt	Entfällt	Entfällt	Entfällt	Entfällt	Entfällt	Entfällt
Bügelaufwand		O	⊖	O	O	O	+	+
SCHADSTOFFFREIHEIT (Formaldehyd)	10 %	gut (1,8)	gut (2,1)	gut (2,2)	gut (1,8)	gut (2,2)	ausreichend (4,2) [5]	gut (1,9)
AUSSTATTUNG / TECHNISCHE MERKMALE								
Farbgebung des Stoffes [6]		Fil à Fil	Chambray	Fil à Fil	Uni	Fil à Fil	Uni	Fil à Fil
Kragenstäbchen herausnehmbar		■	■	□	Ohne Stäbchen	□	□	□
Öko-Tex Standard 100 (laut Anbieter)		□	Keine Angabe	■	■	■	■	■
URTEIL: Unternehmensverantwortung für Soziales und Umwelt (siehe Seite 76)		Stark engagiert	Verweigert Auskunft	Engagiert	Engagiert	Engagiert	Bescheidene Ansätze	Engagiert

Was konnte damit den Verbrauchern geboten werden? Grundsätzlich wurde erreicht, zusätzlich zu den erarbeiteten Qualitätsurteilen für die Produkte mit den üblichen Preisangaben – wie in Abbildung 7.1 am Beispiel von bügelarmen Herrenoberhemden gezeigt

– eine zusammenfassende, dabei aber einige wichtige Kriterien einzeln herausstellende Übersicht über das soziale und ökologische Engagement der jeweiligen Anbieter und Hersteller zu geben (siehe Abbildung 7.2). Um bei den getrennten Tabellen den Überblick zu behalten, wurden in jeder Tabelle die Gesamtergebnisse der jeweils anderen Tabelle wiederholt. Damit war der Leser in der Lage, wollte er durch eine entsprechende Kaufentscheidung zum Verbraucher werden, nach seiner persönlichen Gewichtung die Qualität des Produkts, seinen Preis und das sozial-ökologische Verhalten von Anbieter und/oder Hersteller zu berücksichtigen.

Abbildung 7.2   Tabelle der CSR-Bewertungen der Anbieter von Herrenoberhemden (Teilansicht)

test Herrenhemden	Pflegeleicht/Bügelleicht						
	P & C / Gilberto [4)]	Hugo Boss Edward	Jacques Britt [5)]	Otto / Studio Coletti	Wappen	Aldi (Nord) / Camargue	Karstadt / Barisal
UNTERNEHMENSVERANTWORTUNG FÜR SOZIALES UND UMWELT	STARK ENGAGIERT	ANBIETER VERWEIGERT AUSKUNFT [1)]	ENGAGIERT	ENGAGIERT	ENGAGIERT	BESCHEIDENE ANSÄTZE	ENGAGIERT
UNTERNEHMENSPOLITIK	●●●	●●	●●	●●●●●	●●	○	●●●●●
Soziale Leitlinien vorhanden	Genügend	Keine Angabe	Kaum	Umfassend	Kaum	Keine Angabe	Umfassend
Umweltschutz verankert	Genügend	Keine Angabe	Kaum	Umfassend	Kaum	Keine Angabe	Umfassend
UMGANG MIT DEN BESCHÄFTIGTEN BEIM ANBIETER	●●●	●	●●	●●●	●●●	○	●●●
Anteil Auszubildender / Schwerbehinderter	Mittel / Niedrig	k. A. / k. A.	Niedrig / Mittel	Niedrig / Mittel	Hoch / Keine	k. A. / k. A.	Mittel / Mittel
SOZIALES (BEIM KONFEKTIONÄR)	●●●●	○	●●●	●●●	●●	●●●●	●●
Mindeststandards	Umfassend	Keine Angabe	Genügend	Umfassend	Landesgesetze	Umfassend	Umfassend
Kontrollen der Mindeststandards	Umfassend	Keine Angabe	Genügend	Kaum	Landesgesetze	Umfassend	Genügend
UMWELT (PRODUKTION UND VERARBEITUNG)	●●●	○	●●	●●	●●●	●●●	●●
Vorgaben für das Hemd	Umfassend	Keine Angabe	Genügend	Umfassend	Genügend	Genügend	Genügend
Anforderungen an die Textilproduktion	Genügend	Keine Angabe	Genügend	Kaum	Kaum	Genügend	Kaum
Anforderungen an den Baumwollanbau	Keine	Keine Angabe	Keine	Keine	Keine	Keine	Keine
VERBRAUCHERINFORMATION	●●●●	●●	●●	●●●	●●●	●●	●●
Bearbeitung der Kundenanfragen	Umfassend	Lückenhaft	Mittelmäßig	Lückenhaft	Mittelmäßig	Lückenhaft	Lückenhaft
TRANSPARENZ	●●●●	○	●●●●	●●●●●	●●●●	●	●●●●●
Fragebogen beantwortet	Ja	Nein	Ja	Ja	Ja	Teilweise	Ja
Überprüfung des Anbieters / Konfektionärs	Ja / Ja	Nein*) / Nein	Ja / Ja	Ja / Ja	Ja / Ja	Nein*) / Ja	Ja / Ja
Hemd hergestellt in	Vietnam	Rumänien	Vietnam	Mazedonien	China	Vietnam	Vietnam
test-QUALITÄTSURTEIL im Warentest (siehe S. 72)	GUT (2,3)	BEFRIEDIGEND (2,9)	BEFRIEDIGEND (3,5)	BEFRIEDIGEND (3,5)	AUSREICHEND (4,0)	MANGELHAFT (5,0)	MANGELHAFT (5,0)

Eine Erweiterung brachte der ergänzende CSR-Test bei Waschmaschinen (test 10/2008). Erstmalig beteiligten sich mehrere ICRT-Partnerorganisationen an dieser Untersuchung nach der Methodik der Stiftung Warentest. Das bedeutete, da nun von allen Partnern die Anbieter der in die jeweiligen Warentests einbezogenen Geräte in den CSR-Test kamen, dass mehrere Anbieter mit unterschiedlichen Modellen ihrer Angebotspalette einbezogen waren – und diese unterschiedlichen Modelle konnten durchaus in unterschiedlichen Produktionsstätten, teilweise in unterschiedlichen Ländern gefertigt werden. Das führte im Vorfeld der Untersuchung zu erheblicher Unruhe bei einigen der Anbieter. Dies stellte sich dann bei der Auswertung der CSR-Ergebnisse als weitgehend unberechtigt heraus. Offenbar griff eine einheitlich umgesetzte Firmenphilosophie durchaus, sofern sich diese nicht auf ein einheitliches Qualitätsmanagement beschränkt, sondern auch einen einheitlichen „Code of Conduct" und dessen Implementierung im Bereich der CSR-Kriterien umfasst. Allerdings waren in einigen Fällen feine Unterschiede bei den Sozialstandards in den Produktionsstätten festzustellen, insbesondere ein leichtes Nord-Süd-Gefälle in Westeuropa und, deutlicher, ein Gefälle zwischen West- und Osteuropa. Am auffälligsten war ein italienischer Anbieter, dessen Fertigungsstätten in Schweden und insbesondere in Finnland bei weitem nicht so kooperationsbereit waren wie das Werk in Italien. Einheitlichkeit wurde bei einem anderen Anbieter in unerfreulicher Form erzielt, bei dem auf breiter Front niedrige Sozialstandards und geringe Transparenz festzustellen waren.

Praxisrelevante Erkenntnisse aus den CSR-Tests der Stiftung Warentest

Schon vor der ersten Untersuchung mit CSR-Aufsatz, der von Wetterjacken, hatte ein großes deutsches Handelsunternehmen die Entwicklung solcher CSR-Tests nachhaltig unterstützt. Der Marktbedeutung der verschiedenen Wetterjacken folgend war dieses Unternehmen mit einem Produkt einbezogen und damit auch Teilnehmer im CSR-Test. Nicht nur die Kooperation war gut, das Unternehmen konnte auch schon einiges an CSR-Taten vorweisen, es gehörte zu den relativ Besten. Leider war die Jacke nur mit „AUSREICHEND" zu bewerten, ihre Regendichtigkeit war schlicht „mangelhaft". Damit kann man selbst bei den CSR-affinsten Verbrauchern keinen Kunden finden. Erkenntnis: CSR-Aktivität ohne gute Produktqualität lohnt nicht.

Dieser erste Test war aber in anderer Hinsicht von positiver Wirkung. Ein sehr bekannter Anbieter von Outdoor-Ausrüstung, von dem auch eine Jacke in den Test einbezogen wurde, wollte partout nicht kooperieren, auch nach mehrmaligem Anschreiben und Erläutern wurde der Fragebogen nicht ausgefüllt. Als aber die entsprechende Ausgabe von test mit dem Hinweis „Anbieter verweigert Auskunft" erschienen war und damit über 600.000 Hefte etwa 3,5 Millionen Leser gefunden hatten – so sagt jedenfalls die Statistik – kam aus dem Headquarter des Anbieters die Anfrage, ob jetzt noch der CSR-Fragebogen ausgefüllt werden könne. Erkenntnis: Es gibt auch in Bezug auf CSR-Fragen eine direkte Wirkung durch eine breit gestreute Veröffentlichung, ohne erst über die Kaufentscheidung der Verbraucher gehen zu müssen, wie es auch von schlechten Qualitätsurteilen bekannt ist.

Sehr wenig kooperativ zeigten sich die Anbieter von ferngesteuerten Autos. Zwar beantworteten 8 von 13 den an sie gerichteten Fragebogen, von den Herstellern aber – durchweg in China angesiedelt – kam allerdings nichts, die Anbieter konnten auch in keinem einzigen Fall den von der Stiftung Warentest beauftragten Sachverständigen Zugang zu den Fertigungsstätten verschaffen. Erkenntnis: In einem „Herstellermarkt" lassen sich CSR-Verhaltensweisen schwerer durchsetzen als in einem „Anbietermarkt".

Insgesamt aber zeigte sich eine erfreulich schnelle Zunahme der Kooperationsbereitschaft. Selbst bei den anfänglichen Hardlinern der Verweigerung, den großen Lebensmittel-Discountern, ist inzwischen Bewegung festzustellen. Insgesamt gesehen liegt die

Kooperationsrate inzwischen bei etwa 80 %, so dass doch in den meisten Fällen den Verbrauchern über solche Untersuchungsergebnisse eine ganze Menge an Informationen gegeben werden kann. Erkenntnis: Immer weniger Anbieter und Hersteller leisten es sich, auf das positive Image eines CSR-gerechten Verhaltens zu verzichten.

Der „Grand Slam" ist immer noch selten. Aber bei Herren-Oberhemden – s. Abbildung 7.1 und Abbildung 7.2 – war er eingetreten: Das qualitativ beste Hemd war das preisgünstigste – bei einer Spanne von rund 20 € bis rund 120 € pro Hemd, von einem Aktionsangebot abgesehen, beachtlich – und gleichzeitig war der betreffende Anbieter in der vordersten Reihe der CSR-Bewertungen dabei! Erkenntnis: CSR-Aktivitäten müssen das jeweilige Produkt nicht auffällig teuer machen.

Der Einstieg in diese Art von vergleichenden Untersuchungen war für die Stiftung Warentest auch deswegen schwer, weil der Begriff „CSR" für viele, die sich damit noch nicht näher beschäftigt hatten, undefiniert und schwammig wirkte. Es gab noch keine Norm dafür. Inzwischen ist hier aber dadurch Bewegung hineingekommen, dass ein Standard „Guidance on Social Responsibility" auf internationaler Ebene in Arbeit ist. Da dieser als ISO 26000 bezifferter Normentwurf in seiner Substanz inzwischen einen beträchtlichen Reifegrad erreicht hat, lohnt es sich, diesen aus Sicht der Verbraucher näher zu betrachten und auch die CSR-Tests der Stiftung Warentest daran zu spiegeln.

7.2.3   Die Rolle des Verbrauchers und die Norm ISO 26000

Die Anregung zur Erarbeitung einer solchen Norm ging von Verbraucherseite aus. Die internationale Normungsorganisation ISO unterhält ein verbraucherpolitisches Komitee, das „Consumer Policy Committee (COPOLCO)", zu dessen Treffen im Juni 2002 in Port of Spain (Trinidad and Tobago) die „'Consumer Protection in the Global Market' Working Group of the ISO Consumer Policy Committee" einen Report unter dem Titel „The Desirability and Feasibility of ISO Corporate Social Responsibility Standards" erstellt hat [265]. Als Ergebnis der Diskussion dieses Reports in der COPOLCO-Sitzung wurde eine Resolution verabschiedet, in der ISO aufgefordert wurde, das Mandat zur Entwicklung einer entsprechenden neuen Norm zu übernehmen.

In diesem Report werden unter der Überschrift „Drivers of Corporate Responsibility" als erstes „Consumers" benannt mit folgender Erläuterung:

„Consumers are a major driver of corporate social responsibility. In late 1999, Environics International conducted a poll of 25,000 consumers in 23 countries which indicated the increasing importance consumers are putting on the social responsibility leadership of companies. 67 % of consumers in North America and Oceania had „punished" (or considered doing same) a company seen as not socially responsible in the year 1998-1999, or rewarded a company which had behaved in a socially responsible manner. For the purpose of this survey, punishment was defined as consumers avoiding a product or speaking out about the company. This compared with 53 % of consumers in Northern Europe, 40 % of those from the Mediterranean region, 37 % of Africans, and 31 % of Latin

Americans and Eastern Europeans." (The Desirability and Feasibility of ISO Corporate Social Responsibility Standards, Final Report, 2002, S. 8).

Damit wurde verdeutlicht: Immer mehr Verbraucher wollen CSR-Information, viele von ihnen nutzen sie auch aktiv, um durch ihr Kaufverhalten besseres sozial-ökologisches Verhalten von Herstellern einzufordern oder, wo erkennbar vorhanden, zu belohnen.

Die konsequente Fortsetzung dieser Entstehungsgeschichte ist die Tatsache, dass Verbraucher als eine der sechs Stakeholder-Gruppen benannt wurden, die von ISO eingeladen wurden, an der Entstehung einer entsprechenden Norm mitzuarbeiten. Außerdem war von Anfang an zweifelsfrei, dass „Consumer issues" zu den so genannten „Core subjects" der Social Responsibility gehören. Ihnen ist daher ein umfangreiches Kapitel gewidmet [166], dem nach einer kurzen Darstellung der Verantwortlichkeiten von Organisationen gegenüber Verbrauchern und Kunden die „United Nations Guidelines for Consumer Protection" vorangestellt sind [275]:

„The United Nations Guidelines for Consumer Protection is the most important international document in the realm of consumer protection. The UN General Assembly adopted these Guidelines in 1985 in consensus. In 1999 they were expanded to include provisions on sustainable consumption. They call upon states to protect consumers from hazards to their health and safety, promote and protect the economic interests of consumers, enable them to make informed choices, provide consumer education, make available effective consumer redress, guarantee freedom to form consumer groups and promote sustainable consumption patterns."

Die grundlegenden Verbraucherrechte, die in den UN Guidelines for Consumer Protection definiert werden, bilden die Basis für die in dem Normenentwurf aufgeführten sieben Consumer Issues. Entscheidend für die praktische Umsetzung ist dabei, dass jeweils nach einer kurzen Beschreibung des einzelnen Punktes aufgelistet wird, welche Tätigkeiten und/oder Erwartungen mit dem entsprechenden Punkt im Sinne einer gegenüber Verbrauchern „gelebten" Social Responsibility verbunden sind.

Im ersten Punkt sind „Faires Marketing, korrekte Information und faire Vertragspraktiken" gefordert. Dabei soll die Information für den Verbraucher so geartet sein, dass er nach einem Vergleich der jeweiligen Angebote eine fundierte und seinen Bedürfnissen entsprechende Kaufentscheidung treffen kann. Auch soll das bestehende Ungleichgewicht zwischen Verbraucher und Anbieter gemindert werden, das schon Stieglitz durch seine empirischen Forschungen, für die er 2001 mit dem Nobelpreis für Ökonomie ausgezeichnet wurde, als typische Situation am Markt nachgewiesen hat [259]. Die Forderung in diesem Punkt zielt also darauf ab, seitens des anbietenden Unternehmens den Verbraucher so zu informieren, dass er eine seinen Bedürfnissen entsprechende Kaufentscheidung treffen kann und vermeidet, Geld, Material oder Zeit zu verschwenden oder unsichere Produkte zu erwerben. Das kann durch maximale Transparenz bei Vermeiden unfairer, unvollständiger oder fehlleitender Information bezüglich der Produkteigenschaften und der Vertragsbedingungen erreicht werden.

Punkt zwei „Schutz der Gesundheit und Sicherheit von Verbrauchern" spricht schon für sich selbst. Wichtig ist hier, dass neben dem bestimmungsgemäßen Gebrauch von Geräten auch der vorhersehbare Fehlgebrauch in den Sicherheitshinweisen berücksichtigt werden soll. Produkte und Dienstleistungen müssen Sicherheit bieten, auch wenn keine diesbezüglichen rechtlichen Anforderungen vorliegen. Wenn Mindestanforderungen für Sicherheitsaspekte vorliegen, sollen die verantwortlichen Organisationen über diese Anforderungen hinausgehen, wenn belegt ist, dass höhere Sicherheitsanforderungen signifikant besseren Schutz bieten. Bei der Produktentwicklung sollen insbesondere solche Chemikalien vermieden werden, die als kanzerogen, mutagen oder gentoxisch eingestuft sind. Sicherheit beinhaltet auch die Vorausschau auf potentielle Risiken, um Schäden und Gefährdung zu vermeiden. Da nicht alle Risiken vorhersehbar sind, schließen Sicherheitsmaßnahmen auch die Rücknahme oder den Rückruf als gefährlich erkannter Produkte ein. Beim sicherheitstechnischen Design von Produkten sollen insbesondere auch besonders schwache Nutzergruppen berücksichtigt werden.

Punkt drei befasst sich mit dem „Nachhaltigen Verbrauch". Damit wird der Rio Deklaration für Umwelt und Entwicklung, Punkt 8, Rechnung getragen [237]. Nachhaltiger Verbrauch zusammen mit nachhaltiger Produktion sind die beiden wesentlichen Voraussetzungen für die in Rio geforderte nachhaltige Entwicklung. Explizit wird auch ethisches Verhalten gegenüber der Tierwelt eingeschlossen. Den Anbietern wird hinsichtlich eines nachhaltigen Verbrauchs Einflussmöglichkeit bei den Produkten und Dienstleistungen, die sie anbieten, zugeschrieben, insbesondere auch hinsichtlich des Produktionsprozesses. Andererseits wird den Verbrauchern eine Schlüsselrolle zugewiesen, die sie durch Berücksichtigung der sozial-ökologischen Verhaltensweisen der Anbieter bei ihren Kaufentscheidungen spielen können. Damit wird deutlich, dass den anbietenden Unternehmen einerseits die Aufgabe zugewiesen wird, bei den von ihnen beauftragten Herstellern oder Zulieferern auf nachhaltige Produktionsprozesse hinzuwirken. Andererseits können sie durch Weitergabe entsprechender Informationen an die Verbraucher diesen die Möglichkeit geben, mit ihrer Kaufentscheidung zur nachhaltigen Entwicklung beizutragen.

Im vierten Punkt geht es um „After-sales-service, Support und Lösung von Beschwerden und Streitfällen". Dabei werden die Punkte Garantie und Gewährleistung, technischer Support zur Nutzung der Geräte sowie Maßnahmen zur Reparatur, Wartung oder Umtausch von Produkten zur Befriedigung der Bedürfnisse der Verbraucher angesprochen. Insbesondere wird empfohlen, Garantie über die gesetzliche Gewährleistungsfrist hinaus zu gewähren, wenn es im Hinblick auf die zu erwartende Lebenszeit des Produktes angemessen erscheint. Durch das Angebot qualitativ hochwertiger Produkte und Dienstleistungen sowie klare Empfehlungen der Anbieter zur Vorgehensweise bei Fehlfunktionen oder Ausfall könne nicht nur die Verbraucherzufriedenheit gesteigert und die Zahl der Beschwerden verringert werden, es würde auch vermieden, Geld, Material und Zeit zu verschwenden. Außerdem wird den Anbietern empfohlen, durch Befragungen ihrer Kunden die Effektivität von Support und After-sales-service zu prüfen. Ein spezieller Kasten am Ende dieses Punktes weist zur Lösung von Streitfällen auf die diesbezüglich relevanten Normen ISO 10001 (Quality management: Customer satisfaction – Guidelines for codes of conduct), 10002 (Quality management: Customer satisfaction – Guidelines for complaints handling in organizations) und 10003 (Quality management: Customer satisfaction – Guidelines for dispute resolution external to organizations) hin.

Der fünfte Punkt befasst sich mit dem „Datenschutz und dem Schutz der Privatsphäre der Verbraucher". Es wird das Recht des Verbrauchers betont, dass seine Privatsphäre u.a. dadurch geschützt wird, dass die Anzahl der von ihm abgeforderten persönlichen Daten beschränkt und der Gebrauch sowie die Weitergabe strikt geregelt werden. Insbesondere gilt dies für Daten, über die auf die jeweilige Person rückgeschlossen werden kann. Hieraus ist abzuleiten, dass anbietende Unternehmen die Systematik ihrer Datenerhebung überprüfen und auf das geschäftlich notwendige Maß reduzieren sollten. Insbesondere muss jegliche missbräuchliche Benutzung oder Weitergabe aus dem eigenen Kontrollbereich vermieden werden. In dem Zusammenhang wird betont, dass Organisationen insbesondere durch derartige Schutzmaßnahmen erheblich an Glaubwürdigkeit und Vertrauen der Verbraucher gewinnen können.

Punkt sechs betrifft den „Zugang zu unentbehrlichen Dienstleistungen". Zwar ist es vordringlich eine staatliche Aufgabe, die Befriedigung der Grundbedürfnisse der Bürger sicherzustellen, es muss aber berücksichtigt werden, dass es Gebiete oder Umstände gibt, wo dies nicht geschieht oder nicht ausreichend abgesichert ist. Insbesondere wird die Versorgung mit Elektrizität, Gas, Wasser und Telefonverbindungen sowie die Abwasser-Entsorgung angesprochen. Generell wird festgestellt, dass auch hierzu Organisationen einen Beitrag leisten können, insbesondere wenn sie für diese unentbehrlichen Dienstleistungen verantwortlich sind. Transparenz der Tarife und flexible Zeitrahmen für die Bezahlung werden als wesentliche Voraussetzungen zur Vermeidung von Unterbrechungen der Versorgung bezeichnet.

Der siebente und letzte Punkt der „Consumer issues" betrifft „Erziehung und Bildung". Diesbezügliche Initiativen verbessern den Informationsstand der Verbraucher und ihre Fähigkeit, eine aktive Rolle zu spielen und bewusste Kaufentscheidungen zu treffen. Ein besonderer Bedarf an solchen Initiativen besteht sowohl im städtischen wie im ländlichen Umfeld dort, wo besonders einkommensschwache und insbesondere des Lesens unkundige Verbraucher leben. Dabei geht es nicht nur darum, entsprechende Fähigkeiten zu verbessern, sondern auch die praktische Umsetzung dieser Fähigkeiten zu trainieren. Dies gilt auch und gerade für die Fähigkeit, die Qualität von Waren und Dienstleistungen gegeneinander abzuschätzen und sich bewusst zu werden, wie durch eine entsprechende Auswahl die nachhaltige Entwicklung unterstützt werden kann. Es wird aber betont, dass die Verantwortung einer Organisation für die Schädigung eines Nutzers eines Produktes oder einer Dienstleistung nicht dadurch aufgehoben wird, dass dieser Verbraucher als ausreichend gebildet eingestuft werden kann.

Es sei noch einmal betont, dass alle sieben Punkte in dem Normenentwurf jeweils durch Beispiele von damit verbundenen Tätigkeiten oder Erwartungen illustriert werden, so dass der Leser der Norm schon hier eine Vielzahl von Anregungen und Hinweisen bekommt, wie die entsprechenden Punkte in Taten umgesetzt werden können. Gerade dadurch kommt der „anleitende" Charakter der Norm ISO 26000 sehr gut zum Ausdruck.

7.2.4   Fallbeispiel „Der CSR-Test der Stiftung Warentest" und ISO 26000

Da inzwischen mit dem „Draft International Standard (DIS)" ein inhaltlich weit gereifter Entwurf der Norm ISO 26000 „Guidance on Social Responsibility" vorliegt [168], erscheint es sehr interessant, die vor Entstehen dieser Norm entwickelte Methodik der Stiftung Warentest für ihre CSR-Tests daran zu spiegeln.

Das Ziel der ISO Arbeitsgruppe „Guidance on Social Responsibility" ist es, eine weltweit und von allen beteiligten Stakeholdergruppen akzeptierte Norm zu schaffen, die für die verschiedensten Arten von Organisationen geeignet ist, Rat und Hilfe bei der Einführung oder Intensivierung von CSR-Aktivitäten zu geben. Dabei wird auch der Verbraucher in die Betrachtung einbezogen, ist aber nicht das vordringliche oder gar alleinige Ziel der Aktivitäten. Im Gegensatz dazu zielen die CSR-Untersuchungen der Stiftung Warentest vordringlich auf die Information der Verbraucher ab, wenngleich dabei auch als (gewünschte) Nebeneffekte direkt erzielte Verbesserungen des CSR-Verhaltens von Anbietern oder Herstellern zu beobachten sind.

Bei der Norm ist die „Social Responsibility", bei Anbietern also die (nicht explizit benannte) „Corporate Social Responsibility", das alleinige Thema; die CSR-Ergebnisse der Stiftung Warentest stellen hingegen „nur" eine Zusatzinformation für den Verbraucher dar, die die Qualitätsbeurteilung und die Preisangabe ergänzt.

ISO 26000 ist erklärtermaßen als „Guiding Standard" angelegt, er soll Rat und Hilfe bieten, aber ausdrücklich nicht wie ein Management-System-Standard der Zertifizierung dienen. Dazu wären dann feste Kriterienlisten aufzustellen, die auf „erfüllt" oder „nicht erfüllt" abzuklopfen wären. Bei der extrem allgemeingültigen Abfassung der Norm wäre das nicht machbar, im Hinblick auf die gewünschte animierende Wirkung zur Einführung oder Intensivierung von CSR-kompatiblen Verhaltensweisen eventuell sogar kontraproduktiv. Im Gegensatz dazu will die Stiftung Warentest bewusst eine CSR-Bewertung der Anbieter der von ihr getesteten Produkte erarbeiten, um ein solches CSR-Urteil dem Verbraucher als Ergänzung zu dem Qualitätsurteil anzubieten. Hierzu müssen dann klar definierte Kriterien für einen Test festgelegt werden, die sogar mit Hilfe gestufter Indikatoren nicht nur binär auf „erfüllt" oder „nicht erfüllt", sondern in vielen Fällen sogar auf unterschiedliche Erfüllungsgrade geprüft werden.

Trotz dieser Unterschiede in Zielsetzung und Ausfüllung gibt es sehr viele Übereinstimmungen in den benutzten CSR-Kriterien. Das wirkt allerdings nur solange überraschend, bis man sich klar macht, dass hinter vielen Einzelpunkten der Norm und des Ansatzes der Stiftung Warentest gleiche Ursprungsquellen, etwa die ILO-Conventions, die Norm SA 8000, die Kriterien des UN Global Compact und viele andere stehen. Außerdem war in der Phase der Entwicklung der Stiftungsmethodik zwar die Anzahl der einbezogenen externen Experten viel kleiner als die in der Arbeitsgruppe ISO 26000, deren Zusammensetzung war aber ähnlich pluralistisch.

Sowohl ISO 26000 als auch der methodische Ansatz der Stiftung Warentest fokussieren gleichermaßen auf soziale Belange der Mitarbeiter (dort in Organisationen, hier bei Anbietern und Herstellern), auf die Zulieferkette oder zumindest die erste Ebene der Subcontractors, auf die korrekte und transparente Information der Verbraucher sowie auf die Gesellschaft im jeweiligen Umfeld. Außerdem ist übereinstimmend der starke Bezug auf umweltrelevante Fragen bei allen Aktivitäten der jeweiligen Organisation, hier also der Herstellung der jeweiligen Produkte bzw. Erbringung der jeweiligen Dienstleistungen.

Neben dieser Schnittmenge beider Ansätze geht dann der Normenansatz deutlich in die Breite. Er befasst sich z.B. auch mit Fragen der „Organizational Governance" und „Fair Operating Practices" oder „Data Protection and Privacy", zählt alle denkbaren Prinzipien der Social Responsibility auf und zielt insbesondere darauf ab, konkrete Hilfen zur Implementierung von SR zu geben. Demgegenüber geht der Ansatz der Stiftung Warentest neben der Schnittmenge mehr in projektspezifische Details. Neben CSR-Kriterien, die aus der ursprünglichen Liste von Kernkriterien entlehnt werden, werden produktspezifische Kriterien, etwa zu Aufzuchtbedingungen von Garnelen, Transportwegen zur Verarbeitung von Lachs, Erzeugung und Veredelung der Textilfasern zur Herstellung von Oberhemden etc., einbezogen. Damit wird die Absicht verfolgt, die für Verbraucher interessanten produktnahen CSR-Fragestellungen deutlich zu betonen. Allerdings kann auch das durchaus eine Hilfe zur Implementierung weiterer CSR-Aktivitäten auf Herstellerseite sein, geben doch die abgefragten Kriterien Hinweise auf diesbezüglich für Verbraucher wichtige Punkte. Das Ziel der CSR-Tests der Stiftung Warentest ist in diesem Teil identisch mit dem Punkt „Education and Awareness" der „Consumer issues". Verbessertes Wissen auf Seiten der Verbraucher soll ihre Fähigkeit für bewusste Kaufentscheidungen verbessern und somit eine nachhaltige Entwicklung fördern.

Ein wichtiger Unterschied besteht naturgemäß darin, dass die ISO 26000 zwar die SR-Aspekte in maximaler Breite behandelt, sich aber auf diese beschränkt. Die CSR-Tests der Stiftung Warentest sind hingegen Ergänzungen zu den Qualitätsprüfungen, beide zusammen zeigen also die Qualitäten von Produkt und Produzent auf. Das ist insofern wichtig, als gern das Bild gezeichnet wird: Ein gesellschaftlich verantwortlich handelndes Unternehmen liefert auch gute Produkte. Dieser Zusammenhang ist – in beiden Richtungen – allerdings nicht zwingend. Eine empirische Prüfung zeigt, dass die durchaus begründbare Vermutung, dass Unternehmen, die als Institution im Vergleich zu konkurrierenden Unternehmen als „besser" beurteilt werden, auch bessere Produkte auf den Markt bringen, nicht bestätigt wird (Imkamp/Beck, 2008, S.60ff.). Sozial-ökologisch orientierte Unternehmensführung einerseits und das Erreichen hoher Produktqualität andererseits erfordern offenbar unterschiedliche Managementfähigkeiten. Aus Verbrauchersicht bedeutet dieses Ergebnis, dass Unternehmensratings keine brauchbaren Indikatoren für die Produktqualität sind. Wohl aber können sie das ethische Niveau von Kaufentscheidungen unterstützen.

7.2.5   Schlussfolgerungen aus dem bisher erkennbaren Verbraucherverhalten

Es gibt vielerlei Hinweise, dass die Anzahl der Verbraucher wächst, die Informationen über das sozial-ökologische Verhalten der Anbieter und Hersteller bei der Produktion der von ihnen angebotenen Waren erhalten möchten und diese – zumindest teilweise – in ihren Kaufentscheidungen berücksichtigen. So wurde etwa in einer repräsentativen Umfrage des Meinungsforschungsinstituts Ipsos im Auftrag der Financial Times Deutschland im Frühjahr 2006 ermittelt, dass für 70 % der Befragten wichtig sei, wenn sie sich eine Meinung über eine Firma bilden wollten, was das betreffende Unternehmen in der Gesellschaft oder seinem Unternehmen tue. Vor allem Besserverdienende legten Wert auf sozial verantwortliches Handeln. Von den Einwohnern mit Einkommen über 3.500 € im Monat sagen 83 %, ihnen sei das gesellschaftliche Handeln von Unternehmen wichtig. Diese Meinungsbildung kann sich unmittelbar auf die Geschäfte von Firmen auswirken. Denn 78 % der Befragten sagten, für sie sei das soziale Engagement eines Unternehmens wichtig beim Kauf eines Produktes oder einer Dienstleistung. Bei den 22- bis 34-Jährigen haben 30 % schon einmal aus entsprechenden Gründen vom Kauf eines Produktes oder einer Dienstleistung abgesehen, bei den Personen mit höherem Einkommen waren es 33 %.[86]

In der Allensbacher Werbeträgeranalyse AWA 2008 des Instituts für Demoskopie Allensbach hinsichtlich der strukturellen Veränderungen der Haushalte in Deutschland wurde ein wachsender Anteil von Single-Haushalten und eine wachsende soziale Differenzierung festgestellt. Insbesondere werden als sich neu definierende Verbrauchergruppe die LOHAS ausgemacht, deren „Lifestyle of Health and Sustainability" nicht nur dem Megatrend Gesundheit folgt, sondern die Ökologie auch zur privaten Haushaltsmaxime erheben und die als sensible Kunden bei ihren Kaufentscheidungen Corporate Social Responsibility einfordern. Die Gruppe der LOHAS wird in der Gesamtbevölkerung ab 14 Jahre inzwischen mit 12 % quantifiziert. Insgesamt sogar 15 % der Gesamtbevölkerung achten beim Einkaufen darauf, dass die Produkte von Unternehmen stammen, die sozial und ökologisch verantwortungsbewusst handeln. Der Konsumstil der LOHAS wird als in hohem Maße qualitätsorientiert und überdurchschnittlich markenorientiert ermittelt. Sie sind deutlich überdurchschnittlich innovationsoffen und zeigen eine hohe Wertschätzung für gründliche Informationen [73].

Für diese Gruppe von Verbrauchern kommt es entscheidend darauf an, dass diese Informationen als korrekt und nicht als Werbeaussagen empfunden werden. Dazu ist es erforderlich, dass sie aus einer als unabhängig und sachverständig angesehenen Quelle stammen und nach einem ausreichend verbrauchernahen Standard erarbeitet wurden. Dafür wird die Norm ISO 26000 „Guidance on Social Responsibility" ein entscheidender Wegbereiter durch klare Definitionen, Aufzeigen entsprechender Prinzipien und Kernpunkte sowie durch vielseitige Hinweise zur Implementierung von SR-Maßnahmen sein.

---

[86] Bürger fordern von Unternehmen soziales Verhalten, Financial Times Deutschland, 4. April 2006.

Die Berücksichtigung von CSR-Informationen bei den individuellen Kaufentscheidungen von Verbrauchern kann durchaus auch in Form von Boykotts eines Produktes oder einer Marke geschehen. So berichtete die Kölnische Rundschau am 31. 08. 2005 über eine Studie des US-Marktforschers GMI, nach der weltweit mehr als eine Drittel der Verbraucher mindestens eine Marke boykottiert. Insgesamt hat GMI 15.500 Verbraucher in 17 Ländern befragt. In Deutschland ließen danach 42 % der Befragten Waren bestimmter Hersteller in den Regalen liegen. Die am häufigsten genannten Gründe für einen Boykott waren unfaire Arbeitsbedingungen und umweltfeindliche Praktiken des Herstellers.[87]

Positive Reaktionen sind etwa die Bevorzugung von Produkten mit dem „Transfair"-Label oder der Kauf eines etwas teureren guten Produkts, dessen Anbieter in einem CSR-Test der Stiftung Warentest gut abgeschnitten hat. Auch wenn sich die positiven Reaktionen noch nicht in merklich hohen Zahlen fassen lassen – so beklagt der Handel den deutlich geringeren Abverkauf von sozial-ökologisch verantwortlich hergestellten und etwas teurer angebotenen Waren ebenso wie die Stiftung Warentest eine bisher nicht spürbare Auflagensteigerung der Exemplare von test, die zusätzliche CSR-Informationen bieten – so ist doch der Beginn einer Bewusstseinsveränderung bei Verbrauchern zu spüren, die nicht mehr umkehrbar erscheint. Ein Indiz dafür ist auch das Erscheinen einer gezielt den „ethischen Verbraucher" ansprechende Zeitschrift nun schon seit vielen Jahren [99].

Es erscheint durchaus zulässig, eine Parallele zwischen der zurückliegenden Bewusstseinsentwicklung der Verbraucher hinsichtlich der Umweltrelevanz von Produkten oder der von ihnen genutzten Dienstleistungen zu dem jetzt einsetzenden Bewusstsein um die Bedeutung der sozialen und ökologischen Relevanz der Produktherstellung bzw. der Erbringung der genutzten Dienstleistungen zu ziehen. Als die Stiftung Warentest Mitte der achtziger Jahre begann, sich intensiver um umweltrelevante Produkteigenschaften zu kümmern, bekam sie zwar überwiegend Zuspruch, aber es gab auch deutlich negative Positionen. Aus der Kündigung eines Abonnenten damals zitiert: „Wenn Sie so weitermachen, erfahre ich in Kürze wohl nicht mehr, wie gut der Fernseher im Betrieb ist, sondern nur noch, wie umweltfreundlich er ist, wenn ich ihn wegschmeiße." Einige Jahre später war die Betrachtung der Umweltrelevanz zur Selbstverständlichkeit geworden, sowohl in der Nutzungs- als auch in der Entsorgungsphase. Heute ist die Ablehnung umweltbezogener Prüfungen viel seltener als die Nachfrage nach Ausdehnung solcher Betrachtungen auch auf die Erstellungsphase von Geräten und Verbrauchsmaterialien. Diese scheitern aber meist an der fehlenden oder unvollständigen Datenbasis oder an den hohen Kosten solcher Untersuchungen.

Auch bei Kriterien der sozial-ökologischen Verantwortung muss sowohl hinsichtlich der Berücksichtigung in den alltäglichen Arbeitsprozessen als auch hinsichtlich der Nachfrage und Darstellung der jeweiligen Situation eine gewisse Selbstverständlichkeit Einzug halten, so dass der durchschnittliche Verbraucher sowohl in der Betrachtung als auch in der Berücksichtigung solcher Aspekte nichts Besonderes mehr sieht. Es erscheint daher

---

[87] Kölnische Rundschau, 31. August 2005, www.rundschau-online.de

sinnvoll – und das aus mehrfachen Gründen – den von vielen Anbietern schon eingeschlagenen Weg, dem Verbraucher das gelebte bessere SR-Verhalten auch zu verdeutlichen und dabei in der Bereitschaft zu weiterer gesellschaftlicher Verantwortungsübernahmen zuzulegen, weiter zu beschreiten. Wenn dazu auch noch eine Steigerung der Geschwindigkeit käme, ruhig auch aus den üblichen Mechanismen des Wettbewerbs, wäre das nur zu begrüßen. Dann könnte CSR ein Stück Produktqualität werden. Auch eine Norm wie ISO 26000 kann dazu beitragen, diesen Zustand möglichst bald zu erreichen.

„Nicht dort ist die Tiefe der Welt und ihrer Geheimnisse,
wo die Wolken und die Schwärze sind, die Tiefe ist im Klaren und Heiteren.“

Hermann Hesse (1877- 1962), deutscher Literaturnobelpreisträger,
aus: „Das Glasperlenspiel“

7.3 Verbraucherschutz und ethisches Investment

von Jörg Weber

Doppelte Dividende oder dreifach gelackmeiert? Verbraucher, die ihr Geld ethisch anlegen wollen, können sich im idealen Fall über eine gute, rentierliche und zu ihren Moralvorstellungen passende Rendite freuen. Im schlimmsten Fall büßen sie Vermögen ein, verlieren den Glauben an die Anlagevermittler und erreichen nichts Gutes für Umwelt und Soziales. Weil nicht jede Geldanlage, die sich ethisch nennt, auch ethisch ist, ist diese Art des Investments ein Thema für den Verbraucherschutz.

Wann ist Geldanlage ethisch?

„Ethisches Investment" ist ein Sammelbegriff für Kapitalanlagen, die als ökologisch, nachhaltig oder sozial orientiert gelten. Ethisches Investment nennt sich auch „Grünes Geld", „Nachhaltiges Investment", „Verantwortungsvolle Geldanlage", CSR (Corporate Social Responsibility)-Investment oder ähnlich. Es gibt für „ethisches Investment" keine (gesetzliche) Definition. Auch „Ethik" und „Nachhaltigkeit" und „Ökologie" sind keine geschützten oder gesetzlich definierten Begriffe – daher die Vielfalt der Bezeichnungen und die geringe Trennschärfe. Auch themenbezogene Anlageprodukte wie Erneuerbare-Energie-, Klima- oder Wasserfonds werden in diesen Bereich einbezogen.

Mit ethischem Investment kann ein Privatanleger neben finanziellen weitere Ziele verfolgen. Diese Geldanlageart bietet die Möglichkeit, Rendite und persönliche inhaltliche Vorstellungen zu vereinbaren. Während man die Begriffe Investment oder Geldanlage nicht definieren muss, gibt es bei der Ethik allerdings Klärungsbedarf: Im Zusammenhang mit der Geldanlage scheint die Ansicht verbreitet, es gehe in irgendeiner Weise darum, Geld in nachhaltige, umwelt- und sozialverträgliche Finanzprodukte zu stecken. In hunderten von Zeitungsartikeln kommt eine Kritik an angeblich „ethischen" Geldanlagen auf, eine Kritik, die letztlich verbraucherschützend wirken soll: Inhalt von „ethischem" oder „nachhaltigem" Finanzprodukt und Bezeichnung werden teilweise als unvereinbar gegeißelt. So sollen Investments in Erdöl-Konzerne pauschal „unethisch" sein. Wer sich mit Ethik im philosophischen Sinn beschäftigt, wird an dieser Kritik schnell Zweifel aufkommen sehen: Ethik ist „das sittliche Verständnis", sie ist eines der Teilgebiete der Philosophie und sie befasst sich mit Moral. Die Ethik ist ein Teil der praktischen Philosophie, sie überdenkt das menschliche Handeln.

Die Ethik hat die Aufgabe, Kriterien für gutes und schlechtes Handeln und die Bewertung seiner Motive und Folgen aufzustellen. Die Ethik, die auch „Moralphilosophie" genannt wird, fragt „Wie soll ich mich verhalten?". Immanuel Kant untersuchte: „Was soll ich tun?". Wir wissen nicht, was Kant zu der Frage an einen Fondsmanager gesagt hätte: „Darf ich in Erdölaktien investieren oder nicht?". Wahrscheinlich hat jeder Mensch hierzu seine eigene Meinung. Und da es sich um eine moralphilosophische Frage handelt, kann man statt von Meinung auch von Ethik sprechen. Wenn jeder Mensche nach seiner eigenen Ethik lebt (die sich innerhalb eines bestimmten gesellschaftlich funktionierenden Moralrahmens hält), dann kann es auch Millionen Arten unterschiedlicher ethischer Geldanlage-Ansätze geben. Selbst Nachhaltigkeit, Ökologie oder „Corporate Social Responsibility" lassen sich nicht eng festlegen. So lange das so ist, hat die begriffliche Unschärfe für den Verbraucherschutz beim ethischen Investment vor allem eine Konsequenz: Der Verbraucherschutz muss akzeptieren, dass es nicht darum geht, bei der Geldanlage eine bestimmte Ethik zu verteidigen. Also: Nicht der Verbraucherschutz darf festlegen, ob Aktien von Unternehmen, die Tierversuche durchführen, ethisch sind – das sollte der Anleger für sich definieren. Vielmehr ist die Aufgabe darin zu sehen, eine Geldanlageart sauber funktionieren zu lassen, die es dem Verbraucher erlaubt, mit seinem Investment neben finanziellen Zielen inhaltliche Ansprüche zu verfolgen – welche auch immer das sein mögen. Weil das bei manchen Themen wenig greifbar scheint – wer wollte behaupten, Kinderarbeit, Prostitution oder Drogenhandel seien überhaupt unter irgendeinem Gesichtspunkt als „ethisch" zu qualifizieren –, sei hier zur Verdeutlichung noch einmal das Thema Tierversuche aufgegriffen. Gehören Aktien von Unternehmen, die Tierversuche durchführen, in einen Ethikfonds? Vielleicht nur Aktien von Unternehmen, die versprechen, Tierversuche allenfalls zu praktizieren, wenn es der Entwicklung von Medikamenten dient. Also keine Tierversuche für Kosmetika? Was ist mit Tierversuchen in Rüstungsunternehmen? Was, wenn es um Versuche für Verteidigungswaffen geht? Was ist mit Versuchen an wirbellosen Tieren, an Schnecken beispielsweise? Oder an winzigen Pantoffeltierchen – ethisch oder unethisch? Zwei Menschen, zwei unterschiedliche Antworten sind hier wahrscheinlich. Ähnlich verhält es sich mit dem Thema Atomenergie und Klimawandel: In vielen Ländern gelten Atomkraftwerke als klimaneutral, in Deutschland würde man Aktien von Atomkraftproduzenten und Kraftwerksherstellern kaum in einem Ökofonds vermuten.

Festzuhalten bleibt: Nicht der Verbraucherschutz legt fest, was „ethisch" und „nachhaltig" ist, sondern der Investor.

Die Wirkung ethischer Geldanlagen

Wer ethisch, ökologisch oder nachhaltig anlegt, will in der Regel auch eine bestimmte Wirkung seiner Geldanlage hervorrufen. Beispiel Umweltnutzen: Seine Höhe ist abhängig von der Anlageform: Bei Aktien, Anleihen oder Direktbeteiligungen entscheiden Anleger direkt, in welche Unternehmen sie investieren. Bei ethischen bzw. ökologischen Sparbriefen, Sparkonten und Festgeldern werden die eingezahlten Gelder als Einheit betrachtet und Kredite für umwelt- und sozialverträgliche Projekte vergeben.

Ethisches Investment legt also neben Sicherheit, Liquidität und Rendite (das klassische Anlagedreieck) Wert auf den Charakter der Geldanlage. So wird aus dem Dreieck das Viereck – wobei an der vierten Ecke verschiedene Begriffe stehen können, von Ethik bis Nachhaltigkeit, von CSR bis Anspruch.

Geld verändert die Welt. Aber wer ändert mit wessen Geld? Wer nur nach der Rendite einer Geldanlage fragt, wird sich wenig dafür interessieren, wie sein Geld in der realen Welt wirkt, sondern für die Zahlen hinter und vor allem vor dem Komma. Wer mit dem durch die Banken verliehenen Geld Möglichkeiten entwickelt oder Träume realisiert, das weiß der eigentliche Geldgeber in der Regel nicht. Baut da jemand Kinderspielzeuge oder Handfeuerwaffen? Nimmt den Kredit ein Unternehmen in Anspruch, das Mitarbeiter und Kunden schlecht behandelt oder gibt das Geld dem Gemüsebauer am Stadtrand endlich die Chance, seine Direktvermarktung zu professionalisieren? Die erfolgreiche Arbeit seiner Bank kann der Kunde lediglich an der Höhe seiner Zinserträge messen. Immer mehr Menschen reicht das inzwischen nicht mehr. Sie halten sich für kompetent genug, das eigene Geld so zu verwalten, dass dies in Einklang mit der eigenen Person, den individuellen Ansprüchen und Wertvorstellungen geschieht. Sie wollen wissen, was mit ihrem Kapital an Verwandlungsmöglichkeiten freigesetzt wird. Und sie wollen darüber mitentscheiden.

Für den Verbraucherschutz ergibt sich daraus eine wichtige Konsequenz: Er muss die Transparenz der Geldanlage im Auge haben, nicht nur ihr finanzielles Ergebnis. „Wie" eine Rendite zustande kommt, ist für ethisch orientierte Anleger oft genauso wichtig oder wichtiger als die Rendite.

Wovor sind ethische Anleger zu schützen?

Der Verbraucherschutz soll Verbraucher von Gütern oder Dienstleistungen schützen – klassischerweise, weil der Verbraucher gegenüber den Herstellern und Verkäufern mangels Fachkenntnis, Information oder Erfahrung unterlegen ist. Zudem gilt die Informationsverarbeitungs-Kapazität der Verbraucher als begrenzt; Informationsüberfluss kann die Rationalität seiner Entscheidungen beeinflussen, ebenso die Werbung, die unterschwellige Kaufanreize transportiert. So weit der allgemeine Verbraucherschutz, dessen Grundsätze natürlich auch beim ethischen Investment gelten. Speziell geht es beim Schutz der ethischen Anleger um folgende Bereiche (die hier nur insoweit aufgeführt sind, als es sich nicht um allgemeine Aspekte des Verbraucherschutzes bei der Geldanlage handelt):

Der Anleger soll kein Geld verlieren. Diese Forderung ist keine Selbstverständlichkeit. Es gibt unter den schwarzen Schafen der Anlagevermittler eine Kategorie, für die sich unter Verbraucherschützern der Begriff „Wollsockenabzocker" eingebürgert hat. Typische Wollsockenabzocker sind Vermittler, die in „grünem" Milieu (nicht parteipolitisch, sondern eher weltanschaulich gemeint) naive Anleger suchen. Denen gaukeln sie vor, die Welt liege so im Argen, dass eine Geldanlage sowieso schon ein unmoralisches Angebot sei – und eine Anlage, bei der man verliere, ethisch-moralisch vertretbarer sei und beispielsweise immerhin die Umwelt zum Gewinner habe. Nun nutzt verlorenes Geld der Umwelt überhaupt nichts, und auch soziale Leistungen ergeben sich nicht aus verspekuliertem Geld – es sei denn, die Vertriebsprovision wird als soziale Leistung umgedeutet.

Der Anleger soll keine Risiken eingehen, die zu hoch sind. Auch das ist zunächst einmal eine Selbstverständlichkeit der Geldanlage und keine Besonderheit des ethischen Investments. Spezielle Risiken des ethischen Investments ergeben sich allerdings daraus, dass manche ethische Geldanlagebereiche mit riskanten Produkten verbunden sind, weil es nur eine sehr kleine Auswahl gibt. Ein Beispiel: Viele ethisch motivierte Anleger wollen der Tatsache entgegenwirken, dass ihre Lebensweise zum Klimawandel beiträgt. Sie wollen sich dabei nicht auf die üblichen Mittel wie reduzierten Energieverbrauch durch weniger Flugreisen, Auto-Kilometer, weniger von weither importierte Lebensmittel und anderes beschränken. Sie erwägen, dazu beizutragen, das Klimagas Kohlendioxid aus der Atmosphäre wieder zu binden – in Bäumen. Anleger, die ihr Geld direkt in Bäumen anlegen wollen (und nicht in Holz-Aktien) haben nur eine sehr begrenzte Auswahl an Finanzprodukten. Oft sind sie mit Laufzeiten um 20 Jahre und erheblichen unternehmerischen Risiken verbunden. Diese Risiken können so hoch sein, dass diese Anlageart als für viele Anleger ungeeignet zu qualifizieren ist.

Die Anleger sind vor eklatanten Widersprüchen zwischen der Produktbezeichnung und den im Kleingedruckten angegebenen Produktinhalten zu schützen. Beispiel: So genannte „Klimawandel-Fonds" oder „Klimawandel-Zertifikate" suggerieren dem Verbraucher durch ihren Produktnamen und durch die Art ihrer Werbung teilweise, dass er durch sein Investment dazu beiträgt, den Klimawandel zu stoppen oder zu verlangsamen. In den Fonds oder Zertifikaten sind in der Regel Aktien enthalten. Der Fonds kauft die Aktien an der Börse, es ist ein Geschäft zwischen Aktienverkäufer – und Käufer. Außer bei den seltenen Fällen von Kapitalerhöhungen fließt kein Geld in Unternehmen, die klimaschonende Produkte herstellen. Allein dieser Mechanismus dürfte den meisten Anlegern kaum klar sein. Etwas anderes allerdings ist hier noch auffälliger: „Klimawandelfonds" enthalten oft Aktien von Solarunternehmen oder anderen Unternehmen aus der Branche der Erneuerbaren Energien – so weit, so erwartet, so wenig kritisierenswert. Sehr oft enthalten gerade diese Fonds aber auch Aktien von Unternehmen, die durch ihren Geschäftsbetrieb erst dazu beigetragen haben, dass es zum Klimawandel kam. Beispielsweise große Energieversorger. Wirkliche Irreführung kann man den Fondsgesellschaftern und Zertifikateanbietern dabei meist nicht vorwerfen: Sie listen in ihren Unterlagen brav auf, welche Aktien sie kaufen. Dennoch: Wenn eine Werbung marktschreierisch auf „Klimawandel" setzt, die wahren Inhalte des Finanzproduktes jedoch erst im Kleingedruckten ersichtlich sind – dann sollte auch das ein Fall für den Verbraucherschutz sein.

Der Verbraucherschutz sollte den Anleger darauf hinweisen, wenn versprochener und tatsächlicher Inhalt eines Produktes voneinander abweichen. Beispiel: Wenn die Fondsunterlagen versprechen, keine Aktien von Unternehmen zu kaufen, die an Rüstung verdienen – dann sollte der Fonds das auch einhalten. Ob er das tut, kann der ethische Anleger in der Regel jedoch kaum nachvollziehen. Landminenproduzenten etwa sind häufig Tochtergesellschaften größerer Unternehmen, die wiederum Tochtergesellschaften weltweit agierender Konzerne sind.

Zu schützen ist der ethische Anleger auch vor falscher Beratung und nicht passenden Produkten: Wer einem Studenten geschlossene Erneuerbare-Energiefonds mit einer Laufzeit von 20 Jahren verkauft, kann ein gutes Produkt an den falschen Kunden vermittelt haben – und damit ein schlechtes Ergebnis erzielen.

Wer schützt die ethisch orientierten Geldanleger?

Es gibt keine spezielle Verbraucherschutzorganisation für ethisch orientierte Anleger. Eine ganze Reihe von Institutionen und Unternehmen befasst sich allerdings jeweils mit verschiedenen Aspekten dieses Themas.

Verbraucherzentralen etwa, insbesondere die nordrhein-westfälische und die baden-württembergische, haben sich in den letzten Jahren immer wieder auch in Publikationen mit der ethischen Geldanlage auseinandergesetzt. Ein Vertreter der nordrhein-westfälischen Verbraucherzentrale war etliche Jahre im Beirat der Messe Grünes Geld vertreten, um zu gewährleisten, dass kein schwarzes Schaf der grünen Geldanlage auf dieser Messe ausstellen kann.

Viele Medien berichten über ethische Geldanlage, in unterschiedlicher Intensität und Regelmäßigkeit. Berichte finden sich beispielsweise in Finanztest, der Finanz-Zeitschrift der Stiftung Warentest. Auch die Zeitschrift Öko-Test berichtet über das Thema, wobei hier der Aspekt Rendite in der Berichterstattung gegenüber der Ethik an Bedeutung zuzunehmen scheint.

Unter den Tageszeitungen fallen insbesondere das Handelsblatt und die Süddeutsche Zeitung mit häufigeren Artikeln auf. Bei den Wochenzeitungen sind es die VDI-Nachrichten, die sich des Themas immer wieder annehmen. Vom Greenpeace-Magazin bis zur Brigitte, von der Zeit bis zur Bild – nachhaltige Kapitalanlagen sind ein mittlerweile sehr beliebtes Medienthema, vor allem seit Beginn der verstärkten Wahrnehmung des Klimawandels. Echter Verbraucherschutz ist hierbei dennoch selten; es sind in der Regel einzelne Journalisten, die sich mit unsauberen Machenschaften befassen und Anleger warnen.

Als ECOreporter.de-Redakteur bin ich bei einem Verlag beschäftigt, dessen Publikationen sich seit mehr als zehn Jahren ausschließlich mit nachhaltiger Geldanlage beschäftigen. Unsere so genannte „Wachhundrubrik" wird von der Öffentlichkeit und den Lesern als Verbraucherschutzinstrument wahrgenommen – ebenso aber auch von den Anbietern derjenigen Produkte, die in dieser Wachhundrubrik aufgeführt sind. Unsere Erfahrung der letzten Jahre: Waren es Ende der neunziger Jahre allenfalls Gegendarstellungen, mit denen sich die Angegriffenen wehrten, sind es mittlerweile Schadensersatzdrohungen, teilweise in Millionenhöhe. Das Aufdecken der schwarzen Schafe wird damit schwieriger, es ist aber leistbar. Bisher hat ECOreporter.de jedes Verfahren rechtlich gewonnen – und auf der anderen Seite viel Zeit verloren. Typischerweise schießen diejenigen schwarzen Schafe am schnellsten mit juristischen Waffen, gegen die schon staatsanwaltschaftlich ermittelt wird.

Der Gesetzgeber hat sich bisher beim Verbraucherschutz speziell für ethische Geldanlagen nicht hervorgetan. Finanzaufsichtsbehörden ebenso wenig. Beide muss dafür keine Kritik treffen, solange sie die ethische Geldanlage so behandeln wie jede andere Form der Geldanlage auch. Dass gerade die Finanzkrise bewiesen hat, wie wenig effektiv der gesamte Verbraucherschutz beim Thema Geldanlage funktioniert, ist ein anderes Thema.

Verbraucherschützend tätig sein könnten durchaus auch die Wettbewerber der Anbieter, vor denen die Kunden zu schützen wären. Doch hier wie in anderen Wirtschaftszweigen werden Konkurrenten, seien sie auch noch so unethisch, manchmal mit Samthandschuhen angefasst, meist jedoch überhaupt nicht angegriffen. Dabei schadet jedes schwarze Schaf der gesamten Branche.

Nicht als Verbraucherschützer tätig sind die Nachhaltigkeits-Rating-Agenturen. Sie untersuchen beispielsweise, als wie nachhaltig Aktien einzustufen sind, die in Nachhaltigkeitsfonds aufgenommen werden könnten. Die Nachhaltigkeits-Rating-Agenturen erfüllen damit eine wichtige Funktion, sind dabei aber im Auftrag der Anbieter tätig, nicht im Auftrag der Anleger.

Spezielle Anleger-Verbände für ethisches Investment gibt es nicht. Es gibt einen Branchenverband, in dem insbesondere Produktanbieter Mitglied sind, nicht die Geldanleger.

Transparenzleitlinien – ein Verbraucherschutz-Instrument für ethische Geldanlagen?

Dem Verbraucherschutz dienen sollen die so genannten Eurosif Transparenzleitlinien. Der Dachverband „European Sustainability and Responsible Investment Forum" (EUROSIF) hat sie formuliert. Investmentfondsinitiatoren (also nicht Banken generell, keine Aktiengesellschaften, keine Anleihenanbieter usw.) beantworten und unterzeichnen dazu einen umfangreichen Fragebogen. Die unterzeichnenden Gesellschaften sollen offen und ehrlich sein und sie sollen genaue, hinreichende und zeitgerechte Informationen bereitstellen, um Interessierten, insbesondere Kunden, ein Verständnis der Grundsätze und Verfahrensweisen nachhaltiger Geldanlage im Hinblick auf den jeweiligen Anlagefonds zu ermöglichen. Die Erklärung, die ein nachhaltiger Fonds dann abgibt, kann beispielsweise so lauten:

„Nachhaltige Investments sind ein essentieller Bestandteil der strategischen Positionierung und Vorgehensweise von ……… Wir begrüßen die Europäischen SRI Transparenzleitlinien. Dies ist unsere Xte Erklärung für die Einhaltung der Transparenzleitlinien. Sie gilt für den Zeitraum vom…….bis…… Unsere vollständige Erklärung zu den Europäischen SRI Transparenzleitlinien wird ebenfalls im Jahresbericht des bzw. der entsprechenden Fonds und auf unserer Webseite veröffentlicht. Wir verpflichten uns zur Herstellung von Transparenz. Wir sind davon überzeugt, dass wir unter den bestehenden regulativen Rahmenbedingungen und unter dem Aspekt der Wettbewerbsfähigkeit so viel Transparenz wie möglich gewährleisten. Wir befolgen sämtliche Empfehlungen der Europäischen SRI Transparenzleitlinien."

Verbraucherschutz für ethische Geldanlagen – fehlt ein Gütesiegel?

Die oben genannten Transparenzleitlinien gelten nur für einen Teil des Marktes der ethischen Geldanlage. Ihr Vorteil: Sie wollen Transparenz schaffen, legen jedoch keine inhaltlichen Standards fest. Da sich die Ethik – als Philosophie und auch als persönliche Moral –

wandelt, vermeiden die Transparenzrichtlinien so, bestimmte ethische Zustände vorzuschreiben und damit zu fixieren. Die Transparenzleitlinien sind damit ein Verbraucherschutzinstrument. Allerdings eines, das den meisten ethischen Geldanlegern bisher nicht bekannt sein dürfte.

Letztlich geht es beim Verbraucherschutz vor allem darum, unseriöse Angebote kenntlich zu machen. Diesen ist jedoch mit einem Siegel kaum beizukommen. Diese Art des Verbraucherschutzes kann unter Umständen sogar kontraproduktiv wirken: Gerade die schwarzen Schafe sind in aller Regel die findigsten und schnellsten und diejenigen, die als allererste versuchen werden, Gütesiegel zu erhalten. Und dank einer manchmal erstaunlichen Energie finden sie dann auch die Schlupflöcher, um sich mit dem Glanz der Siegel umgeben zu können. Verbraucherschutz muss daher schnell sein, sorgfältig recherchieren und dann mit gestärktem Rückgrat agieren. Er muss manchmal auch frech sein dürfen! Ein Gütesiegel ist all das nicht. Es zementiert Entwicklungen, meist schreibt es einen Standard vor, den die Besten einer Branche weit übertreffen – was wiederum dem Verbraucher, der sich auf ein Gütesiegel verlassen wird, kaum zu erläutern ist.

Doppelte Enttäuschung oder Rendite plus X?

Ethische Anleger, die mit unseriösen Produkten Geld verlieren, werden meist auch ihren Glauben in den Sinn verantwortungsvoller Geldanlagen los. Verlorener Glaube ist nicht gerade das klassische Feld des Verbraucherschutzes, dennoch sei die Anmerkung erlaubt: Auch hier ist der Verbraucherschutz wichtig. Nicht zuletzt deshalb, weil es die engagierten Investoren sind, die immer wieder auch Risiken eingehen und Wirtschaftszweige finanzieren, in die klassische Investoren nicht einsteigen. Die Windkraftbranche, heute eines der besten Zugpferde des deutschen Maschinenbaus, ist nur – um nicht zu sagen: einzig – mit Hilfe von Kleinanlegern aus den Startblöcken gekommen. Kleinanleger, die Anfang der neunziger Jahre manchmal nur 500 oder 1.000 Mark investierten, um sich an einem Bürgerwindrad zu beteiligen. Hier waren es die Verbraucherschutzorganisationen, die Leitfäden und Beratung anboten, um diese neuen Finanzwege in sichere Bahnen zu lenken. Sie schufen damit Vertrauen für die neuen Finanzierungsinstrumente, die auch damals schon als „ethische Geldanlagen" bezeichnet wurden. Verbraucherschutz kann also wie eine nicht-staatliche Wirtschaftsförderung auswirken. Verbraucherschutz für ethische Geldanleger ist aber auch heute nicht nur sinnvoll, sondern dringend notwendig. Gerade in einer Zeit, in der Ethik und Nachhaltigkeit, Ökologie und Verantwortung zumindest verbal hoch im Kurs stehen, werden viele Glücksritter motiviert, das Vertrauen der Anleger sehr weit auszureizen oder zu missbrauchen. Die ethische Geldanlage ist derzeit durchaus in einer Boomphase. Wer in einer solchen Phase den Verbraucherschutz nicht beachtet, untergräbt das Fundament des Booms: Das Vertrauen der Verbraucher in die Ethik der Anbieter.

8 Fair operating practices

8.1 Faires unternehmerisches Handeln

Anspruch, Verwirklichung und interkulturelle Herausforderungen

Ein Geleitwort von Dr. Bernd Eisenblätter

**Geschäftsführer der
Gesellschaft für technische Zusammenarbeit GmbH**

Ob „soziale Marktwirtschaft", „ehrbarer Kaufmann" oder „Unternehmerethos" – unsere Vorstellungen von erfolgreichem Unternehmertum sind geprägt von Werten und Maßstäben. Weil aber unsere Wirtschaft immer arbeitsteiliger und internationaler geworden ist, stehen Unternehmen heute in einem viel komplexeren Beziehungsgeflecht als noch vor wenigen Jahren. Die gesellschaftlichen Erwartungen an verantwortliches Unternehmertum sind gestiegen. Dabei sind Unternehmen gefordert, gegenüber denjenigen, mit denen sie in ihrer täglichen Arbeit zu tun haben, fair und verantwortlich zu handeln. Dazu gehören unter anderem die folgenden Aspekte:

- Vermeidung von Korruption und Vorteilsnahme

- Verantwortungsbewusste politische Mitwirkung

- Förderung der gesellschaftlichen Verantwortung im Einflussbereich

- Achtung von materiellen und geistigen Eigentumsrechten

Um diese Ziele zu erreichen, müssen Gesetze und Regeln eingehalten werden. Dies allein genügt aber nicht: Anständige Betriebspraktiken setzen vielmehr eine tiefergehende Auseinandersetzung mit den kulturell geformten und auf Wertvorstellungen basierenden Anforderungen an das eigene Unternehmen voraus. Die Situation ist umso komplexer, als sich unter heutigen Bedingungen dieses Handlungsfeld längst nicht mehr nur auf das eigene Unternehmen, die Region oder das eigene Land erstreckt. Denn Wahrnehmung gesellschaftlicher Verantwortung bedeutet nicht, in Deutschland die Gesetze einzuhalten, gleichzeitig aber riskante, schädliche oder verbotene Praktiken in ein Land zu verlagern, das diese aufgrund eines schwächeren Rechtsrahmens zulässt oder duldet. Grundlegend ist die Einsicht, dass unlautere Wettbewerbsformen grundsätzlich der nachhaltigen

Entwicklung schaden – und zwar weltweit. Für die Wirtschaft als eine der entscheidenden Kräfte, die Entwicklung, sozialen Fortschritt und Wachstum vorantreiben, ist die Bedeutung von fairem und an den Erfordernissen der nachhaltigen Entwicklung ausgerichtetem Handeln deshalb besonders groß. Dabei ist diese nicht leicht zu erreichen: So behindert beispielsweise Korruption nicht nur die Weiterentwicklung einer funktionierenden Marktwirtschaft und die Verbesserung des Lebensstandards der Bevölkerung. Der Missbrauch von Macht und Einflussmöglichkeit unterminiert zugleich die Funktionsfähigkeit demokratischer, rechtsstaatlicher Ordnungen insgesamt und schwächt so die Umsetzung und Einhaltung der Menschenrechte, Arbeitsbedingungen oder den verantwortlichen Umgang mit ökologischen Ressourcen. Aus diesem Grund ist die Gestaltung fairer Betriebspraktiken (Fair Operating Practices) nicht nur ein wesentlicher Erfolgsfaktor für den Unternehmenserfolg. Unternehmen, die gesellschaftliche Verantwortung wahrnehmen wollen, tragen durch ihr faires Handeln und Verhalten auch dazu bei, dass Leistungen generiert und abgesetzt werden, die einen gesellschaftlichen Nutzen stiften. Indem langfristige und nachhaltige Entwicklung ermöglicht wird, entsteht ein Mehrwert für die Gesellschaft, der über die Befriedigung konkreter Bedürfnisse hinausgeht.

Die GTZ beschäftigt sich seit über zehn Jahren mit den Auswirkungen ihrer unternehmerischen Tätigkeiten auf die Gesellschaft. So regeln im Unternehmen beispielsweise die „Grundsätze integeren Verhaltens" den Umgang mit Geschenken, Vorteilen oder Interessenkonflikten, um Korruption vorzubeugen. Eine umfassende Integritätsarchitektur mit klaren Eskalationswegen, internen und externen Ansprechpartnern dienen der Aufdeckung von Fehlverhalten, aber auch dem persönlichen Schutz betroffener Mitarbeiter und der Wahrung der Unternehmensintegrität. Aber auch von Geschäftspartnern wird erwartet, dass sie diese Grundsätze respektieren: Mit Auftragnehmern aus der Consultingwirtschaft wird eine Integritätsvereinbarung abgeschlossen. Sie verpflichtet die Auftragnehmer der GTZ dazu, die Inhalte dieser Integritätsvereinbarung zu beachten und organisatorische Vorkehrungen zu treffen, um die Einhaltung dieser Verhaltenskodizes durch die Arbeitnehmer und Unterauftragnehmer vermitteln und überwachen zu können. Auf diese Weise werden ein fairer Vergabeprozess sowie eine integere Programm- und Projektdurchführung gesichert und gegenseitiges Vertrauen geschaffen.

GTZ begreift Integritätsmanagement jedoch über das Setzen klarer Regeln hinaus als kontinuierlichen Lern- und Entwicklungsprozess. Als weltweit tätiges Bundesunternehmen der internationalen Zusammenarbeit für Nachhaltige Entwicklung ist die GTZ tagtäglich mit sehr unterschiedlichen kulturellen Vorstellungen dessen konfrontiert, was unter fairen Betriebspraktiken zu verstehen ist. Verhalten, das in dem einen Kulturkreis als selbstverständlich und somit auch als anständig betrachtet wird, kann in einem anderen Kulturkreis verpönt und unanständig sein. Gleichwohl sind beispielsweise auch in Kulturen, die ihren Mitgliedern eine starke Versorgungspflicht für Familie oder Clan auferlegen, die Nachteile von Korruption erfahrbar und vermittelbar. Hier ist es besonders wichtig, die Erwartungen an das Verhalten im Vorfeld der Kooperation zu klären, klare Regeln und Orientierung zu geben und diese auch vorzuleben. In jedem Fall gilt: Nur wo Transparenz und Integrität für Klarheit und Nachvollziehbarkeit aller Handlungen nach innen und außen sorgen, wird Vertrauen geschaffen. Auf einer solchen Grundlage wird unternehmerisches Handeln nachhaltig erfolgreich sein – weltweit.

Der nachfolgende Beitrag von *Frank Ebinger* macht deutlich, dass es eine Reihe von Ansatzpunkten für das Management gibt, eine angemessene Organisationspraxis verantwortlich zu gestalten und auch zu leben.

„Es genügt nicht, zum Fluss zu kommen mit dem Wunsche, Fische zu fangen.
Man muss auch das Netz in der Hand mitbringen."

Chinesisches Sprichwort

8.2 Gesellschaftliche Verantwortung und eine angemessene Organisationspraxis

Fair operating practices

von Frank Ebinger

Denkt man über die in der ISO 26000 angesprochene Begrifflichkeit einer „angemessenen Organisationspraxis" nach, die der in der Überschrift angesprochenen gesellschaftlichen Verantwortung von Organisationen gerecht werden soll, so umfasst sie alle Interaktionen einer Organisation mit gesellschaftlichen Akteuren aus Sicht einer ethisch gefärbten Perspektive. Während das Adjektiv „angemessen" signalisiert, dass es sich um eine normative, besser: eine ethische Perspektive handeln muss, zeigt das Wort „Praxis" an, dass die Verantwortung gegenüber der Gesellschaft alle realen Aktivitäten einer Organisation umfassen sollte. Es dreht sich somit um das Verhältnis zwischen den (gesellschaftlichen) Erwartungen an Organisationen und ihre (kodifizierten) Antworten darauf. Das Verhältnis ist allerdings keine Einbahnstraße, sondern rekursiv strukturiert. Natürlich formulieren auch Organisationen Erwartungen an die Gesellschaft und verändern sie durch ihre Praxis und ihr Verhalten.

Ein solch verstandenes ethisches Verhalten stellt eine fundamentale Grundlage dar, um eine nachhaltig wirkende Legitimierung und produktive Verbindung zwischen Organisationen und der Gesellschaft zu sichern. Entsprechend betrifft die Beachtung, Unterstützung und Förderung von Standards zu ethischem Verhalten alle Geschäftsprozesse. Dies umfasst nicht nur die Interaktionen mit den direkten Partnern einer Organisation, wie Mitarbeiter, Zulieferer oder Vertragspartner, sondern auch indirekte Beziehungen, wie Wettbewerber, Regierungsorganisationen und Behörden oder Verbände, in denen sie Mitglieder sind. Damit ist unmittelbar der Bereich umschrieben, der zu einem positiven Ergebnis einer Organisation beitragen kann, um gesellschaftliche Verantwortung zu fördern: Organisationen buhlen sozusagen um die „license to operate", um ihren Teil zur gesellschaftlichen Entwicklung einbringen zu können.

Hierzu sind Führung und Management notwendig, die den ganzen Bereich der Einflussmöglichkeiten – die Sphere of Influence – einer Organisation umfassen und in Form einer entsprechend ausgestalteten umfassenderen, formell und informell strukturierten Organisationssteuerung (Organizational Governance) münden. Ein solcher Ansatz reicht über die jeweiligen Organisationsgrenzen hinaus und adressiert organisationsindividuelle Einflusssphären auf unterschiedlichen Ebenen. Das World Business Council for Sustainable Development systematisiert die „Sphere of Influence" folgendermaßen (vgl. Abbildung 8.1):

Abbildung 8.1   Spheres of Influence (nach [306])

Governments — Indirect influence: laws/legal regimes • framework conditions/infrastructure

Host communities

Direct influence/affected: pollution • corruption/bribery

Business partners

Core operations

Indirect influence: labor standards • indigenous people's rights • bribery • social inequity

High degree of control: labor standards • health & safety • consumption of water

Ansätze, die sich mit den skizzierten Aufgabenfeldern befassen, werden beispielsweise unter dem Begriff „Governanceethik" oder „Wertemanagement" diskutiert [294]. Durch das aktive Vermeiden von Korruption, das Fördern von fairen politischen Prozessen, das aktive Fördern des fairen Umgangs im Wettbewerb und durch das Steigern von Reliability und Fairness bei Transaktionen wird sich auch die gesellschaftliche und ökonomische Umwelt verbessern, in der das Unternehmen agiert. Unternehmen sollten aktiv Fairness erhalten und Transparenz in der Zusammenarbeit mit anderen Organisationen verfolgen und dabei jedwedes Verhalten vermeiden, das als Günstlingswirtschaft oder heimliche Absprache verstanden werden kann.

Korruptionsvorbeugung und verantwortliche Beteiligung an politischen Prozessen ist abhängig vom Respektieren gesetzlicher Grundlagen, vom Befolgen ethischer Standards, von Rechenschaftspflichten und Transparenz. Fairer Wettbewerb und das Respektieren von Eigentumsrechten können nicht erfolgreich sein, wenn sich Organisationen nicht gegenseitig mit entsprechender Ehrlichkeit, Gerechtigkeit und Integrität begegnen.

Entsprechend dieser kleinen Einführung zu den Grundgedanken einer angemessenen Organisationspraxis sieht die ISO 26000 fünf Managementfelder für Organisationen vor, die aktiv bearbeitet und zu denen Lösungsansätze entwickelt werden sollen:

■ Bekämpfung und Vorbeugung von Korruption

■ Verantwortliches Agieren im öffentlichen Raum

■ Förderung eines fairen Wettbewerbsklimas

■ Respektieren von Verfügungs- und Handlungsrechten (property rights)

■ Vorbildliche gesellschaftliche Verantwortung vorleben, fordern und fördern.

In diesem Beitrag können die genannten fünf Felder lediglich kurz vorgestellt werden. Jedes dieser Felder bietet eigentlich ausreichend Potenzial für eine eigenständige Arbeit, die dann noch aus unterschiedlichen geisteswissenschaftlichen Perspektiven erörtert werden könnte. Deshalb soll hier nochmals betont werden, dass es sich bei den folgenden Ausführungen lediglich um eine grobe Darstellung des jeweiligen Themenfeldes handeln kann und sie als erster Einstieg in die jeweilige Thematik dienen.

8.2.1   Bekämpfung und Vorbeugung von Korruption

Korruption ist unmoralisch, als globales Phänomen sanktioniert und als strukturelles Risiko mit hohem Schadenspotenzial erkannt. Die Beispiele von Enron, Worldcom, Parmalat zeigen die Schäden, die in den speziellen Fällen schätzungsweise mehr als hundert Milliarden Dollar umfassten. So ist es zu verstehen, dass vor allem die Angst vor Zersetzungsvorgängen in Staat und Gesellschaft mit dem Begriff Korruption verbunden wird. Korruption kann das organisationale Umfeld untergraben und birgt die Gefahr strafrechtlicher Verfolgung wie auch staatlicher und administrativer Saktionen in sich. Unter anderem kann Korruption auch Menschenrechte verletzen, politische Prozesse aushöhlen, die Umwelt beschädigen, sie verdreht Wettbewerbsumfelder und behindert ökonomisches Wachstum. Entsprechend werden häufig im Zusammenhang mit Korruption Metaphern wie „Sumpf", „Pest", „Seuche", „Krebsgeschwür" gebraucht.

Obwohl Korruption so stark abgelehnt und stigmatisiert wird, führt sie, wie es scheint, nach wie vor im nationalen wie internationalen Umfeld ein florierendes Dasein, wenn auch im Schatten. Wohl auch aus diesem Grund wurden in den letzten Jahrzehnten verstärkt internationale Regeln erarbeitet, wie z.B. der amerikanische Foreign Corrupt Practices Act aus dem Jahre 1977, die ICC Rules of Conduct to Combat Extortion and Bribery aus dem Jahre 1996 (Revision im Jahr 2005) sowie ein Übereinkommen der OECD aus dem Jahr 1997 zur Bekämpfung der Bestechung ausländischer Amtsträger im internationalen Geschäftsverkehr, das in Deutschland im Februar 1999 in ein Gesetz zur Bekämpfung internationaler Bestechung (IntBestG) in das deutsche Recht umgesetzt wurde. Das IntBestG ergänzt die Regelungen zu §§ 334ff. des Strafgesetzbuchs (StGB) [28].

Neben gesetzlichen Regelungen haben sich in jüngster Zeit auch nichtstaatliche Institutionen herausgebildet, um der Korruption entgegenzutreten. So gibt beispielsweise Transparency International seit 1995 einen „Internationalen Korruptionsindex" (CPI) heraus, der inzwischen in der Öffentlichkeit eine gute Wahrnehmung erfährt. Im Jahr 2003 wurde der Deutsche Corporate Governance Kodex verabschiedet oder im Jahr 2005 der Code of Conduct des deutschen Immobilienverbandes, um nur einige der Initiativen zu nennen.

Bemerkenswert ist, dass es für viele Menschen im Alltag sehr schwierig zu sein scheint, genau zu definieren, wo Korruption beginnt und wo sie aufhört. Nicht nur der Begriff ist schwer zu fassen, auch die Tatbestände [60]. Korruption hat viele Gesichter: Bestechung und Bestechlichkeit, Vorteilsgewährung und -annahme, Unterschlagung, Begünstigung, Betrug und Untreue oder aber auch Geldwäsche, Verschleierung unrechtmäßiger Vermögenswerte, Wähler- oder Abgeordnetenbestechung (laut Wikipedia „Stichwort Korruption"). Im juristischen Sinn bedeutet Korruption den Missbrauch einer Vertrauensstellung, um einen materiellen oder immateriellen Vorteil zu erlangen, auf den kein rechtlich begründeter Anspruch besteht. Im Sinne einer sozialen Interaktion werden für die Beteiligten vorteilhafte Leistungen ausgetauscht, beispielsweise Entscheidungsbeeinflussung gegen Geld. Hieraus wird ersichtlich, dass es sich bei Korruption mindestens um zwei Parteien handeln muss: diejenigen, die sich bestechen lassen, und diejenigen, die bestechen. Allerdings kann auch eine weitere Partei in Korruption verwickelt sein: diejenigen, die wissentlich oder unwissentlich Bestechung erst ermöglichen.

Aus politischer Perspektive betrachtet, kann Korruption nach Definition des Politikwissenschaftlers Harold Dwight Lasswell als die Verletzung eines allgemeinen Interesses zu Gunsten eines speziellen Vorteils gesehen werden (Wikipedia „Stichwort Korruption"). Transparency International sieht Korruption als Missbrauch von anvertrauter Macht zum privaten Vorteil und wird definiert als *„misuse of entrusted power for private gain"* [267].

Will man Korruption bekämpfen, sollte sie zuvorderst auf individueller Ebene verstanden werden. Hinter jeder Form von Korruption stecken Menschen. Es sind eben nicht ganze Organisationen, die korrupt sind, sondern immer einzelne Menschen oder Gruppen. Diese zu verstehen, ist beispielsweise Ziel einer Gruppe um Professor Anand von der University of Arkansas. Die Forschergruppe untersucht verschiedene Taktiken bei Legitimierungsversuchen einzelner korrupter Personen, die herangezogen werden, um das korrupte Verhalten zu erklären und das Aufkommen von Schuld zu verhindern oder um sich im Nachhinein selbst vergeben zu können [9].

„Die Funktion dieser Rationalisierungstaktiken ist ganz einfach: Der Mitarbeiter kann weiterhin an seine moralische Integrität und seinen Nutzen für das Unternehmen glauben. Das Problem dabei ist, dass korrupte Praktiken zur Routine werden, sich möglicherweise ausbreiten und neue, integre Mitarbeiter auf diesem Weg sozialisiert werden können. Je verbreiteter Korruption ist, desto mehr erodieren die individuellen psychologischen Schranken gegen korruptes Verhalten. Verhindert man dies nicht, kann sich Korruption wie im Fall Siemens oder Volkswagen umfassend verankern und schwerwiegende Schäden verursachen." [192].

Unterstützt werden solche Rationalisierungen vor allem von einem Paradoxon im Zusammenhang mit Korruption: Zwar scheint zuvorderst der Leitsatz zu gelten, dass der Vorteil des Korrumpierten stets einen Nachteil der Organisation darstellt, die ihn beschäftigt oder beauftragt hat. Bei näherer Betrachtung zeigt sich aber ein Dilemma: *„Einerseits liegt es im vitalen Interesse der Unternehmen, Korruption zu unterbinden, da sie diese ab einem gewissen Punkt in den ökonomischen Ruin treiben würde. Andererseits sind integre Unternehmen jederzeit durch jene anderen Marktakteure ausbeutbar, die durch Bestechungen die lukrativen Aufträge und damit ökonomische Vorteile generieren."* (Wikipedia „Stichwort Korruption")

Ein solches Dilemma kann nur dann aufgelöst werden, wenn ausnahmslos alle Unternehmen in diesem Markt ihr korruptes Verhalten aufgeben würden. Nur in diesem Fall sind „integre Unternehmen" nicht mehr „ausbeutbar". Aber gerade hierin besteht das Problem: Ein einzelnes Unternehmen kann eigentlich in der Situation, in der alle anderen nicht korrumpieren, die höchsten Gewinne aus Korruption erzielen. *„Jedes einzelne Unternehmen hat also einen extrem hohen Anreiz zu korrumpieren, sei es um höhere Gewinne zu machen oder um nicht der einzige `Dumme´ zu sein, der nicht korrumpiert und deshalb aus dem Markt ausscheiden muss."* (Wikipedia „Stichwort Korruption").

Die zwangsläufige Folge dieses Umstandes ist, dass sich damit die Kosten einer jeden Organisation erhöhen (nicht allein durch die eigentliche Schmiergeldzahlung, sondern auch durch die Kosten der Geheimhaltung), während die Wahrscheinlichkeit, in einem Bieterverfahren zum Zuge zu kommen, im ungünstigen Falle gleich bleibt, mit gleichzeitig erhöhtem Risiko einer Strafverfolgung und eines Ansehensverlusts [204].

Erwartungen an und mögliche Aktionsfelder bei der Korruptionsbekämpfung

Folgt man dieser Argumentation, geht es letztlich bei der Korruptionsbekämpfung um das Lösen von Dilemmasituationen in und außerhalb von Organisationen. Ansatzpunkte finden sich auf mehreren Ebenen in der Organisation. Untersuchungen zeigen, dass Korruption besonders schwer auszumerzen ist, wenn sie sich bereits etablieren konnte. Daher sollten Ansätze vornehmlich präventiv angelegt sein und sich um die Sensibilisierung aller Organisationsmitglieder, um das Identifizieren besonders gefährdeter Arbeitsbereiche und um das Aufspüren sogenannter „social cocoons" drehen, also von Gruppen, die ihre eigenen Normen entwickelt haben. Korruption gilt es aus der „Heimlichkeitsecke" herauszuholen und zum Gegenstand des organisationsinternen Diskurses zu machen. Hier ist die *„Grundlage einer jeden Strategie zur Vermeidung von Korruption [...] Information: Worum geht es bei Korruption überhaupt, in welchen Formen kann sie auftreten und warum muss sie bekämpft werden? Im Ausland tätige Unternehmer sollten sich über die länderspezifische Situation informieren, z.B. die jeweilige Rechtslage, die politischen und wirtschaftlichen Rahmenbedingungen sowie die Gepflogenheiten vor Ort."* [28].

Hierbei können die vielfältig verfügbaren Leitfäden zur Einführung von Korruptionsbekämpfungsmaßnahmen herangezogen werden, die entweder von Nichtregierungsorganisationen oder Unternehmensberatungen angeboten werden.

Beispielsweise hat die KPMG ein spezielles Konzept entwickelt, um Korruption vorzubeugen, zu erkennen und gegenzusteuern, ein so genanntes Anti Fraud Management. Dazu gehört unter anderem [300], *„Hinweisgebern Anlaufstellen zu geben. Andere Möglichkeiten sind der Einsatz forensischer Techniken, also das professionelle Aufdecken und Aufklären wirtschaftskrimineller Handlungen, etwa durch eine spezielle Analyse-Software. Außerdem geht es darum zu entdecken, ob innerhalb der Gesellschafterstruktur Verflechtungen mit Lieferanten bestehen. Um sich gegen Korruption zu schützen, lassen einige Unternehmen ihre Einkäufer zwischen verschiedenen Posten wechseln oder binden Verkäufer in Vertriebsteams ein, um Situationen zu vermeiden, die Bestechlichkeit und Bestechung leichter ermöglichen. Inzwischen bieten auch einige Trainingsinstitute Seminare zur Korruptionsprävention an."*

Richtlinien zur Korruptionsbekämpfung in einer Organisation

Inzwischen existiert eine Reihe von Leitfäden zur Bekämpfung von Korruption. So formulierte beispielsweise „Transparency International" Strukturen für ein Programm zur Bekämpfung von Korruption, das als eine Art „ABC der Korruptionsprävention" dienen soll. Im Mittelpunkt dieses Leitfadens steht die Entwicklung eines Verhaltenskodexes, der einen Katalog von Geboten und Verboten und verbindliche Richtlinien vorgibt, um Mitarbeiter zu sensibilisieren und ihr Unrechtsbewusstsein zu schärfen [266].

- Das Unternehmen soll ein Programm entwickeln, das seiner Größe, Branche, den potenziellen Risiken sowie den Standorten seiner Aktivitäten entspricht und das klar und hinreichend detailliert die Werte, Strategien und Verfahrensweisen beschreibt, die zur Verhinderung von Korruption in allen von ihm tatsächlich kontrollierten Tätigkeitsbereichen praktiziert werden sollen.

- Das Programm soll mit allen Gesetzen übereinstimmen, die sich auf die Bekämpfung von Korruption an allen Tätigkeitsorten des Unternehmens beziehen, insbesondere mit den Gesetzen, die spezifische Geschäftspraktiken direkt betreffen.

- Das Unternehmen soll sich bei der Entwicklung des Programms mit seinen Arbeitnehmerinnen und Arbeitnehmern sowie mit Gewerkschaften oder anderen Gremien der Arbeitnehmervertretung beraten.

- Das Unternehmen soll durch Kommunikation mit allen in Betracht kommenden und interessierten Partnern sicherstellen, dass es über alle Gesichtspunkte informiert ist, die für eine effektive Programmentwicklung wesentlich sind.

Unternehmensbeispiele zur Korruptionsbekämpfung

„Unter dem Eindruck des Schmiergeldskandals hat Siemens seit zwei Jahren eine riesige Compliance-Abteilung aufgebaut. Was am Anfang exotisch klang, ist heute ein geläufiger Ausdruck. Compliance bezeichnet die Einhaltung von Vorschriften und Gesetzen innerhalb eines Unternehmens. Der Begriff kursiert nicht mehr nur auf den Fluren von Siemens, er hat mittlerweile in den Vorstandsetagen aller deutschen Konzerne Einzug gehalten. Nach dem Vorbild Siemens investieren nahezu alle Konzerne hierzulande kräftig in die Korruptionsbekämpfung. Nicht zuletzt auch deswegen, weil Manager fürchten, bei Verstößen persönlich haften zu müssen." [144].

„Adidas, E.on, ThyssenKrupp – vor allem große börsennotierte Konzerne marschieren im Kampf gegen unsaubere Praktiken voran. Sie organisieren Schulungen für ihre Mitarbeiter, richten so genannte Whistleblower-Hotlines ein, bei denen Beschäftigte Auffälliges melden können und holen sich Ermittler, die Verstöße aufspüren sollen. Es geht heute um die Frage, wie man ein Compliance-System organisiert, nicht mehr ob man eines hat." [144].

„ThyssenKrupp hat ebenfalls solch ein Whistleblower-System genauso wie der Lkw-Bauer MAN und der Baukonzern Hochtief. `Wo nicht kontrolliert wird, laufen die Dinge aus dem Ruder´, sagt Hartmut Paulsen, Generalbevollmächtigter bei Hochtief, auf dem `Euroforum Compliance´. Es ist eine von vielen Gesprächsrunden, bei der sich die Chefkorruptionsbekämpfer der deutschen Wirtschaft austauschen. Vor allem die Compliance-Verantwortlichen von Siemens können sich vor Anfragen kaum retten. Die Münchner gelten als Vorbild." [144].

Volkswagen AG führte ein konzernweites und international strukturiertes Ombudsmann-System ein. Im Rahmen dieses Systems nehmen zwei Rechtsanwälte strikt vertraulich Informationen zu Korruptions-Tatbeständen entgegen und geben sie an das Unternehmen weiter. Daraufhin wird ein Ermittlungskreis aus den Konzernbereichen Revision, Rechtswesen und Sicherheit eingeschaltet, der jeden Einzelfall prüft und bei Bedarf unverzüglich Schritte einleitet (siehe hierzu auch Kapitel 1.4.3 in diesem Buch).

Über 400 Firmen – darunter jedes zweite Dax-Unternehmen – haben sich gemeinsam mit Transparency International zu einem Netzwerk zusammengeschlossen, das sich mit Korruption und Korruptionsbekämpfung beschäftigt. Die Unternehmen haben begriffen, dass sie einen guten Ruf zu verlieren haben (Amann, S. (2007): Transparency fordert Pranger für korrupte Firmen, in Spiegel Online, vom 26.09.2007).

Was sieht die ISO 26000 vor?

Die folgenden Erwartungen und Ansatzpunkte können vor dem Hintergrund der Korruptionsbekämpfung im Einflussbereich einer Organisation formuliert werden. Die Liste stellt eine Zusammenfassung der in der ISO 26000 vorgesehenen Aspekte dar, ergänzt um weitere Gesichtspunkte aus der Korruptionsdebatte:

- Neben der Identifizierung der Risiken von Korruption sollen auch eine entsprechende Korruptionsbekämpfungspolitik, Leitlinien und Strukturen eingeführt, angewendet und ständig verbessert werden, um Korruption, Schmiergeld, Bestechung und Erpressung zu bekämpfen (vgl. hierzu den vorhergehenden Kasten);

- Hierzu zählen auch regelmäßige, konsequente Kontrollen;

- Das Unternehmen sollte Transparenz schaffen und notfalls durch eine dritte Instanz von außen in die Organisation bringen [217];

- Das Unternehmen sollte eine Hotline einrichten, die Mitarbeitern in möglichen Grenzbereichen Hilfestellung gibt, zum Beispiel für das Verhalten bei der Annahme hochwertiger Geschenke [217];

- Das Management einer Organisation sollte sich eindeutig gegen alle Formen von Korruption positionieren und die eingeführten Strukturen vorleben und dadurch Führung, Commitment und Übersicht beweisen;

- Das Unternehmen sollte Mitarbeiter und Auftragnehmer aktiv untertützen, um Korruption und Bestechung zu verhindern, und diese Maßnahmen durch Anreize fördern;

- Das Unternehmen sollte Trainings- und Schulungsmaßnahmen einführen, die das Bewusstsein von Mitarbeitern und Auftragnehmern für Korruption und Korruptionsbekämpfung schärfen;

- Das Unternehmen sollte sicherstellen, dass die Bezahlung der Mitarbeiter und Auftragnehmer angemessen und gesetzmäßig ist;

- Es sollten *„besonders korruptionsgefährdete Arbeitsbereiche identifiziert werden und dort spezielle organisatorische Schutzmaßnahmen ergriffen werden (z.B. Einführung des Mehr-Augen-Prinzips und des Rotationsprinzips; Verpflichtung der Mitarbeiter, Gegenzeichnungen einzuholen; besonders sorgfältige Auswahl und Betreuung der Mitarbeiter)."* [28]

▓ Das Unternehmen sollte Mitarbeiter und Auftragnehmer dazu anhalten, Zuwiderhand-
lungen gegen die Organisationspolitik zu berichten und Maßnahmen aufzubauen, die
eine angstfreie Mitteilung für Mitarbeiter möglich machen (z.B. Ombudsstelle oder
Hotline);

▓ Gesetzeswidrige Verstöße müssen den Verfolgungsbehörden mitgeteilt werden, eine
Verschleierung der Vorgänge muss verhindert werden, z.B. durch Beschränkung oder
Entzug von Zuständigkeiten und durch Sicherung von Aktenbeständen, Arbeitsplät-
zen und Arbeitsmitteln [28] und

▓ Das Unternehmen sollte andere Organisationen beeinflussen ähnliche Verfahren der
Korruptionsbekämpfung einzuführen.

8.2.2   Verantwortliches Agieren im öffentlichen Raum

Mit dem Aspekt eines verantwortlichen Agierens im öffentlichen Raum wird vor allem auf
Aspekte eines verantwortlichen Umgangs mit organisationaler Interessenvertretung abge-
hoben. Hier liegt die Überzeugung zugrunde, dass Organisationen den politischen Prozess
und die Entwicklung öffentlicher Politik unterstützen können, so dass davon die Gesellschaft insgesamt profitiert. Allerdings sollten Organisationen hierbei ein Verhalten vermeiden, das dazu beiträgt, den politischen Prozess erodieren zu lassen, beispielsweise
durch manipulatives Verhalten, Einschüchterungen oder Zwang.

Heutzutage gehört es zum Tagesgeschäft von Organisationen, regelmäßig die Entwicklung
der politischen Lage zu beobachten und auszuwerten, Gesetzgebungsverfahren zu verfolgen und die öffentliche Meinung als wichtige Grundlagen unternehmerischer Strategieent-
scheidungen zu beobachten. Daran ansetzend betreiben Organisationen häufig das so
genannte Issue Management in Form strategischer Themensetzung auf parlamentarischer
und medialer Ebene.

Interessenvertretung findet dort statt, wo Politik oder öffentliche Meinungsbildung gemacht wird. Das ist fundamentaler Teil demokratischen Denkens und Handelns. Durch
immer komplexer werdende Wirtschaftsstrukturen und öffentliche Themenfelder sind
Entscheidungsträger und Gesetzgeber vielfach in ihren Möglichkeiten überfordert. Hier
haben Interessenvertreter eine wichtige Funktion: Sie können vor der Entscheidung umfassend über die wirtschaftlichen, gesellschaftlichen und rechtlichen Aspekte und Konsequenzen eines Vorhabens vor einer Entscheidung informieren. Dabei stellt Interessenvertretung die informelle und punktuelle Beeinflussungen spezifischer Sachentscheidungen
dar und nicht die anhaltende Mitgestaltung der (staats-)politischen Rahmenbedingungen
der Einflussnahme. Positiv gewendet, verfolgen Organisationen durch persönliche Kontakte oder die öffentliche Meinung über die Massenmedien das Ziel, eigene Interessen
zusammenzuführen, zu artikulieren und punktuell durchzusetzen.

Da in einer pluralistischen Gesellschaft partikulare Interessengruppen versuchen, ihre
jeweiligen Interessen durchzusetzen, ist die Konkurrenz um die Aufmerksamkeit der Entscheidungsträger und Meinungsbildner groß und entsprechend schwierig wird es, durch

Information (Aufklärung) oder sanften Druck den einmal eingeschlagenen Kurs der politischen Agenda zu ändern. Dies macht allein ein Blick auf Brüssel deutlich: Schätzungen zufolge arbeiten in Brüssel bis zu 20.000 Lobbyisten, die sich inzwischen auf die dortigen Entscheidungsprozesse in der Europäischen Union konzentrieren.

An der Schnittstelle zu Politik und Gesellschaft experimentieren Organisationen häufig mit einer Zusammenführung ihrer Möglichkeiten. Dabei lassen sich unterschiedliche Typen beobachten, die informations- oder druckorientiert ausgestaltet sein können [122]. Auch Hillman und Hitt untersuchten verschiedene Versuche strategischer Themensetzung und damit verbundene Aktivitäten [145]. Sie unterscheiden drei Kategorien der Einflussnahme: Informationsstrategien, finanzielle Unterstützungsstrategien und Strategien der Wählerbeeinflussung. Die jeweiligen Aktivitäten umfassen Lobbying, Berichte über Forschungsergebnisse, Expertenwissen, Verfassen von Positionspapieren, Beiträge an Parteien, Honorare für Reden, Einladungen zu Informationsreisen, Mobilisierung von Mitstreitern, unterstützende Werbemaßnahmen, Pressekonferenzen oder das Anbieten von politischen Bildungsveranstaltungen.

Hierzu nutzen Organisationen unterschiedliche Instrumente, um Koalitionen aufzubauen und Menschen und Entscheidungsträger für die eigenen Belange direkt oder indirekt zu mobilisieren (vgl. Abbildung 8.2).

Abbildung 8.2   Instrumente des unternehmerischen Lobbying [290]

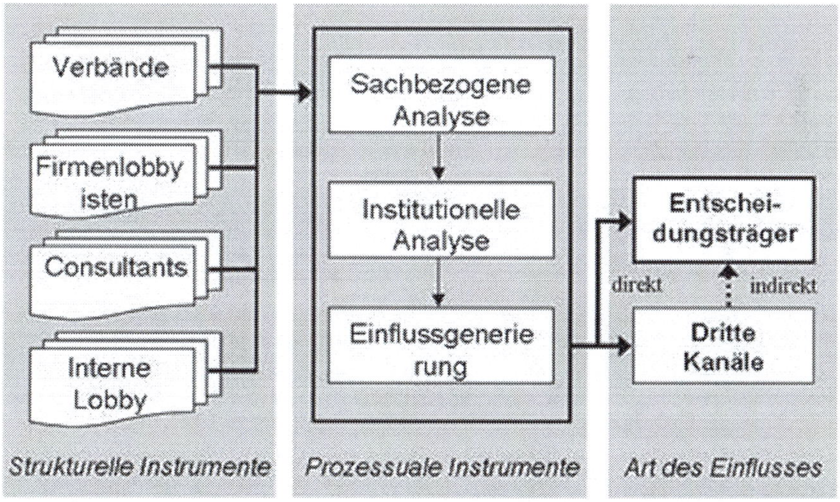

Einflussnahme und Lobbyismus stehen immer im Spannungsfeld und an der Grenze zwischen berechtigter Einflussnahme und der möglichen Gefährdung demokratischer Grundprinzipien, die durch unbootmäßige Einflussnahme gefährdet werden können (vgl. hierzu z.B. auch das vorangegangene Kapitel zur Korruption). Dass das Berufsbild des Lobbyisten durchaus ambivalent betrachtet wird und es mit seiner Reputation nicht zum Besten steht, zeigen Bender und Reulecke in ihrem Handbuch des deutschen Lobbyisten [16]. *„Sogar weite Teile der Fachöffentlichkeit verbinden mit dem Lobbyisten einen undurchsichtigen Strippenzieher, der mit Geldkoffern ausgestattet im Hintergrund auf fragwürdige Weise für zweifelhafte Interessen tätig wird."* [16].

Entsprechend beschäftigt sich eine Reihe von Studien mit dieser zweifelhaften Rolle und sucht nach Auswegen. Als Beispiel können hierzu die von WWF und SustainAbility erarbeitete Studie „Influencing Power: Reviewing the conduct and content of corporate lobbying" oder der vom Global Compact in Zusammenarbeit mit Accountability erarbeitete Bericht „Towards Responsible Lobbying" dienen.

Auch auf Europäischer Ebene wurde mit der „European Transparency Initiative" (ETI) des EU-Kommissars Siim Kallas politisch auf diese Debatte reagiert. Ziel dieser Initiative war eine verbesserte Transparenz der Lobbyaktivitäten in der EU.

Auf zivilwirtschaftlicher Ebene bilden sich Organisationen wie beispielsweise LobbyControl aus Deutschland, Corporate Europe Observatory aus Holland oder das US-amerikanische Center for Media and Democracy mit seinem PR Watch-Projekt, die sich zum Ziel gesetzt haben, über Einflussnahme auf Politik und Öffentlichkeit und über gesellschaftliche Machtstrukturen aufzuklären.

Erwartungen und mögliche Aktionsfelder im Zusammenhang mit organisationaler Interessenvertretung

In der Debatte um organisationale Interessenvertretung stellt „Transparenz" häufig das Zauberwort dar. Entsprechend sieht beispielsweise die Global Reporting Initiative im Rahmen der Nachhaltigkeitsberichterstattung von Organisationen zwei Indikatoren vor:

▪ Indikator S05 – Politische Positionen, politische Einflussnahme und Lobbying und

▪ Indikator S06 – Summe der Beiträge zu politischen Parteien, Politikern und Institutionen pro Land.

Durch die Transparenzinitiative sollen Inkonsistenzen zwischen offiziell vertretenen Unternehmenswerten und konkreter Lobbyarbeit sichtbar werden, Widersprüche zwischen wohl klingenden Unternehmensleitbildern, Erklärungen und Nachhaltigkeitsberichten einerseits und möglicherweise destruktiven Lobby-Aktivitäten andererseits.

Was sieht die ISO 26000 vor?

Die folgenden Erwartungen und Ansatzpunkte können vor dem Hintergrund organisationaler Interessenvertretung im Einflussbereich einer Organisation formuliert werden. Die Liste stellt im Wesentlichen eine Zusammenfassung der in der ISO 26000 vorgesehenen Aspekte dar:

- Training zur Steigerung der Wahrnehmung von Mitarbeitern und Vertragspartnern in Bezug auf verantwortliche politische Einflussnahme und Beiträge;

- Transparentmachen von Aktivitäten im Zusammenhang mit Lobbyarbeit, und mit politischen Beiträgen oder der Eingebundenheit in politische Prozesse;

- Etablieren von Unternehmensleitlinien und -grundsätzen, um die Aktivitäten von Personen zu steuern, die im Namen der Organisation auftreten;

- Vermeiden von politischen Beiträgen, die einzig im Streben gipfeln, Politiker zu beeinflussen, um für einen bestimmten individuellen Gesichtspunkt einzutreten; und

- Vermeiden von Lobbyaktivitäten, die Fehlinformationen, Fehlinterpretationen, Drohungen oder Zwang umfassen.

Politische Spenden und Lobbying-Ausgaben bei Rockwell Collins

Richtlinie: Für Rockwell Collins gilt, dass wir alle Gesetze in Bezug auf politische Spenden und Lobbying-Ausgaben einhalten. Alle direkten oder indirekten Beiträge oder Ausgaben einer Unternehmenskomponente im Namen bzw. zu Gunsten jeglicher politischen Parteien oder Kandidaten für politische Ämter oder hinsichtlich jeglicher im Rahmen einer Volksabstimmung zu entscheidenden Fragen, ob in den USA oder in anderen Ländern, sind verboten, außer sie werden vom Vice President für Government Operations nach Konsultierung mit der Rechtsabteilung und dem Chief Financial Officer ausdrücklich genehmigt.

Warum ist das wichtig? Das Unternehmen ist bezüglich seiner Ausgaben für Lobbying-Aktivitäten, Spenden an politische Parteien oder Kandidaten und Ausgaben zu bestimmten in Volksabstimmungen zu entscheidenden Fragen gesetzlich stark eingeschränkt. Beiträge, die unter diese Richtlinie fallen, sind neben Bargeldspenden alle Kosten, die dem Unternehmen im Namen einer politischen Partei oder eines Kandidaten für ein politisches Amt oder einer Volksabstimmung entstehen, z.B. Versandkosten, interne oder gekaufte Artikel wie Grafikobjekte und Druckmaterial, Tickets für Fundraising- und ähnliche Events sowie die Löhne und Nebenleistungen aller Mitarbeiter für jegliche Zeit, die sie während der normalen Arbeitszeit für solche Angelegenheiten aufwenden.

Ihre Rolle: Mitarbeiter werden dazu ermutigt, als gute Staatsbürger am politischen Prozess teilzunehmen, doch müssen solche Aktivitäten in der Freizeit des Mitarbeiters und auf seine eigenen Kosten und dürfen keinesfalls in Vertretung von Rockwell Collins durchgeführt werden. Dies schließt nicht aus, dass Mitarbeiter freiwillig am Rockwell Collins Good Government Committee teilnehmen können.

Fragen Sie sich Folgendes:

- Werden Gesetze in Bezug auf politische Spenden verletzt, wenn ich ein politisches Fundraising-Event, an dem ich teilgenommen habe, auf meine Spesenrechnung setze?

■ Habe ich das Rockwell Collins Good Government Committee mit eigenen Mitteln unterstützt, um zu gewährleisten, dass die Interessen unseres Unternehmens an die zuständigen Abgeordneten weitergegeben werden?

Quelle: Rockwell Collins Inc. (2006): Grundsätze der Geschäftsführung, Iowa
www.rockwellcollins.com/content/pdf/pdf_10328.pdf

8.2.3   Förderung eines fairen Wettbewerbsklimas

Aussagen wie „Der Wettbewerb wird härter" oder „Betrachten Sie ihre Konkurrenten einfach als ihre Feinde" bedienen ein Bild des Marktes als Kriegsschauplatz. Mitwettbewerber werden als Gegner gesehen, die man „schlagen" muss. Gerade in Zeiten kollabierender Finanzmärkte und globaler Wirtschaftskrisen werden diese Binsenweisheiten wieder häufiger aus der Mottenkiste alter Management-Seminarkonzepte hervorgezogen.

Diese Aussagen belegen eindrucksvoll, dass Unternehmen ihre Probleme haben mit dem Wettbewerb, da er ja eigentlich ihr individuelles Gewinnstreben begrenzt. So versuchen sie Wettbewerb zu umgehen und den Markt so zu bearbeiten, dass die individuellen Nachteile des Wettbewerbs ausgeschaltet werden (vgl. Brodbeck, 2003). Aus diesem Grund sprechen sich Unternehmen ab oder streben marktbeherrschende Stellungen an und greifen dabei auf die unterschiedlichsten Mittel zurück.

Während die oben beschriebenen Gesichtspunkte um Korruption häufig stärker die individuelle Ebene betreffen, finden sich die Ansatzpunkte eines fairen Wettbewerbsklimas verstärkt auf organisationaler Ebene (Crane/Matten, 2007, S. 308ff.). Allerdings sind die Spielregeln innerhalb und zwischen Organisationen keineswegs alle gesetzlich normiert. Rechtliche Spielregeln sind meist auf Personen zugeschnitten und reichen nicht tief genug in Organisationen hinein. Entsprechend gilt es, den richtigen Kern und die Begründung von Wettbewerbsordnungen im täglichen Handeln zu entwickeln, *„die von gemeinsam anerkannten – keineswegs notwendig immer rechtlich normierten – Regeln getragen wird."* [34]. In jüngster Vergangenheit hat sich der Rat für nachhaltige Entwicklung dieses Gesichtspunkts angenommen und für Deutschland vorgeschlagen, den Ordnungsrahmens der sozialen Marktwirtschaft für CSR anzupassen, *„um das prozedurale Wettbewerbsklima zu verbessern und dem Verbraucher zu ermöglichen, sich ein verlässliches und vergleichbares Bild von der jeweiligen `CSR-Leistung` der Unternehmen zu machen"* (Rat für Nachhaltige Entwicklung, 2006, S. 17).

„Hierzu sollten zum Beispiel die Vorschriften des Lauterbarkeitsrechts (Gesetz gegen den unlauteren Wettbewerb) und zur Prospekthaftung mit dem Ziel überprüft werden, freiwillige CSR-Aktivitäten zu fördern. Die sozialen, menschenrechtlichen und ökologischen Auswirkungen, die mit dem Angebot und Kauf eines Produktes verbunden sind, sollen deutlich werden. Das gilt für den Endverbraucher-Markt als auch für Kundenbeziehungen in der Wirtschaft. Verhandlungen in der WTO sollten dem Ziel dienen, CSR-Aktivitäten in der Wertschöpfungskette auch im globalen Wettbewerb zu stärken. Freiwillige und im Dialog mit Stakeholdern entwickelte Gütesiegel und

Standards wie FSC, MSC [...] sind zu fördern. Der Rat warnt davor, diese als nicht tarifäre Handelshemmnisse abzuqualifizieren." (Rat für Nachhaltige Entwicklung, 2006, S. 17).

Von anderer Seite wird die Eigenverantwortung von Organisationen bei der Entwicklung und Gestaltung von Strukturen hervorgehoben. So hebt beispielsweise Homann hervor: *„Märkte mit allem, was dazugehört, zu entwickeln, zu kreieren, ist eine Managementaufgabe, und wenn die Schaffung einer sozialen Ordnung als Voraussetzung dazugehört, ist auch das genuine Managementaufgabe. Man könnte als eine Art Goldene Regel formulieren: Investiere in die Bedingungen der gesellschaftlichen Zusammenarbeit zum gegenseitigen Vorteil".* Homann spricht in diesem Zusammenhang von der Ordungsverantwortung von Organisationen, die über die lokale Umgebung hinausgehe und die Zusammenarbeit in Ordnungsfragen mit den Regierungen, mit NGOs und mit anderen, auch mit konkurrierenden Unternehmen umfasse [148].

Unternehmen und andere Organisationen, die „einfach nur darauf warten, dass ihnen die für ihre Interessen erforderlichen Bedingungen von den `Staaten´, vom politischen System, frei Haus geliefert werden", werden lange warten müssen.

Auch der Ansatz globaler Politiknetzwerke bietet einen Beitrag zur Global Governance-Debatte. Diese globalen Politiknetzwerke setzen sich aus staatlichen, wirtschaftlichen und zivilgesellschaftlichen Akteuren zusammen, *„in denen die Beteiligten eine gemeinsame Lösung für ein transnationales Problem suchen, das keiner der drei Sektoren alleine zu lösen vermag. Sie entstehen in der Regel unabhängig voneinander als mehr oder weniger spontane Reaktion der betroffenen Akteure auf ein spezifisches Problem."* [236]

Wie gerade letzteres Beispiel zeigt, bestehen bereits reale Ansatzpunkte für ein zivilgesellschaftliches Gestalten von fairen Wettbewerbsstrukturen. In der heutigen Managementpraxis scheint sich das Organisationskonzept des Netzwerks und der Kooperation immer stärker als Ansatz durchzusetzen [89]. Gegenseitigkeit – oder Reziprozität – sind inzwischen zu Schlüsselwörtern im heutigen Wettbewerb gewachsen. Untersuchungen aus der experimentellen Ökonomie zeigen, dass faire Partner langfristig von ihrem Verhalten profitieren.

Vor allem wenn man sich die hohe Arbeitsteilung im Zuge der Konzentration auf Kernkompetenzen vor Augen hält, die in weltweiten Produktionsnetzen vorherrscht, werden Abhängigkeiten deutlich, in denen diese Gesichtspunkte immer stärker zum Tragen kommen. Hier spielt Vertrauen eine große Rolle. Entsprechend wichtig erscheinen nicht nur die konkrete Partnerwahl, sondern auch die Rahmenbedingungen, unter denen Wettbewerb stattfindet. So ist immer häufiger ein Effekt der „Co-Opetition"[88] zu beobach-

---

[88] Das Wort Co-Opetition stellt ein Kunstwort aus „competition" und „co-operation" dar, dessen Urheberschaft dem Gründer der Softwarefirma „Novell", Ray Noorda, zugerechnet wird (Jansen, 2000, S. 14.). Brandenburger/Nalebuff ist es zu verdanken, dass sie den Begriff ausgeprägt und für die Führung von Unternehmen weiterentwickelt haben. Sie bezeichnen dieses „Wettbewerbsparadoxon" als die Möglichkeit, mit Wettbewerbern einen größeren Markt zu generieren und hierdurch eine win-

ten, bei dem eigentliche Wettbewerber auf dem Markt kooperieren.

Fairer Wettbewerb beschreibt entsprechend das Verhältnis zwischen Organisationen im Markt und setzt die positiv gewendete Annahme vorraus, dass ein fairer Umgang Effizienz stimuliert, Kosten von Produkten und Serviceleistungen reduziert, Innovation fördert, sichert, dass alle Organisationen die gleichen Möglichkeiten haben, die Entwicklung neuer Produktlösungen oder Prozesse fördert und langfristig betrachtet ein ökonomisches Wachstum und Lebensstandards stärkt.

Einzelne Unternehmensbeispiele für einen solchen fairen Wettbewerbsansatz finden sich in jüngster Zeit immer häufiger. Ein Unternehmen, das sich diesem Ansatz bereits seit den frühen 90er Jahren stellt, ist die OTTO-Group (siehe Abbildung 8.3). Ausgehend von ersten Sozialaudits im Jahr 1995 hat OTTO die Lieferantenauswahl und die Zusammenarbeit mit Partnern kontinuierlich an international akzeptierten Sozial-Standards ausgerichtet. Dies kommt auch in den Unternehmensleitlinien zum Ausdruck. *„Wir glauben an soziale Verantwortung, Umweltschutz und faire Kooperation als leitende Grundsätze für all unsere Handlungen. Glaubwürdigkeit ist ein wesentliches Element für unseren Erfolg und wir verdienen ihn jeden Tag erneut durch die Überzeugungen und die konsequente Handlungsweise unseres Unternehmens."* [203]

Abbildung 8.3   Entwicklung der Zusammenarbeit mit Lieferanten [203]

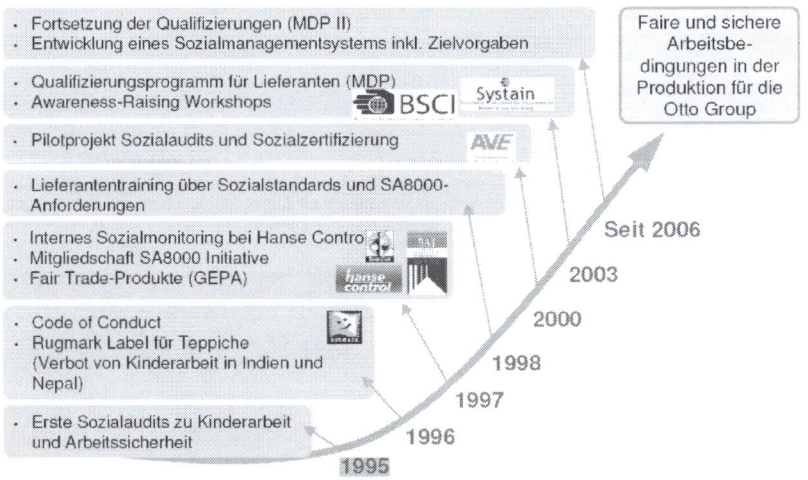

---

win-Situation für alle zu erzeugen [30].

Aber auch über die Unternehmensgrenzen hinweg gibt es Ansätze, die einen international fundierten fairen Wettbewerb fördern, wie beispielsweise der Verhaltenskodex des BSCI auf den bereits in Kapitel 5.2.2 detailliert eingegangen wurde.

Erwartungen und mögliche Aktionsfelder im Zusammenhang mit fairem Wettbewerb

Unfaires Verhalten riskiert die Reputation einer Organisation bei seinen Stakeholdern und schafft möglicherweise Legalitätsprobleme. Eine Organisation, die sich einem fairen Wettbewerb verschreibt, ist ein Teil eines Null-Toleranz-Klimas, von dem letztlich alle etwas haben.

Hierbei sind je nach Verhältnis verschiedene Aspekte denkbar, die im Zusammenhang mit fairem Wettbewerb vermieden werden sollten und in der Regel national und international sanktioniert werden [234]:

- Machtmissbrauch,

- Loyalitätsfragen,

- Bevorzugung,

- Interessenkonflikte,

- Überaggressives Verhalten im Wettbewerb (z.B. Industriespionage, negative Werbung, Beschädigung der Reputation des Wettbewerbers, Preiskämpfe über Dumpingpreise) und

- Kartellbildung.

Um einen fairen Wettbewerb zu sichern, sollte eine Organisation gemäß der ISO 26000 die folgenden Aspekte berücksichtigen:

- Sämtliche Aktivitäten in der Weise abzusichern, dass sie dem jeweils gültigen Wettbewerbsrecht entsprechen und die Zusammenarbeit mit den Wettbewerbsbehörden unterstützen,

- Prozesse und andere Vorsichtsmaßnahmen zu entwickeln, um die Beteiligung oder Komplizenschaft bei wettbewerbsschädlichem Verhalten vorzubeugen,

- Das Bewusstsein der Mitarbeiter dafür zu schärfen, wie wichtig die Einhaltung des Wettbewerbsrechts und der fairen Wettbwerbsregeln sind, sowie

- Die öffentliche Politik zu unterstützen, um den Gedanken des Wettbewerbs zu stärken, auch im Hinblick auf Kartellrecht, anti-dumping-Praktiken und regional geltende Regelungen.

8.2.4   Respektieren von Verfügungs- und Handlungsrechten (property rights)

Der Marktmechanismus ist die weltweit anerkannte Institution zur effizienten Allokation der Ressourcen einer Gesellschaft. Märkte *„funktionieren allerdings nur dann befriedigend, wenn die `property rights` eindeutig und vollständig spezifiziert sind. Außerdem dürfen sie nicht nur auf dem Papier stehen, sondern sie müssen durch geeignete Sanktionen (Schadenersatz, Strafrecht) geschützt werden"* [243]. Einer solchen Sichtweise liegt die Anerkennung von physischem und geistigem Eigentum zugrunde, die die notwendige ökonomische und physische Sicherheit produziert, um Investitionen wie auch Innovation, Entwicklung und Invention zu fördern.

Verfügungsrechte berechtigen, über bestimmte materielle oder immaterielle Ressourcen zu verfügen. Die Berechtigung kann von Gesetzes wegen aus vertraglichen Verpflichtungen oder aus sozialen Pflichten resultieren. Die individuellen Rechte zur Nutzung von Ressourcen werden von Ökonomen als „property rights" bezeichnet, was einen umfassenderen Begriff darstellt als der juristische Begriff des Eigentums. Nach ökonomischer Lesart werden unter „property rights" auch soziale Normen gefasst (Alchian, 1977, S. 129 f.).

Materielles Verfügungsrecht ist das Eigentum an Sachen. Immaterielle Verfügungsrechte stellen Rechte an eigenen geistigen Leistungen wie Texten, Ideen, Erfindungen usw. dar. Verfügungsrechte umfassen nach dieser Sichtweise die Nutzung, Weitergabe, Aufgabe oder Zerstörung des Eigentums. Die Rechte können aus der Position des Eigentums (am umfassendsten), der Pacht, der Leihe oder dem Präkarium stammen. Die jeweilige Rechtsordnung in einem Land verteilt/regelt Verfügungsrechte. Für immaterielle Verfügungsrechte sieht das sogenannte TRIPS (Agreement on Trade-Related Aspects of Intellectual Property Rights) international akzeptierte minimale Anforderungen für nationale Rechtssysteme vor. Dieses Abkommen wurde dem Allgemeinen Zoll- und Handelsabkommen (GATT) 1994 hinzugefügt und kann durch den WTO-Streitschlichtungsmechanismus durchgesetzt werden [302].

Verfügungsrechte können umfassend gesehen werden und bestehen beispielsweise in Beteiligungen an Land oder Anlagen, Copyrights, Patente, Finanzmitteln, moralischen Rechten oder anderen Rechten. Sie sind auch auf Rechte zu erweitern, die möglicherweise noch nicht in gesetzlich verbrieften Rechten festgeschrieben sind, etwa das traditionelle Wissen spezifischer Gruppen wie indigener Völker oder das geistige Eigentum von Mitarbeitern.

Erwartungen und mögliche Aktionsfelder im Zusammenhang mit dem Schutz von Verfügungsrechten

Während wir in Deutschland von einem gesetzlich verbrieften Recht auf Eigentum ausgehen, ist es in anderen Teilen der Welt nicht selbstverständlich, sein Eigentum oder auch seine Verfügungsrechte gesetzlich abgesichert zu haben. Dies ist vor allem bei Direktinvestitionen oder auch im internationalen Handel ein wichtiger Aspekt.

Eine Organisation sollte gemäß der ISO 26000 in ihrem Agieren die folgenden Aspekte berücksichtigen:

- Eine Organisation sollte Unternehmensleitlinien und Praktiken etablieren, die die Beachtung von Verfügungs- und Nutzungsrechten fördern und berücksichtigen;

- Eine Organisation sollte ausreichend ihre Eigentumsrechte untersuchen, um abzusichern, dass eine gesetzlich verbriefte Nutzung oder Verwertung durch diese Rechte gewährleistet ist;

- Eine Organisation sollte sicherstellen, dass sie nicht in Aktivitäten involviert ist, die Verfügungsrechte anderer verletzt, z.B. durch den Missbrauch einer dominanten Position, durch Fälschung oder Raubkopien oder durch die Verletzung von Konsumenteninteressen;

- Eine Organisation sollte eine faire Kompensation für Nutzungsrechte leisten, die sie akquiriert oder nutzt;

- Eine Organisation sollte bei der Ausübung und beim Schutz ihrer Nutzungsrechte immer auch gesamtgesellschaftliche Interessen, Menschenrechte und die Grundbedürfnisse von Individuen berücksichtigen.

8.2.5 Vorbildliche gesellschaftliche Verantwortung vorleben und fordern

Vorbilder helfen zu verändern. An Vorbildern kann man das eigene Verhalten ausrichten – das ist bereits Teil einer alten Managementregel, dem sog. „benchmarking".

Entsprechend dieser Überzeugung können Organisationen durch vorbildliches Verhalten eine Verbreitung der Prinzipien gesellschaftlicher Verantwortung unterstützen, beispielsweise im Bereich der Einkaufsentscheidungen und im Rahmen ihres Einflussbereiches in der Wertschöpfungskette wie auch durch Führung und Mentorenschaft.

Sie können überdies durch entsprechendes Einkaufsverhalten die Nachfrage für gesellschaftlich verantwortliche Produkte und Dienstleistungen stimulieren.

Zwar kann die Aktivität Einzelner nicht die Rolle des Gesetzgebers grundsätzlich ersetzen, entsprechende Rahmenbedingungen zu gestalten. Aber sie kann dazu beitragen Rahmenbedingungen in (international) schwer zu regulierenden Feldern besser zu strukturieren und unterstützend in Richtung einer nachhaltigen Entwicklung zu wirken.

In diesem Zusammenhang nimmt eine möglichst transparente und glaubwürdige Nachhaltigkeitsberichterstattung eine wichtige Stellung ein, die allerdings viel mit Kommunikation, aber wenig mit PR zu tun haben sollte (Rat für Nachhaltige Entwicklung, 2006, S. 28.). Hierbei spielt auch die Darstellung von vorbildlichen Ansätzen in Form von „best-practice-Beispielen" eine wichtige Rolle.

Erwartungen und mögliche Aktionsfelder im Zusammenhang mit einer vorgelebten gesellschaftlichen Verantwortung

Die Erwartungen an Organisationen sind eigentlich klar. Unternehmen sollen Vorbild sein und darüber darüber reden. Reden allein reicht allerdings nicht aus. Sich aktiv in Diskussionsforen einbringen und Arbeitsgruppen zum Thema gesellschaftliche Verantwortung durch tragfähige Beiträge voranzubringen, hier können Unternehmen mit ihren Erfahrungen und Ergebnissen beitragen, als „best-practice-Beispiel" zu dienen.

Die folgenden Erwartungen und Ansatzpunkte können vor dem Hintergrund einer vorgelebten gesellschaftlichen Verantwortung im Einflussbereich von Organisationen formuliert werden. Die Liste stellt im Wesentlichen eine Zusammenfassung der in der ISO 26000 vorgesehenen Aspekte dar:

- Einbindung von Aspekten zu ethischem Verhalten, Umweltaspekten, sozialen Praktiken und Genderfragen, auch von Gesundheitsaspekten und Sicherheit in Vertriebs-, Distributions- und anderen Vertragsregelungen;

- Ermutigung anderer Organisationen, ähnliche Praktiken anzuwenden;

- Durchführung von relevanten und angemessenen Untersuchungen sowie Überwachung der Organisationen, mit denen vertragliche Beziehungen bestehen, um zu verhindern, dass diese Partner die Unternehmensleitlinien zur gesellschaftlichen Verantwortung nicht ad absurdum führen;

- Fördern einer fairen Verteilung der Kosten und des Nutzens bei der Einführung gesellschaftlich verantwortlicher Praktiken, die im Einflussbereich von mehreren Organisationen liegen;

- Unterstützung von kleinen und mittleren Unternehmen bei der Umsetzung notwendiger Maßnahmen, sei es – wo sinnvoll – bei der Steigerung des Bewusstseins für Fair Operating Practices, bei der eigentlichen Einführung einzelner Maßnahmen oder bei der umfassenderen Umsetzung von Best-Practice-Beispielen; und

- Aktive Bewusstseinsbildung für die Aspekte und Herausforderungen gesellschaftlicher Verantwortung und für entsprechende Prinzipien bei allen Organisationen, mit denen entweder Partnerschaften oder aber vertragliche Verbindungen bestehen.

Schlussbemerkung

Der vorliegende Beitrag hatte die Aufgabe, die in der Einleitung aufgeführten fünf Managementfelder im Bereich einer angemessenen Organisationspraxis darzustellen. Diese Managementfelder gilt es nun in die konkrete Umsetzung eines gesellschaftlich angemessenen Organisationshandelns zu überführen – und das jenseits schöner Broschüren über Unternehmenskultur und Management.

Entsprechend gilt es, die dargestellten Organisationsfelder und Ansätze in die Unternehmenspraxis zu integrieren – in den gesamten Einflussbereich von Unternehmen (Sphere of Influence). Hierbei könnte das schon eingangs angesprochene Wertemanagement-System dienen, das vier Ebenen vorsieht: (1) das Kodifizieren der Unternehmenswerte, (2) das Kommunizieren mit allen Stakeholdern, (3) das Implementieren in Strategie und Struktur und schließlich (4) das Organisieren im Tun und Handeln. Diese vier Ebenen sichern systematisch die Integration der fünf Managementfelder und helfen Organisationen bei der Etablierung des eigenen Ansatzes zum Thema gesellschaftliche Verantwortung. Sie werden an anderer Stelle im Rahmen des vorliegenden Buches aufgegriffen.

9 Soziales Engagement

9.1 Drei Leitgedanken zum Thema CSR und Soziales Engagement

Ein Geleitwort von Bernhard von Mutius

Philosoph und Sozialwissenschaftler, Leiter des Bergweg-Forums „Denken der Zukunft"

1. Leitgedanke:

Spätestens seit dem Aufflackern der Krise der Finanzmärkte und der dadurch angefachten Weltwirtschaftskrise ist eines offensichtlich: Einseitig zahlengetriebene, ausschließlich auf Wertmaximierung zielende Unternehmensstrategien sind kurzsichtige und obendrein äußerst gefährliche Strategien. Wer längerfristig eine ausgewogene Bilanz haben will, muss auch seine strategische Ausrichtung ausgewogen anlegen: In der Unternehmensführung zu einer neuen Balance von Wert und Werten, von Effizienz und sozialer Verantwortung zu finden, wird für jedes Unternehmen zu einer existentiellen Notwendigkeit.

Diese Einsicht ist zugleich eine Handlungsmaxime: Es genügt nicht mehr, das Thema Corporate Social Responsibility an die PR-Verantwortlichen und das Thema Werte an die interne Kommunikation oder an die Personalabteilung zu delegieren.

Diese Themen müssen als eine übergeordnete Aufgabe der strategischen Ressourcen- und Zukunftssicherung begriffen und auf einer höheren Ebene integriert angegangen werden. Man könnte auch sagen: Die soziale Verantwortung gehört auf die CEO Agenda. Die Moral gehört in die Kostenrechnung. Nur in dem Maße, in dem sich diese Handlungsmaxime durchsetzt, werden Unternehmen wieder Vertrauen schaffen können.

2. Leitgedanke:

Wann immer von Corporate Social Responsibility im allgemeinen oder von Corporate Citizenship im besonderen die Rede ist, geht es also um weit mehr als nur darum, einige unvermeidliche Standards einzuhalten. Soziale Verantwortung richtig verstanden, bedeutet eine aktive, gestaltende Rolle in der Gesellschaft zu übernehmen – und zwar über die Unternehmensgrenzen hinaus. Mir scheint daher der deutsche, bereits in den neunziger Jahren geprägte Begriff der „Soziale Kooperationen" aussagekräftiger zu sein als die angelsächsischen Termini. Er steht für eine innovative, sowohl unternehmerische als auch gesellschaftliche Vision. Ganz wie es im „Frankfurter Aufruf" des größten deutschen Corporate Citizenship Netzwerkes UPJ heißt:

„Wir brauchen neue, grenzüberschreitende Konzepte des sozialen Handelns im freiwilligen Zusammenspiel von Unternehmen, öffentlicher Hand und gemeinnützigen Organisationen. Nur so können wir die Zukunftsfähigkeit der Gesellschaft sichern. Wir verstehen das bürgerschaftliche Engagement von Unternehmen in diesem Sinne als aktiv zu gestaltendes Element einer Mut machenden gesellschaftlichen Perspektive. Unternehmen, die sich aktiv im Gemeinwesen engagieren, handeln nicht nur sozial verantwortungsvoll, sondern auch ökonomisch klug. Sie stärken die Beziehungen des Unternehmens zu seiner Umwelt und fördern den für beide Seiten lebenswichtigen Austausch von Wissen und Ideen."

3. Leitgedanke:

Die Erfahrungen aus vielen hundert grenzüberschreitend angelegten Kooperationsprojekten zeigen, dass der größte Nutzen für alle beteiligten Kooperationspartner vermutlich in eben diesem Austausch von Wissen und Ideen liegt. Denn das Engagement im Gemeinwesen kommt zurück – wie ein starkes, vielfaches Echo. Selbstverständlich als Reputation, mehr noch aber als Zugewinn an neuen Erkenntnissen und Fähigkeiten.

Die engagierten Manager und Mitarbeiter beschreiben ihre Lernerfahrungen mit den Worten: soziale Kompetenz, Veränderungsbereitschaft, neue gemeinschaftliche Motivation und manchmal auch als neue Impulse für das Thema Innovation. Es findet ein Perspektivenwechsel statt – nicht nur real, sondern auch in den Köpfen. Die nach außen gerichtete Strategie wirkt im Inneren nach – und zwar nachhaltig. So wächst im konkreten, alltäglichen Prozess der Kooperation bei allen beteiligten Partnern wechselseitig neues Vertrauen.

„They always say time changes things, but you actually have to change them yourself"

Andy Warhol, Künstler und Mitbegründer der Pop-Art

9.2   Soziales Engagement von Unternehmen als strategische Investition in das Gemeinwesen

von Moritz Blanke und Reinhard Lang

9.2.1   Neue Formen sozialen Engagements von Unternehmen

Die gesellschaftlichen Rahmenbedingungen und das Verhältnis zwischen Staat, Wirtschaft und Gesellschaft sind im Umbruch begriffen. Das soziale Engagement von Unternehmen im Gemeinwesen und ihr Beitrag zur Lösung gesellschaftlicher Probleme gewinnen dadurch an Bedeutung. Damit tritt das unternehmerische Engagement als notwendige Ergänzung neben die staatliche Sicherung und die Selbsthilfe engagierter Bürger.

Gemeinwohlorientiertes Engagement von Unternehmen und Unternehmern z.B. in Form von Geldspenden ist keineswegs eine neue Erscheinung, sondern hat eine lange Tradition, wie im einführenden Kapitel dieses Buches bereits demonstriert wurde. Eine wesentliche Triebfeder für dieses Engagement stellt dabei in vielen Fällen die philanthropische Überzeugung und Motivation der Unternehmerpersönlichkeit dar – wirtschaftliche Interessen spielen nicht selten keine oder allenfalls eine untergeordnete Rolle [95] [260] [134].[89] Im Übergang vom 20. zum 21. Jahrhundert zeichnet sich, ausgelöst durch fundamentale Veränderungen der wirtschaftlichen und gesellschaftlichen Rahmenbedingungen,[90] jedoch eine Verschiebung der Motivation unternehmerischen Engagements sowie der Anforderungen an dessen Wirkung ab.

Die im Deutschland der Nachkriegszeit relativ klar geregelte Aufgabenverteilung zwischen Staat, Wirtschaft und Gesellschaft sowie die Grundmaxime, dass für gesellschaftliche Problemlösungen der Staat oder vom ihm geförderte gemeinnützige Organisationen zuständig sind, führt unter den heutigen Rahmenbedingungen nicht mehr zu den erforderlichen und erwünschten Ergebnissen.[91] Viele Unternehmen müssen feststellen, dass

---

[89] Siehe auch den Beitrag von *Peter Kromminga* zum Engagement von inhabergeführten Unternehmen und Familienbetrieben in diesem Band (Kapitel 2).

[90] Beispielhaft seien an dieser Stelle die Globalisierung der Wertschöpfungskette, der demografische Wandel oder die zunehmenden Desintegrationsprobleme und die soziale Exklusion bestimmter Gruppen wie z.B. Alleinerziehende, Migrantenfamilien, Erwerbslose genannt.

[91] Während diese Aufgabenverteilung in Deutschland „im Großen und Ganzen funktioniert" (Habisch, 2008, S. 106) und wesentlich zum makroökonomischen Aufschwung nach dem 2. Weltkrieg

Entwicklungen und Probleme in ihrem Umfeld eine neue Dimension der Komplexität aufweisen und nicht immer in einem für sie adäquaten Sinne durch die dafür eigentlich zuständigen Akteure (Staat, Kommunen, gemeinnützige Organisationen, Familie) gelöst werden.

Kein Unternehmen agiert jedoch im luftleeren Raum. In einer vernetzten, wissensbasierten Ökonomie sind Unternehmen zunehmend abhängig von ihrem Umfeld. Gesellschaftlicher Zusammenhalt und ein intaktes Gemeinwesen stellen eine unerlässliche Voraussetzung für den langfristigen wirtschaftlichen Erfolg dar. So entspricht beispielsweise die Ausbildung in Schule und Berufsschule häufig nicht mehr den sich wandelnden Ansprüchen an die Vorbereitung von Auszubildenden auf ihre Tätigkeit in der Wirtschaft. Aber auch Themen wie Gewalt und Intoleranz, die mangelhafte Versorgung mit Kinderbetreuungseinrichtungen, Arbeits- und Ausbildungslosigkeit von Jugendlichen oder eine fehlende soziale und kulturelle Infrastruktur brennen auf Grund ihrer Bedeutung für eine positive wirtschaftliche Entwicklung am Standort Unternehmen und den betroffenen Menschen gleichermaßen unter den Nägeln.

Erfolgsversprechende Antworten auf aktuelle Herausforderungen werden immer öfter in neuen Allianzen gesucht, in denen Akteure aus Wirtschaft, Staat und Gesellschaft im eigenen Interesse ihre Rollen neu bestimmen, ihre Kompetenzen und Ressourcen bündeln und gemeinsam neue Lösungswege gehen. Ein solches unternehmerisches Rollenverständnis geht deutlich über eher ungerichtete, philanthropisch motivierte Aktivitäten hinaus und steht für eine unternehmerische Neuausrichtung gesellschaftlichen Engagements, für die sich der Begriff Corporate Citizenship etabliert hat.[92]

Darunter versteht man die Bündelung aller Aktivitäten eines Unternehmens im Gemeinwesen und deren strategische Ausrichtung auf übergeordnete Unternehmensziele. Das Unternehmen versteht sich demnach als Bürger (Corporate Citizen). In dieser neuen Rolle übernimmt das Unternehmen Verantwortung für das Gemeinwesen und verfolgt damit gleichzeitig, wie die anderen Bürger auch, spezifische (wirtschaftliche) Interessen – beispielsweise indem es auf Standortfaktoren einwirkt. Dabei engagieren sich Unternehmen nicht ausschließlich mit Geld, sondern mit vielfältigen Ressourcen und Kompetenzen (Zeit, Know-how, Sachmittel, Dienstleistungen, Unternehmenslogistik) und investieren diese gezielt in Kooperationsbeziehungen mit anderen Akteuren im Gemeinwesen, die sich am allseitigen Nutzen der Partner orientieren [81].

---

beigetragen hat, können im angelsächsischen Raum oder auch in den Niederlanden das Einsetzen der Debatte um die Aufgabenverteilung der verschiedenen gesellschaftlichen Akteure sowie ein verändertes Verständnis unternehmerischen Engagements und dessen Ausrichtung deutlich früher beobachtet werden. Siehe dazu auch [176] und [177].

[92] Siehe Kapitel 2 bezüglich einer begrifflichen Einordnung und Abgrenzung von verwandten Konzepten.

In diesem Sinne spiegeln Corporate-Citizenship-Aktivitäten von Unternehmen unter den veränderten Rahmenbedingungen des 21. Jahrhunderts unternehmerische Rationalität wider und können durch die systematische Verknüpfung von gesellschaftlichen mit unternehmerischen Zielen langfristig einen wesentlichen Beitrag zur Steigerung der Wettbewerbsfähigkeit leisten [230] [133]. Gleichzeitig eröffnet das Engagement in neuen „*Soziale Kooperationen*" *Möglichkeiten, gesellschaftlichen Zusammenhalt zu stärken und zur Gestaltung einer nachhaltigen Gesellschaft beizutragen*[93]. *Auf begrenztem Raum werden innovative und bedarfsorientierte Modelle gesellschaftlicher Problemlösung erprobt, die staatliches Handeln ergänzen und die Grundlage für dessen Weiterentwicklung bilden können. Zunehmend richten deshalb auch „politische und gesellschaftliche Akteure [...] ihren Blick stärker als bislang auf Wirtschaftsunternehmen und erwarten von ihnen vermehrt Beiträge zur Lösung gesellschaftlicher Probleme und Anforderungen.*" (Jakob et al., 2008, S. 25).

Betrachtet man Corporate Citizenship als Ausdruck des sich in vielen Bereichen vollziehenden Wandels im Verhältnis zwischen Staat, Wirtschaft und Gesellschaft, mit dessen praktischen Erscheinungsformen und Konsequenzen alle Akteure ihre Erfahrungen im Alltag noch machen müssen (und in solchen Kooperationsprojekten auch machen können), dann liegen die „Mühen der Ebene" bei der Verankerung und Verstetigung von Corporate Citizenship („Mainstreaming") in Deutschland noch vor uns.

In den letzten Jahren hat vor allem die Frage nach dem „Was" und dem „Ob", nach Definition und Konzepten, praktischen Beispielen und sozialstaatlichen Implikationen im Mittelpunkt gestanden. Wenn Corporate Citizenship bleiben und – wie offenbar in weiten Teilen gewünscht – verbreitet werden und somit auf breiter Basis gesellschaftlich relevante Effekte hervorrufen soll, müssen künftig sehr viel stärker Fragen einer professionellen Umsetzung, die Frage nach dem Nutzen und den damit verbundenen Gestaltungsmöglichkeiten von Corporate Citizenship ins Zentrum rücken; und zwar nicht nur bezogen auf die Unternehmen, sondern auch auf Seiten ihrer Partner: den gemeinnützigen Organisationen sowie Politik und Verwaltung, ohne die das Engagement von Unternehmen nicht zustande käme. Diese können die Entwicklung auch ihrerseits aktivierend vorantreiben, müssten sich dafür jedoch noch stärker als bisher mit ihrer (veränderten) Rolle und ihren Zielen auseinandersetzen [86].

Der Beitrag bietet im Folgenden, aufbauend auf einer näheren Charakterisierung von Corporate Citizenship aus einer praxisorientierten Sichtweise und der Einordnung in verwandte Konzepte – als Ergänzung der im Einführungskapitel getroffenen Definitionen – eine grundlegende Systematisierung von Ressourcen, Kompetenzen sowie unternehmerischer und gesellschaftlicher Nutzendimensionen an. Abschließend werden Bausteine einer erfolgreichen Zusammenarbeit zwischen Unternehmen und gemeinnützigen Organisationen aufgezeigt. Die Ausführungen greifen maßgeblich auf die praktischen Erfahrungen in

---

[93] Der Begriff der „Sozialen Kooperation" rückt die Zusammenarbeit von Wirtschaft, öffentlicher Verwaltung und gemeinnützigen Organisationen auf lokaler Ebene stärker ins Betrachtungsfeld und schafft somit eine Perspektive, die über eine reine Unternehmenssicht hinausgeht [71].

der Arbeit mit Unternehmen, gemeinnützigen Organisationen und Verwaltungen zurück, die bei der Initiierung, Beratung, Begleitung und Evaluation von weit über 500 Corporate-Citizenship-Projekten durch die UPJ-Bundesinitiative gewonnen wurden.

9.2.2   Corporate Citizenship – Charakteristika und verwandte Konzepte

Für das strategisch ausgerichtete und systematisch gesteuerte Engagement von Unternehmen im Gemeinwesen wird mittlerweile eine Vielzahl von Begriffen verwendet, von denen viele noch nicht abschließend definiert und empirisch durchdrungen sind. In den Vereinigten Staaten und Großbritannien wurde der Begriff Corporate Citizenship geprägt, hierzulande häufig übersetzt als bürgerschaftliches Engagement von Unternehmen (Enquete-Kommission, 2002, S. 456ff.). Synonym werden insbesondere im angelsächsischen Raum häufig auch die Begriffe Corporate Community Involvement und Development, Corporate Community Engagement sowie Corporate Community Investment verwendet. Vor allem letzterer spiegelt die veränderte Ausrichtung des Engagements von Unternehmen im Gemeinwesen wider, das über die selbstlose und wohltätige Unterstützung gemeinwohlorientierter Zwecke hinausgeht und vielmehr als strategische Investition verstanden wird, die Möglichkeiten bietet, den Unternehmenswert und die eigenen Wettbewerbsfähigkeit zu steigern [207].

9.2.2.1   Charakteristika von Corporate Citizenship

Als eine erste Annäherung soll unter Corporate Citizenship die Bündelung aller – über die eigentliche Geschäftstätigkeit im engeren Sinne hinausgehenden – Aktivitäten eines Unternehmens im Gemeinwesen und deren strategische Ausrichtung auf übergeordnete Unternehmensziele verstanden werden, kurz: die Verbindung von Gemeinsinn und Eigennutz [81].[94]

Corporate-Citizenship-Aktivitäten zeichnen sich dabei durch vier wesentliche Charakteristika aus:

1. Es geht um mehr als Spenden und Sponsoring. Die Vielfalt von Ressourcen und Kompetenzen (Zeit, Know-how, Logistik etc.), die ein Unternehmen in Projekte einbringt, steht im Mittelpunkt.

2. So vielfältig wie die eingesetzten Ressourcen sind auch die Nutzendimensionen für das Unternehmen z.B. in der Personalentwicklung oder im Vertrieb – und dabei geht es nicht ausschließlich um Pressearbeit und Reputation.

---

[94] Hiß merkt bezüglich des „Verantwortungsbereiches" von Unternehmen richtigerweise an, dass eine eindeutige Unterscheidung zwischen Aktivitäten innerhalb der eigentlichen Geschäftstätigkeit und darüber hinausgehendem Engagement nicht immer möglich ist und mitunter Überschneidungen auftreten (Hiss, 2006, S. 89).

3. Es sind Kooperationsprojekte zwischen einem Unternehmen und anderen Akteuren des Gemeinwesens wie Bildungs- und Sozialeinrichtungen oder der öffentlichen Verwaltung.

4. Es entsteht eine Win-Win-Situation, von der sowohl das Unternehmen als auch die soziale Organisation (und deren Adressaten) als auch die Gesellschaft profitieren.

Aus Unternehmenssicht bedeutet Corporate Citizenship in der praktischen Umsetzung daher:

■ das langfristige freiwillige Engagement von Unternehmen in Kooperationsprojekten mit anderen Akteuren im Gemeinwesen, die sich am allseitigen Nutzen der Partner (Win-Win-Situation) orientieren.

■ die Entwicklung einer Strategie, die das Engagement im Gemeinwesen auf längerfristige Unternehmensziele ausrichtet. So wird Corporate Citizenship als fester Bestandteil der Unternehmenskultur und unternehmerischen Handelns nutzbringend verankert.

Kritisch an diesem engen Verständnis von Corporate Citizenship wird zuweilen angemerkt, dass der wirtschaftliche Nutzen und die *"positive Rückwirkung auf die Unternehmensperformance"* (Nährlich, 2008, S. 184.) – der Business Case – übermäßig betont werden, ohne dass die wirtschaftliche Wirkung von Corporate-Citizenship-Aktivitäten zweifelsfrei nachgewiesen ist. Gleichzeitig vernachlässige diese Fokussierung eine angemessene Betrachtung und Bewertung der gesellschaftlichen Wirkung sowie der Problemlösungsfunktion von Corporate Citizenship. Diese Kritik ist insofern gerechtfertigt, als der Nutzen auf Seiten der Partner im Gemeinwesen und der Gesellschaft – der Social Case von Corporate Citizenship – bislang noch nicht so genau unter die Lupe genommen wurde wie der so genannte Business Case.[95] Entgegenzuhalten ist jedoch, dass der Business Case von Corporate Citizenship konstitutiv für die Nachhaltigkeit des gesamten Engagements und somit auch für den Social Case ist. *"Nur wenn auch unternehmensintern das Engagement nicht nur als `Hobby´ bestimmter Entscheidungsträger erscheint, sondern in seinem betrieblichen Nutzen unmittelbar einleuchtet, wird es [auf lange Sicht] die notwendige breite Unterstützung finden."* (Habisch, 2008, S. 113.) Hierin besteht ein entscheidender Unterschied zu einem ausschließlich philanthropisch motivierten Engagement, das häufig in Abhängigkeit von konjunkturellen Entwicklungen sowie den persönlichen Interessen einzelner Unternehmer und Managementpersönlichkeiten betrieben wird.

Über diese Kritik an einem engen Verständnis hinaus wird zudem insbesondere im Rahmen der Wirtschafts- und Unternehmensethik eine weite Auslegung des Corporate-Citizenship-Konzeptes diskutiert, die die ethische Verpflichtung des Unternehmens in seiner Rolle als Bürger gegenüber dem Gemeinwesen hervorhebt [270] [271].[96]

---

[95] Siehe auch Kapitel 5 in diesem Beitrag.

[96] Für eine ausführliche Aufbereitung und Analyse der unterschiedlichen Auslegungen und Strömungen siehe [191] und [13].

9.2.2.2   Corporate Citizenship und Corporate Social Responsibility

Mit Blick auf die Rolle und die Verantwortung von Unternehmen in der Gesellschaft hat in der wissenschaftlichen und politischen Diskussion ebenso wie in der Unternehmenspraxis in den letzten Jahren vor allem der Ansatz der Corporate Social Responsibility (CSR) eine erhöhte Aufmerksamkeit erfahren (siehe hierzu die Ausführungen zur Entwicklungsgeschichte in Kapitel 1.2). Corporate Citizenship und Corporate Social Responsibility stellen sich überschneidende – aber nicht deckungsgleiche – Ansätze bzw. Konzepte dar. In der Praxis sowie auch in der wissenschaftlichen Diskussion findet jedoch zuweilen immer noch eine unzureichende Differenzierung der verwandten Ansätze bzw. keine passende Einordnung von Corporate Citizenship in das übergreifende CSR-Konzept statt (Polterauer, 2008, S. 152.).

Corporate Social Responsibility wird in Deutschland oft als Gesellschaftliche Verantwortung von Unternehmen [24] oder Verantwortliche Unternehmensführung [82] übersetzt und ist als ein freiwilliges Konzept der Unternehmensführung zu verstehen, das sich durch die Wahrnehmung ökonomischer, ökologischer und sozialer Verantwortung in allen Bereichen der Unternehmenstätigkeit auszeichnet: von der eigentlichen Wertschöpfung bis hin zu den Austauschbeziehungen mit Mitarbeitern, Zulieferern, Kunden und dem Gemeinwesen. In diesem Sinne wird CSR als ein Beitrag von Unternehmen zu dem gesamtgesellschaftlichen, normativen Leitbild einer nachhaltigen Entwicklung verstanden, der gleichzeitig den langfristigen Erfolg des Unternehmens sichert [128] [103] [82]. Zur Begriffsdefinition und –abgrenzug siehe auch Kapitel 1.1.

Das Leitbild einer nachhaltigen Entwicklung als normativer Fixpunkt beschreibt „eine dauerhafte Entwicklung, die die Bedürfnisse der Gegenwart befriedigt, ohne zu riskieren, dass künftige Generationen ihre eigenen Bedürfnisse nicht befriedigen können" (Brundtlandbericht, 1987, S. 46.). Um dies zu erreichen, müssen ökonomische, ökologische und soziale Anforderungen berücksichtigt und in eine ausgewogene Balance gebracht werden. Die Verwirklichung bzw. Annäherung an eine nachhaltige Entwicklung wird dabei als eine Aufgabe aller gesellschaftlichen Akteure, der Politik und öffentlichen Verwaltung, der Zivilgesellschaft ebenso wie der Wirtschaft angesehen. In diesem Sinne ist eine nachhaltige Entwicklung bzw. Nachhaltigkeit kein originär betriebswirtschaftliches Konzept, sondern beruht ursprünglich auf volkswirtschaftlichen und politischen Überlegungen [191].

Auf einzelwirtschaftlicher Ebene wird der nationalen und internationalen Erfahrung sowie der Praxis vieler Unternehmen entsprechend diese gesamtgesellschaftliche Aufgabe durch die Betrachtung und Gestaltung von vier zentralen Handlungsfeldern konkretisiert und handhabbar gemacht: CSR am Markt, am Arbeitsplatz, gegenüber der Umwelt und im Gemeinwesen [82][106].

Abbildung 9.1   Handlungsfelder Corporate Social Responsibility

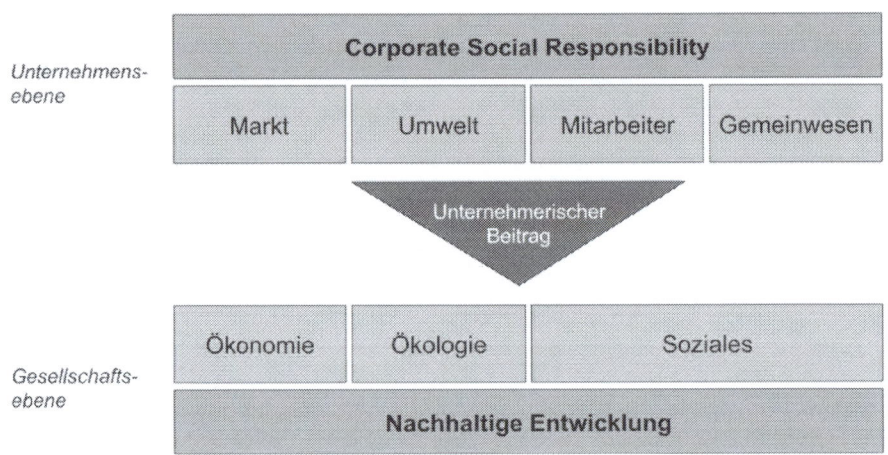

Innerhalb dieses übergreifenden CSR-Konzepts ist Corporate Citizenship mit dem Handlungsfeld Gemeinwesen gleichzusetzen. Es geht um den aktiven Beitrag der Unternehmen für ein funktionierendes Gemeinwesen sowie den Austausch und die Kooperation mit Anspruchsgruppen im direkten Umfeld des Unternehmens. Gezielt eingesetzt und systematisch gemanagt kann das Gemeinwesenengagement von Unternehmen essentiell zu einer Stärkung des sozialen Zusammenhalts beitragen und stellt eine Dimension einer sozialen Gestaltung der Globalisierung dar. Dem Leitmotto einer nachhaltigen Entwicklung (Global denken, lokal handeln) folgend, unterstreicht es nicht zuletzt die Notwendigkeit der Einbindung von Unternehmen in innovative gesellschaftliche Problemlösungsprozesse auf lokaler und regionaler Ebene – auch im eigenen wirtschaftlichen Interesse der Unternehmen.

Vor diesem Hintergrund erscheint die im Rahmen der Diskussion zur gesellschaftlichen Verantwortung von Unternehmen z.T. alles dominierende Fokussierung auf die „Aktivitäten im Kerngeschäft" wenig hilfreich. Zwar beschreibt Corporate Citizenship ausdrücklich die über die eigentliche Geschäftstätigkeit im engeren Sinne hinausgehenden Aktivitäten eines Unternehmens. Entscheidend ist jedoch der Bezug zur Geschäftstätigkeit! Im Kern geht es in erster Linie nicht darum, was Unternehmen mit ihren Gewinnen „Gutes" tun, sondern wie Unternehmen Gewinne erwirtschaften. Es geht um die systematische Verknüpfung von Unternehmens- und Gemeinwohlinteressen. Wirkungsvolles Engagement und erfolgreiche Kooperationsprojekte haben dabei eine wesentliche Voraussetzung: Sie haben einen klaren Bezug zur Unternehmensstrategie und folgen der gleichen Ernsthaftigkeit, Professionalität und systematischen Herangehensweise, wie die unternehmerischen Entscheidungen im Kerngeschäft. Betrachtet man zudem die Ressourcen und Kompetenzen, die Unternehmen in Kooperationsprojekte mit Akteuren aus dem Gemeinwesen einbringen können, sowie die den daraus erwachsenden möglichen gesellschaftlichen Nutzen, ergeben sich weitere relevante Bezüge zur eigentlichen Geschäftstätigkeit und den Kern-Kompetenzen von Unternehmen und ihren Mitarbeitern.

9.2.3   Ressourcen und Kompetenzen

In der Öffentlichkeit wird das Engagement von Unternehmen im Gemeinwesen in der Regel mit Spenden, Sponsoring und zunehmend auch mit dem Einrichten von Stiftungen in Verbindung gebracht – vor allem also mit dem Einsatz finanzieller Mittel. Doch die Ressourcen und Kompetenzen, die Unternehmen in Kooperationen mit Organisationen im Gemeinwesen einbringen können, sind wesentlich vielfältiger. Unternehmen aller Größen setzen zunehmend auch andere Ressourcen ein: beispielsweise das Know-how von Management und Mitarbeitern, Sachmittel, kostenlose Unternehmensleistungen, Unternehmenslogistik (Kopiergeräte, Werkstätten, Fuhrpark, Räume etc.) oder Kontakte zu Geschäftspartnern.

Die Übersicht auf der folgenden Seite (Tabelle 9.1) beschreibt vier Dimensionen der Ressourcen und Kompetenzen, mit denen sich Unternehmen in Kooperationsprojekten gewinnbringend engagieren können.

9.2.3.1   Corporate Citizenship-Mix

Das Spektrum möglicher Aktivitäten von Unternehmen im Gemeinwesen systematisiert der Corporate Citizenship-Mix (Dresewski, 2004, S.21f.). Dieser beschreibt neun Instrumente, die Unternehmen aller Größen in der Praxis bereits einsetzen, und ist eine Art Baukasten, aus dem sich ein Unternehmen im Rahmen seiner Corporate-Citizenship-Strategie passende Instrumente aussuchen und diese umsetzen kann.

Corporate Giving (Unternehmensspenden): Corporate Giving ist der Oberbegriff für ethisch motiviertes, selbstloses Überlassen, Spenden oder Zustiften von Geld oder Sachmitteln sowie für das kostenlose Überlassen oder Spenden von Unternehmensleistungen, -produkten und -logistik. So fördert beispielsweise das Mobilfunkunternehmen Telefónica O2 Germany seit 2004 das Programm „Kinder bewegen" der Deutschen Olympischen Gesellschaft (DOG), mit dem die Motorik und Bewegungsfreude im Kleinkindalter verbessert werden soll. 10 Kindergärten werden dabei unterstützt, ihren Kindern die Möglichkeit zur Beteiligung an sportlichen Aktivitäten zu geben. Dieses dreijährige Projekt wird mit 20.000 Euro pro Jahr gefördert und jeder teilnehmende Kindergarten erhält zusätzlich eine Spende in Höhe von 5.000 Euro.

Tabelle 9.1   Einsetzbare Ressourcen und Kompetenzen [81]

Finanzmittel	Dienstleistungen, Produkte und Logistik
Geldspenden z.B. an Organisationen, in denen Mitarbeiter sich engagieren Sponsoring zinslose oder zinsgünstige Kredite Förderpreise Geschäftliche Partnerschaften (Aufträge an gemeinnützige Organisationen, Produktentwicklung) Beteiligung an Bürgerstiftungen, Förderfonds, Spendenparlamenten ...	kostenlose oder kostengünstige Dienstleistungen kostenlose oder kostengünstige Bereitstellung von Produkten und Sachmitteln Nutzung von Räumen, Gelände, Kopiergerät, Werkstätten, Frankiermaschinen, Fuhrpark, Büromaterial, Werbeflächen etc. Bereitstellung zusätzlicher Praktikums-, Beschäftigungs-, Qualifizierungsmöglichkeiten z.B. für Behinderte oder benachteiligte Jugendliche ...
Zeit, Know-how, Wissen (der MitarbeiterInnen)	**Kontakte und Einfluss**
Unterstützung des Engagements von Mitarbeitern in deren Freizeit Freistellungen in der Arbeitszeit Engagement-Einsätze von Teams oder der gesamten Belegschaft Entsenden von Führungskräften in Vorstände von gemeinnützigen Vereinen, Fördervereinen etc. Beratung / Schulung / Qualifizierung sozialer Organisationen z.B. im Bereich PR, IT, Controlling, Strategische Planung, Finanzierung etc. ...	Vermittlung von Kontakten (z.B. zu Lieferanten, Kunden, Service-Clubs, Experten) Lobbyarbeit für Gemeinwesenorganisationen bzw. Anliegen im Gemeinwesen Fundraising für die Organisation ...

Social Sponsoring (Sozialsponsoring): Social Sponsoring ist die Übertragung der gängigen Marketingmaßnahme Sponsoring – als Geschäft auf Gegenseitigkeit – auf den sozialen Bereich, womit dem Unternehmen neue Kommunikationskanäle und der gemeinnützigen Organisation Finanzierungswege eröffnet werden. Der mittelständische Sicherheitsdienstleister GSE Protect hat beispielsweise das Projekt Cool ans Ziel initiiert und als Sponsor unterstützt. „Cool ans Ziel" will jungen Menschen in Brandenburg zu mehr Fahrsicherheit verhelfen und bietet zu diesem Zweck durch Kooperation von gemeinnützigen Organisationen und Unternehmenspartnern vergünstigte Fahrsicherheitstrainings an. Bis jetzt (Herbst 2009) absolvierten mehr als 1.5300 Jugendliche das speziell auf die Bedürfnisse junger Fahrer entwickelte Training auf dem ADAC-Gelände im brandenburgischen Linthe.

Cause Related Marketing (zweckgebundenes Marketing): Cause Related Marketing ist ein Marketinginstrument, bei dem der Kauf eines Produktes bzw. einer Dienstleistung damit beworben wird, dass das Unternehmen einen Teil der Erlöse einem sozialen Zweck oder einer Organisation als Spende zukommen lässt.[97] Als ein typisches Beispiel kann hier die Dr. Ausbüttel & Co. (DRACO) angesehen werden, ein mittelständisches Familienunternehmen mit den Sortimentsschwerpunkten Wundversorgung und Kompressionstherapie. Für jede Packung DRACO Moderne Wundversorgung, die verordnet oder als Sprechstundenbedarf bestellt wird, spendet DRACO 1 Euro an „Ärzte für die Dritte Welt" und ermöglicht so Impfaktionen in Kalkutta. Allein im Jahr 2007 konnten mit den Erlösen über 6.500 Kinder von Patienten in Kalkutta gegen Tuberkulose, Polio, Diphtherie, Tetanus, Masern, Hepatitis B, Röteln und Mumps geimpft werden. In einer ähnlichen Aktion wurde ein festgelegter Anteil des Kaufpreises eines Augenpflasters an die Andheri Hilfe Bonn gespendet, wodurch über 1.400 blinden Menschen in Bangladesh durch eine Augenoperation zum Sehen verholfen werden konnte.

Corporate Foundations (Unternehmensstiftungen): Corporate Foundations bezeichnen von Unternehmen gegründete Stiftungen – eine Art des Engagements, die auch von mittelständischen Unternehmen immer häufiger benutzt wird.[98] So unterstützt beispielsweise die Stiftung des Umweltdienstleisters Veolia Wasser in Berlin und an anderen Standorten der Unternehmensgruppe unter den drei Förderschwerpunkten Umwelt, Beschäftigung und Solidarität lokale Initiativen, die das Lebensumfeld verbessern und die Umwelt bewahren, Menschen in Beschäftigung integrieren und Solidarität leisten. Die Besonderheit des Stiftungskonzeptes: Jede geförderte Initiative wird von einem Mitarbeiter oder einer Mitarbeiterin in eine Patenschaft übernommen. So verbindet sie die gesellschaftliche Verantwortung des Unternehmens mit dem ehrenamtlichen Engagement der Beschäftigten.

Corporate Volunteering (gemeinnütziges Arbeitnehmerengagement): Corporate Volunteering bezeichnet das gesellschaftliche Engagement von Unternehmen durch die Investition von Zeit, Know-how und Wissen ihrer Mitarbeiter sowie die Unterstützung des ehrenamtlichen Engagements von Mitarbeitern in und außerhalb der Arbeitszeit. So hat das Wirtschaftsprüfungs- und Beratungsunternehmen KPMG zusammen mit dem Bildungscent e.V., einer Initiative des Papier-, Büro- und Schreibwarenherstellers Herlitz, ein für Deutschland einmaliges Programm gestartet. Im Rahmen des Programms Partners in Leadership begleiten Führungskräfte von KPMG sowie weiteren Unternehmen ehrenamtlich Schulleitungen und unterstützen sie bei der Qualitätsentwicklung der Schule. Gemeinsam werden die Stärken und Schwächen der schulischen Abläufe analysiert. Die

---

[97] Für eine ausführliche Aufbereitung zum Instrument Cause Related Marketing und seiner Anwendung in Deutschland siehe [85].

[98] Siehe hierzu auch die Auflistung herausragender Stiftungen in Kapitel 1.5.6.

Schulleitungen erhalten einen tieferen Einblick in unternehmerische Prozesse und prüfen, ob und wie wirtschaftliche Instrumentarien sinnvoll auf ihre Organisation übertragen werden können.

Social Commissioning (Auftragsvergabe an soziale Organisationen): Social Commissioning bezeichnet die gezielte geschäftliche Partnerschaft mit gemeinnützigen Organisationen, die z.B. behinderte und sozial benachteiligte Menschen beschäftigen, als (gleichfalls kompetente und konkurrenzfähige) Dienstleister und Zulieferbetriebe, mit der Absicht, die Organisationen durch die Auftragsvergabe zu unterstützen. Beispielsweise arbeitet der bereits genannte Wundmittelhersteller Dr. Ausbüttel & Co. (DRACO) bei Verpackungstätigkeiten z.B. bei der Bestückung von Verbandskästen mit verschiedenen Behindertenwerkstätten im lokalen Umfeld zusammen. Beide Seiten gewinnen dabei. Die Behindertenwerkstätten können mit einer hohen Auslastung von insgesamt bis zu 200 Mitarbeitern und Mitarbeiterinnen kalkulieren und ermöglichen behinderten Menschen die Teilhabe am Arbeitsleben. DRACO hat Zugriff auf günstige und flexible Kapazitäten vor Ort.

Community Joint-Venture (Gemeinwesen Joint-Venture): Community Joint-Venture bezeichnet eine gemeinsame Unternehmung einer gemeinnützigen Organisation und eines Unternehmens, in die beide Partner Ressourcen und Know-how einbringen und die keiner alleine durchführen könnte. So ist das Projekt HOMEPOWER eine Kooperation des Personaldienstleisters Manpower mit dem Verein „Jung trifft Alt" und bietet einen Einkaufsservice für die älteren Mieter der Wohnbau Mainz GmbH. Erwerbslose sollen im Rahmen des Projekts qualifiziert und ihnen somit der Einstieg ins Berufsleben ermöglicht werden. Gleichzeitig werden Versorgungsengpässe älterer Menschen vermieden und soziale Kontakte geknüpft.

Social Lobbying (Lobbying für soziale Anliegen): Social Lobbying bezeichnet den Einsatz von Kontakten und Einfluss des Unternehmens für die Ziele gemeinnütziger Organisationen oder für Anliegen spezieller Gruppen im Gemeinwesen. So hat das Arzneimittelunternehmen betapharm 1999 in Kooperation mit dem Bunten Kreis e.V. das „beta Institut für sozial-medizinische Forschung und Entwicklung" gegründet. Das Institut hat u.a. mit einer erfolgreichen Gesetzesinitiative dafür gesorgt, dass sozialmedizinische Nachsorge für schwer kranke Kinder und ihre Familien Bestandteil des Leistungskatalogs der gesetzlichen Krankenkassen geworden ist.[99]

Venture Philanthropy (Soziales Risiko-Kapital): Venture Philanthropy bezeichnet unternehmerisch agierende Risiko-Kapitalgeber, die für eine begrenzte Zeit und für ein bestimmtes Vorhaben sowohl Geld als auch Know-how in gemeinnützige Organisationen investieren. Hierzu gibt es in Deutschland bisher kaum praktische Beispiele.[100]

---

[99] Siehe zum Engagement von betapharm auch das Praxisbeispiel in Kapitel 10.2.1 dieses Buches.

[100] Zunehmend unterstützten Organisationen jedoch Unternehmen im Bereich Venture Philanthropy; vgl. u. a.: www.bonventure.de, www.activephilanthropy.org und www.privateequityfoundation.org

9.2.3.2   Engagement von Mitarbeitern motivieren

Die Vielfältigkeit der durch Unternehmen eingebrachten Ressourcen und Kompetenzen zeigt, dass Corporate Citizenship deutlich über die ausschließliche Bereitstellung finanzieller Mittel hinausgeht. Sowohl die Aktionsfelder des Engagements wie z.B. Gesundheit, Umwelt, Bildung, Völkerverständigung und Integration als auch die eingesetzten Instrumente können zudem als Antwort auf die sich gewandelten Ansprüche der Stakeholder an das Gemeinwesenengagement von Unternehmen verstanden werden – Cause Related Marketing-Aktionen stehen z.B. in direktem Bezug zu den Kunden und Corporate Volunteering adressiert die Interessen der Mitarbeiter in Gemeinwesenbelangen.

Vor allem die Einbeziehung der Mitarbeiter in die unternehmerischen Aktivitäten im Gemeinwesen sowie die Förderung des bürgerschaftlichen Engagements der Mitarbeiter können entscheidend dazu beitragen, gesellschaftliches Engagement in der Unternehmenskultur zu verankern und im Unternehmen zu leben sowie die Wirkung des Engagements durch die Einbringung der unternehmerischen Kern-Kompetenzen zu steigern [210].

Für ein Unternehmen, das das bürgerschaftliche Engagement seiner Mitarbeiter motivieren will, gibt es prinzipiell zwei unterschiedliche Ansatzpunkte [279]:

1. das Unternehmen unterstützt das bereits bestehende Engagement von Mitarbeitern in gemeinnützigen Organisationen, oder

2. das Unternehmen initiiert selbst Aktivitäten, um mit Teams oder der gesamten Belegschaft innerhalb oder außerhalb der Arbeitszeit aktiv zu werden.

Gibt es keine oder nur sehr wenige Mitarbeiter, die sich bereits engagieren, muss das Unternehmen zunächst selbst Aktivitäten initiieren. Im anderen Fall können Programme des Unternehmens auf bestehende Aktivitäten der Mitarbeiter aufbauen, um so Engagement auszuweiten und im Unternehmen zu verankern.

In allen Fällen steckt ein Unternehmen jedoch einen ungefähren Rahmen ab, in welchen Feldern und mit welchen Ressourcen das Mitarbeiterengagement gefördert werden soll. In keinem der folgenden Beispiele ist z.B. die Organisation, in der sich Mitarbeiter engagieren, frei wählbar. In den meisten Programmen muss sich das Engagement der Mitarbeiter zumindest grob einem vom Unternehmen vorgegebenen Themenfeld zuordnen lassen.

Solche Aktivitäten werden mehr und mehr gezielt entwickelt, um die Unternehmensentwicklung zu unterstützen – bspw. um die Identifikation zu erhöhen und, soziale Kompetenz weiterzuentwickeln. Mit allen im Folgenden beschriebenen Programmen kann ein Unternehmen aber auch generell zur Stärkung gemeinnütziger Organisationen und bürgerschaftlicher Initiativen, zu Verantwortung und Eigeninitiative in seinem Umfeld beitragen. Bei entsprechender Qualität und Kommunikation der Programme können auch weitere Unternehmen motiviert werden, sich ebenfalls zu engagieren – und damit können die Entwicklung des Umfeldes und des Standortes positiv beeinflusst.

Im Folgenden werden anhand von Praxisbeispielen Formate beschrieben, wie Unternehmen das bürgerschaftliche Engagement ihrer Mitarbeiter unterstützen bzw. wie sie dies initiieren können. Zudem wird darauf eingegangen, wie Engagement der Mitarbeiter und Personalentwicklung verbunden werden können. Viele der vorgestellten Programme sind miteinander kombinierbar und können gezielt aufeinander aufbauend entwickelt werden.

Mitarbeiterengagement unterstützen

Viele Unternehmen führen zu Beginn von strukturierten Aktivitäten eine Befragung durch, um überhaupt beurteilen zu können, ob und in welchem Ausmaß sich Mitarbeiter bürgerschaftlich engagieren:

Mitarbeiterbefragungen: Für ein Unternehmen ist eine Befragung aus zwei Gründen bedeutsam: Die Befragung gibt Aufschluss über die potenziellen Interessen und Wünsche der Mitarbeiter bzgl. eines möglichen zukünftigen Engagements des Unternehmens (in das sie eingebunden werden können) sowie über Ansatzpunkte für die Unterstützung des bestehenden Mitarbeiter-Engagements durch das Unternehmen. Außerdem wird auf diese Weise das Thema „soziales / bürgerschaftliches Engagement" auf die Agenda gesetzt und Aufmerksamkeit gewonnen.

Interner Engagement-„Markt": Ein Engagement-Markt, der bspw. im Intranet des Unternehmens oder in der Mitarbeiterzeitung, am Schwarzen Brett o.ä. zugänglich ist, erleichtert es den Mitarbeitern, sich über Engagementmöglichkeiten, Bedarfe und Angebote auszutauschen und tätig zu werden. Hier können Fähigkeiten für und Interesse an sozialem Engagement angeboten und nachgefragt werden. Für das Unternehmen können sich hier Trends abzeichnen, das Thema verstärkt aufzugreifen, in einem bestimmten Bereich aktiv zu werden oder bestimmte Organisationen zu unterstützen. So ist zum Beispiel die MIT-Initiative (Miteinander-Im-Team) von Henkel durch den Zusammenschluss engagierter Mitarbeiter entstanden, die – von Henkel gefördert – eine ganze Infrastruktur für ehrenamtliches Engagement aufgebaut haben. Diese besteht aus einem aktiven Netzwerk engagierter Mitarbeiter, einer Datenbank mit praktischen Projektbeispielen, in denen sich Mitarbeiter engagieren, und einem Intranetangebot zur Erleichterung des Einstiegs interessierter Kollegen. Ein paritätisch besetztes Komitee entscheidet, auf welche Weise welches Projekt, in dem sich Henkel-Mitarbeiter in ihrer Freizeit engagieren, Unterstützung durch das Unternehmen erfährt. Henkel bietet dafür ein definiertes Bündel an Unterstützungsmöglichkeiten an: Geld- oder Sachspenden, Nutzung der Unternehmenslogistik in bestimmtem Umfang, Unterstützung durch Experten und Freistellung von der Arbeit.

Komplementärspenden: Engagierte Mitarbeiter erhalten eine Förderung für „ihre" soziale Organisation, indem sie freiwillige Arbeit nachweisen, die auf eine vom Unternehmen festgelegte Weise – z.B. durch eine Spende – prämiert wird. Für 50 Stunden bürgerschaftlichen Engagements, die beispielsweise ein Mitarbeiter der Adam Opel AG vorweisen kann, spendet das Unternehmen 200 Euro an die jeweilige Organisation. Es besteht auch die Möglichkeit, dass sich mehrere Mitarbeiter zu einem Team zusammentun und so den Betrag für ihre Organisation erwirtschaften.

Unternehmenslogistik zur Verfügung stellen: Eine weitere Möglichkeit der Komplementärspende besteht, wenn das Unternehmen seinen Mitarbeitern gestattet, für ihre ehrenamtliche Tätigkeit Unternehmenslogistik (Kopierer, Fax, Computer, Telefonanlage, Räume, Fuhrpark, Briefmarken, Büroausstattung, Werkzeug etc.) zu nutzen oder kleinere Aufgaben innerhalb der Arbeitszeit zu erledigen. Ebenso kann das Unternehmen Mitarbeiter in einem definierten Umfang freistellen oder einzelne Produkte für gemeinnütziges Engagement kostenlos zur Verfügung stellen. Die Initiative IBM on Demand Community verschafft weltweit allen Mitarbeitern über das Intranet Zugang zu über 140 IBM-Softwarepaketen und anderen Ressourcen. Diese können die Mitarbeiter für ihre ehrenamtlichen Tätigkeiten mit Schulen und lokalen Organisationen nutzen.

Auszeichnungen und Preise: Um Mitarbeiter für ihr Engagement Anerkennung zu zollen und Motivationsanreize für weitere Mitarbeiter zu schaffen, kann eine Auszeichnung für besonderes ehrenamtliches Engagement ein geeignetes Mittel sein. Als Unternehmen, dessen Anspruch es ist, soziales und ökologisches Verantwortungsbewusstsein zu leben, schätzt und würdigt beispielsweise Telefónica O2 auch das Engagement einzelner Mitarbeiter und verleiht jährlich die O2 Global Community Awards. Mitarbeiter, die zum Beispiel in der Arbeit oder privat eine Spendenaktion organisiert haben, in ihrer Freizeit in einer gemeinnützigen Organisation mitarbeiten oder bei der internationalen Katastrophenhilfe anpacken, können sich für die Community Awards bewerben. Alle Finalisten erhalten 1.000 Pfund für ihre soziale Organisation. Aus den Finalisten wählt eine unabhängige Jury die gruppenweiten Gewinner der Global Community Awards aus, die 5.000 Pfund für das Projekt, den Verein oder die Organisation erhalten, für die sie sich stark machen. Die Auszeichnung erfolgt im Rahmen einer Veranstaltung in festlichem Rahmen und wird intern entsprechend kommuniziert.

Charity of the Year: Mitarbeiter, aber auch Kunden und Geschäftspartner können in die Auswahl einer Organisation eingebunden werden, die für eine bestimmte Zeit als Partnerorganisation (Charity of the Year) gewählt und in diesem Zeitraum vom Unternehmen unterstützt wird. Dafür können sich Organisationen nach bestimmten Kriterien bewerben, oder der Kreis der Bewerber wird auf diejenigen Organisationen beschränkt, in denen sich Mitarbeiter in ihrer Freizeit engagieren. Die Unterstützung kann mit unterschiedlichsten Ressourcen erfolgen und die Belegschaft einbinden. So wählen zum Beispiel die Mitarbeiter der Wächter AG jedes Jahr auf einer gemeinsamen Tagung aus den Reihen ihrer Kunden eine Organisation aus, die den Wächter-Wandertopf erhält und damit ein Jahr lang vom ehrenamtlichen Engagement des mittelständischen Nahrungsmittelherstellers und seiner Mitarbeiter profitieren wird.

Mitarbeiter freistellen: Mitarbeiter werden in einem festgelegten Umfang für ihr bürgerschaftliches Engagement von ihrer Arbeitszeit freigestellt. So stellen die Ford Werke im Rahmen des Community Involvement Programms ihre Mitarbeiter weltweit 16 Stunden im Jahr für soziales Engagement bezahlt von der Arbeit frei, damit sie sich in sozialen Einrichtungen, gemeinnützigen Organisationen und Initiativen oder anderen standortbezogenen Projekten engagieren können. Projekte, für die Mitarbeiter freigestellt werden, müssen einige wenige Kriterien erfüllen, die das Unternehmen vorgibt.

Abordnungen / Secondments: Mitarbeiter, deren Arbeitsauslastung momentan gering ist, die aus dem Unternehmen ausscheiden werden oder die kurz vor dem Ruhestand stehen, werden ihren Fähigkeiten entsprechend für einen definierten längeren Zeitraum an soziale Organisationen ausgeliehen und bleiben in dieser Zeit bezahlte Mitarbeiter ihres Unternehmens. Im Falle des Ausscheidens aus dem Unternehmen oder des Übergangs in den Ruhestand besteht damit die Möglichkeit, dass sich Mitarbeiter in der Organisation einen neuen Arbeitsplatz aufbauen oder sich einen neuen sinnstiftenden Wirkungskreis erschließen und dies von ihrem Unternehmen gefördert wird. In Zusammenarbeit von Accenture und der gemeinnützigen Organisation Voluntary Services Overseas können sich zum Beispiel Mitarbeiter des Unternehmens für sechs bis neun Monate für Projekte in Entwicklungsländern ehrenamtlich engagieren. Entsprechend ihren individuellen Fähigkeiten werden die Mitarbeiter an unterschiedlichen Orten eingesetzt, um beispielsweise das lokale Universitätssystem zu verbessern oder um komplexe logistische Fragen zu lösen.

Mitarbeiterengagement initiieren

Wenn im Unternehmen bürgerschaftliches Engagement insgesamt noch nicht sehr weit entwickelt ist und auch nur wenige Mitarbeiter freiwillig engagiert sind, gibt es die Möglichkeit, durch Einzelaktionen, in die möglichst viele Mitarbeiter einbezogen werden, einen Anstoß für Engagement (des Unternehmens wie der Mitarbeiter) zu geben. Die positiven praktischen Erfahrungen erhöhen häufig dann die Bereitschaft, sich ehrenamtlich zu engagieren oder sich an Engagement-Aktivitäten des Unternehmens zu beteiligen. Solche Programme sind gleichfalls geeignet, um mit einem ersten einfachen Schritt in einem Unternehmen mit Corporate Citizenship insgesamt zu beginnen oder um das Engagement von Mitarbeitern in deren Freizeit zu unterstützen.

Aktivtag: Ein Aktivtag richtet sich an alle Mitarbeiter und bietet ihnen die Möglichkeit, sich an diesem Tag auf freiwilliger Basis in einer oder in mehreren gemeinnützigen Organisationen zu engagieren. Der Aktivtag kann an einem arbeitsfreien Tag (z.B. auch gemeinsam mit der Familie) oder in der Arbeitszeit stattfinden. Bei der Auswahl der Projekte können die Mitarbeiter, Kunden und auch Geschäftspartner beteiligt werden oder die Aktion findet in einer Organisation statt, in der Mitarbeiter bereits in ihrer Freizeit engagiert sind. Eine Spende des Unternehmens für den erforderlichen Materialeinsatz und die logistische Vorbereitung in der Organisation sollte einkalkuliert werden. So bietet seit 2005 KPMG in Deutschland allen seinen Mitarbeitern am „KPMG Make a Difference Day" die Möglichkeit, während der Arbeitszeit in einer gemeinnützigen Organisation mitzuarbeiten. Die Aktion wird jährlich durchgeführt, Schritt für Schritt auf alle Standorte des Unternehmens ausgeweitet und bezieht von Jahr zu Jahr mehr Mitarbeiter ein. 2009 wurden über 900 Mitarbeiter des Unternehmens – von der Praktikantin bis zum Vorstandsmitglied – für einen Tag von der Arbeit freigestellt und engagierten sich an 2 Niederlassungsstandorten in mehr als 90 Sozial- und Umweltprojekten.

Matching: Das Unternehmen lobt einen maximalen Betrag aus, bis zu dem jede Spende, die Mitarbeiter für eine soziale Organisation selbst aufbringen oder einwerben, verdoppelt (gematcht) wird. Als Organisationen können bspw. solche ausgewählt werden, in denen sich Mitarbeiter in ihrer Freizeit engagieren, oder solche, die vom Unternehmen, von den Mitarbeitern, Kunden, Geschäftspartnern für eine bestimmte Zeit als Partnerorganisation gewählt werden. Die Spenden können bei Betriebsfesten, -ausflügen, mit ehrenamtlichen Sammlungen / Aktionen, oder durch die freiwillige Abrundung des monatlichen Gehalts über einen bestimmten Zeitraum aufgebracht werden. Mitarbeiter in allen Wal Mart-Märkten weltweit sind zum Beispiel aufgefordert, innerhalb und außerhalb der Arbeitszeit, mit Sammelbüchsen, Bazaren, Kuchenverkauf etc. Spenden einzuwerben, die das Unternehmen verdoppelt. Von Zeit zu Zeit wird intern eine Rangliste der erfolgreichsten Märkte veröffentlicht.

Pro-bono-Kompetenztransfer: Bei Pro-bono-Aktionen stellen Unternehmen ihre Dienstleistungen in einem definierten Umfang einer gemeinnützigen Organisation oder für ein bestimmtes Projekt unentgeltlich zur Verfügung. Pro-bono-Projekte werden dabei abgewickelt wie reguläre Aufträge. Als Beispiel hierzu kann das UPJ-Projekt Aktion Kompetentspende gesehen werden. Es bietet großen, mittleren und auch kleinen Unternehmen die Gelegenheit, mit einer selbst festgelegten Anzahl an Leistungstagen mit ihren Kernkompetenzen oder dem fachlichen Know-how einzelner Funktionsbereiche gemeinnützige Organisationen bei ihrer organisatorischen Entwicklung zu unterstützen, damit sie die Arbeit mit ihren Adressaten besser machen können. Die Aufgaben liegen bspw. in den Bereichen Öffentlichkeitsarbeit, IT, Recht und Steuern, strategische Beratung, Personalführung, Change Management etc. In Berlin unterstützt zum Beispiel ein Team von Computacenter mit 10 Beratertagen einen Dachverband der Jugendarbeit bei der Vereinheitlichung des Internetauftritts und Einführung eines Content Management Systems.

Patenschaften für Organisationen: In einer längerfristigen Kooperation mit einer oder mehreren sozialen Organisationen können verschiedene der genannten Aktionsformen eingesetzt und mit weiteren Maßnahmen kombiniert werden. Die Entsorgungs- und Recyclingfirma Interseroh hat zum Beispiel eine zeitlich unbefristete Patenschaft für ein Kölner Kinderheim übernommen und übernimmt Reparaturen, richtet Feste aus, führt Spendenaktionen sowie Ausflüge durch und bietet allen Mitarbeiten an, daran teilzunehmen.

Mentoring: Ein Engagement als Mentor kann für einfache Mitarbeiter wie auch für Führungskräfte gestaltet werden. Wichtigstes Kriterium sind dabei neben der persönlichen Bereitschaft und Eignung die erforderliche Kompetenz, die Reflexion der einzunehmenden Rolle und der Bedarf auf Seiten der begleiteten Person oder Organisation. Mentoringprogramme gibt es bspw. für arbeitslose Jugendliche, für Auszubildende, Schülerinnen, Schulleiter, Jugendliche mit Migrationshintergrund etc. Üblicherweise werden Mentoren vorab im erforderlichen Umfang auf ihre Aufgabe vorbereitet und begleitet, und die Dauer und der regelmäßige zeitliche Aufwand solcher Programme werden befristet. Ein Unternehmen kann Mitarbeiter ermutigen, sich als Mentoren zu engagieren, und auch dafür eine gewisse Unterstützung bereitstellen. Mitarbeiter der Deutschen Bank begleiten zum Beispiel Jugendliche im Rahmen des Projekts Mentor plus beim Übergang von der Schule zum Beruf mit Rat, Kontakten und Erfahrung. Das Unternehmen arbeitet dafür mit verschiedenen Organisationen zusammen, die die Mentoren schulen, begleiten und für die Auswahl und die Zugänge zu den Jugendlichen verantwortlich sind.

Engagement und Personalentwicklung

Einige der oben aufgeführten Projektbeispiele werden von Unternehmen gezielt im Rahmen von Organisations- und Personalentwicklung genutzt.

Organisationsentwicklung: Gelebtes Wertemanagement, Sinnstiftung, Stärkung der Identifikation mit dem Unternehmen und damit die Erhöhung von Produktivität und Mitarbeiterbindung sind die wichtigsten Themen von Projekten, die im Rahmen der Organisationsentwicklung eingesetzt werden. Die Förderung standortübergreifender Mitarbeiternetzwerke oder auch die Unterstützung von Fusionsprozessen spielen bei solchen Projekten ggf. eine wichtige Rolle. Hierzu ein Beispiel: Gesellschaftliches Engagement wird bei Siemens Management Consulting groß geschrieben. Dabei ist die Unterstützung sozial benachteiligter Kinder ein besonderes Anliegen. Neben den Aktivitäten der Active Help Kinderfonds-Stiftung, die sich für Straßenkinder in Ecuador einsetzt, sind vor allem die alle zwei Jahre stattfindenden Aktivtage ein internes Highlight. Diese sind nicht nur wichtiges Entwicklungsinstrument der Organisationskultur sondern inzwischen selbst Teil der Unternehmenskultur geworden. In den Bauprojekten, die das Unternehmen mit der gesamten Belegschaft durchführt, wurden bislang ein Abenteuerspielplatz in München, ein Sommercamp für Heimkinder in der Tschechischen Republik, ein therapeutischer Hochseilgarten in Bamberg errichtet und ein „Albert-Schweitzer-Familiendorf-Haus" in Neubeuern bei Rosenheim zu Ende gebaut und mit umfangreichen Außenanlagen versehen.

Teambuilding/-entwicklung: Zur Förderung des Teambuilding-Prozesses bei neu zusammengestellten Teams, der Vernetzung von Mitarbeitern verschiedener Standorte oder Abteilungen und für die Entwicklung bestehender Teams gibt es verschiedene Projektformate, welche die jeweiligen Ziele unterstützen. Konzeptentwicklung und Prozessbegleitung erfolgt durch erfahrene Trainer, die bspw. die Reflexion von Rollen, Kommunikation, Kooperation und Konflikten initiieren und unterstützen. Zwei typische Beispiele sollen diese Thematik verdeutlichen:

- Das Management einer multinationalen Division der Europäischen Zentralbank hat eine ganze Reihe von Zielstellungen für ein Teamentwicklungsprojekt im sozialen Feld formuliert: Die Mitarbeiter waren unterschiedlicher nationaler Herkunft, aufgabenbedingte „Einzelkämpfer", die kaum (an)fassbare Arbeitsergebnisse erzielen. Hinzu kam ein hoher Anteil nicht-permanenter Mitarbeiter. In dieser Situation sollte die Gruppenkohäsion gestärkt und die Division zu einem Arbeitsteam integriert werden. Sinngebung durch handfeste Arbeitsergebnisse und das (Er-)Leben der Unternehmenswerte sollten diesen Prozess unterstützen. Abgestimmt auf diese Ziele wurde u.a. ein zweitägiger Teamentwicklungs-Einsatz in einem sozialen Brennpunkt durchgeführt, in dessen Rahmen die Mitarbeiter gemeinsam eine herausfordernde Aufgabenstellung (Konstruktion und Bau eines Spielgerätes aus Naturmaterialien) zu lösen hatten.

- Seit Anfang 2005 verbindet das Unternehmen Manpower seine regulären dreitägigen Teamentwicklungs-Meetings mit einem sechsstündigen Engagement-Einsatz in gemeinnützigen Organisationen. Die Zusammenarbeit und gemeinsame Arbeitsabläufe von Mitarbeitern unterschiedlicher Abteilungen und Tochtergesellschaften an unterschiedlichen Standorten, die zwar im Alltag an gemeinsamen Projekten arbeiten, sich aber oft nur per Telefon oder E-Mail kennen, werden in den Meetings reflektiert und nun um ein weiteres Modul ergänzt, das Spaß macht, persönliches Kennenlernen fördert und Sinn stiftet.

Führungskräfteentwicklung: Zur Unterstützung der Entwicklung von Führungskräften stehen verschiedene Projektformate zur Verfügung, die unterschiedliche Schwerpunkte auf Führungs- und personale Kompetenzen legen. Der Aspekt der Freiwilligkeit spielt hier eine wichtige Rolle, ebenso – je nach konkretem Projekt – ein begleitendes Coaching, das den Lerntransfer und eine emotionale Entlastung in der fremden Lebenswelt sicherstellt. Blickwechsel® ist beispielsweise ein Programm der gemeinnützigen agentur mehrwert zur Förderung emotionalen Lernens für Führungskräfte und Führungskräftenachwuchs. Die Teilnehmer arbeiten für eine bestimmte Zeit (1-2 Wochen) in einer sozialen Einrichtung mit und erhalten dabei Einblicke in andere Lebenswelten. Sie arbeiten direkt mit den Klienten der Einrichtung und werden begleitend supervidiert. Der Einsatz unterstützt bspw. die Auseinandersetzung mit eigenen Werten, Anforderungen an sich selbst oder Mitarbeiter sowie den Umgang mit Arbeitsaufträgen. Eine intensive Vor- und Nachbereitung sowie der Einsatz verschiedener Methoden, wie z.B. eines Lerntagebuchs, sichern den Lernerfolg.

Abordnungen: Dieses Format kann bspw. vor einem bestimmten Karriereschritt in die Führungskräfteentwicklung integriert werden. Während der Zeit ihrer Abordnung übernehmen die Mitarbeiter Fach- und Führungsaufgaben in der sozialen Organisation und setzen so vorhandene Kompetenzen in einem ungewohnten Umfeld ein. So können das Kompetenzspektrum erweitert und neue Erfahrungen gesammelt werden, und es kann erlernt werden, in ungewohnten Situationen und Umfeldern sicher zu agieren (siehe auch den Punkt „Secondments" in diesem Abschnitt).

Mentoring-Partnerschaften: Mentoring-Beziehungen bieten Führungskräften bspw. die Möglichkeit, Führungskräften gemeinnütziger Organisationen als „Sparringspartner" zur Seite zu stehen und dabei relevante Management- und Personalführungsfragen zu reflektieren, soziale und personale Kompetenz, aber auch Führungskompetenzen weiterzuentwickeln und durch den Einblick in fremde Lebens- und Arbeitswelten ihren Horizont zu erweitern. Dabei wird den Teilnehmenden aus Unternehmen recht schnell klar, dass sie selbst mindestens genauso viel lernen wie ihr Gegenüber (siehe das Praxisbeispiel „Partners in Leadership" in diesem Abschnitt).

Business on Board: Mit dieser Art von Patenschaft fördern Unternehmen aktiv die Mitarbeit von Führungskräften in Vorständen, Beiräten oder anderen ehrenamtlichen Gremien von gemeinnützigen Organisation. Hier geht es vor allem um die Übernahme von Führungsverantwortung durch Nachwuchsführungskräfte außerhalb des Unternehmens.

Lernen in Aktion: Die Entwicklung von Fach-, Methoden und Führungskompetenzen kann auch in sozialen Organisationen unterstützt werden, indem die Teilnehmer von unternehmensinternen Entwicklungsprogrammen anstatt anhand von Trockenübungen oder Fallbeispielen im Rahmen echter Projekte lernen. Theorieinhalte aus der Aus- oder Weiterbildung werden in der Praxis umgesetzt – bspw. bei der Entwicklung und Einführung eines Kundenorientierungsprogramms, einer Software oder eines Controllingsystems in einer gemeinnützigen Organisation. Die konkrete Aufgabenstellung hängt dabei von den jeweiligen Entwicklungszielen ab. Soziale und personale Kompetenzen werden durch die Interaktion mit Kunden bzw. Klienten aus einem völlig neuen und unbekannten Lebenszusammenhang zusätzlich gefördert.

Soziales Lernen für Auszubildende: Gemeinnützige Organisation bieten geeignete Felder für den Erwerb oder das Training sozialer Kompetenzen, die für Unternehmen schon in der Ausbildung immer bedeutsamer werden. In speziellen Programmen erhalten Auszubildende eine spezifische Aufgabe im Rahmen eines Gemeinweseneinsatzes und arbeiten – je nach dem definierten Lernziel – für eine kurze Zeit in einer Organisation mit (z.B. Aidshilfe, Obdachloseneinrichtung, Hospiz etc.) oder lösen dort eine bestimmte Aufgabe (z.B. Anpassung der Fertigungsstraße an die Bedürfnisse der Mitarbeiter einer Behindertenwerkstatt). Unternehmen verbinden mit solchen Programmen oft auch das Ziel, den Jugendlichen einen Zugang zu bürgerschaftlichem Engagement zu bieten und ihre Sensibilität für ihr soziales Umfeld zu entwickeln. Auch hierzu zwei Beispiele aus der Praxis:

- Im Rahmen des Projekts „Soziales Lernen in der betrieblichen Ausbildung" wurden zwölf Auszubildende von ArcelorMittal Eisenhüttenstadt für den Zeitraum von zwei Wochen in vier sozialen Einrichtungen wie z.B. einer Kindertagesstätte und einer Altenpflegeeinrichtung eingesetzt. Mit dem Projekt erhielten die Azubis die Möglichkeit, Erfahrungen über ihre eigentliche Ausbildung hinaus zu sammeln und somit ihre soziale Kompetenz zu erweitern.

- Seit dem Jahr 2008 unterstützen Azubis von mikado junior – der Junior-Firma des IT-Dienstleisters mikado, in der wichtige Geschäftsprozesse der großen Firma abgebildet und so durch die Auszubildenden im Arbeitsprozess erlernt werden – in Kooperation mit dem Verein Jahresringe ältere Menschen im Umgang mit Computern, helfen bei technischen Problemen und zeigen die Chancen und Risiken des Internets auf. Ziel ist es, auch älteren Menschen die Beteiligung an der sozialen und gesellschaftlichen Entwicklung durch Computernutzung zu ermöglichen und die Auszubildenden auf eigenverantwortliche Projektarbeit vorzubereiten.

Die Möglichkeit der Verknüpfung von bürgerschaftlichem Engagement der Mitarbeiter und Personalentwicklung stellt nur eine von verschiedenen Nutzendimensionen von Corporate Citizenship für Unternehmen dar.

9.2.4   Der unternehmerische Nutzen von Corporate Citizenship

Zur Frage des unternehmerischen Nutzens von Corporate Citizenship – oft mit dem Begriff Business Case umschrieben – gibt es eine Vielzahl von Studien und praktischen Beispielen.[101] Diese zeigen, dass sich ein gezieltes Investment ins Gemeinwesen rechnet und dem Unternehmen hilft, in gewissem Umfang auch die Oberziele jeglichen unternehmerischen Handelns zu unterstützen: Kosten zu senken, die Produktivität der Mitarbeiterinnen und Mitarbeiter zu erhöhen und den Absatz zu steigern.

Die verschiedenen Nutzendimensionen von Corporate Citizenship lassen sich folgendermaßen systematisieren (siehe Tabelle 9.2):

Tabelle 9.2   Nutzendimensionen von Corporate Citizenship [81]

Personalentwicklung	Marketing und Vertrieb
Mitarbeiterzufriedenheit und –bindung	Produktinnovationen
Werbung von Mitarbeitern	Zugang zu neuen Märkten
Qualifikationen	Kundenbindung
– Sozial- und Führungskompetenz	Zugang zu wichtigen und neuen Kunden
– Kommunikation und Teamfähigkeit	Verkaufsförderung mit gesellschaftlichem Engagement
– Zielorientierung, Eigenaktivität, Kreativität	
Unternehmenskommunikation	**Standort- und Regionalentwicklung**
Bekanntheitsgrad	intaktes Umfeld
Reputation	Lebensbedingungen von Mitarbeitern
Differenzierung am Markt	weiche Standortfaktoren
Markenaufbau	Kontakte zu direktem Umfeld

Um jedoch die strategische Bedeutung von Corporate Citizenship für die Unternehmensentwicklung zu erfassen, müssen diese Dimensionen mit den oben genannten Oberzielen unternehmerischen Handelns kombiniert werden. Damit entsteht eine Matrix, die der Tabelle 9.3 entnommen werden kann.

Die Übersicht in Tabelle 9.3 zeigt, dass die Anknüpfungspunkte und Gestaltungsmöglichkeiten für Kooperationsprojekte sehr vielfältig sein können (und weit über Image und Reputation hinausgehen), dass es bei Corporate Citizenship nicht um Wohltätigkeit oder einseitig um die Unterstützung einer gesellschaftspolitischen Agenda geht und dass die gemeinnützigen Partner von Unternehmen ebenso wie Politik und Verwaltung an der Realisierung dieser Ziele aktiv mitwirken (wollen) müssen.

---

[101] Siehe dazu u.a. [287], [288], [239], [246], [2249, [81], [82], [231] und [23].

Tabelle 9.3   Business Case von Corporate Citizenship [81]

	Kosten senken	Produktivität erhöhen	Absatz steigern
Personalentwicklung	durch niedrigere Werbe- und Qualifizierungskosten auf Grund erhöhter Bidung und weniger Fluktuation durch Zugang zu Nachwuchskräften, Auszubildenden etc. durch weniger Krankheitstage	durch verbesserte Kommunikation und Teamarbeit der Mitarbeiter durch höhere Sozial- und Führungskompetenz der Führungskräfte durch eine höhere Identifikation mit dem Arbeitgeber und eine erhöhte Mitarbeiterzufriedenheit durch die Überwindung von Hierarchiebarrieren	durch eine erhöhte Mitarbeitermotivation durch geringere Fluktuation, die langfristige Beziehungen zu Kunden ermöglicht
Marketing & Vertrieb	in der Entwicklung neuer Produkte m.H. des Knowhows soz. Organisationen durch Einblick in schnelllebige Märkte / Konsumverhalten ohne kostspielige Marktforschung durch eine verstärkte Kundenbindung und verbesserte Kundenbeziehungen	durch erhöhte Motivation der Vertriebs- und Außendienstmitarbeiter durch längerfristige Kundenbeziehungen durch den „Test" von Produkten und Dienstleistungen in Kooperationsprojekten	durch innovative Produktideen durch die Erschließung neuer Märkte durch Verkaufsförderung mit gesellschaftlichem Engagement (Cause Related Marketing, Social Sponsoring)
Unternehmens- kommunikation	durch „kostenlose" Mund-zu-Mund Propaganda durch positive Pressereaktionen, die mit anderen Mitteln nicht oder nur schwer erreicht werden durch weniger negative Kundenreaktionen / Boykotts	durch unternehmensinterne Kommunikation des Engagements steigt die Mitarbeiterzufriedenheit und -bindung	durch erhöhte Bekanntheit und Reputation als Differenzierungsstrategie in einem Markt austauschbarer Produkte durch Corporate Branding: starke Marken sind erfolgreiche Marken
Standort- und Regionalentwiclung	attraktives Lebensumfeld senkt Kosten für die Suche nach neuen Mitarbeitern durch Kontakte zum direkten Umfeld (Politik, Verwaltung) z.B. beim Abbau bürokratischer Hindernisse durch Präv. von Jugendkriminalität und Vandalismus	durch gute Lebensbedingungen für Mitarbeiter = höhere Identifikation mit dem Arbeitgeber und erhöhte Mitarbeiterzufriedenheit	durch ein intaktes Umfeld = kaufkräftiger Absatzmarkt und prosperierendes Wirtschaftsumfeld

9.2.5   Der gesellschaftliche Nutzen von Corporate Citizenship

Corporate Citizenship geht idealtypisch von einer Win-Win-Situation für alle Beteiligten aus. Der Nutzen auf Seiten der Partner im Gemeinwesen und der Gesellschaft – der „Social Case" von Corporate Citizenship – ist bislang jedoch noch nicht so unter die Lupe genommen worden wie der Business Case. Dazu sollen im Folgenden ebenfalls einige Überlegungen und Systematisierungen vorgenommen werden.

9.2.5.1   Der Nutzen von Corporate Citizenship für Organisationen

Die in den letzten Jahrzehnten entwickelte Haltung, soziale Probleme vor allem in Geldeinheiten zu übersetzen, die damit verbundene Fixierung auf den Staat und die gewohnten formalisierten öffentlichen Beschaffungswege verstellen gemeinnützigen Organisationen oft den Blick auf weitergehende Möglichkeiten für die Schaffung eines „Mehr" an sinnvoller Leistung für ihre Adressaten im Zusammenhang mit bürgerschaftlichem Engagement insgesamt. Dieser Mehrwert kann dort entstehen, wo professionelle Leistungen der Organisationen mit spezifischen Ressourcen kombiniert werden, die gerade Unternehmen in Kooperationsprojekte einbringen (z.B. Know-how, Zeit, persönliche Beziehung von Mitarbeitern, Produktionsmittel, Werbemöglichkeiten, Vertriebswege, Mobilisierung von Kontakten, Lobby für Anliegen im Gemeinwesen) und die nicht mit Geld (Fördermitteln) eingekauft werden können. Voraussetzung für die Erzielung eines solchen vor allem qualitativ bedeutsamen Nutzens für die Organisationen ist es, dass auch sie – wie die Unternehmen – Corporate Citizenship strategisch zur Unterstützung ihres Kerngeschäfts einsetzen.

Der Nutzen von Kooperationsprojekten kann bei gemeinnützigen Organisationen in folgenden Bereichen entstehen [71]:

- Ressourcen: Finanzmittel, Dienstleistungen, Produkte, Logistik, Zeit, Know-how, Wissen, Kontakte, Einfluss.

- Projekte und Angebote: Umsetzung, Verbesserung und Absicherung von Projekten, die ohne Kooperation nicht bestehen könnten; zusätzliche / neue Angebote für Adressaten; Erweiterung der Problemlösungskompetenz; Innovationen.

- Kommunikation: Profilierung gegenüber Unterstützern, Politik, Verwaltung, Adressaten, potenziellen Mitarbeitern, Öffentlichkeit; Zugänge zu wichtigen Austauschpartnern; Unterstützung der sozialpolitischen Botschaften der Organisation.

- Organisationsentwicklung: Erweiterung der Methodenkompetenz durch zusätzliches Know-how; Professionalisierung der Organisation; Erschließung neuer Zielgruppen; Personalentwicklung; Erhöhung der Flexibilität; Erweiterung der Unterstützerbasis.

Kombiniert man diese Nutzendimension mit allgemeinen Zielen von gemeinnützigen Organisationen (etwa analog zu den Oberzielen, die von Unternehmen verfolgt werden) – wirtschaftliche Erbringung von Leistungen, Wirkungen für die Adressaten steigern, soziales Kapital erhöhen – erhält man folgende Matrix (Tabelle 9.4):

Tabelle 9.4   Möglicher Nutzen für gemeinnützige Organisationen durch die
                Kooperation mit Unternehmen

	Wirtschaftliche Leistungserbringung	Wirkung auf Adressaten steigern	Soziales Kapital erhöhen
Ressour-cen	zusätzliche Ressourcen ...	neue Beziehungen, Gelegenheiten schaffen ...	Einfluss erhöhen neue Partner gewinnen ...
Projekte und Angebote	Zugänge zu kostengünstigen Beschaffungs- und Vertriebswegen ...	bessere/ zusätzliche / neue Angebote für Adressaten ...	konzeptionelle Innovation im Arbeitsfeld ...
Kommu-nikation	Profilierung gegenüber Politik und Verwaltung ...	öffentliche Wertschätzung, Aufwertung ...	sozialpolitische Anliegen besser kommunizieren ...
Organisa-tion	Personalentwicklung ...	Erweiterung der Methodenkompetenz ...	Erweiterung der Unterstützerbasis ...

Natürlich gilt auch hier, dass nicht jedes Kooperationsprojekt alle Nutzendimensionen enthalten muss. Aber es wird deutlich, welche fachlichen, organisatorischen und politischen Gestaltungsspielräume sich mit Corporate Citizenship eröffnen lassen, wenn man die passenden Kooperationspartner dafür findet, die ihr Engagement entsprechend ernst nehmen.

9.2.5.2   Was bewirken Kooperationsprojekte im Gemeinwesen?

Eine griffige Systematisierung des Nutzens für das Gemeinwesen als Ganzes ist sicherlich nur schwer möglich, aber es lassen sich einige Tendenzen beobachten, beispielsweise:

◾ Corporate Citizenship ist Ausdruck einer wachsenden Durchlässigkeit von organisationalen Rändern von Unternehmen, staatlicher Verwaltung und zivilgesellschaftlicher Organisationen, „stiftet" somit neue Zusammenhänge und Beziehungen zwischen Menschen und zunehmend entfremdeten Lebenswelten und ermöglicht wertvolle neue Erfahrungen – zwischen Unternehmen und gemeinnützigen Organisationen, die bislang institutionell voneinander abgegrenzt sind und unter Umständen sogar gemeinsame Interessen gegenüber Politik und Verwaltung entdecken, und auch zwischen Verwaltungsressorts, die ihre unterschiedlichen Beiträge zur Standortentwicklung zur Kenntnis nehmen und anfangen, miteinander zu sprechen. Soziale Kooperationen mit ihrer direkten Kommunikation stellen andere praktisch erfahrbare Zusammenhänge her, deren Wirkung für das Gemeinwesen nicht zu unterschätzen ist.

▪ Damit einher geht eine gewisse Öffnung der Akteure gegenüber den „fachfremden" Sichtweisen und Interessen der Anderen: Unternehmen sehen sich mit Ansprüchen an ihre gesellschaftliche Verantwortung z.B. hinsichtlich der Umwelt- und Sozialverträglichkeit ihrer Produkte, Arbeitsprozesse und Lieferantenbeziehungen konfrontiert, gemeinnützige Organisationen, Politik und Verwaltungen mit einem Verlust an Definitionsmacht über Bildung, Soziales und Kultur. Anders ausgedrückt: Kooperationsprojekte bieten eine Erfahrungsbasis für das veränderte Verhältnis von Staat, Wirtschaft und Gesellschaft. Sie können neue Zugänge und Möglichkeiten gesellschaftlicher Teilhabe, für Engagement und Eigeninitiative sowie zusätzliche Kompetenzen und Ressourcen für regionale Entwicklung erschließen. Und letzten Endes erhöhen sich durch die Verständigung über die jeweiligen Interessen aller von einem Problem betroffenen Akteure im Gemeinwesen und in der Kombination von unterschiedlichen Ressourcen und Kompetenzen die Chancen, neue ganzheitlichere gesellschaftliche Problemlösungen zu entwickeln.

Durch die Konzentration auf den unternehmerischen Nutzen in der bisherigen Debatte droht, insgesamt gesehen, ein blinder Fleck. Fehlende staatliche Mittel mögen ein Motiv im Gemeinwesen sein, sich mit Corporate Citizenship zu beschäftigen; allein darauf zu setzen ist jedoch weder von der Sache her begründet noch aussichtsreich. Das praktische Forschen nach dem „Business Case" muss demnach ergänzt werden von einem ebenso engagierten Bemühen um die Begründung und praktische Erprobung des „Social Case". Es geht demnach um die Suche nach den Schnittmengen von Interessen und Nutzenerwartungen aller Akteure zum Nutzen der Gesellschaft und das gezielte Experiment mit dem Einsatz noch nicht ausreichend erprobter Ressourcen, Instrumente und Nutzendimensionen.

9.2.6   Bausteine einer erfolgreichen Zusammenarbeit zwischen Unternehmen und gemeinnützigen Organisationen

Unternehmen, die sich im Gemeinwesen engagieren, brauchen kompetente Partner. Solche Partner sind in der Regel gemeinnützige Organisationen. Sie sind die Experten im Gemeinwesen für Bildung, Soziales, Jugendarbeit, Sport, Kultur und Umwelt, ihre Einrichtungen und Dienstleistungen bilden die soziale und kulturelle Infrastruktur, in der das Soziale Kapital entsteht, das eine Gesellschaft zusammenhält. Unternehmen und gemeinnützige Organisationen haben im Alltag allerdings kaum Kontakt zueinander – obwohl sich ihre Interessen und Handlungsfelder an vielen Punkten überschneiden. Deshalb sind im Folgenden einige Hinweise für eine erfolgreiche Kooperation zusammengefasst – von der Auswahl des richtigen Partners bis zur konkreten Projektgestaltung [186].

Ein Großteil der sozialen und kulturellen Leistungen wird von nicht-staatlichen, frei-gemeinnützigen Organisationen – Vereinen, Verbänden, GmbHs oder Teilen der Kirche – erbracht, die für die Umsetzung der Sozialgesetzgebung zuständig sind, die aber auch als Interessenvertretung auf die Weiterentwicklung und Ausführung der Sozialgesetzgebung Einfluss nehmen.

Die Finanzierung gemeinnütziger Organisationen erfolgt in großen Teilen auf gesetzlicher Grundlage aus Zuwendungen des Staates und mit Beiträgen der Sozialleistungsträger (Versicherungskassen). In zunehmendem Maße werden private Ressourcen eingesetzt: Geld- und Sachspenden, Fördermittel von privaten Stiftungen, bürgerschaftliches Engagement Ehrenamtlicher, mehr und mehr auch Ressourcen aus Kooperationsprojekten mit Unternehmen. Dies gilt insbesondere für diejenigen Leistungen, für die eine Finanzierung nicht gesetzlich geboten ist, die aber gleichwohl für die soziale und kulturelle Infrastruktur im Gemeinwesen nicht weniger bedeutsam sind. Im Alltag müssen die Organisationen diese verschiedenen Ressourcen für die Erbringung sinnvoller fachlicher Leistungen für ihre Adressaten miteinander kombinieren. Dies stellt komplexe Anforderungen an das Management gemeinnütziger Organisationen, das weitaus besser ist als sein Ruf.

Für die Gestaltung einer erfolgreichen Beziehung und im Hinblick auf erwartbare Wir-kungen und den Zeithorizont von Kooperationsprojekten müssen einige spezifische Rah-menbedingungen berücksichtigt werden, die den Handlungsradius gemeinnütziger Orga-nisationen wesentlich bestimmen:

- gesetzliche Vorgaben der Haushaltsführung bei öffentlichen Zuwendungen (Kamera-listik)

- Gemeinnützigkeit

- die notwendige Mitwirkung der Adressaten an der Leistungserbringung

- die Verbindung von hauptamtlichen Fachkräften mit ehrenamtlich Engagierten zu einer sinnvollen Gesamtleistung.

Zu beachten ist, dass durch das Engagement von Unternehmen staatliche Zuwendungen nicht ersetzt, wohl aber sinnvoll ergänzt werden können – am besten durch solche Res-sourcen und Kompetenzen, die speziell Unternehmen in gemeinnützige Projekte einbrin-gen können.

Erfolgreiche Kooperationen und wirkungsvolles Engagement haben eine wesentliche Vor-aussetzung: Sie folgen der gleichen Ernsthaftigkeit, Professionalität und systematischen Herangehensweise, wie die unternehmerischen Entscheidungen im Kerngeschäft – auch wenn es im Einzelfall um kleine Schritte geht – und sollten Bestandteil der Unternehmens-strategie sein. Im nachfolgenden Kasten sind die Leitgedanken für ein erfolgreiches Corpo-rate-Citizenship-Engagement am Beispiel der betapharm Arzneimittel zusammengestellt. betapharm ist Gründungsmitglied des UPJ-Unternehmensnetzwerks und wurde für sein

Engagement bereits mehrfach ausgezeichnet, u.a. mit den Preisen „Freiheit und Verantwortung", Ethics in Business sowie dem Bürgerkulturpreis des Bayerischen Landtags.

Zehn goldene Regeln des Unternehmens betapharm zu Corporate Citizenship

I. Das Engagement spiegelt die Unternehmensphilosophie wider: Um gesellschaftliches Engagement langfristig und erfolgreich zu betreiben, muss es die Grundwerte des Unternehmens widerspiegeln und Bestandteil der Firmenphilosophie und der gelebten Unternehmenskultur werden.

II. Informieren und Entwickeln: Ein sinnvolles und zum Unternehmen passendes Engagement zu finden, stellt eine große Herausforderung dar. Ausgangspunkt kann z.B. ein bestehendes Sponsoring sein, das weiter ausgebaut wird. Der künftige Erfolg und Nutzen des Engagements hängt wesentlich davon ab, wie gut sich ein Unternehmen darauf vorbereitet hat. Zahlreiche Dienstleister wie Vermittlungsagenturen, Netzwerke oder die UPJ-Bundesinitiative bieten hierzu kompetente Hilfe.

III. Strategisch denken und langfristig planen: Gesellschaftliches Engagement ist Teil der Unternehmensstrategie, denn nur dann wird der Nutzen für alle Beteiligten optimiert. Langfristiges Engagement ist wesentlich effektiver als einzelne, unzusammenhängende Sponsoring-Aktivitäten.

IV. Mitarbeiter integrieren und Kompetenzen fördern: Das gesellschaftliche Engagement bezieht möglichst viele Unternehmensbereiche und Mitarbeiter mit ein. Die gemeinsame Arbeit an gemeinwohlorientierten Aktivitäten verbindet und motiviert. Die Mitarbeiter erwerben dadurch neue Kenntnisse und erweitern ihre Kompetenzen.

V. Die passenden Inhalte und Bezüge herstellen: Das Engagement muss inhaltlich zum Unternehmen passen. Ein wirklich gutes Engagement stellt nicht nur finanzielle Mittel bereit, sondern bringt unternehmerisches und branchenspezifisches Know-how ein. So macht es zum Beispiel Sinn, wenn eine Unternehmensberatung mit Hilfe von Projekt-Patenschaften ihr Wissen aus der Wirtschaftspraxis in die Schulen bringt.

VI. Auf professionelle Umsetzung Wert legen: Die Umsetzung des gesellschaftlichen Engagements muss einem ebenso professionellen Anspruch genügen, wie sie für Projekte im Kerngeschäft gelten. Neben der fachlichen Kompetenz erfüllt das Unternehmen die aus dem Engagement erwachsenden Ansprüche und Pflichten dauerhaft.

VII. Sinnvoll und richtig kooperieren: In der Zusammenarbeit mit einem gemeinnützigen Partner liegt der Schlüssel zum Erfolg: Die verschiedenen Partner tauschen Ideen aus, lernen voneinander und realisieren gemeinsame Projekte. Die Gründung eines gemeinnützigen Instituts oder einer Stiftung bezeugt die Ernsthaftigkeit des unternehmerischen Engagements. Gegenseitiger Respekt und die Zusammenarbeit der Partner „auf Augenhöhe" ist die Basis für erfolgreiche Kooperation.

VIII. Kontakte knüpfen und nutzen: Unternehmerisches Engagement bietet viele hervorragende Gelegenheiten zum Knüpfen von Kontakten. Ein Vorteil, der durch gezieltes

Networking voll ausgeschöpft und zum Wohle des Unternehmensgeschäftes und des Engagements genutzt werden kann.

IX. Erst etwas bewegen und dann kommunizieren: Das gesellschaftliche Engagement sollte erst dann nach außen kommuniziert werden, wenn die Partner, konkrete Projektziele und erste Maßnahmen feststehen.

X. Transparent nach innen und außen kommunizieren: Die Kommunikation des Engagements erfolgt z.B. über die kontinuierliche Pressearbeit, einen Geschäftsbericht oder in Form eines eigenen Corporate-Citizenship-Berichts. Je deutlicher der Nutzen aller Partner beschrieben wird, umso besser können alle Interessengruppen das Engagement einordnen und würdigen. Ein weiterer positiver Effekt: Über das konkrete Projekt hinaus wird die Idee von Corporate Citizenship verbreitet.

betapharm Arzneimittel GmbH, Nähere Informationen unter: www.betapharm.de

Bevor eine spezifische Projektidee entwickelt werden kann, müssen Handlungsfeld und Ressourceneinsatz umrissen werden:

- Werte, Leitbilder, Kultur, Produkte des Unternehmens ebenso wie die spezifischen Entwicklungen im Umfeld wie z.B. Bildung, Fachkräftemangel, soziale Kompetenz, Eigeninitiative, Vereinbarkeit von Familie und Beruf, funktionierende soziale und kulturelle Infrastruktur, intakte Umwelt etc., die für die Zukunft des Unternehmens bedeutsam sind und auf deren Bearbeitung mit einem Engagement Einfluss genommen werden soll, müssen zur Aufgabe und Handlungsfähigkeit der Organisation, ihrem Aktionsradius, ihren Leistungen, Kompetenzen und Adressaten passen.

- Für die realistisch einsetzbaren Ressourcen und Kompetenzen muss es einen tatsächlichen Bedarf in der Organisation geben, und sie müssen deren Ressourcen und Kompetenzen im Hinblick auf die Problemlösung sinnvoll ergänzen. Wenn möglich sollten auch die Mitarbeiter in die Kooperation einbezogen werden.

Ein geeigneter Kooperationspartner kann gefunden werden, indem vorhandene Kontakte genutzt oder neue aufgebaut werden. Bei der Recherche und Auswahl einer Organisation ist die Frage nach folgenden Punkten hilfreich:

- Handlungsfelder, Einrichtungen / Projekte, Adressaten

- Anzahl und Ausbildung von Geschäftsführung, Vorstand, hauptamtlichen Fachkräften

- Gründungsjahr, Umsatz, Finanzierungsquellen

- Mitwirkung in Fach- und Dachverbänden

- Kooperationspartner und private Unterstützer

- bisherige Erfahrungen in der Kooperation mit Unternehmen

- Vernetzung in Region, Politik, Verwaltung

▓ Image in der Öffentlichkeit

▓ Nähe zu Weltanschauungen, Parteien, Verbandszugehörigkeit.

Für diese Fragen sollte man sich ruhig Zeit nehmen. Auf jeden Fall sollte in der Organisation eine Ansprechperson zur Verfügung stehen, die für die Anforderungen der Kooperation (gegenseitige Informationen, Abstimmungen, Dokumentation etc.) wie für die Umsetzung des gemeinsamen Projekts über ein angemessenes Zeitbudget und einen klaren Auftrag verfügen muss.

Dies gilt ebenso für das Unternehmen – auch hier muss ein möglichst motivierter Mitarbeiter für das Projekt verantwortlich sein und hinter der Idee stehen. Genauso wichtig wie solche internen Protagonisten sind auch im Unternehmen der Rückhalt durch die Unternehmensleitung, ein klares Zeitbudget und ein eindeutiger Auftrag.

Die konkrete Projektidee wird gemeinsam mit dem Kooperationspartner entwickelt. Gute Kooperationsprojekte erzielen einen vierfachen Mehrwert: für die beteiligten Unternehmen, für ihre gemeinnützigen Kooperationspartner, für deren Adressaten und für das Funktionieren des Gemeinwesens insgesamt. Damit dies gelingt, müssen sich beide Partner über das Ziel ihrer Kooperation im Klaren sein. Betrachtet man aus der Perspektive der Gemeinnützigen, was in den bestehenden Corporate-Citizenship-Projekten erreicht werden kann, lassen sich folgende Ziele für die Kooperation mit Unternehmen unterscheiden [280] [281] [282]:[102]

▓ Ressourcenorientierung: Finanzielle oder Sachleistungen oder der ehrenamtliche Einsatz von Manpower stehen im Mittelpunkt, damit ein Projekt der Organisation (insgesamt oder auf diese Weise) durchgeführt werden kann.

▓ Adressatenorientierung: Die Kooperation ist darauf gerichtet, das fachliche Angebot der Organisation für die Adressaten zu ergänzen oder zu verbessern – z.B. durch informelle Lernarrangements und neue Zugänge zu anderen Lebenswelten, wie das bspw. in Mentoringprojekten zur Unterstützung der Berufsorientierung geschieht.

▓ Kompetenzorientierung: Die Kapazitäten des gemeinnützigen Partners im Bereich Organisation und Management werden durch den Einsatz der eigenen Kern-Kompetenz – bspw. in pro bono-Projekten von Beratungsunternehmen – gezielt unterstützt, damit die Organisation ihre ideellen Aufgaben effektiver umsetzen oder neue Angebote, für die ein Bedarf im Gemeinwesen entstanden ist, entwickeln kann.

Ob nur auf einer oder auf allen drei Ebenen: Im Ergebnis erweitert ein gutes Kooperationsprojekt die Problemlösungsfähigkeit der Organisation und damit auch die Funktionsfähigkeit des Gemeinwesens.

Mit der Glaubwürdigkeit der Partnerschaft und des Konzepts steht und fällt der Erfolg der Kooperation. Die tatsächliche Reichweite des Unternehmensengagements, dessen quanti-

---

[102] Bzgl. des „Business Case" siehe auch die Abschnitte 9.2.4 und 9.2.5 in diesem Beitrag.

tative und qualitative Bedeutung für das Projekt und die eingesetzten Ressourcen müssen in einem realistischen Verhältnis zu den definierten Zielen und Maßnahmen stehen. Kleine aber wirksame Schritte oder die Einbindung weiterer Partner sind alternative Wege für einen wirksamen Beitrag zu Innovation und Problemlösung im Gemeinwesen. Grundsatz: Das Engagement des Unternehmens sollte einen Unterschied machen.

Damit die Kooperation erfolgreich verläuft, ist es ratsam, von Beginn an folgende Leitlinien für die Umsetzung zu vereinbaren, die für beide Partner verbindlich sein sollten:

- Ein klar definiertes und von allen Beteiligten akzeptiertes Ende definieren. Wenn ein (Pilot-) Projekt durch die Beendigung der Kooperation insgesamt nicht weiter geführt werden kann, müssen schon zu Beginn klare Vereinbarungen dazu getroffen werden.

- Überprüfbare Ziele und Meilensteine vereinbaren und im Verlauf ggf. anpassen.

- Checklisten, Ansprechpartner, Abläufe, Fristen und von vornherein ein Verfahren für den eventuellen Konfliktfall festlegen.

- Offenheit, Respekt, Verlässlichkeit und Transparenz nach außen und in der gegenseitigen Information über den Fortgang des gemeinsamen Projekts – so können Schwierigkeiten rechtzeitig erkannt und ggf. gegengesteuert werden.

- Die Kommunikation nach außen sollte erst dann erfolgen, wenn es etwas zu berichten gibt und konkrete Maßnahmen eingeleitet sind.

Demgegenüber lassen sich einige Stolpersteine angeben, die in einem Unternehmen wie in einer Organisation einer erfolgreichen Kooperation im Wege stehen können:

Zeit: Zeit ist in sozialen Organisationen wie in Unternehmen chronisch knapp. Mitarbeiter sind neben ihrer „eigentlichen" Sozialarbeit auch für viele andere Tätigkeiten (z.B. Gremien-, Verwaltungs- oder Öffentlichkeitsarbeit) verantwortlich.

Aufwand und Ertrag: Das Verhältnis von Aufwand und Ertrag lässt sich in den meisten Fällen vorher schwer kalkulieren. Kosten und Nutzen sollten auf beiden Seiten angemessen verteilt sein. Dabei ist darauf zu achten, dass auch der Nutzen für die Adressaten der Organisation deutlich wird.

Vorbehalte: Unternehmen und soziale Organisationen haben bis jetzt nur selten miteinander zu tun. Mögliche Akzeptanzprobleme wie auch mögliche Risiken sollten frühzeitig, offen und möglichst konkret angesprochen werden.

Strukturen: Kooperationsprojekte sind neu und haben (bislang) sowohl in Unternehmen als auch in sozialen Organisationen keinen „natürlichen" Verantwortlichen.

Lösung: Klare Absprachen und Prioritäten, kleine Arbeitsschritte und ein realistischer Zeithorizont helfen, Misserfolge zu minimieren. Treffen Sie frühzeitig eine Absprache, was in der Partnerschaft auf keinen Fall passieren soll.

Und schließlich: Nach dem Spiel ist vor dem Spiel – die frühzeitige Vereinbarung von Dokumentation und Auswertung der beiderseitigen Lernerfahrungen sind der beste Einstieg in ein nächstes (besseres) Kooperationsprojekt.

9.2.7   Ausblick

Der Beitrag von Unternehmen zur Lösung gesellschaftlicher Probleme durch systematisches und an der Unternehmensstrategie ausgerichtetes Engagement im Gemeinwesen hat in den letzten Jahren deutlich an Bedeutung gewonnen. Die Verknüpfung von gesellschaftlichen mit unternehmerischen Zielen kann langfristig einen wesentlichen Beitrag zur Steigerung der unternehmerischen Wettbewerbsfähigkeit leisten und gleichzeitig zur Gestaltung eines nachhaltigen Gemeinwesens beigetragen. Die Aufgabe und Herausforderung für die kommende Entwicklungsphase von Corporate Citizenship besteht darin – und das gilt gleichermaßen für Unternehmen wie für gemeinnützige Organisation und Verwaltung, ebenso wie national und international[103] – soziale Kooperationen ernst zu nehmen, praktisch weiterzuentwickeln und im Organisationsalltag zu verankern (Mainstreaming), um so die quantitative sowie qualitative Wirkung im Gemeinwesen nachweislich zu steigern.

Für die Herstellung solcher fachlich ausgewiesener Kooperationen braucht es Kümmerer, Geburtshelfer, Übersetzer, Brückenbauer, Grenzgänger, Mittler – Protagonisten im Gemeinwesen mit langem Atem, konkreter Vision und verlässlichem Hinterland, die lokal wie national einer der wichtigsten Katalysatoren für die Vertiefung und Verbreitung von Corporate Citizenship sind.[104] Diese neue Aufgabe wird wahrgenommen von einer wachsenden Zahl gemeinnütziger Netzwerke, Freiwilligenagenturen, Bürgerstiftungen, Nachbarschaftsheime, Quartiersmanagement-Einrichtungen, Agenda-Gruppen, Mehrgenerationenhäuser, Wohlfahrtsverbände, aber auch kommunaler Stellen, die außerhalb der traditionellen Verbände oder aus etablierten Einrichtungen heraus entstanden und mit viel Energie und Engagement entwickelt wurden.

Eine zunehmende Zahl von Unternehmen ist bereit, Mittlertätigkeiten bei der Identifikation und qualifizierten Begleitung von Engagementprojekten angemessen zu vergüten. Neben dieser Rolle als Dienstleister sind Mittlerorganisationen jedoch auch als Entwicklungsagenturen und Dialog-Plattformen gefragt, die neue Initiativen und Projekte zur

---

[103] Z.B. an den Auslandsstandorten multinational tätiger Unternehmen.

[104] Die Zahl tatsächlich in Deutschland aktiver Mittler für Corporate Citizenship auf lokaler und regionaler Ebene ist bislang nur grob zu schätzen: Im UPJ-Netzwerk haben sich aktuell 22 Mittler zusammengeschlossen. Berücksichtigt man zudem lokale Initiativen (Marktplätze, Aktionstage) sowie regionale Netzwerke und die kommunalen Stellen für bürgerschaftliches Engagement in einzelnen Bundesländern, die ebenfalls vereinzelt Mittleraufgaben wahrnehmen, ist derzeit von etwa 70 bis 90 nicht-kommerziellen Mittlern auszugehen, Tendenz steigend. Siehe auch grundlegend zum Thema [20].

Förderung, Verbreitung und Weiterführung des Engagements von Unternehmen entwickeln, Themen setzen und die Akteure vernetzen. In dieser intermediären Infrastruktur liegt einer der stärksten Hebel für die Verbreitung von lösungsorientiertem kooperativem Unternehmensengagement.

Nach den bisherigen Erfahrungen mit dem Einsatz von Ressourcen, Kompetenzen und den entwickelten Corporate-Citizenship-Instrumenten von Unternehmen könnte zudem ein weiterer Entwicklungsschritt darin bestehen, das Engagement und die Kompetenzen einzelner Unternehmen zu bestimmten gesellschaftlichen Herausforderungen und Themen zu bündeln, Kapazitäten zusammenzuführen und zu fokussieren, um auf diese Weise einen Unterschied zu machen und einen wirksamen Beitrag zu neuen Problemlösungen in klar umrissenen Handlungsfeldern zu leisten. So werden sich die beteiligten Unternehmen über ihr Engagement hinaus auch strukturell in die Programmentwicklung einbringen. Um in einen solchen Prozess einzutreten, braucht es sektorübergreifende Plattformen, um bestehende Ansätze und Akteure mit ihren Erfahrungen und Ressourcen zusammenzubringen, die gegenseitigen Ziele, Erwartungen, Möglichkeiten und Interessen der beteiligten Akteure aus Wirtschaft, Zivilgesellschaft und Staat kennenzulernen und um gemeinsam Schnittmengen zu identifizieren, die die Basis für die Entwicklung wirkungsvoller kooperativer Engagement-Aktivitäten für neue Problemlösungen bilden können.

In Zukunft wird es darüber hinaus auch interessant sein zu beobachten, ob und inwieweit auch gemeinnützige Organisationen und die öffentliche Verwaltung – über ihre bestehende Rolle als Kooperationspartner von Unternehmen hinaus – sich selbst als Corporate Citizen verstehen und mit eigenen, an der Organisationsstrategie ausgerichteten Aktivitäten im Gemeinwesen ihre gesellschaftliche Verantwortung wahrnehmen. Der bei der Entwicklung der ISO 26000 verfolgte erweiterte Ansatz einer Social Responsibility stellt diesbezüglich erste Anforderungen.

„If you think education is expensive, try ignorance"

Derek Curtis Bok, Präsident der Harvard University 1971-1991

9.3 Private Unternehmen und öffentliche Bildung

Ein Oxymoron oder ein Konzept für die Zukunft?

von Thomas H. Osburg

Bildung ist ein aktuelles Thema der politischen und gesellschaftlichen Diskussion, das in den letzten Jahren besonders in Deutschland eine verstärkte Aufmerksamkeit erfahren hat. Im schulischen Bereich sind Bildungsfragen vor allem seit der ersten PISA Studie aus dem Jahr 2001 in den Fokus einer breiteren Öffentlichkeit gerückt.[105] Zusätzlich hat der Inspektor der UN-Menschenrechtskommission für Bildung und amtierender Sonderberichterstatter für das Recht auf Bildung, Vernor Muñoz, in seinem Bericht aus dem Jahr 2007 dargestellt, dass Deutschland die Bildungschancen von Kindern mit Migrationshintergrund und von Schülern aus sozial schwachen Familien deutlich verbessern muss (vgl. UN Human Rights Council 2007). Bildung gilt damit seit einigen Jahren in der öffentlichen Diskussion als eine der zentralen gesellschaftlichen Herausforderungen in Deutschland.

Die Folge war eine inzwischen kaum mehr zu kanalisierende und zu kategorisierende Flut von Vorschlägen verschiedenster Experten und Anspruchsgruppen, wie Deutschland seine bildungspolitischen Schwächen überwinden und Konzepte für eine nachhaltige und zukunftsweisende Bildungspolitik erstellen und umsetzen könnte. Im Hochschulbereich wurde immer klarer, dass die geringe Studienquote der Abiturienten, die mangelhafte Ausstattung und damit die abnehmende Attraktivität der Hochschulen für renommierte Professoren und Forscher zu einem massiven Problem für den Hochschul- und Wirtschaftsstandort Deutschland werden.

Diese Entwicklungen haben in den letzten Jahren zu einer Diskussion und Entwicklung von Konzepten verschiedenster Stakeholder geführt, wie die negativen Entwicklungen gestoppt und rückgängig gemacht werden können. Unternehmen waren und sind als wichtige Anspruchsgruppen ein aktiver Teil dieser Überlegungen und bringen sich inzwischen mit zahlreichen Konzepten in die Diskussion und Problemlösungen ein. Aus gutem Grund: Bereits heute leiden viele Unternehmen unter einem seit langem prognostizierten Fachkräftemangel vor allem im technischen und IT-Bereich (vgl. Manager Magazin, 2008).

---

[105] Mit der PISA-Studie („Programme for International Student Assessment") untersucht die OECD (Organisation für wirtschaftliche Zusammenarbeit und Entwicklung), wie gut junge Menschen auf die Herausforderungen der Wissensgesellschaft vorbereitet sind. Dadurch informiert die OECD ihre Mitgliedsländer sowie weitere Staaten über Stärken und Schwächen ihrer Bildungssysteme [26].

Damit haben Unternehmen als aktiver Teil der Gesellschaft ein hohes Interesse an Problemlösungen im Bereich der Bildung.

Auf internationaler Ebene stellen sich die bildungspolitischen Herausforderungen zwar teilweise anders dar,[106] die Rolle der Unternehmen bei der Lösung nationaler Probleme der Bildungspolitik divergieren aber weit weniger, als dies auf den ersten Blick erscheinen mag. Das liegt zum einen an den ähnlichen Ansätzen, wie Unternehmen sich im internationalen Umfeld positiv in den Bildungsbereich einbringen können, zum anderen kann die in die Unternehmenspolitik integrierte Übernahme gesellschaftlicher Verantwortung als treibende Kraft zum Beitrag bei der Gestaltung von nationaler Bildung gesehen werden.

9.3.1   Bildung in Deutschland

In Deutschland spielen staatliche Institutionen nach wie vor eine dominierende Rolle in der Bildungspolitik. Parameter wie die Aufsicht durch den Staat oder Wissenschaftsfreiheit im Hochschulbereich existieren trotz weit reichender Veränderungen gesellschaftlicher und politischer Ordnungen im Laufe des letzten Jahrhunderts bis heute in nahezu unveränderter Form weiter (Kehm, 2004, S. 6-12 und von Lith, 1985, S. 1). Die traditionelle Bildungsökonomie begründete ihre Forderung nach Verbleib der Bildung in den Händen des Staates vor allem mit Marktversagen (von Lith, 1985, S. 2). Bildung ist demnach ein meritorisches Gut, bei dem Kosten und Erträge nicht individuell zu ermitteln seien und der Staat so in das Marktgeschehen eingreifen müsse, um die politisch gewünschten Vorgaben des Studierverhaltens zu erreichen. Staatliche Subventionen für den Bildungssektor, z.B. für Hochschulen, werden oft mit positiven externen Effekten begründet, da auch bei Personen, die Bildung nicht nachfragen, ein gesellschaftlicher Nutzen entsteht (von Lith, 1985, S. 2).

Die Finanzierung des deutschen Bildungswesens im Schul- und Hochschulbereich wird überwiegend durch öffentliche Mittel gesichert, allerdings beteiligen sich im Elementarbereich und in der Weiterbildung private Haushalte, Non-Profit-Organisationen (NPOs) und Unternehmen wesentlich stärker an der Finanzierung als im Sekundär- oder Tertiärbereich. Der Anteil der privaten Ausgaben an der Bildung sinkt in Deutschland proportional zum Alter des Kindes, Schülers oder Studenten: Während für die „Pre-Primary Education" (vor allem Kindergarten) noch 28,2 % der Bildungsausgaben aus privaten Quellen stammen, sind es im Bereich „Primary, secondary and post-secondary non-tertiary education" noch 18,1 %, im Tertiärbereich verringert sich dieser Wert auf 13,6 % (OECD, 2007, S. 214).

Das Potenzial für Unternehmen, sich im Bildungsbereich zu engagieren, ist groß (vgl. hierzu [25]): In Deutschland gibt es 366 Hochschulen (davon 27 % in privater Trägerschaft) und ca. 41.000 allgemeinbildende Schulen, von denen ca. 6,5 % von privaten Trägern fi-

---

[106] Im Rahmen dieses Beitrags kann nicht im Detail auf alle bildungspolitischen Herausforderungen anderer Länder eingegangen werden; es soll daher exemplarisch Deutschland betrachtet werden, wobei die hier gezeigten Lösungsansätze auch für andere Länder Relevanz besitzen.

nanziert werden.[107] Trotz der vielen öffentlichen Bekenntnisse zur Bedeutung der Bildung werden die von staatlicher Seite zur Verfügung gestellten Mittel aber immer knapper. Obwohl im Jahr 2005 mit 141,6 Mrd. Euro so viel Geld wie noch nie für Bildung ausgegeben wurde, sank die prozentuale Bedeutung von Bildungsausgaben als Anteil am Bruttoinlandsprodukt (BIP) von 6,9 % im Jahr 1995 auf 6,2 % im Jahr 2006 und liegt damit deutlich unter dem OECD Schnitt.[108] Besonders der Hochschulbereich erhält in Deutschland mit 1,1 % des BIP prozentual wesentlich weniger Mittel als in anderen Ländern. Nur Italien, Portugal und die Türkei geben noch weniger Gelder in % des BIP für die tertiäre Bildung aus (OECD, 2007, S. 205).

Die Bedeutung der Drittmittel für Hochschulen

Während Schulen nur begrenzte Möglichkeiten besitzen, Gelder von Unternehmen durch Spenden oder Sponsoring einzuwerben, stellt sich dies im Hochschulbereich anders dar. Die Bedeutung der Drittmittel (worunter u.a. auch durch Fundraising eingeworbene private Gelder verstanden werden) steigt von Jahr zu Jahr. Die Ausgaben aller deutschen Universitäten im Jahr 2003 lagen bei 30,6 Mrd. Euro, von denen 3,4 Mrd. Euro (11 %) durch Drittmittel gedeckt werden konnten. Von diesen Drittmitteln stammen 1,2 Mrd. Euro (d.h. 34 %) von Unternehmen und von (meist durch Unternehmen finanzierten) Stiftungen. Der Anteil der Drittmittel an den Budgets der Hochschulen hat sich seit 1980 mehr als verdoppelt, während der Anteil der Grundmittel kontinuierlich zurückgegangen ist. Die zunehmenden Anforderungen an die tertiäre Bildung lassen die Budgets der Hochschulen schneller steigen als die staatlichen Finanzierungsmöglichkeiten. Diese immer größer werdende Lücke wird zunehmend durch Drittmittel gedeckt (vgl. Abbildung 9.2).

Die Grundmittel werden nach Einschätzung der Hochschulrektorenkonferenz (HRK) weiterhin prozentual zurückgehen und eine immer geringere Rolle innerhalb der Hochschulhaushalte spielen, fast alle Bundesländer planen in diesem Bereich Kürzungen.[109] Bisher konnte der universitäre Bereich den verminderten Zufluss an Grundmitteln durch gesteigerte Drittmitteleinwerbungen kompensieren. Dies zeigt, dass Drittmittel in ihrer Bedeutung für deutsche Hochschulen immer wichtiger werden. Aufgrund der angespannten Lage der öffentlichen Haushalte ist auch nicht zu erwarten, dass sich dies in absehbarer Zukunft ändern wird [151].

---

[107] Darunter 3.139 Gymnasien, 2.980 Realschulen, 5.358 Hauptschulen und 16.992 Grundschulen (vgl. BMBF, 2005, S. 50).

[108] Vgl. Autorengruppe Bildungsberichterstattung, 2008, S. 30.

[109] So kürzt beispielsweise Berlin die Grundmittel in den Jahren 2006-2009 um 75 Mio. Euro [151].

Abbildung 9.2   Einnahmequellen von Hochschulen in Deutschland (1980-2003)[110]

Einnahmequellen von Hochschulen in Deutschland (1980-2003)	1980	1990	2000	2003
Grundmittel in Mrd. €	6,8	10,1	16,1	17,8
Grundmittel in %	72,3%	64,3%	58,5%	58,2%
Verwaltungseinnahmen in Mrd. €	2,1	4,3	8,6	9,4
Verwaltungseinnahmen in %	22,3%	27,4%	31,3%	30,7%
Drittmittel in Mrd. €	0,5	1,3	2,8	3,4
Drittmittel in %	5,3%	8,3%	10,2%	11,1%
Gesamt in Mrd. €	9,4	15,7	27,5	30,6

Der Staat steht den wachsenden Einnahmen von Hochschulen durch Drittmittel positiv gegenüber. So erklärt z.B. eine Verwaltungsvorschrift des Bayerischen Staatsministeriums für Wissenschaft, Forschung und Kunst die Einwerbung von Drittmitteln durch die Hochschulen für „ausdrücklich erwünscht" (Bayerisches Staatsministerium für Wissenschaft, Forschung und Kunst, 2002, S. 1). Verstärkt werden Hochschulen durch Zielvereinbarungen dazu angehalten, Drittmittel einzuwerben, um weiterhin staatliche Zuschüsse zu erhalten (Statistisches Bundesamt, 2003, S. 52; Pallme König, 2001, S. 67). In den USA ist es durchaus üblich, dass der Staat die öffentlichen Zuschüsse an die eingeworbenen privaten Gelder koppelt (Horstkotte, 2002, S. 3).

9.3.2   Veränderte gesellschaftliche Rahmenbedingungen und Herausforderungen an Unternehmen

Die gesellschaftliche Rolle der Unternehmen hat sich in den letzten Jahren und Jahrzehnten stark gewandelt, die bisherige Rollen- und Aufgabenverteilung zwischen Staat, Unternehmen und Bürgern entwickelte eine Dynamik, die zu neuen Formen von Kooperationen und Verantwortlichkeiten führte [244]. Diese Rollenverschiebung zwischen staatlicher und privatwirtschaftlicher Ebene liegt vor allem in zwei übergreifenden Entwicklungen begründet:

■ Die Bedeutung der Nationalstaaten nimmt ab; sie sind aufgrund leerer öffentlicher Kassen immer weniger in der Lage, der Bevölkerung Bildung, Gesundheit oder Absi-

---

[110] Quelle: Statistisches Bundesamt, 2005, S. 12; eigene Aufbereitung und Darstellung.

cherung gegen Armut zu garantieren und verlieren so schrittweise ihre bisherige Gestaltungsmacht (Schrader, 2003, S. 71, Habisch, 2003, S. 42f.) und Hansen/Schrader, 2005, S. 377). Die Erschließung neuer Einnahmequellen gestaltet sich für den Staat schwierig, da Bürger eine Erhöhung der Steuern und Abgaben selten positiv aufnehmen und dies in ihrem Wahlverhalten ausdrücken. Unternehmen wiederum können auf steigende Abgabelasten mit Verlagerung der Produktion oder des Firmensitzes ins Ausland reagieren (Schrader, 2003, S. 72).

▣ Parallel hierzu nimmt die Bedeutung der Unternehmen zu, da sie ihr Kapital globaler und flexibler als früher einsetzen können. Hierdurch erhalten sie zunehmende Gestaltungsmacht und Handlungsmöglichkeiten (Schrader, 2003, S. 73). Dies trifft besonders auf Großkonzerne zu, deren Umsatz teilweise mit dem Bruttoinlandsprodukt kleiner und mittelgroßer Staaten vergleichbar ist.[111] Auch die Zahl der direkten Mitarbeiter und der indirekt von diesen Unternehmen abhängig Beschäftigten reicht inzwischen an die Einwohnerzahl mancher Länder heran (Schrader, 2003, S. 73).

Aus diesen Entwicklungen ergibt sich eine veränderte Aufgabenverteilung zwischen Wirtschaft und Staat (Schrader, 2003, S. 73 und Habisch, 2003, S. 42f): Während früher die unternehmerischen Zuwendungen freiwillige Zusatzleistungen für ansonsten staatliche Aufgaben waren, ändert sich die öffentliche Wahrnehmung immer mehr und erfolgreiche Unternehmen werden verstärkt von der Gesellschaft dazu aufgefordert, über die reine Unternehmenstätigkeit hinausgehende Aufgaben im sozialen, kulturellen oder im Bildungsbereich zu übernehmen ([19] und Gazdar/Kirchhoff, 2008, S. 66). Durch die abnehmende Gestaltungsmacht der staatlichen Ebene in vielen Bereichen des öffentlichen Lebens ergeben sich daher Möglichkeiten für privatwirtschaftliche Unternehmen, das entstandene Machtvakuum zu füllen [244].

Im direkten gesellschaftlichen Umfeld der Unternehmen sind prinzipiell zwei gravierende Veränderungen festzustellen, die als Begründungsrahmen für Bildungsunterstützung durch Unternehmen im Rahmen von CSR von Bedeutung sind (Habisch et al. (2007b), S. 6f).

▣ Die Erwartungen wichtiger Anspruchsgruppen steigen aufgrund leerer Staatskassen einerseits und dem Wissen um die vorhandenen Ressourcen und Problemlösungsmöglichkeiten von Unternehmen andererseits rapide an.

▣ Die rasante Entwicklung der Neuen Medien und die damit einhergehenden gestiegenen Informationsmöglichkeiten für Stakeholder eröffnen eine neue Transparenz für unternehmerische Entscheidungen und Handlungsabläufe. Durch diese Transparenz steigen sowohl die Sanktionsmöglichkeiten für gesellschaftliches Fehlverhalten als auch

---

[111] Die größten Unternehmen der Welt [216] erwirtschaften einen Umsatz, der dem Bruttoinlandsprodukt (BIP) von Ländern wie der Schweiz, Griechenland oder Portugal entspricht. Alleine der Umsatz der Daimler-Chrysler AG übertraf im Jahre 2005 mit ca. 193 Mrd. US-$ (vgl. DaimlerChrysler, 2005) das BIP von Ungarn, Neuseeland und Bulgarien (vgl. [57]).

die Publizitätsmöglichkeiten[112] für vorbildliches bürgerschaftliches Engagement (Habisch et al., 2007b, S. 7).

Dokumentation von Bildung in der ISO 26000

Ein konkretes Beispiel für die Bündelung der Anforderungen an Unternehmen bietet die aktuell in der Entwicklung befindliche ISO-Norm 26000 „Guidance on Social Responsibility", die detailliert darlegt, welche Verantwortung Unternehmen und Organisationen jeglicher Art im weltweiten Kontext haben und einhalten sollen. Dabei handelt es sich um kein verpflichtendes Dokument, sondern eine Richtschnur für Unternehmen. Dies wird von den Arbeitgebern begrüßt, da aufgrund des offenen und komplexen Charakters von CSR keine Zertifizierung oder Standardisierung favorisiert wird. Es ist allerdings umstritten, ob die ISO 26000 evtl. später doch noch in eine freiwillige Zertifizierung übergehen wird.

Das Ziel der ISO 26000 ist es, internationale Expertise zu bündeln und notwendige Aktionsfelder zu identifizieren, die in konkrete Aktivitäten und Best-Practice-Beispiele überführt werden. Dabei spielt auch Bildung als Unterpunkt des sog. „Core Issue" Menschenrechte eine wichtige Rolle: *„Human rights are the basic rights to which all human beings are entitled because they are human beings....[this] includes such rights as the right to work, the rig Oht to food, the right to education and social Security"* (ISO, 2008, S. 27). Die Stoßrichtung der ISO-Norm geht dabei in die Richtung, Bildung als Recht für alle Bürger dieser Welt zu begreifen und verantwortliches soziales Handeln von Unternehmen soll die verantwortlichen Organisationen hierin unterstützen.

9.3.3   Unternehmerische Wahrnehmung bürgerschaftlicher Verantwortung als Reaktion auf bildungspolitische Herausforderungen

Das Verständnis von CSR bezieht sich in Deutschland vor allem auf die Bereiche Corporate Volunteering und Corporate Giving (d.h. Spenden und Sponsoring), die Übernahme ordnungspolitischer Mitverantwortung steht kaum zur Debatte.[113] Unternehmen sind sich

---

[112] Die Fachzeitschrift absatzwirtschaft widmet der gesellschaftlichen Verantwortung von Unternehmen ein komplettes Sonderheft mit dem Titel „Chancen nutzen – Verantwortung zeigen". In einem Beitrag wird konstatiert: „Die Übernahme von Verantwortung gegenüber der Gesellschaft wird heutzutage von Unternehmen erwartet" (Garber, 2007, S. 24).

[113] Eine Systematisierung und Integration verschiedener Corporate-Citizenship-Definitionen und -Modelle nimmt Schrader vor (Schrader, 2003, S. 38-63), der drei Ebenen von Corporate Citizenship unterscheidet: Im engeren Sinne werden unter Corporate Citizenship alle unternehmerischen unterstützenden Maßnahmen im Hinblick auf die Zivilgesellschaft verstanden, d.h. vor allem soziale Aktivitäten der Unternehmen ohne politische Hintergründe oder Einflussnahme auf den Staat (ebd., S. 38-40). Die Maßnahmen lassen sich in vor allem in Corporate Volunteering und Corporate Giving unterteilen (ebd., S. 41-50). Im weiteren Sinne umfasst Corporate Citizenship auch die Beziehungen der Unternehmen zum Staat und die Übernahme ordnungspolitischer Mitverantwortung (ebd., S. 52-53);

der bildungspolitischen Herausforderungen sehr bewusst und reagieren durchaus positiv auf die ihnen gestellten Anforderungen. Dies wird durch verschiedene Studien gestützt. Demnach wird beispielsweise Bildungs- und Wissenschaftssponsoring inzwischen von 48,2 % der Unternehmen in Deutschland eingesetzt (Pleon, 2006, S. 15), in den Jahren davor (1998-2004) pendelte diese Zahl zwischen 27,9 % und 35,1 % (ebd., S. 38), so dass von einer signifikanten Zunahme in der jüngeren Vergangenheit gesprochen werden kann. Auch für die Zukunft sehen Unternehmen noch ein erhebliches Potenzial im Bildungssponsoring: So glauben 54,8 % aller Unternehmen, dass Bildungs- und Wissenschaftssponsoring weiter zunehmen wird und damit die am stärksten wachsende Sponsoringkategorie darstellt (ebd., S. 25).

9.3.3.1 Ziele der Unternehmen mit einem CSR-Engagement bei der Unterstützung von Bildung

Die Ziele, die Unternehmen mit einem CSR-Engagement im Bildungssektor verfolgen, können allgemein in gesellschaftspolitische und vorökonomische Ziele differenziert werden; teilweise vorhandene ökonomische Ziele (wie z.B. der Ausbau von Marktanteilen und Gewinn) spielen in diesem Umfeld nur eine Nebenrolle, da sich die kausalen Wirkungsketten zu komplex darstellen.

Gesellschaftspolitische Zielsetzungen: Die Grundlage aller CSR-Aktivitäten ist in der Schaffung eines gesellschaftlichen Nutzens, d.h. in der Beteiligung bei der Lösung eines gesellschaftlichen Problems zu sehen, da sich CSR stark über die Kooperation von Partnern aus den Bereichen Wirtschaft und Anspruchsgruppen aus dem gesellschaftlichen Umfeld definiert (Habisch et al., 2007b, S. 8). Das Erreichen eines nachhaltigen Beitrags zur Lösung wichtiger gesellschaftlicher Probleme muss im Zentrum der CSR-Aktivitäten stehen, da nur durch diese Nachhaltigkeit die Glaubwürdigkeit des Unternehmensengagements dokumentiert werden kann (ebd., S. 15). Bildungspolitisch können z.B. staatliche Aktivitäten unterstützt werden, die zu einer stärkeren Qualifizierung der Lehrkräfte oder zu mehr Chancengleichheit unter den Schülern führen.

Vorökonomische Ziele beinhalten nicht-monetäre wirtschaftliche Größen und sind im Gegensatz zu ökonomischen Zielen nicht eindeutig quantifizierbar und schwer messbar (Bruhn, 2003, S. 65).

---

damit handelt es sich quasi um ein „... positives Lobbying zur Förderung gesellschaftlicher Anliegen..." (ebd. S. 53). Eine noch stärkere Ausdehnung des Corporate-Citizenship-Begriffs auf sämtliche gesellschaftlich relevanten Wirkungen der unternehmerischen Kernaktivitäten findet auf der dritten Ebene statt (ebd., S. 60). Dahinter steht die Überzeugung, dass Unternehmen nicht nur für ihren wirtschaftlichen Erfolg verantwortlich sind, sondern aufgrund ihrer komplexen und vielschichtigen Beziehungen zu heterogenen Stakeholdern auch Auswirkungen ihrer Kerntätigkeit auf die nähere und weitere Umwelt zu berücksichtigen haben. Ulrich spricht in diesem Zusammenhang auch von Unternehmen als „quasi-öffentliche Wertschöpfungsveranstaltung" (Ulrich, 2000, S. 15).

■ Aufbau von Reputation: Beim Aufbau der Unternehmensreputation mittels CSR-Aktivitäten sollen konkret positive Attribute des Unterstützungsbereichs (z.B. Hochschulen, Bildung, junge Menschen, Elite usw.) sowie der CSR-Aktivität (Unterstützung von Bildung, Ermöglichung von Hochschulzugang für finanziell schwächere Studenten usw.) auf das Unternehmen projiziert werden (Maaß/Clemens, 2002, S. 82 und Schrader, 2003, S. 81).

■ Interne und externe personalpolitische Zielsetzungen: Mit CSR-Aktivitäten können im Rahmen personalpolitischer Zielsetzungen sowohl externe als auch interne Wirkungen erzielt werden. Unternehmensextern werden personalpolitisch durch gesellschaftlich verantwortliches Handeln vor allem Vorteile bei der Personalrekrutierung erwartet. Dabei geht es in erster Linie um die Präsentation des Unternehmens als attraktiver Arbeitgeber durch die Demonstration eines grundsätzlichen Konsenses mit gesellschafts-politischen Interessen. Unternehmensintern steht die innerbetriebliche Mitarbeiterbindung und Arbeitsmotivation der Firmenangehörigen im Mittelpunkt des Interesses (Maaß/Clemens, 2002, S. 84-85 und Schrader, 2003, S. 85).

■ Gesamtwirtschaftliche Zielsetzungen von Unternehmen mit CSR-Aktivitäten, die über den eigenen Betrieb hinausgehen, sind vor allem in der Verbesserung des Unternehmer- und Unternehmensbildes allgemein zu sehen (Schrader, 2003, S. 95-98). Es findet ein Lobbying zur Erzeugung eines wirtschaftsfreundlichen Klimas statt (Maaß/Clemens, 2002, S. 83), da Unternehmen ein „konstitutionelles Interesse an guten Spielregeln" haben (Habisch, 2003, S. 62). Besonders kleine und mittlere Unternehmen sind stark auf ein funktionierendes gesellschaftliches und politisches lokales Umfeld angewiesen, da sie stärker als Großunternehmen an den jeweiligen Standort gebunden sind (ebd., S. 71).

■ Unter der Licence to Operate versteht man das gesellschaftliche Einverständnis und die soziale Akzeptanz für das unternehmerische Handeln (Schrader, 2003, S. 81 und Zammit, 2003, S. 133). Dabei geht es vor allem um die Sicherung und den Ausbau der Stellung des Unternehmens in der Region bzw. den Regionen, in denen es wirtschaftlich aktiv ist (Mutz, 2000, S. 77). Unternehmen sind oft stark mit dem jeweiligen Standort verzahnt und auf eine gute nachbarschaftliche Zusammenarbeit angewiesen. Dies trifft für alle Ebenen zu, seien es Behörden (Genehmigungen und Verbote), Wohnbevölkerung (Klagen wegen Lärm oder Geruch), soziale Einrichtungen (Unterstützung lokaler Anliegen) oder andere Interessengruppen.

9.3.3.2   Voraussetzungen für ein erfolgreiches Engagement

Ein Engagement von Unternehmen im Bildungsbereich muss nicht für alle Firmen Relevanz besitzen. Porter und Kramer sehen in der oft nur einseitigen Fokussierung von Corporate Social Responsibility auf die unterschiedlichen Ansprüche der Stakeholder bei gleichzeitiger Vernachlässigung der Verbindung zu unternehmerischen Zielen einen der wichtigsten Gründe für die oft suboptimale Umsetzung von strategischen und nachhaltigen CSR-Konzepten: *„The result is oftentimes a hodge-podge of uncoordinated CSR and philanthropic activities disconnected from the company's strategy that neither make any meaningful* *social impact nor strengthen the firm's long term competitiveness [...]. The consequence of this fragmentation is a tremendous lost opportunity."* (Porter/Kramer, 2006, S. 83). Eine sporadische und nicht strategische Unterstützung von Bildungseinrichtungen durch einmalige Hilfe ist dagegen als nicht nachhaltig zu betrachten: *„Most consist of numerous small cash donations given to aid local civic causes or provide general operating support to universities and national charities in the hope of generating goodwill among employees, customers, and the local community. Rather than being tied to well-thought-out social or business objectives, the contributions often reflect the personal beliefs and values of executives or employees."* (Porter, 2002, S. 30).

Für die notwendige Analyse der Beziehungen zur Schaffung nachhaltiger Werte schlagen Porter und Kramer einen zweistufigen Ansatz vor: Dabei werden in einem ersten Schritt die Berührungspunkte zwischen Unternehmen und Bildungsinstitutionen herausgearbeitet, im Anschluss daran wird die Auswahl des zu unterstützenden Anliegens anhand von verschiedenen Kriterien im Hinblick auf die Relevanz für das Unternehmen vorgenommen (Porter/Kramer, 2006, S. 85).

- In der ersten Kategorie, den sog. Generic Social Issues, finden sich Anliegen wieder, die gesellschaftlich als wichtig angesehen werden, die aber weder durch das Unternehmen beeinflusst werden noch eine besondere Bedeutung für das Unternehmen haben. In diese Kategorie fallen traditionelle CSR-Maßnahmen, die Bildung als Teil der Gesellschaft unterstützen, ohne konkreten Bezug zum Unternehmen.

- Bei den Value Chain Social Impacts handelt es sich um die Faktoren, die durch die normalen Unternehmensaktivitäten signifikant beeinflusst werden. Dies trifft besonders auf den Hochschulbereich zu, den Unternehmen durch ihre Forschungs- und Personalpolitik durchaus beeinflussen können.

- Bei den Social Dimensions of Competitive Context handelt es sich um externe Einflussfaktoren, die die Wettbewerbsfähigkeit des Unternehmens wesentlich tangieren. Hierunter fallen z.B. eine suboptimale Bildung der Schüler oder Studenten und die damit verbundenen Folgen für das Unternehmen.

9.3.3.3   Formen der Umsetzung

Allgemein haben Unternehmen zwei Möglichkeiten, ihr Engagement in die Praxis umzusetzen. So können sie eigenständig Strategien entwickeln, Bildungspartner suchen und die Umsetzung direkt vornehmen. Sie können aber auch als Zustifter einer Stiftung agieren, bei der die Stiftung bereits verschiedenste Projekte ausgesucht hat und unterstützt (Osburg, 2006, S. 101-103).

- Direkte Umsetzung durch das Unternehmen: Durch die direkte Umsetzung der CSR-Projekte aus dem Unternehmen heraus erhöht sich der Gestaltungsspielraum für inhaltliche Aspekte der Förderung und erlaubt es den Unternehmen, einen konkreten Bezug zur Unternehmensphilosophie herzustellen. Daneben ist eine direkte Umsetzung dann von Vorteil, wenn auf aktuelle Anforderungen aus dem gesellschaftlichen Umfeld reagiert werden soll. Auch wenn Unternehmen ihre CSR-Projekte selbst auswählen und umsetzen, muss die Realisierung nicht immer autonom erfolgen. Eine

Kooperation mit anderen Akteuren ist möglich und wird auch von vielen Unternehmen praktiziert (Bertelsmann Stiftung, 2005, S. 23)[114].

■ **Umsetzung über Stiftungen:** Unter einer Stiftung versteht man die Widmung einer Vermögensmasse für einen vom Stifter bestimmten Zweck und die aus diesem Vorgang erwachsene Einrichtung die Stiftung gilt als älteste Organisationsform bürgerschaftlichen Engagements (Enquete-Kommission, 2002, S. 116)[115] . Wenn sich Unternehmen über Stiftungen gesellschaftlich engagieren, wird die Gefahr der Einmischung in die geförderten Anliegen durch die Firmen als gering angesehen (Hermanns, 1997, S. 75), allerdings erfolgt eine organisatorische und rechtliche Separation vom eigentlichen Kerngeschäft, d.h. es entsteht ein geringerer Einfluss auf die Erreichung der Unternehmensziele mit CSR-Aktivitäten als bei einer direkten Umsetzung durch das Unternehmen (Habisch et al., 2007b, S. 11). Unternehmen können ihre CSR-Aktivitäten auf vielfältige Weise in die Stiftungsarbeit mit einbringen: So sind, neben dem einmaligen Stifterbeitrag, auch Spenden für die Stiftungsarbeit oder ausgewählte Projekte möglich. Desweiteren können finanzielle, materielle oder personelle Ressourcen eingebracht werden, z.B. über die Leitung von Projekten, die Mitarbeit in Gremien und Beiräten oder über das Zur-Verfügung-Stellen von Räumlichkeiten oder sonstigen Materialien. Unternehmen haben die Möglichkeit, geeignete Projekte der Stiftungsarbeit auszuwählen und zu unterstützen. Sie können aber ebenfalls konkrete eigene Vorschläge erarbeiten und in die Stiftungsarbeit einbringen, um so eine engere Verknüpfung mit den Unternehmenszielen zu erreichen.

9.3.3.4   Praxisbeispiele und Lösungsansätze

Viele in der Praxis erfolgreiche Modelle der Unterstützung setzen bei den o.g. Parametern an: Sie stellen einen direkten Bezug zum Unternehmen dar und nutzen die Kernkompetenz, um im Bildungsbereich signifikant und nachhaltig unterstützend tätig zu werden. Dabei gehen die Formen der Unterstützung meist über traditionelle Spenden, Sponsoring oder Volunteering hinaus; oft steht der Public-Private-Partnership-Gedanke im Vordergrund. Die nachfolgenden Beispiele sollen exemplarisch verschiedene Möglichkeiten der Umsetzung dokumentieren, die als wegweisend und nachahmenswert angesehen werden können:

---

[114] Über 50% der Unternehmen arbeiten bei der konkreten Umsetzung eng mit anderen Unternehmen, Wirtschaftsverbänden oder gemeinnützigen bzw. karitativen Organisationen zusammen, 42% der Unternehmen kooperieren mit Wissenschaft und Hochschulen, 34% mit Verwaltung und Politik (ebd.).

[115] Bei der Aktivität des Stiftens werden, ähnlich wie bei einer Spende und in Abgrenzung zu Sponsoring, erst einmal Ressourcen vom Unternehmen zur Verfügung gestellt, ohne mit der Stiftung eine konkrete Gegenleistung zu vereinbaren. Die Zuführungen zum Stiftungsvermögen werden von den Stiftungen nicht ausgegeben, nur die Erträge stehen als Fördersumme zur Verfügung (Weger, 2000, S. 2).

Beispiele aus dem Bereich Corporate Volunteering

Die Frankfurter ENGAGE-Gruppe, die aus einem Zusammenschluss von Groß- und mittelständischen Unternehmen besteht, ist auf lokaler Ebene als ein gelungenes Beispiel für CSR im Bildungsbereich zu nennen: Die beteiligten Unternehmen bieten dabei Zeit, Erfahrung und Kompetenz ihrer Mitarbeiter für Bildungseinrichtungen und Schüler an, die gezielt auf die Berufswelt (z.B. durch ein Bewerbertraining) vorbereitet werden sollen. Dabei steht die Nachhaltigkeit des Ansatzes durch eine langfristige Integration in den Unterricht im Vordergrund, wovon sowohl die Schüler als auch die Unternehmen und Unternehmensmitarbeiter profitieren, die in einer für sie fremden Umwelt neue Erfahrungen sammeln können.

Bei der 1998 gegründeten Initiative Business@School der Boston Consulting Group GmbH beschäftigen sich die Schüler ein Jahr lang mit der Realität in kleinen und großen Konzernen der Umgebung, um am Ende eine eigene Geschäftsidee zu entwickeln. Auch hierbei stellen alle 20 Partnerunternehmen von Business@School Preise sowie Zeit und Erfahrung ihrer Mitarbeiter zur Verfügung. Die Initiative wird von den Kultusministerien der Länder unterstützt.

Der gemeinnützige Verein BildungsCent e.V. ist eine Initiative der Herlitz PBS AG und setzt sich seit 2003 in Deutschland für die nachhaltige Förderung der Lehr- und Lernkultur ein. Bei der Umsetzung notwendiger Veränderungsprozesse an den Schulen sieht sich der Verein als Impulsgeber für die Schulen, da hier dringender Handlungsbedarf besteht. Dabei fördern über 20 Partner, wie der Handelskonzern Edeka, die Organisation WWF oder der Mittelständler Sport Thieme als Vereinsmitglieder durch finanzielle und Mitarbeiterleistungen die Aktivitäten des Vereins. Eine wichtige Initiative ist das Programm Partners in Leadership, das die Schulleitung unterstützt. Hierbei begleiten Führungskräfte aus Unternehmen Schulleiterinnen und Schulleiter ehrenamtlich für einen begrenzten Zeitraum.

Die Deutsche Bank AG initiiert und unterstützt Projekte, die die Schüler praxisnah aufs Berufsleben vorbereiten und ihre wirtschaftlichen Kompetenzen ausbauen, vor allem im Bereich der ökonomischen Bildung. Um dies umzusetzen, gehen zahlreiche Mitarbeiter in Schulen, um jungen Menschen die Bedeutung persönlicher Finanzplanung nahezubringen.

Beispiele aus dem Bereich Corporate Giving und Public Private Partnership

Bei der ThyssenKrupp AG steht der Ideenaustausch im Vordergrund, wodurch ein Austausch wissenschaftlicher Ergebnisse mit Studenten ausgewählter Hochschulen gefestigt, aber auch andere gemeinsame Themen wie Weiterbildung und Lehre, internationale Zusammenarbeit und die Förderung qualifizierter Studierender gefördert werden soll. Dies reicht von Stipendien und Preisen wie dem „ThyssenKrupp Student Award" bis hin zu Workshops, Exkursionen und gemeinsamen Projekten. Das Ziel dieser Maßnahmen ist u.a., qualifizierte Mitarbeiter zu finden und an den Konzern zu binden.

Die eigenen Produkte setzt die SAP AG ein: Im Rahmen des SAP University Alliances Programms werden Lösungen zur Verfügung gestellt, die für den Einsatz in Universitäten, Fachhochschulen, Berufsakademien und Berufsbildenden Schulen geeignet sind. Dadurch soll Studenten eine praxisgerechte und zukunftsorientierte Ausbildung ermöglicht werden. Die Innovationskraft von Kindern soll mit einem weiteren Engagement im Rahmen der FIRST LEGO League angeregt und gefördert werden, wobei sich SAP-Mitarbeiter als Teamleiter und Mentoren engagieren und Kinder dabei unterstützen, ihre persönlichen Stärken und ihre eigene Kreativität zu erkennen und frei zu entfalten.

Die Intel GmbH in Deutschland hat in Kooperation mit Lehrern und der Akademie für Lehrerfortbildung und Personalführung (ALP) in Dillingen ein Blended-Learning System „Intel Lehren – Aufbaukurs Online" geschaffen, das deutschen Lehrern mehr als 350 Lernpfade (ca. 40-stündige Kurse) kostenlos anbietet und das über entsprechende Kooperationsvereinbarungen mit den Kultusministerien in die föderale Lehrerweiterbildung integriert ist. Lehrer und Lehrerinnen können so im Rahmen einer kollaborativen Weiterbildung Methoden lernen und selbst entwickeln, wie neue Technologien sinnvoll in den Unterricht zu integrieren sind. So haben inzwischen über 50 % der deutschen Lehrer an „Intel Lehren" teilgenommen. Damit deckt dieses Programm einen Bereich der Weiterbildung ab, der von den Ministerien nur unzureichend bedient werden kann.

Die Vodafone D2 GmbH hat in Kooperation mit den fünf größten privaten Hochschulen in Deutschland ein Stipendienprogramm für Studierende aus Zuwandererfamilien zur sozialen Integration aufgebaut, wodurch Studierende ein Vollstipendium erhalten können.

9.3.4   Mögliche Probleme unternehmerischen Engagements im Bildungssektor

Die Unterstützung von Bildungseinrichtungen als Teil der unternehmerischen CSR-Bemühungen ist inzwischen fast schon ein Standard geworden. Schulen und Hochschulen haben sich daran gewöhnt, sehen die Vorteile und wissen die zusätzlichen Ressourcen zu schätzen. Allerdings werden einige mögliche Problemfelder thematisiert, die quasi als Bremse oder Hindernis auftreten können:

■ Akzeptanzproblematik: Das unternehmerische Engagement im Bildungsbereich ist einer ständigen Gratwanderung zwischen starker Präsenz zur Erreichung der Ziele und dezentem Auftreten zur Vermeidung von Reaktanz ausgesetzt. Im Bildungsbereich werden kommerzielle Engagements immer noch teilweise kritisch gesehen, so dass eine zu starke Sichtbarkeit oft nicht angestrebt wird (Wünschmann et al., 2004, S. 23).

■ Die unterschiedlichen Kulturen, Erwartungen und Voraussetzungen der Partner aus Bildung und Wirtschaft können als mögliche Barriere in Frage kommen. So werden von Unternehmen oft fehlende Unterstützungskonzeptionen der Schulen und Hochschulen sowie ein anderes (restriktiveres) Kooperationsverständnis für eine problematische Zusammenarbeit verantwortlich gemacht (Ernenputsch et al., 2003, S. 34 auch Bruhn, 2003, S. 237 und Gazdar/Kirchhoff, 2003, S. 188 ff.).

▪ **Fehlende Kontrolle des Engagements:** Eine Überprüfung der mit dem Bildungsengagement erreichten Ziele ist aufgrund des langfristigen und eher vor-ökonomischen Charakters oft nur schwer möglich.

9.3.5   Zusammenfassung

Bildung ist heutzutage ohne Unterstützung der Unternehmen kaum mehr denkbar. Dabei gehen die Formen der Kooperation weit über traditionelles Spenden oder Sponsoring hinaus. Unternehmen unterstützen Schulen und Hochschulen mit Maßnahmen, die sich oft an ihrer Kernkompetenz orientieren und dadurch Nachhaltigkeit und Glaubwürdigkeit beinhalten. Dabei sind vor allem das Engagement von Mitarbeitern (Corporate Volunteering) sowie die enge, auch inhaltliche Kooperation im Rahmen von echten Public-Private-Partnerships zu nennen. Aufgrund der starken öffentlichen Relevanz von Bildungsthemen in Deutschland und der immer stärkeren Diversifizierung von CSR-Aktivitäten nehmen schon sehr viele Unternehmen ihre Verantwortung gegenüber den Bildungseinrichtungen wahr.

Für die Zukunft ist von einer positiven Entwicklung auszugehen, die allerdings durch sich ändernde Rahmenbedingungen beeinflusst werden kann. Als Beispiel sei hier die aktuelle Klima- und Energiediskussion in Deutschland genannt, die ebenfalls im Rahmen eines CSR-Engagements von den Unternehmen aufgegriffen werden kann und so die unternehmerische Verantwortung für Bildung möglicherweise etwas in den Hintergrund treten lässt. Allerdings sind gut ausgebildete Schüler und Studenten für Unternehmen von zentraler Bedeutung, so dass zumindest langfristig das CSR-Engagement im Bildungsbereich noch weiter steigen dürfte.

„Es ist nicht genug zu wissen, man muss auch anwenden
es ist nicht genug zu wollen, man muss auch tun."

Johann Wolfgang von Goethe (1749-1832), deutscher Dichter

10   CSR erfolgreich umsetzen

von Annette Kleinfeld, Johanna Schnurr

10.1   Einführung zum Thema CSR-Umsetzung

Die Frage nach der gesellschaftlichen Verantwortung ist in den vergangenen Jahren eine zentrale Herausforderung für Unternehmen geworden. Je nach Unternehmen und Branche liegen die Wurzeln für die Auseinandersetzung mit Corporate Social Responsibility (CSR) im ökologischen („Nachhaltigkeit" oder „Sustainability"), im personalpolitischen (Arbeitgebermarke, „Corporate Volunteering"), unternehmensethischen („Business Ethics") oder gemeinnützigen (Sponsoring, „Corporate Citizenship") Bereich. Für andere Unternehmen ergibt sich die Relevanz des Themas aus Anforderungen der Wertschöpfungskette, der Politik, von NGOs oder der kritischen Öffentlichkeit allgemein.

Alle Unternehmen, die sich mit CSR beschäftigen, stehen vor der Aufgabe, diese Perspektive unternehmerischen Handelns umfassend in ihr Unternehmen zu integrieren und kontinuierlich umzusetzen. Dabei gelten für den Erfolg eines CSR-Engagements ähnliche Herausforderungen wie für ein betriebliches Qualitäts-, Umwelt- oder Ideenmanagement: Nur wenn CSR glaubhaft, nachhaltig, konsequent und integrativ umgesetzt wird, kann es zum Erfolg eines Unternehmens beitragen. Der nachfolgende Beitrag zeigt vor diesem Hintergrund auf:

- Was CSR für Unternehmen bedeuten kann;

- In welchen Bereichen CSR zum Tragen kommt;

- Wie CSR im Unternehmen implementiert werden kann;

- Wie sich CSR auf Kommunikation und Evaluation auswirkt.

Das Kapitel folgt dabei dem Aufbau, der in Abbildung 10.1 dargestellt ist. Unternehmen, die CSR umsetzen wollen, können sich an folgenden Schritten orientieren:

1. CSR verstehen und sich orientieren (Kapitel 10.1.2)

2. CSR personell, strukturell und in den Werten verankern (Kapitel 10.1.3)

3. Das eigene CSR-Verständnis entwickeln (Kapitel 10.2)

4. Das eigene CSR-Engagement entwickeln (Kapitel 10.3)

5. Die Integration und Umsetzung von CSR im Unternehmen (Kapitel 10.4)

6. Die Evaluation von CSR (Kapitel 10.6)

Den gesamten Prozess begleiten zwei erfolgsrelevante Aspekte:

7. CSR–Kommunikation gestalten (Kapitel 10.5)

8. Das CSR-Engagement monitoren (Kapitel 10.6.1)

Abbildung 10.1   Modell einer ganzheitlichen CSR-Umsetzung

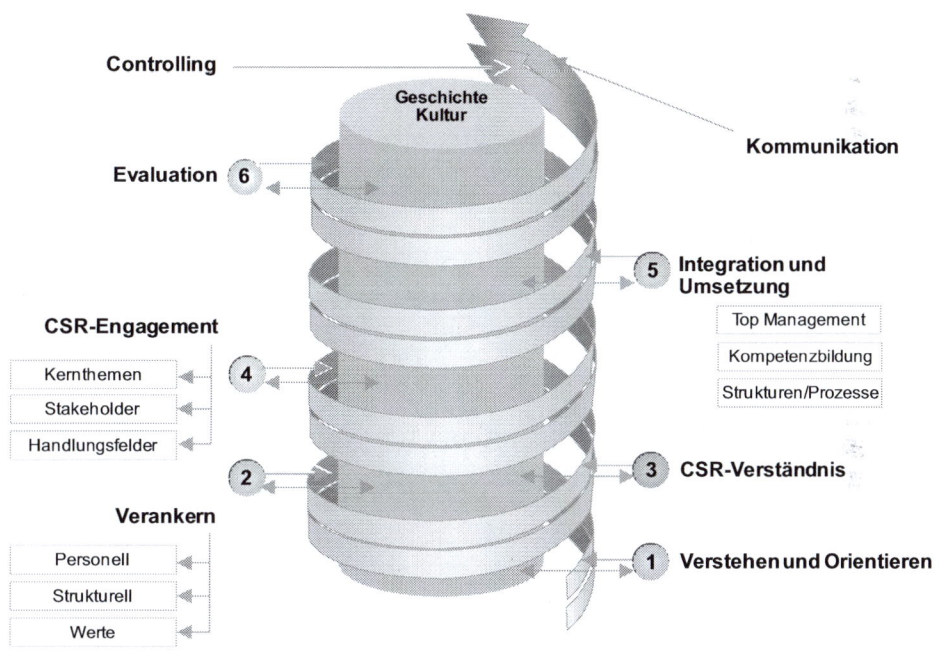

Mit Hilfe dieses Modells lässt sich nicht nur das CSR-Engagement entwickeln; es trägt auch der erfolgskritischen Rolle der Unternehmenskultur Rechnung. Denn gelebte CSR geht über philanthropisches Verhalten hinaus. Es setzt bei den Kernkompetenzen und Geschäftsfeldern des Unternehmens an und richtet den Fokus auf die Art und Weise, wie Unternehmen wirtschaften. CSR wirkt somit nicht nur gestalterisch auf die Unternehmenstätigkeit ein, sondern verändert zwangsläufig auch die Unternehmenskultur.

Abbildung 10.2   Proaktive Wahrnehmung von CSR

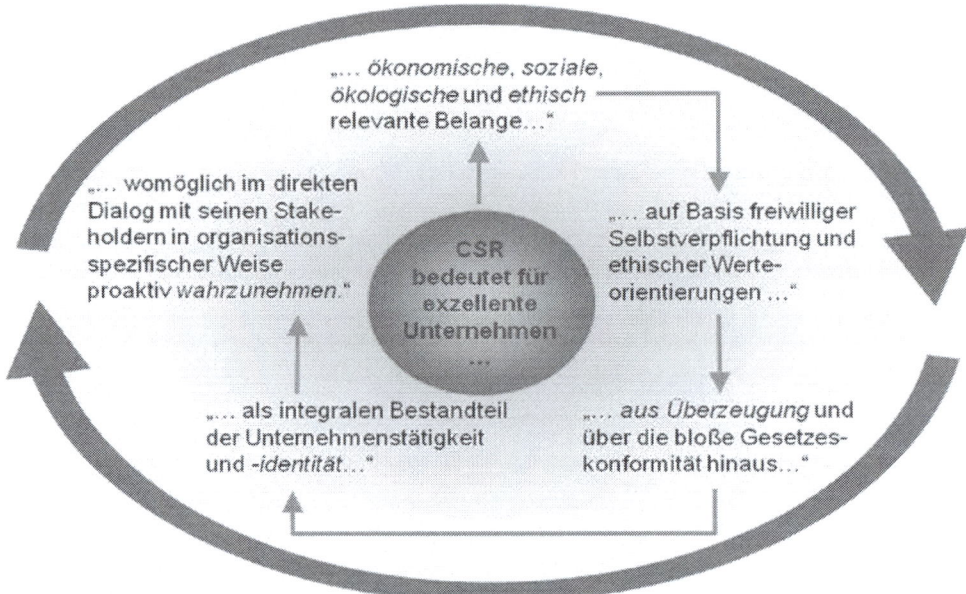

CSR kann dabei stets nur unternehmensspezifisch betrachtet und umgesetzt werden: Ausgehend von weltweit relevanten Kernthemen und damit verbundenen konkreten Handlungsfeldern muss jedes Unternehmen für sich entscheiden, in welchen Bereichen und in welchem Ausmaß es sein CSR-Engagement ausgestaltet. Für den Erfolg dieses Engagements muss die Verantwortungsübernahme Teil der Unternehmensidentität und Strategie werden, in der Unternehmenskultur verankert sein und sich in den gelebten Werten des Unternehmens widerspiegeln.

10.1.1   Herausforderungen der Umsetzung

Unternehmen, die CSR in diesem Sinne ernsthaft und nachhaltig umsetzen wollen, werden mit einer Vielzahl von Herausforderungen konfrontiert. Sie lassen sich unterscheiden in interne, operative, kommunikative und externe Herausforderungen.

Interne Herausforderungen

Unternehmen, die bereits einen unternehmensweit gültigen Verhaltenskodex eingeführt haben, wissen um die Schwierigkeiten, das Handeln und Verhalten der Mitarbeiter gezielt verändern zu wollen. Die vermeintlich soften Themen entpuppen sich bei genauerem Hinsehen als die harten Faktoren des Unternehmenserfolgs. Die Umsetzung von Werten und Verhaltensstandards führt im Idealfall zu grundlegenden Änderungen der Unternehmenskultur und des Unternehmensklimas und betreffen alle Unternehmensbereiche und Hierarchieebenen gleichermaßen. Analoges gilt für die gesellschaftliche Verantwortung von Unternehmen: Denn aus unternehmensethischer Perspektive kann ein Unternehmen Verantwortung nur indirekt, also nur durch die Unternehmensangehörigen wahrnehmen. Verantwortung ist ein personenbezogener Begriff, der eine personale Handlungsinstanz benötigt.[116]

Das bedeutet, dass Unternehmen, die CSR ernsthaft und unternehmensweit umsetzen wollen, für alle Bereiche und Ebenen neue bzw. erweiterte Maßstäbe für das Handeln und Verhalten ihrer Mitarbeiter einführen müssen. Denn nur in dem Maße, wie ein strategisch und strukturell verankertes CSR-Verständnis durch die Unternehmensangehörigen mit Leben gefüllt und Bestandteil der Unternehmenskultur als informeller Steuerungsgröße wird, kann ein Unternehmen auch in einem moralisch-ethischen Sinn verantwortlich handeln (Kleinfeld, 1998, S. 278ff.).

Operative Herausforderungen

Die Realisierung der selbstgesetzten Ansprüche im Rahmen des CSR-Engagements eines Unternehmens findet im Unternehmensalltag statt. Die Integration muss daher der betriebswirtschaftlichen Logik des Unternehmens entsprechen und die Grundlagen nachhaltiger Unternehmenssicherung berücksichtigen. Eine zentrale Aufgabe der Verantwortlichen besteht darin, für die gesamte Wertschöpfungskette des Unternehmens aufzuzeigen, wie gesellschaftliche Verantwortung integriert werden kann und wo kritische Punkte liegen. Dabei kommt es darauf an, Verbindungen zu schaffen, die es allen Mitarbeitern ermöglichen, den selbstgewählten Anspruch ihres Unternehmens zu verwirklichen. CSR ist kein Thema einer einzelnen Abteilung, sondern bezieht sich stets auf das Unternehmensganze. Die Umsetzung von CSR sollte deswegen mit dem Managementsystem des Unternehmens verknüpft sein. Ist dies nicht der Fall, läuft CSR Gefahr, als „Add On" oder Schönwetterthema betrachtet zu werden. Dies hat zur Folge, dass die Mitarbeiter sich weder zuständig fühlen noch Relevanz und Nutzen der CSR-Orientierung erkennen.

Eine umfassende Integration in die operativen Bereiche trägt auch dazu bei, die Mitarbeiter für mögliche Grauzonen und Interessenskonflikte zu sensibilisieren. Denn weder die Strategieentwicklung noch die Umsetzung von CSR-Maßnahmen verlaufen immer konfliktfrei: Divergierende Interessen verschiedenster Gruppen müssen berücksichtigt und unter einen Hut gebracht werden. Unterschiedliche Themen erfordern unterschiedliche Maßnahmen, die sich im schlimmsten Fall gegenseitig blockieren oder aufheben. Je klarer erkennbar die Zielsetzungen und Zusammenhänge sind, desto einfacher ist es für alle Unternehmensangehörigen, etwaige Dilemmata zu identifizieren und angemessen damit umzugehen.

---

[116] Diese Sichtweise spiegelt auch das deutsche Strafrecht wider, in dem es kein Unternehmensstrafrecht gibt.

Kommunikative Herausforderungen

Gesellschaftliche Verantwortung ist aus dem Dialog bzw. aus der Kommunikation von Interessen- und Anspruchsgruppen (Stakeholdern) mit Unternehmen entstanden. Veränderte Rahmenbedingungen im nationalen und internationalen Kontext haben dazu geführt, dass sowohl von dem System Unternehmen als auch von den Unternehmenslenkern ein verändertes Handeln erwartet wird, das anhand verbaler wie nonverbaler Kommunikation von Dritten nachvollzogen werden kann. Ein wesentliches Merkmal von CSR ist daher das „in einen Dialog Treten" eines Unternehmens mit seinen Stakeholdern. Anders als bei „caused related Marketing" oder klassischer Werbung und PR geht es hier nicht um die einseitige Kommunikation des Unternehmens mit der Gesellschaft, sondern um die Auseinandersetzung im Zwiegespräch, bei der beide Seiten Inhalt ebenso wie Art und Weise der Kommunikation aktiv mitgestalten. Jede Tarifverhandlung etwa zeigt, wie schwierig dieser „echte Dialog" ist.

Gesellschaftliche Verantwortung zu übernehmen heißt nicht zwangsläufig, Wünsche, Interessen und Anforderungen von außen zu befriedigen, sondern sich mit ihnen auseinanderzusetzen, sie auf ihre Legitimität zu überprüfen und mit denen, die sie äußern, in ein vernünftiges Gespräch darüber zu kommen. In ein Gespräch also, das von nachvollziehbaren Argumenten bestimmt ist anstatt von Feindbildern, ideologischen Positionen oder idealistischer Realitätsferne. Im so verstandenen Dialog über die Verantwortung von Unternehmen geht es im ersten Schritt darum, die Erwartungen und Positionen der eigenen Interessen- und Anspruchsgruppen kennen- und einschätzen zu lernen und sich mit den Betreffenden darüber auseinanderzusetzen. Merkmale eines gelingenden Stakeholderdialogs sind zudem Transparenz und ein respektvoller Umgang miteinander.

Verantwortung – so lässt sich dem Begriff „Ver-Antwortung" selbst entnehmen – bedeutet per definitionem, Rechenschaft über das eigene Handeln und Verhalten abzulegen und dafür gerade zu stehen. Ein wesentliches Element wohl verstandener CSR-Kommunikation besteht folglich in eben diesem „Rede und Antwort" Stehen.

Eine zentrale Herausforderung für Unternehmen im Bereich der CSR-Kommunikation sind eingeschworene Vorurteile der Gesellschaft bzw. bestimmter gesellschaftlicher Gruppierungen gegenüber Unternehmen. Während auf der einen Seite konkrete Erwartungshaltungen etwa im Bereich Sponsoring oder Corporate Citizenship die Beziehung prägen, herrscht auf der anderen Seite Ungläubigkeit in Bezug auf eine „echte", ernsthafte Verantwortungsübernahme vor. Unternehmen, so heißt es dann, können gar nicht wirklich gut oder verantwortungsvoll handeln, da es ihnen ja in erster Linie um Umsatz- oder Gewinnsteigerung ginge. Auch an anderen Redensarten lässt sich erkennen, wie eingefahren die Kommunikation oftmals ist. Für viele Unternehmen gelten Non Governmental Organisations (NGOs) als idealistisch und weltfremd. Auch der offene Dialog mit Mitarbeitern wird häufig vermieden, da die Angst, dass Angestellte nur Forderungen vortragen oder sowieso grundsätzlich unzufrieden sind, zu groß ist. Bei den Angestellten herrscht häufig die Meinung, dass „die da oben", also die Unternehmensführung, sowieso machen, was sie wollen. Bei der Umsetzung von CSR kommt dem Dialog mit den Stakeholdern eine wichtige Funktion hinsichtlich der Ausgestaltung und der Entwicklung von Maßnahmen im Rahmen des gesellschaftlichen Engagements zu, und es gilt, diese Vorurteile auf beiden Seiten zu überwinden.

Die Umsetzung gesellschaftlicher Verantwortung, so lässt sich heute bereits empirisch belegen, ist für das Unternehmen zweifelsohne mit betriebswirtschaftlichen Vorteilen verbunden (siehe zum Beispiel [247], [173], [62] sowie [19]). Den „Prüfstein" von CSR bildet jedoch die glaubwürdige Kommunikation nach innen und außen. Glaubwürdig kommunizieren zu können setzt voraus, dass – entgegen aller Vorurteile – Handeln und Reden nachweislich übereinstimmen. CSR-Kommunikation kann nur dann gelingen, wenn das, was behauptet, auch tatsächlich eingelöst wird. Bescheidenheit und Mut zur Demut seitens der Unternehmen führen dabei heute meist weiter als vollmundige Verkaufsstrategien ausgewählter Aktivitäten.

Externe Herausforderungen

CSR ist ein vielfältiges und lebendiges Thema, das zahlreiche Facetten einer globalen Wirtschaft und Zivilbevölkerung abbildet. Aufgrund welcher Kriterien unternehmerisches Handeln als verantwortungsvoll bewertet wird, ist in starkem Maße von dem jeweiligen Absender abhängig. Unternehmen werden immer häufiger mit konkreten Forderungen aus ihrem Umfeld konfrontiert, die sich teilweise widersprechen. Umso wichtiger ist es, dass eine klare CSR-Strategie vorhanden ist, aus der sich Ziele und Maßnahmen fokussiert ableiten lassen. Sie bildet den Ausgangspunkt für Reaktionen auf externe Anforderungen und begründet, warum und in welcher Art sich das Unternehmen engagiert.

Die unter gesellschaftlicher Verantwortung verhandelten Kernthemen sind dabei „Momentaufnahmen". Sie spiegeln wider, was derzeit weltweit Konsens ist zur Frage von CSR. Doch diese Themen sind nicht „in Stein gemeißelt", sondern unterliegen beständigem Wandel. Was heute noch erstrebenswert ist, kann morgen bereits eine feste Grundanforderung an Unternehmen darstellen. Kürzlich verabschiedete Umwelt- oder Verbraucherschutzgesetze zeigen dies ebenso wie ein weltweiter Vergleich: In Deutschland ist vieles gesetzlich geregelt, was in anderen Ländern noch auf freiwilliger Basis erfolgt.

Aus diesem Grund müssen sich Unternehmen zu lernenden, dialogorientierten Systemen entwickeln, die in der Lage sind, dynamisch auf gestiegene oder veränderte Anforderungen aus der Gesellschaft zu reagieren. CSR ist als „gesellschaftlicher Seismograph" für Unternehmen nicht nur ein Instrument des Risikomanagements, sondern auch der Innovation: Erkennen und Erfassen von gesellschaftlichen Trends gehört seit jeher zur Stärkung der unternehmerischen Zukunftsfähigkeit. Der Austausch mit Stakeholdern jenseits der Unternehmensgrenzen kann dafür eine wertvolle Quelle sein.

10.1.2   Orientierungshilfen

CSR basiert auf dem Grundsatz der Tripple-Bottom-Line und begreift Verantwortung daher als prinzipienbasiertes Verhalten, das in ökonomischer, ökologischer und sozialer Hinsicht auf Nachhaltigkeit ausgerichtet ist.

Unternehmen, die gesellschaftlich verantwortungsvoll handeln wollen, sollten sich zu Beginn einen Überblick über die Konzepte und Inhalte des Begriffs „Corporate Social Responsibility" verschaffen. Im ersten Schritt geht es darum zu verstehen, in welchen Bereichen und Handlungsfeldern gesellschaftliche Verantwortung zum Tragen kommt und wie ein Unternehmen dieser Verantwortung gerecht werden kann. Unternehmen können sich bei der Annäherung an CSR an diesen Kernthemen, an den eigenen Kernkompetenzen und an ihren Unternehmenswerten orientieren.

Thematischen Überblick verschaffen

Jeder Beitrag dieses Buches spiegelt ein Kernthema gesellschaftlicher Verantwortung wider, das für Unternehmen relevant ist und international diskutiert wird. Zu diesen Kernthemen mit ihren untergeordneten Handlungsfeldern (hier nur als exemplarische Auflistung) gehören insbesondere die folgenden:

■ Verantwortungsbewusste Unternehmensführung: Gesetzestreue, Transparenz, Umgang mit Interessengruppen (Stakeholdern), integritätsförderliche Unternehmensstrukturen, …

■ Menschenrechte: Physische und psychische Unversehrtheit, Vorgehen gegen Kinder- und Zwangsarbeit, Schutz vor Diskriminierung, Recht auf freie Meinungsäußerung und Vereinigungsfreiheit,…

■ Arbeitsbedingungen: Gesundheit und Sicherheit am Arbeitsplatz, Arbeitszeiten, Entlohnung, Gleichbehandlung,…

■ Umwelt: Nachhaltiger Konsum, nachhaltige Produktion und Produkte, Ressourcenverbrauch, Umwelt- und Klimaschutz,…

■ Integre Geschäftspraktiken: Antikorruption und -bestechung, Annahme und Vergabe von Geschenken, politisches Engagement, fairer Wettbewerb, Respektieren von Eigentumsrechten, …

■ Verbraucherschutz: Marketing und Informationsbereitstellung, Sicherheit und Gesundheitsschutz des Verbrauchers, Produktrückrufe, Zugang zu Gütern der Grundversorgung, Aufklärung und Bewusstseinsbildung, …

■ Gesellschaftliches und kommunales Engagement: Corporate Citizenship, Beitrag zur sozialen Entwicklung des Standorts und zum demographischen Wandel, Arbeitsplatzsicherung, Beitrag zur wirtschaftlichen Entwicklung des regionalen Umfelds, …

Um einen Einblick in das komplexe Thema CSR zu gewinnen, bilden die Buchbeiträge (siehe Kapitel 3 bis 9) deswegen eine gute Ausgangsbasis. Sie machen deutlich, um welche Themen es bei CSR geht, und geben Hinweise, wie und wodurch sich gesellschaftliche Verantwortung von Unternehmen dabei ausdrückt. Zahlreiche Praxisbeispiele geben Anregungen, wie sich die Umsetzung der Kernthemen ausgestalten lässt.

Eine wichtige Orientierungshilfe beim Umgang mit diesen Themen ist für Unternehmen der Verpflichtungsgrad des jeweiligen Verantwortungsbereichs. In der CSR-Diskussion werden immer wieder auch Aspekte und Handlungsfelder genannt, die in vielen Ländern bereits gesetzlich geregelt sind. Die Erfüllung dieser Anforderungen ist damit für Unternehmen keine Frage von freiwilligem Engagement, sondern bedroht bei Nichteinhaltung oder Nichtbeachtung die Unternehmensexistenz. Diese Relevanz wird zunehmend von der unternehmerischen Wirklichkeit belegt: Die Skandale der jüngsten Zeit um Korruption, Bestechung oder Datenschutz zeigen, dass die Forderung nach „Legal Compliance" keine überholte Forderung, aber offensichtlich auch nicht so selbstverständlich ist, wie in der Diskussion oft behauptet wird.

Im Sinne von Abbildung 10.3 stellt die Auseinandersetzung mit der Einhaltung der ökonomischen, gesetzlichen und ethischen Verantwortlichkeiten für Unternehmen einen notwendigen Zugang zum Thema CSR dar. Das gilt insbesondere mit Blick auf die erstrebte Glaubwürdigkeit. Ein Unternehmen, das gegen fundamentale Rechte oder ethische Prinzipien verstößt und sich gleichzeitig seines gesellschaftlichen Engagements durch karitative Projekte rühmt, genügt den Anforderungen eines zeitgemäßen CSR-Verständnisses nicht.

Abbildung 10.3   Ebenen der gesellschaftlichen Verantwortung (nach [54])

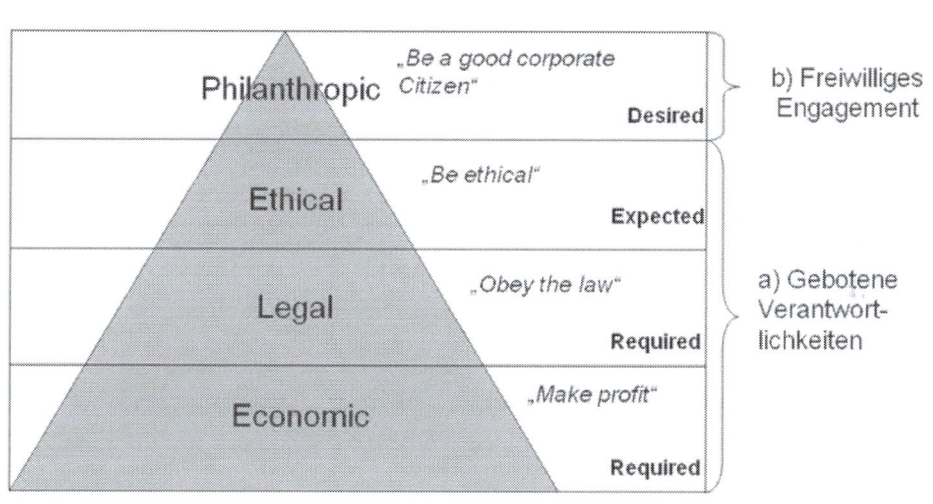

Unter dem Gesichtspunkt der existenziellen Unternehmenssicherung ist die Berücksichtigung dieser Hierarchie der Verantwortung darüber hinaus nicht nur sinnvoll, sondern unverzichtbar!

Unternehmensspezifische Zugänge

Wie in Kapitel 10.1.2 beschrieben, ist gesellschaftliche Verantwortung von Unternehmen zumindest in Deutschland kein neuartiges Konzept. Schon heute engagieren sich die meisten Unternehmen über gesetzliche Anforderungen hinaus, etwa in der Förderung der Region. Andere sind im Bereich Umweltschutz oder Sozialleistungen für Mitarbeiter mehr als vorbildlich. Auch die Idee der sozialen Marktwirtschaft beinhaltet die Vorstellung, dass der Zweck eines Unternehmens nicht in der reinen Profitorientierung, sondern in einer übergeordneten Nutzenstiftung für das Gemeinwohl und die Gesellschaft liegt. Unternehmertum im Mittelstand und in Familienunternehmen definiert sich genau darüber.

Auf der anderen Seite erhalten Unternehmen – direkt und indirekt – ihre licence to operate durch die Gesellschaft. Viele Unternehmen haben ihren originären Daseinszweck in einer Mission, durch die sie sich zugleich vom Wettbewerb unterscheiden, bereits kodifiziert. Aber auch implizit vorhandene Vorstellungen über den Nutzen der Unternehmung und den Wertschöpfungsbeitrag geben Aufschluss über die gesellschaftliche Orientierung von Unternehmen. Die Explizierung dieser Sinndimension eines Unternehmens wird zunehmend zum Erfolgsfaktor beispielsweise bei der Gewinnung und Bindung qualifizierten Personals.

Auch bei der Auseinandersetzung mit dem Themenkomplex Gesellschaftliche Verantwortung ist es entscheidend, auf vorhandene Stärken aufzubauen und sich diese im ersten Schritt bewusst zu machen. Oft werden Unternehmen dabei auf naheliegende Themen stoßen: Themen, die im Unternehmen aufgrund des Kerngeschäfts, der geographischen Lage oder der gewachsenen Unternehmenskultur bereits eine längere Tradition haben.

So haben Unternehmen, die mit Chemikalien arbeiten, Erfahrung mit Abfallentsorgung und Umweltschutzsystemen; Firmen, die über eine starke Innovationskultur verfügen, kennen sich mit Veränderungsprozessen aus, und Betriebe, in denen flexible Arbeitszeiten eine lange Tradition haben, weisen Stärken im Bereich Arbeitsbedingungen auf. Auch bisheriges bürgerschaftliches Engagement, zum Beispiel in Form einer Stiftungsgründung oder der Unterstützung regionaler Kulturaktivitäten wie Theater- und Opernhäuser oder Museen, haben die Unternehmensidentität geprägt.

Beispielsweise auch die Mitgliedschaft bei Global Compact und die konsequente Umsetzung der zehn Prinzipien lassen sich für die Entwicklung und Integration von CSR im Unternehmen nutzen. Das Unternehmen Phoenix Contact (siehe folgenden Kasten) ist 2005 dem Global Compact beigetreten und hat sich unternehmensweit dazu verpflichtet, Corporate Social Responsibility umzusetzen. Zur Mitgliedschaft gehört auch die jährliche Berichterstattung über die Fortschritte bei der Umsetzung (Communication on Progress), die auf der Homepage des Global Compact veröffentlicht wird [272].

Der UN Global Compact bei Phoenix Contact

Phoenix Contact hat sich bereits vor vielen Jahren zu seiner sozialen Verantwortung bekannt. Wir haben eine niedergeschriebene Strategie, die in den weltweiten Niederlassungen und für alle ca. 10.000 Mitarbeiter gültig ist. Unsere Überzeugung ist, dass zum Führen eines Unternehmens moralisch-ethische Werte unbedingt gehören. Ein Unternehmen ist neben wirtschaftlichen Zielen, nach Gewinn zu streben, auch verpflichtet, sozial verantwortungsvoll zu handeln. Gewinnstreben allein wird es langfristig nicht erfolgreich machen. Wir müssen auch die Herzen unserer Kunden und Mitarbeiter gewinnen. Letztere ermöglichen durch ihre Leistungsbereitschaft den Erfolg im Markt.

Durch motivierte, ja begeisterte MitarbeiterInnen werden die Kunden für ein Unternehmen gewonnen und gebunden.

Phoenix Contact versteht unter sozialer Verantwortung, Aktivitäten zu realisieren, die zum Allgemeinwohl der Region und der Länder dienen, in denen wir tätig sind und die nicht gesetzlich verlangt werden. Diese Aktivitäten dürfen gleichzeitig auch zum Vorteil des eigenen Unternehmens gereichen. Wir realisieren u.a. Maßnahmen für sozial Bedürftige, regionale und überregionale Bildungsprojekte, Gesundheitsmanagement, Sponsoring, ehrenamtliche Tätigkeiten, Unterstützung von Bürgerstiftungen etc.

Aber auch international wird Corporate Social Responsibility aktiv gelebt. Wir halten uns an die Vorgaben von Global Compact der UN. Alle weltweiten Niederlassungen sind aufgefordert, in ihren Ländern soziale Aktivitäten zu ergreifen. Diese werden an die UN berichtet. Sie werden für jeden Interessenten weltweit transparent auf den UN Internet Page unter www.globalcompact.com dargestellt.

Es ist wichtig, die Steuerung von CSR einer Person im Topmanagement zuzuteilen. Nur wenn von oberster Instanz es gelebt und eingefordert wird, kann es in der Breite Wirkung zeigen.

Es ist heute ein Marktvorteil, sich an CSR und Global Compact auszurichten, da viele Kunden es von ihren Lieferanten erwarten. Außerdem wird es von deutschen Arbeitnehmern geschätzt und führt zur stärkeren Bindung und Motivation unserer hoch qualifizierten Mitarbeiter. In einer Befragung unserer MitarbeiterInnen von TOB JOB wurde das Engagement in CSR und Global Compact positiv bewertet, was schließlich u.a. zur Prämierung von Phoenix Contact zum besten Arbeitgeber 2008 durch TOP JOB geführt hat. Diverse andere Preise wie z.B. „Great Place to Work" haben wir für Unternehmens- und Führungskultur erhalten.

Der Aufwand wird pragmatisch gestaltet. Alle CSR-Aktivitäten werden weltweit in das gleiche IT-System aufgenommen. Die Budgets werden je nach Land sowie vor allem Kultur und Wertesystem individuell gestaltet. Nicht eine Budgetvorgabe sondern die intrinsische Überzeugung, im Sinne von CSR zu handeln, ist aus unserer Sicht die primäre Motivation der weltweit verantwortlichen Manager.

Prof. Dr. Gunther Olesch, Geschäftsführer Personal, Informatik und Recht
Nähere Informationen unter: www.phoenixcontact.com

Dort, wo Unternehmen bereits auf langjährige Erfahrungen oder eine breite interne Wissensbasis zurückgreifen können, liegt ein guter Ausgangspunkt für die Entwicklung eines eigenen CSR-Verständnisses und einer erfolgversprechenden CSR-Strategie.

Werteorientierung

Neben den Kernthemen gesellschaftlicher Verantwortung von Unternehmen und den unternehmensspezifischen Zugängen spielen Werte und Normen eine wesentliche Rolle für verantwortungsvolles Handeln von und in Unternehmen. Werte liefern grundsätzliche Qualitätskriterien und Maßstäbe für menschliches wie unternehmerisches Handeln und

Verhalten. Auch in der aktuellen CSR-Diskussion werden bestimmte Prinzipien und ethische Werte benannt, die verantwortungsvolles Handeln definieren und ausmachen. Denn die Übernahme von Verantwortung beschränkt sich nicht nur auf das Objekt, für das man Verantwortung übernimmt. Es muss auch geklärt werden, auf welche Weise und durch welches Verhalten diese Verantwortung wahrgenommen werden soll. Werte bestimmen dieses ‚Wie' der Wahrnehmung der Unternehmensverantwortung.

In vielen Unternehmen wurden in den letzten Jahren zur Profilschärfung und Verbesserung des Umgangs miteinander und/oder mit Partnern Leitbilder und Verhaltenskodizes erarbeitet. Darin enthaltene Werte sollten bei der Beschäftigung mit CSR als Basis genutzt werden, um ein konsistentes und spezifisches Verständnis von gesellschaftlicher Verantwortung für das betreffende Unternehmen zu erarbeiten. Neben ökonomischen (z.B. Qualität, Innovationsstärke) und sozialen Werten (z.B. Transparenz, Kooperation, Fairplay) spielen ethische Werte dabei eine zentrale Rolle und müssen gegebenenfalls ergänzt werden (z.B. Ehrlichkeit, Respekt der Menschenwürde, Fairness).

10.1.3   Top-Management Commitment

Die Umsetzung von CSR im Unternehmen ist ein langfristiger Veränderungsprozess, der alle Unternehmensaktivitäten und Unternehmensbereiche tangiert. Um diese Veränderung erfolgreich zu gestalten, sind die Unterstützung und das Commitment der Unternehmensführung ausschlaggebend. Gesellschaftliche Verantwortung muss in das Selbstverständnis des Unternehmens Eingang finden, Teil von Vision, Mission und Strategie sein, im Tagesgeschäft strukturell wie kulturell verankert und jeden Tag aufs Neue umgesetzt werden.

Aufgrund seiner Vorbildfunktion und Einflussmöglichkeiten ist dabei das Top-Management ein, wenn nicht sogar *der* kritische Erfolgsfaktor. Unter dem Gesichtspunkt einer guten und verantwortungsvollen Unternehmenssteuerung ist es zudem Aufgabe der Unternehmensleitung, Trends und Herausforderungen frühzeitig zu erkennen und das Unternehmen entsprechend aufzustellen. Aktuelle Studien und Untersuchungen belegen, dass Verantwortungsübernahme eine der wesentlichen Zukunftsthemen für alle Organisationen, ganz besonders aber für Unternehmen ist (z.B. [19], [124] oder [181]).

Um der unternehmerischen Entscheidung für CSR langfristig Gewicht und Nachdruck zu verleihen, ist es zudem sinnvoll, direkte Verantwortlichkeiten für die Einführung und Umsetzung zu bestimmen. Indem ein Mitglied des Vorstands oder der Geschäftsführung zuständig für das Thema ist, wird gewährleistet, dass CSR auf der Agenda des Unternehmens bleibt und kontinuierlich Beachtung findet. Das Top-Management-Commitment, CSR im Unternehmen ernsthaft und glaubwürdig umzusetzen, ist der erste Schritt zur Gestaltung einer verantwortungsvollen Organisation. Die Zuständigkeit für CSR auf oberster Ebene zu verankern unterstützt zugleich die erfolgreiche Umsetzung.

Abbildung 10.4 CSR als Aufgabe der Corporate Governance (in Anlehnung an [14])

Dem verantwortlichen Manager zugeordnet sein sollte eine Stabsstelle bzw. eine Abteilung für gesellschaftliche Verantwortung. Eine direkte Zuordnung stellt sicher, dass CSR den notwendigen Stellenwert in der Unternehmenssteuerung bekommt und anvisierte Ziele entsprechend umgesetzt werden können. Je nach Unternehmensgröße kann diese Stabsstelle aus einer oder mehreren Personen bestehen. Für die Einführung von CSR kann beispielsweise ein Projektteam etabliert werden, das durch seine Zusammensetzung alle Unternehmensbereiche repräsentiert. Mithilfe eines übergreifend gebildeten Teams dieser Art finden das erforderliche Erfahrungswissen und unterschiedliche Kompetenzbereiche Eingang in die Ausgestaltung der unternehmensspezifischen CSR. Denn CSR ist ein Querschnittsthema, das in alle Unternehmensbereiche hinein — und von allen Bereichen mitgetragen werden muss. Die Erarbeitung und die Umsetzung des unternehmenseigenen CSR-Engagements profitiert deswegen von der Einbindung möglichst vieler unternehmensinterner Sichtweisen und Kenntnisse – von Anfang an.

Um die Identifikation mit CSR zu stärken, ist es sinnvoll, zu Beginn interne und externe Treiber zu dokumentieren. Wie einleitend angeführt hat jedes Unternehmen einen eigenen Zugang zu seiner gesellschaftlichen Verantwortung. Zu den wesentlichen internen Treibern gehören oft Fragen nach der Sinnstiftung für die Mitarbeiter, nach dem Risikomanagement oder nach einem ressourcenschonenden Wirtschaftsstil. Aber auch externe Treiber wie veränderte Umweltbedingungen, gestiegene Anforderungen von Kunden, Lieferanten oder anderen Interessengruppen können ausschlaggebend für die Beschäftigung mit CSR sein. Bei international agierenden Unternehmen spielen häufig auch kulturelle Spannungsfelder oder unsichere rechtliche Rahmenbedingungen eine wesentliche Rolle.

In den meisten Fällen kommen schon zu Beginn unterschiedliche interne und externe Beweggründe zusammen. Die Motive für CSR stehen dabei meist im Zusammenhang mit den verfolgten Unternehmenszielen und/oder einer wünschenswerten Vision. Zusammengenommen bilden diese Überlegungen eine gute Ausgangsbasis für die Erarbeitung des eigenen CSR-Verständnisses und der eigenen CSR-Strategie. Zugleich ist die Dokumentation hilfreich, um intern wie extern deutlich zu machen, warum die angestrebten Veränderungen notwendig sind.

10.2   Das eigene CSR-Verständnis

CSR ist kein neues standardisierbares Managementsystem und auch kein darüber abbildbares Thema, das für alle Unternehmen in gleicher Weise eingeführt und umgesetzt werden könnte. Die Vielfältigkeit der vorhandenen Definitionen und die Unterschiedlichkeit der verstandenen Ziele machen deutlich, dass es die Aufgabe des Unternehmens ist, für sich zu definieren, was es unter gesellschaftlicher Verantwortung versteht, um diese Dimensionen dann in sein vorhandenes Managementsystem zu integrieren.

Wofür und in welchem Ausmaß ein Unternehmen Verantwortung übernehmen muss, übernehmen sollte und darüber hinaus übernehmen möchte, ist zunächst ein interner Entscheidungsprozess, der am Anfang der Auseinandersetzung mit CSR stehen muss. Nach Benennung der Verantwortlichkeiten auf strategischer und auf den operativen Ebenen kann das eigene CSR-Verständnis ausgearbeitet werden.

10.2.1   Wesen und Rolle von CSR für das eigene Unternehmen

Ein erfolgreich umgesetztes CSR-Engagement kann für das Unternehmen und für die Gesellschaft viele Vorteile haben. Ein sparsamer oder schonender Umgang mit Ressourcen kann dem Unternehmen helfen, seine Ausgaben zu senken und effizienter zu wirtschaften. Gleichzeitig profitiert die Umwelt von einem niedrigeren Material- und Rohstoffverbrauch. Auch im Wettbewerb um Kunden oder Markanteile kann CSR helfen Vorteile zu erzielen.

Der Generika-Hersteller betapharm beispielsweise hat auf einem schwierigen Markt primär mit Hilfe seines sozialen Engagements sein Profil und seine Marke geschärft und so seinen Absatz deutlich gesteigert (siehe auch das betapharm Beispiel in Kapitel 9.2.6):

> **Von Sozialsponsoring zu strategischem Corporate Citizenship**
>
> Die betapharm Arzneimittel GmbH wurde 1993 in Augsburg gegründet. Das Unternehmen vertreibt Generika (patentfreie Arzneimittel) und erzielte 2007 einen Umsatz von 160 Millionen Euro. betapharm dient als Arzneimittelunternehmen der Gesundheit – doch Menschen brauchen mehr als Arzneimittel, um gesund zu sein. Nach der Definition der Weltgesundheitsorganisation (WHO) sind neben den medizinischen auch psychische, soziale und spirituelle Aspekte einzubeziehen. Deshalb engagiert sich beta-

pharm für Initiativen im Sozial- und Gesundheitswesen. Die Wurzeln liegen in der Unternehmensphilosophie: „Der Mensch steht im Mittelpunkt." Das bedingte von Anfang an einen offenen und sozial verantwortlichen Umgang mit Mitarbeitern und Kunden.

Der Einstieg – Soziales Sponsoring: Als das Unternehmen 1998 nach einem Weg suchte, sich von den Mitbewerbern abzuheben, einem Weg, der auch zum Wesen des Unternehmens passen sollte, fiel die Wahl auf Sozialsponsoring. Mit Spenden unterstützt wurde (und wird bis heute) der „Bunte Kreis" in Augsburg (www.bunter-kreis.de). Dieser Nachsorgeverein hilft Familien mit chronisch, krebs- und schwer kranken Kindern insbesondere beim Übergang von der High-Tech-Versorgung im Krankenhaus ins heimische Kinderzimmer, damit sie mit den durch die Krankheit verursachten Problemen besser zurecht kommen.

Die Entwicklung zur Partnerschaft: Aus dem Interesse für die Arbeit des Bunten Kreises entwickelte sich schnell die gemeinsame Idee, die Nachsorge in ganz Deutschland zu verbreiten. Dafür errichtete betapharm 1998 die betapharm Stiftung (www.betapharm-stiftung.de). Dies zeigt einerseits den langfristigen Ansatz des Engagements, andererseits schützt es das eingesetzte Vermögen vor nicht bestimmungsgemäßer Verwendung. Wobei immer klar war, dass das soziale Engagement sinnstiftend auf die Mitarbeiter und imagefördernd für die Marke betapharm wirken soll.

Das strategische Corporate Citizenship: Basis für die partnerschaftliche Zusammenarbeit ist die Erkenntnis, dass die modellhafte Arbeit des Bunten Kreises an ein grundsätzliches Problem im Gesundheitswesen rührt: Patienten werden in Deutschland zwar nach modernsten medizinischen Erkenntnissen versorgt, jedoch entstehen durch schwere Krankheiten viele Probleme, mit denen sich die Menschen allein gelassen fühlen – dadurch wird die Bewältigung der Krankheit erschwert. Dies zu verändern ist das langfristige Anliegen von betapharm. Das Unternehmen initiiert, fördert und begleitet deshalb verschiedene innovative soziale Projekte im Gesundheitswesen. Als Plattform für die Projektarbeit wurde 1999 das gemeinnützige beta Institut gegründet (www.beta-institut.de).

Entwicklung der Nachsorge: Um zum Beispiel die Nachsorge in Deutschland verbreiten zu können, musste erst einmal ihr Nutzen bewiesen werden. Die betapharm Stiftung förderte Studien, die nach mehrjähriger Laufzeit zeigten, dass die Familien, die Entwicklung der Kinder und das gesamte Gesundheitssystem von der Nachsorge profitieren: Nachsorge steigert die Lebensqualität der betroffenen Familien und spart dem Gesundheitssystem Kosten.

Daraufhin starteten die Verantwortlichen, wieder gefördert von betapharm, eine Gesetzesinitiative, die dazu führte, dass „Sozialmedizinische Nachsorge" seit 2004 als Krankenkassenleistung finanziert werden kann. Weitere geförderte Aktivitäten waren:

- Erarbeitung von Schulungsprogrammen für chronisch kranke Kinder

- Ausbildung von Case Managern mit dem Schwerpunkt Nachsorge

- Erstellung eines Handbuchs mit Leitlinien für die Nachsorgearbeit

- Beratung für Einrichtungen, die Nachsorge in ihrer Region aufbauen wollen

- Aufbau eines bundesweiten Qualitätsverbunds zur Sicherung der Nachsorge

- Veranstaltung von Fachsymposien zum Thema Nachsorge

Die Zahlen sprechen für sich: 43 Einrichtungen in Deutschland bieten heute Nachsorge an und betreuen ca. 4.000 Familien im Jahr.

Ziel der betapharm: Für betapharm ist mit dem Corporate Citizenship immer das strategische Ziel verknüpft, sich als verantwortlich und nachhaltig handelndes Unternehmen von Mitbewerbern in der Gesundheitsbranche abzuheben und die Marke betapharm mit Eigenschaften wie sozial, kompetent, zuverlässig, menschlich zu profilieren.

Christine Pehl, Pressereferentin, betapharm Arzneimittel GmbH
Nähere Informationen unter: www.betapharm.de/soziale-verantwortung.html

Erfolgsgeschichten dieser Art lassen sich jedoch nicht einfach von einem Unternehmen auf das andere übertragen. Im Gegenteil muss jedes Unternehmen für sich bestimmen, wie und warum mit seiner Verantwortungsübernahme ein gesellschaftlicher Mehrwert geschaffen werden kann. Dabei ist es wichtig zu verstehen, dass eine Indienstnahme von CSR für rein ökonomische Nutzenaspekte nicht erfolgversprechend ist. Denn glaubhafte CSR vereint stets die drei Perspektiven der gesellschaftlichen Verantwortung: das Schaffen von ökonomischem, ökologischem und gesellschaftlichem Nutzen.

Deswegen steht zu Beginn der CSR-Umsetzung die Beschäftigung mit Verantwortung und Verantwortungsübernahme im Unternehmen. Eine interne Herangehensweise empfiehlt sich auch unter dem Gesichtspunkt, dass sich erfolgreiche Unternehmen proaktiv mit ihrer gesellschaftlichen Verantwortung auseinandersetzen. Das bedeutet, eigene Akzente und Schwerpunkte zu setzen anstatt passiv auf an das Unternehmen herangetragene Anforderungen seitens Dritter zu reagieren oder lediglich Mindestanforderungen zu erfüllen. Unternehmen, die CSR als Chance begreifen und für ihre Zukunftsfähigkeit nutzen, positionieren sich intern und extern mit einem Selbstverständnis, das gesellschaftliche Verantwortungsübernahme als integralen Bestandteil versteht.

Um Verantwortungsübernahme proaktiv und erfolgreich zu gestalten, ist es außerdem wichtig, sich an den vorhandenen Stärken und Kompetenzen des Unternehmens zu orientieren: Wo verfügt das Unternehmen über spezielles Wissen und besondere Fähigkeiten, die es gewinnbringend für seine Stakeholder und die Gesellschaft einbringen kann? Im Sinne der ökonomischen Verantwortlichkeit ist es sinnvoll, dort zu investieren, wo es auch dem Unternehmen nutzt. Mitarbeiter, die in der Ausübung ihrer Arbeitsaufgabe dazu beitragen können, dass das Unternehmen insgesamt seiner gesellschaftlichen Verantwortung besser gerecht wird, verbessern dabei letztlich die Effizienz des Unternehmens. Ressourcenschonendes Wirtschaften beispielsweise schont nicht nur die Umwelt, sondern kann die Material- und/oder Energiekosten eines Unternehmens erheblich senken.

Abbildung 10.5   Steuerung von CSR im Unternehmen

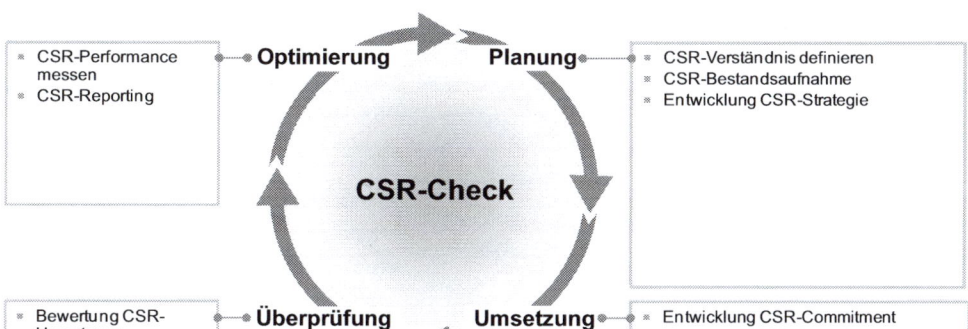

Der Büromöbelhersteller Wilkhahn (siehe folgenden Kasten) erkannte, dass der Wandel hin zu einer Dienstleistungsgesellschaft für viele bedeutet, täglich im Sitzen zu arbeiten, und dass – zusammen mit weiteren gesellschaftlichen Trends wie veränderten Ernährungsgewohnheiten – diese Veränderung gesundheitliche Folgen hat. Ausgehend von diesen Erkenntnissen begann das Unternehmen, disziplinübergreifend mit Wissenschaftlern und Forscher zusammen zu arbeiten. Ziel war es, Bürostühle zu entwickeln, die einer Degeneration der Muskulatur oder anderen haltungsbedingten Schäden entgegenwirken kann.

Auch in ethischer Hinsicht zeigt sich gelebte CSR im operativen Alltagsgeschäft – nicht in losgelösten Aktivitäten, die mit der Wertschöpfung des Unternehmens wenig oder gar nichts zu tun haben. Auch dafür ist Wilkhahn mit seiner durchgängig umgesetzten Unternehmensphilosophie, die auf den drei Säulen „Wahrhaftigkeit der Produkte", „faires Miteinander" und „Schutz und Schonung der natürlichen Lebensräume" beruht, ein gutes Beispiel. Die Leitwerte des Unternehmens ziehen sich nicht nur durch die Produktgestaltung oder den Umgang innerhalb des Unternehmens; sie fanden auch bei der Planung des Firmenneubaus grundlegende Anwendung (siehe: www.wilkhahn.de).

CSR als ganzheitliches Unternehmensprogramm

Das mittelständische, familiengeführte Unternehmen Wilkhahn mit Stammsitz im niedersächsischen Bad Münder entwickelt und fertigt Sitzmöbel und Einrichtungen für den Büro- und Objektmöbelbereich, die mit 72 % Exportquote weltweit vertrieben werden. Schwerpunkte sind Bürodrehstühle und Einrichtungen für Konferenz- und Kommunikationsräume. Durch das konsequent nutzungsorientierte Designkonzept der Produkte, durch die frühzeitige Mitarbeiter- und Kundenorientierung und durch den bereits 1989 zum Unternehmensprogramm erklärten ökologischen Wandel gilt Wilkhahn heute weltweit als vielfach ausgezeichnetes Pionierunternehmen für Corporate Social Responsibility.

Verbraucherschutz von Anfang an: Die Grundlagen der Wilkhahn-Produktgestaltung wurden in den 1950er Jahren durch die enge Zusammenarbeit mit der legendären Ulmer Hochschule für Gestaltung gelegt: „Ziel ist es, langlebige Produkte zu gestalten, deren Gebrauchswert zu erhöhen und die Verschwendung zu reduzieren". Verantwortlicher Verbraucherschutz beginnt damit, ausschließlich nützliche, hilfreiche und langlebige Produkte herzustellen, bei denen dem ökonomischen und ökologischen Aufwand eine möglichst lang dauernde und gute Gebrauchsqualität gegenüber steht. Dieser Anspruch beinhaltet zeitstabile, langlebige Formgebung, eine gegenüber bestehenden Lösungen deutlich verbesserte Funktion und deren Umsetzung durch hochwertige und stabile Konstruktionsprinzipien, Materialien und Oberflächen.

Zum Beispiel Bürostuhlentwicklung: Falsche Ernährungsgewohnheiten, Schadstoffbelastungen und Bewegungsmangel gehören zu den Hauptursachen fast aller „Zivilisationskrankheiten". Insbesondere in Verwaltungsbereichen nehmen Langzeiterkrankungen zu, die auf die Arbeit im Sitzen zurückzuführen sind. Der Gesundheitsschutz ist deshalb ein wesentlicher Aspekt des Verbraucherschutzes bei der Entwicklung von Bürostühlen.

Dauerhafte Kooperation mit Wissenschaft und Forschung: Wilkhahn bindet externe Spezialisten wie Ergonomen und Arbeitsmediziner, aber auch geisteswissenschaftliche Disziplinen ein, um die anthropologischen, anatomischen und sozio-kulturellen Zusammenhänge des Sitzens zu evaluieren. So wurde auf Basis einer Studie des Ergonomen Ulrich Burandt frühzeitig erkannt, dass lang dauerndes Stillsitzen zu Degenerationen der Muskulatur, des Skelettapparats sowie zu Störungen des gesamten Stoffwechsels führt. Gegen den vorherrschenden Trend, durch eine Vielzahl von Einstellungsmöglichkeiten der Bürostühle eine „richtige" Sitzhaltung zu suggerieren, verfeinert Wilkhahn das Prinzip des „Bewegungssitzens", bei dem nicht eine „richtige" Sitzposition, sondern der möglichst häufige Haltungswechsel im Mittelpunkt steht.

Automatische Selbstanpassung und intuitive Bedienung: Da bei Bürostühlen im B2B-Geschäft der Käufer nicht automatisch der Nutzer der Produkte ist, muss das Design des Bürostuhls die maximale Selbstanpassung sowie die möglichst einfache und intuitive Bedienbarkeit der Stuhlfunktionen gewährleisten, da sie ansonsten nicht oder sogar falsch genutzt werden.

Funktionstests, Sicherheits- und Prüfnormen: Sowohl der Sitzkomfort als auch die Bedienbarkeit werden in Langzeittests der Funktionsmodelle von unterschiedlichen Personen im Hause bewertet, die dem Querschnitt der Nutzergruppen entsprechen. Die „Null-Serie" (eine Kleinserie vor der Serienfertigung) wird im hauseigenen Prüflabor härtesten, internationalen Testverfahren unterzogen. Die Serienprodukte werden im Anschluss von unabhängigen, autorisierten Prüfinstitutionen nach den weltweit relevanten Normen getestet und zertifiziert. Dazu gehört beispielsweise auch die US-amerikanische Greenguard®-Zertifizierung, die den Schadstoffgehalt und mögliche Emissionen untersucht.

Kundeninformation und Produkt-Transparenz: Eine Barriere in der Kommunikation zum Nutzer ist neben dem institutionalisierten Einkauf auch der indirekte Vertriebsweg über den Fachhandel, weil dort Bestellungen häufig anonymisiert werden. Wilkhahn fügt den Bürostühlen deshalb Funktionsanhänger bei, die neben einer kurzen Einweisung auch Hinweise für gymnastische Übungen enthalten. Auf der Website sind unter den jeweiligen Programmnamen Umwelt-Produkt-Informationen, Zertifikate sowie die Produktbroschüren inklusive ausführlicher, technischer Beschreibungen verfügbar. Im Hauptmenü-Punkt „Grün" können sich Interessierte zudem über das integrierte Umwelt-, Qualitäts- und Gesundheitsmanagement informieren.

Burkhard Remmers, Internationale Kommunikation und Unternehmensentwicklung
Nähere Informationen unter: www.wilkhahn.de

CSR-Verständnis entwickeln

Wohlverstandene und entsprechend erfolgreiche CSR entspringt somit dem Kerngeschäft des Unternehmens, orientiert sich an dessen vorhandenen Stärken und trägt zu seiner Profilbildung bei. Ein klarer Bezug zu den eigenen Unternehmensaktivitäten und die Formulierung von unternehmensspezifischen Zielen ermöglicht es den Unternehmensangehörigen, die CSR-Ansprüche im Arbeitsalltag umzusetzen. Das Unternehmen SkySails verbindet mit seiner Geschäfts- und Produktpolitik Prinzipien des nachhaltigen Wirtschaftens. Das Unternehmen der Schifffahrtsbranche widmet sich der Entwicklung und Vermarktung von Schiffssegeln, die es ermöglichen, den Treibstoffverbrauch und den Emissionsausstoß von Schiffen zu senken. Der Aufbau von Partnerschaften mit Reedereien hat dazu beigetragen, das Unternehmensverständnis von gesellschaftlicher Verantwortung in das Wertschöpfungsnetz weiterzutragen und das Selbstverständnis des Unternehmens mit dem CSR-Verständnis zur Deckung bringen.

SkySails - Eine ideale Symbiose von Ökonomie und Ökologie

Die Schifffahrt ist vollständig abhängig von Öl. Die jüngsten Preissteigerungen setzen die Reeder unter erheblichen Kostendruck – bereits heute betragen die Treibstoffkosten mehr als die Hälfte der Betriebskosten eines Schiffes. Obwohl Schiffe das energieeffizienteste Transportmittel sind, so ist die Schifffahrt weltweit einer der größten Verursacher klimaschädlicher Emissionen. Auf internationaler Ebene wird nun mit gesetzlichen Vorschriften zur Regulierung des Schadstoffausstoßes von Schiffen reagiert, was eine weitere Kostensteigerung zur Folge hat. Und auch der öffentliche Druck auf die Branche, aktiv zum Klimaschutz beizutragen, nimmt zu.

Es ist eine einfache Tatsache: Wind ist billiger als Öl und auf hoher See die kostengünstigste und umweltfreundlichste Energiequelle. Trotzdem wird dieses attraktive Ersparnispotenzial von Reedereien nicht mehr genutzt – aus einem einfachen Grund: Bisher konnte kein Segelsystem den Anforderungen der modernen Schifffahrt genügen.

SkySails stellt jetzt erstmalig ein Wind-Antriebssystem auf Basis von großen Zugdrachen bereit, das diesen Anforderungen gerecht wird und den Treibstoffverbrauch und somit gleichzeitig den Emissionsausstoß von Schiffen signifikant reduziert.

Obwohl die Chinesen bereits vor mehr als 3.000 Jahren bewiesen, dass Zugdrachen die effizienteste Windantriebslösung für Schiffe sind, galt und gilt es in der Umsetzung in ein praktikables Produkt und im Aufbau des Unternehmens SkySails, einige Probleme zu meistern:

Auf Unternehmensseite war die Sicherstellung der Finanzierung des Unternehmens bis hin zur Marktreife des Produktes zunächst eine der größten Hürden, die es zu überwinden galt. Durch die konsequente Umsetzung der in Etappen gesteckten Ziele und mit sehr erfahrenen Partnern wie dem renommierten Schiffsfinanzierer Oltmann Gruppe an der Seite ist SkySails dies bis dato gut gelungen.

Auf der Produktseite wurde SkySails – wie es naturgemäß bei der Markteinführung von Produkten mit hohem Neuheitsgrad der Fall ist – ein sehr großes Maß an Skepsis entgegengebracht. Daher lag zu Beginn die größte Herausforderung darin, Reeder mit dem Pioniergeist zu finden, völlig neue Wege in Sachen Schiffsantrieb zu beschreiten.

SkySails ist es zu einem sehr frühen Zeitpunkt gelungen, sehr wertvolle und produktive Partnerschaften mit innovativen Reedereien aufzubauen. Diese enge Zusammenarbeit während des gesamten Entwicklungsprozesses ermöglichte es SkySails, die spezifischen Bedingungen und Anforderungen der Schifffahrt an eine alternative Antriebstechnologie zu identifizieren und in ein praktikables System umzusetzen.

Beluga Shipping und die WESSELS Reederei sind zwei dieser wertvollen Partner. Als Pilotkunden erproben sie das SkySails-System an Bord ihrer Schiffe „Beluga SkySails" (erste Installation auf einem Neubau) und „Michael A." (erste Nachrüstung) im regulären Praxisbetrieb und gehen somit den letzten Schritt vor der Serienproduktion mit SkySails gemeinsam.

Die Erfahrungen während der ersten Monate der Pilotphase beweisen eindrucksvoll, was das System unter realen Bedingungen leisten kann: An Bord des MS „Michael A." beispielsweise konnte der Treibstoffverbrauch durch den Einsatz von SkySails unter guten Windbedingungen zeitweise um weit mehr als 50 % gesenkt werden.

SkySails hat sich ambitionierte Produktionsziele für die nächsten Jahre gesteckt – bis 2015 sollen ca. 1.500 Schiffe ausgerüstet werden. Damit hat SkySails das Potenzial, einen erheblichen Beitrag zum Klimaschutz zu leisten: Durch den weltweiten und konsequenten Einsatz der SkySails-Technologie wäre es möglich, jährlich über 150 Mio. Tonnen CO_2 einzusparen.

Als Unternehmen hat es sich SkySails zum Ziel gesetzt, als ein Sinnbild dafür zu stehen, dass ein Handeln mit der Natur – und nicht gegen sie – wirtschaftlichen Erfolg ermöglicht. Und dies sowohl für seine Kunden als auch SkySails selbst.

SkySails GmbH & Co.KG
Nähere Informationen unter: www.skysails.com

Gesellschaftliche Verantwortung beruht zudem auf bestimmten Prinzipien, die gemeinsam mit ethischen und sozialen Werten die Basis für deren Wahrnehmung bilden. Prinzipien sind Grundannahmen bzw. Grundsätze, die Aussagen treffen über Verhaltensstandards und Normen und über das Selbstverständnis und Wesen eines Unternehmens (Waddock, 2008, S. 34). Zu den zentralen, international geforderten CSR-Prinzipien gehören beispielsweise die folgenden:

- **Rechenschaftspflicht:** Unternehmen akzeptieren die moralische Verpflichtung, über die Auswirkungen ihrer Unternehmensentscheidungen und -aktivitäten Rechenschaft abzulegen und dafür gerade zu stehen.

- **Transparenz:** Die Entscheidungen und Aktivitäten von Unternehmen sind für Dritte nachvollziehbar.

- **Ethisches Verhalten:** Unternehmen richten ihr Handeln und Verhalten an allgemeingültigen moralischen Werten (z.B. Gerechtigkeit) und Prinzipien (z.B. die goldene Regel) aus.

- **Stakeholder-Einbindung:** Unternehmen setzen sich mit ihren Interessen- und Anspruchsgruppen auseinander und respektieren deren legitime Interessen.

- **Rechtsstaatlichkeit:** Unternehmen akzeptieren geltendes Recht und die rechtsstaatliche Ordnung.

- **Universaler Geltungsanspruch internationaler Normen:** Unternehmen respektieren international anerkannte Normen und Konventionen (wie z.B. die Allgemeine Erklärung der Menschenrechte) und halten diese ein.

Unternehmen, die glaubwürdig und glaubhaft Verantwortung übernehmen wollen, sollten diesen Prinzipien zustimmen können und in ihre Unternehmenspolitik, in ihre Unternehmenskultur und in ihr tägliches Handeln integrieren. Sie bilden das international anerkannte normative Fundament gesellschaftlicher Verantwortung und müssen daher von allen Schritten und Maßnahmen der CSR-Umsetzung widergespiegelt werden bzw. diese prägen.

Um Rolle und Wesen von CSR im Unternehmen zu bestimmen, können folgende Fragen hilfreich sein:

- Welchen Nutzen für das Unternehmen, die Umwelt und die Gesellschaft wollen wir stiften?

- Welchen Nutzen stiftet der Kernprozess unserer Wertschöpfung heute?

- Welche Ziele wollen wir für das Unternehmen, die Umwelt und die Gesellschaft erreichen?

- Wodurch wollen wir erreichen, nachhaltig und ausgewogen zu wirtschaften?

- Welche Werte prägen schon heute unser unternehmerisches Handeln? Auf Basis welcher Werte wollen wir unsere Verantwortung wahrnehmen?

- Was müssen wir tun, um unser Unternehmen erfolgreich für die Zukunft aufzustellen?

■ Wo und auf welche Weise übernehmen wir bereits heute engagiert und proaktiv Verantwortung – für einzelne Stakeholder oder für die Gesellschaft?

Neben der Analyse des Nutzens und der Ziele, die das Unternehmen verfolgt, ist ein wesentlicher Bestandteil von CSR die Bezugnahme auf ethische Werte und entsprechende Prinzipien.

Das Energieversorgungsunternehmen N-ERGIE beschäftigt sich unter dem Namen GANZ mit seiner gesellschaftlichen Verantwortung. Schon zu Beginn der Etablierung eines CSR-Teams beschloss der Vorstand, dass die zentrale Ausrichtung von CSR unter den Begriffen G wie Glaubwürdigkeit, A wie Aufmerksamkeit, N wie Nachhaltigkeit und Z wie Zusammen(arbeit) erfolgen soll. Diese Werte stehen nicht nur im Bezug zu den bereits etablierten Unternehmenswerten, sondern verbinden auch die zentralen CSR-Prinzipien mit der Umsetzung von CSR im Unternehmen. Siehe hierzu den folgenden Kasten:

Verantwortung muss von innen kommen

Die N-ERGIE ist ein regionales Energieunternehmen, mit der Netzregion um Nürnberg. Wir stehen – wie die gesamte Energieversorgungsbranche – neuen staatlich regulierenden, technischen und wettbewerbsbedingten Herausforderungen gegenüber. Um unsere Zukunft und unseren Unternehmenserfolg langfristig und nachhaltig zu sichern, setzen wir uns mit unserer Verantwortungsinitiative GANZ bewusst mit CSR auseinander.

Unser Vorstand hat sich für einen ganzheitlichen und unternehmensethischen CSR-Ansatz entschieden. Personalpolitische oder vertriebsorientierte Handlungsprämissen treten somit in den Hintergrund. Das drücken wir bereits im Namen unserer Initiative aus: Die Werte Glaubwürdigkeit, Aufmerksamkeit, Nachhaltigkeit und Zusammenarbeit verbinden sich zu GANZ.

Mit Glaubwürdigkeit wollen wir die seriöse, vertrauensvolle Wirkung unseres Unternehmens nach innen und außen stärken und bauen auf einer wesentlichen Voraussetzung für erfolgreiches gesellschaftliches Engagement auf.

Um unsere Wertschätzung für unsere Mitarbeiter zu unterstützen und zugleich unternehmensweite Transparenz für alle Verantwortlichkeiten zu schaffen, setzen wir auf Aufmerksamkeit.

Mit dem Fokus auf Nachhaltigkeit sorgen wir für unseren langfristigen wirtschaftlichen Erfolg, schaffen Transparenz für die Entwicklung und fördern die Leistungsbereitschaft. Die Messbarkeit unserer nachhaltigen Entwicklung ist für uns dabei zentral: Nur so können wir Maßnahmen wirksam steuern und die Glaubwürdigkeit unseres verantwortungsvollen Handelns unterstreichen.

Das alles schaffen wir nur Zusammen: Denn jeder von uns trägt an seinem Arbeitsplatz mit seiner Aufgabe Verantwortung. Zusammen tragen wir als N-ERGIE die Verantwortung für unsere Kunden, unsere Mitarbeiter, unsere Investoren, unsere Region, unsere Umwelt und alle, die von unserem unternehmerischen Handeln betroffen sind.

Auf Basis dieses CSR-Verständnisses haben wir ein bereichs- und hierarchieübergreifendes Team gebildet, das dem Vorstand direkt zugeordnet ist und intern eine umfassende Bestandsaufnahme durchführt. Wir sind überzeugt, dass wir unser CSR-Engagement nur dann glaubwürdig auch nach außen vertreten können, wenn wir uns in unserem Unternehmen umfassend und fundiert damit auseinandergesetzt haben.

Bei diesem Vorgehen setzt das GANZ Team auf Zusammenarbeit: Wir wollen die gesamte Unternehmensöffentlichkeit in einen freiwilligen, unternehmensweiten Dialog einbinden. Zusammen mit unseren 2.700 Mitarbeiter machen wir uns unsere Verantwortungsthemen bewusst, sammeln und strukturieren sie und richten sie strategisch aus.

Für den Erfolg unseres internen Stakeholderdialogs sehen wir zwei zentrale Gesichtpunkte als entscheidend:

Wir müssen unsere Mitarbeiter motivieren, sich am Dialog über unsere gesellschaftliche Verantwortung zu beteiligen. Dies ist entscheidend für die Vollständigkeit und Qualität unseres internen Austauschs über CSR. Dabei berücksichtigen wir besonders unsere Unternehmenskultur, die Diversität unserer Mitarbeiter und die Art und Weise, wie in unserem Unternehmen kommuniziert wird.

Ebenso wichtig ist für uns die *Auswahl* der Kommunikationsmethoden: Wir wollen allen Mitarbeitern, ob gewerblich oder kaufmännisch, ob mit oder ohne PC-Arbeitsplatz, die Möglichkeit geben, sich am Dialog zu beteiligen. Dabei legen wir Wert darauf, dass der Austausch wechselseitig ist, was vor allem für die schriftliche Kommunikation eine große Herausforderung ist.

Obwohl dieses Vorgehen anspruchsvoll und zeitintensiv ist, haben wir uns bewusst dafür entschieden: Wir sehen darin die Chance, nicht nur eine umfassende und gesicherte Wissensbasis über unsere gesellschaftliche Verantwortung aufzubauen. Zugleich lösen wir so bereits unsere in GANZ formulierten Ansprüche ein und sorgen dafür, dass Verantwortung aus unserem Unternehmen heraus übernommen werden kann.

Josef Hasler (Vorstand), Kornelia Götz (GANZ-Leiterin)
Nähere Informationen unter: www.n-ergie.de

Verantwortung für die Gesellschaft zu übernehmen ist eine genuin moralische Forderung – ihre Konkretisierung und Umsetzung daher untrennbar mit dieser ethischen Dimension verbunden. Die Ausrichtung des Unternehmens an ethischen Werten und Prinzipien ist aber nicht nur die innere Voraussetzung von CSR, sondern zugleich zentraler Faktor der Glaub- und Sinnhaftigkeit des CSR-Engagements gegenüber Mitarbeitern und anderen Stakeholdern.

Ein mögliches Vorgehen bei der Erarbeitung des CSR-Verständnisses besteht darin, aktuelle Herausforderungen des Unternehmens zu nutzen, um am realen Beispiel die Bedeutung von CSR für das Unternehmen zu illustrieren.

Die anfänglichen Treiber und Ziele, die ausschlaggebend für die Beschäftigung mit CSR waren, können dabei als Ausgangsbasis dienen. In ihnen ist zumeist in Teilen enthalten, was von den Initiatoren unter gesellschaftlicher Verantwortung verstanden wird. Häufig sind dort Themenfelder benannt, die die Verantwortlichen bewegen, oder Stakeholder erwähnt, die neue Ansprüche an das Unternehmen herantragen. Auf dieser Grundlage kann zunächst im Unternehmen mit einer Analyse und Bewertung der Situation begonnen werden.

Der Vorteil dieses Vorgehens liegt darin, dass solche Themen untersucht werden, die bereits ein bestimmtes Maß an Aufmerksamkeit genießen. Die Unterstützung durch die unterschiedlichen Abteilungen und Mitarbeiter ist bei bekannten Herausforderungen und Fragestellungen in der Regel größer als bei unbekannten und abstrakt formulierten Zielsetzungen. Dabei profitiert dieses Vorgehen von der Einbindung möglichst vielfältiger Sichtweisen. Befragungen von Führungskräften und Mitarbeitern aus unterschiedlichen Unternehmensbereichen und Ebenen tragen dazu bei, die Ausgangssituation von möglichst vielen Seiten zu beleuchten. Das Zusammentragen der Perspektiven verdeutlicht den Beteiligten die Komplexität und Interdependenz der CSR-relevanten Fragestellung mit anderen Fragen.

Eine unternehmensweite Zusammenarbeit erleichtert gleichzeitig die spätere Kommunikation und Umsetzung, indem bereits Beteiligte als Multiplikatoren unternehmensweit eingesetzt werden.

Nach der Analyse kann das zusammengetragene Material unter CSR-Gesichtspunkten ausgewertet werden. Die Erkenntnisse werden hinsichtlich ihrer Bedeutung für eine umfassende Verantwortungsübernahme im Sinne von CSR untersucht. Dabei sollte stets auch der mögliche Nutzen für das Unternehmen betrachtet werden. Als weitere Orientierung kann ein Abgleich mit bereits bekannten Erwartungen von externen Stakeholdern stattfinden. Auf diese Weise werden unterschiedliche Lösungswege mit Erwartungshaltungen und Anforderungen verglichen und Ideen für eine bestmögliche Nutzenstiftung entwickelt. So lässt sich ein gemeinsames Verständnis von CSR im Unternehmen entwickeln.

10.2.2   Interne Bestandsaufnahme

Sobald das Unternehmen definiert hat, was unter CSR verstanden wird und auf Grundlage welcher Werte gesellschaftliche Verantwortungsübernahme gelingen kann und soll, kann mit einer internen Bestandsaufnahme begonnen werden.

Fast alle Unternehmen engagieren sich bereits freiwillig und über die Zahlung von Steuern und Abgaben hinaus für gesellschaftliche Zwecke. In vielen Fällen entspringt dieses Engagement eher einem Bauchgefühl als strategischen Überlegungen. Gleichwohl kann das Engagement einen guten Startpunkt für die interne Bestandsaufnahme bilden. Ausgehend von dem zuvor entwickelten CSR-Verständnis werden Informationen und Daten zusammengetragen, die widerspiegeln, welche CSR-Aktivitäten durchgeführt wurden und werden.

Ziel ist dabei die Erarbeitung einer umfassenden und aussagekräftigen Beschreibung des Unternehmens und seiner Beziehungen zum Umfeld. Es geht darum, genau zu verstehen, was das Unternehmen macht, wie es das tut und welche Verantwortlichkeiten wem gegenüber bereits bestehen. Aus diesem Grund spielen auch die Umfeldbeziehungen des Unternehmens eine wesentliche Rolle.

CSR-Assessment

Um eine Aussage über den Status Quo der CSR im Unternehmen zu erhalten, empfiehlt es sich, das CSR-Verständnis in konkrete Anforderungen zu übersetzen und den Ist-Zustand zu analysieren. Je klarer und detaillierter der Anspruch, den das Unternehmen mit gesellschaftlicher Verantwortung verfolgt, aufgeschlüsselt werden kann, desto einfacher ist es, die relevanten Daten zu erheben. Auch vor dem Hintergrund des häufigen Vorwurfs, dass weiche Themen wie CSR grundsätzlich nicht mess- und überprüfbar seien, ist es vorteilhaft, von Beginn an Indikatoren zu benennen bzw. zu entwickeln, die etwas über den Grad der Umsetzung der aus dem spezifischen CSR-Verständnis abgeleiteten Anforderungen aussagen können. Die Erkenntnisse aus der Erarbeitung des CSR-Verständnisses können dabei als erste Grundlage dienen. So kann etwa die Motivlage für eine Beschäftigung mit CSR-Rückschlüsse auf Veränderungsbedarf geben. Auch ein internes Benchmarking von erfolgreich durchgeführten Projekten, beispielsweise in Kooperationen oder Netzwerken, kann dabei unterstützen, die benötigten Informationen zu erheben.

Bei diesem CSR-Assessment sollten auch solche Aktivitäten berücksichtigt werden, die nicht (mehr) oder nur in Teilen dem systematisch erarbeiteten CSR-Verständnis entsprechen, in der Vergangenheit aber beispielsweise Ausdruck des unternehmerischen Selbstverständnisses als Good Corporate Citizen waren.

Interne Bestandsaufnahme

Während im Assessment vor allen Dingen Aussagen gesammelt werden, die einen Rückschluss auf die generelle Stoßrichtung der Wahrnehmung gesellschaftlicher Verantwortung durch das Unternehmen zulassen, ist der Fokus der Bestandsaufnahme umfassender und zielt auf die Erfassung des ganzen Spektrums möglicher Handlungsfelder. Im Rahmen einer internen Bestandsaufnahme werden in der Regel Informationen zu den folgenden Punkten erhoben:

- Aussagen über das Unternehmen, die Rechtsform, die Unternehmensstruktur, die Unternehmensstandorte und die Wertschöpfungsprozesse;

- Aussagen über die Unternehmenssteuerung, Entscheidungsprozesse und -strukturen;

- Aussagen über die Belegschaft und Führungsstruktur sowie Unternehmensphilosophie, Führungsinstrumente, Verhaltenskodizes etc.;

- Aussagen über den rechtlichen Rahmen, soziale, umweltbezogene und ökonomische Aspekte aller Länder, in denen das Unternehmen tätig ist;

◼ Aussagen über CSR, gesellschaftliches Engagement, Sponsoring sowie Spenden (siehe CSR-Assessment);

◼ Aussagen über Mitgliedschaften in Vereinen, Verbänden, Netzwerken, Unterstützung von Parteien und Politikern etc. sowie über Kooperationen, Beteiligungen, Joint Ventures und Vernetzungspartnerschaften;

◼ Aussagen über geltende Geschäftsbedingungen, Zusatzvereinbarungen, Verträge und Vertragspartner;

◼ Aussagen zum Wertschöpfungsnetz des Unternehmens (Zulieferer, Abnehmer, Kooperationspartner);

◼ Aussagen zu bekannten Ansprüchen interner und externer Stakeholder;

◼ Aussagen über den Einflussbereich („sphere of influence") des Unternehmens.

Bei der Informationssammlung sollte ein besonderes Augenmerk auf jenen Aspekten liegen, die für das Unternehmen kritisch erscheinen. So sind zum Beispiel Geschäftsbeziehungen in Ländern mit einem hohen Korruptionsrisiko oder einem schwachen rechtlichen Rahmen besonders genau zu analysieren. Auch Geschäftsbereiche, in denen es häufiger zu gerichtlichen Auseinandersetzungen oder Interessenskonflikten mit NGOs oder nicht organisierten Stakeholdern gekommen ist, sollten entsprechend berücksichtigt werden.

Als unterstützende Instrumente bei dieser Bestandsaufnahme bieten sich erweiterte SWOT-Analysen oder auch ganzheitliche Erhebungstools wie beispielsweise das EFQM-Self Assessment mit seiner RADAR-Logik an.

Die gesellschaftliche Verantwortung von Unternehmen beschränkt sich nicht notwendigerweise auf die eigenen Unternehmensaktivitäten im engeren Sinn. Aus diesem Grund sollten bei der internen Bestandsaufnahme die Umfeldbeziehungen des Unternehmens ausreichend berücksichtigt werden.

Dazu existieren unterschiedliche Modelle, wie die Vorstellung konzentrischer Kreise um das Unternehmen herum: Mit jedem Kreis nimmt die Einflussmöglichkeit des Unternehmens ab. Oft wird auch die regionale bzw. lokale Nähe des Unternehmens als Gradmesser für die Einflussmöglichkeit und den Einflussbereich („sphere of influence") verwendet.

Analog zu den von John Ruggie erarbeiteten Empfehlungen im Bereich Menschenrechte (siehe Kapitel 4.2) bietet sich auch die Unterscheidung von Auswirkungen und Einflussmöglichkeiten an.

Im Rahmen des Assessments sollten Unternehmen eines der Modelle verwenden, um zu erkennen und zu erheben, wo enge Verbindungen zum Umfeld bestehen und inwieweit das Unternehmen dort Einfluss ausüben kann. Das betrifft insbesondere das Wertschöpfungsnetz, aber auch die branchenspezifische, regionale oder politische Beteiligung. Die dabei erarbeiteten Erkenntnisse dienen im Rahmen der Stakeholder-Identifikation (siehe Kap. 10.3.2) als sinnvolle Ausgangsbasis.

Das Ziel der internen Bestandsaufnahem besteht also primär darin, ein aussagekräftiges und möglichst umfassendes Profil über das Unternehmen und seine Verantwortungsdimensionen zu generieren. Das so erarbeitete CSR-Unternehmensprofil dient bei den darauf folgenden Schritten als Arbeitsgrundlage.

10.3 CSR-Engagement entwickeln

Die in diesem Buch zusammengefassten Kernthemen gesellschaftlicher Verantwortung betreffen nicht nur Unternehmen, sondern Organisationen aller Art. Die Themen decken die ökonomischen, ökologischen und gesellschaftlichen Aspekte ab, die von Unternehmen am meisten beeinflusst werden und beeinflussbar sind.

Um den CSR-Kontext zu verstehen, in dem das Unternehmen operiert, sollte es jene Aspekte innerhalb der Kernthemen identifizieren, die für das eigene Unternehmen von Bedeutung sein könnten. Dabei sollte zunächst eine möglichst breite Perspektive eingenommen werden, die alle Themenfelder einmal adressiert und unter den Gesichtspunkten der Relevanz und Wesentlichkeit für die eigene Ausrichtung und das eigene CSR-Verständnis evaluiert. Im Anschluss an eine Stakeholder-Identifizierung und Priorisierung gilt es die unternehmensspezifischen Handlungsfelder des CSR-Engagements zu bestimmen.

10.3.1 Anwenden der CSR-Kernthemen auf das Unternehmen

Auf Basis des erarbeiteten Organisationsprofils und des eigenen CSR-Verständnisses erfolgt eine Zuordnung der bereits gesammelten Daten zu den Kernthemen: Verantwortungsbewusste Unternehmensführung, Menschenrechte, Arbeitsbedingungen, Umwelt, integre Geschäftspraktiken, Verbraucherschutz und gesellschaftliches Engagement. Für jedes Kernthema wird aufgeführt, was das Unternehmen in diesem Bereich bereits tut, welche Gesetze und Regelungen zu berücksichtigen sind und mit welchen ethisch-moralischen Anforderungen es darüber hinaus konfrontiert ist. Mit anderen Unternehmen oder Interessengruppen bereits getroffene Vereinbarungen sollten in diese Analyse ebenso mit einfließen wie bestehende Aktivitäten freiwilligen gesellschaftlichen Engagements.

Die unterschiedlichen Verantwortungsdimensionen (siehe Abschnitt 1.2) werden in Hinblick auf das eigene Unternehmen reflektiert und die jeweilige Bedeutung der CSR-Kernthemen für das Unternehmen analysiert. Parallel dazu erweitern die beteiligten Mitarbeiter ihr Verständnis für den Themenkomplex gesellschaftliche Verantwortung und bauen Wissen auf, das später für die Umsetzung von Nutzen ist. Der systematische Aufbau dieser Datenbasis dient der Professionalisierung des CSR-Engagements und stellt sicher, dass alle Dimensionen bei der Erarbeitung der CSR-Strategie berücksichtigt werden. Dieses Vorgehen in Verbindung mit einer sorgfältigen Dokumentation ist sowohl für die spätere Evaluation als auch für eine etwaige Berichterstattung hilfreich.

Das Telekommunikationsunternehmen O_2 legt einen Schwerpunkt seiner CSR-Aktivitäten auf das Kernthema Arbeitsbedingungen und verankert das Engagement für ein betriebliches Gesundheitsmanagement in seiner Unternehmensstrategie. So soll sichergestellt werden, dass der Anspruch des Unternehmens und die Wirklichkeit übereinstimmen. Um die Leistungsfähigkeit seiner Mitarbeiter zu sichern, werden bei O_2 Aktivitäten in den Bereichen Gesundheitsvorsorge und Arbeitssicherheit durchgeführt. Dabei werden alle Maßnahmen zielgruppengerecht angepasst: Für Mitarbeiter im Außendienst beispielsweise, die an hohen Masten arbeiten, werden andere Präventionsmaßnahmen angeboten als für Mitarbeiter im Büro.

Die Ausarbeitung eines solchen Zuschnitts der Maßnahmen profitiert von der Einbindung und Beteiligung repräsentativer Mitarbeitergruppen.

Den Mitarbeiter im Blick – Vorbildliches Gesundheitsmanagement bei O_2

Nur zufriedene und gesunde Mitarbeiter bringen dauerhaft gute Leistungen. Weil das so ist, bemüht sich O_2 seit Jahren konsequent um das Wohlergehen seines Personals und dessen Sicherheit am Arbeitsplatz. Nicht ohne Erfolg und auch nicht unbemerkt: Im Juni 2008 würdigte das Bayerische Staatsministerium für Umwelt, Gesundheit und Verbraucherschutz das langfristig angelegte Programm zum Gesundheitsmanagement von O_2 mit dem Zertifikat „Ganzheitliches betriebliches Gesundheitsmanagement" der Qualitätsstufe Gold.

Schon frühzeitig erkannte O_2, dass ein Unternehmen, das täglich hohen Einsatz von seinen Mitarbeitern verlangt, sich im Gegenzug auch für sie einsetzen muss. Damit es nicht beim bloßen Lippenbekenntnis bleibt, nahm die Unternehmensführung von O_2 das Engagement für die Mitarbeiter explizit als Schwerpunktthema in die Unternehmensstrategie auf.

Das Gesundheitsmanagement von O_2 ruht auf zwei Pfeilern: der Gesundheitsvorsorge sowie der Arbeitssicherheit und Unfallvermeidung – jeweils unter Berücksichtigung der besonderen Anforderungen in einem Telekommunikationsunternehmen. Bei der Arbeitssicherheit und Unfallvermeidung stehen unter anderem die Field-Force-Mitarbeiter im Fokus, die an den Mobilfunkmasten und damit oft in großer Höhe arbeiten. Neben umfangreichen Sicherheitsvorschriften und -trainings gehören regelmäßige Schulungen zur Ersten Hilfe und Rettung im Falle eines Unglücks zum Vorsorgepaket. Alles zusammen zeigt Erfolg: Im vergangenen Jahr 2007 gab es lediglich 13 Arbeitsunfälle, die die Betroffenen jeweils mehr als drei Tage von ihrem Arbeitsplatz fern hielten. Eine äußerst positive Bilanz angesichts einer Belegschaft von rund 4600 Mitarbeitern und etwa 15.000 zu wartenden Basisstationen. Weil aber jeder Arbeitsunfall einer zu viel ist, bemüht sich O_2, die ohnehin geringe Zahl noch weiter zu senken. Und wo immer möglich bezieht O_2 auch externe Dienstleister und Mitarbeiter in die Sicherheitskonzepte mit ein.

Gesundheitsvorsorge ist der zweite wichtige Pfeiler in der Strategie – ungeachtet dessen, dass die Belegschaft mit einem Durchschnittsalter von 35 Jahren sehr jung ist. O_2 bietet ein breites Spektrum zur gesundheitlichen Vorsorge: Es reicht vom eigenen Fitnesscenter STUDIO$_2$ über Impfberatungen bis hin zu den jährlich zweimal stattfindenden

Gesundheitstagen. An ihnen erhalten die Mitarbeiter Informationen und Anleitung zum eigenverantwortlichen Umgang mit ihrer Gesundheit. Diese Beratungen werden von Angeboten wie der Bestimmung von Blutzucker und Cholesterin, Lungenfunktions- und Herztests sowie der Wirbelsäulenvermessung flankiert. Die Angebote finden regen Zuspruch: Das erstmalig 2007 durchgeführte Screening zur Hautkrebsvorsorge nutzten 440 Mitarbeiter, weitere 200 meldeten sich bei der Wiederholung der Aktion in 2008. Dabei wurden vor allem diejenigen Angestellten zur Teilnahme ermuntert, die einen Großteil ihrer Arbeitszeit im Freien verbringen müssen und somit einer überdurchschnittlich hohen UV-Belastung ausgesetzt sind.

Die genannten Angebote und Maßnahmen tragen zur hohen Mitarbeiterzufriedenheit und zu einer überdurchschnittlich gesunden Belegschaft bei. Für ersteres legt die wiederholte Wahl von O2 zu den 100 besten Arbeitgebern Deutschlands Zeugnis ab. Das zweite untermauern handfeste Zahlen: So konnte das Unternehmen im Jahr 2007 einen um über 40 % geringeren Krankenstand verzeichnen als andere Unternehmen in vergleichbaren Branchen. Damit das auch in Zukunft so bleibt, arbeiten die verantwortlichen Kollegen von O2 weiterhin jeden Tag für mehr Gesundheit und Sicherheit am Arbeitsplatz.

Melanie Borsos, Corporate Reputation & Responsibility Manager,
Telefónica O2 Germany GmbH & Co. OHG
Nähere Informationen unter: www.o2engagiert-fuer-morgen.de

Um aus der Themenvielfalt die für das Unternehmen relevanten und signifikanten Aktionsfelder auszuwählen und angemessen zu priorisieren, kann es sinnvoll sein, ab einem bestimmten Zeitpunkt nicht nur die eigenen Mitarbeiter, sondern auch weitere Interessen- und Anspruchsgruppen (Stakeholder) des Unternehmens einzubeziehen.

10.3.2   Einbinden von Stakeholdern

Bei der bisherigen Auseinandersetzung mit CSR im Sinne des beschriebenen Vorgehens wurden relevante Fakten primär intern, in der eigenen Organisation zusammengetragen und vor diesem Hintergrund ein CSR-Verständnis entwickelt, das die Unternehmensidentität und vorhandene Unternehmensphilosophie widerspiegelt. Ein zentraler, vielleicht der zentrale Aspekt eines zeitgemäßen Verständnisses gesellschaftlicher Verantwortung ist darüber hinaus die Berücksichtigung und aktive Einbeziehung der so genannten Stakeholder des Unternehmens.

Da Unternehmen nicht isoliert existieren, sondern stets in einem komplexen Umfeld interagieren, hat es immer schon Beziehungen zu internen und/oder externen Interessengruppen gegeben. Ökonomistisch geprägte Marktsichten und mechanistische Unternehmenstheorien haben jedoch während des letzten Jahrhunderts dazu geführt, dass ein gezieltes Management dieser Beziehungen nicht ausdrücklich als Faktor guter und erfolgreicher Unternehmensführung angesehen wurde. Unter den veränderten Rahmenbedingungen des 21. Jahrhunderts ist daraus heute hingegen ein zunehmend erfolgskritischer Faktor geworden, der als solcher theoretisch wie empirisch anerkannt ist.

Die Beziehung zwischen Unternehmen und Stakeholdern wird nicht nur durch die – in der Vergangenheit oftmals negativen – Auswirkungen unternehmerischen Handelns für die Gesellschaft und die daraus entstandenen Erwartungen gegenüber der Wirtschaft bestimmt. Auch das generelle Interesse einer breiten Öffentlichkeit an einer nachhaltigen Entwicklung und globalen Wohlfahrt der Weltgesellschaft rückt die Bedeutung des Stakeholder-Engagements in den Fokus von Unternehmen. Um den Anforderungen gesellschaftlicher Verantwortungsübernahme zu entsprechen, ist es daher heute erforderlich, relevante Stakeholder bei der Festlegung des eigenen CSR-Engagements zu beteiligen.

Die Einbindung von Stakeholdern ist für den Erfolg eines Unternehmens insofern hilfreich, als in der Kommunikation mit diesen Gruppen häufig blinde Flecke aufgedeckt und identifiziert werden können, die bislang noch nicht vom Unternehmen adressiert wurden.

Dies gilt in besonderem Maße für den Erfolg der CSR-Strategie, da die frühzeitige Einbindung interner wie externer Interessen- und Anspruchsgruppen die Glaubhaftigkeit des CSR-Engagements ebenso wie die aktive Beteiligung der Gruppen selbst an dessen Umsetzung fördert.

Die Auseinandersetzung mit den eigenen Stakeholdern unterstützt Unternehmen zudem dabei, ihr CSR-Engagement angemessen zu priorisieren, eine tragfähige CSR-Strategie zu entwickeln und diese erfolgreich umzusetzen (siehe hierzu Abbildung 10.6).

Abbildung 10.6   Stakeholder Engagement

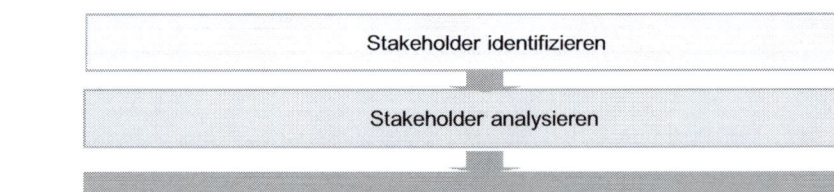

10.3.2.1   Stakeholder Identifikation und Priorisierung

Die Interessen und Ansprüche der Stakeholder können ganz unterschiedlicher Natur sein und nicht selten miteinander konfligieren. Nicht alle Ansprüche sind zudem rechtlich oder moralisch begründbar, also legitim oder können von Unternehmen unter den gegebenen Rahmenbedingungen eingelöst werden. Folglich kann, muss respektive darf ein Unternehmen diesen Ansprüchen und Forderungen oftmals gar nicht nachkommen, wenn es nicht immense existenzielle Risiken eingehen und damit andere Dimensionen seiner Verantwortung oder aber legitime Ansprüche anderer Stakeholder (zum Beispiel der eigenen Mitarbeiter oder Kapitalgeber) missachten will.

Viele Unternehmen kennen insbesondere ihre „lauten" Stakeholder, also jene, die sich immer wieder lautstark, beispielsweise über die Medien zu Wort melden. Nicht nur aus diesem Grund empfiehlt es sich zu Beginn eines professionell gesteuerten CSR-Engagements, eine ausführliche Stakeholder-Analyse durchzuführen. Die Ergebnisse sind zugleich Basis für eine Priorisierung und Hierarchisierung der eigenen Stakeholder.

Stakeholder Identifikation

Unternehmen kennen in der Regel ihre Anspruchs- und Interessengruppen oder können sie relativ schnell benennen. CSR-Initiativen und Verbände stellen darüber hinaus Hilfen für den Stakeholder Identifizierungsprozess bereit (z. B. [82], [92], oder auch [3] und [4]).

Allem Vorgehen ist gemeinsam, mit der Auflistung aller relevanten Personen und Organisationen innerhalb und außerhalb des Unternehmens zu beginnen und sie in einem zweiten Schritt in eine entsprechende Matrix einzuordnen.

Folgende Fragestellungen können bei der Identifikation von Stakeholdern hilfreich sein:

■ Gegenüber welchen gesellschaftlichen Gruppen existieren rechtliche Verpflichtungen?

■ Mit wem steht das Unternehmen in einem regelmäßigen Austausch?

■ In welchen Vereinen und Verbänden ist das Unternehmen Mitglied?

■ Wer wird von den Unternehmensaktivitäten positiv oder negativ beeinflusst?

■ Durch wen werden die Unternehmensaktivitäten und -ergebnisse positiv oder negativ beeinflusst?

■ Von welchen Gruppen und warum wurde das Unternehmen in der Vergangenheit kritisiert?

Die aufgeführten Personen und Organisationen lassen sich aufgrund der Nähe, des Inhalts und der Qualität ihrer Beziehung zum Unternehmen sowie anhand ihrer Interessenlage klassifizieren. Zu den zentralen Kategorien zählen die folgenden:

- ▦ Parallel Anteilseigner
- ▦ Parallel Mitarbeiter
- ▦ Parallel Kunden
- ▦ Konsumenten
- ▦ Wettbewerber
- ▦ Zulieferer

- ▦ Kooperationspartner
- ▦ Staatliche Behörden und Ämter
- ▦ Vereine und Verbände
- ▦ Anwohner/Bürger
- ▦ Gesellschaft
- ▦ …

Abbildung 10.7   Stakeholder Identifikation

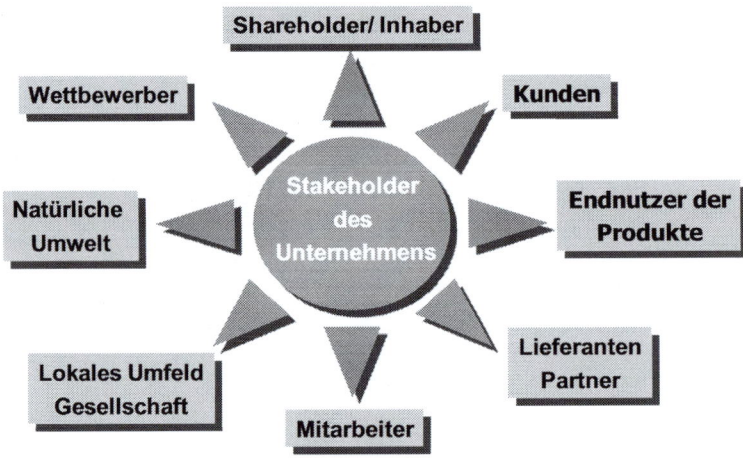

In jeder Kategorie lassen sich weitere Unterteilungen vornehmen. So können zum Beispiel Kunden in Großkunden, Kleinkunden, Businesskunden, nationale Kunden, europäische Kunden etc. unterteilt werden. Inwieweit eine solche Differenzierung notwendig ist, ergibt sich zumeist vor dem Hintergrund des Unternehmensprofils und des eigenen CSR-Verständnisses. So ist es beispielsweise in einem Unternehmen mit einer diversifizierten Mitarbeiterstruktur hinsichtlich Geschlecht, Nationalität und Alter durchaus sinnvoll, diese Unterscheidungen einzuführen, wohingegen in einem Unternehmen mit 25 Mitarbeitern, die relativ homogen sind, dieses Vorgehen nicht unbedingt notwendig ist. Ob eine solche Unterscheidung relevant ist, kann auch durch das CSR-Selbstverständnis bestimmt werden. Ein Unternehmen, das integres Handeln und Verhalten als zentralen Baustein seiner gesellschaftlichen Verantwortung sieht, wird beispielsweise die Einteilung der Kunden und Zulieferer hinsichtlich des Korruptionsrisikos und die gezielte Analyse von entsprechenden NGOs aus diesem Bereich als sinnvoll erachten.

Zielführend ist darüber hinaus die Zuordnung der Stakeholder zu den einzelnen CSR-Kernthemen. Zum einen erleichtert dies das spätere Stakeholder-Engagement, zum anderen können durch die Auseinandersetzung mit den themenspezifischen Fragestellungen weitere Stakeholder identifiziert werden.

Im Anschluss an die Auflistung aller Stakeholder folgt eine Analyse ihrer Interessen und Ansprüche. Dabei kann auf bestehende Ergebnisse wie zum Beispiel Kunden-, Mitarbeiter- und Imagebefragungen ebenso zurückgegriffen werden wie auf bekannte Einzelaussagen oder entsprechende Berichterstattungen in der Presse. Nicht zwangsläufig geht es Stakeholdergruppierungen um finanzielle und rechtliche Anliegen, sondern um ein generelles Mitspracherecht bzw. den Wunsch, mit dem jeweiligen Anliegen Gehör zu finden. Wichtig ist, schon bei der Sammlung dieser Informationen zusätzliche Angaben hinsichtlich des Verpflichtungsgrades des Unternehmens zu vermerken.

Das Ergebnis dieser Analyse ist eine komplexe Matrix, die dem Unternehmen einen detaillierten Überblick über seine Umfeldbeziehungen und die Erwartungen und Ansprüche der jeweiligen Stakeholder aufzeigt (siehe Tabelle 10.1).

Tabelle 10.1   Stakeholder Matrix

Stake-holder	Interesse	Anspruch	Verpflichtungs-grad	Themenzuord-nung
Kunde A	gutes Preis-Leistungsverhältnis pünktliche Leistungserbringung innovative Leistungserstellung	Einhaltung der Liefervertrags-Gewährleistungsrechte	gesetzlich geregelt	Verbraucherschutz
NGO F	Schutz der Umwelt bei der Produktion Einfluss auf Produktionsbedingungen Publicity für die NGO		ökonomisch notwendig wegen Reputations-schutz	Umwelt
...				

Zwischen den Stakeholdern, ihren Interessen und Ansprüchen bestehen nicht nur Abhängigkeiten, sondern auch Widersprüche.

So können regionale Behörden beispielsweise ein Interesse haben an einer Wirtschaftsförderung vor Ort und an der Abgabe von Steuern oder aber durch Subventionen das Unternehmen gezielt gefördert haben. In beiden Fällen existiert ein grundsätzliches Interesse der Wirtschaftsbehörde an dem Unternehmen und seiner Wirtschaftskraft, aber es bestehen auch gesetzliche Ansprüche, die das Unternehmen einhalten muss. Dennoch unterscheiden sich die beiden Fälle in dem Maße, wie sich Wirtschaftsregionen, die Umsatzhöhe der Unternehmen und damit der Steuerabgaben oder der Subventionsbetrag unterscheiden. Darüber hinaus hat die Wirtschaftsbehörde auch ein generelles Interesse daran, dass das Unternehmen seinen Verpflichtungen nachkommt und Rechnungen begleicht. Dieses Interesse wiederum hat nicht nur die Behörde, sondern auch der Zulieferer selbst. Letzterer aber hat einen rechtlichen Anspruch auf die Bezahlung in Anspruch genommener Leistungen. Sollte das Unternehmen nun Mitarbeiter entlassen, weil es effizienter und effektiver produzieren kann, weil durch die Reduktion der Ausgaben bessere Preise auf dem Markt gemacht werden können, dadurch letztendlich mehr Leistungen abgesetzt und mehr Zulieferleistungen abgefragt werden, so könnte dies im Interesse des Zulieferers, nicht aber der Wirtschaftsbehörde sein.

Dieses Beispiel zeigt, wie interdependent nicht nur die Stakeholder, sondern auch deren jeweilige Interessen und Ansprüche sind.

Die Stakeholder-Analyse stellt einen fortwährenden Prozess dar: Je stärker Unternehmen sich mit ihrer gesellschaftlichen Verantwortung auseinandersetzen, desto mehr Stakeholder und Stakeholder-Interessen werden sie identifizieren. Im Dialog mit den Stakeholdern ergeben sich häufig neue interessante Informationen und Erkenntnisse für die Unternehmen. Die Stakeholder-Matrix sollte vor diesem Hintergrund regelmäßig evaluiert und aktualisiert werden.

Legitimitätsprüfung

Bei der Analyse sollte zudem berücksichtigt werden, dass es unter der Vielzahl der Stakeholder auch solche gibt, die ihre Interessen und Ansprüche zwar lautstark und offensiv vertreten, unter Legitimitätsgesichtspunkten aber nicht zu den engsten oder wichtigsten Stakeholdern des Unternehmens gehören. Um seiner gesellschaftlichen Verantwortung im oben beschriebenen Sinne gerecht zu werden und zugleich die eigene unternehmerische Freiheit zu wahren, ist es deswegen ratsam, sowohl die Stakeholder als auch ihre jeweiligen Interessen und Ansprüche nicht nur einer Legalitätsprüfung zu unterziehen, bei der nach der Rechtsgrundlage der Ansprüche oder Interessen der jeweiligen Gruppierung gefragt wird. In einem zweiten Schritt sollte die erstellte Analyse zudem einer ethisch erweiterten Legitimitätsprüfung unterzogen werden. Legitime Ansprüche gegenüber einem Unternehmen gründen entweder in gesetzlichen oder aber in ethisch-moralischen Rechten. Im letzteren Fall muss die betreffende Stakeholder-Forderung auf übergeordnete gesellschaftliche Werte (zum Beispiel Gemeinwohl, Gesundheit, Sicherheit) oder auf ethische Werte und Prinzipien (Würde der Person, Nachhaltigkeit, Verallgemeinerbarkeit etc.)

Bezug nehmen oder rückführbar sein. Darüber hinaus darf natürlich die Umsetzung der betreffenden Forderung selbst gegen kein Gesetz oder gegen keine ethischen Werte und Prinzipien verstoßen. So ist eine Forderung der Anteilseigner einer Aktiengesellschaft nach möglichst hoher Dividende auf ein ökonomisch legitimes Interesse der Aktionäre rückführbar. Auf der anderen Seite würde eine komplette Ausschüttung aller Mittel das nachhaltige Bestehen des Unternehmens – und damit vieler Arbeitsplätze – gefährden.

Diese Legitimitätsprüfung kann auch international zu Dilemma-Situationen führen. So ist die Vereinigungs- und Versammlungsfreiheit ein Menschenrecht, das unter anderem auch die Bildung von Gewerkschaften stützt. Eine Forderung der Arbeitnehmer, international Gewerkschaften zu gründen, verstößt aber in machen Ländern, wie beispielsweise China, gegen das Gesetz.

Unter dem Gesichtspunkt des Verpflichtungsgrads der unterschiedlichen Verantwortungsebenen (siehe Kapitel 10.1.2 und 10.2.1) gibt es also Forderungen und Ansprüche, die Unternehmen bei ihren Entscheidungen berücksichtigen sollten, obwohl sie weder gesetzlich noch ökonomisch verpflichtend sind. Forderungen dieser Art zu berücksichtigen oder mittels entsprechender Prinzipien a priori in der Geschäftspolitik zu verankern, gehört zur so genannten „Soll- Dimension" unternehmerischer Verantwortung (siehe auch Kapitel 4), die dem moralischen Konsens freiheitlich verfasster Gesellschaften entspringt.

Professionelles Stakeholder-Engagement setzt also neben der Kenntnis der ökonomischen und gesetzlichen Verpflichtungen eines Unternehmens auch ein hinreichendes Maß an ethischer Reflexions- und Argumentationskompetenz voraus. In der Auseinandersetzung mit den Interessen und Ansprüchen von Stakeholdern und ganz besonders bei entsprechenden Dialogen ist diese Kompetenz auf beiden Seiten erforderlich, damit sich das Ganze auch für das Unternehmen als fruchtbar erweisen kann.

Stakeholder-Priorisierung

Nur unter dieser Bedingung können Unternehmen auch bei der Ausgestaltung und Umsetzung ihres CSR-Engagements von der Einbindung eigener Stakeholder profitieren. Die Kenntnis von deren Erwartungen und Anforderungen unterstützen Unternehmen dabei, innerhalb der Themenvielfalt gesellschaftlicher Verantwortung die richtigen Schwerpunkte zu setzen, identifizierte Verantwortlichkeiten zu priorisieren und angemessene Ziele zu formulieren. Angesichts des möglichen Umfangs relevanter Interessengruppen sollten durch das Unternehmen zunächst nur die wesentlichen Stakeholder ausgewählt werden.

Um welche Interessen- und Anspruchsgruppen es sich dabei handelt und wer davon aktiv in einen Stakeholder-Dialog eingebunden werden sollte, muss sowohl unter unternehmerisch-strategischen Gesichtspunkten als auch unter Beachtung rechtlicher und ethischer Kriterien entschieden werden.

Die Notwendigkeit dazu ergibt sich schon aus ökonomischen Überlegungen: Unternehmen haben stets erfolgskritische, so genannte Schlüssel-Stakeholder wie beispielsweise Mitarbeiter, Anteilseigner oder Kunden. Abgesehen davon, dass Unternehmen auf die

Berücksichtigung von deren Ansprüchen und Interessen nicht verzichten können, ohne die eigene Existenz und Zukunftsfähigkeit zu gefährden, finden sich hier in der Regel ohnehin Ansprüche mit einer legalen oder ethisch legitimierten Basis.

Für die Priorisierung der identifizierten Stakeholdergruppen bietet es sich an, unternehmenseigene Kriterien aufzustellen. Diese sollten sich am spezifischen CSR-Verständnis der Organisation ausrichten und ökonomische, ökologische wie gesellschaftliche Bereiche abdecken. Generell lassen sich die folgenden Gesichtspunkte als Orientierung für die Priorisierung von Stakeholdern verwenden: Relevanz der Stakeholder für das Unternehmen, Einfluss der Stakeholder auf die Unternehmensaktivitäten und Bezug zur gesellschaftlichen Verantwortungsübernahme des Unternehmens.

Bei der Priorisierung der Stakeholder-Ansprüche bzw. -Interessen können zusätzlich die nachstehenden Fragestellungen eine Hilfe sein:

- Welche rechtlichen, ökonomischen und moralischen Verpflichtungen dürfen nicht außer Acht gelassen werden?

- Welche Stakeholder wurden bei ähnlichen Fragen oder Vorhaben bereits eingebunden?

- Wer kann das Unternehmen dabei unterstützen, die unterschiedlichen CSR-Themen professionell zu adressieren?

- Wer müsste unbedingt über das CSR-Engagement informiert und in die Umsetzung eingebunden werden?

- Zu welchen Stakeholdern besteht ein gutes, konstruktives Verhältnis?

- Wer wird bzw. inwieweit wird die Wertschöpfungskette durch das CSR-Engagement betroffen sein?

- Welche Stakeholder agieren stellvertretend für gesamtgesellschaftliche Interessen?

- Welche Stakeholder einer Kategorie repräsentieren die Interessen am besten?

- Mit welchen Stakeholdern kann relativ einfach in einen Dialog getreten und ein konstruktiver Ablauf garantiert werden?

Abbildung 10.8   Beispiel eines Stakeholder Mapping

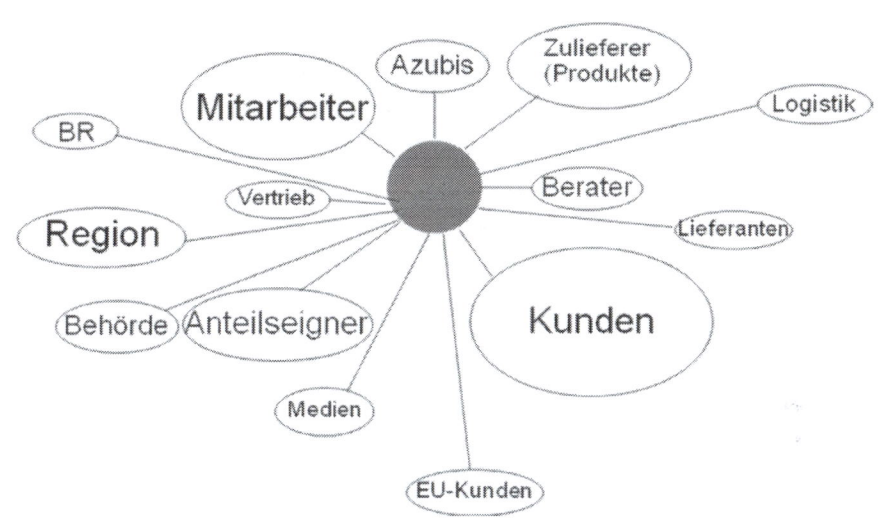

Bei der Abbildung der Stakeholder-Auswahl kann eine graphische Darstellung der Stakeholdergruppen von Nutzen sein. Hierbei werden ähnlich wie bei einer Mind-Map die identifizierten Stakeholder um das Unternehmen herum gezeichnet. Durch unterschiedlich starke Verbindungslinien und/oder Farbkodierungen können die Schlüssel-Stakeholder, der bestehende Verpflichtungsgrad, die erfolgskritische Relevanz oder die strategische Bedeutung einzelner Stakeholder hervorgehoben werden. Eine solche Darstellung kann auch dazu verwendet werden, im weiteren Verlauf die Verbindung von Stakeholdern mit den jeweiligen Kernthemen beispielsweise durch Quadranten oder konzentrische Kreise abzubilden.

10.3.2.2   Stakeholder-Engagement

Unter Stakeholder-Engagement im CSR-Kontext versteht man die Einbindung einer oder mehrerer Interessen- und Anspruchsgruppen bei der Übernahme gesellschaftlicher Verantwortung. Stakeholder-Dialoge unterstützen Unternehmen dabei, ihre gesellschaftliche Verantwortung adäquat und umfassend wahrzunehmen. Primäres Ziel eines Stakeholder-Dialogs ist das Kennenlernen der Erwartungen und Anforderungen an das Unternehmen, um auf dieser Grundlage strategisch zu entscheiden, wie das CSR-Engagement ausgestaltet werden soll. Aus praktischen und ökonomischen Gründen können nicht alle Interessen- und Anspruchsgruppen eines Unternehmens an diesem Prozess aktiv beteiligt werden. Durch die Priorisierung der Stakeholder (siehe 10.3.2) ist das Unternehmen in der Lage, relevante und signifikante Stakeholderinteressen zu verstehen und in die Erarbeitung der CSR-Strategie einzubinden. Das Vorgehen bei der Auswahl und Einbindung der Stakeholder sollte im Sinne der CSR-Prinzipien selbst fair und transparent gestaltet sein. Zudem sollte es dokumentiert werden, um bei Bedarf den Auswahlprozess und die zugrunde gelegten Kriterien erläutern zu können.

Folgende Aspekte sollten grundsätzlich das Engagement mit den Stakeholdern prägen und sind Bestandteil eines zeitgemäßen CSR-Verständnisses:

- Die Interessengruppen haben das Recht vom Unternehmen angehört zu werden;

- Die Interessengruppen haben das Recht über die Unternehmensaktivitäten Bescheid zu wissen;

- Die Interessengruppen haben das Recht eingebunden zu werden;

- Die Beziehung zwischen dem Unternehmen und den Stakeholdern ist geprägt von wechselseitigem Respekt.

Durch die Stakeholder-Analyse (siehe 10.3.2) verfügt das Unternehmen über eine gute Ausgangsbasis. Vor allen Dingen solche Ansprüche, die auf vertraglich geregelten Beziehungen oder dem Commitment zu gemeinsamen moralischen Wertvorstellungen beruhen, lassen sich intern durch eine Auswertung der geltenden Verträge, Vereinbarungen, Verhaltenskodizes oder Selbstverpflichtungserklärungen in Verbindung mit einer Unternehmenskulturanalyse erheben. Da die Einhaltung geltenden Rechts, die Vertragserfüllung ebenso wie die Einhaltung getroffener Zusagen wesentliche Bausteine gesellschaftlicher Verantwortung sind, sollte dieser Auswertung eine entsprechende Bedeutung zu kommen.

Um die Interessenlage der Stakeholder besser zu verstehen, sollte das Unternehmen aktiv auf seine Stakeholder zugehen, insbesondere dort, wo bisher keine genauen Informationen vorhanden sind. Dialoge mit den Interessen- und Anspruchsgruppen können sowohl formell als auch informell durchgeführt werden. So können Veranstaltungen des Unternehmens wie die Durchführung eines „Tags der offenen Tür" dazu genutzt werden, mit den Angehörigen der Mitarbeiter und dem lokalen Umfeld ins Gespräch zu kommen. Auch die Initiierung oder Teilnahme an Multi-Stakeholder-Foren ist ein effektives Mittel der Stakeholder Kommunikation.

Um bestmögliche Ergebnisse zu erhalten, ist es wichtig, die Motivation und den erhofften Nutzen für beide Seiten klar zu definieren. Eine weitere Möglichkeit, die gesamtgesellschaftlichen Interessen kennenzulernen und mit deren Vertretern in einen Dialog zu kommen, ist die Kooperation mit Medien oder die Einladung zu öffentlichen Veranstaltungen.

Dabei sollte berücksichtigt werden, dass ein wesentliches Kennzeichen der dialogorientierten Kommunikation die wechselseitige Interaktion ist. Beiträge und Meldungen seitens der Interessen- und Anspruchsgruppen sollten deswegen wertgeschätzt und entsprechend beantwortet werden, der Prozess, wie mit den Beiträgen umgegangen wird, für alle Beteiligten verständlich erklärt werden. Das Gleiche gilt natürlich für den Umgang mit Argumenten der Unternehmen seitens der Stakeholder. Zur Gestaltung vertrauensvoller, konstruktiver Dialoge haben stets beide Seiten ihren Beitrag zu leisten.

Um gemeinsame Gespräche so konstruktiv wie möglich zu gestalten, kann es hilfreich sein, externe Moderatoren hinzuzuziehen. Der Sportartikelhersteller PUMA führt seit 2003 jährlich einen Stakeholder-Dialog unter Einbindung des Deutschen Netzwerks Wirtschaftsethik (dnwe) durch. Ursächlich für die Einführung dieses Stakeholderdialogs war die teilweise lautstarke Kritik unterschiedlicher Nichtregierungsorganisationen an der Produktion von PUMA. Um die Vorraussetzungen für einen offenen und zielführenden Dialog zu schaffen, entschied man sich, die Stakeholder-Dialoge an einem neutralen Ort im Kloster Banz durchzuführen. Aus diesen „Banzer Gesprächen" sind in den vergangenen Jahren gemeinsame Projekte zwischen PUMA und seinen Stakeholdern entstanden, die auch die Zulieferkette des Unternehmens einbeziehen.

Stakeholder-Dialog bei PUMA

Mit der Neuausrichtung der Unternehmensstrategie der PUMA AG Anfang der Neunziger Jahre fand gleichzeitig die Verlagerung der Produktion von PUMA-Produkten überwiegend in Länder des asiatischen Raums statt.

Vor mehr als 15 Jahren begannen wir damit, die Arbeitsbedingungen in den Fabriken, in denen unsere Produkte hergestellt werden, zu überprüfen und nachhaltig zu verbessern. 1993 führte PUMA einen Verhaltenskodex („Code of Conduct") ein, der für alle Produzenten von PUMA-Produkten verpflichtend ist. Der Kodex legt unter anderem das Mindestarbeitsalter, die Zahlung von Mindestlöhnen, die maximale Arbeitszeit sowie die Vergütung von Überstunden fest. Er hängt in der jeweiligen Landessprache deutlich sichtbar in den Produktionsfabriken aus.

Das PUMA S.A.F.E.-Team, das weltweit 13 Experten in Deutschland, der Türkei, Philippinen, Indien und China umfasst, stellt durch regelmäßige Auditierungen der PUMA-Produktionsstätten sicher, dass unser Verhaltenskodex von den Herstellern strikt eingehalten wird. S.A.F.E. steht für „Social Accountability and Fundamental Environmental Standards". Eine unabhängige Kontrolle dieser internen Betriebsrevisionen ist über die Mitgliedschaft PUMAs in der gemeinnützigen Fair Labor Association (FLA) gewährleistet, die jährlich bis zu 5 % der PUMA-Hersteller unangekündigt auditiert.

Die Kritik verschiedener Nichtregierungsorganisationen (NGOs) an den Arbeitsbedingungen in Produktionsstätten von Sportartikelherstellern macht deutlich, dass die Kommunikation der Aktivitäten von PUMA im Bereich Unternehmensverantwortung – insbesondere mit kritischen Interessengruppen – von enormer Bedeutung ist.

Aus diesem Grund führt PUMA seit dem Jahr 2003 jährlich und in enger Kooperation mit dem Deutschen Netzwerk für Wirtschaftsethik einen zweitägigen Stakeholderdialog durch, der sich unter dem Namen „Banzer Gespräche" etabliert hat.

Ziel dieses Dialoges ist es, offen über die Aktivitäten und Erfolge von PUMA im Bereich Umwelt und Soziales zu diskutieren, Potenzial innerhalb eines kontinuierlichen Verbesserungsprozesses aufzuzeigen und mit Hilfe von konkreten Projekten dem Ziel einer umfassenden nachhaltigen Entwicklung – sowohl bei PUMA als auch bei den Herstellern – näher zu kommen.

An den Gesprächen nehmen Mitglieder aus den verschiedensten Organisationen wie beispielsweise Greenpeace, Oxfam, die Fair Labor Association, der Weltverband der Sportartikelindustrie, aus der Wissenschaft, aber auch Hersteller von PUMA-Produkten teil.

Dabei wird die Expertise der verschiedenen Stakeholder genutzt, um neue Nachhaltigkeits-Trends zu diskutieren und die Glaubwürdigkeit der PUMA-Nachhaltigkeitsstrategie zu festigen – insbesondere auch bei den Gruppen, die speziellen Themen besonders kritisch gegenüberstehen.

Als Resultat sind bereits eine Reihe von Projekten im Bereich Umwelt und Soziales aus den Banzer Gesprächen hervorgegangen. Dazu gehören unter anderen der Beitritt PUMAs zur Fair Labor Association (2004), die Verabschiedung von sieben strategischen Zielen im Bereich CSR (2005), die Vorstellung von Pilotprojekten in der Lieferkette mit der FLA, der GTZ und der Kampagne für Saubere Kleidung (2006) sowie das Erstellen einer Klimaschutz-Strategie (2007).

PUMA S.A.F.E., Dr. Reiner Hengstmann, Stefan D. Seidel
Nähere Informationen unter: www.about.puma.com im Bereich Nachhaltigkeit

Stakeholder-Dialoge sind aber nicht nur zu Beginn des CSR-Engagements hilfreich, sondern stellen auch ein geeignetes Mittel zur Berichterstattung dar. Neben der Vorstellung der bereits durchgeführten CSR-Maßnahmen oder des geplanten weiteren Vorgehens können Unternehmen ihrerseits in diesem Rahmen wertvolle Hinweise bekommen, wie sie ihr Engagement verbessern können. Je regelmäßiger Stakeholder in die Wahrnehmung der gesellschaftlichen Verantwortung eingebunden werden und je konstruktiver die Auseinandersetzung geführt wird, desto stärker verbessert sich die Beziehung zwischen dem Unternehmen und seinem Umfeld. Ein transparenter und respektvoller Austausch steigert zudem die Glaubwürdigkeit des freiwilligen Engagements.

10.3.3   Festlegen der Relevanz und Signifikanz

Unter den genannten Vorraussetzungen können Stakeholder-Dialoge dem Unternehmen helfen, die relevanten wie signifikanten Fragestellungen und Herausforderungen ihrer gesellschaftlichen Verantwortung mit Bezug auf die Kernthemen der CSR zu bestimmen. Die Relevanz und Signifikanz der einzelnen Kernthemen wird dabei auch von den Merkmalen und vom Profil des Unternehmens bestimmt, die in der internen Bestandsaufnahme erhoben wurden (siehe Kapitel 10.2.2).

Durch die Befragung und Einbindung der Interessengruppen wird diese interne Perspektive um wichtige Aspekte erweitert. Erfahrungsgemäß werden insbesondere von externen Stakeholdern blinde Flecken aufgedeckt und die Relevanz wichtiger gesellschaftlicher Trends für das Unternehmen verdeutlicht. Auch aus diesem Grund ist eine systematische Beschäftigung mit gesellschaftlicher Verantwortung Teil eines umfassenden Risikomanagements.

Häufig lernt das Unternehmen auch, wie es von den verschiedenen Seiten wahrgenommen wird. Diese Erkenntnisse sind hilfreich, um sich mit dem CSR-Engagement glaubwürdig positionieren zu können.

Die Erwartungen und Interessen der Stakeholder tragen dazu bei, die bereits bekannten Fragestellungen des Unternehmens und identifizierten Aktionsfelder mit Bezug auf die Kernthemen genauer und perspektivenreicher zu beschreiben. Darüber hinaus können neue Fragestellungen entdeckt und in die unterschiedlichen Themenkomplexe eingeordnet werden. Das umfassende Wissen, inwieweit und warum welche Kernthemen und welche Handlungsfelder für ein Unternehmen relevant sind, bildet die Ausgangsbasis für die Festlegung des CSR-Engagements.

Um aus der Vielfalt der relevanten Fragestellungen und Herausforderungen konkrete Handlungsfelder für das CSR-Engagement herauszufiltern, sollte das Unternehmen jeden Punkt hinsichtlich seiner Signifikanz, also hinsichtlich seiner besonderen Bedeutung für die eigenen Unternehmensaktivitäten und die Unternehmensidentität überprüfen.

Eine solche Signifikanzprüfung sollte auf den CSR-relevanten Kriterien beruhen, die das Unternehmen aus seinem CSR-Verständnis entwickelt und in ähnlicher Form bereits bei der Auswahl der Stakeholder zugrunde gelegt hat (siehe 10.2.2 und 10.3.2). Zusätzlich sollten die strategischen Ziele des Unternehmens und bekannte Markttrends berücksichtigt werden.

Generell und unternehmensübergreifend sollten bei der Signifikanzprüfung folgende Maßstäbe angelegt werden:

■ Ausmaß, in dem sich die Fragestellung auf die nachhaltige Entwicklung und die gesellschaftliche Wohlfahrt insgesamt auswirkt;

■ Effekt, wenn Maßnahmen zu dem Thema durchgeführt werden bzw. wenn nichts getan wird;

■ Bedeutung der Fragestellung für die relevanten Stakeholder und ihre legitimen Interessen;

■ Verhältnis von Kosten (Ressourcen, Investitionen etc) seitens des Unternehmens und Nutzen (für das Unternehmen, die Umwelt, die Gesellschaft).

10.3.4 Festlegen des CSR-Engagements

Die als relevant und signifikant eingestuften Handlungsfelder spiegeln interne sowie externe Erwartungen und Ansprüche wider. Da nicht alle dieser relevanten und signifikanten Handlungsfelder gleichzeitig bearbeitet werden können, müssen einmal mehr Prioritäten für das CSR-Engagement des Unternehmens gesetzt werden. Diese grundsätzliche Entscheidung muss von der Unternehmensführung selbst getroffen werden. Grundlage der Entscheidung, auf welche Kernthemen und Handlungsfelder das CSR-Engagement in einem ersten Schritt (d.h. für die kommenden Jahre) ausgerichtet werden soll, sind das

Selbstverständnis des Unternehmens, seine Strategie, das zu Beginn festgelegte CSR-Verständnis und seine gewachsene Unternehmenskultur als innere Voraussetzung der Umsetzbarkeit bestimmter CSR-relevanter Handlungsfelder.

Folgende allgemeine Kriterien können darüber hinaus beim Fällen der Priorisierungsentscheidung und einer entsprechenden Konturierung des geplanten CSR-Engagements weiterhelfen:

- Inwieweit spielen bei den identifizierten Handlungsfeldern gesetzesrelevante Aspekte eine Rolle?

- Kann der Fortbestand des Unternehmens davon beeinflusst werden?

- Ist das Leben oder die Sicherheit von Menschen betroffen?

- Geht es um Menschenrechtsverletzungen?

- Wie lange dauert die Umsetzung?

- Wie dringlich sind die Erwartungen der Stakeholder?

- Können Ressourcen eingespart werden?

- Wie hoch ist die Investition zum jetzigen Zeitpunkt?

- Was kann schnell und einfach umgesetzt werden? („Quick wins")

- Was unterstützt die Erreichung strategischer Ziele?

- Was trägt zur Motivation der Mitarbeiter bei?

Je klarer und je transparenter die angelegten Kriterien sind, desto einfacher gestaltet sich für die Verantwortlichen im Unternehmen die Umsetzung. Ein gutes Beispiel dafür ist das Familienunternehmen Ritter, das sich in seinem digital veröffentlichten Leitbild dem umweltschonenden Handeln verpflichtet. Neben dieser Selbstverpflichtung kommuniziert das Unternehmen zugleich, dass alle energiesparenden Maßnahmen, die „nicht mehr als 10 % mehr Kosten verursachen als herkömmliche Verfahren" durchgeführt werden.[117] Damit wird für alle Mitarbeiter, aber auch für alle externen Stakeholder deutlich, welchen Werten sich das Unternehmen verpflichtet fühlt, aber auch wie das Leitbild umgesetzt werden soll und welche Investitionsentscheidung das Unternehmen gefällt hat. Zugleich veröffentlicht das Unternehmen konkrete Ansprüche und Maßstäbe, an denen das Unternehmenshandeln gemessen werden kann.

Für Handlungsfelder, die als dringlich eingestuft werden, sollten konkrete Ziele, messbare Indikatoren und ein definierter Zeitrahmen festgelegt werden. Nicht alle identifizierten Maßnahmen sind auch hinsichtlich des Zeitrahmens dringlich bzw. lassen sich zum gegebenen Zeitpunkt umsetzen. Unternehmen, die beispielsweise die Energieeffizienz ihres

---

[117] www.ritter-sport.de/#/de_DE/company/mission/ (Stand November 2009).

Bürogebäudes steigern wollen, können in den seltensten Fällen sofort umziehen. Bei der Planung des nächsten Umzugs sollte die Energieeffizienz dann allerdings eine Rolle spielen. Die Identifikation eines prioritären Handlungsfelds kann wiederum Maßnahmen erforderlich machen, die in die weitere strategische Planung des Unternehmens Eingang finden müssen.

10.4 Integration von CSR in die Organisation

Die gesellschaftliche Verantwortung von Unternehmen ist sowohl ein strategisches als auch ein operatives Management-Thema. Unternehmen, die sich glaubhaft mit CSR auseinandersetzen, sollten beide Aspekte der Umsetzung im Blick haben: CSR als Bestandteil der Unternehmensstrategie stellt sicher, dass die gesellschaftliche Verantwortung des Unternehmens bei allen Entscheidungen berücksichtigt wird. Die Integration des CSR-Verständnisses in das bestehende Managementsystem des Unternehmens sorgt dafür, dass eine kontinuierliche und nachhaltige Umsetzung stattfindet und unternehmensweit funktioniert.

10.4.1 Strategischer Rahmen: „Setting the tone at the top"

Die Einführung und Umsetzung des CSR-Engagements lebt vom Commitment des Top-Managements. Die obersten Führungskräfte eines Unternehmens sind Botschafter für die Unternehmenszukunft sowohl nach innen als auch nach außen. Die Glaubhaftigkeit wie die Wirksamkeit des CSR-Engagements steht und fällt daher in beiderlei Hinsicht mit der Glaubwürdigkeit und der Aufrichtigkeit der Unternehmensleitung. Neben dem persönlichen Commitment kommt es darauf an, CSR in die bestehenden Führungs-, Entscheidungs- und operativen Strukturen des Unternehmens zu integrieren.

Um CSR umfassend im Unternehmen umzusetzen, muss sich gesellschaftliche Verantwortung – bildlich gesprochen – wie ein roter Faden durch alle Unternehmensstrukturen und -prozesse ziehen. Der Ausgangspunkt für die Umsetzung ist daher die Verbindung von CSR mit der Unternehmenssteuerung (Corporate Governance). Bevor CSR zum Maßstab des Handelns und Verhaltens der Mitarbeiter werden kann, muss sie als Maßstab im Unternehmensleitbild (Vision, Mission, Werteerklärung, Verhaltenskodex etc.), in der Strategieentwicklung, in der Zielfindung ebenso wie in der Strategieumsetzung berücksichtigt werden.

Systematischer Aktionsplan

Zur Gestaltung der systematischen Integration von CSR im Unternehmen bietet es sich an, einen CSR-Aktionsplan zu erstellen. Dieser umfasst in der Regel lang- und mittelfristige Ziele, die beschreiben, wie bei der Umsetzung von CSR vorgegangen werden soll. Mithilfe eines Zeitplans werden zudem die einzelnen Schritte in ihrer inhaltlichen und zeitlichen Abhängigkeit abgebildet. So sollte die Bestandsaufnahme zur gesellschaftlichen Verantwortung vor und nicht nach der Festlegung von CSR-spezifischen Zielen erfolgen. Bei der Kommunikation wiederum ist darauf zu achten, zuerst intern CSR-Verantwortlichkeiten zu klären und Ansprechpartner zu benennen, bevor Mitarbeiter oder weitere Stakeholder informiert werden.

Zur Umsetzung von CSR im Unternehmen sollten im Aktionsplan neben den Verantwortlichkeiten auch Ressourcen und das verfügbare Budget enthalten sein. Dabei kann es hilfreich sein, die Budgetierung entlang der einzelnen Schritte vorzunehmen: Startet ein Unternehmen beispielsweise seine interne Bestandsaufnahme im Zuge eines umfassenden Strategiereviews, so sollte das CSR-Team an diesem Prozess beteiligt sein oder wesentliche Aufgaben davon übernehmen. Je stärker CSR von Beginn an mit den regulären Unternehmensaktivitäten verknüpft werden kann, desto erfolgreicher verläuft die Umsetzung.

Zudem sollten – wie bei anderen Projektplänen auch – wesentliche Meilensteine, aber auch Engpässe im Aktionsplan aufgeführt werden, um mögliche Schwierigkeiten so früh wie möglich zu erkennen und ihnen gegensteuern zu können. Den jeweiligen Aktivitäten ebenso wie den notwendigen Entscheidungen sollten stets klare Verantwortlichkeiten und ein eindeutiger Zeitrahmen zugeordnet werden. Dies unterstützt die Konsequenz und Umsetzungsdisziplin.

Das Top-Management muss regelmäßig über den aktuellen Stand der CSR-Integration informiert werden. Denn diese Ebene trägt die letztendliche Verantwortung für die Integration und Berücksichtigung des CSR-Engagements bei allen Unternehmensaktivitäten.

Abbildung 10.9   CSR-Aktionsplan

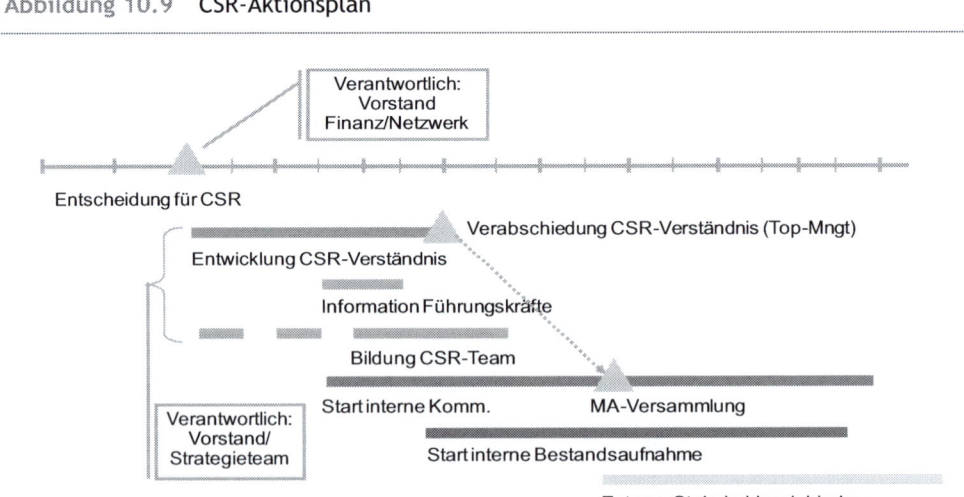

Der CSR-Aktionsplan sollte besonderes Augenmerk auf die interne und externe Kommunikation legen: Mitarbeiter ebenso wie externe Stakeholder erfahren auch ohne „offizielle" Kommunikation relativ schnell, wenn sich im Unternehmen etwas ändert. Um den Wahrheitsgehalt der CSR-Kommunikation steuern zu können, sollten Unternehmensleitung und die CSR-Verantwortlichen von Beginn an Wert auf die Berücksichtigung der Kommunikation im Aktionsplan legen. Idealerweise werden auch für die Kommunikation und Information klare Ziele gesetzt, beispielsweise wer durch wen informiert werden soll, wie viele Mitarbeiter an der internen Bestandsaufnahme beteiligt werden und welche Inhalte von allen Mitarbeitern verstanden werden müssen.

Der CSR-Aktionsplan sollte in regelmäßigen Abständen mit den bereits erfolgten Aktivitäten und Maßnahmen abgeglichen werden. Informationen, die aus der internen Bestandsaufnahme oder den Stakeholder-Dialogen gewonnen wurden, erläutern und unterfüttern die beschriebenen Zielsetzungen. Dabei identifizierte Verbesserungsbereiche und CSR-kritische Aspekte sollten das zeitliche und inhaltliche Vorgehen immer wieder ergänzen und, wo nötig, Veränderungen ermöglichen. Je nach Ausgestaltung des Aktionsplans kann dieser auch für die spätere CSR-Berichterstattung oder die Kommunikation im Rahmen von Stakeholder-Dialogen genutzt werden. Als Dokumentationsinstrument verstanden, nutzt er Unternehmen auch dabei, Rechenschaft abzulegen über die Art und Weise und über die Reihenfolge der CSR-Umsetzung.

Abbildung 10.10 Integration von CSR

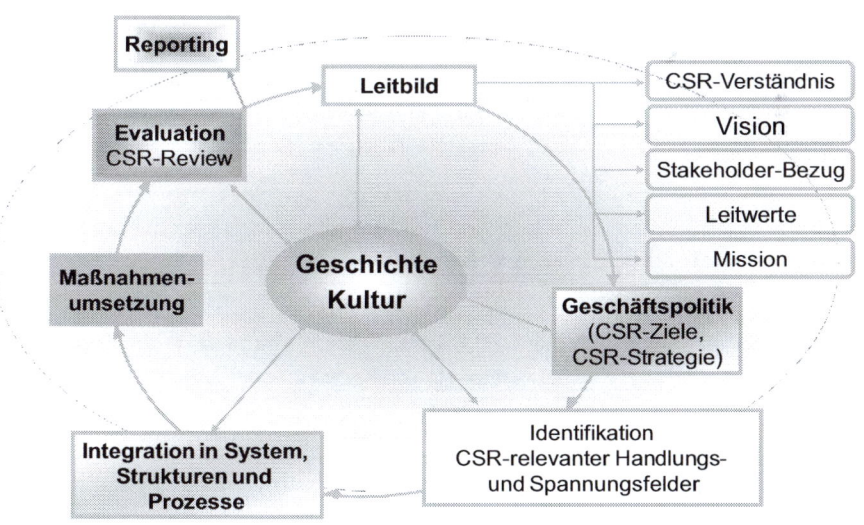

Integration in das Leitbild

Viele Unternehmen haben bereits ein wertebasiertes Leitbild, das sich als Ausgangsbasis für die Implementierung des CSR-Verständnisses nutzen lässt. Dieses Leitbild enthält in der Regel Aussagen über die Zukunft des Unternehmens (Vision), den Daseinszweck des Unternehmens (Mission) und zentrale Leitwerte. Alle Elemente des Leitbilds sollten vor dem Hintergrund des CSR-Selbstverständnisses und der CSR-Handlungsfelder evaluiert und angepasst werden. Die Prinzipien gesellschaftlicher Verantwortung (siehe 10.2.1) sollten hier reflektiert werden. Die grundsätzlichen Aussagen und Ziele des Unternehmens im Hinblick auf seine gesellschaftliche Verantwortung müssen Bestandteil dieses Leitbilds sein. Unter CSR-spezifischen Gesichtspunkten sollten auch Aussagen über die Beziehungen des Unternehmens zu seinen wesentlichen Stakeholdern enthalten sein. Damit wird einerseits eine gute Basis für die Durchführung regelmäßiger Stakeholder-Dialoge geschaffen und andererseits das Verständnis gesellschaftlicher Verantwortung konturiert. Für einige Unternehmen kann es sinnvoll sein, die CSR-Umsetzung mit einem entsprechenden Leitbild-Review zu verbinden. Bei der Erarbeitung eines CSR-orientierten Leitbilds sollte darauf geachtet werden, dass vorhandene Stärken des Unternehmens betont werden und Anschlussfähigkeit an das alte Leitbild besteht.

Anpassung der Strategie

Im Rahmen des jährlichen Strategiereviews bietet es sich an, die bestehende Strategie vor dem Hintergrund des CSR-Selbstverständnisses und der CSR-Handlungsfelder zu betrachten. Die Integration von CSR in die Strategie ist ein wichtiges Element, um sicherzustellen, dass CSR in die Unternehmenspolitik, in alle Unternehmensstrukturen, Prozesse, Verfahren und Entscheidungswege einfließt. Für manche Unternehmen kann es zudem hilfreich sein, eine spezielle CSR-Strategie zu entwickeln. Sie muss sich aber in jedem Fall aus der Unternehmensstrategie ableiten lassen, um integraler Bestandteil der Unternehmenspolitik und -ausrichtung zu sein.

Auch die strategischen Ziele sollten sich am CSR-Verständnis ausrichten bzw. es mit einbeziehen. Denn nur durch dessen Berücksichtigung in allen Zielsetzungen des Unternehmens findet eine integrative Umsetzung von CSR statt, die Synergien schafft und Komplexität reduziert.

Für die identifizierten CSR-Handlungsfelder sollten je nach Bedeutung und Langfristigkeit eigene neue bzw. erweiterte strategische Ziele formuliert werden.

Business Code of Conduct

CSR betrachtet Unternehmen in ihrem Umfeld. Deshalb kann CSR auch Bestandteil von zielgruppenspezifischen Verhaltenskodizes und Vereinbarungen mit den Stakeholdern des Unternehmens werden. (Die Integration von CSR in mitarbeiterbezogene Verhaltensgrundsätze wird unter Punkt 10.4.3 besprochen.)

Als Bestandteil der Unternehmenspolitik kommt auch den Beziehungen zur Wertschöpfungskette und assoziierten Unternehmen oder Vereinen eine wesentliche Rolle zu. Unternehmen sollten ihren bestehenden Business Code of Conduct dahingehend überprüfen, ob er kompatibel ist mit dem CSR-Selbstverständnis und den CSR-Handlungsfeldern, und ihn gegebenenfalls anpassen oder erweitern. Auch Vereinbarungen, die das Unternehmen akzeptiert hat, Codes of Conduct, die sie als Lieferanten oder Zulieferer unterzeichnet haben, ebenso wie Selbstverpflichtungserklärungen sollten auf ihre Vereinbarkeit mit dem CSR-Verständnis und der CSR-Strategie überprüft werden. Die Integration von CSR bietet Unternehmen aber auch die Möglichkeit, einen eigenen Business Code of Conduct zu entwickeln und einzuführen oder in Kooperation mit anderen Unternehmen, in gemeinsamen Initiativen oder in Verbänden einen wechselseitig anerkannten Business Code of Conduct zu CSR zu schaffen und zu nutzen. So stellt beispielsweise die Business Social Compliance Initiative (BSCI), 2003 von der Foreign Trade Association (FTA) in Brüssel gegründet, Mitgliedsunternehmen einen Code of Conduct für Sozial- und Umweltstandards und darüber ein Management System zur Verfügung (siehe hierzu Kapitel 5.2.2 und www.bsci-eu.org). CECED, das European Committee of Domestic Equipment Manufacturers, unterstützt seine Mitglieder bei der Wahrnehmung ihrer bürgerschaftlichen Pflichten auf freiwilliger Basis unter anderem durch die Bereitstellung des CECED Code of Conduct (www.ceced.org).

10.4.2 Bewusstseinsbildung und Kompetenzentwicklung im Unternehmen

Um CSR im Unternehmen erfolgreich umzusetzen, ist es notwendig, alle Mitarbeiter für die Relevanz der Verantwortungsübernahme und für die Ziele des Unternehmens zu sensibilisieren. Da Verantwortung nur von Menschen übernommen werden kann, kann ein Unternehmen nur in dem Maße verantwortlich handeln, wie seine Repräsentanten und die einzelnen Mitarbeiter verantwortlich handeln. Gerade bei der Einführung des CSR-Engagements kommt es deswegen darauf an, innerhalb des Unternehmens ein Bewusstsein für und ein Commitment der Mitarbeiter zur gesellschaftlichen Verantwortungsübernahme des Unternehmens zu erreichen. Zusätzlich muss die Kompetenz der Mitarbeiter so aufgebaut werden, dass sie befähigt sind, die Auswirkungen ihres Handelns und Verhaltens auf das CSR-Engagement des Unternehmens abzuschätzen.

Sowohl die Bewusstseins- als auch die Kompetenzbildung sollten in einen systematischen Prozess eingebunden und mit dem operativen Alltagsgeschäft verbunden werden. Mit beiden Schritten sollte das Unternehmen frühzeitig beginnen, um ausreichend Zeit zu haben und die Mitarbeiter nicht zu überfordern.

Identifikation von Grauzonen

Mit der Einführung von CSR im Unternehmen werden unternehmensweit gültige Maßstäbe gesetzt. Häufig werden dabei Soll-Vorstellungen formuliert, die an die Mitarbeiter neue Ansprüche und Anforderungen herantragen. Aber nicht nur im operativen Geschäft, sondern auch bei strategischen Geschäftsentscheidungen kann es aufgrund der CSR-Orientierung zu Interessenskollisionen und Dilemma-Situationen kommen. Diese Widersprüchlichkeit von Interessen und Zielen zu lösen ist eine zentrale Herausforderung für alle Unternehmen, die sich nie ganz bewältigen lassen wird. Je besser CSR in die Entscheidungsprozesse und -wege eingebunden ist und in den Unternehmensstrukturen und Routinen umgesetzt wird, desto weniger Grauzonen und potenzielle Dilemma-Situationen entstehen. Doch zu Beginn des CSR-Engagements werden viele Widersprüchlichkeiten bewusst und Herausforderungen entstehen, die im Vornherein nicht immer kalkulierbar sind. Um mögliche Zielkonflikte gering zu halten, ist es wichtig, von Beginn an und kontinuierlich zu analysieren, welche möglichen Konfliktsituationen entstehen können und wie diese am besten gelöst werden können. Führungskräfte und Mitarbeiter sollten Klarheit haben, aufgeklärt werden, wie sie mit solchen Situationen umgehen sollen. Auch dafür kann die Einrichtung eines Hinweisgebersystems für die Meldung von konkreten Missständen und Fehlverhalten sinnvoll sein. Die Identifikation von Grauzonen ist ein Prozess des organisationalen Lernens, der alle Ebenen und Bereiche betrifft.

Bewusstseinsbildung

Zu Beginn des CSR-Engagements sollte unternehmensintern eine umfassende Sensibilisierung der Mitarbeiter stattfinden. Dabei ist es wichtig, möglichst viele Mitarbeiter so zu erreichen, dass sie den Veränderungsprozess mittragen. Das bedeutet auch, CSR so zu erklären, dass es die jeweiligen Mitarbeiter verstehen. Um Mitarbeiter zu motivieren, das gesellschaftliche Engagement des Unternehmens zu unterstützen, ist es sinnvoll, klare Aussagen zu den Zielen und Herausforderungen zu treffen. Auch die zu Grunde liegende Werteorientierung spielt hierbei eine wesentliche Rolle. Die Vorstellung des erarbeiteten CSR-Verständnisses kann beispielsweise im Rahmen eines Stakeholder-Dialogs mit den Mitarbeitern vonstatten gehen. Auf diese Weise sind die Mitarbeiter von Anfang an an der Entwicklung des CSR-Engagements beteiligt und wissen, was sich in Zukunft verändern wird und wo sie unterstützen können.

Die HARTING KGaA, ein erfolgreicher Steckverbindungshersteller aus Ostwestfalen, setzt bei der Steigerung der Energieeffizienz und dem ressourcenschonenden Wirtschaften auf die Mitarbeiter als ‚Experten vor Ort'. Sie werden nicht nur in die Überwachung und Optimierung von Einzelmaßnahmen einbezogen, ebenso erörtern sie Maßnahmen und sind aufgefordert weitere Vorschläge einzubringen. Die Partizipation der Mitarbeiter bei der Erreichung von CSR-Zielen und Aktivitäten bewirkt dabei zweierlei: Die Umsetzung und Nachverfolgung wird von vielen unterstützt und das Fachwissen der operativen Mitarbeiter ermöglicht es, weitere Wege des Engagements zu entwickeln. Auf diese Weise wird nicht nur die Kommunikation erleichtert, sondern auch das organisationsweite Wissen zur Steigerung des CSR-Engagements aktiv genutzt.

Ein tragfähiger Ansatz, gesellschaftliche Verantwortung bewusst zu machen, ist die Etablierung einer Kommunikationskaskade. Ein Vorteil bei diesem Vorgehen ist, dass sich die Führungskräfte selbst intensiv mit CSR, den dazugehörigen Prinzipien und Themen auseinandersetzen, um sie ihren Mitarbeitern erklären zu können. Auf diese Weise werden die Führungskräfte in ihrer Führungsverantwortung gestärkt und als CSR-Promotoren gewonnen. Bei der kaskadierenden Weitergabe der Informationen muss berücksichtigt werden, dass der Detaillierungsgrad von der jeweiligen Position der Mitarbeiter im Unternehmen abhängig ist. Bei der Vermittlung sollte Wert darauf gelegt werden, dass Mitarbeiter für Grauzonen sensibilisiert und in ihrer Handlungsfähigkeit gestärkt werden.

Zusätzlich kann das unternehmensinterne Interesse an CSR durch begleitende Maßnahmen wie einen Brief des Top-Managements an die Belegschaft, durch Intranet, Mitarbeiterbefragungen, Mitarbeiterzeitungen oder Unternehmenstheater als Aufhänger für bevorstehende Veränderungsprozesse gestärkt werden.

Interne Kompetenzbildung

Vorraussetzung für die Kompetenzbildung ist, dass die Mitarbeiter verstanden haben, worum es bei CSR geht. Welche Kompetenzbereiche ein Unternehmen aufbauen muss, hängt einerseits von den vorhandenen Fähigkeiten und Fertigkeiten der Mitarbeiter und andererseits von der konkreten Arbeitsaufgabe ab. Dies kann beispielsweise im Rahmen der internen Bestandsaufnahme mit erhoben werden.

Der größte Weiterbildungsbedarf besteht am Anfang bei den Mitarbeitern der CSR-Stabsstelle, da sie zugleich für die interne Wissensvermittlung und die kompetente Begleitung des Prozesses verantwortlich sind. Bei einer internen Personalauswahl für diesen Bereich empfiehlt es sich, gezielt Mitarbeiter einzubinden, die bereits Erfahrung mit mindestens einem der relevanten Kernthemen haben (zum Beispiel Umweltschutz, Personal, Arbeitssicherheit etc.). Neben der thematischen Wissensvermittlung sollten Kompetenzen zur Einbindung von Stakeholdern, spezifisches Fachwissen zu ethischen Fragestellungen und rechtliche Wissens-Grundlagen aufgebaut werden.

Um CSR erfolgreich und glaubwürdig umzusetzen, sollten daher neben den Führungskräften Mitarbeiter der Unternehmenskommunikation, der Personal- und Unternehmensentwicklung, der Rechtsabteilung, des Vertriebs und des Marketing an CSR-Kompetenzentwicklungsprogrammen teilnehmen. Vor allem diese Bereiche tragen wesentlich dazu bei, das -Engagement umfassend und nachhaltig im Unternehmen zu integrieren.

Für die Kompetenzbildung können unterschiedliche Methoden und Herangehensweisen – von E-Learning über Präsenzveranstaltungen, Vorträge, Großgruppenkonferenzen bis zur Projektgruppenarbeit – genutzt werden.

10.4.3 Operative Integration von CSR

Vorraussetzung und Herausforderung zugleich für ein erfolgreiches CSR-Engagement ist die Integration in alle Unternehmensprozesse, -strukturen und Steuerungssysteme. In welcher Reihenfolge und mit welchen Instrumenten dies geschieht, ist idealerweise bereits im CSR-Aktionsplan beschrieben. Wesentlich für eine vollumfängliche Integration ist, dass CSR in das Selbstverständnis und in die Unternehmensphilosophie Eingang gefunden hat. In dem Maße, in dem gesellschaftliche Verantwortungsübernahme und die unternehmensspezifischen Werte das strategische Entscheidungssystem des Unternehmens prägen, kann CSR Bestandteil des Managementsystems werden. Die Abhängigkeit zwischen der Strategie und der operativen Umsetzung ist ein kritischer Erfolgsfaktor von CSR. Die strategischen Unternehmensziele müssen auf alle Bereiche und Ebenen heruntergebrochen und kommuniziert werden. Dabei sollte stets der Bezug zum CSR-Engagement des Unternehmens erkennbar sein.

Unternehmen, die bereits Erfahrung mit internen Veränderungsprozessen haben, sollten dabei auf bereits bewährte Methoden und Vorgehensweisen zurückgreifen. Bereits erprobte Managementpraktiken für Planung, Umsetzung und Evaluation können bei der Einführung und Umsetzung von CSR Effizienz- und Effektivitätsvorteile bringen und die Übernahme von gesellschaftlicher Verantwortung beflügeln. Einen guten Ansatzpunkt bilden zum Beispiel Kontinuierliche Verbesserungsprozesse (KVPs) oder ganzheitliche Qualitätsmanagementsysteme (TQM).

Der ‚Schindlerhof' in Nürnberg hat sich weit über die Region hinaus einen Namen gemacht mit seiner mit dem Ludwig-Erhard-Preis ausgezeichneten, vorbildlichen Umsetzung von TQM nach dem Business Excellence Modell der European Foundation of Quality Management (EFQM). Das ganzheitliche Modell wird vom Schindlerhof nicht nur zu Sicherung der Qualität im Hotelgewerbe eingesetzt, sondern im Sinne von EFQM als umfassendes Managementsystem zur konsequenten Verwirklichung seiner Werte und Ziele:

Ganzheitliches Qualitätsmanagement – Unternehmenswertsteigerung at its Best

Das heutige Tagungshotel Schindlerhof wurde im Jahr 1984 als traditioneller Landgasthof von Klaus und Renate Kobjoll eröffnet. Als kleines „Hoteldorf" bestand es damals aus einem liebevoll restaurierten Bauernhof aus dem 16. Jahrhundert mit rund 100 Restaurant-, 80 Bankettplätzen und 34 Zimmern. Konsequent wurde der Schindlerhof im Laufe der Jahre mit modernen Gebäudestrukturen ergänzt und erweitert – DenkArt und Ryokan – und verfügt heute über 95 Hotelzimmer, 9 Tagungsräume und rund 200 Sitzplätze in der Gastronomie. Kernprodukte sind die Vermietung von Hotelzimmern, Durchführung von Tagungen, Seminaren und Konferenzen sowie die Veranstaltung von Banketten und ein umfangreiches Gastronomie-Angebot.

Herausforderung: Qualitätsmanagement auf der Basis der EFQM European Federation for Quality Management, Brüssel, einzuführen und sich dem Wettbewerb sowie den Auszeichnungen dieser anerkannten Organisation zu stellen, die dem Schindlerhof folgende Preise zwischen 1997 und 2004 verlieh: „European Quality Award (EQA) for Independent Small and Medium Size Companies" (KMU Kleine und Mittlere Unternehmen,1998); Special Prize des European Quality Award (EQA) for Outstanding Customer Focus" (Herausragende Kundenorientierung, 2003); Special Prize des European Quality Award (EQA) for Outstanding People Development and Involvement" (Herausragende Mitarbeiterorientierung, 2004). Außerdem gewann das Hotel 1998 und 2003 den Ludwig-Erhard-Preis der Deutschen Gesellschaft für Qualität, Frankfurt, für kleine Unternehmen – ebenfalls basierend auf den Richtlinien der EFQM.

Konsequente Strukturierung und Neuausrichtung des Unternehmens an die Gegebenheiten moderner Märkte, die gekennzeichnet sind von: rücksichtslosem Verdrängungswettbewerb an der Preis- und Innovationsfront; dem Primat von Kundenwünschen; Marktveränderungen in rasantem Tempo und ständig steigenden Kosten. Unsere Ziele in diesem Zusammenhang: „Business Excellence" zum integralen Bestandteil unseres Unternehmens zu machen; Durchsetzung von Flexibiliät anstatt einer Weiterentwicklungsstrategie in festgefahrenen Bahnen; nicht Anpassung, sondern Risikobereitschaft als Voraussetzung für das langfristige Überleben unseres Unternehmens zu schaffen.

Umsetzung: Es wurde eine Projektgruppe aus neun Mitarbeitern initiiert, die sich aus allen Leistungsbereichen und Hierarchieebenen zusammensetzte.

Umsetzungsprobleme: Der Aufwand und Einsatz aller ist enorm – insbesondere bei der Einarbeitung in das System. Zwischendurch gab es immer mal wieder so genannte „Durchhänger" und durchaus auch Probleme mit manchen Mitarbeitern, den „Widerstandskämpfern", den „Gleichgültigen" oder den „Lippenbekennern". Mit Erfolg durchgezogen wurde das Projekt in erster Linie von den „Gläubigen", den „Missionaren" und den „aufrechten Gegnern", die so manchen durchaus auch sinnvollen Diskussionspunkt einbrachten.

Nutzen: Aus der Einführung des Qualitäts-Systems im Schindlerhof ergaben sich schon bald deutlich erkennbare Vorteile:

- Motivationsschub für sämtliche Mitarbeiter (nach „tiefem Loch" im zweiten Jahr)

- Eine ausgeprägte Stolzkultur – gemeinsamer Erfolg macht stolz und motiviert, auch so manchen ehemaligen Gegner

- Die Innovationskraft des Unternehmens ist deutlich gestiegen (Stichworte sind: zuverlässige Erfassung der Kundenzufriedenheit, Kernprozess Innovation)

- Mehr Kundenzufriedenheit – die intensive Beteiligung aller Mitarbeiter führt zu noch mehr Qualität

- Probleme in jedem Leistungsbereich werden schneller erkennbar und sind leichter zu beseitigen

- Vorbeugende Maßnahmen zur Vermeidung von Fehlern werden konsequent angewandt

- Enorme Presse-Resonanz

- Steigerung der Gewinne ohne Veränderung der Kalkulation

- Verbesserung der Rating Note bei unserer Hausbank – jetzt: 4 auf der Skala 1 bis 18 = A+ (branchenspezifisch leicht höheres Risiko trotz höherer Bonität, da etwas anfällig für Wirtschaftskrisen)

Aufwand: Das Projekt selbst wurde überwiegend in der Freizeit aller Beteiligten geplant. Die Einführung von ISO 9000 als Grundlage für TQM erforderte fünf Monate.

Weitere sechs Monate verstrichen, um TQM in die Abläufe zu integrieren. Ein weiteres Jahr dauerte die Stabilisierungsphase.

Nicole Kobjoll, Teilhaberin und Mitglied der Geschäftsleitung, Schindlerhof Klaus Kobjoll GmbH
Nähere Informationen unter: www.schindlerhof.de

Viele Unternehmen haben bereits spezifisch auf ihre Bedürfnisse zugeschnittene Managementsysteme. Faber Castell, ein inhabergeführtes, international tätiges Unternehmen der Schreib- und Zeichenindustrie, nutzt einen integrativen Managementansatz zur Umsetzung seines ganzheitlich ausgerichteten Sustainability-Managements. Die Entwicklung und Implementierung dieses unternehmenseigenen Ansatzes entsprang der Intention, die in der langjährigen Tradition verwurzelte sozial und gesellschaftlich verantwortliche Ausrichtung von Faber-Castell prozesshaft abzubilden und für alle Gesellschaften weltweit verbindlich zu machen. Das bereits 1998 eingeführte und 2004 mit dem Preis des deutschen Netzwerks Wirtschaftsethik (dnwe) ausgezeichnete System beruht auf den drei Säulen Qualität, Umwelt und Soziales im Sinne des Unternehmensleitbilds der Nachhaltigkeit. Der Verhaltenskodex der Sozialcharta, der seit 2000 weltweit gültig ist, ebenso wie die Inhalte der Unternehmensleitlinien „Zukunft hat Herkunft" – neben Leitwerten wie Tradition, Qualität und Innovation enthält es die Selbstverpflichtung zur sozial und ökologisch verantwortlichen Unternehmensführung auf einem globalen Markt – sind Bestandteil des Managementsystems ‚FABIQUS', ein Akronym aus Firmennamen und den drei Säulen Qualität, Umwelt und Soziales. Zur Sicherstellung der Umsetzung und Einhaltung der formulierten Orientierungen und Verhaltensstandards werden in allen Ländern regelmäßig interne Auditierungen durch werkseigene Auditoren durchgeführt. Zusätzlich erfolgt alle zwei Jahre ein externes Audit aller Werke durch den Sozialpartner. Diese prozesshafte Organisation des Themas CSR stellt sicher, dass die Umsetzung und Weiterentwicklung des Themas kontinuierlich erfolgt und die notwendige Aufmerksamkeit auf allen Unternehmensebenen lebendig bleibt.

10.4.3.1   CSR und Unternehmenssteuerung

Die Entscheidung für und die Umsetzung von CSR sind Aufgaben der Unternehmensführung und -steuerung. Zugleich ist die Unternehmenssteuerung aber selbst ein Kernthema gesellschaftlicher Verantwortung. Die Erwartungen an eine verantwortungsvolle Unternehmensführung und -steuerung haben in den vergangenen Jahren stark zugenommen.

Neben der Verankerung des CSR-Verständnisses in Leitbild und Strategie ist es deswegen wichtig, auch die übrigen Formen der Unternehmenssteuerung zu berücksichtigen. Dabei können Unternehmen von einem integrativen Vorgehen profitieren. Ausgaben und Investitionen sollten zum Beispiel nicht gesondert, sondern gemeinsam mit weiteren Unternehmenskennzahlen erhoben und ausgewertet werden. Das Controlling kann auf der anderen Seite dabei unterstützen, aussagekräftige und spezifische Indikatoren für einzelne Ziele zu entwickeln. Neue Erkenntnisse und Informationen aus interner Bestandsaufnahme und Stakeholderdialog können dem Risikomanagement wichtige Hinweise liefern, ebenso wie andersherum das Risikomanagement bei der Priorisierung von Handlungsfeldern mit Kompetenz und Erfahrung unterstützen kann.

Auch von Compliance und Revision sollte CSR nicht losgelöst betrachtet werden. Zum einen werden dort bereits viele Erwartungen und Anforderungen aus dem Bereich CSR thematisiert, zum anderen sind auch hier Erfahrungen und Kompetenzen vorhanden, die die Umsetzung von CSR fördern.

10.4.3.2 Integration in das Managementsystem

Den Ausgangspunkt für die Integration von CSR in Strukturen und Prozesse bildet das Managementsystem. Auch wenn Unternehmen häufig verschiedene Aspekte in eigenen Managementsystemen abbilden (Umweltmanagementsystem, Prozessmanagement, Personalmanagement etc.), werden Entscheidungen unternehmensweit nur nach einem Vorgehen getroffen. Dieses gelebte Managementsystem stimmt nicht immer mit dem dokumentierten Managementsystem überein. Deswegen besteht eine wesentliche Herausforderung darin, das tatsächliche Entscheidungsverhalten zu verändern. Aus diesem Grund sind die unternehmensweite Kommunikation und das Commitment der Führungskräfte und Manager ebenso wichtig wie die Sensibilisierung und Schulung der Mitarbeiter insgesamt.

Um eine effiziente und effektive Integration zu fördern, ist es sinnvoll, klare CSR-Kriterien zu entwickeln, die die Führungskräfte und Mitarbeiter darin unterstützen, alle Dimensionen der gesellschaftlichen Verantwortung in ihrem Handeln und Verhalten zu berücksichtigen. So kann ein ausformulierter Fragenkatalog den Unternehmensangehörigen dabei helfen, bei der Planung neuer Maßnahmen auch die CSR-Perspektive einzunehmen. Neben den unternehmensspezifischen Kriterien können dabei folgende Fragen hilfreich sein:

- Inwieweit sind Dritte von der Entscheidung oder Handlung betroffen?

- Mit welchen Auswirkungen müssen bzw. können wir kurz-, mittel- und langfristig rechnen?

- Wem könnte meine Handlung oder Entscheidung schaden?

- Dient meine Entscheidung der Erreichung unserer strategischen Ziele?

- Stimmt meine Handlung mit den Unternehmenswerten überein?

- Kann/will ich für die positiven und negativen Auswirklungen die Verantwortung übernehmen?

- Nützt meine Entscheidung dem Unternehmen, der Umwelt und der Gesellschaft?

Auch die Art und Weise, wie Entscheidungen dokumentiert und kommuniziert werden, sollte vor dem Hintergrund des CSR-Verständnisses betrachtet werden. Im Hinblick auf die Umsetzung der CSR-Prinzipien ist es wesentlich, dass Entscheidungen transparent gemacht und ihre Gründe gegenüber internen wie externen Stakeholdern bei Bedarf kommuniziert werden können. Dabei sollten auch die Ausgangsinformationen und mögliche Nutzen-Risiko-Abwägungen dokumentiert werden, um die Rechenschaftsfähigkeit des Unternehmens zu unterstützen.

10.4.3.3   Integration in Prozesse und Strukturen

Ausgehend vom unternehmenseigenen Managementsystem muss CSR Bestandteil aller operativen Prozesse und Strukturen werden. Auch hier spielen die Prinzipien der gesellschaftlichen Verantwortung und das CSR-Verständnis des Unternehmens eine wesentliche Rolle. Ihre Umsetzung muss durch die Unternehmensstrukturen und -Prozesse unterstützt werden bzw. darf im ersten Schritt durch diese nicht verhindert werden. Unternehmen sollten deswegen zu Beginn und anschließend regelmäßig die Unternehmensabläufe analysieren und nach möglichen Verbesserungsbereichen suchen. Zu Beginn der CSR-Umsetzung ist die Orientierung an den priorisierten CSR-Bereichen und Zielen sinnvoll, um den Veränderungsprozess handhabbar zu gestalten. Je nach Ausgangslage können Unternehmen mit tiefgreifenden, langfristigen Veränderungsbedarfen und einfach umzusetzenden Maßnahmen konfrontiert werden. Hier muss ein angemessenes Vorgehen gefunden werden, das weder die Mitarbeiter überfordert oder das operative Geschäft zum Erliegen bringt noch relevante Veränderungsbereiche ignoriert, die der Zukunftsfähigkeit des Unternehmens schaden können. Im CSR-Aktionsplan sollten deswegen die verfügbaren Kapazitäten berücksichtigt und es sollte realistisch zwischen kurz- und mittelfristigen Zielen unterschieden werden.

Integration in die Unternehmensstrukturen

Für eine unternehmensweite CSR-Umsetzung ist es sinnvoll, die strategischen Ziele und priorisierten Handlungsbereiche in konkrete Zielvorgaben für alle Unternehmensbereiche zu übersetzen. Ausgehend vom Top-Management sollten entlang der Unternehmensstruktur Anforderungen an alle Bereiche und Abteilungen erarbeitet werden, die ausdrücken, wo der jeweilige spezifische Beitrag zur Umsetzung und Verankerung verantwortungsvollen Handelns liegt. Diese Zielkaskade kann unter Einbindung der verantwortlichen Führungskräfte im Rahmen der internen Bestandsaufnahme oder der anfänglichen internen CSR-Kommunikation erfolgen. Durch die Beteiligung möglichst vieler Führungskräfte wird das Engagement, aber auch das Verständnis für die eigene Verantwortung gestärkt.

Die vereinbarten Ziele sollten realistisch, klar, spezifisch und messbar und mit einem Zeitrahmen versehen sein. Je deutlicher sie den CSR-relevanten Zielsetzungen zugeordnet sind, desto leichter lassen sich diese Ziele in einem unternehmensweiten CSR-Monitoring erfassen. Je abstrakter die Ziele hingegen sind, desto schwieriger lassen sie sich messen und desto komplizierter wird die Evaluation der CSR-Leistung insgesamt.

Bei einem partizipativen Vorgehen sollte allerdings darauf geachtet werden, dass weiterhin klare Verantwortlichkeiten bestehen bleiben. Die Herausforderung liegt darin, eine angemessen große Beteiligung zu ermöglichen und zugleich strukturiert und steuerbar vorzugehen. Dafür ist sowohl die Ansiedlung von CSR auf Top-Management-Ebene als auch die Etablierung eines interdisziplinären, bereichsübergreifenden Steuerungsteams sinnvoll.

Ein Beispiel für die gelungene Integration des facettenreichen und unternehmensspezifisch ausgeprägten Themas „Gesellschaftliche Verantwortung" ist das Unternehmen Bosch. Die traditionsbewusste Firma hat alle Unternehmensziele und Werte im sogenannten „House of Orientations" zusammengefasst: Neben der Vision und dem Leitbild „BeQuick" finden sich dort auch die für alle Mitarbeiter geltenden Unternehmenswerte wie u. a. Zukunfts- und Ertragsorientierung, Offenheit und Vertrauen, Zuverlässigkeit und Glaubwürdigkeit sowie Verantwortlichkeit. Ergänzt werden diese durch die zentralen Kernkompetenzen und das Bosch Business System. Das unternehmensspezifische Managementsystem ist der zentrale Hebel, um das Unternehmen insgesamt weiterzuentwickeln und die kontinuierliche Veränderung aktiv so zu gestalten, dass die Bosch-Vision umgesetzt werden kann (www.bosch.com).

Eine zentrale Herausforderung dabei ist, die ökonomische Ertragsorientierung und die gesellschaftliche Verantwortung miteinander auszusöhnen. Orientierung gibt den Mitarbeitern bei dieser klassisch unternehmensethischen Aufgabe nicht nur die Vision und die Strategie – als weitere Konkretisierung hat Bosch Grundsätze sozialer Verantwortung und einen Code of Business Conduct verabschiedet. Neben der umfassenden funktionalen Integration der Unternehmensnormen gibt es zu allen genannten Elementen ein Commitment der obersten Führungsebene.

Verhaltenskodex

Um verantwortliches Handeln und Verhalten der Mitarbeiter zu stärken, kann das Instrument eines internen Verhaltenskodexes genutzt werden. Viele Unternehmen haben bereits Verhaltensgrundsätze oder -regeln eingeführt und kommuniziert. In einem solchen Fall bietet es sich an, diese um CSR-relevante Dimensionen zu erweitern oder sie im Hinblick auf CSR verstärkt zu kommunizieren. Wichtig ist, dass ein Verhaltenskodex nicht nur konkrete Fälle wie beispielsweise den Umgang mit Geschenken regelt, sondern darüber hinaus auch auf ethische Werte Bezug nimmt. Die „Grundsätze integeren Verhaltens" der Gesellschaft für technische Zusammenarbeit (GTZ) bieten den Mitarbeitern weltweit Orientierung für integritätskritische Situationen. Neben zentralen Prinzipien und Werten, die das Handeln und Verhalten prägen sollen, beinhaltet der Verhaltenskodex aber auch ganz konkrete Regeln und Standards zu den Themen Geschenkeannahme und -vergabe, Bestechung und Beschleunigungsgelder sowie Interessenskonflikte.

Werte prägen nicht nur das Unternehmensklima und die -kultur, sondern auch die individuelle Wahrnehmung und somit das Verhalten des Einzelnen. Unternehmen können Verantwortung nur auf der Grundlage und in Beziehung zu gemeinsamen, unternehmensweit gültigen Werten übernehmen.

Während im Leitbild in der Regel übergeordnete Werte enthalten sind, die ausdrücken, wonach das Unternehmen strebt, sollten Verhaltenskodizes Werte und Grundsätze enthalten, die sich auf den Umgang mit- und untereinander, aber auch gegenüber Dritten beziehen. Verhaltensstandards dieser Art sollten den Mitarbeitern einen Orientierungsrahmen geben, welches Verhalten erwünscht ist, und deswegen auch wechselseitig eingefordert werden kann.

Die gegenseitige Verpflichtung auf gemeinsame Spielregeln ist auch mit Blick auf die gesellschaftliche Verantwortungsübernahme ein Schlüsselfaktor: Die Mitarbeiter wissen, wie sie sich verhalten und woran sie sich in Zweifelsfällen orientieren können; externe Stakeholder erkennen, welchen Anspruch das Unternehmen auf allen Ebenen umsetzen will. Um diesen Anspruch zu verwirklichen, müssen Verhaltensstandards durch die Instrumente des Personalmanagements umgesetzt und nachgehalten werden.

Personalprozesse und Anreizsysteme

Ein wesentlicher Hebel zur Umsetzung von CSR stellen die Personalprozesse dar. Die spezifischen Kriterien der gesellschaftlichen Verantwortung müssen Eingang in Personalauswahl, Beförderung und Weiterbildungsmaßnahmen finden. Die Mitarbeiter des Unternehmens spielen dabei eine doppelte Rolle: Sie müssen befähigt werden, an ihrem Arbeitsplatz und in ihrer Arbeitsaufgabe verantwortlich zu handeln. Auf der anderen Seite gehören Menschenrechte und mitarbeiterbezogene Normen zu den Kernthemen gesellschaftlicher Verantwortung. Auch hier lassen sich für Unternehmen Synergien realisieren, indem Inhalt und Form des Umgangs mit Mitarbeitern gleichermaßen und gleichzeitig Bestandteil der CSR-Zielsetzungen des Unternehmens werden.

Dabei sollten insbesondere die Beurteilung und Beförderung von Mitarbeitern fokussiert werden. In jedem Unternehmen gibt es Regeln oder Gesetzmäßigkeiten für interne Karrierewege, die widerspiegeln, welches Verhalten und Handeln gewünscht und wertgeschätzt wird. Da sich CSR auf zwischenmenschlich-ethische Werte bezieht, liegt hier ein großer Umsetzungs- und Gestaltungsspielraum und zugleich ein kritischer Erfolgsfaktor.

So werden mit Prämien und Bonussystemen für Mitarbeiter oft Anreize geschaffen, die nur auf einen bestimmten Faktor oder einen bestimmten Wert abzielen – wie zum Beispiel auf die Umsatzsteigerung – anstatt auch immaterielle Erfolgsfaktoren und den Beitrag zur Strategieumsetzung insgesamt zu berücksichtigen. Häufig wird beispielsweise die Steigerung von Absatz- und Verkaufszahlen finanziell belohnt, ohne dass ökologische und/oder gesellschaftliche Kriterien gleichermaßen Gegenstand positiver Sanktionierung werden. Damit setzt das Unternehmen nicht nur falsche Signale nach innen und außen; für die Mitarbeiter entstehen so fatale Zielkonflikte, die die interne Glaubwürdigkeit der Unternehmensführung untergraben: Während einerseits die gesellschaftliche Verantwortung des Unternehmens proklamiert wird, wird andererseits nur rein profitorientiertes Handeln und Verhalten belohnt.

Die Gestaltung der materiellen wie immateriellen Anreiz- und Fördersysteme spielt deswegen eine große Rolle bei der Umsetzung von CSR. Das bestehende System sollte eingehend auf seine erwünschten und unerwünschten Auswirkungen überprüft werden.

Auch die Zielvereinbarungen mit Mitarbeitern sind ein geeignetes Instrument, um CSR im Unternehmen kontinuierlich zur Geltung zu bringen. So sollten alle getroffenen Vereinbarungen auch die unterschiedlichen Dimensionen gesellschaftlicher Verantwortung widerspiegeln, der Beitrag des Einzelnen zur Umsetzung gesellschaftlicher Verantwortung als

Zielgröße in die Vereinbarungen eingehen. Insbesondere bei Führungskräften können so das CSR-Engagement und das Commitment dazu verstärkt werden.

Operative Prozesse

Auch in die operativen Prozesse der Wertschöpfung müssen CSR-Prinzipien und Werte integriert werden, soll das Engagement ernsthaft und fruchtbar sein. Im Rahmen der Priorisierung der CSR-relevanten Handlungsfelder und der internen Bestandsaufnahme haben Unternehmen oftmals wichtige Hinweise auf Verbesserungsbereiche erhalten. Häufig lassen sich aber bestehende Produktionsweisen oder andere Verfahren nicht von heute auf morgen umstellen. Relativ schnell hingegen können kleinere CSR-Maßnahmen wie Energieeinsparungen bei der Beleuchtung von Räumen oder Ressourcenschonung beispielsweise durch Wasser sparende Toilettenspülungen oder die Verwendung von Recyclingpapier verwirklicht werden. In der Diskussion wird diesbezüglich von sogenannten „quick wins" gesprochen, die gerade am Anfang für die Motivation der Verantwortlichen sehr wichtig sind.

Die erkannten Handlungsfelder sollten im CSR-Aktionsplan systematisiert, kategorisiert und mit konkreten Maßnahmen verbunden werden. Ihre Umsetzung verbessert nicht nur den Grad gesellschaftlicher Verantwortungsübernahme, sondern kann zugleich die Unternehmensperformance verbessern oder bei der Gewinnung neuer Kundengruppen nützlich sein. Verfügen Unternehmen über regelmäßige Prozessreviews oder kontinuierliche Verbesserungsprozesse, so sollten die CSR-spezifischen Kriterien des Unternehmens in die Review-Maßstäbe integriert werden. Auch hier kann sich ein partizipatives oder teilpartizipatives Vorgehen anbieten, bei dem Führungskräfte und Mitarbeiter vor Ort in die Ausgestaltung und Umsetzung der definierten Maßnahmen eingebunden werden.

Operative Mitarbeiter können das ganzheitliche CSR-Engagement auch mit Blick auf etwaige Synergieeffekte unterstützen: Die Ausrichtung des Unternehmens auf die Wahrnehmung gesellschaftlicher Verantwortung kann auch dazu genutzt werden, sinnvolle Prozessänderungen oder Innovationen einzuführen. Hier kann das CSR-Team von dem Erfahrungswissen der jeweiligen Mitarbeiter stark profitieren. Die frühzeitige Einbindung erhöht zudem die Unterstützungsbereitschaft der Veränderungen durch die Mitarbeiter.

Die Integration von CSR in die operativen Prozesse dient der Verstetigung des gesellschaftlichen Engagements. Deswegen sollte bei der Initiierung von CSR-Projekten eine fundierte Nachbereitung geplant sein, die dafür sorgt, dass die Projektergebnisse zu festen Prozessbestandteilen werden. Auf diese Weise wird CSR sukzessive immer stärker Bestandteil der Kernkompetenz und des Kerngeschäfts.

Die Übernahme von gesellschaftlicher Verantwortung stellt für Unternehmen einen langfristigen Lernprozess dar. Dabei ist es weder praktikabel noch gefordert, alle CSR-Handlungsbereiche gleichzeitig in Angriff zu nehmen. Die systematische und realistische Umsetzungsplanung des CSR-Engagements ist für Unternehmen daher ebenso wichtig wie ein integriertes Controlling der CSR-Maßnahmen.

Die Etablierung eines CSR-bezogenen Controllings sollte mit den regulären Steuerungs-mechanismen des Unternehmens verknüpft sein, da hier zum einen bereits interne Kom-petenzen vorhanden sind und diese Verbindung zum anderen gewährleistet, dass Ver-antwortungsübernahme zum integralen Bestandteil der Unternehmensaktivitäten wird.

10.5   CSR-Kommunikation

Die CSR-Kommunikation stellt in zweierlei Hinsicht eine wesentliche Umsetzungsmaß-nahme dar: Zu den grundsätzlichen Aspekten von CSR gehören die Einbindung und der Dialog mit den Stakeholdern eines Unternehmens. Zugleich dient die CSR-Kommunikation dem Schaffen von Transparenz seitens der Unternehmen und der Ver-wirklichung ihrer Rechenschaftspflicht.

CSR-Kommunikation trägt damit zur Umsetzung des Wie und des Was des CSR-Engagements bei. Sie sollte selbst an den Qualitätskriterien gesellschaftlicher Verantwor-tungsübernahme des Unternehmens ebenso wie an den fundamentalen CSR-Prinzipien der Rechenschaftspflicht, Transparenz, Rechtsstaatlichkeit und der ethischen Legitimität ausgerichtet sein.

10.5.1   Rolle und Zweck der CSR-Kommunikation

„Gutes tun und darüber reden" ist der vielzitierte ‚Schlachtruf' bei der CSR-Kommunikation. Gemeint ist damit, dass Unternehmen ihr Engagement speziell im sozia-len und regionalen Bereich via Unternehmenskommunikation auch dazu nutzen können und sollen, ihre Reputation zu stärken.

Doch Kommunikation spielt für eine glaubwürdige Umsetzung von CSR eine viel wesent-lichere Rolle. Eine gelungene CSR-Kommunikation kann:

- die proaktive Wahrnehmung unternehmerischer Verantwortung und Rechenschafts-pflicht unterstreichen und transparent machen;

- veranschaulichen, wie Unternehmen ihr CSR-Commitment einhalten;

- zur Bewusstseinsbildung innerhalb des Unternehmens beitragen;

- Informationen zu den Auswirkungen der unternehmerischen Transaktionen, Produkte, Leistungen und Aktivitäten bereitstellen;

- Mitarbeiter motivieren, die CSR-Aktivitäten/ -Maßnahmen zu unterstützen;

- das Benchmarking unter gleichrangigen Unternehmen erleichtern und zur Verbesse-rung der CSR-Performance beitragen;

- dabei helfen, einen vernünftigen Dialog mit den eigenen Stakeholdern zu etablieren, und sie zu Partnern bei der Umsetzung gesellschaftlicher Verantwortung machen;

▓ die eigene Integrität und Verantwortungsfähigkeit fördern, eine entsprechende Reputation aufbauen helfen und damit verbunden – last but not least –

▓ das Vertrauen aller Stakeholder und das Vertrauen in die eigene Organisation stärken.

Die interne und externe Kommunikation sollte bewusst als Steuerungsinstrument für CSR genutzt werden. Eine zielgruppenspezifische Ausrichtung der Kommunikationsbotschaften verbunden mit einer entsprechenden Auswahl der Kommunikationsinstrumente trägt zum Erfolg der gelebten CSR, aber auch zur Glaubwürdigkeit des CSR-Engagements bei. Dies gilt nach innen und nach außen: Mitarbeiter sind wichtige Multiplikatoren, Botschafter des Unternehmens und Garanten dafür, dass CSR gelebt wird. Das Gleiche gilt für Kunden, Lieferanten oder Vertragspartner: Auch sie können die Akzeptanz und Glaubwürdigkeit unternehmerischer Verantwortungsübernahme stärken oder schwächen.

10.5.2   Methoden der CSR-Kommunikation

Die Instrumente und Methoden der CSR-Kommunikation sollten den unternehmensspezifischen Zielen im Bereich gesellschaftlicher Verantwortung entsprechen. Entscheidend dabei ist, dass die Kommunikation über Verantwortung selbst verantwortlich geführt werden muss: Der Begriff „Verantwortung" impliziert nicht nur, dass, sondern auch auf welche Art und Weise Dritten gegenüber eine ‚Antwort' gegeben werden muss.

Einerseits sollte die gesellschaftliche Verantwortungsübernahme des Unternehmens Bestandteil der regulären Unternehmenskommunikation werden und zum Beispiel auf der Internetseite, in der Unternehmensbroschüre oder bei Unternehmenspräsentationen erwähnt werden. Die Integration von CSR in die Kommunikationsarbeit hilft der Verankerung und Verstetigung im Unternehmen und bewirkt, dass CSR Bestandteil der Unternehmensidentität wird.

Andererseits liegt hier zugleich eine Gefahr: dann nämlich, wenn CSR vorzeitig oder ausschließlich für Marketing- und PR-Zwecke genutzt wird, das Engagement nicht ganzheitlich dargestellt wird oder den Worten keine Taten folgen. Der Verdacht der Instrumentalisierung von CSR liegt nahe und kann dann genau umgekehrt zu einem erheblichen Glaubwürdigkeits- und Reputationsrisiko werden.

Um diesem Risiko vorzubeugen, sollte eine zentrale Aufgabe der Kommunikation über das CSR-Engagement zu keinem Zeitpunkt ins Hintertreffen geraten: die Fortschritte und Ergebnisse auf dem Weg vom Anspruch zur Wirklichkeit nach innen wie nach außen transparent und nachvollziehbar werden zu lassen, gegebenenfalls zu erläutern, warum bestimmte Ziele noch nicht erreicht wurden, aber auch Rede und Antwort zu stehen für die intendierten wie nicht-intendierten Folgen unternehmerischen Handelns beziehungsweise Nicht-Handelns.

CSR-Kommunikation bedeutet damit also auch, über Nicht-Erfolge, identifizierte Verbesserungsbereiche oder auch Fehlverhalten zu berichten und damit eine Form von Aufrichtigkeit und Authentizität zu demonstrieren, die sich normalerweise in der Öffentlichkeitsarbeit oder Werbung nicht finden lässt. Dazu gehört viel Mut – nicht zuletzt der Mut, etablierte Kommunikationspraktiken und -dienstleister kritisch zu hinterfragen und auf ihre Zeitgemäßheit zu prüfen.

Idealerweise sollten Unternehmen versuchen, bereits vorhandene Kompetenz im Bereich Kommunikation mit Erfahrung und Wissen aus dem Bereich CSR zu verknüpfen.

Unternehmen, die ihre Interessen- und Anspruchsgruppen über das CSR-Engagement informiert haben, sollten in regelmäßigen Abständen Bericht erstatten über die bereits umgesetzten Maßnahmen und die weitere Planung.

Hierfür gibt es vielfältige Möglichkeiten – um nur einige zu nennen:

■ Unternehmen können Nachhaltigkeits- oder CSR-Berichte veröffentlichen;

■ Unternehmen können interne und/oder externe Stakeholder-Dialoge durchführen;

■ Unternehmen können Beiträge oder Sonderbeilagen in Zeitschriften oder Zeitungen veröffentlichen;

■ Unternehmen können ihr CSR-Engagement in den Jahresbericht integrieren;

■ Unternehmen können Fortschrittsberichte auf der Homepage veröffentlichen;

■ Unternehmen können Vereine oder Verbände nutzen, um über ihr Engagement zu berichten.

Die Entwicklung einer eigenen CSR-Berichterstattung, beispielsweise im Rahmen einer separaten Nachhaltigkeitsberichterstattung oder durch die Integrierung von CSR-Leistungsindikatoren in die jährliche Berichterstattung, ist insofern ein wichtiges Instrument glaubwürdiger CSR-Kommunikation, als hier die spezifischen Schwerpunkte im Kontext des jeweiligen Unternehmensprofils überzeugend dargestellt werden können. Gleichwohl sollte die Vergleichbarkeit der eigenen Berichterstattung im Zeitverlauf wie auch mit den Berichten gleichrangiger Unternehmen gegeben sein. Dabei sollte womöglich nicht nur offen über bereits erzielte Fortschritte kommuniziert werden, sondern auch die noch unerreichten Ziele oder die bewusst ausgelassenen CSR-Themenfelder sollten angesprochen werden.

Einige Unternehmen erstellen ihre Berichte in Konformität mit den Berichterstattungsanforderungen externer Organisationen, wie beispielsweise den GRI Guidelines, um Glaubwürdigkeit und Vergleichbarkeit zu stärken (zu GRI siehe Kapitel 3.1).

Das Versandhaus OTTO beispielsweise orientiert das Konzept, die Gliederung und die Auswahl der Inhalte seiner Nachhaltigkeitsberichterstattung seit 2003 – wo möglich und zweckmäßig – an den jeweiligen aktuellen Leitlinien der Global Reporting Initiative. Im Jahr 2007 wurde OTTO für seinen Nachhaltigkeitsbericht 2007 mit dem Titel „Unternehmen(s)Verantwortung Bericht 2007" im Ranking des Instituts für ökologische Wirtschaftsforschung und des Unternehmerverbands future e.V. mit dem ersten Platz ausgezeichnet.

Bewertet wurde die Nachhaltigkeitsberichterstattung der 150 größten deutschen Unternehmen (www.ranking-nachhaltigkeitsberichte.de/).

Die Entwicklung einer eigenen CSR-Berichterstattung, beispielsweise im Rahmen einer separaten Nachhaltigkeitsberichterstattung oder durch die Integrierung von CSR-Leistungsindikatoren in die jährliche Berichterstattung, ist insofern ein wichtiges Instrument glaubwürdiger CSR-Kommunikation, als hier die spezifischen Schwerpunkte im Kontext des jeweiligen Unternehmensprofils überzeugend dargestellt werden können. Gleichwohl sollte die Vergleichbarkeit der eigenen Berichterstattung im Zeitverlauf wie auch mit den Berichten gleichrangiger Unternehmen gegeben sein. Dabei sollte womöglich nicht nur offen über bereits erzielte Fortschritte kommuniziert werden, sondern es sollten auch die noch unerreichten Ziele oder die bewusst ausgelassenen CSR-Themenfelder angesprochen werden.

Eine besondere Form der Berichterstattung kann zum Beispiel auch durch ein kollektives Auftreten erfolgen. So hat beispielsweise die „Assoziation ökologischer Lebensmittel-Hersteller" (AOEL) ein Jahrbuch 2009 herausgegeben, in dem jedes Mitgliedsunternehmen ein Beispiel seiner gesellschaftlichen Verantwortung vorstellt (www.aoel.org). Oder etwa die regelmäßig erscheinende Kundenzeitschrift „Quell", die in einer Vielzahl von Einzelbeispielen über nachhaltiges Verhalten kleiner und mittelständischer Unternehmen berichtet:

Quell – die Kundenzeitung für nachhaltigen Lebensstil

Die Pioniere der Nachhaltigkeit haben viel Spannendes zu berichten. – Nur leider wird ihr nachhaltiges Engagement von Endverbrauchern oftmals nicht wahrgenommen. Entweder weil Informationen darüber gar nicht kommuniziert werden oder aber weil sich die Informationen in Nachhaltigkeitsberichten verbergen, die nur von einer kleinen Interessentengruppe gelesen werden.

Informationen aus dem Umfeld nachhaltigen Wirtschaftens so aufzubereiten, dass sie einen großen Leserkreis erreichen, ist der Ansatz von Quell, der Kundenzeitung für nachhaltigen Lebensstil. Ihre Gründerin Andrea Tichy hat viele Nachhaltigkeitsberichte redaktionell betreut und dabei die Erfahrung gemacht, dass sehr viel Berichtenswertes auf dem Weg zum Endverbraucher auf der Strecke bleibt. Ihre Antwort auf diese Informationslücke ist Quell; die Zeitung bietet mittelständischen Unternehmen ein Forum, um erklärungsbedürftige Informationen zielgruppengerecht aufzubereiten.

Für die Pioniere im umkämpften Biomarkt beispielsweise stellt Quell eine Kommunikationsplattform dar, um Qualitätsunterschiede herauszuarbeiten. Dies geschieht durch journalistische Recherche und grafisch hochwertige Aufbereitung. Da Quell überwiegend in Biomärkten, Reformhäusern, in Wellness-Hotels oder bei Heilpraktikern an die Kunden verteilt wird, erreichen die Biopioniere genau die Zielgruppe, die sich vor Kaufentscheidungen umfassend informiert, überzeugende Qualität schätzt und dafür auch bereit sind, einen angemessenen Preis zu bezahlen.

Über ihre Rubriken, die nach den vier Elementen Wasser, Erde, Feuer und Luft benannt sind, kann Quell alle Themen nachhaltigen Lebensstils abdecken: von der bewussten Ernährung bis hin zu Verhaltensweisen, um CO_2 einzusparen. Flankiert wird Quell durch den Internet-Auftritt www.quell-online.de, auf dem alle Beiträge der gedruckten Version zu finden sind und der darüber hinaus Zusatzinformationen sowie Links zu weiteren Informationsquellen bietet.

Obwohl die Nutzerzahl des Online-Angebots ständig steigt, bleibt die gedruckte Ausgabe ein sehr wichtiges Medium, um die Zielgruppe der so genannten „reifen LOHAs" zu erreichen. Die so genannten LOHAs, also die Menschen, die den Lifestyle of health and sustainability pflegen, versuchen bei ihren Konsumentscheidungen das Thema Gesundheit und den Schutz der Umwelt auf einen Nenner zu bringen. Die Marktforschungsgesellschaft A.C. Nielsen in Frankfurt hat gemeinsam mit der Beratungsfirma Karmakonsum diese angeblich 30 Prozent aller Haushalte umfassende Zielgruppe unter die Lupe genommen und fand dabei heraus: Das größte Teilsegment sind die so genannten „reifen LOHAs", von denen etwa die Hälfte 60 Jahre oder älter ist. Für die „reifen LOHAs" spielen Umweltbewusstsein, Soziale Verantwortung und Qualität ebenso eine wichtige Rolle wie gesunde Ernährung, Bio-Lebensmittel, Natürliche Körperpflege, Wellness oder persönlicher Hedonismus.

In Deutschland liegt laut GfK (Gesellschaft für Konsumforschung) die Pro-Kopf-Kaufkraft der Altersgruppe 50plus mit 21.244 Euro um mehr als 2.000 Euro höher als die der Unter-50jährigen. Und die Konsumausgaben der Generation 50plus steigen ständig: Während hierzulande bereits 32 Prozent der Konsumausgaben von über 50jährigen erbracht werden, soll dieser Anteil gemäß einer Studie des Deutschen Instituts für Wirtschaftsforschung (DIW) bis zum Jahr 2050 auf mehr als 42 Prozent steigen. – Die Redaktion von Quell jedenfalls hat es sich auf die Fahnen geschrieben, mit der zunehmenden Leserschaft der „reifen LOHAs" mitzuwachsen.

Andrea Tichy, Geschäftsführerin
Nähere Informationen unter: www.quell-online.de

Einige Unternehmen erstellen ihre Berichte in Konformität mit den Berichterstattungsanforderungen externer Organisationen, wie beispielsweise den GRI Guidelines, um Glaubwürdigkeit und Vergleichbarkeit zu stärken.

Die Informationen zu den unternehmerischen CSR-Aktivitäten und -bemühungen weisen idealerweise die folgenden Charakteristika auf:

- Informationen sind verständlich für die Empfänger;

- Informationen sind wahrheitsgemäß und spezifisch;

- Informationen sind ausgewogen;

- Informationen beinhalten die wesentlichen Aspekte zu den relevanten Themen;

- Informationen erfolgen zeitgerecht;

■ Informationen sind womöglich vergleichbar.

Je regelmäßiger und je ausgewogener Unternehmen Bericht erstatten über CSR-Maßnahmen, desto glaubwürdiger wird ihre faktisch gegebene gesellschaftliche Verantwortungsübernahme. Dennoch liegt hier die größte Herausforderung im Bereich der Kommunikation und Berichterstattung.

10.5.3 Glaubwürdigkeit der CSR-Kommunikation

Die Beschäftigung insbesondere mit ethischen Werten und Prinzipien stellt für Unternehmen Chance und Risiko zugleich dar. Sofern es beim Thema CSR wie oben ausgeführt im Kern um ethische Fragen und Dimensionen geht, setzen sich Unternehmen auch im Rahmen ihrer Kommunikation zur gesellschaftlichen Verantwortung in besonderem Maße einer kritischen Beobachtung durch die Öffentlichkeit aus. Gelingt dem Unternehmen die Übereinstimmung von Wollen und Tun, so kann dies bei den Stakeholdern Vertrauen stiften. Werden hingegen Erwartungen geweckt und Versprechen gegeben, die nicht eingelöst werden, so wird dies beim Themenkomplex „gesellschaftliche Verantwortung" besonders negativ bewertet, da ja Integrität im Sinne von Rechtschaffenheit und die Einhaltung von Zusagen selbst CSR-relevante Orientierungen darstellen.

Insbesondere vor dem Hintergrund eines sinkenden Vertrauens in die Unternehmen und die soziale Marktwirtschaft als gesellschaftlichem „Makro-Trend" bedeutet das, dass die unternehmerische Glaubwürdigkeit immer wieder durch Handeln unter Beweis gestellt und verdient werden muss. Widersprechen sich Reden und Handeln, wird dies von den Anspruchsgruppen sehr schnell wahrgenommen – insbesondere von denjenigen, die dem Unternehmen besonders kritisch gegenüber stehen. Kommt es häufiger zu Abweichungen zwischen Anspruch – also den Selbstverpflichtungen, denen sich ein Unternehmen verschreibt – und dem wahrgenommen Handeln, sind Vertrauens- und Imageverluste unvermeidlich. Das persönliche Erfahren und Erleben prägt die Sichtweise der Stakeholder nachhaltig – nicht nur im externen Unternehmensumfeld, sondern auch innerhalb der eigenen Belegschaft. Empfinden Mitarbeiter das gesellschaftliche Engagement, die Unternehmenspolitik und das Leitbild als stimmig, steigt die Identifikation der Mitarbeiter mit dem Unternehmen und sie werden gerne stolz über das CSR-Engagement ihres Arbeitgebers berichten.

Eine wirksame Methode, um die Glaubhaftigkeit und Vertrauenswürdigkeit des eigenen Unternehmens zu stärken, ist darüber hinaus die Einbindung interner wie externer Stakeholder bei der Bewertung der CSR-Performance sowie ein kontinuierlich geführter Dialog mit ihnen. Dabei gilt es den Beteiligten zu zeigen, dass ihre legitimen Anliegen und Interessen auf Unternehmerseite verstanden werden. Die Einbeziehung der Stakeholder in die Evaluation der selbst gesetzten unternehmerischen Ansprüche fördert nicht nur die Beziehungen zu den Stakeholdern, sondern gibt ihnen auch die Stellung eines wertvollen Partners im Rahmen einer konstruktiven Zusammenarbeit.

So kann beispielsweise eine externe Bewertung der Unternehmensleistung im Rahmen der regulären Berichterstattung die interne Perspektive sinnvoll ergänzen. Auch die Beteiligung von unterschiedlichen Stakeholdern bei internen Assessments kann nicht nur die Glaubwürdigkeit, sondern auch den Nutzen der Beurteilung selbst steigern. Indem solche Formen des Stakeholder-Dialogs maßgeblich zur Vertrauensbildung beitragen, wird zugleich die Authentizität des Engagements gesteigert.

Auch durch die Teilnahme an einem speziell für den CSR-Themenkomplex entwickelten Zertifizierungsverfahren kann Vertrauen in das Unternehmen gestärkt werden. Auch wenn es kein umfassendes CSR-Siegel gibt, das alle Bereiche analysiert, existieren mittlerweile zahlreiche Initiativen (wie BSCI, SAI, ISO etc.), die ganze Produktionsprozesse und Produkte in Hinblick auf ihre Umwelt- und Sozialverträglichkeit bewerten und zertifizieren.[118] Zur Sicherstellung einer objektiven Bewertung sollte ein Unternehmen unabhängige und qualifizierte Zertifizierer bevorzugen. Dies kann erfordern, dass ein effektiver Prozess zur Vermeidung oder Adressierung von Interessenskonflikten im Unternehmen etabliert ist und das beauftragte Institut vorab überprüft wird. Die Einbindung unabhängiger Dritter wird von vielen Unternehmen nicht nur in der Berichterstattung verfolgt, sondern auch bei der Überprüfung der eigenen Produktionsprozesse oder Arbeitsbedingungen genutzt. Die Einrichtung eines unabhängigen Beratungsausschusses oder Revisionsgremiums sind weitere Beispiele für die Einbindung unabhängiger Dritter.

Ein weiterer Weg, die eigene Glaubwürdigkeit bezüglich des CSR-Engagements zu stärken, ist die Mitgliedschaft in einem Branchenverband, der sich für das gesellschaftlich verantwortliche Handeln seiner Mitglieder stark macht. Mitgliedsunternehmen, wie die des Zentralverbandes der Elektrotechnik- und Elektronikindustrie e.V. (ZVEI), verpflichten sich freiwillig zum gesellschaftlich verantwortlichen Handeln. Anhand eines gemeinsam entwickelten Verhaltenskodexes (ZVEICoC zur gesellschaftlichen Verantwortung) werden Werte und Verhaltensprinzipien festgelegt, die für die unterzeichnenden Unternehmen künftig im Umgang mit ihren Geschäftspartnern, Mitarbeitern, Lieferanten, aber auch im Umgang mit der Gesellschaft maßgeblich und handlungsleitend sind.

10.6   CSR-Evaluation

Die regelmäßige Evaluation der CSR-Performance ist Bestandteil einer ganzheitlichen CSR-Umsetzung. Die Wirksamkeit der CSR-Performance hängt von der kontinuierlichen Nachverfolgung sowie der Überprüfung und Bewertung der bereits eingeleiteten Maßnahmen und Aktionen ab. Zur Beurteilung der Effektivität von CSR-Leistungen sollten

---

[118] Siehe hierzu auch die Beschreibungen zur Business Social Compliance Initiative (BSCI); zum Social Accountability Accreditation Services (SAAS); und zur International Organization for Standardization (ISO) in diesem Buch.

daher die Fortschritte, verwendete Ressourcen und Kapazitäten sowie bereits erreichte Ziele festgehalten werden.

Ein fortlaufendes Monitoring der CSR-Maßnahmen dient dazu, in der eigenen Unternehmung sicherzustellen, dass:

- die Aktivitäten wie geplant voranschreiten;

- Krisen oder außerordentliche Vorkommnisse rechtzeitig erkannt werden und

- kleinere Anpassungen, wo erforderlich, vorgenommen werden können.

Je fundierter die Wissensbasis über Erfolg und Nicht-Erfolg der Umsetzungsmaßnahmen ist, desto besser kann steuernd eingegriffen werden. Die N-ERGIE AG bindet deswegen nicht nur Controller in ihr CSR-Team ein, sondern hat die Verantwortlichkeit und die Steuerungsgruppe im Bereich Finanzen und Controlling angesiedelt. Das Unternehmen will so von Beginn an glaubhafte und glaubwürdige Kennzahlen erarbeiten, um eine nachhaltige Steuerung des CSR-Engagements zu gewährleisten (siehe hierzu auch das Beispiel der N-ERGIE im Kapitel 10.2.1).

10.6.1   Monitoring der CSR-Performance

Eine kontinuierliche Nachverfolgung der Leistungen sollte in allen Bereichen stattfinden, in denen spezifische Ziele und Maßnahmen festgelegt wurden. Eine Herausforderung für alle Unternehmen ist es, geeignete Indikatoren und Kennzahlen zu finden bzw. zu entwickeln, um das CSR-Engagement abzubilden. CSR behandelt die vermeintlich „soften Themen", die von den bestehenden Kennzahlensystemen vielfach noch nicht erfasst werden. Es ist deswegen hilfreich, bereits bei der Formulierung der Zielsetzungen zu berücksichtigen, wie und wodurch die Ergebnisse erhoben werden können.

Die Methoden für ein Monitoring sind vielfältig und sollten mit Blick auf die eigenen Zielsetzungen ausgewählt werden.

Für Unternehmen, die sich zum Beispiel auf die Kernthemen Umwelt und Corporate Governance konzentrieren, kann ein Stakeholderdialog mit den Lieferanten sinnvoller sein als ein oberflächlicher Benchmark mit der Konkurrenz. Neben der Vorstellung und Diskussion bereits durchgeführter Maßnahmen können bei diesen Gesprächen gemeinsame Maßnahmen zur Steigerung der Ökoeffizienz oder der Reduzierung von anfallenden Verpackungsmaßnahmen erarbeitet werden. Zum anderen kann bei dieser Gelegenheit auch das Thema CSR insgesamt in die Zulieferkette hineingetragen und bekannt gemacht werden.

Es ist sinnvoll, neben bereits bestehenden Controlling-Kennzahlen weitere Indikatoren zu definieren, die auch eine kurzfristige Bewertung der CSR-Umsetzung ermöglichen.

Ein Indikator zeigt einen Zustand zu einem bestimmten Zeitpunkt an. Indikatoren lassen sich gut bei quantitativen Daten wie zum Beispiel bei Daten zu CO_2-Emissionen verwenden. Qualitative Daten, wie beispielsweise Informationen zu den Arbeitsbedingungen und

Menschenrechtsverletzungen, eignen sich hingegen weniger gut für einen klassischen Indikatorengebrauch. Hier gilt es unternehmensspezifisch zu definieren, wie groß der Zielerreichungsgrad zu einem bestimmten Zeitpunkt ist.

Ein IT-Unternehmen, das sich die Steigerung der internen Verantwortungsübernahme durch die Mitarbeiter zum Ziel gesetzt hat, kann beispielsweise über die Anzahl nicht oder zu spät beantworteter Kundenanfragen feststellen, wie sich das interne CSR-Programm ausgewirkt hat. Zusätzlich können auch die Kunden – als externe Stakeholder – in diese Bewertung mit eingebunden werden. Die Einbindung von Interessengruppen in das Monitoring der eigenen CSR-Performance hilft einem Unternehmen nicht nur, aussagekräftige Daten zu erheben. Zugleich steigert dieses Vorgehen die Glaubwürdigkeit und Reputation der CSR-Strategie. Hierbei ist allerdings wichtig, Kontinuität in der Einbindung der Interessengruppen zu gewährleisten. Werden zum ersten Erhebungszeitpunkt nur interne und zum zweiten Erhebungszeitpunkt nur externe Interessengruppen befragt, so erhält das Unternehmen verzerrte Daten über die Wirksamkeit der Maßnahmen. Diejenigen Gruppen, die bei der Priorisierung des CSR-Engagements (siehe 10.3.4) beteiligt waren, sollten nach Möglichkeit auch das Monitoring unterstützen.

Zusätzlich können folgende Dokumente die Evaluation der CSR-Performance unterstützen:

- Informationen zu den Schlüsselindikatoren des Unternehmens;

- Ergebnisse von Umwelt-Audits oder Lieferantenbewertungen;

- Ergebnisse aus Mitarbeiterbefragungen, Führungskräftebewertungen und interne Hinweise über mögliches Fehlverhalten von Mitarbeitern;

- Kundenanfragen, Kundenbeschwerden und Ergebnisse aus Kundenbefragungen;

- Berichterstattungen über das Unternehmen in der Presse, externe Imagedaten oder Benchmark-Ergebnisse.

10.6.2   Bewertung der CSR-Performance

Die Bewertung der CSR-Performance sollte in angemessenen Intervallen erfolgen. Neben den CSR-Verantwortlichen können auch weitere Mitarbeiter oder Abteilungen hinzugezogen werden. Während kurzfristige Ergebnisse über das kontinuierliche Monitoring erhoben werden, bietet sich je nach Unternehmensgröße und Ausmaß der Aktivitäten eine Bewertung im Abstand von 12 bis 18 Monaten an. Die Bewertungsergebnisse sind dann in Bezug zu den eigenen CSR-Zielen zu setzen. Neben den Erfolgen sollten dabei natürlich auch etwaige Misserfolge in die Bewertung aufgenommen werden.

Die Evaluation sollte sinnvoller Weise auch dazu genutzt werden, neue Maßnahmen abzuleiten oder bestehende weiterzuentwickeln.

Das Wohnungsbauunternehmen DKB Immobilien wurde 2008 vom Bundesfamilienministerium für seine Familienfreundlichkeit ausgezeichnet. Da sich das bisherige Engagement vorrangig auf Familien mit kleinen Kindern bezieht, plant das Unternehmen vor dem Hintergrund der demographischen Entwicklungen seine Aktivitäten im nächsten Schritt dahingehend auszuweiten, dass auch Mitarbeiter mit älteren, pflegebedürftigen Familienangehörigen unterstützt werden:

Kinderhaus „Fridolin"
– Ein erfolgreiches Kooperationsmodell im Interesse der Mitarbeiter

Familienfreundlichkeit ist Teil der Unternehmenskultur: Seit der Gründung der DKB Immobilien AG im Jahr 2002 werden familienfreundliche Maßnahmen für die Beschäftigten angeboten. Dazu gehören insbesondere flexible Arbeitszeiten, Heimarbeitsplätze und ein innovatives Kinderbetreuungskonzept.

Es war schon immer Ziel des Managements, durch eine familienbewusste Personalpolitik ihre qualifizierten Beschäftigten langfristig an das Unternehmen zu binden. Im Jahr 2005 wurde die DKB Immobilien AG zum ersten Mal als eines der familienfreundlichsten Unternehmen in Deutschland ausgezeichnet. In jenem Jahr erhielt sie als erstes deutsches Wohnungsunternehmen das Zertifikat zum audit berufundfamilie der Gemeinnützigen Hertie-Stiftung.

Heute ist die DKB Immobilien AG mit über 33.000 verwalteten Mieteinheiten der größte überregionale Wohnungsanbieter in den Neuen Bundesländern. Mit ihren 250 Beschäftigten gehört sie zu den bedeutendsten Unternehmen in der Wohnungswirtschaft. Die langjährige Familienorientierung des Unternehmens hat dabei einen großen Beitrag zum Geschäftserfolg geleistet. Familienfreundlichkeit ist Teil der Unternehmenskultur. Ihre familienbewusste Personalpolitik hat die DKB Immobilien AG in ihrer Sozialcharta fest verankert. Gleichzeitig sind darin umfangreiche Regelungen zum Schutz ihrer Mieterinnen und Mieter enthalten. Mieterschutz und familienfreundliches Engagement bilden in der DKB Immobilien AG-Gruppe eine Einheit.

Angebot von Kinderbetreuungsplätzen: Die Idee, eine Kooperation mit einer in Potsdam ansässigen Kita einzugehen, entstand im Jahr 2004. Einige Mitarbeiterinnen befanden sich im Mutterschutz und erkundigten sich nach Möglichkeiten zu einem schnellen Wiedereinstieg ins Berufsleben. In Potsdam wurde nach einer Kita gesucht, die freifinanzierte Betreuungsplätze und flexible Öffnungszeiten anbietet.

Schnell wurde das Kinderhaus „Fridolin" in der Nähe des Potsdamer Bürogebäudes gefunden. „Fridolin" bietet eine Rundum-Betreuung auch an Wochenenden und schließt nicht in den Ferien. Die Kernbetreuungszeiten von 6:00 Uhr bis 20:00 Uhr ermöglichen den Eltern eine flexible Gestaltung ihrer Arbeitszeit. Zudem werden in familiären Notsituationen Hilfestellungen gegeben. Zur Betreuung seiner erkrankten Familie stand zum Beispiel einem DKB-Mitarbeiter eine zweiwöchige Haushaltshilfe zur Seite. Das mitarbeiterfreundliche Betreuungskonzept des Kinderhauses hat sich bei den Beschäftigten herumgesprochen. Heute werden insgesamt 12 Mitarbeiterkinder in der Einrichtung betreut. Dabei übernimmt die DKB Immobilien AG einen Teil der entstehenden Kosten.

Und unterstützt gleichzeitig die Kita bei der Schaffung zusätzlicher Betreuungsplätze.

Unternehmen und Beschäftigte profitieren gleichermaßen: Bei der DKB Immobilien AG lassen sich berufliche und private Angelegenheiten der Mitarbeiterinnen und Mitarbeiter gut miteinander vereinbaren. Davon profitieren das Unternehmen und die Beschäftigten gleichermaßen. Die Motivation und Zufriedenheit der Beschäftigten ist seit Jahren sehr hoch. Dies wirkt sich positiv auf die Qualität der Arbeit aus. Der Krankenstand der Mitarbeiterinnen und Mitarbeiter liegt zwischen ein und zwei Prozent. Junge Mütter kehren nach ca. einem Jahr nach der Geburt des Kindes an ihren Arbeitsplatz zurück. Dies spart Überbrückungs- und Einstellungskosten.

Auszeichnungen: Die DKB Immobilien AG wurde in letzter Zeit mehrfach für ihr familienorientiertes Engagement ausgezeichnet. Im Mai 2008 erhielt sie für ihr innovatives Kinderbetreuungskonzept mit „Fridolin" einen Sonderpreis. Ihr wurde von der Jury unter Leitung des Bundesfamilienministeriums bescheinigt, dass sie zu den familienfreundlichsten Betrieben in Deutschland gehört. Im Jahr 2008 hat sich die DKB Immobilien AG mit ihren Tochtergesellschaften bundesweit als erste Unternehmensgruppe in der Wohnungswirtschaft zertifizieren lassen. Im Juni 2008 erhielten die Wohnungsunternehmen hierfür das „audit berufundfamilie" der Gemeinnützigen Hertie-Stiftung. Ziel ist es, in den kommenden zwei Jahren einheitliche soziale Standards in der gesamten Gruppe zu schaffen.

Blick nach vorn: Familienfreundlichkeit bleibt fester Bestandteil in der Unternehmensentwicklung der DKB Immobilien AG. Am erfolgreichen Kinderbetreuungskonzept wird in Zukunft festgehalten. An anderen Standorten werden ähnliche Kooperationsmodelle mit Kinderbetreuungseinrichtungen geprüft. Auf Wunsch der Beschäftigten werden in Zukunft verstärkt Unterstützungsleistungen für die Pflege von Angehörigen angeboten. Hierzu wird insbesondere die Zusammenarbeit mit Pflegediensten auf- und ausgebaut. Gleichzeitig sollen altersgerechte Wohnungen auch für Angehörige von Beschäftigten bereitgestellt werden.

Karl Peter Forch, Generalbevollmächtigter
Nähere Informationen unter: www.dkb-immobilien.de

Auch für diesen Bewertungsprozess sollten, wo irgend möglich, bereits bestehende Instrumente der Nachverfolgung genutzt werden, zusätzlich aber externe wie interne Stakeholder eingebunden werden. Letzteres stärkt zum einen die Beziehung zwischen dem Unternehmen und seinen Stakeholdern, zum anderen können Stakeholder wertvolle Feedbackgeber sein, beispielsweise zu den Fragen, welche Handlungsfelder noch oder zusätzlich relevant sind, wie bestimmte Maßnahmen und Aktivitäten verbessert werden können oder wo das Unternehmen hinter seinen eigenen Ansprüchen zurückbleibt. Hier kann es – im Unterschied zum Monitoring – durchaus sinnvoll sein, Interessengruppen komplementär einzubinden: Stakeholder, die nicht an der Erarbeitung der Maßnahmen beteiligt waren, aber mittel- oder unmittelbar von den Auswirkungen betroffen sind, können weitere wertvolle Hinweise liefern.

Erfolgreich bewertete Maßnahmen oder Projekte sollten allerdings im Anschluss nicht „in der Versenkung" verschwinden. Vielmehr sollten Unternehmen diese Maßnahmen soweit wie möglich in die regulären Unternehmensprozesse überführen und so eine dauerhafte Berücksichtigung des Themas und eine kontinuierliche Umsetzung der CSR-relevanten Themen sicherstellen. Hat ein Unternehmen beispielsweise einen internen Verhaltensko- dex zur gesellschaftlichen Verantwortung erfolgreich eingeführt und kommuniziert (erho- ben über die Anzahl veröffentlichter Artikel, intern durchgeführter Trainings und Veran- staltungen oder von Mitarbeitern gegengezeichneter Verhaltenskodizes), sollte es einen Prozess entwickeln, wie zukünftig neue Mitarbeiter über dieses Regelwerk informiert werden, und definieren, wie die Einhaltung und Umsetzung im Unternehmen nachver- folgt wird. Dies kann entweder durch ein anschließendes neues Projekt oder durch die Erweiterung bestehender Personalprozesse (wie beispielsweise Mitarbeiterzielvereinba- rungen) um die neuen Inhalte geschehen.

Die Ergebnisse der Bewertung sollten allen Stakeholdern zeitnah zugänglich gemacht werden. Sie haben das Recht, über den Erfolg oder Misserfolg des CSR-Engagements in- formiert zu werden. Hier kommt auch der Unternehmensführung eine wichtige Rolle zu: Die Führungskräfte sollten ein unternehmensinternes, regelmäßig stattfindendes Repor- ting der Ergebnisse einfordern. Unwirksame oder unangemessene CSR-Maßnahmen scha- den letztendlich dem Unternehmen. Sie nehmen Ressourcen in Anspruch, die das Unter- nehmen unter Umständen für seine langfristige Zukunftssicherung besser einsetzen kann. Regelmäßige interne Besprechungen der Ergebnisse sorgen somit für ein ausgewogenes Verhältnis von Einsatz und Nutzen und stellen zugleich sicher, dass das Thema CSR auf der Agenda bleibt.

Die Stadtreinigung Hamburg hat als erstes kommunales Unternehmen der Hansestadt 2007 einen Nachhaltigkeitsbericht veröffentlicht. Ausgehend von den Erfahrungen in der Umweltberichterstattung kommuniziert das Unternehmen eine ganzheitliche Darstellung der Unternehmensaktivitäten in ökonomischer, ökologischer und gesellschaftlicher Hin- sicht. Für die Erstellung des Nachhaltigkeitsberichts, der sich an den Leitlinien der Global Reporting Initiative orientiert, wurden bereits vorhandene Indikatoren und Kennzahlen analysiert. Der Schwerpunkt lag für das Unternehmen der Daseinsvorsorge allerdings im Berichtsinhalt und in der Kommunikation mit den Stakeholdern. Im Verlauf der Berichts- erstellung wurde zugunsten dieser Ziele die strikte Befolgung der GRI-Richtlinien hintan- gestellt:

Nachhaltigkeitsberichterstattung der Stadtreinigung Hamburg

Die Stadtreinigung Hamburg (SRH) ist als kommunales Dienstleistungsunternehmen der Daseinsvorsorge verpflichtet. Hierin begründet liegt auch die Einbindung des Nachhaltigkeitsgedankens in die Unternehmensstrategien. Das Umweltmanagement- system der SRH ist seit 1999 nach EMAS zertifiziert. Da sich die EMAS- Umwelterklärung ausschließlich mit Umweltaspekten befasst, waren konkrete Ziele und Zahlen für die Entwicklung im Umweltbereich bereits formuliert. Der Gedanke, in der Berichterstattung nicht mehr zwischen Umwelt, Gesellschaft und wirtschaftlichen As- pekten zu trennen, sondern das Unternehmen als Einheit zu präsentieren, war der erste

Schritt von der Umwelterklärung zu dem ersten Nachhaltigkeitsbericht, den die SRH Anfang 2007 veröffentlichte.

Ein Nachhaltigkeitsbericht ist ein sehr flexibles Informationsinstrument. Er bietet genügend Raum für die individuelle Gestaltung und Gewichtung ökologischer, ökonomischer und sozialer Aspekte. Genau das ist der Vorteil, durch den die SRH ihre Stakeholder gezielt ansprechen will. Und dennoch – der Schritt von der Umwelterklärung zum Nachhaltigkeitsbericht war nicht so einfach, wie es auf den ersten Blick erscheint.

„Das Auge liest mit" – so wichtig ein guter Text auch ist, nicht weniger wichtig ist die grundsätzliche Gestaltung. Soviel stand fest. Mit der Unterteilung in die drei klassischen Nachhaltigkeitsdimensionen Ökonomie, Ökologie und Soziales erhielt der Bericht schon mal eine separate Gliederung – in Anlehnung an die Struktur der GRI Indikatorprotokollsätze.

Global Reporting Initiative, kurz GRI – mit diesem Anspruch wurde der Schritt zur Nachhaltigkeitsberichterstattung zum Spagat. Die GRI empfiehlt in ihrem Leitfaden zur Nachhaltigkeitsberichterstattung: *„allen Organisationen (Unternehmen, staatliche oder gemeinnützige Einrichtungen), ihre Berichte nach dem GRI-Leitfaden zu verfassen, unabhängig davon, ob sie erstmals einen solchen Bericht erstellen oder bereits erfahrene Berichterstatter sind, und unabhängig von ihrer Größe, ihrer Branche oder ihrem Standort."*

Und damit traten die ersten Probleme auf: Wie ordnet man seine Branche der Vielzahl von Kern- und Sector Supplements-Indikatoren zu? Müssen alle Indikatoren dargestellt werden? Wie soll mit Kern-Indikatoren umgegangen werden, die gar nicht darzustellen sind – schlicht und ergreifend, weil sie nicht zutreffen, weil gar keine Darstellungsmöglichkeit besteht?

Ein mächtiges Stück Arbeit, das den Zeitrahmen für die Berichterstellung gesprengt hat, und das geprägt war von Unsicherheiten im Umgang mit dem Leitfaden zur Nachhaltigkeitsberichterstattung.

Die eigenen Ansprüche an die Berichterstattung sind hoch, sollen sie doch die Prinzipien der Wesentlichkeit, der Einbeziehung von Stakeholdern, des Nachhaltigkeitskontextes und die Vollständigkeit widerspiegeln, an denen sich der Bericht den GRI-Richtlinien zufolge orientieren soll. Hinzu kommen die Prinzipien der Ausgewogenheit, Vergleichbarkeit, Genauigkeit, Aktualität, Zuverlässigkeit und Klarheit. Alle diese Bestandteile haben den gleichen Stellenwert und ihnen wird eine gleich hohe Bedeutung zugemessen. An diesem Punkt der Berichterstellung wurde der Anspruch an einen in accordance with-Bericht aufgegeben und in einen with reference überführt.

Es ist also nicht von grundsätzlicher Notwendigkeit, die Konzentration allein auf die Anforderungen des Leitfadens zu richten. Zielführender ist es, die notwendige Glaubwürdigkeit zu transportieren und ausreichend Zeit und Ideen in den Berichtsinhalt zu investieren. Am meisten Resonanz wird ein Bericht in der Regel dann finden, wenn durch ihn ganz bewusst nicht nur der Kopf, sondern auch das Interesse, die Neugier und das Aha-Erlebnis der Leser angesprochen werden.

Angelika Krösche, Nachhaltigkeitsmanagement
Nähere Informationen unter: www.stadtreinigung-hh.de

Die Bewertung der CSR-Performance sollte unternehmensspezifisch erfolgen und dem Zweck eines offenen und wechselseitigen Austauschs mit den Interessen- und Anspruchsgruppen dienen. Für die Kommunikation der Ergebnisse sollten daher neben der regulären CSR-Berichterstattung auch andere Maßnahmen entwickelt werden. So kann beispielsweise ein Interview mit einem der Verantwortlichen in der Mitarbeiterzeitung, ein regelmäßig stattfindender Stakeholder-Dialog oder die Teilnahme an internen oder externen Veranstaltungen als Kommunikationsplattform genutzt werden. Wesentlich ist, dass die getroffenen Aussagen wahr und für die jeweiligen Zielgruppen verständlich aufbereitet sind. Eine umfassende Darstellung der Evaluation trägt nicht nur der Forderung nach Transparenz Rechnung, sondern stärkt auch die Glaubwürdigkeit des CSR-Engagements insgesamt. Der Bewertungsprozess trägt zudem dazu bei, dass gesellschaftliche Verantwortung zum festen Bestandteil der Unternehmenskultur wird: Indem das Thema regelmäßig auf der Tagesordnung des Unternehmens steht, wird es zur „Selbstverständlichkeit" für alle Akteure.

10.6.3 Verbesserung der eigenen CSR-Performance

In Abhängigkeit von den Ergebnissen des Bewertungsprozesses sind von den Unternehmen Aktivitäten festzulegen, wie und an welchen Stellen sie ihre CSR-Performance verbessern wollen. Bei der Beurteilung der Ergebnisse und Ableitung entsprechender Maßnahmen sollten folgende Fragestellungen berücksichtigt werden:

- Müssen neue CSR-Ziele entwickelt werden?

- Müssen Änderungen in der Strategie und in den Prozessen vorgenommen werden?

- Müssen Vision und Mission oder der Code of Conduct aktualisiert werden?

Die Analyse bereits durchgeführter Projekte und Maßnahmen kann dabei helfen, unterstützende bzw. hinderliche Charakteristika innerhalb des Unternehmens zu identifizieren. Dabei können auch Projekte hilfreich sein, die nicht im unmittelbaren Zusammenhang mit CSR durchgeführt wurden, aber unternehmensspezifische Stärken bei der Bewältigung neuer Herausforderungen deutlich machen. Die Bezugnahme auf Stärken und Fähigkeiten des Unternehmens, aber auch die Berücksichtigung möglicher Hemmnisse bei der Planung weiterer CSR-Umsetzungsmaßnahmen erhöhen die Erfolgschancen. Zugleich können diese Erkenntnisse genutzt werden, um organisationales Lernen im Unternehmen zu verankern bzw. zu stärken.

10.7   Erfolgsfaktoren der CSR-Umsetzung

Der Erfolg von CSR steht und fällt zum einen mit der Integration der damit verbundenen Themen und Anforderungen in die formale wie informelle Unternehmenssteuerung, zum anderen mit der entsprechenden Unterstützung durch die Unternehmensrepräsentanten und Unternehmenszugehörigen. Es kommt aber auch darauf an, für alle Stakeholder einen erkennbaren Nutzen zu stiften und den eigenen Anspruch einzulösen. Ausschlaggebend dafür wiederum ist ein ernst gemeintes und ernsthaftes Top-Management Commitment. Denn CSR muss Chefsache sein und bleiben, wenn gesellschaftliche Verantwortungsübernahme in all ihren Facetten zum integralen, gelebten Bestandteil der Unternehmensidentität und der Unternehmensphilosophie werden soll.

10.7.1   Aus Fehlern lernen

Die systematische Auseinandersetzung mit CSR bedeutet für viele Unternehmen eine Erweiterung ihres bisherigen Selbstverständnisses über die eigentlichen Unternehmensgrenzen hinaus. Sie durchlaufen dabei einen organisationalen Lernprozess.

Von der Durchführung von Stakeholder-Dialogen über die Integration in die Kernprozesse und die Bildung von neuen Indikatoren bis hin zur zielgruppen- und themenadäquaten Berichterstattung werden Unternehmen mit zahlreichen neuen Anforderungen und komplexen Erwartungen konfrontiert. Nicht allen kann oder muss entsprochen werden, aber durch die Beschäftigung mit der eigenen gesellschaftlichen Verantwortung verlässt das Unternehmen bis zu einem gewissen Grad seine „Komfortzone", um neue Wege zu beschreiten.

Auch wenn es einen stärkenorientierten Ansatz verfolgt, wird ein Unternehmen dabei mit Herausforderungen konfrontiert, die es nicht von Beginn an meistern kann. Aus diesem Grund ist die Fokussierung auf wesentliche Handlungsfelder ebenso ratsam wie eine kontinuierliche Fortschrittskontrolle. Je intensiver das Unternehmen sich mit möglichen Fehlentwicklungen auseinandersetzt, desto besser kann es frühzeitig steuernd eingreifen und gegenüber seinen Stakeholdern überzeugend argumentieren.

Auch im Verlauf der Umsetzung kann es zu Widerständen oder Hindernissen kommen, die einzelne Maßnahmen oder Projekte zum Scheitern bringen. Die Dokumentation der einzelnen Schritte und Aktivitäten und die Herstellung einer klaren Verbindung zwischen den einzelnen Schritten und den übergeordneten Zielen unterstützen das Unternehmen aber darin, aus diesen Fehlern zu lernen. Das regelmäßige Einholen von Stakeholder-Feedback hilft dabei, einen Perspektivwechsel vorzunehmen und wenn nötig andere Ansatzpunkte zur CSR-Umsetzung zu verfolgen.

Die Umsetzung von CSR bedeutet nicht nur einen Veränderungs-, sondern auch einen Lernprozess. Das Unternehmen und seine Unternehmenszugehörigen müssen lernen, wofür sie verantwortlich sind und sein wollen und wie sie dieser Verantwortung am besten entsprechen können. Eine proaktive Auseinandersetzung kann ein Unternehmen darin unterstützen, durchlässigere Strukturen aufzubauen, die nicht nur ein umfassenderes Bild der Unternehmensperformance insgesamt ermöglichen, sondern auch eine sensiblere Wahrnehmung gesamtgesellschaftlicher Veränderungen und Trends. Informationen über gescheiterte oder nicht optimal umgesetzte Maßnahmen dienen zugleich einem umfassenden Risikomanagement, da sie den Blickwinkel des Unternehmens erweitern.

CSR als Lernprozess verstanden zielt nicht darauf ab, unvermeidbare Fehler zu vermeiden, sondern mit ihnen transparent und verantwortungsvoll umzugehen. Eine umfassende Analyse sich negativ auswirkender Faktoren kann der Umsetzung anderer oder der Entwicklung neuer Maßnahmen dienen. Die so gewonnenen Erkenntnisse helfen nicht nur bei der Anpassung und Weiterentwicklung des CSR-Aktionsplans und bei der Verbesserung der CSR-Performance insgesamt – sie dienen zugleich der CSR-Kommunikation gegenüber den Stakeholdern. Denn hier wird von Unternehmen gefordert, auch über Teil- oder Misserfolge zu berichten.

Den offenen Umgang mit Fehlentwicklungen zu fördern und eine entsprechend tolerante Kultur zu entwickeln, gehört nicht nur zu den Aufgaben des CSR-Teams, sondern auch zur Verantwortung des Top-Managements. Neben der Erreichung seiner CSR-Ziele kann das Unternehmen auch in anderen Bereichen des Innovationsmanagements davon profitieren.

10.7.2   Verbindung mit Kultur und Strategie

Unternehmen können mit CSR am besten dort erfolgreich sein, wo sie bereits Erfolg haben: in ihrem Kerngeschäft und bei ihren Kernkompetenzen. Die enge Verbindung der CSR-Zielsetzungen mit den allgemeinen strategischen Zielen des Unternehmens erleichtert nicht nur die Umsetzung, sondern schafft auch dort einen Mehrwert für das Unternehmen, wo seine Stakeholder davon profitieren. Die erfolgreiche Umsetzung von CSR gestaltet die Unternehmensidentität, die Unternehmenskultur und die Unternehmenswerte. So wird CSR zum integralen Bestandteil der Gesamtausrichtung des Unternehmens und prägt das alltägliche Handeln und Verhalten der Unternehmensangehörigen.

Dafür bildet aber nicht nur die strategische Gesamtausrichtung des Unternehmens einen wichtigen Orientierungsrahmen – auch die spezifischen Stärken der Unternehmenskultur sollten berücksichtigt werden. Die Kultur eines Unternehmens drückt sich sowohl in sichtbaren und materiellen Dingen als auch in immateriellen Phänomenen aus, beispielsweise in den geteilten Werthaltungen und Grundannahmen eines Unternehmens. Dort sind auch ungeschriebene Gesetze und die wesentlichen Muster für Erfolg und Scheitern verankert. Wie ein neues Projekt erledigt wird (halbherzig und ablehnend oder begeistert und engagiert), wie miteinander kommuniziert wird (offen und klar oder hinter vorgehaltener Hand) oder auch welches Ausmaß an Veränderung toleriert wird (nur in kleinen Schritten oder im großen Wurf) ist stets kulturell bestimmt.

Die Einführung von CSR-Maßstäben im Unternehmen ist folglich mit einer einschneiden-den Kulturveränderung verbunden, da das bisherige Verständnis von Qualität ebenso neu definiert wird wie die Anforderungen, denen die Mitarbeiter entsprechen sollen.

Die Einführung von neuen Werten und Prinzipien lässt sich grundsätzlich nicht von heute auf morgen erreichen, sondern setzt meist einen langen Atem voraus. Aus diesem Grund ist es sinnvoll, bei bereits vorhandenen kulturellen Stärken anzusetzen und auf diesen aufzubauen. Die unternehmensweite CSR-Umsetzung wird so deutlich erleichtert.

Auskunft über die Unternehmenskultur liefern neben professionellen Kulturanalysen und Profilerstellungen auch interne „Stolzmacher" und Identifikationsobjekte. Oft erzählte Geschichten über erfolgreiche Projekte oder weithin bekanntes bürgerschaftliches Enga-gement des Unternehmens liefern ebenso wertvolle Erkenntnisse wie jene Faktoren, die bisherige Veränderungsprojekte behindert haben. So genannte „lessons learnt", Erfahrun-gen also, die ein Unternehmen zum Beispiel bei der Einführung einer neuen Software oder bei der Kooperation mit Vereinen gesammelt hat, zeigen auf, wann und wie Mitarbeiter Veränderungen oder neue Ideen unterstützen oder ablehnen.

Erkenntnisse dieser Art sollten nicht nur die Entwicklung von Zielen und Maßnahmen, die Erarbeitung des CSR-Aktionsplans oder den Grad der Mitarbeiter-Partizipation beeinflus-sen, sondern sie sollten insbesondere auch bei der Kommunikation des CSR-Engagements berücksichtigt werden. Um das Engagement der Mitarbeiter und ihre Identifikation mit CSR zu stärken, sollten sie dort abgeholt werden, wo sie stehen, und so angesprochen werden, dass sie zuhören und verstehen. So gilt es leere Floskeln und negativ besetzte Begriffe ebenso zu vermeiden, wie es geeignete Dialogformen zu nutzen gilt. Tauschen sich Mitarbeiter gerne beim gemeinsamen Mittagessen in der Kantine aus, so kann ein Mitarbeiterdialog dort stattfinden. Gilt das Wort „Herausforderung" als Synonym für „nicht schaffbar", sollte eher über neue Chancen gesprochen werden.

Die Einführung und Umsetzung von CSR erfordert daher neben dem Durchhaltevermö-gen auch Augenmaß und Fingerspitzengefühl von den Verantwortlichen.

Die Unternehmenskultur beeinflusst die Umsetzung von CSR-Maßnahmen über ihre in-formell-steuernde Wirkung. Will ein Unternehmen beispielsweise eine bessere Mülltren-nung einführen, aber alle Mitarbeiter, die den Müll trennen, werden schräg von der Seite angeschaut, so ändern die „vorbildlichen" Mitarbeiter in der Regel ihr Verhalten. Aus diesem Grund gilt es, die Umsetzung von CSR auch auf kultureller Ebene zu begleiten. Die Durchführung von außergewöhnlichen Veranstaltungen, die Etablierung eines CSR-Vorschlagwesens oder die Anerkennung besonders verantwortungsvoller Handlungen sind nur einige der möglichen Unterstützungsmaßnahmen. Aufgrund ihres starken kul-turprägenden Einflusses ist dabei einmal mehr die Vorbildfunktion von Führungskräften ausschlaggebend.

Abbildung 10.11 CSR und Unternehmensidentität

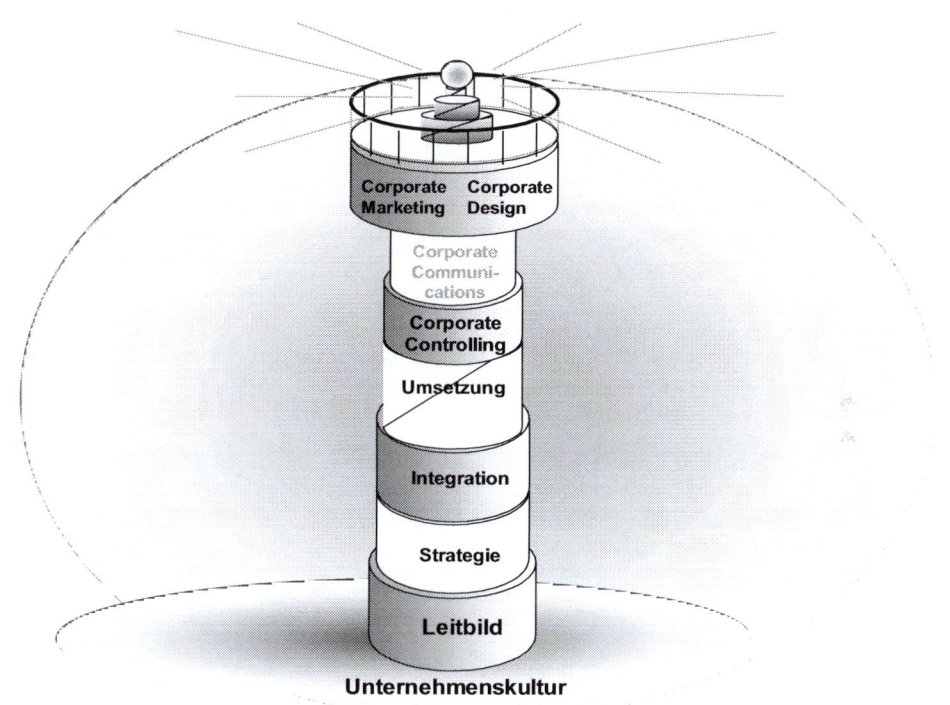

Abbildung 10.11 verdeutlicht dieses Zusammenspiel: Eine Unternehmensidentität, die gelebte CSR auch nach außen ausstrahlt (wie der Leuchtturm), muss auf Basis der Unternehmenskultur gestaltet werden: Sie bildet das Fundament, auf dem das Unternehmen immer schon „steht". Trägt die Kultur das gesellschaftliche Engagement nicht mit oder ist CSR nicht Bestandteil der strukturellen Steuerungs-Elemente (wie Leitbild und Strategie), „strahlt" das Unternehmen dies auch nicht aus. Unternehmen, die CSR für Reputation und Marketingaktivitäten einsetzen wollen (die Spitze des Leuchtturms), haben dann Erfolg, wenn im „gesamten Leuchtturm", also im Unternehmen insgesamt, gesellschaftliche Verantwortungsübernahme durchgängig verankert ist und gelebt wird.

Literaturverzeichnis

[1]   AA1000 (o. J.) = www.accountability.org.uk

[2]   Aarhus Konvention der UNECE (1989) = Aarhus Konvention der United Nations Economic Commission for Europe. Übereinkommen über den Zugang zu Informationen, die Öffentlichkeitsbeteiligung an Entscheidungsverfahren und den Zugang zu Gerichten in Umweltangelegenheiten. UNECE: Genf, 1989. www.unece.org/env/pp/documents/cep43g.pdf

[3]   AccountAbility (2005a) = Partridge, Katharine; Charles Jackson, David Wheeler und Asaf Zohar: From Words to Action. The Stakeholder Engagement Manual. Bd. 1: The Guide to Practitioners' Perspective on Stakeholder Engagement. Stakeholder Research Associates Canada Inc.: Cobourg, Ontario 2005.

[4]   AccountAbility (2005b) = Krick, Thomas; Maya Forstater, Philip Monaghan und Maria Sillanpää (AccountAbility): From Words to Action. The Stakeholder Engagement Manual, Bd. 2: The Practitioners' Handbook on Stakeholder Engagement. Mit Beiträgen von Cornis van der Lugt (United Nations Environment Programme) und Katharine Partridge, Charles Jackson, Asaf Zohar (Stakeholder Research Associates). AccountAbility: Cobourg, 2005.

[5]   ALCHIAN (1977) = Alchian, A.A.: Some Economics of Property Rights. In: Alchian, A. A.: Economic Forces at Work. Liberty Press: Indianapolis, 1977. S. 127-149.

[6]   Allg. Erklärung der Menschenrechte (1948) = Allg. Erklärung der Menschenrechte der VN 1948, www.ohchr.org/EN/UDHR/Documents/UDHR_Translations/ger.pdf

[7]   ALWART (1998) = Alwart, Heiner (Hrsg.): Verantwortung und Steuerung von Unternehmen in der Marktwirtschaft. Hampp: München und Mering, 1988.

[8]   AMANN (2007) = Amann, S.: Transparency fordert Pranger für korrupte Firmen. In: Spiegel Online vom 26.09.2007. www.spiegel.de/wirtschaft/0,1518,507844,00.html

[9]   ANAND et al. (2005) = Anand, V.; B. Ashford und M. Joshi: Business as usual: The acceptance and perpetuation of corruption in organizations. In: Academy of Management Executive, Vol. 19, No. 4, 2005. S. 39–53

[10]   ASONGU (2007) = Asongu, J.J.: The history of Corporate Social Responsibility. In: Journal of Business and Public Policy, Volume 1, Nr. 2, 2007. ww.jbpponline.com/article/viewFile/1104/842

[11]   Autorengruppe Bildungsberichterstattung (2008) = Autorengruppe Bildungsberichterstattung (Hrsg.): Bildung in Deutschland 2008. Ein indikatorengestützter Bericht mit einer Analyse zu Übergängen im Anschluss an den Sekundarbereich I. Bertelsmann: Bielefeld, 2008.

[12]   AVLONAS (o.J.) = Avlonas, Nikos: The Origins of Social Responsibility in Ancient Greece, www.helleniccomserve.com/origins_socialresponsibility.html

[13]   BACKHAUS-MAUL et al. (2008) = Backhaus-Maul, Holger; Christiane Biedermann, Judith Polterauer und Stefan Nährlich (Hrsg.): Corporate Citizenship in Deutschland. Bilanz und Perspektive. VS: Wiesbaden, 2008.

[14]   BASSEN et al. (2005) = Bassen, Alexander; Jastram, Sarah und Meyer, Katrin (2005): Corporate Social Responsibility. Eine Begriffserläuterung, in: Zeitschrift für Wirtschafts- und Unternehmensethik, Jg. 6, Heft 2, S. 231-236.

[15]   Bayerisches Staatsministerium für Wissenschaft, Forschung und Kunst (2002) = Bayerisches Staatsministerium für Wissenschaft, Forschung und Kunst (Hrsg.): Verwaltungsvorschriften zur Annahme und Verwendung von Mitteln Dritter an Hochschulen (Drittmittelrichtlinien – DriMiR). Bekanntmachung des Bayerischen Staatsministeriums für Wissenschaft, Forschung und Kunst vom 21. Oktober 2002, Nr. X/1-27/51(2)-10b/48 237. www.uni-muenchen.de/forschung/projekte/drittmittelforsch/downloads_dritt/dm_richtlinien_pdf.pdf

[16]   BENDER/REULECKE (2003) = Bender, G. und L. Reulecke: Handbuch des deutschen Lobbyisten: Wie ein modernes und transparentes Politikmanagement funktioniert. Frankfurter Allgemeine: Frankfurt, 2003.

[17]   BERGENHENEGOUWEN/HORTENSIUS (2005) = Bergenhenegouwen, Louise und Dick Hortensius: Managing Social Responsibility in an systematic way. In: ISO Management Systems, March-April 2005, S. 34 -38.

[18]   Bericht der World Commission on Environment and Development (o.J.) = Bericht der World Commission on Environment and Development, „Our Common Future".www.un-documents.net/wced-ocf.htm

[19]   Bertelsmann Stiftung (2005) = Bertelsmann Stiftung (2005) = Die gesellschaftliche Verantwortung von Unternehmen. Detailauswertung. Dokumentation der Ergebnisse einer Unternehmensbefragung der Bertelsmann Stiftung. Bertelsmann Stiftung: Gütersloh, 2005. www.bertelsmann-stiftung.de/bst/de/media/xcms_bst_dms_15645__2.pdf

[20]   Bertelsmann Stiftung (2008) = Bertelsmann Stiftung (Hrsg.): Grenzgänger, Pfadfinder, Arrangeure. Mittlerorganisationen zwischen Unternehmen und Gemeinwohlorganisationen. Bertelsmann Stiftung: Gütersloh, 2008.

[21]   BIEBELER et al. (2008) = Biebeler, Hendrik; Mahammad Mahammadzadeh und Jan-Welf Selke: Globaler Wandel aus Sicht der Wirtschaft. Chancen und Risiken, Forschungsbedarf und Innovationshemmnisse. Forschungsberichte aus dem Institut der deutschen Wirtschaft Köln, Nr. 36. Köln: 2008.

[22]   BIRCH (2003) = Birch, David: Corporate Social Responsibility: Some Key Theoretical Issues and Concepts for New Ways of Doing Business. In: Journal of New Business Ideas and Trends, 2003 1 (1), S. 1-19.

[23]   BITC (2008) = Business in the Community (BITC): The Value of Corporate Governance: The positive return of responsible business. BITC: London, 2008.

[24]   BMAS (2008) = Bundesministerium für Arbeit und Soziales (BMAS) (Hrsg.): Die gesellschaftliche Verantwortung von Unternehmen (CSR) zwischen Markt und Politik. BMAS: Berlin, 2008.

[25]   BMBF (2005) = BMBF (Bundesministerium für Bildung und Forschung) (Hrsg.): Grund- und Strukturdaten 2005. Bonn; Berlin, 2005. www.bmbf.de/pub/GuS_2005_ges_de.pdf

[26]   BMBF (2008) = BMBF (Bundesministerium für Bildung und Forschung) (Hrsg.): Grund- und Strukturdaten 2007/2008. Bonn; Berlin, 2008.

[27]   BMU et al. (2007) = BMU / econsense / CSM (Hrsg.): Nachhaltigkeitsmanagement in Unternehmen. 2007. www.econsense.de/_PUBLIKATIONEN/_ECONSENSE_PUBLIK/images/econsense_BMU_CSM_Nachhaltigkeitsmanagement_in_Unternehmen.pdf

[28]   BMWI/BMJ (2007) = BMWI/BMJ (Hrsg.): Hinweise für deutsche Unternehmen, die im Ausland tätig sind – Eine Kurzinformation. Berlin, 2007.

[29]   BOWEN (1953) = Bowen, H.R.: Social Responsibilities of the Businessman. Harper & Row: New York, 1953.

[30]   BRANDENBURGER/NALEBUFF (1996) = Brandenburger, Adam und Nalebuff, Barry: Co-Opetition: A Revolution Mindset That Combines Competition and Cooperation: The Game Theory Strategy That's Changing the Game of Business Campus: Frankfurt / New York

[31]   BRAUN/KLEIN (2008) = Braun, Sabine und Axel Klein: Der Schlüssel für dauerhaften Erfolg. In: politische ökologie 112-113: „Nachhaltiges Investment",2008, S. 40-43.

[32]   BRINK (2008) = Brink, Alexander: Institutionenethik / Organisationsethik. www.ethik-in-der-praxis.de/institutionenethik.htm.

[33]   BRINKMANN/SIEBER (2007) = Brinkmann, W. und P. Sieber: Gebrauchstauglichkeit, Gebrauchswert und Qualität. In: Masing, Walter: Handbuch Qualitätsmanagement. Hrsg. von Tilo Pfeifer und Robert Schmitt, 5. Aufl. Hanser: München, 2007.

[34]   BRODBECK (2003) = Brodbeck, K.-H.: Ethische Spielregeln für den Wettbewerb. 2. Würzburger Wirtschaftsforum – Transparenz – Fairness – Wettbewerb. In: praxis perspektiven 6 (2003).

[35]   BROKATZKY-GEIGER et al. (2007) = Brokatzky-Geiger, J., R. Sapru und M. Streib: Implementing a Living Wage Globally: The Novartis Approach. In: UN Global Compact / Office of the UN High Commissioner for Human Rights (Hrsg.): Embedding Human Rights in Business Practices II. Published by the United Nations Global Compact Office: New York / Genf 2007. www.unglobalcompact.org/docs/news_events/8.1/EHRBPII_Final.pdf

[36]   BROWN (1979) = Brown, Courtney C.: Beyond the Bottom Line. Macmillan: New York, 1979.

[37]   BRUHN (2003) = Bruhn, M.: Sponsoring – Systematische Planung und integrativer Ansatz, Gabler: Wiesbaden 2003.

[38]   Brundtlandbericht (1987) = Hauff, Volker (Hrsg.): Unsere gemeinsame Zukunft. Der Brund-

tland-Bericht der Weltkommission für Umwelt und Entwicklung. Eggenkamp: Greven, 1987. www.un-documents.net/a42r187.htm

[39]   Bundesministerium für Umwelt, Naturschutz und Reaktorsicherheit (2009) = Bundesministe-rium für Umwelt, Naturschutz und Reaktorsicherheit / Umweltbundesamt (Hrsg.): Umwelt-wirtschaftsbericht 2009. Januar 2009. www.bmu.de/files/pdfs/allgemein/application/pdf/umweltwirtschaftsbericht_2009.pdf

[40]   Bundesministerium für Umwelt, Naturschutz und Reaktorsicherheit (2008) = Bundesministe-rium für Umwelt, Naturschutz und Reaktorsicherheit (Hrsg.): Megatrends der Nachhaltigkeit. Unternehmensstrategie neu denken. Februar 2008. www.bmu.de/files/pdfs/allgemein/application/pdf/bmu_megatrends.pdf

[41]   Bundesministerium für Umwelt, Naturschutz und Reaktorsicherheit (2007) = Schaltegger, Ste-fan; Christian Herzig, Oliver Kleiber, Torsten Klinke und Jan Müller!: Nachhaltigkeitsmanage-ment in Unternehmen. Von der Idee zur Praxis: Managementansätze zur Umsetzung von Cor-porate Social Responsibility und Corporate Sustainability. Hrsg. vom Bundesministerium für Umwelt, Naturschutz und Reaktorsicherheit / econsense – Forum Nachhaltige Entwicklung der Deutschen Wirtschaft e.V. / Centre for Sustainability Management (CSM) Lüneburg. 2007. www.bundesumweltministerium.de/files/pdfs/allgemein/application/pdf/nachhaltigkeitsmanagement_unternehmen.pdf

[42]   Bundesverband Deutscher Stiftungen (2005) = Kurzstudie: Unternehmensnahe Stiftungen, Bundesverband Deutscher Stiftungen in Kooperation mit der Vodafone Stiftung, 2005. www.stiftungen.org/files/original/galerie_vom_31.10.2005_16.48.26/Praesentation_Kurzstudie_Unternehmensnahe_Stiftungen.pdf?&ctrl=fromSearch&search=CSR&

[43]   Bundesvereinigung der Deutschen Arbeitgeberverbände (2008) = Bundesvereinigung der Deut-schen Arbeitgeberverbände (Hrsg.): Menschenrechte und Unternehmen, Möglichkeiten und Grenzen unternehmerischen Engagements, 2008. www.csrgermany.de/www/csrcms.nsf/id/4432DA93CBA1ADB9C12574780018B1BF/$file/Menschenrechte_dt_WEB.pdf

[44]   Business & Human Rights Resource Center (o.J.) = Corporations and Human Rights: A Survey of the Scope and Patterns of Alleged Corporate-Related Human Rights Abuse" (Online-Dokument); www.business-humanrights.org bzw.www.business-humanrights.org/Search/SearchResults?SearchableText=A+Survey+of+the+Scope+and+Patterns+of+Alleged sowie www.business-humanrights.org/Documents/RuggieHRC2008

[45]   Business for Social Responsibility (2006) = Waage, Sissel und Emma Stewart: A Three-Pronged Approach to Corporate Climate Strategy. Hrsg. von Business for Social Responsibility (BSR), October 2006. www.bsr.org/reports/BSR_Climate-Change-Report.pdf

[46]   BÖGER (2003) = Böger, Maren: Effekte von Accountability und ihre Bedeutung für kleine und mittlere Unternehmen. Institut für Mittelstandsforschung, Institut für BWL - Personal und Füh-rung, 2003, http://mil.uni-lueneburg.de/index.php?id=184

[47]   C 187 Promotional Framework for Occupational Saftey and Health Convention (o.J.) = www.ilo.org/ilolex/cgi-lex/convde.pl?C187

[48]   C102 Social Security (Minimum Standards) Conventions (1952) = www.ilo.org/ilolex/cgi-lex/convde.pl?C102

[49]   CALDER/CULVERWELL (2005) = Calder, Fanny und Malaika Culverwell: Following up the World Summit on Sustainable Development. Commitments on Corporate Social Responsibility. Options for action by governments. Final Report. Chatham House: London, February 2005.

[50]   Carbon Disclosure Project (2008) = Carbon Disclosure Project (CDP): Carbon Disclosure Project Report 2008 Global 500. Report written for Carbon Disclosure Project by PriceWaterhouse-Coopers on behalf of 385 investors and assets of $57 trillion. www.cdproject.net/cdp-reports.asp

[51]   CARROLL (1979) = Carroll, Archie B.: A Three-Dimensional Conceptual Model of Corporate Social Performance. In: Academy of Management Review, Nr. 4, 1979, S. 497-506.

[52]   CARROLL (1993) = Carroll, A.B.: Business/Society. Ethics and Stakeholder Management. 2. Aufl. South-Western College Publishing: Cincinnati, 1993.

[53]   CARROLL (1999) = Carroll, Archie B.: Corporate Social Responsibility: Evolution of a Defini-tional Construct. In: Business/Society, Vol. 38, Nr. 3, September 1999, S. 268-295.

[54]   CARROLL/BUCHHOLTZ (2003) = Carroll, Archie B. und Ann K. Buchholtz: Business & Society. Ethics and Stakeholder Management. South-Western College Publishing: Cincinnati, 2003.

[55]   CCCD (2007) = CCCD - Centrum für Corporate Citizenship Deutschland e.V. (Hrsg.): Corporate Citizenship. Gesellschaftliches Engagement von Unternehmen in Deutschland und im transatlantischen Vergleich mit den USA. Ergebnisse einer Unternehmensbefragung des CCCD. CCCD: Berlin, 2007.

[56]   Christian Aid (2004) = Christian Aid: Behind the mask. The real face of CSR. London u.a., 2004. http://baierle.files.wordpress.com/2007/11/behind-mask.pdf

[57]   CIA (2005) = CIA (Central Intelligence Agency) (Hrsg.): The World Fact Book. 2005. www.cia.gov/cia/publications/factbook/index.html

[58]   Clarifying the Concepts of „sphere of influence" and „complicity" (o.J.) = www.business-humanrights.org/Links/Repository/446573

[59]   CLARK (1926) = Clark, J.M.: Social Control of Business. University of Chicago Press: Chicago, 1926.

[60]   Claus Goworr Consulting GmbH (2007) = Claus Goworr Consulting GmbH: Korruption in deutschen Unternehmen. Eine Umfrage der CGC – Claus Goworr Consulting GmbH unter 600 Führungskräften in Deutschland im September 2007. www.cgc-consulting.com/download/vvStudie_Korruption.pdf

[61]   Commerzbank (2008) = Commerzbank (Hrsg.): Wirtschaft im Wertewandel. Unternehmertum und Verantwortung im Mittelstand. Commerzbank AG, Frankfurt am Main 2008.

[62]   Competence Site Roundtable Interview (2008) = Roundtable Interview mit Prof. Dr. Lutz Kaufmann und Heinz Landau zur ökologischen und sozialen Nachhaltigkeit, www.competence-site.de/strategmanagement.nsf/92A958161290C426C12574390049BE06/$File/%C3%B6kologische_soziale_nachhaltigkeit_management_whu.pdf

[63]   Council on Economic Priorities (1989) = Council on Economic Priorities: Shopping for a Better World – a quick and easy guide to socially responsible supermarket shopping. New York, 1989.

[64]   CRAMME (1996) = Cramme, Stefan: Die Bedeutung des Euergetismus für die Finanzierung städtischer Aufgaben in der Provinz Asia. Inaugural-Dissertation an der Universität Köln, 2001. http://kups.ub.uni-koeln.de/volltexte/2003/490/pdf/11v4024.pdf.

[65]   CRANE et al. (2008) = Crane et al. (Hrsg.): The Oxford Handbook of Corporate Social Responsibility. Oxford University Press: Oxford, 2008.

[66]   CRANE/MATTEN (2007) = Crane, A. und D. Matten: Business Ethics. A European Perspective. Managing Corporate Citizenship and Sustainability in the Age of Globalization. 2. Aufl., Oxford University Press: Oxford, 2007.

[67]   CSR Initiative der Europäischen Union (o.J.) = http://ec.europa.eu/employment_social/soc-dial/csr/index.htm

[68]   DAHLSRUD (2006) = Dahlsrud, Alexander: How Corporate Social Responsibility is Defined. An Analysis of 37 Definitions. In: Corporate Social Responsibility and Environmental Management. Published online in Wiley InterScience: Chichester, 2006, S. 1-13. www.csr-norway.no/papers/2007_dahlsrud_CSR.pdf.

[69]   DAHRENDORF (1959) = Dahrendorf, R.: Homo Sociologicus. Westdeutscher Verlag: Köln; Opladen, 1959.

[70]   Daimler Chrysler (2005) = Daimler Chrysler AG (Hrsg.): Zahlen/Fakten. 2005. www.daimler.com/Projects/c2c/channel/documents/829809_DCX_2005_Gesch__ftsbericht.pdf

[71]   DAMM/LANG (2001) = Damm, Diethelm und Reinhard Lang: Handbuch Unternehmenskooperation. Erfahrungen mit Corporate Citizenship in Deutschland. Stiftung Mitarbeit: Bonn, 2001.

[72]   DB Advisors Deutsche Bank Group (2008) = DB Advisors Deutsche Bank Group: Investing in Climate Change 2009. Necessity and Opportunity in Turbulent Times. October 2008. http://dbadvisors.com/climatechange

[73]   DE SOMBRE (2008) = de Sombre, S.: Der gesellschaftliche Wandel generiert neue Zielgruppen. Allensbacher Markt- und Werbeträgeranalyse (AWA), Institut für Demoskopie Allensbach, 2008.

[74]   Declaration on International Investment and Multinational Enterprises (o.J.) =

www.oecd.org/daf/investment/guidelines

[75] Deutsche Börse (2007) = Deutsche Börse AG (Hrsg.): Geschäftsbericht 2007, Frankfurt am Main, 2007. http://deutsche-boerse.com/dbag/dispatch/de/binary/gdb_navigation/investor_relations/ 30_Reports_and_Figures/30_Annual_Reports/20_Archive/Content_Files/Archive/GB_GDB_200 7.pdf

[76] Deutscher Bundestag, Drucksache 15/4268 (2004) = Erweiterung der Prüfverfahren der Stiftung Warentest   um   Sozial-   und   Umweltstandards.   http://dip21.bundestag.de/dip21/btd/ 15/042/1504268.pdf

[77] Deutscher Bundestag, Drucksache 15/4473 (2004) = Erweiterung der Prüfverfahren der Stiftung Warentest   um   Sozial-   und   Umweltstandards.   http://dip21.bundestag.de/dip21/btd/ 15/044/1504473.pdf

[78] DIETZFELBINGER (2008) = Dietzfelbinger, Daniel: Praxisleitfaden Unternehmensethik. Kennzahlen,   Instrumente,   Handlungsempfehlungen.   Gabler: Wiesbaden,   2008. www.springerlink.com/content/t4430j/?p=5ed28af34624414e8782620a3d22d0ff&pi=0

[79] DONALDSON/DUNFEE (1999) = Donaldson, Th. und Th. Dunfee: Ties that Bind. A Social Contracts Approach to Business Ethics. Harvard Business: Boston, 1999.

[80] Dreigliedrige Grundsatzerklärung über multinationale Unternehmen und Sozialpolitik (o.J.) = www.ilo.org/public/english/employment/multi/download/german.pdf

[81] DRESEWSKI (2004) = Dresewski, Felix: Corporate Citizenship. Ein Leitfaden für das soziale Engagement mittelständischer Unternehmen. Hrsg. von der UPJ-Bundesinitiative, Berlin, 2004.

[82] DRESEWSKI (2007) = Dresewski, Felix: Verantwortliche Unternehmensführung: Corporate Social Responsibility (CSR) im Mittelstand. Hrsg. von der UPJ-Bundesinitiative, Berlin, 2007.

[83] DRESEWSKI et al. (2004) = Dresewski, Felix; Peter Kromminga und Bernhard von Mutius: Corporate Citizenship oder: Mit sozialer Verantwortung gewinnen. Ein Leitfaden für die praktische Arbeit. In: WIELAND (2004), S. 489-525.

[84] DRESEWSKI/HARTMANN (2007) = Dresewski, Felix und Julia Hartmann: Verantwortliche Unternehmensführung im Mittelstand. Ausgewählte nationale und internationale Leitfäden und Instrumente. 2. Aufl. Arbeitspapier der Bundesinitiative UPJ e.V. im Rahmen der Kampagne „Verantwortliche Unternehmensführung im Mittelstand". Hrsg. von der UPJ-Bundesinitiative, Berlin, 2007.

[85] DRESEWSKI/KOCH (2006) = Dresewski, Felix und Stephan C. Koch: Verkaufen mit dem guten Zweck. Cause Related Marketing in Deutschland. In: Ruckh, Mario Felix; Christian Noll und Martin Bornholdt (Hrsg.): Sozialmarketing als Stakeholder-Management: Grundlagen und Perspektiven für ein beziehungsorientiertes Management von Nonprofit-Organisationen. Haupt: Bern, 2006. S. 195-212.

[86] DRESEWSKI/LANG (2005) = Dresewski, Felix und Reinhard Lang: Corporate Citizenship: Über den Nutzen von Sozialen Kooperationen für Unternehmen, gemeinnützige Organisationen und das Gemeinwesen. In: Reimer, Sabine und Rupert Graf Strachwitz (Hrsg.): Corporate Citizenship. Diskussionsbeiträge. Arbeitshefte des Maecenata Instituts für Philanthropie und Zivilgesellschaft, Heft 16. Maecenata: Berlin, 2005. S. 84-107.

[87] DYLLICK/HOCKERTS (2002) = Dyllick, Thomas und Kai Hockerts: Beyond the Business Case for Corporate Sustainability. In: Business Strategy and the Environment, 11 (2002), S. 130-141.

[88] EBF (2003) = EBF, Vol. 5, autumn 2003.

[89] EBINGER (2005) = Ebinger, F.: Ökologische Produktinnovation – Akteurskooperationen und strategische Ressourcen im Produktinnovationsprozess. Marburg, 2005.

[90] ECKL (o.J.) = Eckl, Jürgen: Stellungnahme Deutscher Gewerkschaftsbund (DGB), DGB Bundesvorstand. www.boeckler.de/32014_32341.html

[91] Econsense (o.J.) = Econsense (Forum Nachhaltige Entwicklung der Deutschen Wirtschaft). www.econsense.de

[92] EFQM (2007) = European Foundation for Quality Management (EFQM) (Hrsg.): EFQM Themenfokus: Gesellschaftliche Verantwortung von Unternehmen, dt. Ausgabe von „EFQM Framework for Corporate Social Responsibility". Deutsche Gesellschaft für Qualität e.V. (DGQ), 2007.

[93]   ELSTER (1998) = Elster, Jon: Deliberative Democracy. Cambridge University Press: Cambridge, 1998.

[94]   EMAS (o.J.) = www.emas.de

[95]   Enquete-Kommission (2002) = Enquete-Kommission „Zukunft des Bürgerschaftlichen Engagements" (Hrsg.): Bürgerschaftliches Engagement: Auf dem Weg in eine zukunftsfähige Bürgergesellschaft. Bericht der Enquete-Kommission „Zukunft des bürgerschaftlichen Engagements" des Deutschen Bundestages. Deutscher Bundestag, 14. Wahlperiode, Drucksache 14/8900. Berlin, 2002. Ebenso erschienen als: Abschlussbericht der Enquete-Kommission „Zukunft des bürgerschaftlichen Engagements", Band 4: Auf dem Weg in eine zukunftsfähige Bürgergesellschaft. Leske & Budrich: Wiesbaden, 2002.

[96]   Erklärung der IAO über grundlegende Prinzipien und Rechte bei der Arbeit und Ihre Folgemaßnahmen (o.J.)= www.ilo.org/public/german/region/eurpro/bonn/download/ilo-erklaerung.pdf

[97]   Erklärung der IAO über soziale Gerechtigkeit für eine faire Globalisierung (o.J.) = www.ilo.org/wcmsp5/groups/public/---dgreports/---cabinet/documents/publication/wcms_100192.pdf

[98]   ERNENPUTSCH et al. (2003) = Ernenputsch, M.; H.-J. Birzele, S. Atai und J. Juszczak: Hochschulsponsoring. Ergebnisse einer empirischen Untersuchung. Schriftenreihe des Fachbereichs Wirtschaft Sankt Augustin, Bd. 4. Fachhochschule Bonn-Rhein-Sieg: Sankt Augustin, 2003.

[99]   ethical consumer magazine (o.J.) = www.ethicalconsumer.org

[100] European Multistakeholder Forum on CSR (2004) = European Multistakeholder Forum on CSR, Corporate Social Responsibility. Final results/Recommendations. Brüssel, 29.06.2004. http://ec.europa.eu/enterprise/csr/documents/29062004/EMSF_final_report.pdf.

[101] Europäische Charta Umwelt und Gesundheit (o.J.) = www.nachhaltigkeit.info/artikel/geschichte_10/Der_Weg_von_Stockholm_nach_Rio_47/charta_umwelt_gesundheit_1989_546.htm

[102] Europäische Expertengruppe (2007) = Europäische Kommission, Generaldirektion für Unternehmen und Industrie, Europäische Expertengruppe zu CSR und KMU: Chance und Verantwortung. Wie können mehr kleine Unternehmen dabei unterstützt werden, sozial und ökologisch verantwortlich zu handeln in ihrer unternehmerischen Tätigkeit? 2007. http://ec.europa.eu/enterprise/csr/documents/eg_report_and_key_messages/ree_report_de.pdf

[103] Europäische Kommission (2002) = Europäische Kommission: Mitteilung betreffend die soziale Verantwortung der Unternehmen: ein Unternehmensbeitrag zur nachhaltigen Entwicklung". KOM(2002) 347 endg. Brüssel, 2002.

[104] Europäische Kommission (2006) = Europäische Kommission (Hrsg.): Umsetzung der Partnerschaft für Wachstum und Beschäftigung. Europa soll auf dem Gebiet der sozialen Verantwortung der Unternehmen führend werden. Mitteilung der Europäischen Kommission, KOM(2006)0136. Brüssel, 2006.

[105] Europäische Kommission (2006) = Europäische Kommission: Mitteilung der Kommission an das Europäische Parlament, den Rat und den Europäischen WIrtschafts- und Sozialausschuss – Umsetzung der Partnerschaft für Wachstum und Beschäftigung: Europa soll auf dem Gebiet der sozialen Verantwortung der Unternehmen führend werden. KOM(2006) 136 endg. Brüssel, 2006. http://eur-lex.europa.eu/LexUriServ/LexUriServ.do?uri=COM:2006:0136:FIN:DE:PDF

[106] Europäische Kommission (2008) = Europäische Kommission: Commission Staff Working Document. Accompanying Document to the Communication of the Commission on the European Competitiveness Report 2008. KOM (2008) 774 final. http://ec.europa.eu/enterprise/enterprise_policy/competitiveness/doc/compet_rep_2008/com_2008_0774.pdf.

[107] EUROSIF (2008) = European Social Investment Forum (Eurosif) (Hrsg.): European SRI Study 2008. Paris, 2008. www.eurosif.org/publications/sri_studies

[108] EWE Stiftung (o.J.) = www.ewe-stiftung.de/stiftung_18.php

[109] FETZER (2004) = Fetzer, Joachim: Die Verantwortung der Unternehmung. Eine wirtschaftsethische Rekonstruktion. Gütersloher Verlagshaus: Gütersloh, 2004.

[110] Forum for the Future (2008) = Forum for the Future, Capgemini (Hrsg.): Acting for a positive 2018, preparing for radical change – the next decade of business and sustainability. Dezember

2008. ww.forumforthefuture.org/files/Acting_now_for_a_positive_2018_reprinted_April09.pdf

[111] Framework of actions for the lifelong development of competencies and qualifications (o.J.) = http://ec.europa.eu/employment_social/social_dialogue/docs/eval_framework_lll_en.pdf

[112] FRANZ (2008) = Franz, Peter: Nachhaltigkeitsberichterstattung im Internet – Zukunftsträchtige Kommunikation für Corporate Social Responsibility. In: Isenmann, Ralf und Jorge Marx Gómez (Hrsg.): Internetbasierte Nachhaltigkeitsberichterstattung. Maßgeschneiderte Stakeholder-Kommunikation mit IT. Erich Schmidt Verlag: Berlin 2008, S. 185-200.

[113] FRANZ/PFAHL (2008) = Franz, Peter und Stefanie Pfahl: CSR aus Umweltsicht. Veröffentlichung des BMU, Oktober 2008. www.bmu.de/files/wirtschaft_und_umwelt/downloads/application/pdf/brochuere_csr.pdf

[114] FREDERICK (2002) = Frederick, Robert: A Companion to Business Ethics. Blackwell Publishing: Oxford 2002.

[115] FRIEDMAN (1970) = Friedman, Milton: The Social Responsibility of Business is to increase its profits. In: The New York Times Magazine, September 13, 1970. S. 32-33. ([115a] FRIEDMAN (1962) = Friedman, Milton: Capitalism and Freedom, University of Chicago Press, 1962.)

[116] FÜRST/WIELAND (2004) = Fürst, Michael und Wieland, Josef: Integrität in der Lieferantenbewertung. Konzeption und Umsetzung. In: WIELAND (2004a), S. 319-416.

[117] GABRIEL (2006) = Gabriel, Sigmar: Umweltschutz und Fortschrittsdenken – das Umweltministerium als Innovationsministerium. In: Die Umweltmacher. 20 Jahre BMU – Geschichte und Zukunft der Umweltpolitik, Hamburg, 2006, S. 66-82.

[118] GARBER (2007) = Garber, T.: Eine Frage des Vertrauens. In: absatzwirtschaft, Sonderausgabe zum Deutschen Marketing-Tag. 2007. S. 24-27.

[119] GAZDAR/KIRCHHOFF (2003) = Gazdar, K. und K.R. Kirchhoff: Unternehmerische Wohltaten: Last oder Lust? Von Stakeholder Value, Corporate Citizenship und Sustainable Development bis Sponsoring. München; Unterschleißheim, 2003.

[120] GROBER (2002) = Grober, Ulrich: Tiefe Wurzeln: Eine kleine Geschichte von „sustainable development", Natur und Kultur 3/1, 2002, S. 116-128

[121] Gesetz zur Regelung der Sicherheitsanforderungen an Produkte und zum Schutz der CE-Kennzeichnung (1997) = Gesetz zur Regelung der Sicherheitsanforderungen an Produkte und zum Schutz der CE-Kennzeichnung (Produktsicherheitsgesetz – ProdSG) vom 22. April 1997; Bundesgesetzblatt Jahrgang 1997 Teil I Nr. 27, ausgegeben zu Bonn am 30. April 1997.

[122] GETZ (1997) = Getz, K.A.: Research in Corporate Political Action, Integration and Assessment. In: Business & Society, Vol. 36, No. 1, 1997. S. 32-72.

[123] GfK (o.J.) = GfK /GfK Nürnberg /Roland Berger Strategy Consultants: Studie Corporate Responsibility (CR). www.gfkps.com/scope/current_studies/index.de

[124] GILDE (2007) = GILDE GmbH: Gesellschaftliches Engagement in kleinen und mittelständischen Unternehmen in Deutschland – aktueller Stand und zukünftige Entwicklung, www.csr-mittelstand.de/pdf/Studie_CSR_im_Mittelstand_010207.pdf.

[125] GRAYSON/DODD (2008) = Grayson, David und Tom Dodd: Small is sustainable (and beautiful!). Encouraging European smaller enterprises to be sustainable. Doughty Center Occasional Papers, The Doughty Centre for Corporate Responsibility – Cranfield School of Management: Cranfield, 2008.

[126] Grundsatzerklärung der Internationalen Arbeitsorganisation (IAO) über „Multinationale Unternehmen und Sozialpolitik" (MNE) (o.J.) = www.csr-in-deutschland.de/portal/generator/3670/instrument__iao.html

[127] GRUNEWALD (2004) = Grunewald, Martin: Corporate Social Responsibility als Treiber für mehr gesellschaftliche Verantwortungsübernahme in Unternehmen. In: Freimann, Jürgen (Hrsg.): Akteure einer nachhaltigen Unternehmensentwicklung. Hampp: München, 2004, S. 39-55. www.forum-ng.de/upload/pdf/pdf-Studien-extern/Grunewald_CSR_Konsumenten_als_Treiber_2004.pdf

[128] GRÜNBUCH (2001) = Europäische Kommission, Generaldirektion Beschäftigung und Soziales, Referat EMPL/D.1: Europäische Rahmenbedingungen für die soziale Verantwortung der Un-

ternehmen, Grünbuch. KOM (2001). Brüssel, 2001. http://eur-lex.europa.eu/LexUriServ/site/de/com/2001/com2001_0366de01.pdf.

[129] GRÜNBUCH (2006) = EU-Kommission: Grünbuch – Ein modernes Arbeitsrecht für die Herausforderungen des 21. Jahrhunderts. KOM(2006) 708 endg., Brüssel, 2006. http://eur-lex.europa.eu/LexUriServ/site/de/com/2006/com2006_0708de01.pdf.

[130] GRÜNEWALD et al. (2001) = Grünewald, M.; S. Scharnhorst und I. Schoenheit: Der Unternehmenstester: Elektrogeräte. imug Arbeitspapier 12/2001. Hannover.

[131] GRÜNINGER (2001) = Grüninger, Stephan: Vertrauensmanagement – Kooperation, Moral und Governance. Metropolis: Marburg, 2001.

[132] HABISCH (2003) = Habisch, André: Corporate Citizenship: Gesellschaftliches Engagement von Unternehmen in Deutschland. Springer: Berlin; Heidelberg; New York, 2003.

[133] HABISCH (2008) = Habisch, André: Unternehmensgeist in der Bürgergesellschaft. Zur Innovationsfunktion von Corporate Citizenship. In: BACKHAUS-MAUL et al. (2008), S. 106-120.

[134] HABISCH et al. (2007a) = Habisch, André; Martin Neureiter und René Schmidpeter (Hrsg.): Handbuch Corporate Citizenship. Corporate Social Responsibility für Manager. Springer: Berlin, 2007.

[135] HABISCH et al. (2007b) = Habisch, A.; M. Wildner und F. Wenzel: Corporate Citizenship (CC) als Bestandteil der Unternehmensstrategie. In: HABISCH et al. (2007a), S. 3-43.

[136] HANSEN/SCHRADER (2005) = Hansen, U. und U. Schrader: Corporate Social Responsibility als aktuelles Thema der Betriebswirtschaftslehre. In: Die Betriebswirtschaft DBW, 65. Jg., Heft 4/2005, S. 373-395.

[137] HARDTKE/PREHN (2001) = Hardtke, A. und Prehn, M.(Hrsg.): Perspektiven der Nachhaltigkeit – Vom Leitbild zur Erfolgsstrategie, Gabler: Wiesbaden, 2001

[138] HEIDBRINK (2003) = Heidbrink, Ludger: Kritik der Verantwortung. Zu den Grenzen verantwortlichen Handelns in komplexen Kontexten. Wallstein: Göttingen, 2003.

[139] HEIDBRINK (2008) = Heidbrink, Ludger: Wie moralisch sind Unternehmen? In: APuZ – Aus Politik und Zeitgeschichte, 31/2008, 28. Juli 2008. S. 3-6.

[140] HELD (2000) = Held, M.: Geschichte der Nachhaltigkeit. In: Natur und Kultur, 1 (1), 2000. S. 17-31. www.oc-praktikum.de/de/articles/html/sustainability_de.php?hash=history

[141] HERMANNS (1997) = Hermanns, A.: Sponsoring. Grundlagen, Wirkungen, Management, Perspektiven, 2. Aufl., München, 1997.

[142] HESSE (2006) = Hesse, Axel (2006): Langfristig mehr Wert. Nichtfinanzielle Leistungsindikatoren mit Nachhaltigkeitsbezug auf dem Weg in die Geschäftsberichte deutscher Unternehmen. Eine Untersuchung von Axel Hesse mit Unterstützung von Deloitte und dem Bundesministerium für Umwelt, Naturschutz und Reaktorsicherheit), 2006, www.sd-m.de/files/Hesse_SD-M_Deloitte_BMU_Langfristig_mehr_Wert.pdf

[143] HESSE (2006) = Hesse, Axel: Big Six – Die sechs wichtigsten, globalen Herausforderungen für Sustainable Development im 21. Jahrhundert. Münster, 2006. www.SD-M.de

[144] HILDEBRAND (2009) = Hildebrand, J.: Siemens will bei Korruption hart durchgreifen. In: Welt online vom 6. Januar 2009, aufgerufen am 8.Januar 2009. www.welt.de/wirtschaft/article2977324/Siemens

[145] HILLMAN/HITT (1999) = Hillman, A.J. und M.A. Hitt: Corporate Political Strategy Formulation: A Model of Approach, Participation and Strategy Decisions. In: Academy of Management Review, Vol. 24, 1999. S. 825-842.

[146] HISS (2006) = Hiß, Stefanie: Warum übernehmen Unternehmen gesellschaftliche Verantwortung? Ein soziologischer Erklärungsversuch. Campus: Frankfurt am Main, 2006.

[147] HOLLENDER/FENICHELL (2004) = Hollender, Jeffrey und Fenichell, Stephen: What matters most. Basic Books: New York, 2004.

[148] HOMANN (2006) = Homann, K.: Gesellschaftliche Verantwortung der Unternehmen. Philosophische, gesellschaftstheoretische und ökonomische Überlegungen. Wittenberg-Zentrum für Globale Ethik, Diskussionspapier Nr. 04-6. 2006.

[149] HOMANN/BLOME-DREES (1992) = Homann, Karl und Blome-Drees, Franz: Wirtschafts- und Unternehmensethik. Vandenhoeck & Ruprecht: Göttingen, 1992.

[150] HORSTKOTTE (2002) = Horstkotte, H.: Anregung aus den USA. Fundraising als Chefsache begreifen. In: Wissenschaftsmanagement, Heft 6/2002, S. 2-3.

[151] HRK (2007) = HRK (Hochschulrektorenkonferenz) (Hrsg.): Im Brennpunkt: Die Hochschulfinanzierung. www.hrk.de/de/brennpunkte/112.php.

[152] Human Rights Watch (2008) = In the Margins of Profit. Rights at Risk in the Global Economy. http://hrw.org/reports/2008/bhr0208/

[153] HUMMEL (2003) = Hummel, Hartwig: Private Weltpolitik – Der Einfluss von Reformnetzwerken und Elitekartellen. In: Wissenschaft und Frieden, 3/2003: Globalisierte Gewalt. www.wissenschaft-und-frieden.de/seite.php?artikelID=0256

[154] HÖFFE (1993) = Höffe, Otfried: Moral als Preis der Moderne. Ein Versuch über Wissenschaft, Technik und Umwelt. Suhrkamp: Frankfurt am Main, 1993.

[155] IBM Institute for Business Value (2008) = IBM Institute for Business Value (Hrsg.): Attaining sustainable growth through corporate social responsibility, IBM Global Services: Somers, 2008.

[156] ICTR CSR Fact Sheet (o.J.) = ICRT CSR Fact Sheet, Frequently asked questions and answers. www.csrwire.com/page.cgi/intro.html

[157] ILO Declaration of Philadelphia (o.J.) = www.ilocarib.org.tt/projects/cariblex/pdfs/ILO_dec_philadelphia.pdf

[158] ILO Kernarbeitsnormen (o.J.) = www.ilo.org/public/german/region/eurpro/bonn/kernarbeitsnormen/index.htm

[159] IMKAMP/BECK (2008) = Imkamp, H. und A. Beck: Bessere Unternehmen – bessere Produkte? Beobachtungen zum Zusammenhang zwischen sozialökologischen Unternehmensratings und getesteter Produktqualität. In: Hauswirtschaft und Wissenschaft, Nr. 2/2008, S.60 ff.

[160] IMUG (2006) = Institut für Markt-Umwelt-Gesellschaft: imug Arbeitspapier 16/2006, Hannover.

[161] IMUG-EMNID (1993) = Institut für Markt-Umwelt-Gesellschaft e.V. imug-Emnid (1993): Unternehmen und Verantwortung. imug-Arbeitspapier 2/1993, Bielefeld; Hannover, 1993.

[162] Institut für Mittelstandsforschung Bonn (o.J.) = www.ifm-bonn.org/index.php?id=68

[163] Institute for Social and Ethical AccountAbility (o.J.) = URL: http://www.accountability.org.uk

[164] International Organization for Standardization (ISO) (2008) = International Organization for Standardization (ISO) (Hrsg.): ISO 26000, WD4.2. 2008. www.iso.org/wgsr.

[165] IEA(2008) = Internationale Energie Agentur: World Energy Outlook 2008. November 2008. www.worldenergyoutlook.org

[166] ISO (2008) = ISO (Hrsg.): Social Responsibility. COMMITTEE DRAFT ISO/CD 26000, ISO/TMB/WG SR N 157 (Stand: 15.12.2008)

[167] ISO 26000 (o.J.) = www.iso.org/sr

[168] ISO (2009) = International Standard Organisation (Hrsg.): Draft International Standard ISO/DIS 26000, September 2009

[169] ISO (o.J.) = International Standard Organisation (Hrsg.): Managementsstandards 9000, 14000 www.iso.org/iso/iso_catalogue/management_standards/iso_9000_iso_14000.htm

[170] JAKOB et al. (2008) = Jakob, Gisela; Heinz Janning und Gerd Placke: Brückenbauer für neue Kooperationen zwischen Unternehmen und gemeinnützigen Organisationen. Zur intermediären Rolle von Mittlerorganisationen. In: Bertelsmann Stiftung (Hrsg.): Grenzgänger, Pfadfinder, Arrangeure. Mittlerorganisationen zwischen Unternehmen und Gemeinwohlorganisationen. Bertelsmann Stiftung: Gütersloh, 2008. S. 23-45.

[171] JORDAN (2008) = Jordan, Friedrich: Corporate Social Responsiblity – Schmückendes Beiwerk oder Business Case?, IBL-Journal 14/2008. www.law-and-business.de/www_law-and-business_de/content/e7/e149/e1075/datei1076/FriedrichJordan,CSR,IBL2008_14_ger.pdf

[172] KARCHER/PFINGST (2004) = Karcher, Manfred und Pfingst, Ingmar: Verhaltensstandards – Entwicklung, Einführung, Mitarbeiterorientierung. In: WIELAND (2004), S. 263-288.

[173] KAUFMANN/CARTER (2008) = Kaufmann Lutz und Craig Carter: Sustainable Management in Emerging Economy Contexts. www.ism.ws/files/SR/SustainableMgmtEmergingEcon.pdf.

[174] KEHM (2004) = Kehm, B.M.: Hochschulen in Deutschland. Entwicklung, Probleme und Perspektiven. In: Bundeszentrale für politische Bildung (Hrsg.): Aus Politik und Zeitgeschehen, Heft B25/2004, Bonn 2004, S. 6-17.

[175] KESKO Corporate responsibility report (2001) = KESKO Corporate responsibility report 2000, Building for a better tomorrow. Helsinki, May 2001. www.kesko.fi

[176] KINDERMAN (2008) = Kinderman, Daniel: The Political Economy of Corporate Responsibility in Germany, 1995-2008. Part Five of the Germany in Global Economic Governance Series. Mario Einaudi Center for International Studies, Cornell University: Ithaca, 2008.

[177] KINDS/MÜNZ (2003) = Kinds, Henk and Angelika Münz: Bürgerschaftliches Engagement von Unternehmen in den Niederlanden. Entstehungsgeschichte, Praxiserfahrungen und Entwicklungstendenzen. In: Enquete-Kommission „Zukunft des Bürgerschaftlichen Engagements" des Deutschen Bundestages (Hrsg.): Schriftenreihe, Bd. 2: Bürgerschaftliches Engagement von Unternehmen. Leske & Budrich: Wiesbaden, 2003. S. 173-193.

[178] KLEEMANN (2005) = Kleemann, Martin: Global Corporate Citizenship. Hausarbeit, Universität Kassel, 2005. www.hausarbeiten.de/faecher/vorschau/43313.html

[179] KLEINFELD (1998) = Kleinfeld, Annette: Persona Oeconomica. Personalität als Ansatz der Unternehmensethik. Ethische Ökonomie – Beiträge zur Wirtschaftsethik und Wirtschaftskultur, Bd. 3. Physica: Heidelberg, 1998.

[180] KLINK (2008) = Klink, Daniel: Der ehrbare Kaufmann – Das ursprüngliche Leitbild der Betriebswirtschaftslehre und individuelle Grundlage für die CSR-Forschung. In: Zeitschrift für Betriebswirtschaft – Journal of Business Economics. Special Issue 3. Gabler: Wiesbaden, 2008.

[181] kogag Bremshey & Domning (2007) = kogag Bremshey & Domning GmbH: Corporate Social Responsibility & Live-Kommunikation Studie. 2007. www.kogag.de/index.cfm/kogagSE/show_66/ page_1/Event-Event-marketing-corporate-event-Event-Agency-Germany

[182] Kommentierung der Internationalen Handelskammer und des Internationalen Arbeitgeberverbandes des Ruggie-Reports (o.J.) = www.reports-and-materials.org/Letter-IOE-ICC-BIAC-re-Ruggie-report-May-2008.pdf

[183] Kommentierung der Nichtregierungsorganisationen des Ruggie-Reports (o.J.) = URL: http://hrw.org/english/docs/2008/05/20/global18884.htm

[184] Konsument (2000) = o.V.: Konsument 10/2000, S. 6 ff. Verein für Konsumenteninformation, Wien.

[185] KRETSCHMER (2008) = Kretschmer, Heiko: CSR 2.0. Der Weg aus der Krise. In: Die Welt, 19.11.2008.

[186] LANG/DRESEWSKI (2008) = Lang, Reinhard und Felix Dresewski: Better together. Bausteine einer erfolgreichen Zusammenarbeit zwischen Unternehmen und Gemeinnützigen. http://portal.wko.at/wk/format_detail.wk?AngID=1&StID=433928&DstID=8683

[187] LARSON (2003) = Larson, Andrea: Reframing Global Environmental Issues through an Innovation and Entrepreneurship lens. Paper prepared by the University of Virginia, Darden School Foundation. Charlottsville, 2003.

[188] LEISINGER (o.J.) = Leisinger, K.M.: Corporate Responsibilities for Access to Medicines. www.business-humanrights.org/Search/SearchResults?SearchableText=Leisinger&x=12&y=10

[189] LEITSCHUH (2008) = Leitschuh, Heike: CSR ist gut, Nachhaltig Wirtschaften ist besser. In: uwf – Umweltwirtschafts-forum, Vol. 16, Nr. 1, März 2008, S. 45-48.

[190] LEITSCHUH (2009) = Leitschuh, Heike: In der Krise hilft nur Nachhaltig Wirtschaften. CSR ist of nur „Nachhaltigkeit light". In: forum Nachhaltig Wirtschaften, 02/2009, S. 67-69.

[191] LOEW et al. (2004) = Loew, Thomas; Ankele Kathrin, Sabine Braun und Jens Clausen: Bedeutung der internationalen CSR-Diskussion für Nachhaltigkeit und die sich daraus ergebenden Anforderungen an Unternehmen mit Fokus Berichterstattung. Endbericht an das Bundesministerium für Umwelt, Naturschutz und Reaktorsicherheit. Geschäftszeichen GI2 – 46043/136. IÖW: Berlin; Münster, 2004. www.ioew.de/home/downloaddateien/bedeutung%20der%20csr%20diskussion.pdf

[192] LUCKHARDT (2009) = Luckhardt, M.: Korruption im Unternehmen bekämpfen. Methoden und Erkenntnisse der Psychologie. In: suite101.de, vom 12.1.2009.

[193] LUHMANN (1997) = Luhmann, N.: Die Gesellschaft der Gesellschaft. Frankfurt am Main, 1997.

[194] LUNAU/LEISINGER (2008) = Lunau, Y. und K.M. Leisinger: Calculating Corporate Social Risk. In: Corporate Responsibility Officer, March 2008, S. 58-59. www.thecro.com/node/641

[195] LÜBKE et al. (1995) = Lübke, Volkmar; Ingo Schoenheit; Axel Wilhelm und Wiebke Winter: Der Unternehmenstester – Die Lebensmittelbranche. Hg. von imug (Institut für Markt-Umwelt-Gesellschaft e.V.). rororo aktuell. Rowohlt-Taschenbuch-Verlag: Reinbek, 1995.

[196] LÜBKE et al. (1997) = Lübke, Volkmar; Ingo Schoenheit und Axel Wilhelm: Der Unternehmenstester: Kosmetik, Körperpflege und Waschmittel. Hg. von imug (Institut für Markt-Umwelt-Gesellschaft e.V.). rororo aktuell. Rowohlt-Taschenbuch-Verlag: Reinbek, 1997.

[197] LÜBKE et al. (1999) = Lübke, Volkmar; Sonja Scharnhorst und Ingo Schoenheit: Der Unternehmenstester: Lebensmittel. Hg. von imug (Institut für Markt-Umwelt-Gesellschaft e.V.). rororo aktuell. Rowohlt-Taschenbuch-Verlag: Reinbek, 1999.

[198] LYDENBERG et al. (1986) = Lydenberg, S.; A. Tepper Marlin und S. O'Brien: Rating America`s Corporate Conscience. A provocative guide to the companies behind the products you buy every day. Reading: Mass., 1986.

[199] LÜDT/WENZEL (2007) = Lüdt, Arved und Carolin Wenzel: Vom engagierten Unternehmer zum Verantwortungspartner – CSR im deutschen Mittelstand. In: uwf UmweltWirtschaftForum, Bd. 15, Nr. 3. Springer Verlag: Berlin 2007.

[200] MAASS/CLEMENS (2002) = Maaß, F. und R. Clemens: Corporate Citizenship: Das Unternehmen als „guter Bürger". Gabler Verlag: Wiesbaden, 2002.

[201] MATTEN et al. (2003) = Matten, Dirk; Andrew Crane und Wendy Chapple: Behind the Mask. Revealing the True Face of Corporate Citizenship. In: Journal of Business Ethics, 45. 1/2 (2003).

[202] MAZURKIEWICZ (2004) = Mazurkiewicz, Piotr: Corporate Environmental Responsibility. Is a common csr framework possible? World Bank, Working Paper. Report number 42183, 31.12.2004.
http://siteresources.worldbank.org/EXTDEVCOMSUSDEVT/Resources/csrframework.pdf

[203] MERCK (2008) = Merck, J.: Die Verantwortung des Textilhandels für seine Zulieferer – Das Sozialprogramm der Otto Group. www.ev-akademie-tutzing.de/doku/programm/get_it. php?ID=759.

[204] MEYER zu SCHWABEDISSEN (2006) = Meyer zu Schwabedissen, H.: Korruptionssanktionen gegen Unternehmen. Rezension zu „Prüfer, Geralf: Korruptionssanktionen gegen Unternehmen – Regelungsdefizite/Regelungsalternativen. Berlin, 2004. In: zfwu 7/3 (2006), S. 388-391.

[205] Milleniumerklärung (o.J.) = www.unric.org/html/german/mdg/millenniumerklaerung.pdf

[206] Misereor (2008) = Misereor: Problematic Pragmatism. The Ruggie Report 2008: Background, Analysis and Perspectives. Aachen, June 2008. www.business-humanrights.org/Links/Repository/821796

[207] MOON/MUTHURI (2008) = Moon, Jeremy und Judy Muthuri: Corporate Community Investment: Trends, Developments and Attitudes. No. 52-2008 ICCSR Research Paper Series. International Centre for Corporate Social Responsibility, Nottingham University: Nottingham, 2008.

[208] MORI (2000) = MORI (Market & Opinion Research International): The First Ever European Survey of Consumers' Attitudes towards CSR. Research for CSR Europe. Brüssel; London, 2000.

[209] MUNIAPAN/DASS (2008) = Muniapan, Balakrishnan und Mohan Dass: Corporate Social Responsibility – A philosophical approach from an ancient Indian perspective. In: International Journal of Indian Culture and Business Management, Vol. 1, Nr.4, 2008, S. 408-420. www.freewebs.com/balakrishnanmuniapan/03_Muniapan%20(CSR).pdf

[210] MUTHURI et al. (2006) = Muthuri, Judy; Jeremy Moon und Dirk Matten: Employee Volunteering and the Creation of Social Capital. No. 34-2006 ICCSR Research Paper Series. International Centre for Corporate Social Responsibility, Nottingham University: Nottingham, 2006.

[211] MUTZ (2000) = Mutz, G.: Unternehmerisches Bürgerschaftliches Engagement: Corporate Social Responsibility. In: Forschungsjournal Neue Soziale Bewegungen (NSB), Jg. 13, Heft 2, 2000. S. 77-86.

[212] NELSON (2004) = Nelson, Jane: The Public Role of Private Enterprise. A Working Paper of the Corporate Social Responsibility Initiative. Cambridge, MA: Kennedy School of Government, Harvard University, March 2004.

[213] Netzwerk CSR Quest (o.J.) = www.csrquest.net/default.aspx?articleID=13124&heading.

[214] NKS-BMWI (o.J.) = www.bmwi.de/BMWi/Navigation/aussenwirtschaft,did=177082.html

[215] NÄHRLICH (2008) = Nährlich, Stefan: Tue Gutes und profitiere davon. Zum Nutzen von Corporate Citizenship-Aktivitäten. In: BACKHAUS-MAUL et al. (2008), S. 183-200.

[216] o.V. (2004) = ohne Verfasser: World's Largest Corporations. In: Fortune, Europe Edition, No. 13/2004, S. F1-F4.

[217] o.V. (2006a) = ohne Verfasser: Sieben Tipps: Korruption. In: Manager-Magazin.de vom 15.12.2006. www.manager-magazin.de/unternehmen/mittelstand/0,2828,454374,00 .html

[218] o.V. (2006b) = ohne Verfasser: Volkswagen schafft neue Strukturen gegen Korruption. Konzernweites Ombudsmann-System startet heute. In: Eurip Cities vom 23. Januar 2006.

[219] OECD (2007) = OECD (Organisation for Economic Co-Operation and Development) (Hrsg.): Education at a Glance: OECD Indicators 2007. Paris, 2007.

[220] OECD (2000) = Organisation for Economic Co-Operation and Development) (Hrsg.): OECD-Leitsätze für Multinationale Unternehmen (2000) = www.oecd.org/dataoecd/56/40/1922480.pdf ([220a] OECD (2005) = OECD (Organisation for Economic Co-Operation and Development) (Hrsg.): Umwelt und OECD-Leitsätze für multinationale Unternehmen – Betriebliche Instrumente und Konzepte. Paris 2005 = www.oecd.org/dataoecd/34/7/35431448.pdf)

[221] ON-Autorenteam (2005) = ON-Autorenteam (Hrsg.): Corporate Social Responsibility: Handlungsanleitung zur Umsetzung von gesellschaftlicher Verantwortung in Unternehmen. Beuth: Berlin u.a., 2005. http://books.google.de/books?id=FNdJ39xnG7kC

[222] Online-Dokument ESRC Centre for Business Relationships (o.J.) = The ESRC Centre for Business Relationships: Accountability, Sustainability and Society. www.brass.cf.ac.uk/uploads/History_L3.pdf

[223] Online-Dokument Human Rights Impact Assessment – hier fehlen sämtliche weitere Angaben

[224] ORLITZKY et al. (2003) = Orlitzky, Marc; Frank L. Schmidt und Sara L. Rynes: Corporate Social and Financial Performance: A Meta-Analysis. In: Organization Studies 24 (3), 2003, S. 403-441.

[225] OSBURG (2006)= Osburg, Thomas: Grundlagen und Arten des Hochschulsponsoring. In: Bagusat, A. und A. Hermanns (Hrsg.): Management-Handbuch Bildungssponsoring. Grundlagen, Ansätze und Fallbeispiele für Sponsoren und Gesponserte. Erich Schmidt Verlag: Berlin, 2006, S. 93-109.

[226] PAINE (2003) = Paine, Lynn Sharp: Value Shift. Why Companies Must Merge Social and Financial Imperatives to Achieve Superior Performance. McGraw-Hill: New York u.a., 2003.

[227] PALLME KÖNIG (2001) = Pallme König, Ulf: Drittmittel und sonstige Einnahmen. Wie können die Universitäten Geld schöpfen? In: Forschung/Lehre, Heft 2/2001, S. 66-69.

[228] Pleon (2006) = Pleon GmbH (Hrsg.): Sponsoring Trends 2006. Bonn, 2006.

[229] POLTERAUER (2008) = Polterauer, Judith: Unternehmensengagement als „Corporate Citizen". Ein langer Weg und ein weites Feld für die empirische Corporate Citizenship-Forschung in Deutschland. In: BACKHAUS-MAUL et al. (2008), S. 149-182.

[230] PORTER/KRAMER (2002) = Porter, Michael E. & Kramer, Mark R.: The Competitive Advantage of Corporate Philanthropy. In: Harvard Business Review 80 (12), 57-68.

[231] PORTER/KRAMER (2006) = Porter, Michael E. & Kramer, Mark R.: Strategy and society: The link between competitive advantage and corporate social responsibility. In: Harvard Business Review 84 (12), 2006, S. 78-92.

[232] PRINZ EL HASSAN BIN TALAL (2006) = Prinz El Hassan Bin Talal: Die Märkte der Zukunft sind „grün". in:: Die Umweltmacher. 20 Jahre BMU – Geschichte und Zukunft der Umweltpolitik, Hamburg, 2006, S. 180-190.

[233] Rat für Nachhaltige Entwicklung (2006) = Rat für Nachhaltige Entwicklung, Entwurf einer Empfehlung zum Dialog. Corporate Social Responsibility: Perspektiven und Fortentwicklung Unternehmensverantwortung in einer globalisierten Welt: Berlin, 2006. www.nachhaltigkeitsrat.de/fileadmin/user_upload/dokumente/projekte/csr/Dialog-Entwurf_CSR_RNE.pdf

[234] Recommendation of the OECD Council Concerning Effective Action Against Core Cartels C(98)/35 Final – hier fehlen sämtliche weitere Angaben

[235] REICHERT (2002) = Reichert, Tobias (2002): Sozialstandards in der Weltwirtschaft. Hrsg. Von der Deutschen Gesellschaft für Technische Zusammenarbeit (GTZ) GmbH, Programmbüro So-

zial- und Ökostandards. Eschborn, 2002. www2.gtz.de/dokumente/bib/02-0472.pdf .

[236] REINICKE/WITTE (1999) = Reinicke, Wolfgang H. und Jan Martin Witte: Globalisierung, Souveränität und internationale Ordnungspolitik. In: Nationaler Staat und Internationale Wirtschaft. Anmerkungen zum Thema Globalisierung. Hrsg. von Andreas Busch und Thomas Plümper. Baden-Baden, 1999. S. 339-366.

[237] Rio Declaration on Environment and Development (1992) = United Nations Conference on Environment and Development: Rio Declaration on Environment and Development, Rio de Janeiro, 1992.

[238] RKW Kompetenzzentrum (2008) = CSR-Checklisten des RKW Kompetenzzentrums. www.rkw.de/02_loesung/Tools/Checklisten_CSR/index.html .

[239] ROCHLIN/CHRISTOFFER (2000) = Rochlin, Stephen A. und Brenda Christoffer: Making the Business Case: Determining the Value of Corporate Community Involvement, Boston. Center for Corporate Citizenship: Boston, 2000.

[240] Rotterdam Convention (1998) = Rotterdam Convention on Prior Informed Consent Procedure for Certain Hazardous Chemicals and Pesticides in International Trade, 1998, U.N. Doc. UNEP/CHEMICALS/98/17. www.pic.int/en/ViewPage.asp?id=104

[241] Ruggie-Report (2007) = www.business-humanrights.org/Documents/RuggieHRC2008

[242] Ruggie-Report (2008) = Promotion and Protection of all Human Rights, Civil, Political, Economic, Social and Cultural Rights, including the Right to Development. Protect, Respect and Remedy: A Framework for Business and Human Rights. (Report of the Special Representative of the Secretary-General on the issue of human rights and transnational corporations and other business enterprises, John Ruggie) Geneva, April 7, 2008. www.unglobalcompact.org/docs/issues_doc/human_rights/Human_Rights_Working_Group/29Apr08_7_Report_of_SRSG_to_HRC.pdf.

[243] SCHMIDTCHEN (1998) = Schmidtchen, D.: Funktionen und Schutz von „property rights". Eine ökonomische Analyse. Center for the Law of Studies and Economics, Discussion Paper, Nr. 98-04. 1998.

[244] SCHRADER (2003) = Schrader, U.: Corporate Citizenship: Die Unternehmung als guter Bürger? Berlin, 2003.

[245] SCHRANZ (2007) = Schranz, Mario: Wirtschaft zwischen Profit und Moral – Die gesellschaftliche Verantwortung von Unternehmen im Rahmen der öffentlichen Kommunikation. VS Verlag: Wiesbaden, 2007.

[246] SCHÄFER et al. (2004) = Schäfer, Henry; Axel Hauser-Ditz und Elisabeth C. Preller: Transparenzstudie zur Beschreibung ausgewählter international verbreiteter Rating-Systeme zur Erfassung von Corporate Social Responsibility. Bertelsmann Stiftung: Gütersloh, 2004.

[247] SCHÄFER/LINDENMAYER (2005) = Schäfer, Henry und Philipp Lindenmayer: Unternehmenserfolge erzielen und verantworten. Bertelsmann Stiftung: Gütersloh, 2005.

[248] Seearbeitsübereinkommen (o.J.) = www.ilo.org (www.ilo.org/ilolex/german/docs/MLC.pdf)

[249] SHAH/BHASKAR (2008) = Shah, Shashank und Sudhir Bhaskar: Corporate Stakeholder Management: Western and Indian Perspectives – An Overview. In: Journal of Human Values, Vol. 14, Nr. 1, 2008, S. 73-93. http://jhv.sagepub.com/cgi/content/abstract/14/1/73

[250] SHRIVASTAVA (1995) = Shrivastava, Paul: Industrial/Environmental Crisis and Corporate Social Responsibility. In: The Journal of Socio-Economics, Vol. 24, Nr. 1, S. 211-227.

[251] SIEBER (1991) = Sieber, P.: Erfordernisse an eine veränderte Produktgestaltung aus der Sicht der Verbraucher. In: Kreibich, R.; H. Rogall und H. Boës (Hrsg.): Ökologisch Produzieren. Zukunft der Wirtschaft durch umweltfreundliche Produkte und Produktionsverfahren. Zukunfts-Studien. Beltz: Weinheim-Basel, 1991.

[252] SIEBER (1996) = Sieber, P.: Vergleichender Warentest: Die Ausweitung der Prüfungen umweltrelevanter Produkteigenschaften. In: Kreibich, R.; E. Atmatzidis und S. Behrendt (Hrsg.): Wirtschaften in Kreisläufen, Ökologisches Produktmanagement. ZukunftsStudien. Beltz: Weinheim, 1996.

[253] SIERCK et al. (2007) = Sierck, Gabriela M.; Michael Krennerich und Peter Häußler (Hrsg.): Handbuch Menschenrechte, herausgegeben für die Friedrich-Ebert-Stiftung und das Forum

Menschenrechte. Online Edition 2006/2007. www.fes.de/handbuchmenschenrechte/06-forum-ags.html

[254] Sneep Hamburg (2007) = sneep Hamburg (Hrsg.): Corporate Social Responsibility bei kleinen und mittleren Unternehmen in der Metropolregion Hamburg – Ein Forschungsprojekt der Studenteninitiative sneep Lokalgruppe Hamburg. Hamburg, 2007.

[255] Social Accountability International (o.J.) = www.sa-intl.org/index.cfm?fuseaction=Page.view Page&pageId=473

[256] Statistisches Bundesamt (2003) = Statistisches Bundesamt (Hrsg.): Bericht zur finanziellen Lage der Hochschulen 2003. Wiesbaden, 2003.

[257] Statistisches Bundesamt (2005) = Statistisches Bundesamt (Hrsg.): Bildung und Kultur: Monetäre hochschulstatistische Kennzahlen 2003, Fachserie 11, Reihe 4.3.2. Wiesbaden, 2005.

[258] STERN (2006) = Stern, Nicholas: The Economics of Climate Change. 2006. www.hm-treasury.gov.uk/stern_review_report.htm

[259] STIEGLITZ (2006) = Die Zivilgesellschaft muss ihre Stimme erheben, Interview mit Joseph Stieglitz im Magazin Mitbestimmung 12/2006, Hans-Böckler-Stiftung. Heidelberg, 2006.

[260] Stiftung Familienunternehmen (2007) = Stiftung Familienunternehmen (Hrsg.) (2007): Das gesellschaftliche Engagement von Familienunternehmen. Dokumentation der Ergebnisse einer Unternehmensbefragung. Bertelsmann Stiftung: Gütersloh. www.familienunternehmen.de/media/public/pdf2007/Studie_Gesell_Eng_Fam.pdf.

[261] STOKES (2008) = Stokes, Stephen: Crossing the Great Divide: Sustainability as Corporate Strategy. AMR Research, Sustainability Strategies Report (AMR-R-21781). Boston, 2008.

[262] SUSSMAN/FREED (2008) = Sussman, Frances G. und J. Randall Freed (ICF International): Adapting to Climate Change: A Business Approach, prepared for the Pew Center on Global Climate Change Arlington, April 2008. Pew Center on Global Climate Change: Arlington, VA, 2008. www.pewclimate.org/docUploads/Business-Adaptation.pdf

[263] Sustainable Development Timeline des International Institute for Sustainable Development (o.J.) = www.iisd.org/rio+5/timeline/sdtimeline.htm

[264] SØRENSEN/PETERSEN (o.J.) = Sørensen, Mikkel Holm und Nicolai Peitersen: CSR 2.0. http://blog.actics.com/files/CSR2.0_/Actics.pdf

[265] The Desirability and Feasibility of ISO Corporate Social Responsibility Standards, Final Report (2002) = The Desirability and Feasibility of ISO Corporate Social Responsibility Standards, Final Report, May 2002. Report to be considered by ISO COPOLCO at its June 2002 Meeting in Port of Spain, Trinidad and Tobago. http://ec.europa.eu/employmentsocial/soc-dial/csr/isoreport.pdf u. www.iso.org/iso/search.htm?qt=desirability+and+feasibility&sort=rel&type=simple& published =on

[266] Transparency International (2003) = Transparency International/Social Accountability International: Geschäftsgrundsätze für die Bekämpfung von Korruption. www.transparency.de/fileadmin/pdfs/Themen/Wirtschaft/Busines_Principles_German_klein_webseite.pdf

[267] Transparency International (2009) = Transparency International Anti Corruption Center, www.transparency.am/corruption.php, 2009

[268] Tripartite Declaration of Principles (o.J.) = Tripartite Declaration of Principles concerning Multinational Enterprises and Social Policy (o.J.) = ILO Tripartite Declaration of Principles concerning Multinational Enterprises and Social Policy, 1977, revised in 2000, further revised in 2006. www.ilo.org/public/english/employment/skills/hrdr/instr/tri_dec.htm und www.ilo.org/public/english/employment/multi/download/german.pdf

[269] ULRICH (2000) = Ulrich, P.: Republikanischer Liberalismus und Corporate Citizenship. Von der ökonomischen Gemeinwohlfiktion zur republikanisch-ethischen Selbstbindung wirtschaftlicher Akteure. Berichte des Instituts für Wirtschaftsethik der Universität St. Gallen, Nr. 88. St. Gallen, 2000.

[270] ULRICH (2002) = Ulrich, Peter: Republikanischer Liberalismus und Corporate Citizenship. Von der ökonomischen Gemeinwohlfiktion zur republikanisch-ethischen Selbstbindung wirtschaftlicher Akteure. In: Münkler & Bluhm (Hrsg.): Gemeinwohl und Gemeinsinn. Zwischen Normativität und Faktizität. Bd. IV. Akademie Verlag: Berlin, 2002. S. 273-291.

[271] ULRICH (2008) = Ulrich, Peter: Corporate Citizenship oder: Das politische Moment guter Un-
       ternehmensführung in der Bürgergesellschaft. In: BACKHAUS-MAUL et al. (2008), S. 94-100.
[272] UN (2008) = United Nations: UN Global Compact: The Ten Principles, 2008:
       www.unglobalcompact.org/AboutTheGC/TheTenPrinciples/index.html
[273] UN-Committee 2008 = Committee on Economic, Social and Cultural Rights, Fortieth session, 28
       April - 16 May 2008, Consideration of Reports Submitted by States Parties under Articles 16 and
       17 of the Covenant, Concluding Observations of the Committee on Economic, Social and Cul-
       tural Rights, INDIA, E/C.12/IND/CO/5.
[274] United Nations Guidelines for Consumer Protection (1999) = United Nations Guidelines for
       Consumer Protection. UN Doc. Nr.A/C.2/54/L.24, 1999. www.un.org/esa/sustdev/publications/
       consumption_en.pdf.
[275] Human Rights Council, Resolution 8/7
        = http://ap.ohchr.org/documents/E/HRC/resolutions/A_HRC_RES_8_7.pdf
[276] United Nations, Executive Office of the Secretary-General, Brief vom 23. November 2004.
[277] University of Miami Ethics Program (o.J.) = University of Miami Ethics Program: Guide to
       Corporate Social Responsibility, www6.miami.edu/ethics/pdf_files/csr_guide.pdf.
[278] UPJ (2006) = Unternehmen Partner der Jugend e.V. (UPJ) (Hrsg.): Das bürgerschaftliche Enga-
       gement von Unternehmens-Mitarbeiter/innen motivieren. UPJ-Arbeitspapier für die „Service-
       stelle Soziale Kooperation". UPJ: Berlin, 2006.
[279] UPJ (2007a) = Unternehmen Partner der Jugend e.V. (UPJ) (Hrsg.): Kompetenz-orientierte Un-
       ternehmenskooperation. Wie Unternehmen die Qualitäts- und Organisationsentwicklung sozia-
       ler Organisationen unterstützen können. UPJ-Arbeitspapier für die „Servicestelle Soziale Koo-
       peration". UPJ: Berlin, 2007.
[280] UPJ (2007b) = Unternehmen Partner der Jugend e.V. (UPJ) (Hrsg.): Adressaten-orientierte Un-
       ternehmenskooperationen. Der Beitrag von Unternehmen zum Lernen und Kompetenzerwerb
       junger Menschen in informellen Kontexten. UPJ-Arbeitspapier für die „Servicestelle Soziale
       Kooperation". UPJ: Berlin, 2007.
[281] UPJ (2008) = Unternehmen Partner der Jugend e.V. (UPJ) (Hrsg.): Unternehmenskooperation,
       Soziales Kapital und regionale Entwicklung. Unternehmenskooperation auf regionaler Ebene
       initiieren. UPJ-Arbeitspapier für die "Servicestelle Soziale Kooperation". UPJ: Berlin, 2008.
[282] WADDOCK (2008) = Waddock, Sandra, The difference makers. How social and institutional
       entrepreneurs created the corporate responsibility movement. Sheffield, 2008.
[283] WEBER (2008) = Weber, Manuela: The business case for corporate social responsibility: A com-
       pany-level measurement approach for CSR. In: European Management Journal 26 (2008), S. 247-
       261.
[284] WEGER (2000) = Weger, H.-D.: Unternehmen als Stifter. Überlegungen zur Konzeption, Gestal-
       tung und Arbeitsweise von Unternehmensstiftungen. In: Die Roten Seiten, Stiftung/Sponsoring,
       Heft 4/2000, S. 1-23.
[285] WEIL et al. (2008) = http://198.170.85.29/Weil-Gotshal-legal-commentary-on-Ruggie-report-22-
       May-2008.pdf
[286] WEISER/ZADEK (2000) = Weiser, John und Simon Zadek: Conversations with Disbelievers:
       Persuading Companies to Address Social Challenges. Ford Foundation: New York, 2000.
[287] WEISER/ZADEK (2001) = Weiser, John und Simon Zadek: Ongoing Conversations with Disbe-
       lievers: Persuading Business to Address Social Challenges. Center for Corporate Citizenship:
       Boston, 2001.
[288] WENDT (1995) = Wendt, Wolf Rainer: Geschichte der sozialen Arbeit: Von der Aufklärung bis
       zu den Alternativen. 3. Aufl. Enke: Stuttgart, 1995.
[289] WEYEL (2005) = Weyel, P.: Lobbying in Japan – Methoden der unternehmerischen Interessen-
       vertretung. Seminararbeit Universität Mannheim. Mannheim, 2005.
[290] WIELAND (1996) = Wieland, Josef: Ökonomische Organisation, Allokation und Status. Mohr
       Siebeck: Tübingen, 1996.
[291] WIELAND (2001) = Wieland, Josef: Die moralische Verantwortung kollektiver Akteure. Physi-
       ca: Heidelberg, 2001.

[292] WIELAND (2002) = Wieland, Josef: Corporate Citizenship-Management. Eine Zukunftsaufgabe für die Unternehmen!? In: Wieland, Josef und Walter Conradi (Hrsg.): Corporate Citizenship. Gesellschaftliches Engagement - unternehmerischer Nutzen. Metropolis: Marburg, 2002.

[293] WIELAND (2003) = Wieland, J.: Wertemanagement und Corporate Governance: Maßnahmen gegen Selbstbediener. In: Ökologisches Wirtschaften, 5/2003, S. 12f.

[294] WIELAND (2004a) = Wieland, Josef (Hrsg.): Handbuch Wertemanagement. Erfolgsstrategien einer modernen Corporate Governance, Murmann: Hamburg, 2004. URL: http://books.google.de/books?id=Vvd2mABN16QC

[295] WIELAND (2004b)= Wieland, Josef: Wozu Wertemanagement? Ein Leitfaden für die Praxis. In: WIELAND (2004a), S.23-52.

[296] WIELAND (2005) = Wieland, Josef: Normativität und Governance. Gesellschaftstheoretische und philosophische Reflexionen der Governanceethik. Metropolis: Marburg

[297] WIELAND (2007) = Wieland, Josef: Die Kunst der Compliance. In: Löhr, Albert und Eckhard Burkatzki (Hrsg.): Wirtschaftskriminalität und Ethik. DNWE-Schriftenreihe; 16. Hampp: München; Mering, 2007.

[298] VISSER (2008) = Visser, Wayne: CSR 2.0: The New Era of Corporate Sustainability and Responsibility. CSR Inspiration Series, Nr. 1, 2008.

[299] WOLTER (2006) = Wolter, U.: Korruption - kein Kavaliersdelikt. In: Marketing & Vertrieb vom 30.10.2006. http://marketingsales.monster.de/11165_de-DE_p1.asp

[300] WOLTER/HAUSER (2001) = Wolter, Hans-Jürgen und Hans-Eduard Hauser: Die Bedeutung des Eigentümerunternehmens in Deutschland – Eine Auseinandersetzung mit der qualitativen und quantitativen Definition des Mittelstands. In: Institut für Mittelstandsforschung Bonn (Hrsg.): Jahrbuch zur Mittelstandsforschung 1/2001, Schriften zur Mittelstandsforschung Nr. 90 NF, Deutscher Universitätsverlag: Wiesbaden, S. 25-77.

[301] WTO (2006) = World Trade Organisation, www.wto.org/english/docs_e/legal_e/27-trips_01_e.htm

[302] Voluntary Set of PIC (2000) = Voluntary Set of PIC, World Commission on Dams, 2000. www.dams.org/

[303] von HIPPEL (1986) = von Hippel, Eike: Verbraucherschutz. 3. Aufl. Mohr Siebeck: Tübingen, 1986. Darin: Resolution der UNO-Generalversammlung vom 9. 4. 1985 über Richtlinien für den Verbraucherschutz, S. 485 ff.

[304] von LITH (1985) = von Lith, U.: Der Markt als Ordnungsprinzip des Bildungsbereichs. München, 1985.

[305] WBSCD (2000) = World Business Council for Sustainable Development (WBCSD): Corporate Social Responsibility. 2000. www.wbcsd.org/DocRoot/IunSPdIKvmYH5HjbN4XC/csr2000.pdf

[306] WBCSD (2002) = World Business Council for Sustainable Development: Corporate Social Responsibility. The WBCSD's journey. Conches-Geneva.

[307] WBCSD (2006) = World Business Council for Sustainable Development: From Challenge to Opportunity. The Role of Business in tomorrow's Society, 2006

[308] WEF (2009) = World Economic Forum: Global Risks 2009. Genf 2009.

[309] WSSD (2002) = World Summit for Sustainable Development (WSSD): Johannesburg Declaration, Stand: 04.09.2002, und Plan of Implementation, Stand: 04.09.2002, Johannesburg 2002. www.un-documents.net/jburgdec.htm

[310] WRIGHT (2008) = Wright, M.: Corporations and Human Rights. A Survey of the Scope and Patterns of Alleged Corporate-Related Human Rights Abuse. Harvard University, John F. Kennedy School of Government: Cambridge/Mass., 2008.

[311] WÜNSCHMANN et al. (2004) = Wünschmann, S.; A. Leuteritz und U. Johne, U.: Erfolgsfaktoren des Sponsoring: Ergebnisse einer empirischen Studie. Dresdner Beiträge zur Betriebswirtschaftslehre, Nr. 90/04. Technische Universität Dresden, Fakultät Wirtschaftswissenschaften: Dresden, 2004.

[312] ZADEK (2003) = Zadek, Simon (co-written with John Sabapathy, Helle Dossing und Tracey Swift): Responsible Competitiveness. Corporate Responsibility Clusters in Action. In (ders.): Tomorrow's history – Selected Writings of Simon Zadek, 1993-2003. Greenleaf Publishing: Shef-

field, 2003, S. 288-293

[313] ZADEK (2006) = Zadek, Simon: The Logic of Collaborative Governance: Corporate Responsibility, Accountability, and the Social Contract. Corporate Social Responsibility Initiative Working Paper   No.   17.   Cambridge,   2006.   www.hks.harvard.edu/mrcbg/CSRI/publications/workingpaper_17_zadek.pdf

[314] ZAMMIT (2003) = Zammit, A.: Development at Risk: Rethinking UN-Business Partnerships. A joint publication by The South Centre and UNRISD: Genf, 2003.

[315] ZERK (2007) = Zerk, J.: Corporate Abuses in 2007: A discussion paper on what changes on the law need to happen. 2007. www.corporate-responsibility.org

Verzeichnis der Abbildungen und Tabellen

Verzeichnis der genannten Unternehmen

Die Herausgeber

Dr. Arnd Hardtke

ist promovierter Physiker und seit 1989 als Experte
rund um das Thema Nachhaltigkeit tätig. Seine Beratungsschwerpunkte konzentrieren sich darauf, gemeinsam mit seinen Kunden Vorgehensweisen zu
erarbeiten, um „Nachhaltigkeits- und Risikoaspekte"
in unterschiedlichsten Bereichen ihrer Organisation
zu verankern.

Seit 2001 ist Dr. Hardtke geschäftsführender Gesell-
schafter der Dr. Hardtke Unternehmensberatung GmbH. Zuvor war er als Direktor und
Partner der Managementberatungsgesellschaft Arthur D. Little International, Inc. tätig, in
der er fünf Jahre als Mitglied der Geschäftsleitung den Bereich „Sustainability and Business Risk" verantwortete.

Seine Erfahrungen vermittelt Dr. Hardtke als Dozent und als Referent auf internationalen
Seminar- und Konferenzveranstaltungen. Unter anderem ist er auch Mitglied des DIN-
Ausschusses „Gesellschaftliche Verantwortung von Organisationen" und vertritt als Experte in der ISO/TMB „Working Group on Social Responsibility" (ISO 26000) die Interessen der deutschen Delegation. Im Verband für nachhaltiges Umweltmanagement (VNU)
e.V. leitet er den Fachausschuss „Nachhaltigkeitskommunikation".

Dr. Annette Kleinfeld

gehört zu den ersten Wissenschaftlerinnen und selbständigen
Beraterinnen Deutschlands auf dem Gebiet der Wirtschafts- und
Unternehmensethik. Die Autorin und Verfasserin zahlreicher
Fachartikel befasst sich seit Ende der 1980er Jahre mit ethisch
fundierter Unternehmens- und Personalführung aus theoretischer
wie praktischer Sicht: Mit ihrer 1998 veröffentlichten Dissertation
„Persona Oeconomica" legte sie u. a. den wissenschaftlichen
Grundstein für ihre praktische Beratungstätigkeit in den Themen-
feldern Werte- und Integritätsmanagement sowie unternehmerischer Verantwortung (CR).

Sie leitet ihr eigenes Beratungsunternehmen, die Dr. Kleinfeld
CEC-Corporate Excellence Consultancy, und führt gemeinsam mit Herrn Dr. Müller-Störr
die Geschäfte der ZfW Compliance Monitor GmbH, die sich auf die qualitative Bewertung
von Compliancemanagementsystemen spezialisiert hat. Außerdem arbeitet sie als Expertin
in der Deutschen Delegation am internationalen Normungsprojekt ISO 26000 (Entwicklung eines Leitfadens zur gesellschaftlichen Verantwortung von Organisationen).

Die Autoren

Moritz Blanke

ist seit 2006 Projektmanager der UPJ-Bundesinitiative. Er studierte Diplom Umweltwissenschaften an der Leuphana Universität Lüneburg. Im Rahmen seiner Tätigkeit bei UPJ verantwortet er u.a. die Koordination des bundesweiten UPJ-Unternehmensnetzwerks, indem sich kleine, mittlere und große Unternehmens zusammengeschlossen haben, um das Gemeinwesen aktiv mitzugestalten. Er leitet zudem verschiedene Projekte im Feld Corporate Citizenship und CSR.

Ergebnisse seiner Arbeit und praxisorientierten Forschung sind in zahlreichen Fach- und Unternehmenspublikationen erschienen und fließen in verschiedene Expertentätigkeiten wie z.B. im Rahmen des CSR-Forums der Deutschen Bundesregierung ein.

Dr. Frank Ebinger

arbeitet für die GTZ und leitet in diesem Zusammenhang als Berater der äthiopischen Regierung die Komponente „Nationale Qualitätsinfrastruktur (NQI)" im deutsch-äthiopischen Regierungsprogramm mit dem Namen „Engineering Capacity Building Program (ecbp)".

Frank Ebinger studierte Betriebswirtschaftslehre an der Fachhochschule Fulda und der Universität Kassel und promovierte an der Universität Oldenburg.

Daneben hält er als Gastprofessor an verschiedenen Hochschulen Vorlesungen, z.B. der Universität Freiburg, Universität Nagoya, Japan oder der Long Nam Universität, Vietnam und arbeitete in mehreren Funktionen als selbstständiger Berater, z.B. für das Malik Management Zentrum in St. Gallen und für Unternehmen wie den indonesischen Sinar Mas-Konzern oder Vodafone Deutschland.

Peter Franz

studierte Volkswirtschaftslehre in Frankfurt am Main (Abschluss: Diplom-Volkswirt) und der Verwaltungswissenschaften an der Deutschen Hochschule für Verwaltungswissenschaften in Speyer (Abschluss: Magister rer. publ.).

Seit August 1999: Leiter des Grundsatzreferats „Umwelt und Wirtschaft, Innovation und Beschäftigung, Umwelt-Audit" am Dienstsitz Berlin.

Derzeitige Schwerpunkte: Gesamtwirtschaftliche Fragen der Umweltpolitik, industriepolitische Fragestellungen, wirtschaftliche Fragen des Umweltschutzes in Unternehmen, umweltorientierte Unternehmensführung, Corporate Social Responsibility, Umweltmanagement in Behörden, ökologische Finanz- und Steuerreform.

Antje Gerstein

ist Leiterin der Brüsseler Repräsentanz der Bundesvereinigung der deutschen Arbeitgeberverbände (BDA). Davor hat sie als stellvertretende Leiterin der Abteilung „Europäische Union und Internationale Sozialpolitik" bei der BDA die internationale Sozialpolitik betreut und war die Delegierte der deutschen Arbeitgeber bei der internationalen Arbeitskonferenz der ILO.

Sie hat Geographie, Raumordnung und ländliche Siedlungsplanung an den Universitäten Tübingen und Stuttgart studiert. Immer international ausgerichtet, sind ihre wichtigen beruflichen Stationen bei der Carl-Duisberg-Gesellschaft, bei der Europäischen Kommission und bei einer Beratungsfirma für europäisch geförderte Projekte in Köln und Brüssel gewesen.

Peter Kromminga

ist geschäftsführender Vorstand der gemeinnützigen UPJ-Bundesinitiative. Nach seinem Studium der Evangelischen Theologie und der Sozialarbeit hat Peter Kromminga als Assistent des Generalsekretärs u. a. den Reformierten Weltbund in Genf in der UN-Menschenrechtskommission vertreten.

Durch Vorträge, Veröffentlichungen und im Rahmen von Beauftragungen beteiligt er sich an der Entwicklung von Corporate Citizenship und CSR, u. a. als berufenes Mitglied der Europäischen Sachverständigengruppe zu CSR und KMU der Generaldirektion Unternehmen und Industrie der Europäischen Kommission und des CSR-Forums, das die Bundesregierung bei der Entwicklung einer nationalen CSR-Strategie berät.

Dr. Reinhard Lang

ist geschäftsführender Vorstand der UPJ-Bundesinitiative, die er seit 1996 mit aufgebaut hat. Er studierte Sozialpädagogik an der TU Berlin sowie Qualitative Methoden der Sozialforschung an der FU Berlin. Promotion am Institut für Sozialpädagogik der TU Berlin über die Bedeutung von Arbeit in der Jugendsozialarbeit. Als Geschäftsführender Vorstand von UPJ ist er vor allem verantwortlich für die gemeinnützigen Mittlerorganisationen im UPJ-Netzwerk sowie für Information, Beratung und Projekte gemeinnütziger Organisationen und öffentlicher Verwaltungen zu Corporate Citizenship und CSR.

Ergebnisse seiner Arbeit und Praxisforschung sind in zahlreiche Studien, Expertisen, Lehraufträge und Veröffentlichungen zu Jugendhilfe, Sozialarbeit, Fundraising, Sozialsponsoring und Corporate Citizenship eingeflossen.

Professor Dr. Klaus M. Leisinger

leitet seit 1996 die Novartis Stiftung für Nachhaltige Entwicklung. Mit ihren Think-Tank-Aktivitäten, dem Networking und der philanthropischen Arbeit gilt sie als eine einzigartige Institution im Privatsektor und hat Konsultativ-Status bei den Vereinten Nationen (ECOSOC).

Klaus M. Leisinger studierte Ökonomie und Sozialwissenschaften an der Universität Basel (Schweiz), promovierte in Nationalökonomie und habilitierte in Soziologie zum Thema „Gesundheitspolitik für die am wenigsten entwickelten Länder".

Neben seiner Tätigkeit bei Novartis ist er Professor für Soziologie an der Universität Basel und lehrt als Gastprofessor an zahlreichen europäischen und amerikanischen Universitäten. 2004 erhielt er den Ehrendoktor für Theologie an der Universität Fribourg (Schweiz). Er arbeitete in zahlreichen Beraterfunktionen für internationale Organisationen und diente bis Dezember 2006 Kofi Annan als Sonderberater des UN Generalsekretärs für den UN Global Compact.

Thomas H. Osburg

ist Director Europe — Corporate Affairs, Intel Corp. und verantwortlich für die CSR-Aktivitäten von Intel in Europa. Im Mittelpunkt stehen die Umwelt- und Bildungsprogramme, die als Public-Private-Partnership-Modelle erfolgreich umgesetzt werden.

Nach seinem Studium der Wirtschaftswissenschaften war Thomas H. Osburg in verschiedenen Führungspositionen für Texas Instruments im internationalen Bildungsmanagement in Frankreich, den USA und Deutschland tätig. Bevor er im Jahre 2006 zu Intel kam, zeichnete er als Director Education bei Texas Instruments für die Entwicklung der Bildungsprogramme in Australien, Lateinamerika und Asien (mit den Schwerpunkten China und Japan) verantwortlich.

Neben seiner beruflichen Tätigkeit hat Thomas H. Osburg Lehraufträge und Gastvorträge an den Universitäten Hannover, Bozen und Eichstätt sowie an der Hochschule Ravensburg, vor allem in den Bereichen Internationales Bildungsmanagement und CSR.

Maud Schmiedeknecht

studierte Betriebswirtschaftslehre mit Schwerpunkt Internationales Management und Controlling an der Hochschule Konstanz Technik, Wirtschaft und Gestaltung (HTWG) und an der St. Mary's University in Halifax (Kanada) mit Praktika im In- und Ausland (Belgien, Großbritannien, Mexiko). 2005 Abschluss zur Diplom-Betriebswirtin (FH).

Seit September 2005 wissenschaftliche Mitarbeiterin bei Prof. Dr. Josef Wieland am Konstanz Institut für WerteManagement (KIeM). Doktorandin am Lehrstuhl für Allgemeine Betriebswirtschaftslehre, Unternehmensführung und Betriebliche Umweltpolitik an der Carl-von-Ossietzky-Universität Oldenburg bei Prof. Dr. Reinhard Pfriem. Lehrtätigkeit. Veröffentlichungen zum ISO 26000 Prozess. Aktuelles Forschungsprojekt „CSR, Stakeholdermanagement und Netzwerkgovernance".

Johanna Schnurr

studierte Volkskunde, Soziologie sowie Arbeits- und Organisationspsychologie an der Ludwig-Maximilians-Universität in München und an der Universität Hamburg. Darüber hinaus ist sie zertifizierte EFQM-Assessorin und akkreditierte Beraterin/Auditorin nach dem Standard WerteManagementSystem^{ZfW}.

Seit Juli 2004 arbeitet sie bei Dr. Kleinfeld CEC. Ihre Beratungsschwerpunkte liegen in den Bereichen Kultur- und Wertemanagement, Integritätsmanagement sowie in der Konzeption unternehmensspezifisch zugeschnittener Umsetzungsmaßnahmen. Außerdem entwirft sie für Kunden Kommunikationsarchitekturen für Veranstaltungen, Workshops sowie Strategieprojekte und begleitet Kommunikations- und Änderungsvorhaben.

Dr.-Ing. Peter Sieber

hat an der Technischen Universität Berlin sein Diplom als Physiker erhalten. Am Beginn einer 18-jährigen Industrietätigkeit in Forschung und Entwicklung beschäftigte er sich mit hochauflösender Elektronenmikroskopie. In selbigem Bereich verfasste er auch seine Dissertation.

Im Januar 1988 trat er als Leiter der Abteilung für Gerätetests in die Dienste der Stiftung Warentest. Aus dem bis September 2008 von ihm geleiteten Bereich Untersuchungen stammen alle Testergebnisse der Stiftung Warentest, die in ihren Magazinen „test" und „Finanztest" sowie im Internet unter „test.de" veröffentlicht werden.

Peter Sieber war Mitglied der dreiköpfigen Geschäftsleitung der Stiftung Warentest und Mitglied des Management Komitees der Internationalen Testkooperation ICRT, wo er sich wesentlich an der Gestaltung und Abstimmung von internationalen Gemeinschaftstests beteiligte. Heute begleitet er noch aktiv als Verbrauchervertreter in der deutschen Delegation das Entstehen der Internationalen Norm „Guidance on Social Responsibility".

Jörg Weber

hat nach dem zweiten juristischen Staatsexamen als Journalist für verschiedene Wirtschaftsredaktionen gearbeitet: unter anderem für Die Woche, den Spiegel, später für die ARD (PlusMinus, ARD Ratgeber Recht). 1997 setzte er die erste journalistische Internetseite zu nachhaltiger Geldanlage auf und gründete die heutige ECOeffekt GmbH, welche die Messe Grünes Geld (seit 1999) und den Fernlehrgang ECOanlageberater (seit 2006) anbietet. 1999 initiierte er ECOreporter.de, das Internetmagazin für nachhaltiges Investment, 2001 gründete er die ECOreporter.de AG. Für sein Buch „Die Erde ist nicht Untertan – Grundrechte für Natur und Umwelt" erhielt er 1993 den Deutschen Umweltpreis für Publizistik. Weitere Preise: Umweltpreis der Stadt Dortmund (1996), Award für engagierten Journalismus (2007). Weber ist Autor zahlreicher Studien und Publikationen zum nachhaltigen Investment.

Prof. Dr. habil. Josef Wieland

ist seit 1995 Professor für Allgemeine BWL mit Schwerpunkt Wirtschafts- und Unternehmensethik an der Hochschule Konstanz Technik, Wirtschaft und Gestaltung (HTWG). Daneben Gastprofessuren in China und London. Er ist Wissenschaftlicher Direktor des Konstanz Institut für WerteManagement (KIeM) - Institut für Interkulturelles Management, Werte und Kommunikation; Direktor des Zentrums für Wirtschaftsethik gGmbH (ZfW) und Gründer des Anwenderrats für WerteManagementZfW; Mitglied des Arbeitsausschusses „Gesellschaftliche Verantwortung von Organisationen".

1998 erhielt er den Max-Weber-Preis für Wirtschaftsethik des Instituts der deutschen Wirtschaft Köln sowie den Preis für Angewandte Forschung (Landesforschungspreis) Baden-Württemberg 2004.

Nach dem Studium der Ökonomie und Philosophie an der Universität-GHS Wuppertal Abschluss zum Dipl.-Ök. 1985; Promotion zum Dr. rer. oec. 1988 Habilitation im Fach Volkswirtschaftslehre 1995 an der Privatuniversität Witten/Herdecke.

Das Standardwerk der Investor Relations

Das Standardwerk der Investor Relations beleuchtet in der 2., überarbeiteten und erweiterten Auflage praxisnah die aktuellen rechtlichen Entwicklungen sowie Themen der Finanzmarktkrise. Es zeigt, wie IR-Verantwortliche auf die neuen Herausforderungen der internationalen Finanzmärkte reagieren müssen und welche Instrumente die Investor Relations dafür bieten.

Klaus Rainer Kirchhoff /
Manfred Piwinger (Hrsg.)
Praxishandbuch Investor Relations
Das Standardwerk der Finanzkommunikation
2., überarb. u. erw. Aufl. 2009.
528 S. Mit 85 Abb. u. 10 Tab.
Geb. EUR 69,90
ISBN 978-3-8349-1636-5

E-Mail-Fluten beherrschen und nutzen

Die Anzahl der E-Mails in Unternehmen nimmt unaufhörlich zu. Welche Maßnahmen geeignet sind, dieser aufkommenden E-Mail-Flut wirkungsvoll zu begegnen, zeigt dieses Buch.

Lars Becker
Professionelles E-Mail-Management
Von der individuellen Nutzung zur unternehmensweiten Anwendung
2009. 192 S.
Geb. EUR 44,90
ISBN 978-3-8349-1133-9

Mit kühlem Kopf durch die Krise

Krisen verursachen wirtschaftlichen Schaden und Reputationsverlust. Unternehmenskrisen werden vor allem dann zu echten Krisen, wenn es in der Kommunikation kriselt. Wie Sie die Kardinalsaufgaben zur Krisenbewältigung beherrschen und Fallen sowie Stolpersteine antizipieren, zeigt dieses Buch. Gelungene Beispiele, Grafiken und Cartoons veranschaulichen den Sachverhalt auf lebendige und kurzweilige Weise.

Arnd Joachim Garth
Krisenmanagement und Kommunikation
Das Wort ist Schwert - die Wahrheit Schild
2008. 224 S.
Br. EUR 34,90
ISBN 978-3-8349-0948-0

Änderungen vorbehalten. Stand: Juli 2009.
Erhältlich im Buchhandel oder beim Verlag

Gabler Verlag . Abraham-Lincoln-Str. 46 . 65189 Wiesbaden . www.gabler.de

GABLER

Printed in Germany
by Amazon Distribution
GmbH, Leipzig